Theorie geregelter Systeme

E. Pestel/E. Kollmann

Grundlagen der Regelungstechnik

Mit 338 Bildern, 21 Tabellen und 156 Übungsaufgaben

3., vollständig überarbeitete Auflage

Springer Fachmedien Wiesbaden GmbH

CIP-Kurztitelaufnahme der Deutschen Bibliothek

Pestel, Eduard:
Grundlagen der Regelungstechnik/E. Pestel;
E. Kollmann. – 3., vollst. überarb. Aufl. –
Braunschweig, Wiesbaden: Vieweg, 1979.
(Theorie geregelter Systeme)

NE: Kollmann, Eckart

1979

Ursprünglich erschienen bei Friedr. Vieweg & Sohn Verlagsgesellschaft 1979

Satz: Friedr. Vieweg & Sohn, Braunschweig

ISBN 978-3-322-96097-9 ISBN 978-3-322-96231-7 (eBook)
DOI 10.1007/978-3-322-96231-7

Aus dem Vorwort zur ersten Auflage

Bei der Abfassung des vorliegenden ersten Bandes der Reihe „Regelungstechnik in Einzeldarstellungen" haben wir uns die Aufgabe gestellt, ein einführendes Lehrbuch der Regelungstechnik für Studenten der Technischen Hochschulen und Ingenieurschulen zu schreiben. Wir wenden uns ferner an die in der Praxis stehenden Ingenieure, die im Selbststudium die Kenntnisse in der Theorie der selbsttätigen Regelung zu erwerben wünschen, die bis vor wenigen Jahren im Rahmen des Studienplans unserer technischen Schulen nicht vermittelt wurden. Dabei konnten wir uns auf mehrjährige Erfahrungen stützen, die in Vorlesungen und Übungen an der Technischen Hochschule Hannover gesammelt wurden.

Der Lehrbuchcharakter kommt auch darin zum Ausdruck, daß Übungsaufgaben am Ende der einzelnen Abschnitte eingefügt wurden. Die im Unterricht gewonnenen Erfahrungen geben uns Veranlassung, den Leser nachdrücklich darauf hinzuweisen, wie wichtig die selbständige Bearbeitung der Übungsaufgaben für die Beherrschung des dargebotenen Stoffes ist. Aufgaben von überdurchschnittlichem Schwierigkeitsgrad sind durch Stern gekennzeichnet.

In der Einleitung und in dem ersten Kapitel werden die regelungstechnischen Begriffe und der Aufbau von Regelkreisen behandelt. Dabei wurde, neben einer knappen Einführung in die gerätetechnischen Möglichkeiten bei verschiedenen Regelungsaufgaben, die Aufstellung der Blockschalt- und Strukturbilder besonders ausführlich erörtert. Denn in diesen findet ja die der Regelungstechnik eigentümliche gedankliche Vorgehensweise ihren anschaulichen Niederschlag. Erst wenn der Studierende die Fähigkeit erworben hat, Regler, Regelstrecken und Regelkreise im Blockschalt- und Strukturbild darzustellen, ist er in der Lage, die regelungstechnischen Zusammenhänge klar zu erkennen und die mathematischen bzw. experimentellen Untersuchungsmethoden sinnvoll anzuwenden. Das zweite Kapitel bietet eine erste Einführung in die mathematische Behandlung von regelungstechnischen Problemen. Es zeigt insbesondere, wie anhand des Strukturbildes die Differentialgleichungen für Regelkreisglieder und Regelkreise abgeleitet werden.

Nach dieser Vorbereitung wendet sich das Buch der eingehenden Erörterung der linearen mathematischen Methoden der Regelungstechnik zu, die eine straffe und allgemeingültige Formulierung der in alle Zweige der Technik hineinreichenden Regelungsprobleme ermöglichen. Hier stellt die Übertragungsfunktion (3. Kapitel) den zentralen mathematischen Begriff dar, von dem aus der Zugang zum Wurzelortverfahren und zur Frequenzgangmethode am einfachsten gelingt. Beide Verfahren werden dann in je einem Kapitel ausführlich beschrieben und auf Beispiele angewendet. Beim Wurzelortverfahren dürfte der Katalog von Wurzelortkurven für die praktische Anwendung der Methode von Nutzen sein. In dem 5. Kapitel über die Frequenzgangmethode, die wohl das wirkungsvollste mathematische Hilfsmittel für die Regelungstechnik darstellt, wurde besonders breiter Raum dem in der anglo-amerikanischen Praxis vorwiegend verwendeten Bode-Diagramm gewidmet. Diese Darstellungsweise konnte durch Einführung der Normzahlen vereinfacht und zu einer halbrechnerischen Methode erweitert werden. Die Vorteile der logarithmischen Auftragung zeigen sich bei der Auswertung von Versuchsergebnissen und später bei der Optimierung und Synthese von Regelkreisen, die im 6. Kapitel erörtert werden. Neben der Mitteilung von praktisch bewährten Faustregeln wurde hier das Hauptgewicht darauf gelegt, den Studierenden in der Wahl und Auslegung von optimierenden Standardnetzwerken zu unterweisen. Die Möglichkeit einer solchen leichtfaßlichen Optimierung rechtfertigt allein schon die vorangegangene intensive Beschäftigung mit dem Bode-Diagramm. Im letzten Kapitel befassen wir uns mit der Anwendung des elektronischen Analogrechners für die Untersuchung linearer und nichtlinearer Regelungsprobleme.

Bei der Darstellung der mathematischen Verfahren haben wir uns bemüht zu zeigen, daß diese nicht nur der Analyse dienen, sondern vielmehr einen Weg zur optimalen Synthese von Regelkreisen unter Berücksichtigung der technischen Gegebenheiten eröffnen. Die nichtlineare Regelungstheorie mußte dabei, mit Ausnahme kurzer Hinweise im 7. Kapitel, übergangen werden, da bereits ihr gegenwärtiger Stand eine gesonderte Darstellung erfordert. Der erfahrene Leser wird manche ihm vertraute Methode vermissen, doch wird er – so glauben wir – hinreichend dadurch entschädigt, daß die Beschränkung auf die uns am nützlichsten erscheinenden Verfahren ihre gründliche, mit zahlreichen Beispielen versehene Behandlung ermöglichte.

Für viele Anregungen und Verbesserungsvorschläge danken wir unseren früheren Mitarbeitern, Herrn Dr.-Ing. *D. Dövener* und Herrn Dr.-Ing. *A. Hupe*. An der Ausarbeitung der Übungsaufgaben war Herr Dr.-Ing. *B. Dirr* maßgebend beteiligt, dem im Hinblick auf die Bedeutung der Übungen für die erfolgreiche Durcharbeitung des Buches unser besonderer Dank gilt.

Hannover, im März 1961

E. Pestel / E. Kollmann

Aus dem Vorwort zur zweiten Auflage

Die nunmehr vorliegende zweite Auflage gab uns Gelegenheit, einige Umstellungen und Ergänzungen vorzunehmen, die uns infolge der fortschreitenden Entwicklung in Lehre und Technik notwendig erschienen. Neu aufgenommen wurden dabei die Abschnitte über Linearität und Rückwirkungsfreiheit (3.1), über die Einführung der Laplace-Transformation (3.3) und über ein neueres Verfahren zur Bestimmung des Frequenzganges aus der Übergangsfunktion (5.13).

Im neugefaßten Abschnitt 4.3 wird gezeigt, wie man die Konstanten der Übergangsfunktion direkt aus der Wurzelortebene entnehmen kann. Die Ableitung des vollständigen Nyquistkriteriums wurde ebenfalls umgestaltet und eine Orientierungshilfe zur richtigen Wahl des Reglertyps in Abschnitt 6.1 eingefügt. In Anbetracht des noch immer rapiden technischen Fortschritts auf dem Gerätesektor wird der kundige Leser Verständnis dafür haben, daß in einem Buch über die theoretischen Grundlagen der linearen Regelungstechnik, wie es hier vorliegt, die gerätetechnischen Beispiele nicht immer dem neuesten Stand entsprechen.

Die erneute Überarbeitung der Wurzelortkurven besorgte Herr Dr.-Ing. *B. Dirr*, dem an dieser Stelle aufrichtig gedankt sei. Nicht zuletzt sind wir Herrn Dipl.-Ing. *L. Busse* für die Mithilfe bei Fehlerkorrekturen und Herrn Dipl.-Ing. *G. Gösche* für die Berechnung der Tabellen 5.12 und 5.13 zu Dank verpflichtet.

Dem Verlag sei an dieser Stelle nochmals für seine große Geduld ebenso wie für die Erfüllung zahlreicher Sonderwünsche gedankt.

Hannover und Frankfurt, im Mai 1968

E. Pestel / E. Kollmann

Vorwort zur dritten Auflage

Die stürmische Entwicklung der modernen Regelungstheorie während der letzten 15 Jahre wurde in erster Linie durch die Bedürfnisse der Weltraumtechnik, Flugzeugindustrie und wohl auch der Wehrtechnik getragen. Der recht hohe theoretisch-mathematische und rechentechnische Aufwand hat nur ein zögerndes Eindringen in die übrigen Industriezweige zugelassen. Erst als durch Entfeinerung der Methoden der theoretische Aufwand gesenkt und durch die rapide Verbilligung von Digitalrechnern die Anwendung erschwinglich wurde, mehrten sich die Chancen für einen allgemeinen Einsatz.

Eine dritte wesentliche Voraussetzung, nämlich eine genügende Verbreitung dieser Betrachtungsweise mit ihren Möglichkeiten und Grenzen bei den praktisch tätigen Ingenieuren ist zunächst wohl nur bei den neueren Hochschul- und Universitätsabsolventen vorhanden. Diese haben aber wegen des hohen wissenschaftlichen Anspruchs der modernen Theorie erhöhte Schwierigkeiten, den Ausbildungsstoff in die Praxis umzusetzen.

Umgekehrt werden Zustandsraum-Methoden bei den Fachhochschulen und bei praxisorientierter Ingenieur-Weiterbildung meist noch nicht gelehrt, da man den mathematisch-theoretischen Überbau scheut.

Hier will das vorliegende Lehrbuch eine Hilfe sein, indem es an die vertrauteren klassischen Darstellungen die Zustandsbeschreibung anschließt, ohne die höhere Mathematik und Theorie unnötig zu strapazieren, und indem es möglichst bald zu ingenieurmäßigen Anwendungen kommt. Unter Verzicht auf unanschauliche Rigorosität auf der einen und erschöpfende Breite aller theoretischen Aspekte auf der anderen Seite wird die Zustandsbeschreibung als eine von mehreren Wegen zur Lösung regelungstechnischer Aufgabenstellungen geschildert.

Diese Darstellung soll somit sowohl Dozenten der praktischen Regelungstechnik als auch den Ingenieuren im Berufsleben Mut machen, diesen neuen Weg in das regelungstechnische Fachwissen mit einzubeziehen.

Gegenüber der zweiten Auflage wurden auch in den übrigen Kapiteln einige Änderungen notwendig. So wurden Angaben mit physikalischen Maßeinheiten durchgängig auf die neuen internationalen SI-Einheiten umgestellt. Wegen der abnehmenden Bedeutung des Analogrechners für regelungstechnische Berechnungen wurde das Kapitel 8 stark verkürzt. Dagegen schien es uns zweckmäßig, wenigstens auszugsweise die Lösungen der Übungsaufgaben mitzuteilen, um dem Leser die Kontrolle der durchgerechneten Aufgaben zu ermöglichen. Damit konnte gleichzeitig auf die Neuherausgabe des umfangreichen Lösungsbandes verzichtet werden, für den kein ausreichendes Bedürfnis mehr bestand.

Dem Vieweg Verlag sei für die freundliche Zusammenarbeit bei der Erstellung der dritten Auflage wiederum herzlich gedankt.

Hannover und Oberursel, im Mai 1979

E. Pestel / E. Kollmann

Inhaltsverzeichnis

Einleitung 1

1 Der Aufbau von Regelkreisen 9
1.1 Luftdruckregelung 9
1.2 Raumtemperaturregelung 21
1.3 Elektrische Folgeregelung 31

2 Einführung in die mathematische Beschreibung 40
2.1 Drehzahlregelung einer Dampfturbine als Beispiel 40
2.2 Blockschalt- und Strukturbild 43
Übungsbeispiele 45
Übungsaufgaben 53
2.3 Differentialgleichungen für Regelkreisglieder und Regelkreis 59
Übungsaufgaben 62
2.4 Klassifikation von Regelstrecken und Reglern 64

3 Die Übertragungsfunktion 68
3.1 Linearität und Rückwirkungsfreiheit 68
3.2 Beschreibung des dynamischen Verhaltens von Regelkreisgliedern und Regelkreisen 70
3.3 Laplace-Transformation und Übertragungsfunktion 75
Übungsaufgaben 80
3.4 Anwendung der Übertragungsfunktion auf die Standard-Eingangssignale 81
Übungsaufgaben 86
3.5 Die Übertragungsfunktion zusammengesetzter Systeme 87
Übungsaufgaben 90
3.6 Bestimmung des Beharrungsverhaltens von Regelkreisen mit Hilfe der Übertragungsfunktion 94
Übungsaufgaben 97

4 Das Wurzelortverfahren 100
4.1 Mathematische Grundlagen des Wurzelortverfahrens 100
4.2 Regeln für die Konstruktion von Wurzelortkurven 105
4.3 Berechnung der Übergangsfunktion mit Hilfe der Wurzelortdarstellung 120
4.4 Katalog von Wurzelortkurven 124
Übungsaufgaben 136
4.5 Anwendung des Wurzelortverfahrens bei beliebigen Parametern 138
Übungsaufgaben 141
4.6 Anwendung des Wurzelortverfahrens auf vermaschte Regelkreise 142
Übungsaufgaben 144

5 Die Frequenzgangmethode 146
5.1 Beispiel 146
5.2 Der komplexe Frequenzgang und seine Ortskurve 147
Übungsaufgaben 152
5.3 Ableitung des Stabilitätskriteriums von Nyquist 154
5.4 Beispiele zur Stabilitätsuntersuchung anhand der Ortskurve 162
Übungsaufgaben 168
5.5 Der Frequenzgang im Bode-Diagramm 169
Übungsaufgaben 183

5.6 Inversion, Multiplikation und Division von Frequenzgängen . . . 184
Übungsaufgaben . . . 188
5.7 Anwendung des Nyquist-Stabilitätskriteriums im Bode-Diagramm . . . 190
Übungsaufgaben . . . 193
5.8 Nichtreguläre Systeme . . . 194
5.8.1 Positive Pole in der Übertragungsfunktion $F_0(s)$ des offenen Kreises . . . 194
5.8.2 Positive Nullstellen in der Übertragungsfunktion $F_0(s)$ des offenen Kreises 199
5.8.3 Regelkreis mit Totzeit . . . 203
Übungsaufgaben . . . 207
5.9 Auswertung gemessener Frequenzgänge . . . 208
Übungsaufgaben . . . 213
5.10 Frequenzgang des geschlossenen Regelkreises (Nichols-Diagramm) . . . 215
Übungsaufgaben . . . 226
5.11 Näherungsverfahren für das Frequenzverhalten des geschlossenen Regelkreises . . . 228
Übungsaufgaben . . . 229
5.12 Beziehung zwischen Frequenzgang und Zeitverhalten . . . 231
5.12.1 Anwendung des Fourierintegrals . . . 231
5.12.2 Anwendung der Übertragungsfunktion . . . 236
Übungsaufgaben . . . 237
5.13 Berechnung des Frequenzganges aus der Übergangsfunktion . . . 238

6 Die Zustandsdarstellung . . . 243
6.1 Ableitung der Zustandsgleichungen aus der physikalischen Systembeschreibung . . . 244
Übungsaufgaben . . . 246
6.2 Zusammenhang zwischen Zustandsgleichungen und der DGl des Gesamtsystems . . 247
6.3 Zusammenhang zwischen Übertragungsfunktion und Zustandsdarstellung . . . 248
Übungsaufgaben . . . 256
6.4 Lösung der Systemgleichungen . . . 256
Übungsaufgaben . . . 260
6.5 Steuerbarkeit und Beobachtbarkeit . . . 260
Übungsaufgaben . . . 263

7 Optimierung und Regelkreissynthese . . . 265
7.1 Formulierung der Optimierungskriterien . . . 265
7.1.1 Optimierungskriterien im Zeitbereich . . . 268
7.1.2 Optimierungskriterien in der Wurzelortebene . . . 270
7.1.3 Optimierungskriterien für den Frequenzgang . . . 271
7.1.4 Optimierungskriterien für den Zustandsraum . . . 273
7.2 Einfache Bemessungsvorschriften für die optimale Einstellung von Reglern . . . 274
7.2.1 Bei bekannter Übergangsfunktion der Regelstrecke . . . 274
7.2.2 Auf Grund der kritischen Reglerverstärkung . . . 274
7.2.3 Bei bekanntem Frequenzgang der Regelstrecke mit Hilfe der Betragsoptimierung . . . 274
Übungsaufgaben . . . 276
7.3 Einfügen von Netzwerken . . . 277
7.3.1 Reihenschaltung . . . 278
7.3.2 Parallelschaltung . . . 278
7.3.3 Gegenschaltung . . . 281
Übungsaufgaben . . . 284

7.4 Optimierung im Bode-Diagramm 286
7.4.1 Amplitudenabsenkendes Netzwerk 287
7.4.2 Phasenanhebendes Netzwerk 289
Übungsaufgaben 294
7.5 Regelkreissynthese 295
7.5.1 Bestimmung des Reglerfrequenzganges 295
7.5.2 Bestimmung des Frequenzganges des Führungsblockes (Sollwertglättung) . 298
Übungsaufgaben 300
7.6 Regelkreissynthese im Zustandsraum 301
7.6.1 Zustandsregelung durch Polvorgabe 302
7.6.2 Der Luenberger Beobachter 304
7.6.3 Der reduzierte Beobachter 308
7.6.4 Auslegung auf endliche Einstellzeit 310
Übungsaufgaben 313

8 Anwendung des Analogrechners in der Regelungstechnik 314
8.1 Die Technik des elektronischen Analogrechners 315
8.2 Entwicklung eines Schaltplanes 318
Übungsaufgaben 329
8.3 Maßstabsbestimmung 330
8.4 Anwendungsbeispiele der Regelungstechnik 332
8.4.1 Lineares Beispiel 332
8.4.2 Regelkreis mit Relaisregler 334

Literatur 338

Anhang 1 340

Anhang 2 341

Sachwortverzeichnis 346

Einleitung

Die rapide wirtschaftliche Entwicklung der letzten 30 Jahre verdanken wir zu einem erheblichen Teil dem konsequenten Einsatz der Automatisierungstechnik. Durch sie wird Rohöl in nahezu menschenleeren Raffinerieanlagen im Dauerbetrieb in Benzin und Heizöl umgesetzt, werden ganze Kraftwerke nach dem Strombedarf selbsttätig an- und abgefahren, und sie ist Voraussetzung für rationellere Produktionsverfahren wie beispielsweise das Stranggießen von Walzstahlblöcken.

Die Herstellung von Automatisierungs-Einrichtungen, ihre zweckmäßige Planung, Auswahl und Inbetriebnahme setzt neben einer gewissen Erfahrung und technischen Vorbildung vor allem Kenntnisse über die Eigenschaften von Steuerungen und Regelungen und über wichtige Analyse- und Synthese-Methoden voraus.

Regelungen unterscheiden sich dabei von Steuerungen dadurch,

a) daß sie auf kontinuierliche oder doch quasikontinuierliche Signale angewandt werden (z.B. Temperaturen, Drücke, Durchflüsse) und
b) daß ein geschlossener Wirkungskreis entsteht.

Die prinzipielle Wirkungsweise einer Regelung ist im Bild 1 als Signalflußbild dargestellt:

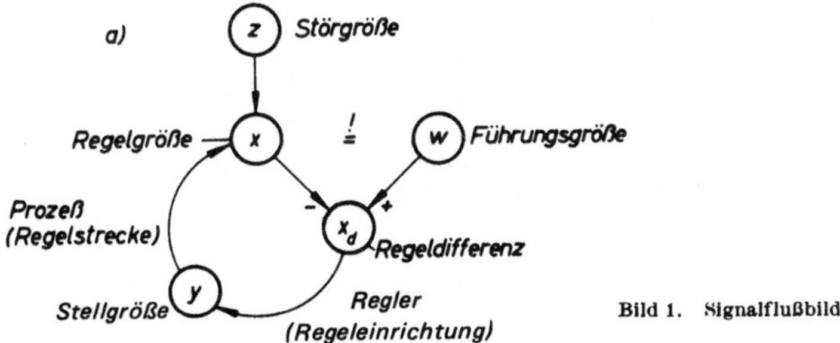

Bild 1. Signalflußbild

Die *Regelgröße* x, welche in unerwünschter Weise von *Störgrößen* z verändert wird, bringt man durch Eingriff über die *Stellgröße* y wieder möglichst nahe an den gewünschten Zustand w heran. Dazu bildet man aus der *Regelgröße* x und der *Führungsgröße* w die *Regeldifferenz* x_d und formt diese in eine geeignete *Stellgröße* y um.

Ein Beispiel soll diesen Sachverhalt näher erläutern:

Regelung der Konzentration bei der Salzsäureherstellung

Bild 2 zeigt eine Anlage zur Herstellung von Salzsäure, die durch Lösung von Chlorwasserstoffgas in Wasser im oberen Teil eines Säureturmes erfolgt. Durch eine Füllkörperschüttung ist dieser Turm als Rieselstrecke ausgebildet. Die Aufgabe der Regelung besteht darin, trotz Schwankungen in der Chlorwasserstoffgas- und Wasserzufuhr die Konzentration der im Säuresumpf sich sammelnden Säure konstant zu halten. Die *Regelgröße* ist also die Säurekonzentration, deren Istwert meßtechnisch erfaßt und mit dem Sollwert verglichen werden muß. Das geschieht hier dadurch, daß aus dem Säuresumpf (*Meßort*) fortlaufend eine geringe Menge der Säure in eine Kochzelle abgeführt wird, wo mittels der Siedetemperatur (Bild 3) die Konzentration (der Istwert) festgestellt wird. Die am Temperaturfühler, einem Thermoelement, auftretende Ist-Spannung kann dann leicht mit einer der geforderten Säurekonzentration

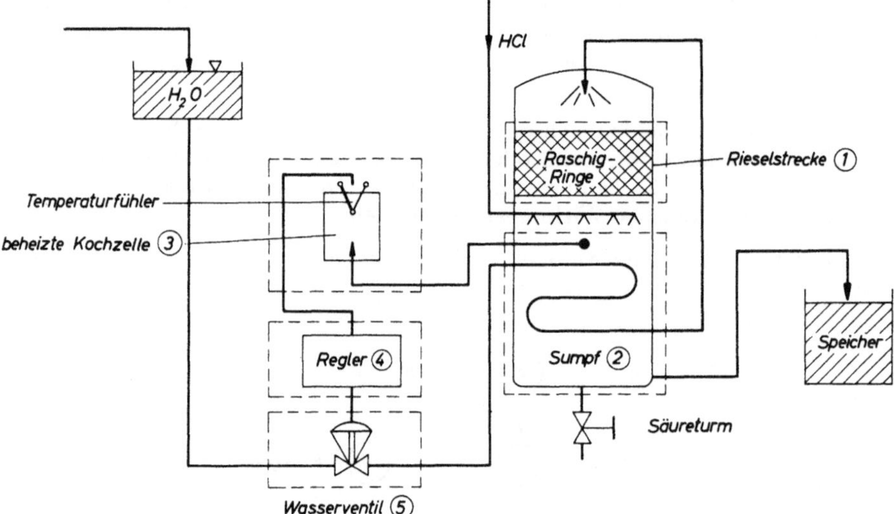

Bild 2. Salzsäure-Konzentrationsregelung

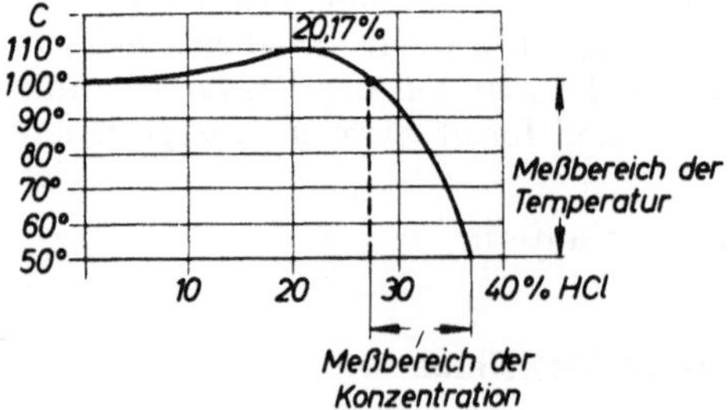

Bild 3. Siedekurve der wäßrigen Salzsäure

(dem Sollwert) entsprechenden Soll-Spannung verglichen werden. Die Differenz zwischen Ist- und Soll-Spannung wird im Regler in einen pneumatischen Druck *(Stellgröße)* gewandelt, der eine der Konzentrationsabweichung entsprechende Änderung der Öffnung des am *Stellort* in die Wasserleitung eingebauten pneumatischen Regelventils *(Stellglied)* herbeiführt derart, daß dem Säureturm bei zu hoher Konzentration mehr Wasser zufließt und umgekehrt. Es mag noch erwähnt werden, daß anstelle des pneumatischen Druckes z. B. auch die Stellung des Ventilstößels als Stellgröße aufgefaßt werden kann.

Der soeben beschriebene Vorgang sei noch einmal erörtert, jetzt aber vom Standpunkt der Regelungstechnik aus gesehen. Für sie ist der ,,Wirkungsfluß" von höchster Bedeutung; dementsprechend wird nunmehr die Anlage längs dieses Wirkungsflusses in einzelne Blöcke aufgegliedert. Diese Aufteilung wird dabei zweckmäßig so getroffen, daß das aus einem Block heraustretende Signal praktisch keinen Einfluß auf das in denselben Block eintretende Signal hat (Rückwirkungsfreiheit). Innerhalb jedes Blockes wird dann also das Eingangs-

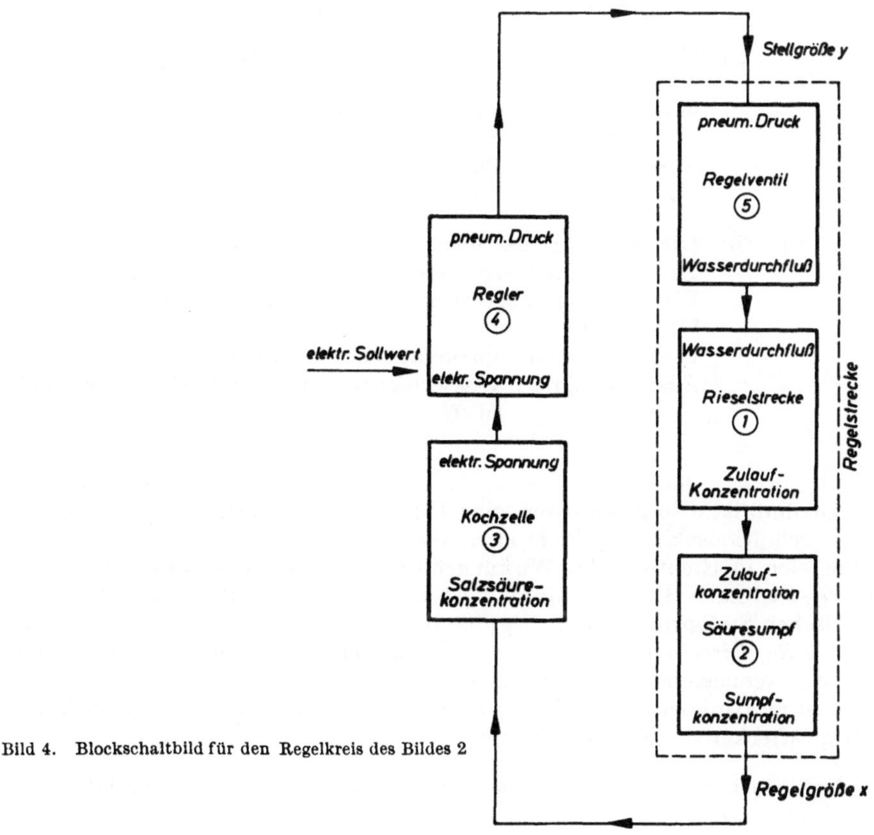

Bild 4. Blockschaltbild für den Regelkreis des Bildes 2

signal rückwirkungsfrei zum Ausgangssignal „verarbeitet“. Im vorliegenden Beispiel kennzeichnen in Bild 2 die gestrichelten Rahmen die einzelnen Blöcke, in denen sich der regelungstechnische Vorgang abspielt (vgl. auch Bild 4):

Rieselstrecke ①: Die in den oberen Teil eintretende Wassermenge löst das Chlorwasserstoffgas zu Salzsäure bestimmter Konzentration.
Eingangssignal: Wassermenge in m^3/h
Ausgangssignal: Zulauf-Salzsäurekonzentration in %

Säuresumpf ②: Die aus der Rieselstrecke austretende Salzsäure vereinigt sich mit der im Säuresumpf bereits vorhandenen und wirkt auf deren Konzentration ein.
Eingangssignal: Zulauf-Konzentration in %
Ausgangssignal: Sumpf-Konzentration in % (Istwert der Regelgröße).

Kochzelle ③: Hier wird die Siedetemperatur der Salzsäure als *Ersatzregelgröße* für die Konzentration gebildet und über ein Thermoelement in eine elektrische Spannung gewandelt.
Eingangssignal: Salzsäurekonzentration in %
Ausgangssignal: Spannung in mV (Istwert).

Regler ④: Die Ist-Spannung wird mit der Soll-Spannung verglichen und die Differenz x_{wel} (Ersatzregelabweichung) in einen pneumatischen Druck umgeformt.
Eingangssignal: Spannung in mV
Ausgangssignal: Pneumatischer Druck in bar (Stellgröße).

Regelventil ⑤: Die Stellung des Ventilkörpers folgt dem pneumatischen Druck. Somit wird hier dem pneumatischen Druck die Wassermenge zugeordnet, die dann dem Säureturm zugeführt wird.
Eingangssignal: Pneumatischer Druck in bar
Ausgangssignal: Wassermenge in m^3/h = Eingangssignal zu ①.

Der Signalfluß ist also geschlossen, eine Tatsache, die ja bereits in der schematischen Definitionsskizze (Bild 1) zum Ausdruck kam. Der „Kreis“, der von den Signalen in Richtung des Wirkungsflusses durchwandert wird, heißt der *Regelkreis,* der nach Bild 4 am sinnfälligsten im *Blockschaltbild* dargestellt wird. Die zwischen Stellgröße und Regelgröße liegenden Blöcke werden zusammengefaßt als *Regelstrecke* bezeichnet, die im Blockschaltbild durch den gestrichelten Rahmen gekennzeichnet ist. Die Einbeziehung des Stellgliedes in die Regelstrecke ist im Hinblick auf die häufig notwendige experimentelle Untersuchung des Regelstreckenverhaltens zweckmäßig.

In jedem Block wirken die Signale nur in einer Richtung. Während diese Rückwirkungsfreiheit in den Blöcken Rieselstrecke, Säuresumpf und Kochzelle ohne weiteres vorhanden ist, wird sie im Block 4 (Regler) erst durch Zwischenschaltung eines, z. B. elektronischen, Verstärkers vor der Wandlung des elektrischen Signals in das pneumatische Ausgangssignal erreicht. Ganz allgemein kann in Energie vermittelnden Blöcken, wenn der Leistungsbedarf des Ausgangssignals nicht erheblich kleiner als die Leistung des Eingangssignals ist, Rückwirkungsfreiheit nur erzielt werden, wenn ein Verstärker mit ausreichender Leistungsverstärkung dazwischen geschaltet wird. Weil die vom Meßwerk abgegebenen Signale i. a. für die Bedienung des Stellgliedes zu energiearm sind, arbeiten daher die meisten *Regler mit Hilfsenergie*. Im vorliegenden Falle werden wegen der Verwendung eines elektrischen Meßfühlers und eines pneumatischen Stellgliedes gleich zwei Arten von Hilfsenergie, elektrische und pneumatische, benötigt.

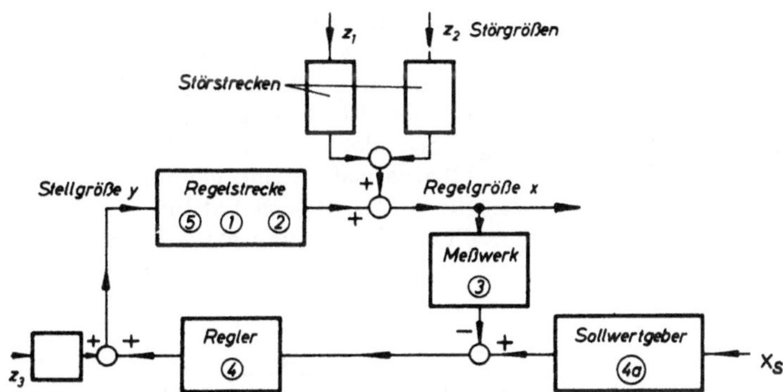

Bild 5. Vereinfachtes Blockschaltbild der Salzsäureregelung

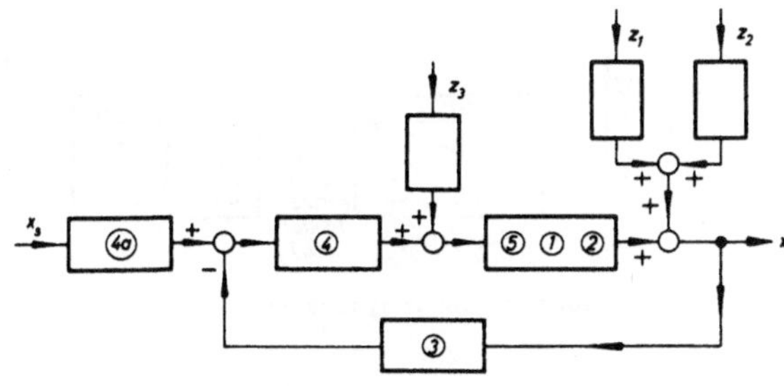

Bild 6. Umgeformtes Blockschaltbild

Wenn man im Blockschaltbild auch den Einfluß der *Störgrößen*, im vorliegenden Fall bedingt durch Druckschwankungen z_1 in der Chlorwasserstoffgasleitung und Änderungen z_2 in der Reinheit des Chlorwasserstoffgases, ferner durch

Schwankungen z_3 der Hilfsenergie etc., darstellen will, erhält man das Schema nach Bild 5. Darin sind die *Mischstellen,* an denen Signale addiert oder subtrahiert werden, durch offene Kreise mit Eingangssignalen und den entsprechenden Vorzeichen gekennzeichnet. *Verzweigungsstellen*, an denen ein Signal, hier z. B. die Regelgröße x, zur Messung „entnommen“ wird, werden durch einen Punkt dargestellt. Da der Sollwertgeber (hier Gleichspannungsquelle) Teil des Reglers ist, wurde er im Bild 5 mit (4a) beziffert.

Wir werden bei der mathematischen Behandlung später die Darstellungsweise des Blockschaltbildes nach Bild 6 vorziehen, weil in ihr die Unterscheidung zwischen den sogenannten *Vorwärtsgliedern* ④, ⑤, ① und ② und dem *Rückwärtsglied* ③ klarer zum Ausdruck kommt.

Wie wir bei der mathematischen Behandlung des Regelungsproblems sehen werden, ist für die rechnerische Ermittlung des Ablaufes von Regelungsvorgängen die Kenntnis des Zeitverhaltens der einzelnen Elemente (Blöcke) des Regelkreises eine notwendige Voraussetzung. Zur anschaulichen Beschreibung des Zeitverhaltens eines Blockes gelangt man, wenn man das Eingangssignal des betreffenden Blockes sprunghaft verändert und den zeitlichen Verlauf der Ausgangsgröße beobachtet. Die Zeitfunktion, die diesen Verlauf beschreibt, wird Übergangsfunktion genannt. Es ist üblich, die Übergangsfunktion in jeden Block des Blockschaltbildes einzuzeichnen. Im vorliegenden Fall führen bereits einfache qualitative Überlegungen zu dem Blockschaltbild (Bild 7).

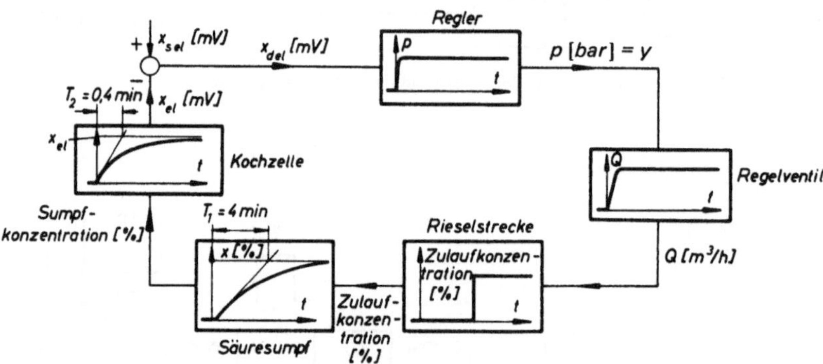

Bild 7. Blockschaltbild mit Übergangsfunktionen

Regler und Regelventil reagieren fast trägheitslos, während bei der Rieselstrecke eine plötzliche Erhöhung der eintretenden Wassermenge erst nach einer gewissen Totzeit T_t am Ausgang als Konzentrationsänderung in Erscheinung tritt. Bei einer sprunghaften Änderung der Konzentration der in den Säuresumpf eintretenden Salzsäure wird die Gesamtkonzentration nur langsam dieser Änderung folgen. Die in Bild 7 eingetragene Zeitkonstante T_1 gibt uns ein Maß für die „Trägheit“ dieses Blockes.

Für die Kochzelle ergibt sich ein ähnliches Verhalten, jedoch ist hier die Zeitkonstante T_2 nach praktischen Messungen um eine Größenordnung kleiner.

Das Beispiel zeigt, daß dem Ingenieur bei der Auslegung einer regelungstechnischen Anlage folgende Aufgaben erwachsen:

1. Auswahl einer geeigneten Meßmethode, des Meßfühlers und eines Meßumformers passend zur vorhandenen Hilfsenergie, bei Beachtung zusätzlicher anlagenbedingter Forderungen wie Explosionsschutz, Korrosionsbelastung u.ä.
2. Wahl eines geeigneten Stellgliedes, das möglichst kräftig und möglichst von wenigen anderen Größen abhängig auf die Regelgröße x einwirkt. Diese Aufgabe setzt eine gründliche Kenntnis des zu regelnden Objektes, d. h. der Regelstrecke, einschließlich der verfügbaren Stellglieder voraus.
3. Auswahl des eigentlichen Reglers, der sowohl signalmäßig an den Meßfühler bzw. den Meßumformer und an das Stellglied angepaßt sein muß als auch das für die Regelaufgabe geeignete Zeitverhalten mit entsprechenden Einstellbereichen aufweist. Zur Überwachung und für Eingriffe seitens des Bedienungspersonals sind meistens auch Anzeiger, Schalter und Verstellmöglichkeiten auf der Frontseite des Reglers oder an einem gesonderten Leitgerät erforderlich, deren Anordnung und Gestaltung für die Auswahl ebenfalls entscheidend sein können. Je nach Anbringungsort ist ferner zwischen Feldreglern, Reglern in der Meßwarte (Kompaktreglern) und Reglern in Wartennebenräumen zu unterscheiden, was vom Betreiber meist vorgegeben wird und die Wahl der Geräte weiter einschränkt.

Bei der Auslegung eines Regelkreises steht man fast immer vor folgenden Gegebenheiten:

a) Die Regelstrecke, häufig auch das Stellglied, sind vorgegeben, ihr regelungstechnisches Verhalten, d. h. das Zeitverhalten unter verschiedenen Betriebsbedingungen, ist aber nur ungenau bekannt und muß erst rechnerisch oder experimentell abgeschätzt oder bestimmt werden.

b) Die wirksamen Störgrößen und ihre Signalformen sind meist nicht genau oder gar nicht bekannt. Meist wird deshalb mit sprungförmigen Störungen, die am Stelleingang der Regelstrecke wirksam sind, gerechnet.

c) Gelegentlich werden Sonderforderungen an das Regelverhalten betreffend guter Führungsübergänge oder günstigen Verhaltens beim Anfahren des Regelkreises gestellt, seltener sind quantitative Vorgaben an das allgemeine Beharrungs- und Zeitverhalten zu erfüllen.

Bei der Erfüllung von Genauigkeitsforderungen stellt sich dem Ingenieur immer eine im Wesen der Regelung begründete Schwierigkeit entgegen: Aus der Tatsache, daß die Regelabweichung benutzt wird, sich selbst möglichst klein zu halten, entspringt die Forderung nach einer großen Verstärkung im Regler, die ihrerseits die Gefahr der Überregelung mit lang andauernden Schwingungen der

Regelgröße mit sich bringt, oder gar zur Instabilität führt[1]). Die sich widersprechenden Forderungen nach großer Regelgenauigkeit auf der einen Seite und nach stabilem Zeitverhalten auf der anderen, zwingen zum Aufsuchen des bestmöglichen Kompromisses. Es ist die Aufgabe der folgenden Kapitel, den Leser für die Lösung dieses Problems vorzubereiten.

---

1) Bei dem der Regelung in vieler Hinsicht verwandten Vorgang der *Steuerung* tritt im Gegensatz zur Regelung dieses Stabilitätsproblem nicht auf, da nicht die Abweichung der gesteuerten Größe, sondern zumeist die wichtigste Störgröße z (z. B. bei der Heizung eines Raumes die Außentemperatur) für die Änderung der Stellgröße y herangezogen wird und somit kein geschlossener Wirkungskreis entsteht, in dem sich Schwingungen aufschaukeln können (Bild 8).

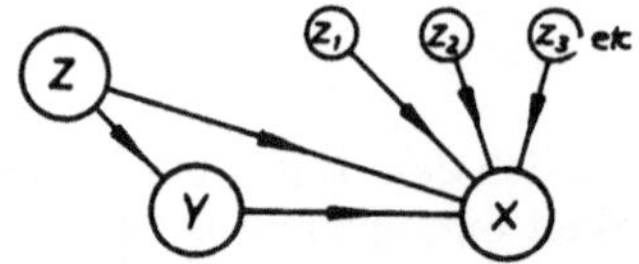

Bild 8. Signalfluß beim Steuerungsvorgang

Da die gesteuerte Größe jedoch auch anderen, nicht erfaßten Störungen z_1, z_2 usw. unterliegt, bietet die Steuerung allein keine Gewähr für die Aufrechterhaltung eines gewünschten Wertes der gesteuerten Größe. Bei der *„Störgrößenaufschaltung“* wird jedoch das Steuerungsprinzip auch in der Regelungstechnik benutzt.

1. Der Aufbau von Regelkreisen

In diesem Kapitel wird der Aufbau von Regelkreisen an konkreten Beispielen erörtert, die typische regelungstechnische Aufgaben darstellen. Dabei werden in gewissem Umfange auch gerätetechnische Fragen berührt. Wo es nützlich erscheint und in dem beschränkten Rahmen möglich ist, werden einfache Zahlenrechnungen durchgeführt, um die wichtigsten Glieder des Regelkreises auch größenordnungsmäßig festlegen zu können. Das Gewicht liegt jedoch im wesentlichen auf der qualitativen Darstellung von Regelkreisen und ihrer funktionsmäßigen Durchdringung mit Hilfe von Struktur- oder Blockschaltbildern.

1.1. Luftdruckregelung

An eine Druckleitung (Bild 1.1) ist eine Reihe von Zweigleitungen ..., $n-1$, $n, n+1$, ... angeschlossen, unter denen die n-te einen konstanten Abgabedruck von 2,0 bar besitzen soll. Auf Bild 1.1 ist ferner angedeutet, daß an den Abzweig n mehrere Verbraucher n_a, n_b, ... angeschlossen sind. Im normalen Betriebszustand beträgt der Durchfluß Q_n an dieser Stelle 1 m³/min, während $Q_{n_{max}} =$ 2 m³/min und $Q_{n_{min}} = 0{,}2$ m³/min betragen. Im ungeregelten Zustand würde

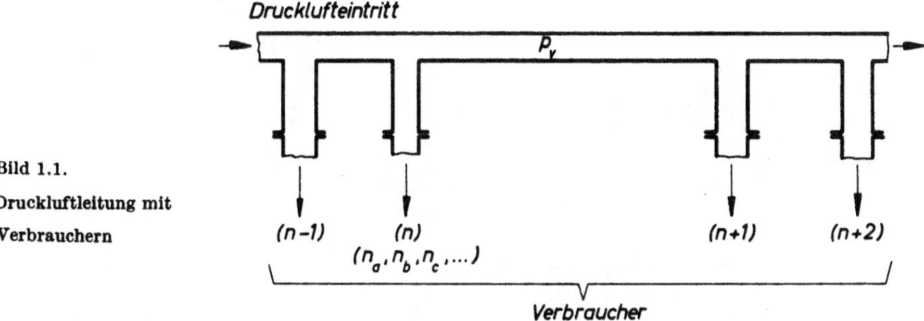

Bild 1.1. Druckluftleitung mit Verbrauchern

der Druck (die Regelgröße) infolge des fortwährenden Zu- und Abschaltens von Verbrauchern stark schwanken. Der Einfluß dieser Störungen führt im Falle der Minimalentnahme aller Verbraucher zu einer größten Erhöhung des Vordruckes p_v auf $p_{v_{max}} = 3{,}0$ bar, andererseits zu einer größten Druckabsenkung auf 2,0 bar, wenn der Gesamtverbrauch ein Maximum besitzt

(Bild 1.2). Es wird verlangt, daß durch Einbau einer Druckregelung am Eingang in die Zweigleitung n die Luftdruckschwankung um den Sollwert 2,0 bar auf weniger als $\pm$ 0,2 bar vermindert wird. Der geforderte *Regelfaktor*, d. i.

$$\frac{\text{Schwankungsbreite der Regelgröße bei Regelung}}{\text{Schwankungsbreite der Regelgröße ohne Regelung}}$$

soll also $\frac{x_{\max} - x_{\min}}{p_{v_{\max}} - p_{v_{\min}}} = \frac{0,4}{1,0} = 0,4$ nicht überschreiten.

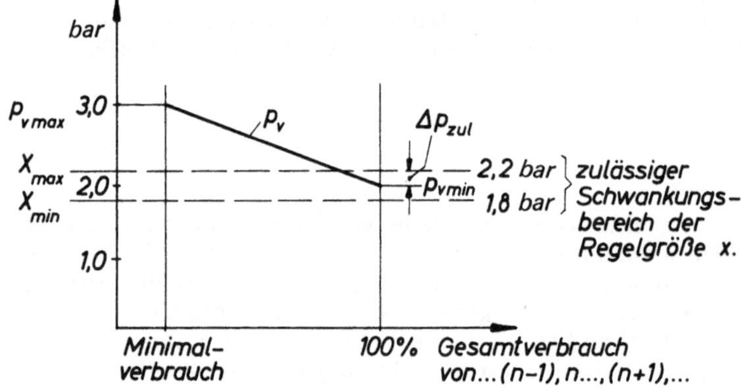

Bild 1.2. Vordruckdiagramm

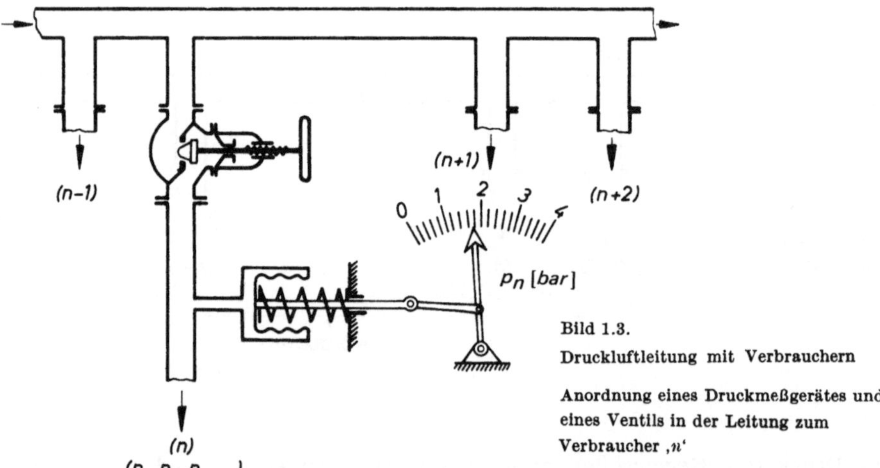

Bild 1.3. Druckluftleitung mit Verbrauchern

Anordnung eines Druckmeßgerätes und eines Ventils in der Leitung zum Verbraucher ‚n'

Der Luftdruck am Eingang der Zweigleitung n ist also die Regelgröße X, deren meßtechnische Erfassung in Bild 1.3 lediglich schematisch angegeben ist. Ihre Beeinflussung wird durch ein Regelventil als Stellglied vorgenommen, das vor dem Meßort eingebaut wird. Im Falle der *Handregelung* würde der Bedienungsmann bei Feststellung eines Druckes, der größer als 2 bar ist, das Ventil weiter schließen, während umgekehrt beim Ablesen eines unter dem Sollwert liegenden Druckwertes das Ventil weiter geöffnet würde. Durch Kopplung des Meßgliedes mit dem Stellglied mittels einer Hebelübersetzung ist nun eine einfache *selbsttätige Regelung* des Luftdruckes möglich (Bild 1.4). Um im Normalbetrieb die Regelung auf den Luftdrucksollwert von 2,0 bar einstellen zu können, ist die Anordnung eines *Sollwerteinstellers* entsprechend Bild 1.5 vorzusehen.

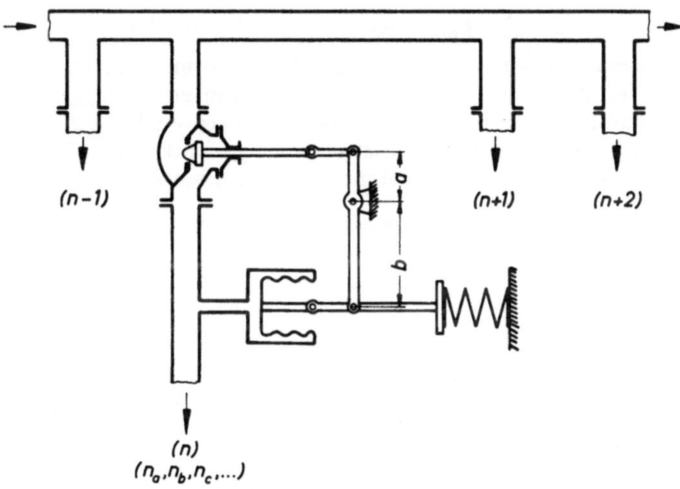

Bild 1.4. Luftdruckregelung
Kopplung des Meßgliedes mit dem Stellglied durch eine Hebelübersetzung

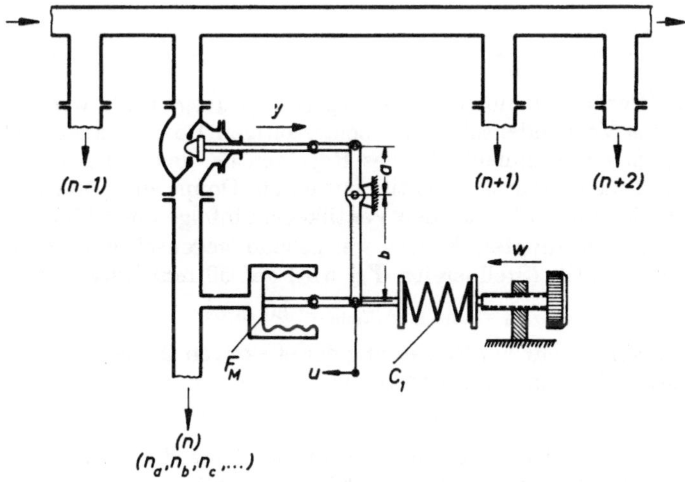

Bild 1.5. Luftdruckregelung
Anordnung eines Sollwerteinstellers

Wir wollen nun im folgenden zunächst erörtern, unter welchen Gesichtspunkten die Auswahl des Regelventils[1]) zu erfolgen hat, und wie bei den gegebenen Daten die Querschnittsfläche des Druckmeßbalges[2]), die Reglerfeder und das Gestänge aufeinander abzustimmen sind.

Bei einem Maximalverbrauch $Q_{n\,\max} = 2$ m³/min an der Leitung n und zufällig gleichzeitigem Maximalverbrauch an allen anderen Stellen darf der Druckabfall am ganz geöffneten Regelventil den Betrag

$$\Delta p_{\min} = p_{v_{\min}} - p_{\min} = 2{,}0 - 1{,}8 = 0{,}2 \text{ bar}$$

nicht übersteigen, da sonst die zulässige Regelabweichung (Bild 1.2) überschritten würde. Wenn andererseits der Minimaldurchsatz $Q_{\min} = 0{,}2$ m³/min mit dem Minimalverbrauch bei allen anderen Verbrauchern zusammenfällt, und damit der Vordruck vor der Abzweigleitung n auf $p_{v_{\max}} = 3{,}0$ bar steigt, muß das Regelventil durch Drosselung in der Lage sein, einen Druckabfall von

$$\Delta p_{\max} = p_{v_{\max}} - p_{\max} = 3{,}0 - 2{,}2 = 0{,}8 \text{ bar}$$

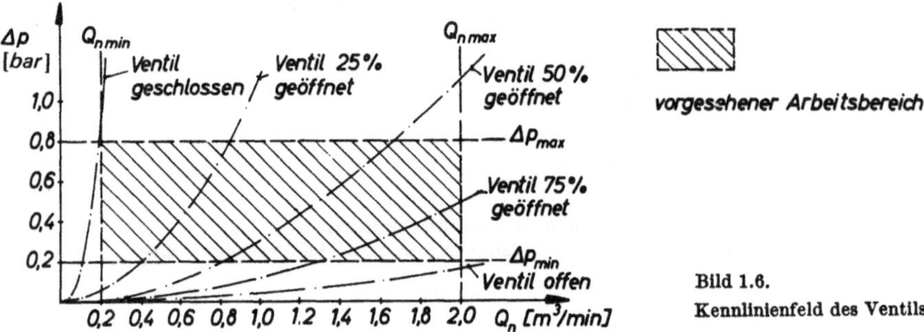

Bild 1.6. Kennlinienfeld des Ventils

zu erzeugen. Hiernach kann nun das Regelventil ausgewählt werden, wobei zweckmäßig das Vorhandensein einer beiderseitigen Reserve anzustreben ist. Bild 1.6 zeigt das Kennlinienfeld eines Regelventils, das den Anforderungen genügt. Es ist üblich, derartige Ventile mit einem Doppelsitz (Bild 1.7) auszuführen, damit sich die Kräfte an den Ventilkegeln infolge des Differenzdruckes und der strömungsbedingten Kräfte weitgehend gegenseitig aufheben. Der Gesamthub des Ventils (Stellbereich Y_h) wird auf 50 mm festgelegt:

$$Y_h = y_{\max} - y_{\min} = 50 \text{ mm}.$$

Wir wenden uns nunmehr der Bemessung der effektiven Querschnittsfläche F_M des Druckmeßwerkes und der Federkonstanten c_1 zu.

[1]) Regelventile sind gewöhnlich auch im geschlossenen Zustand nicht undurchlässig, so daß man auch eine Kennlinie für die geschlossene Stellung erhält.

[2]) Seine Federeigenschaft wird bei der folgenden Rechnung mit der der Reglerfeder zu *einer* Federkonstanten zusammengefaßt.

Bei der folgenden einfachen Berechnung wollen wir annehmen, daß die Stopfbuchsenreibung des Regelventils $P_R = \pm\, 100$ N beträgt.

Bei minimalem Meßdruck muß die Feder durch ihre Vorspannung P_0 nicht nur die Druckkraft aufbringen, sondern auch entgegen der Reibkraft das Ventil öffnen (vgl. Bild 1.5). Die auf den Ventilstößel wirkenden Kräfte sind im Gleichgewicht, wenn:

$$- P_R + \frac{b}{a}\,(P_0 - X_{\min} \cdot F_M) = 0. \qquad (1.1)$$

Bei maximalem Meßdruck dagegen muß die Feder durch den Meßbalg soweit zusammengedrückt werden, daß — wieder entgegen der Reibkraft — das Ventil geschlossen wird. Die Kräftegleichung lautet nun:

$$\frac{b}{a}\,(X_{\max} \cdot F_M - P_0 - c_1 \cdot u_{\max}) - P_R = 0. \qquad (1.2)$$

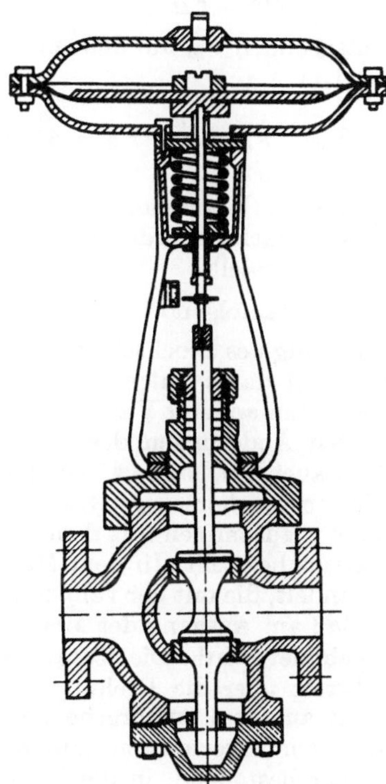

Bild 1.7. Ausführung eines doppelsitzigen Regelventils

Mit $u_{\max} = Y_h \cdot \frac{b}{a}$ wird durch Addition aus (1.1) und (1.2) und mit der Bedingung für die größtzulässige Regelabweichung:

$$X_{\max} - X_{\min} = \frac{2\,P_R + Y_h \cdot c_1 \left(\frac{b}{a}\right)^2}{F_M \cdot \left(\frac{b}{a}\right)} \leq 0{,}4 \text{ bar} \tag{1.3}$$

Um den Einfluß der Reibungskraft, die sich z. B. mit der Temperatur oder durch Abnutzung unkontrolliert ändern kann, klein zu halten, wird festgesetzt, daß der zweite Term des Zählers von (1.3) das zehnfache von 2 P_R betragen soll, also:

$$c_1 = \frac{20\,P_R}{Y_h} \left(\frac{a}{b}\right)^2.$$

Damit wird aus (1.3):

$$F_M \geq \frac{22\,P_R}{0{,}4 \text{ bar}} \cdot \frac{a}{b}.$$

Wir setzen ferner ein Hebelverhältnis von $a/b = 1/2$ fest und erhalten mit den oben genannten Zahlenwerten für P_R und Y_h:[1])

$$c_1 = 100 \text{ N/cm}^2; \; F_M \geq 275 \text{ cm}^2.$$

Wir erhöhen aus Sicherheitsgründen F_M auf 300 cm² und errechnen die erforderliche Vorspannung aus (1.1):

$$P_0 = X_{\min} \cdot F_M + \frac{a}{b} \cdot P_R = 5450 \text{ N}.$$

Sowohl die relativ große Membran (Durchmesser ≈ 20 cm) als auch die großen Federkräfte zeigen, daß diese einfache Anordnung nicht die optimale technische Lösung der Regelungsaufgabe darstellt.

Andere Möglichkeiten werden nachfolgend beschrieben.

Wir kommen nun zur Erörterung des Blockschaltbildes der Luftdruckregelung (Bild 1.8). Die Störgrößen sind dabei aufgeteilt in die auf der Zulaufseite, welche durch Ab- und Zuschalten anderer Verbraucher entstehen, und die auf der Ablaufseite, die von den Änderungen des Verbrauchs der an der Abzweigung n hängenden Verbraucher n_a, n_b usw. herrühren. In den sogenannten Störstrecken SS werden die verbraucherseitigen Störungen in Druckänderungen umgewandelt, deren Summe z zusammen mit dem Ausgang der Regelstrecke den Istwert der Regelgröße x herstellt. In dem Meßwerk wird der Istwertdruck in eine Kraft umgewandelt, die mit der vom Sollwerteinsteller bewirkten Kraft verglichen wird, so daß am Ausgang der Mischstelle (Vergleichsort) die Regelgrößendifferenz x_d gebildet wird. Die Tatsache, daß durch den Sollwerteinsteller die Sollwertkraft über die Drehung einer Schraube, also über einen Weg erzeugt wird, ist aus dem entsprechenden Block zu ersehen. Die Kraftdifferenz wird dann in dem sogenannten „Stellmotor", hier lediglich aus dem Gestänge und der Feder bestehend, in die Ventilstellung übersetzt.

[1]) Für die hier benutzten SI-Einheiten gilt bekanntlich: 1 bar ≡ 10 N/cm².

Da die Regelung dem Einfluß von Störungen entgegenwirken soll, muß im Regelkreis eine Vorzeichenumkehr stattfinden, die im Blockschaltbild üblicherweise an der Mischstelle für den Istwert-Sollwertvergleich eingetragen wird. In der Regelstrecke S wird nun die Ventilstellung in eine entsprechende Druckänderung umgewandelt, die zusammen mit den störgrößenseitigen Druckänderungen den Istwert x der Regelgröße liefert. Aus dem Blockschaltbild geht klar die Geschlossenheit des Wirkungsflusses im Regelkreis hervor, auf den von außen der Sollwert und die Störgrößen einwirken. Der Regler, der sich aus Meßwerk, Sollwerteinsteller und Stellmotor zusammensetzt, ist in Bild 1.8 durch den gestrichelten Rahmen abgegrenzt. Das Stellglied, hier der eigentliche Ventilkörper, wird üblicherweise zur Regelstrecke gezählt.

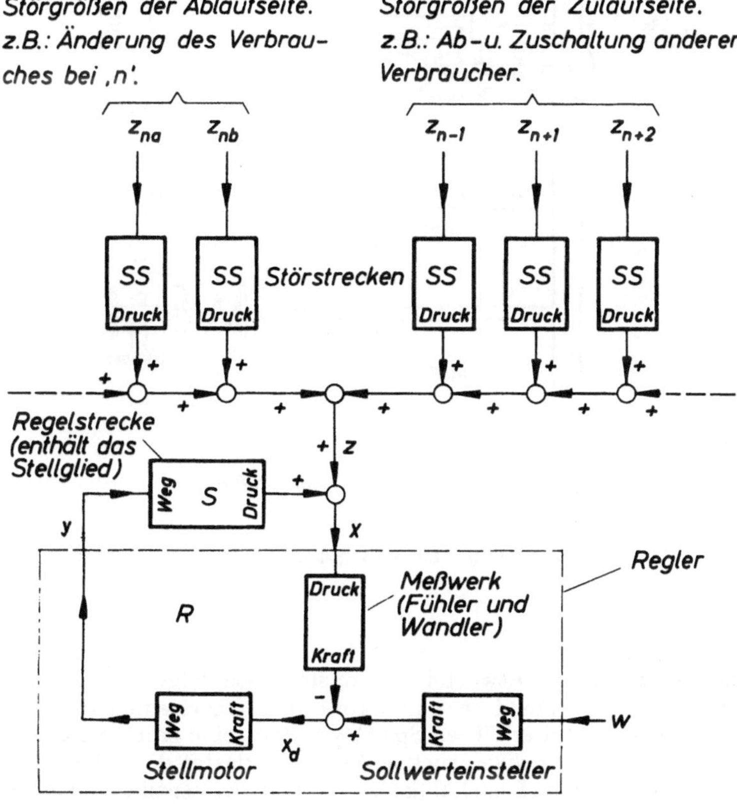

Bild 1.8. Blockschaltbild der Luftdruckregelung nach Blid 1.5

Andere Lösungen der hier betrachteten Druckregelung sollen nun an Hand der Bilder 1.9 und 1.10 betrachtet werden. Sollwerteinsteller und Meßwerk sind im Prinzip die gleichen geblieben wie zuvor. Nunmehr wird jedoch das Meßwerk nicht direkt zur Bewegung des Ventilstößels herangezogen, sondern dient lediglich dazu, eine sogenannte Prallplatte, die einer Prall- oder Steuerdüse gegenüberliegt, um ganz geringe Wege (Größenordnung 0,1 mm) zu verschieben. Als Hilfsenergiequelle wird die durch den Abzweig n strömende Druckluft selbst herangezogen. Dabei wird ihr Druck zunächst über eine Vordrossel auf beispielsweise 1 bar herabgesetzt. Der Druck hinter der Vordrossel wird von der Spaltbreite zwischen Pralldüse und Prallplatte gesteuert, weswegen er auch als Steuerdruck bezeichnet wird.

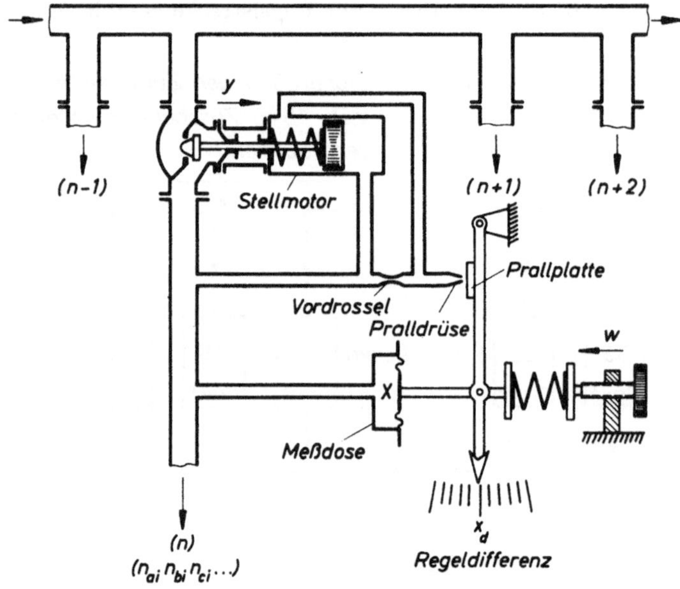

Bild 1.9. Luftdruckregelung

Auf eine Istwerterhöhung antwortet das System wie folgt: Der Meßdruck lenkt die Membran der Meßdose und damit den Übertragungshebel nach rechts aus. Infolge der jetzt erhöhten Spaltbreite tritt eine größere Luftmenge aus der Pralldüse aus; der Steuerdruck sinkt und entlastet die linke Seite des Stellkolbens, so daß dieser sich nach links bewegt und das Ventil weiter schließt. Der Istwertdruck wirkt außer auf die Meßmembran gleichzeitig noch auf die rechte Kolbenseite und verstärkt den Regelungsvorgang. Der Leser kann sich leicht klarmachen, daß bei einem Absinken des Druckes und damit bei einer Annäherung der Prallplatte an die Steuerdüse der umgekehrte Bewegungsvorgang für das Regelventil einsetzt. Die Feder im Stellmotorzylinder dient dazu, durch ihre Vorspannung den Kolben gegen den stets etwas höheren Druck im rechten Teil des Stellmotorzylinders im Gleichgewicht zu halten.

Die Funktionsweise dieser Luftdruckregelung findet in ihrem Strukturbild (Bild 1.10) klaren Ausdruck. Wir beginnen mit dem Istwert x der Regelgröße, der als Druck auf die Meßdose wirkt. In der Meßdose wird der Druck in eine Kraft umgesetzt, die wie zuvor mit der Kraft des Sollwerteinstellers verglichen

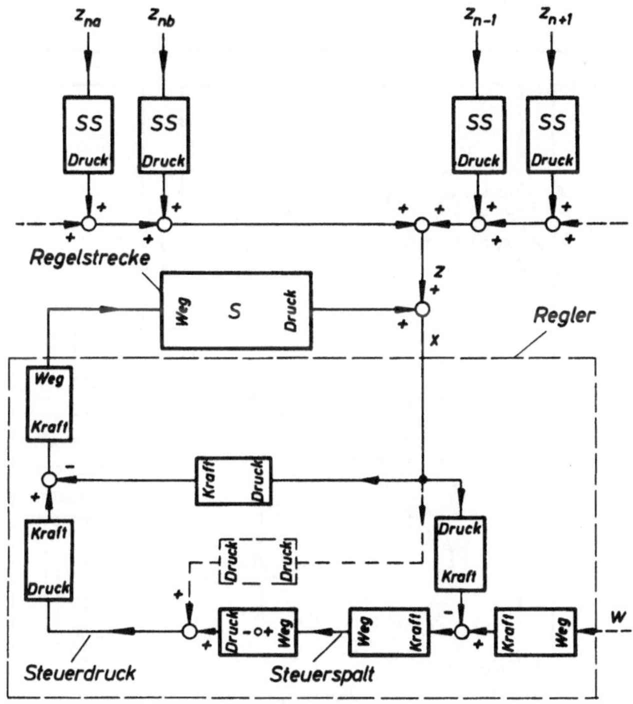

Bild 1.10. Strukturbild der Anordnung nach Bild 1.9.

wird. Die Kraftdifferenz wird dann in die Spaltbreite zwischen Prallplatte und Steuerdüse umgesetzt. Der folgende Block kennzeichnet die Umwandlung der Spaltbreite in den Steuerdruck. Der Steuerdruck ist in geringem Maße auch vom Vordruck – hier gleich dem Istwert der Regelgröße – abhängig, dessen Einfluß im Strukturbild 1.10 gestrichelt eingetragen ist. Diese Querverbindung würde fehlen, wenn der Vordruck von einer unabhängigen Druckluftspeisung erstellt würde. Der Steuerdruck wird in dem linken Teil des Stellmotorzylinders in eine Kraft auf den Stellmotorkolben umgewandelt, die in Öffnungsrichtung des Ventils wirkt. Ebenso wird der vor der Vordrossel herrschende Luftdruck, also der Istwert x, auf der rechten Seite des Stellmotorkolbens in eine Kraft übersetzt, die in Schließrichtung wirkt. Das Gegeneinanderwirken dieser beiden Kräfte wird im Blockschaltbild durch eine Mischstelle mit den entsprechenden Vorzeichen ausgedrückt. Hinter der Mischstelle wird die Kraftdifferenz in die Ventilstößelstellung umgeformt, die demnach in der Regelstrecke, Block S, in einen Luftdruck umgesetzt wird, der zusammen mit den Störungen wiederum den Istwert der Regelgröße bildet.

In dem Strukturbild (Bild 1.10) ist ebenfalls durch einen gestrichelten Rahmen der Regler als Ganzes zusammengefaßt. Zu ihm gehören demnach das Meßwerk, die Reglerfeder, der Sollwerteinsteller, die Steuerdüse und der Stellmotor, während das eigentliche Stellglied, das Doppelsitzventil, zur Regelstrecke gerechnet wird.

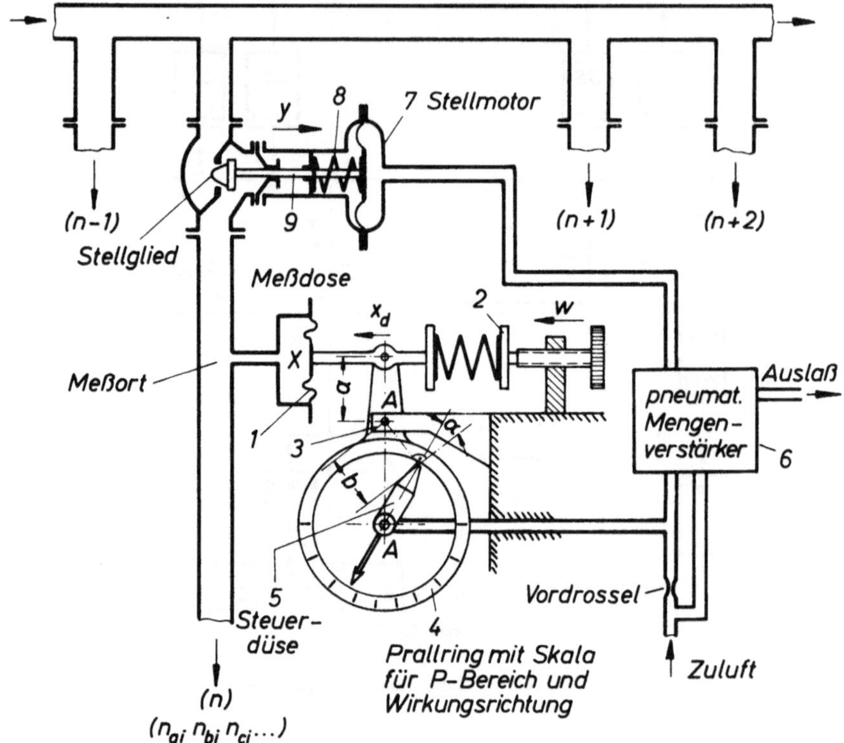

Bild 1.11. Luftdruckregelung mit Druckluft als Hilfsenergieträger. P-Regler mit Drehdüse und Prallring nach *Sturm*

Eine weitere, mehr wirklichkeitsnahe Auslegung der Luftdruckregelung ist dem Bild 1.11 zu entnehmen. Meßwerk und Sollwerteinsteller sind wie zuvor ausgeführt. Dagegen ist die Prallplatte durch einen von *B. Sturm* entwickelten Prallring ersetzt worden. Die Empfindlichkeit mit der diese Anordnung auf die Regeldifferenz x_d reagiert, kann durch Drehen der Steuerdüse verändert werden. Bei einer Regeldifferenz x_d dreht sich der Prallring um eine in dem Kragarm 3 gelagerte Achse und ändert somit die Spaltbreite zwischen Steuerdüse und Prallring. Dementsprechend entsteht in der Steuerdüse ein Druck, der dem Produkt aus der Regeldifferenz und der durch die Düsendrehung eingestellten Reglerverstärkung proportional ist. Da die Düse nur einen sehr kleinen Querschnitt besitzt, die Bewegung der Ventilmembran aber größere Luftmengen erfordert, wenn die Verstellung schnell genug ausgeführt werden soll, ist zwischen die Steuerdüse und den Ventilantrieb eine pneumatische Leistungsstufe – ein sogenannter Mengenverstärker geschaltet derart, daß die Stellmembran mit dem gleichen Steuerdruck belastet wird, die Luftmengen zur Verstellung jedoch nicht dem Steuerdüsen-Vordrossel-System, sondern der Zuluft entnommen bzw. über einen Auslaß in die freie Atmosphäre abgeblasen wird. Die Zuluft wird mit einem geregelten Vordruck aus einem Druckluftnetz geliefert. Entsprechend dem Druck über der Stellmotormembran, der der Regeldifferenz zugeordnet ist, wird auf den Ventilstößel 9 eine Kraft entgegen der vorgespannten Stellmotorfeder ausgeübt, und damit der Ventilkörper (Stellglied) bei einem zu großen Istwert des Luftdruckes in Schließrichtung gefahren.

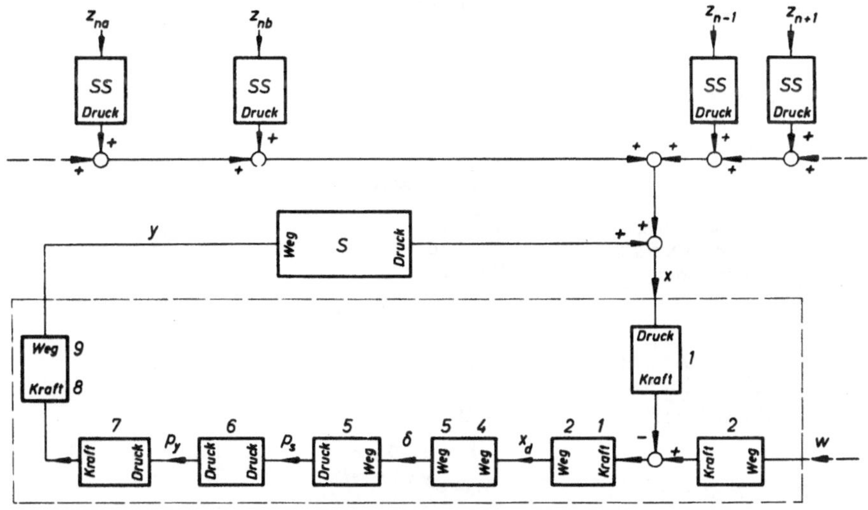

Bild 1.12. Strukturbild der Anordnung nach Bild 1.11.

Bild 1.12 zeigt das Strukturbild des Regelkreises. Die einzelnen Blöcke sind mit Nummern versehen, so daß der Leser leicht selbst den Informationsfluß durch den Regelkreis durch Vergleich mit Bild 1.11 verfolgen kann.

In Bild 1.13 ist das Strukturbild für den Regler des Bildes 1.11 noch einmal für sich aufgezeichnet und mit quantitativen Signalangaben bei einer Regeldifferenz von + 0,2 bar versehen. In dieser Abbildung, die im übrigen für sich selbst spricht, ist die Änderungsmöglichkeit der Reglerverstärkung durch Drehen der Steuerdüse (Änderung von α) als schräger Pfeil in dem betreffenden Block gekennzeichnet. Wenn die Steuerdüse auf den Drehpunkt des Prallringes gerichtet ist, wird die Übersetzung $\frac{b \cdot \cos\alpha}{a}$, wie man sich leicht klarmachen kann, zu Null, d. h. der Druck über der Membran des Stellmotors wird durch eine Regeldifferenz x_d überhaupt nicht beeinflußt. Andererseits nimmt die Reglerverstärkung ihren größten Wert dann an, d. h. der Regler ist dann am empfindlichsten eingestellt, wenn $b \cdot \cos\alpha$ maximal wird. Eine Vorzeichenumkehr wird einfach durch eine Drehung der Steuerdüse in die zur Linie $A-A$ spiegelbildliche Lage erzielt. Aus den Zahlenangaben des Bildes 1.13 ist ferner zu ersehen, daß die Stopfbuchsenreibung ($P_R = \pm\ 100$ N) hier im Gegensatz zu der Regelung ohne Hilfsenergie eine sehr geringe Rolle spielt und daher unbeachtet blieb.

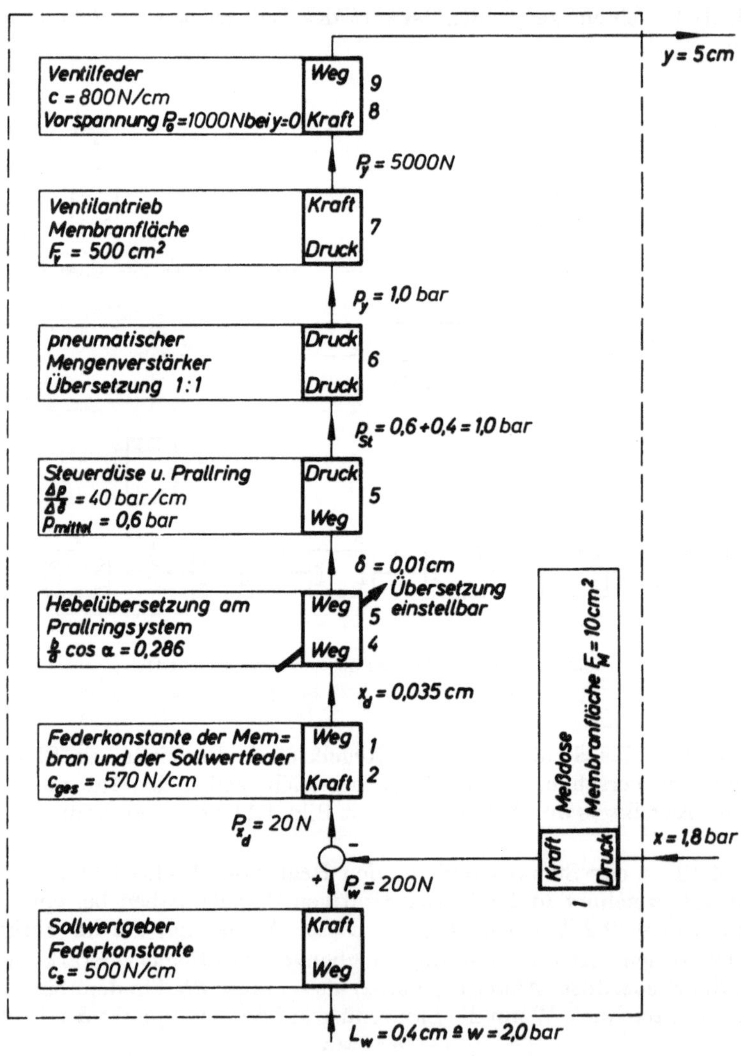

Bild 1.13. Strukturbild des Reglers nach Bild 1.11 mit quantitativen Signalangaben für eine Regeldifferenz von + 0,2 bar

1.2. Raumtemperaturregelung [10]

Ein Raum soll mittels einer Luftheizung erwärmt werden, deren Warmluft in einem dampfgespeisten Wärmeaustauscher erzeugt wird. Als Beeinflussung der Regelstrecke, die aus Dampfleitung, Wärmeaustauscher, Warmluftleitung und Raum besteht, kommt grundsätzlich eine Drosselung der Dampf- oder der Frischluftleitung in Frage. Hier entscheiden wir uns für die wohl zweckmäßige Lösung, das Stellglied in die Dampfleitung vor dem Wärmeaustauscher eingreifen zu lassen. Als Meßfühler für die Regelgröße, die Raumtemperatur, wird

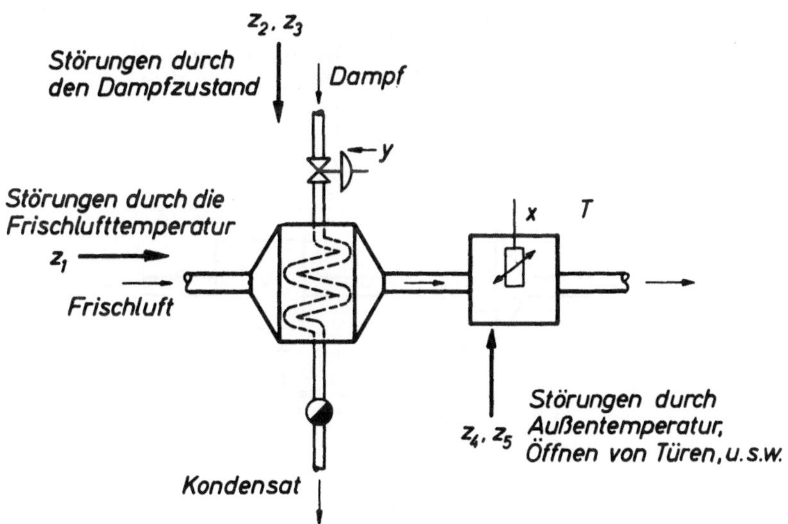

Bild 1.14. Gerätebild der Raumtemperatur-Regelstrecke

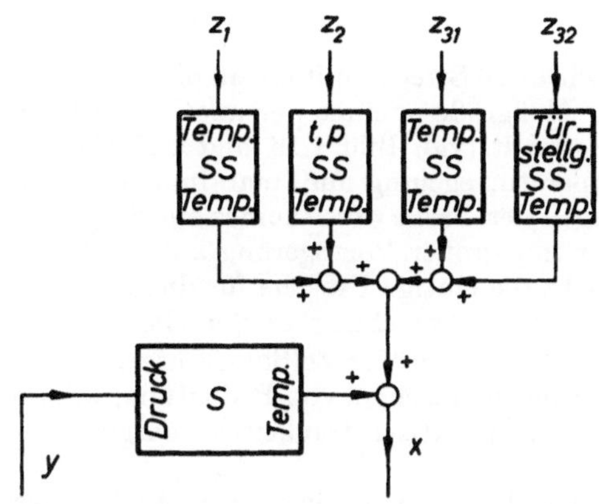

Bild 1.15. Blockschaltbild der Raumtemperatur-Regelstrecke

ein Widerstandsthermometer gewählt. Als Störgrößen verdienen die Schwankungen der Außentemperatur, der Frischlufttemperatur, die Änderung des Dampfzustandes, das Öffnen und Schließen von Türen und Fenstern u. a. Beachtung. In Bild 1.14 ist die Regelstrecke schematisch mit Meßfühler und Stellglied einschließlich der hier beachteten Störungen dargestellt. Darunter befindet sich in Bild 1.15 das dazugehörige Blockschaltbild mit den Störstrecken *SS* und der Regelstrecke *S*.

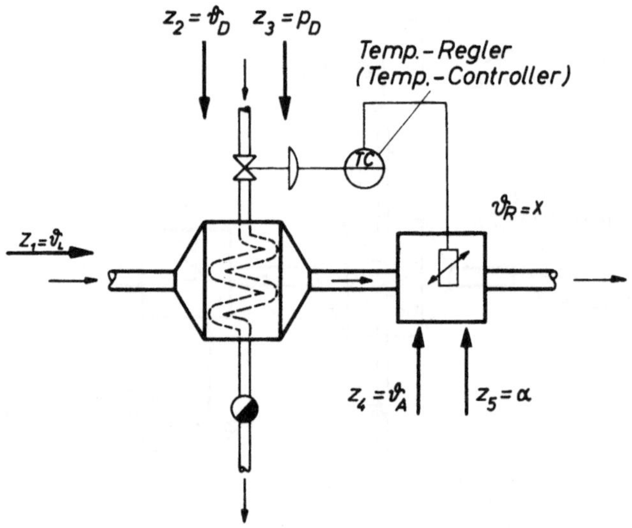

Bild 1.16. Gerätebild der Regelstrecke mit Temperaturregler

Zunächst regeln wir diese Strecke mit einem einfachen Temperaturregler (TC), der die elektrische Meßgröße in einen pneumatischen Druck für den Stellmotor des Stellgliedes wandelt (vgl. Bild 1.16 und 1.17). Bei einer derartigen einfachen Raumtemperaturregelung muß man immer den Nachteil in Kauf nehmen, daß sich wegen der Größe des Raumes ein Eingriff des Stellgliedes in die Dampfleitung erst mit großer Verzögerung auf die Regelgröße auswirkt. Der Raum ist zwar nicht die einzige Ursache für diese Verzögerung, wohl aber die wichtigste; d. h. im regelungstechnischen Sprachgebrauch, daß der Raum unter allen Regelkreisgliedern die größte Zeitkonstante[1]) besitzt. Ferner ist die Zeitkonstante des Wärmeaustauschers von Bedeutung, während das Thermometer und das Ventil hier als praktisch trägheitslos aufgefaßt werden können.

[1]) Für ihre quantitative Festlegung s. die späteren Ausführungen im Abschnitt „Übergangsfunktion".

Im folgenden sollen nun einige Möglichkeiten zur Verbesserung des Regelkreisverhaltens erörtert werden, die auch über das Gebiet der Temperaturregelung hinaus von Bedeutung sind.

Zunächst betrachten wir den Fall eines Regelkreises, bei dem neben der Hauptregelgröße x_1 (Raumtemperatur) eine Hilfsregelgröße x_2 (Warmlufttemperatur) herangezogen wird (Bild 1.18a). Die Mischung der an den Widerstandsthermometern abfallenden Spannungen erfolgt am zweckmäßigsten in einer Brückenschaltung.

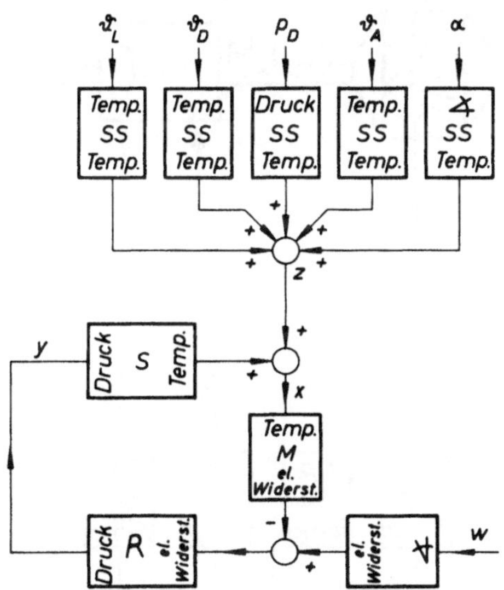

Bild 1.17. Blockschaltbild der Regelstrecke mit Temperaturregler

Mittels der Hilfsregelgröße x_2 wird der Regelkreis sozusagen vor dem zu beheizenden Raum kurzgeschlossen. Damit wird in bezug auf die Störungen z_1 und z_2 der schädliche Einfluß der großen Zeitkonstanten des Raumes beseitigt. Nachteilig ist, wie das Blockschaltbild 1.18b zeigt, die Tatsache, daß der Sollwert nicht mit der Hauptregelgröße x_1 sondern mit einer Mischung von Hilfs- und Hauptregelgröße verglichen wird. Daher ist nicht, was im Hinblick auf die Konstanthaltung der Raumtemperatur an sich erwünscht wäre, die Abweichung der Raumtemperatur vom Sollwert für die Bildung der Stellgröße maßgebend, sondern die Abweichung des Mischsignals, das im allgemeinen größer ist. Im übrigen sei im Hinblick auf Bild 1.18b darauf hingewiesen, daß bei Einführung der Hilfsregelgröße der Regelstreckenblock in zwei Abschnitte, in die Regelstrecke S_1, die den Wärmeaustauscher und die Dampfleitung einschließlich Stellglied enthält, und in die Regelstrecke S_2 aufgeteilt wird, die im wesentlichen aus dem zu beheizenden Raum besteht.

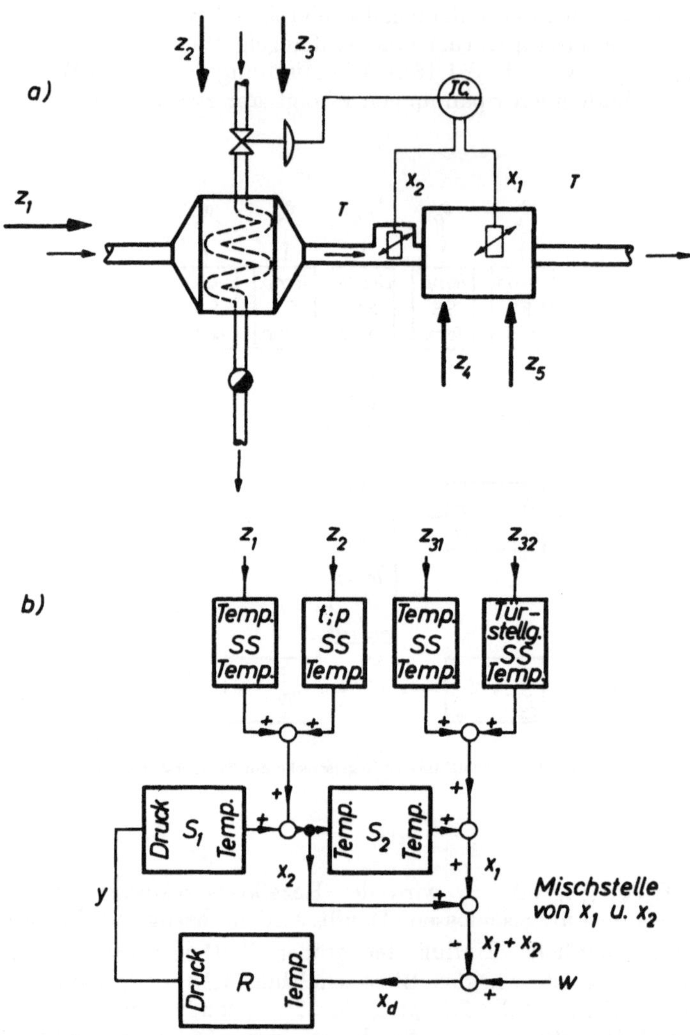

Bild 1.18. Regelkreis mit Mischung von: Hauptregelgröße x_1 und Hilfsregelgröße x_2
a) Gerätebild
b) Blockschaltbild

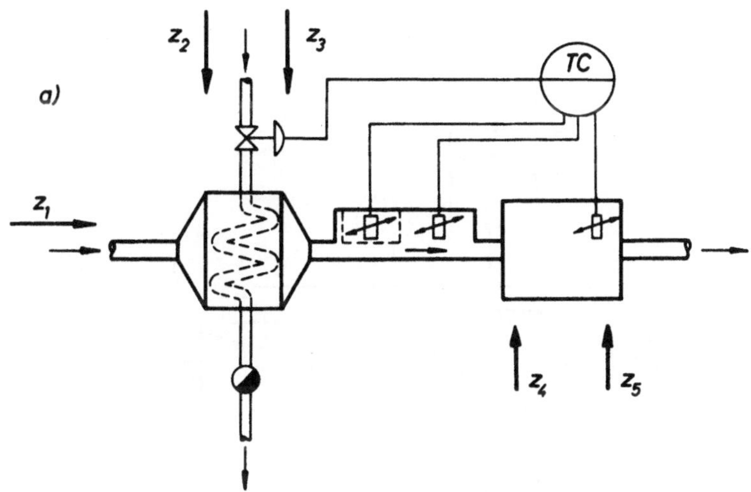

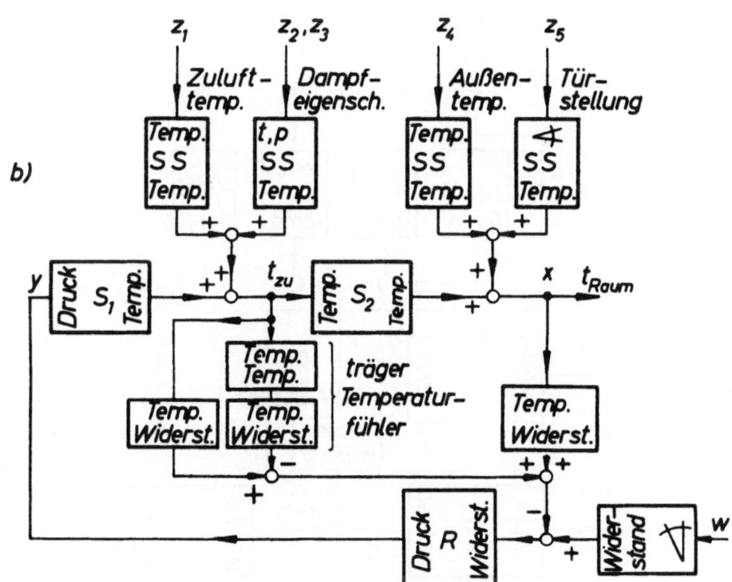

Bild 1.19. Regelkreis mit unterschiedlicher Messung der Hilfsregelgröße
a) Gerätebild
b) Blockschaltbild

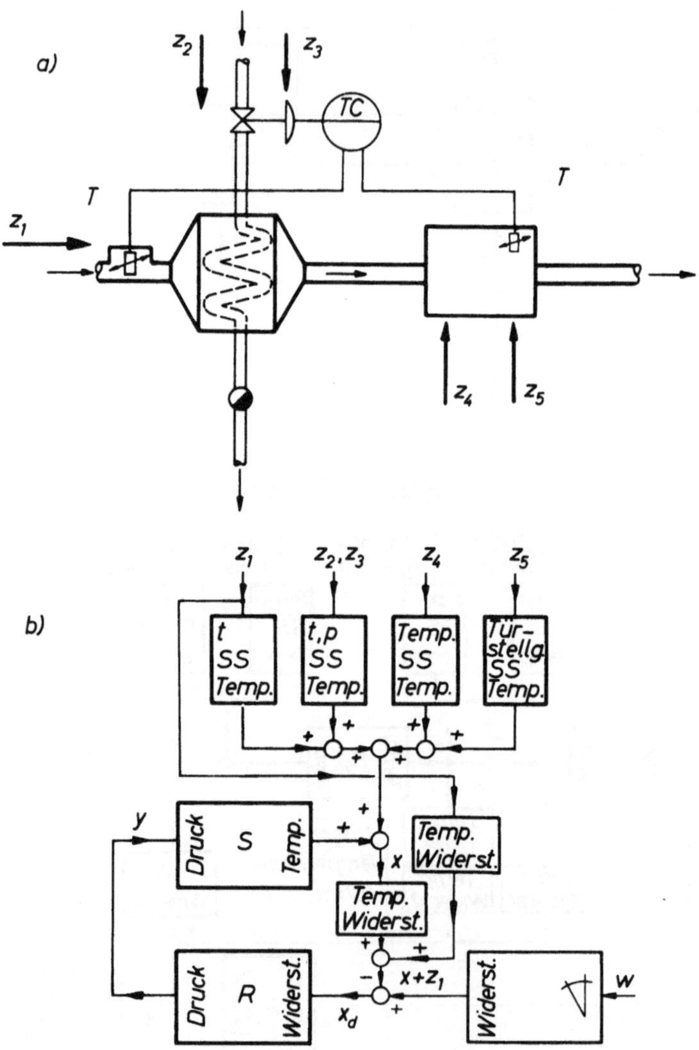

Bild 1.20. **Regelkreis mit gemischter Regelgröße aus Istwert x und der Störgröße z_1**
a) Gerätebild
b) Blockschaltbild

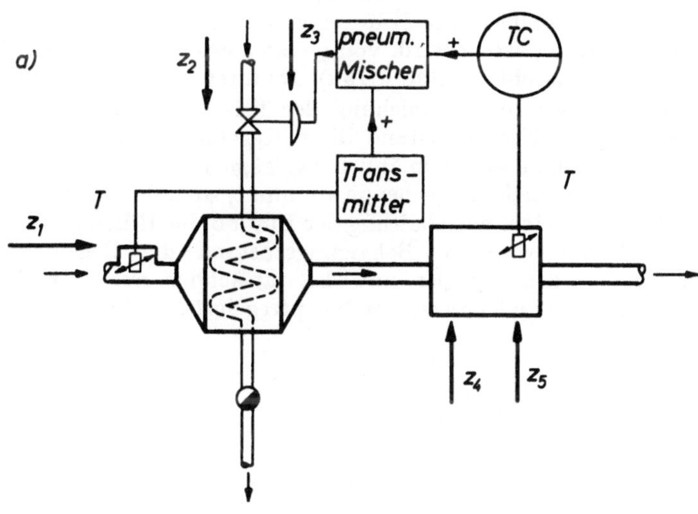

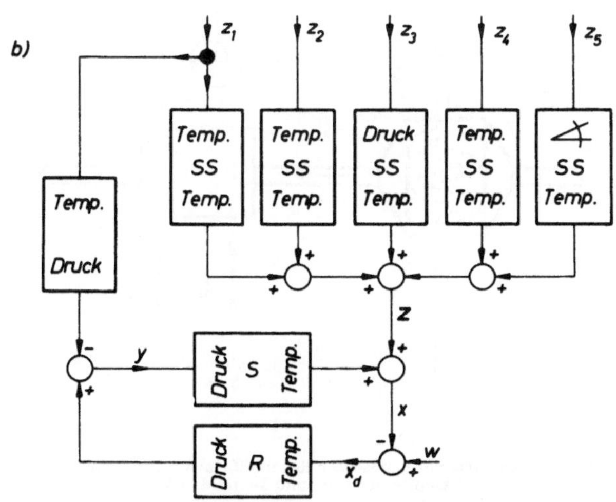

Bild 1.21. Regelkreis mit Störgrößenaufschaltung der Störgröße z_1
a) Gerätebild
b) Blockschaltbild

Der obenerwähnte Nachteil der Schaltung nach Bild 1.18 kann dadurch vermieden werden, daß die Hilfsregelgröße x_2 nicht mit einem einfachen Widerstandsthermometer, sondern mit Hilfe einer aus zwei Thermometern bestehenden Meßeinrichtung erfaßt wird, von denen eines wegen größerer Wärmeisolierung träger anspricht (s. Bild 1.19a). Dadurch wird erreicht, daß beim Auftreten einer konstanten Abweichung der Frischlufttemperatur oder des Dampfzustandes vom Normalzustand diese Regelung zunächst wie die des Bildes 1.18 arbeitet, dann aber allmählich das träge Thermometer den gleichen Widerstand wie das schnellansprechende annimmt, so daß schließlich bei einer entsprechenden Gegeneinanderschaltung der Einfluß der Hilfsregelgröße völlig verschwindet. Damit wird im Beharrungszustand die Regelabweichung, welche auf den Temperaturregler einwirkt, tatsächlich nur noch durch die Differenz von Sollwert und Istwert der Hauptregelgröße gebildet.

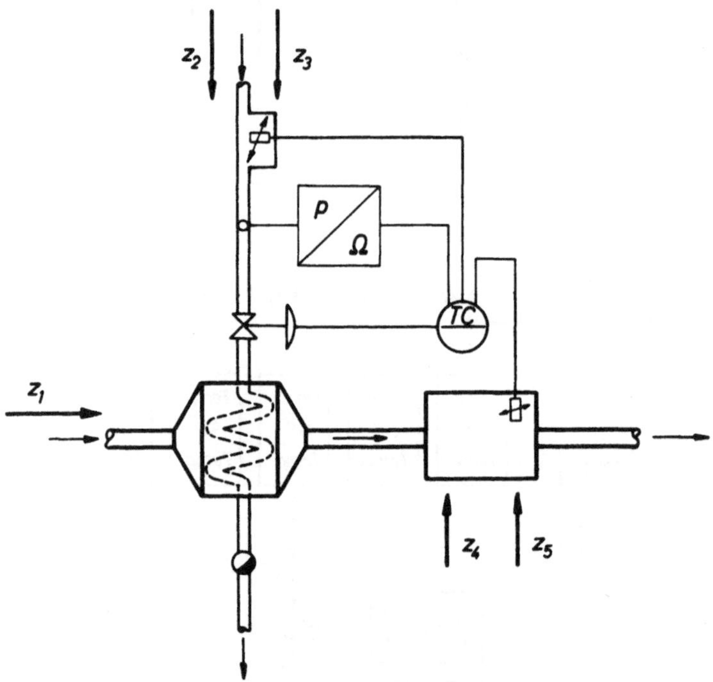

Bild 1.22. Regelkreis mit gemischter Regelgröße aus Raumtemperatur, Dampftemperatur und Dampfdruck

Man kann jedoch auch ohne Einführung einer Hilfsregelgröße das Regelkreisverhalten entscheidend dadurch verbessern, daß man die Störgrößen direkt erfaßt und auf den Regler wirken läßt. Einige Beispiele derartiger Störgrößenaufschaltungen sind den Bildern 1.20, 1.21, 1.22 und 1.23 zu entnehmen. Bild 1.20 zeigt den Regelkreis mit Aufschaltung der Störgröße z_1 auf die Regelgröße x. In dieser Schaltung werden also, soweit es die Störgröße z_1

(Frischlufttemperatur) betrifft, sämtliche Zeitkonstanten der Regelstrecke ausgeschaltet. Ein Nachteil kann wiederum darin erblickt werden, daß der Sollwert im Temperaturregler nicht mit der Regelgröße allein sondern mit einer Mischung aus Regelgröße und Störgröße z_1 verglichen wird, so daß eine bleibende Abweichung der Regelgröße unvermeidlich ist.

Dieser Nachteil wird durch die Störgrößenaufschaltung des Bildes 1.21 vermieden. Hier wird die Störgröße z_1 erfaßt, in einen pneumatischen Druck umgeformt, der dann in einem pneumatischen Mischer mit dem Ausgang des Temperaturreglers gemischt wird. Im Temperaturregler wird nunmehr der Sollwert mit dem Istwert der Regelgröße verglichen. Die Störgrößenaufschaltung dient also nur dazu, den Einfluß der Störgröße z_1 völlig auszuschalten. Das Verhalten des Regelkreises in Bild 1.21 entspricht somit dem des in Bild 1.17 gezeigten Regelkreises, wenn auf den letzteren nur die Störgrößen z_2, z_3 usw. einwirken. Das ist beim Regelkreis des Bildes 1.20 nicht der Fall, weil die Störgröße z_1 neben der Regelgröße beim Sollwertvergleich mitwirkt. Auf gleiche Weise, wie im Bild 1.20 und 1.21 dargestellt, können auch die Störgrößen z_2 und z_3 erfaßt und verarbeitet werden (Bild 1.22 und 1.23).

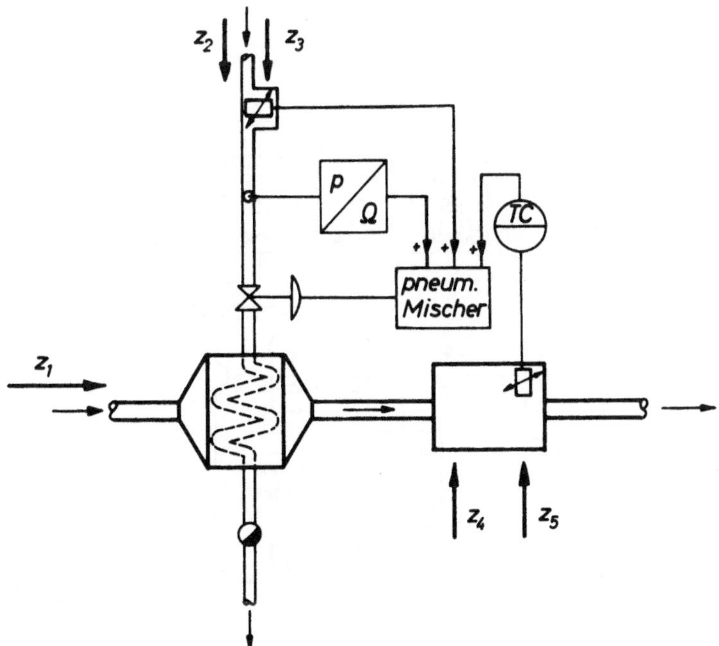

Bild 1.23. Regelkreis mit Störgrößenaufschaltung der Störgrößen z_2 und z_3 (Dampftemperatur und Dampfdruck)

Zur Störgrößenaufschaltung möge noch folgendes festgestellt werden: Wie die späteren mathematischen Erörterungen zeigen, hat diese Aufschaltung auf das Stabilitätsverhalten des geschlossenen Regelkreises keinen Einfluß. Dagegen kann durch die Heranziehung einer oder mehrerer Hilfsregelgrößen das

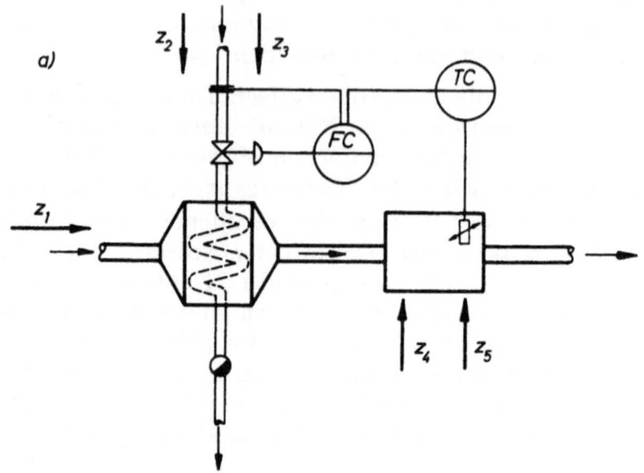

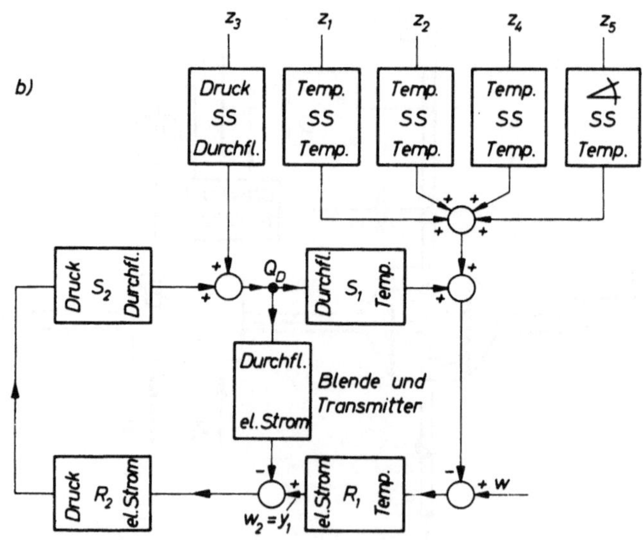

Bild 1.24. Regelkreis mit Kaskadenschaltung
a) Schematische Darstellung
b) Blockschaltbild

Stabilitätsverhalten von Regelkreisen erheblich verändert werden, da ja die Hilfsregelgröße innerhalb des Regelkreises „entnommen" und nach einer geeigneten Umformung wieder eingeleitet wird. Bei der Aufschaltung von Störgrößen ist zu bedenken, daß eine weitgehende Kenntnis der Wirkung der Störgröße auf die Regelgröße erforderlich ist, um diese Wirkung durch eine möglichst genau entsprechende Beeinflussung des Stellgliedes kompensieren zu können. Die Störgrößenaufschaltung bietet u. a. den Vorteil, daß man häufig auch bei schwierigeren Regelstrecken mit einem einfachen P-Regler auskommt; denn die nachteilige Wirkung der bei der Störgrößenaufschaltung berücksichtigten Störungen ist ja bereits durch ihre Aufschaltung auf die Stellgröße beseitigt, so daß nunmehr nur noch die untergeordneten Störgrößen, die man natürlich nicht alle vor Einwirkung auf den Regelkreis erfassen kann, von dem Regler „verarbeitet" werden müssen. Mit der Störgrößenaufschaltung wird also das Prinzip der *Steuerung* auch für die Regelungstechnik nutzbar gemacht.

Eine weitere Möglichkeit der Regelkreisgestaltung, die sogenannte Kaskadenregelung, zeigt Bild 1.24. Ob sie für das vorliegende Problem zweckmäßig ist, sei dahingestellt. Nehmen wir z. B. an, daß der Dampfzustand schwankt und als Hauptstörgröße anzusehen ist. Wenn alle anderen Störgrößen Null wären, würde ein Dampfdurchflußregler ausreichen, die Raumtemperatur konstant zu halten. Nun sind aber noch andere Störgrößen, z. B. z_1 und z_2, vorhanden, die eine Anpassung des Dampfdurchflusses an diese jeweils vorhandenen Störungen verlangen. Das geschieht durch den Temperaturregler, der lediglich dazu benutzt wird, den Sollwert des Durchflußreglers zu verstellen. Auf diese Reihenschaltung weist auch die Bezeichnung Kaskadenregelung hin.

Aus dem Blockschaltbild 1.24b geht hervor, wie hier zwei Regelkreise gekoppelt sind. Der Temperaturregelkreis gibt seine Stellgröße y_1 als Führungsgröße w_2 an den Durchflußregler weiter.

1.3. Elektrische Folgeregelung [22]

Wir stellen uns in diesem Abschnitt die Aufgabe, den Aufbau einer Folgeregelung zu entwerfen, welche die in Bild 1.25 dargestellte Radarantenne so zu drehen vermag, daß sie der Drehung der Befehlswelle mit möglichst geringer Winkelabweichung folgt. Aus betrieblichen Gründen sei eine mechanische Kopplung zwischen Befehls- und Antennenwelle nicht möglich, so daß eine elektrische Folgeregelung entsprechend Bild 1.26 gewählt wird. Während im Falle einer mechanischen Folgeregelung die Herstellung der Regeldifferenz (Winkeldifferenz zwischen Befehls- und Antennenwelle) mit Hilfe eines Differentialgetriebes erfolgen könnte, werden hier zum Winkelvergleich ein mit der Befehlswelle verbundener Drehfeldgeber (Sollwertgeber) und ein an die Radarantennenwelle angeschlossener Drehtransformator (Istwertgeber) herangezogen. Diese sind elektrisch so miteinander gekoppelt, daß am Anker des Drehtransformators eine der Regeldifferenz $w - x = x_d$ proportionale Wechselspannung wirksam wird, die einem phasenempfindlichen Röhrenverstärker zugeführt wird. An seinen Ausgang sind die Steuerwicklungen einer Amplidyne (Gleichstromverstärkermaschine) angeschlossen, die den Anker-

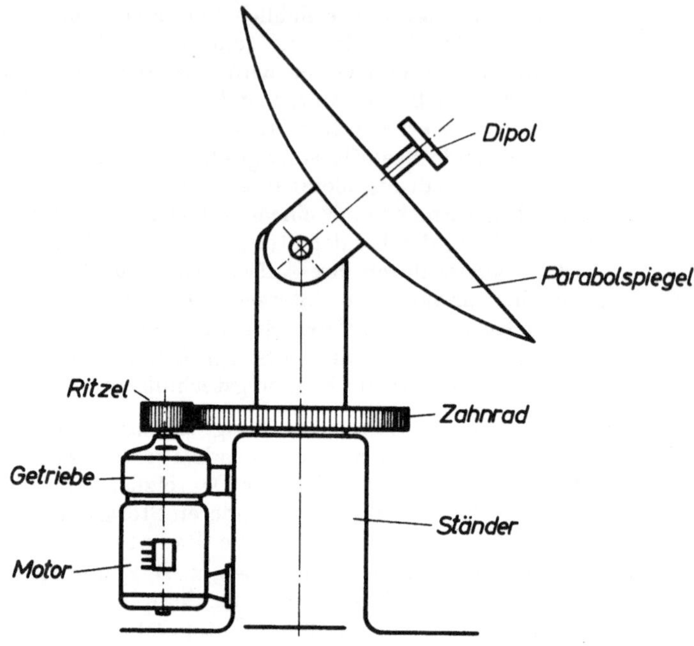

Bild 1.25. Drehbare Radarantenne

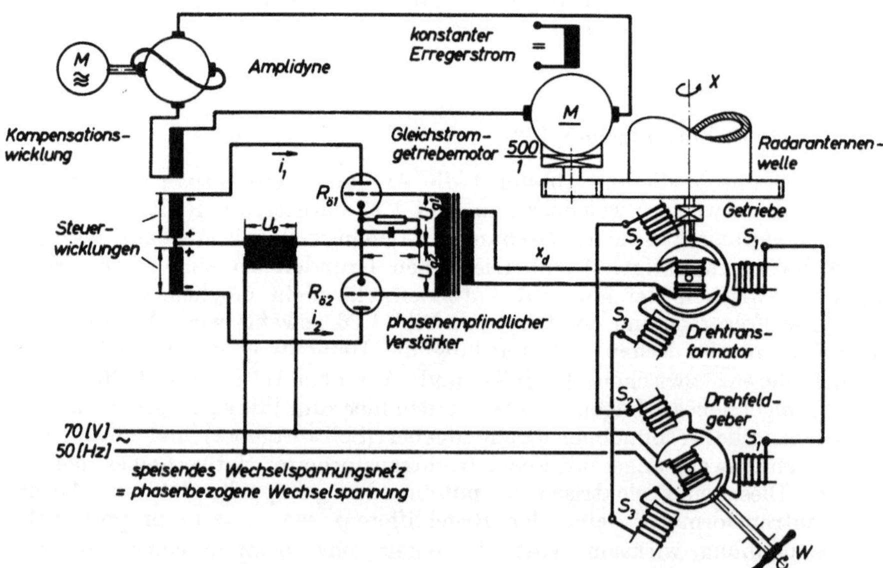

Bild 1.26. Proportionale Folgeregelung einer Winkelstellung mit elektrischen Bausteinen

strom für den Gleichstrommotor liefert, der hier als Stellmotor eingesetzt ist. Wie aus dem Aufbau dieser Folgeregelung zu ersehen ist, wird auf die Radarantenne so lange ein Drehmoment ausgeübt, wie eine Winkelabweichung vorhanden ist. Dabei ist die Polung so vorgenommen, daß das Drehmoment bestrebt ist, die Winkelabweichung zu beseitigen[1]).

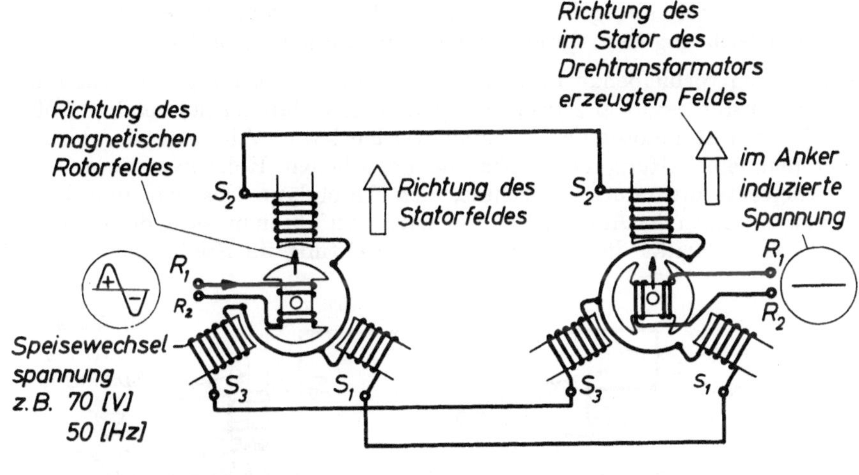

Bild 1.27. Winkelvergleich, kein Fehler

Im folgenden soll nun die Wirkungsweise der einzelnen Bauelemente der Regelung erläutert werden. Wir behandeln zunächst den Drehfeldgeber (Sollwertgeber) und den Drehtransformator (Meßwerk), die entsprechend Bild 1.27 gekoppelt sind. Der Anker des Drehfeldgebers wird aus dem Netz mit einer Wechselspannung gespeist. Im Bild 1.27 befindet sich der Anker des Gebers in Nullstellung. Damit weist für die eingezeichnete Stromrichtung sein magnetischer Feldvektor nach oben. Das hierdurch im Stator des Drehtransformators erzeugte Magnetfeld ist immer parallel dem des Rotors des Drehfeldgebers und weist also im vorliegenden Falle auch nach oben. Wenn sich dann der Anker des Drehtransformators in der gezeichneten Lage (Spulenachse senkrecht zum magnetischen Feld) befindet, wird in ihm keine Spannung induziert. Diese Situation liegt vor, wenn Ist- und Sollwert zusammenfallen. Wir drehen nun über das Handrad den Rotor des Gebers um einen Winkel, sagen wir von 60°, im Uhrzeigersinne. Dann dreht sich das Magnetfeld im Drehfeldgeber und im Drehtransformator ebenfalls um 60°. Damit wird, wie aus Bild 1.28 ersichtlich, im Anker des Drehtransformators eine Wechselspannung induziert, deren Amplitude proportional dem Sinus der Winkeldrehung des Gebers ist. Diese Spannung sinkt dann wieder auf Null herab, wenn der Anker des Transformators ebenfalls um 60° im Uhrzeigersinne gedreht wird. Wir ersehen daraus,

[1]) Das Zeitverhalten der hier gezeigten Regelung ist unbefriedigend. Die Maßnahmen zu ihrer Verbesserung können jedoch erst später erörtert werden (vgl. z. B. Abschnitt 7.4).

daß die in dem Anker des Transformators induzierte Spannung proportional dem Sinus der Abweichung zwischen Soll- und Istwert ist. Für kleine Winkelabweichungen ist somit die Amplitude der im Rotor des Drehtransformators induzierten Spannung praktisch proportional der Soll-Istwertdifferenz. Wie in Bild 1.29 gezeigt, kehrt sich das Vorzeichen der induzierten Spannung um, wenn der Geber im Gegenuhrzeigersinne gedreht wird. Die vom Rotor des Drehtransformators abgegebene Spannung ist also gleichzeitig ein Maß für die Größe und Richtung der Abweichung zwischen Sollwert und Istwert.

Das nun noch verbleibende Problem betrifft die Verstärkung der vom Anker des Drehtransformators abgegebenen Spannung, so daß der notwendige Ankerstrom für den Stellmotor bereitgestellt werden kann. Wir benutzen dazu die Hintereinanderschaltung eines phasenempfindlichen Röhrenverstärkers und einer Gleichstromverstärkermaschine, der Amplidyne. Da wir den beiden Erregerwicklungen der Amplidyne Gleichstrom zuführen müssen, der außerdem durch seine Polarität die gewünschte Drehrichtung im Stellmotor erzeugen

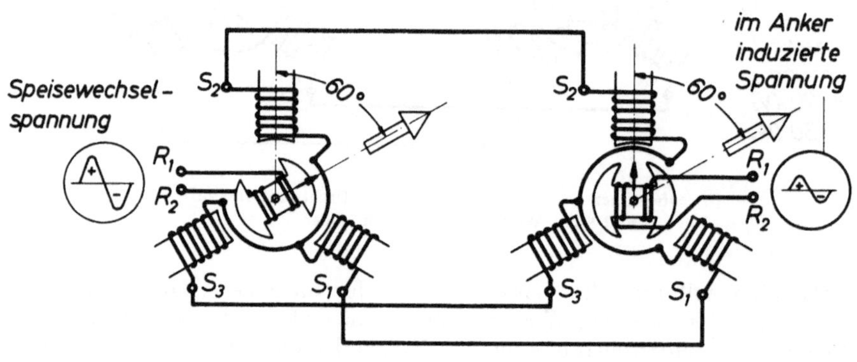

Bild 1.28. Winkelvergleich, Fehler positiv

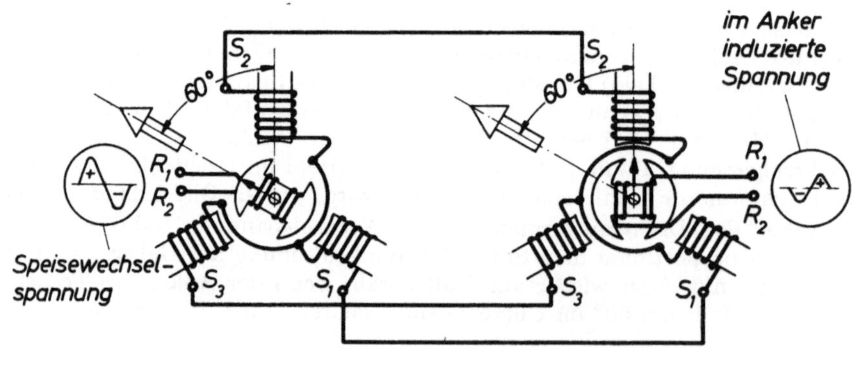

Bild 1.29. Winkelvergleich, Fehler negativ

soll, der Eingang des Röhrenverstärkers jedoch durch ein Wechselstromsignal gespeist wird, muß der Verstärker neben der Phasenempfindlichkeit die Eigenschaft besitzen, ein Wechselstromsignal in ein verstärktes Gleichstromsignal zu wandeln. Der Röhrenverstärker des Bildes 1.26 entspricht diesen Forderungen, wie aus der nachstehenden Beschreibung seiner Wirkungsweise hervorgeht.

Wir wollen zunächst sein Arbeiten bei Nichtvorhandensein eines Eingangs-Wechselstromsignales verfolgen (vgl. Bild 1.30). Wie aus Bild 1.26 zu ersehen, ist der Anodenkreis des Verstärkers mit der gleichen Wechselstromquelle verbunden wie der Drehfeldgeber. Die Anodenspannungen beider Röhren sind in Phase. Da kein Eingangssignal vorhanden ist, ist die Gitterspannung in beiden Röhren die gleiche, nämlich gleich der Vorspannung U. Die Anodenspannung läßt nur in der positiven Halbwelle einen Anodenstrom zu, weil in

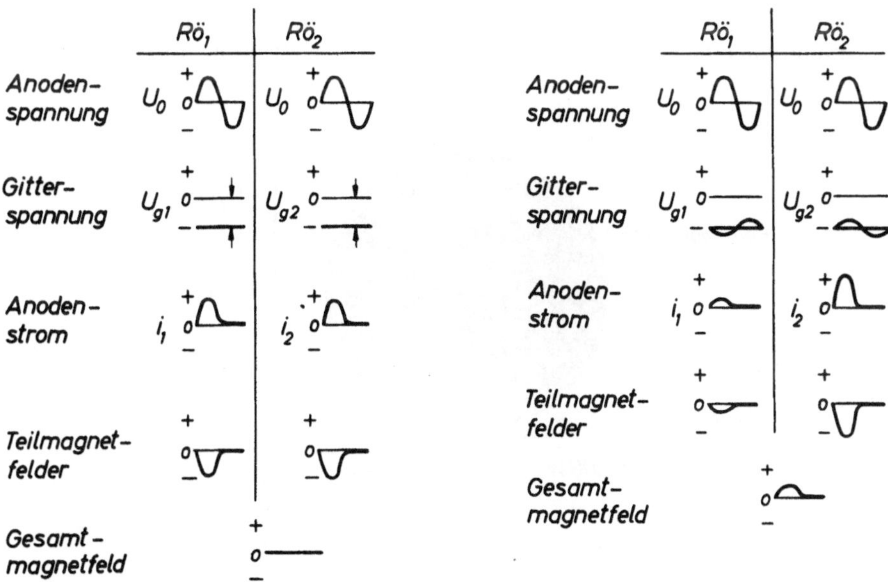

Bild 1.30. Verstärkersignale ohne Regelabweichung

Bild 1.31. Verstärkersignale bei einer Regelabweichung

der zweiten Halbwelle die Anode an negativer Spannung liegt und daher die Elektronen der Kathode abweist. Infolgedessen wird in den beiden Steuerwicklungen der Amplidyne nur in der ersten Halbwelle ein Strom fließen, und zwar in beiden Wicklungen der gleiche. Da diese gegeneinander geschaltet sind, hebt sich ihre magnetische Wirkung auf.

Wir betrachten nun den Fall, daß ein Eingangssignal vorhanden ist (Bild 1.31). Die Anodenspannung ist wie zuvor an beiden Röhren die gleiche. Jedoch sind jetzt die Gitterspannungen voneinander verschieden. Aus diesem Grunde fließt in der ersten Halbwelle in beiden Röhren auch nicht der gleiche Anodenstrom. Die Magnetfelder der beiden gegeneinander geschalteten Erregerwicklungen heben sich nicht mehr auf. Es entsteht ein resultierendes Feld, dessen Größe und Richtung vom Eingangssignal abhängt. In der zweiten Halbwelle ist der Anodenstrom nach wie vor gleich Null. Wir haben nun ein Ausgangssignal, das in gewissen Grenzen dem Eingangssignal proportional ist, das als pulsierender Gleichstrom bezeichnet werden kann, und dessen Polarität die Phasenlage des Eingangssignales wiedergibt. Leistungsmäßig kann man z. B. mit einer Verstärkung von 10^2 rechnen.

Natürlich ist dieses Signal noch viel zu schwach, um etwa den Gleichstrommotor für die Drehung einer großen Radarantenne zu treiben. Die Forderung nach weiterer Verstärkung erfüllt die Amplidyne. Da sie eine in der Regelungstechnik häufig anzutreffende Verstärkermaschine ist, wird im folgenden eine kurze qualitative Beschreibung ihrer Arbeitsweise gegeben. Im Hinblick darauf, daß die Amplidyne ein abgewandelter Gleichstromgenerator ist, wollen wir zunächst kurz diesen betrachten. Es wird dann leichter verständlich, warum die Amplidyne eine Leistungsverstärkung der Größenordnung 10^4 erzielt.

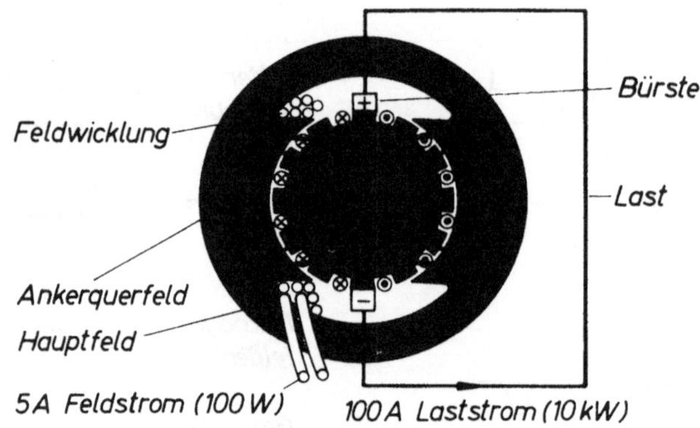

Bild 1.32. Fremderregter Gleichstromgenerator

Bild 1.32 zeigt einen stark vereinfachten Querschnitt durch einen fremderregten Gleichstromgenerator, der, sagen wir, bei 100 V Spannung eine Leistung von 10 kW abgibt. Die Feldwicklung wird von einer 20 V Spannungsquelle mit einer Leistung von 100 W versorgt. Ein Feldstrom von 5 A erzeugt also den Erregerfluß, der den Anker von links nach rechts durchläuft. Durch die Drehung wird in der Ankerwicklung eine Spannung von 100 V induziert, die an den Bürsten abgenommen werden kann. Es muß somit bei einer Leistungsabgabe von 10 kW ein Ankerstrom von 100 A fließen. Dieser erzeugt nun seinerseits ein starkes Ankerquerfeld, das senkrecht zum Hauptfeld steht. Bei entsprechender Gestaltung des Stators kann das Querfeld die Größenordnung des Hauptfeldes erreichen (vgl. Bild 1.32).

Bei diesem Gleichstromgenerator fallen zwei Dinge auf:

a) Die Erregerleistung von 100 W zur Erzeugung einer Leistung von 10 kW ist ziemlich hoch.

b) Das Ankerquerfeld dient keinem nützlichen Zweck.

Stellen wir uns nun einmal vor, daß der Ankerstromkreis kurzgeschlossen würde. Offenbar würde dann der Ankerstrom erheblich zunehmen, da er nur durch den inneren Widerstand der Ankerwicklung begrenzt wird. Wenn dieser etwa 0,01 Ω beträgt, würde der Kurzschlußstrom theoretisch auf 10000 A anwachsen. Natürlich würde dabei die Ankerwicklung verbrennen. In einem solchen Falle müßte also der Erregerfluß stark vermindert werden, was dadurch erreicht werden kann, daß der Feldstrom verringert wird, z. B. um den Faktor 10^{-2}, d. h. von 5 A auf 0,05 A. Damit würde der Erregerfluß in gleichem Maße reduziert und somit auch die induzierte Spannung im Anker. Da diese nun auf 1 V zurückgegangen ist, wird entsprechend der Ankerkurzschlußstrom nur 100 A betragen. Es ist nun beachtlich, daß die Erregerleistung von 100 W auf 1 W reduziert wurde, während der Ankerstrom und damit auch das Ankerquerfeld den gleichen Betrag haben wie vor dem „Kurzschluß" (vgl. Bild 1.33).

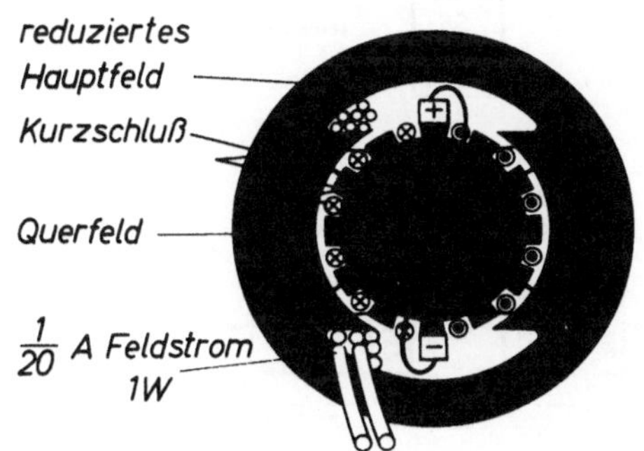

Bild 1.33. Gleichstromgenerator mit kurzgeschlossenem Ankerkreis

Da die Wicklung des rotierenden Ankers das Ankerquerfeld durchschneidet, wird in ihr eine Spannung in der gleichen Weise induziert wie beim Durchschneiden des Hauptfeldes. Nunmehr werden Bürsten senkrecht zu den Bürsten des Kurzschlußkreises angebracht. Zwischen diesen neuen Bürsten entsteht wieder eine Spannung von 100 V, wenn das Querfeld genau so groß ist wie das ursprüngliche Hauptfeld, bevor der erste Bürstensatz kurzgeschlossen wurde (vgl. Bild 1.34). Wenn die Belastung die gleiche wie zuvor ist, fließt in dem neuen Ankerstromkreis ebenfalls ein Strom von 100 A mit einer Leistungsabgabe von 10 kW. Um zu vermeiden, daß der Laststrom seinerseits ein Ankerquerfeld hervorruft, wird eine Kompensationswicklung mit der Last in Reihe geschaltet.

Wesentlich ist, daß es durch die einfache Hinzufügung eines neuen Bürstensatzes im rechten Winkel zu den anderen kurzgeschlossenen Bürsten bei entsprechender Gestaltung des Stators möglich wurde, das Ankerquerfeld auszunutzen. Hierdurch gelingt es, mit einer Erregerleistung von 1 W eine Ausgangsleistung von 10 kW zu steuern, also eine 10000-fache Leistungsverstärkung zu erzielen. Der von der Amplidyne erzeugte Strom dient als Ankerstrom für den Gleichstrom-Stellmotor (vgl. Bild 1.26).

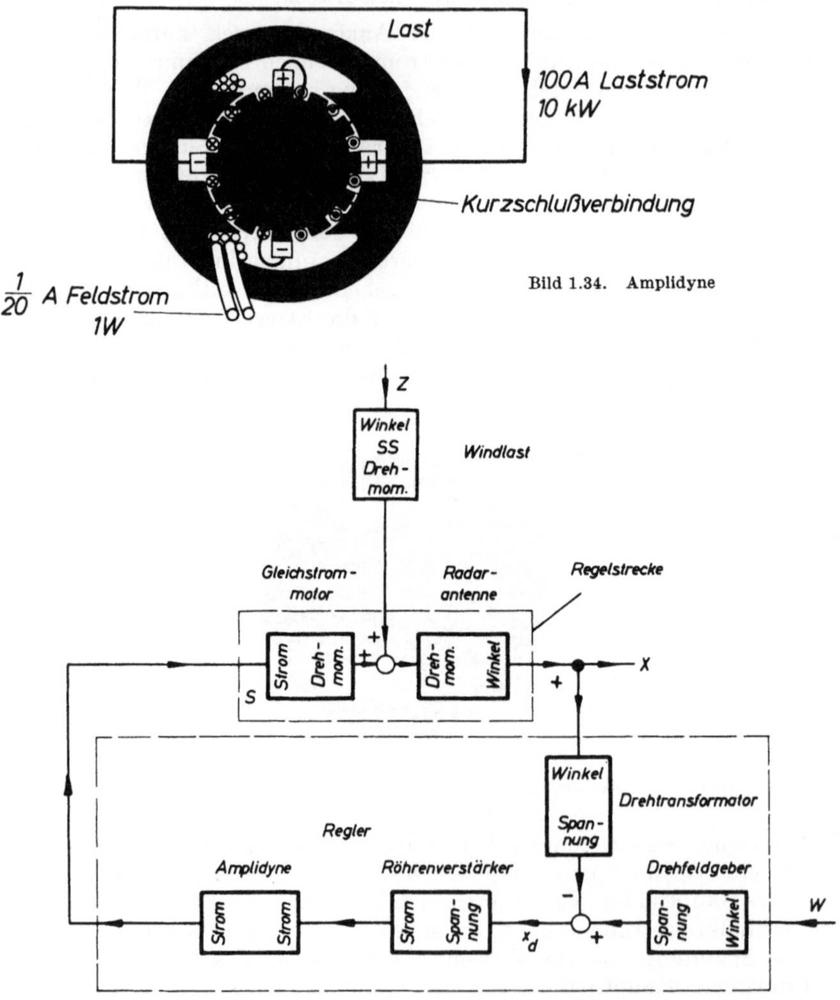

Bild 1.34. Amplidyne

Bild 1.35. Blockschaltbild der elektrischen Folgeregelung

Die Aufstellung des Blockschaltbildes für diesen Regelkreis ist sehr einfach (vgl. Bild 1.35). Die Führungsgröße W, die den Drehfeldgeber als Spannung verläßt, wird im Drehtransformator mit der augenblicklichen Regelgröße verglichen. Die dort gebildete Regelabweichung wird als Eingangsspannung an den Röhrenverstärker weitergegeben und verursacht einen Erregerstrom, die Eingangsgröße zum Amplidyneblock. Wir bezeichnen den Ankerstrom, der den Amplidyneblock als Ausgangssignal verläßt, als Stellgröße. Er erzeugt im Gleichstrommotor (Stellglied) das Drehmoment, das entgegen irgendwelchen Stördrehmomenten (z. B. infolge Windlast) in der erwünschten Weise auf die Winkellage (Regelgröße) der Radarantenne einwirkt. Damit ist der Regelkreis geschlossen, dessen Aufteilung in Regelstrecke und Regler dem Bild 1.35 zu entnehmen ist.

Während der Reglerausgang (Ankerstrom) zur Regelabweichung (Winkeldifferenz) proportional ist (P-Regler), liegen bei der Regelstrecke die Verhältnisse derart, daß ihr Ausgang (Winkelweg) bei endlichem Eingang (Ankerstrom) mit der Zeit über alle Grenzen wächst. Diese Regelstrecke besitzt also keinen Selbstausgleich und wird daher als Regelstrecke ohne Ausgleich bezeichnet. Nach Studium der mathematischen Methoden der Regelungstechnik wird der Leser begreifen, daß ein zufriedenstellendes Arbeiten dieser Folgeregelung einer Strecke ohne Ausgleich bei Vorhandensein mehrerer großer Zeitkonstanten nur dann zu erwarten ist, wenn auch die erste Ableitung der Regelgröße, also die Drehgeschwindigkeit der Antennenwelle, meßtechnisch erfaßt und im Regler mitverarbeitet wird.

2. Einführung in die mathematische Beschreibung

2.1. Drehzahlregelung einer Dampfturbine als Beispiel

Wir betrachten als Beispiel die Drehzahlregelung einer Dampfturbine, die als Antriebsaggregat für ein Gebläse dient (Bild 2.1). Die Drehzahl ist also die Regelgröße, deren Istwert durch ein Fliehkraftpendel meßtechnisch erfaßt wird. Die der Drehzahl entsprechende Stellung der Muffe wird über ein Gestänge auf einen Doppelkolben (Steuerschieber) übertragen, welcher die Druckölzufuhr zu dem hydraulischen Stellmotor steuert. Der Stellmotor ist so groß ausgelegt, daß die Verstellung des Frischdampfventiles, des Stellgliedes, rückwirkungsfrei erfolgen kann. Entsprechend der Stellung des Frischdampfventiles wird nun der Turbine mehr oder weniger Frischdampf zugeführt und damit die Drehzahl beeinflußt. Die gewünschte Drehzahl, ihr Sollwert, wird mit Hilfe der Feder des Fliehkraftpendels so eingestellt, daß für den Fall des Übereinstimmens von Sollwert und Istwert der Doppelkolben die Ölzufuhr zum Stellmotor versperrt. Wir erkennen, daß z. B. bei Absinken der Drehzahl infolge erhöhter Leistungsabgabe des Gebläses der Doppelkolben nach unten wandert und damit die Ölleitung zum unteren Zylinderteil des hydraulischen Stellmotores geöffnet wird, so daß dieser eine Öffnungsbewegung des Frischdampfventiles und damit eine erhöhte Zufuhr von Frischdampf zur Turbine bewirkt.

Es liegt hier eine Regelung mit Hilfsenergie vor, da das Fliehkraftpendel nicht selbst die Verstellung des Frischdampfventiles besorgt, sondern lediglich das Drucköl über den *Kraftschalter* (Doppelkolben oder Steuerschieber) in die eine oder andere Richtung lenkt. Das Drucköl liefert also die Hilfsenergie an den

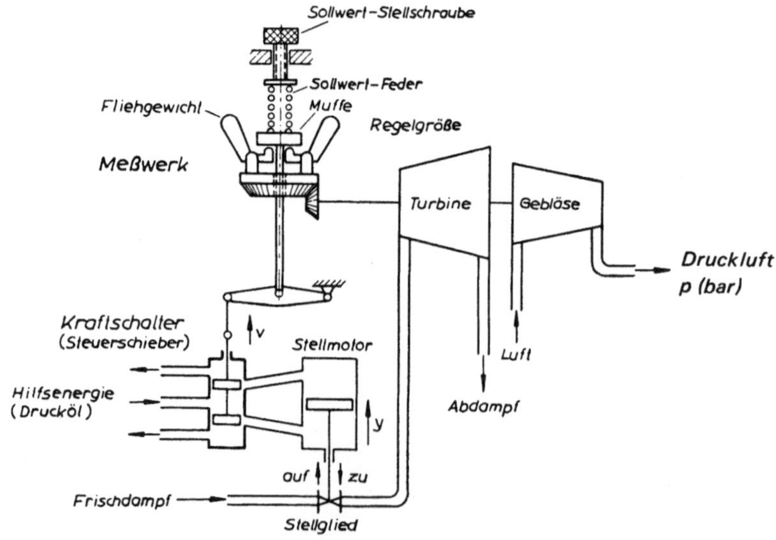

Bild 2.1. Drehzahlregelung einer Turbine

Regler, ohne deren Einsatz im vorliegenden Falle ein riesiges Fliehkraftpendel[1]) notwendig sein würde, wenn die Verstellung des Regelventils einigermaßen rückwirkungsfrei geschehen soll.

Es ist ohne weiteres einzusehen, daß bei der Regelung nach Bild 2.1 der Arbeitskolben nur dann zur Ruhe kommt, wenn der Istwert der Drehzahl mit dem Sollwert übereinstimmt, weil nur dann der Doppelkolben die Ölzufuhr zum Stellmotor sperrt. Aus diesem Grunde kann, wie wir später bei der Untersuchung der Stabilität von Regelkreisen sehen werden, die Drehzahl bei Belastungsänderungen der Turbine erhebliche Pendelungen ausführen, es sei denn, daß man eine verhältnismäßig träge Regelung in Kauf nimmt. Durch Einbau einer *Rückführung* (Bild 2.2) kann dieser Nachteil vermieden werden.

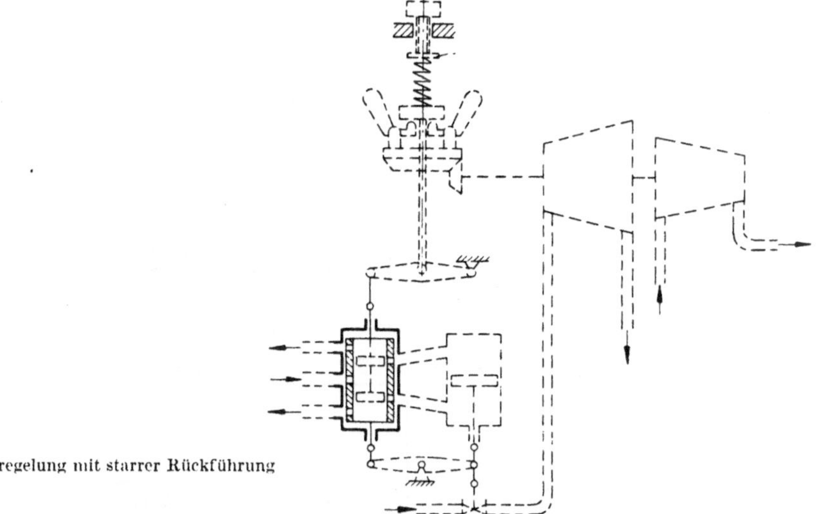

Bild 2.2.
Drehzahlregelung mit starrer Rückführung

Mittels der hier eingezeichneten Rückführung wird eine in den kleinen Steuerzylinder eingebaute Hülse entsprechend der Lage des Arbeitskolbens (der Stellgröße) durch ein Hebelgestänge solange verschoben, bis ihre Öffnungen zum Stellmotor wieder von dem Doppelkolben überdeckt werden, so daß der Arbeitskolben nunmehr zur Ruhe kommt. Der Leser kann sich leicht überlegen, daß dann bei einer konstanten Belastungsänderung auch eine bleibende Abweichung der Drehzahl vom Sollwert vorhanden sein muß. Wenn z. B. bei einer bleibenden Lasterhöhung und einem damit verbundenem Absinken der Drehzahl der Steuerschieber (Doppelkolben) nach unten gewandert ist, bewegt sich der Kolben des Stellmotors, wie bereits beschrieben, aufwärts. Dieser Bewegung wird jedoch ein Ende dadurch gesetzt, daß mit der Aufwärtsbewegung eine Abwärtsbewegung der Steuerhülse verbunden ist, die zu einer Überdeckung der Hülsenschlitze durch den Doppelkolben und damit zum Stillstand des Stellmotorkolbens führt. Wenn der Regelungsvorgang somit bei

[1]) Solche großen Fliehkraftpendel sind im Deutschen Museum in München z. B. an der Dampfmaschine von *James Watt* zu sehen.

einer Stellgliedlage außerhalb der Mittellage beendet ist, befindet sich der Steuerschieber ebenfalls nicht in der Ausgangslage, da seine Stellung der des Stellgliedes durch den unteren Hebel proportional zugeordnet ist. Im vorliegenden Fall befindet sich dann aber auch die Muffe des Fliehkraftpendels unterhalb der Lage, die der Sollwertdrehzahl entspricht, woraus folgt, daß bei einer bleibenden Lasterhöhung jetzt auch eine bleibende Drehzahlerniedrigung in Kauf genommen werden muß[1]).

Es ist bemerkenswert, daß Rückführungen i. a. ohne Energieschaltstellen ausgeführt werden können, weil das Rückführsignal, hier also die Lage des Arbeitskolbens, von einem Regelkreisglied mit hohem Energieniveau geliefert wird und somit die Rückwirkungsfreiheit ohne weiteres gewährleistet ist.

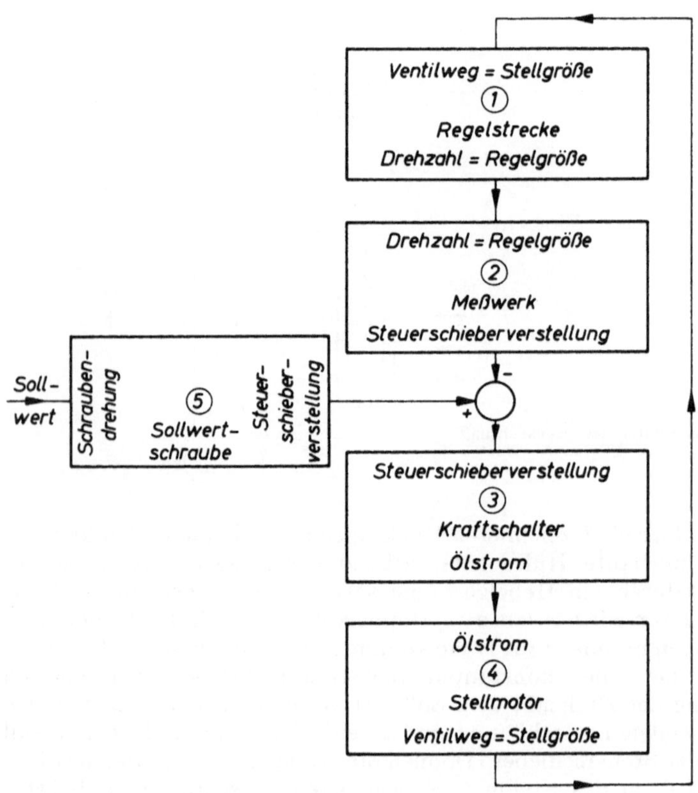

Bild 2.3. Blockschaltbild für die Drehzahlregelung nach Bild 2.1

[1]) Bei parallel geschalteten Kraftmaschinen ist diese Drehzahlabhängigkeit von der Last zur stabilen Lastverteilung notwendig.

2.2. Blockschalt- und Strukturbild

Der Wirkungsablauf, der sich in dem zuvor beschriebenen Regelkreis vollzieht, wird noch deutlicher, wenn wir uns gänzlich von allen konstruktiven Einzelheiten lösen, und nur noch den Signalfluß im Blockschaltbild verfolgen (vgl. Bild 2.3 für die Drehzahlregelung ohne Rückführung).

Wir beginnen mit der Stellgröße (Ventilweg), deren Einwirkung auf die Regelstrecke (Maschinensatz) die Regelgröße (Drehzahl) steuert. Der Maschinensatz wird als Regelstrecke durch den Block 1 dargestellt, dessen Eingang die Stellgröße und dessen Ausgang die Regelgröße ist. Die Tatsache, daß auch die Störungen, seien sie frischdampf-, abdampf- oder gebläseseitig, die Drehzahl beeinflussen, wird symbolisch durch einen auf den Block 1 weisenden Pfeil gekennzeichnet. Die Drehzahl erzeugt nun über das Fliehkraftpendel (einschl. Feder und Gestänge) eine bestimmte Verschiebung des Steuerschiebers, gekennzeichnet durch den Block 2. Diese zusammen mit der Verschiebung des Steuerschiebers durch die Führungsgröße (Block 5) bestimmen die resultierende Steuerschieberstellung. Der Kraftschalter (Block 3) formt nun die Steuerschieberstellung in einen ihr entsprechenden Ölstrom um, während der Stellmotor (Block 4) diesen in den Ventilweg (Stellgröße) wandelt.

Im Bild 2.3 sind die Übertragungsblöcke in einer willkürlichen Weise angeordnet. Um Vorwärts- und Rückführblöcke zu trennen, die sich auf das Verhalten der Regelung verschieden auswirken, ist die Anordnung nach Bild 2.4 vorzuziehen.

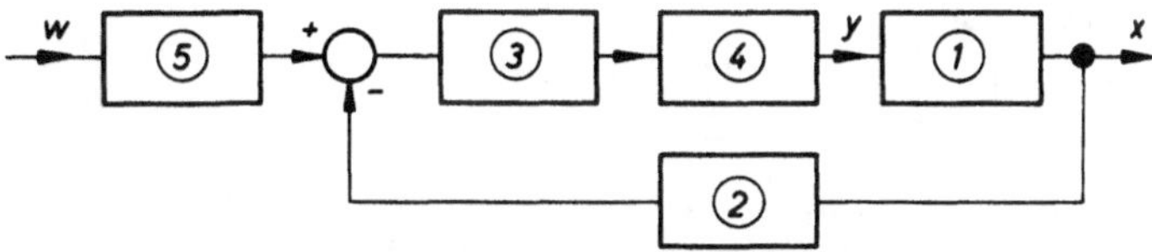

Bild 2.4. Blockschaltbild zur Drehzahlregelung

Während das Blockschaltbild einen klaren Einblick in den Signalfluß im Regelkreis vermittelt, dient das Strukturbild[1]) der anschaulichen Analyse jedes einzelnen Blocks. Als Beispiel betrachten wir die Regelstrecke, Block 1 in Bild 2.3, deren Strukturbild in Bild 2.5 dargestellt ist. Der die Turbine antreibende Dampfenergiestrom D wird beeinflußt durch die Stellgröße Y (Ventilstellung) und durch die Störungen z_F und z_A auf der Frischdampf- bzw. Abdampfseite. Der sich aus dem Dampfenergiestrom D ergebende Drehmomentanteil M_{TD} bildet zusammen mit dem von der Winkelgeschwindigkeit

[1]) Häufig wird das Strukturbild soweit durchgearbeitet, daß es ein genaues Bild der mathematischen Zusammenhänge und Operationen vermittelt und somit das Programm für die Behandlung der regeltechnischen Aufgabe auf einem Analog-Rechner enthält. Hier beschränken wir uns auf die qualitative Darstellung des Signalflusses innerhalb eines Blocks.

der Turbine abhängigen Drehmomentanteil $M_{T\omega}$ das Turbinendrehmoment M_T. Das entgegengesetzt wirkende Gebläsedrehmoment M_G ergibt sich aus einem Anteil $M_{G\omega}$, der von der Winkelgeschwindigkeit abhängt, und einem Anteil M_{Gp}, der sich von dem am Gebläseaustritt herrschenden Druck p ableitet. Der Zusammenhang des Turbinendrehmoments M_T mit der Winkelgeschwindigkeit ω[1]) und dem Dampfenergiestrom D einerseits und des Gebläsedrehmomentes mit der Winkelgeschwindigkeit ω und dem Kompressionsdruck p andererseits ist nichtlinear (vgl. Abschnitt 2.3), kann aber in der Umgebung des Arbeitspunktes in der hier beschriebenen Weise linearisiert werden. Das Differenzmoment $M_T - M_G$, welches z. B. bei einer Abweichung von p (Störgröße) vom Normalzustand entsteht, bewirkt eine Drehbeschleunigung der rotierenden Massen und damit eine Änderung der Drehzahl. Schließlich wird bei konstanter Abweichung der Störgröße ein neuer Beharrungszustand erreicht, der hier wegen der Rückwirkungen der Drehzahl auf das Turbinen-Drehmoment M_T und auf den Gebläseaustrittsdruck p wieder eintritt. Bild 2.5 läßt also erkennen, daß innerhalb des Blockes 1 durchaus Rückwirkungen zwischen den einzelnen Signalen bestehen[2]), obwohl keine Rückwirkung der Ausgangs- auf die Eingangsgröße vorhanden ist. Bei der Gliederung eines Regelkreises ist somit zu beachten, daß der Zerlegung in rückwirkungsfreie Blöcke Grenzen gesetzt sind.

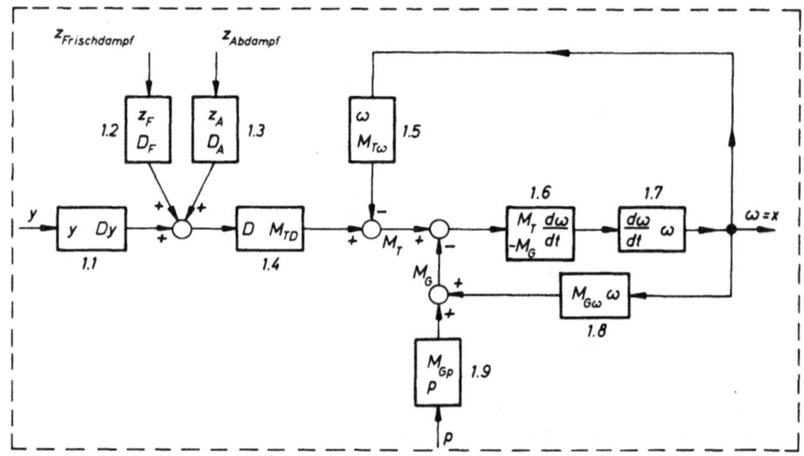

Bild 2.5. Strukturbild von Block 1

[1]) Die Winkelgeschwindigkeit ω in [1/s]hängt mit der Drehzahl n in [Umdrehungen/Minute] wie folgt zusammen: $\omega = \frac{\pi n}{30}$

[2]) Hier ausgedrückt durch die Rückwirkungsblöcke 1.5 und 1.8.

Übungsbeispiele

2.2-1 Man entwerfe das Blockschaltbild für den Wirkdruckwandler (Transmitter) nach Bild Ü 2.2-1.1

Die aus verschiedensten Gründen häufig notwendige Umformung einer Meßgröße in eine andere geschieht mit Hilfe eines Transmitters. Je nach den Erfordernissen braucht es sich dabei nicht, wie im vorliegenden Falle, um die Verwandlung eines hohen in einen niedrigen Druck zu handeln. Vielmehr kann es z. B. auch nötig sein, einen Druck in eine elektrische oder mechanische Größe zu übertragen, oder aber beim Abgriff von Betriebsgrößen den Austritt giftiger oder brennbarer Medien zu vermeiden.

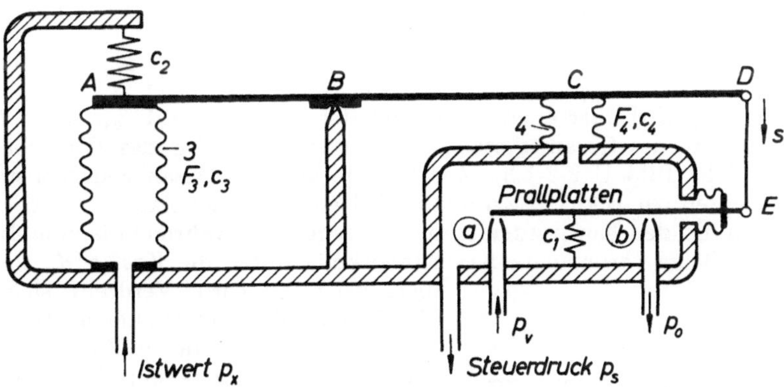

Bild Ü 2.2-1.1

Das Eingangssignal des Wirkdruckwandlers nach Bild Ü 2.2-1.1 ist der Istwert p_x des Betriebsdruckes, welcher umgeformt werden soll in den Steuerdruck p_s, der das Ausgangssignal des Transmitters darstellt. Bei dem Entwurf des Blockschaltbildes Ü 2.2-1.2 kann hier vom Eingangssignal ausgegangen werden. Dieses bewirkt mittels Federbalges 3 eine Kraft $K_3 = F_3\, p_x$, die ihrerseits ein Moment M_3 um B auf den Waagebalken ausübt. Das Moment M_3 wird der Mischstelle 1 zugeführt, in der alle auf den Waagebalken einwirkenden Momente zu einem resultierenden Moment M_{res} zusammengefaßt werden. Die Rückwirkung des Prallplattensystems auf den Waagebalken kann vernachlässigt werden, so daß nur noch die Einwirkung des Steuerdruckes p_s auf den Waagebalken betrachtet werden muß. Die Umwandlung von p_s in das Moment M_4 geschieht auf gleiche Weise, wie sie oben für diejenige von p_x in M_3 beschrieben worden ist, wobei hier das negative Vorzeichen für M_4 zu beachten ist.

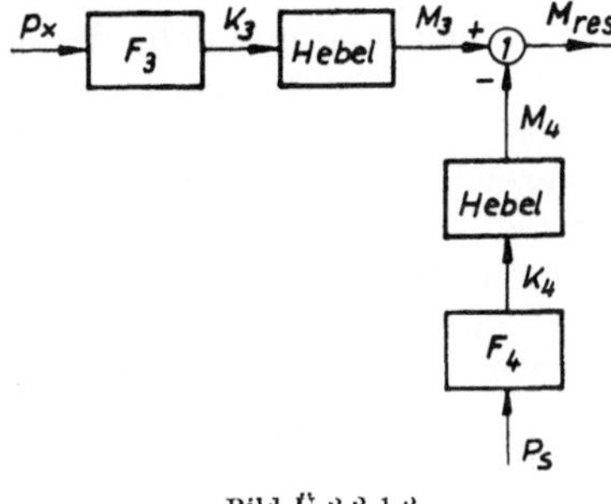

Bild Ü 2.2-1.2

Da wegen geringer Wege s auch nur geringe Beschleunigungen $\ddot{s}$ bzw. $\ddot{\varphi}$ zu erwarten sind, werden Massenreaktionen in diesem Beispiel vernachlässigt und das Strukturbild wie folgt fortgesetzt. Das an der Mischstelle 1 gebildete

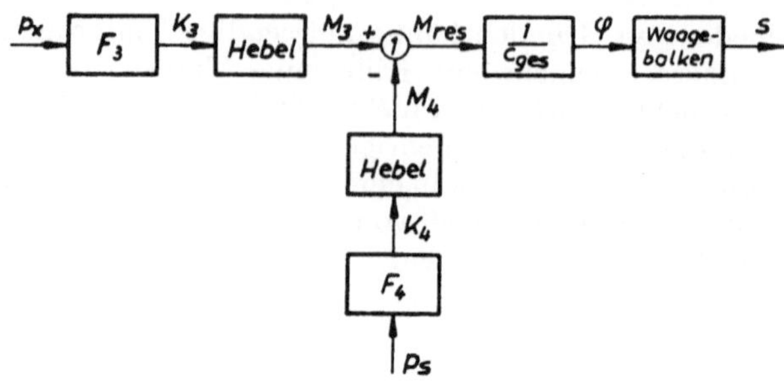

Bild Ü 2.2-1.3

Moment M_{res} wird über einen Block mit der Konstanten $1/c_{ges}$ (c_{ges} = Drehfederkonstante des Gesamtsystems) in den Drehwinkel φ des Waagebalkens umgewandelt (Bild Ü 2.2-1.3). Zur Erläuterung der Gesamtfederkonstanten c_{ges} betrachten wir Bild Ü 2.2-1.4. Die Federwirkung der Bälge ist dort durch die Federn mit den Konstanten c_3 und c_4 dargestellt, während die vom Innendruck der Bälge verursachte Krafteinwirkung durch die Kräfte K_3 und K_4 berücksichtigt wird. Verdreht sich nun der Waagebalken um den kleinen Winkel φ, so wirken auf ihn die in Bild Ü 2.2-1.4b eingetragenen Kräfte ein. Bezüglich des Drehpunktes B gilt die Drehmomentengleichung

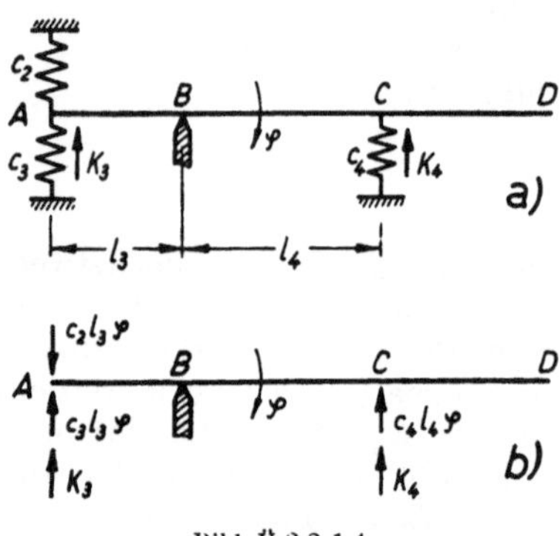

Bild Ü 2.2-1.4

$$K_3 l_3 - K_4 l_4 = \varphi\,(c_2 l_3^2 + c_3 l_3^2 + c_4 l_4^2) = c_{ges}\,\varphi .$$

Damit gilt

$$c_{ges} = \sum_i c_i l_i^2 .$$

Die Drehung φ bewirkt über den Block „Waagebalken" (Hebel BD) die Verschiebung s am rechten Ende des Waagebalkens. Wir wenden uns nunmehr der Untersuchung des Prallplattensystems zu, die wir getrennt für die beiden Fälle $M_3 > M_4$ und $M_3 < M_4$ durchführen. Wenn $M_3 > M_4$ ist, tritt eine positive Verschiebung s_{pos} des Waagebalkenendes in der eingezeichneten Richtung ein (s. Bild Ü 2.2-1.1). Dabei legt sich die Prallplatte auf die Düse b auf, welche auf diese Weise geschlossen bleibt. Durch die Drehung der Prallplatte um b wird Düse a mehr oder weniger geöffnet und der Steuerkammerdruck p_s wegen des eintretenden Gasvolumens erhöht (Vordruck $p_v > p_s$). Im Blockschaltbild findet dieser Vorgang darin seinen Ausdruck, daß das Signal s_{pos} über einen Block mit der eingezeichneten Charakteristik geleitet wird (Bild Ü 2.2-1.5), der nur positive Signale s überträgt. Die weitere Umwandlung von s_{pos} in den Abstand s_a zwischen der

Prallplatte und der Düse a erfolgt mittels des auf Düse b aufliegenden Hebels. Proportional zum Abstand s_a strömt die Luftmenge Q_a in den Druckraum ein.

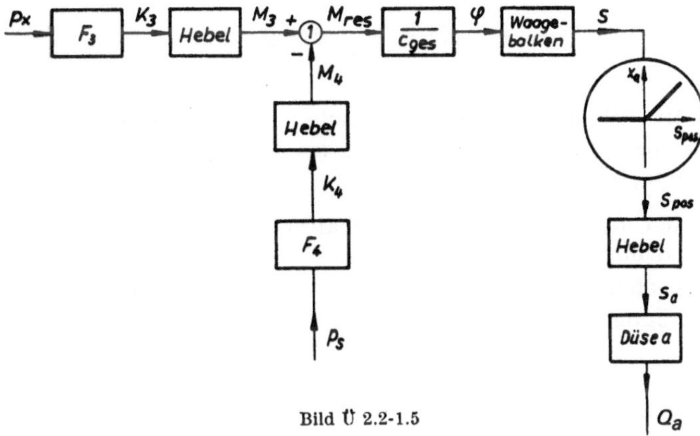

Bild Ü 2.2-1.5

Für den Fall $M_3 < M_4$ erfolgt eine negative Verschiebung s. Die Prallplatte legt sich jetzt auf die Düse a auf, und Düse b wird geöffnet, so daß Steuerluft entweichen kann. Das Blockschaltbild nach Bild Ü 2.2-1.5 gestattet die Übertragung dieses Signales s nicht und muß daher durch einen zweiten Zweig erweitert werden (Bild Ü 2.2-1.6). Das Signal s wird über einen Block geleitet, der nur für negative s durchlässig ist. Der jetzt auf der Düse a aufliegende Hebel übersetzt das Signal s_{neg} in den Abstand s_b zwischen der Prallplatte und der Düse b. Der Block ,,Düse b" kennzeichnet die Umsetzung in die Abflußmenge Q_b. Die resultierende Mengenänderung wird in der Mischstelle 2 aus

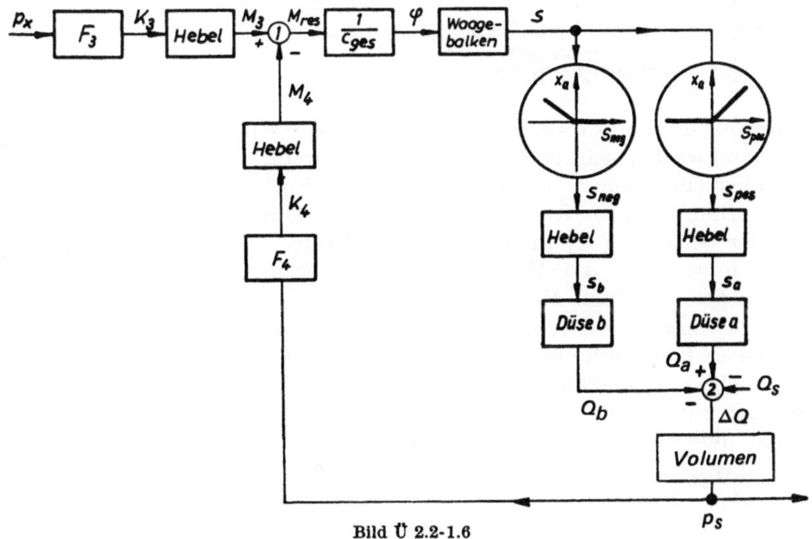

Bild Ü 2.2-1.6

Q_a, Q_b und der Entnahmemenge Q_s gebildet, deren Differenz in dem Kammervolumen V die Druckänderung von p_s bewirkt nach der Beziehung:

$$p_s = \frac{1}{V} \int_{-\infty}^{t} \Delta Q \, dt$$

Das Alternativverhalten hat im Blockschaltbild durch die Parallelführung zweier Signalwege, von denen gleichzeitig jeweils nur einer benutzt wird, Ausdruck gefunden (Bild Ü 2.2-1.6).

2.2-2 Für den hydraulischen Kraftschalter nach Bild Ü 2.2-2.1 ist das Strukturbild zu entwerfen

Der Eingangsbefehl (Regelabweichung) ist hier eine am Elektromagneten anliegende Spannung, die einen Strom durch die Wicklungen treibt.

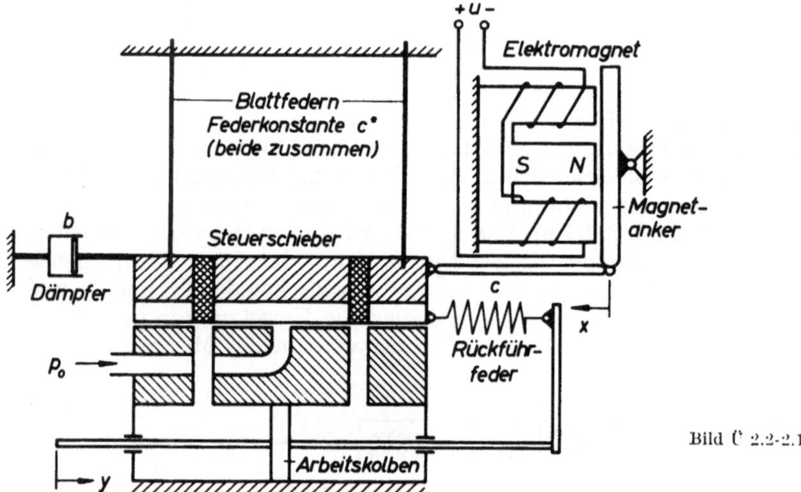

Bild Ü 2.2-2.1

Die Wicklungen sind so angeordnet, daß jeweils eine das Feld des Dauermagneten schwächt, während die andere es verstärkt. Damit wird auf den Magnetanker ein Moment und folglich eine Kraft P_M auf den Steuerschieber ausgeübt (Bild 2.2-2.2). Es wird zunächst die Umwandlung des Eingangsbefehls, der Spannung u, in die Kraft P_M untersucht. Von der Eingangsspannung u wird die am Widerstand R der Wicklungen abfallende Spannung u_R abgezogen (vgl. Mischstelle 1 im Bild Ü 2.2-2.2). Die verbleibende Spannung u_L hat eine Stromänderung in der Magnetspule zur Folge ($u_L = L di/dt$). Diese Umwandlung kommt im Block mit der Konstanten $1/L$ zum Ausdruck. Die anschließende Integration liefert den Strom i, der einerseits, multipliziert mit R, den Ohmschen Spannungsabfall u_R für die Mischstelle 1 liefert und andererseits infolge der magnetischen Wirkung ein Drehmoment M auf den Magnetanker ausübt, hier ausgedrückt durch den Block mit der Konstanten K. Das Signal M wird in einem weiteren in Reihe geschalteten Block in die auf den Steuerschieber einwirkende Kraft P_M verwandelt.

Zieht man von der Magnetkraft P_M alle auf den Steuerschieber einwirkenden von Dämpfern und Federn herrührenden Reaktionskräfte ab (Mischstelle 2), so bleibt eine Kraft P_T übrig, die den Steuerschieber in Bewegung setzt. Das Newtonsche Axiom $P_T = m\,\ddot{x}$ liefert den Zusammenhang zur Steuerschieberbewegung. Aus der Beschleunigung $\ddot{x}$ des Steuerschiebers gewinnen wir nacheinander durch Integration $\dot{x}$ und x (s. Bild Ü 2.2-2.3).

Der Übergang zum Ausgangssignal y am Arbeitskolben soll nun näher untersucht werden. Die Schieberstellung x steuert den zum Arbeitszylinder fließenden Ölstrom Q_x (= Ölvolumen pro Zeiteinheit). Im Bild Ü 2.2-2.3 ist dementsprechend ein Block mit dem Faktor $\partial Q/\partial x$ eingetragen. Die partielle Ableitung wird hier verwendet, weil das in den Arbeitszylinder eintretende Ölvolumen nicht allein von x, sondern auch vom Vordruck p_0 und vom Gegendruck p_K im Arbeitszylinder abhängt. Q_x wird zur Mischstelle 3 geführt, wo es zusammen

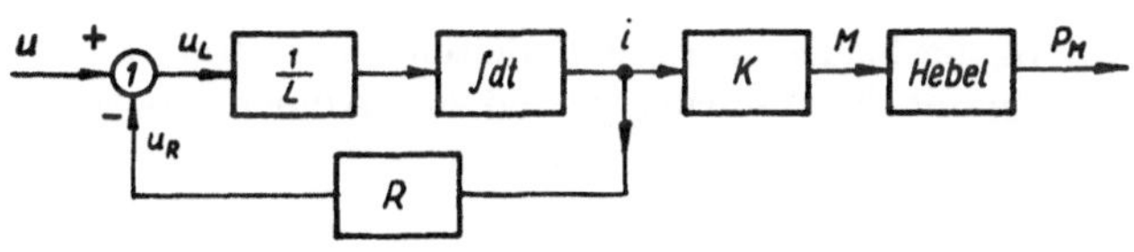

Bild Ü 2.2-2.2

Bild Ü 2.2-2.3

mit Q_{Z_v} und Q_K den resultierenden Ölstrom bildet[1]). Das diese Mischstelle verlassende Signal stellt das gesamte in den Arbeitszylinder einströmende, auf die Zeit bezogene Ölvolumen dar und wird über einen Integrationsblock in das Volumen $V = \int Q dt$ verwandelt, welches über einen Block mit der Konstanten $1/F$ (F = Fläche des Arbeitskolbens) in die Ausgangsgröße y umgeformt wird ($y = V/F$).

Bei einer Geschwindigkeit $\dot{x}$ des Steuerschiebers entsteht im Dämpfer eine Bremskraft $P_D = b\dot{x}$, die zusammen mit den Federreaktionskräften ΣP_F an der Mischstelle 4 zur Reaktionskraft P zusammengefaßt wird. P wird an der Mischstelle 2 von P_M subtrahiert, es entsteht P_T wie oben beschrieben. Die Federkräfte ΣP_F setzen sich aus der Federkraft P_{FL} der Lagerung und der Rückführfederkraft P_{FR} zusammen (Mischstelle 5). Während P_{FL} sich auf einfache Weise aus der Auslenkung x des Steuerschiebers ergibt ($P_{FL} = c^*x$), muß für die Federkraft $P_{FR} = c\,(y-x)$ im Strukturbild die Differenz $(y-x)$ (Mischstelle 6) gebildet werden.

Der Zusammenhang der bisher nicht behandelten Bestandteile des Ölstromes Q, nämlich Q_{Z_v} und Q_K mit dem Öldruck p_v und den Kolbenkräften P_K, soll nun

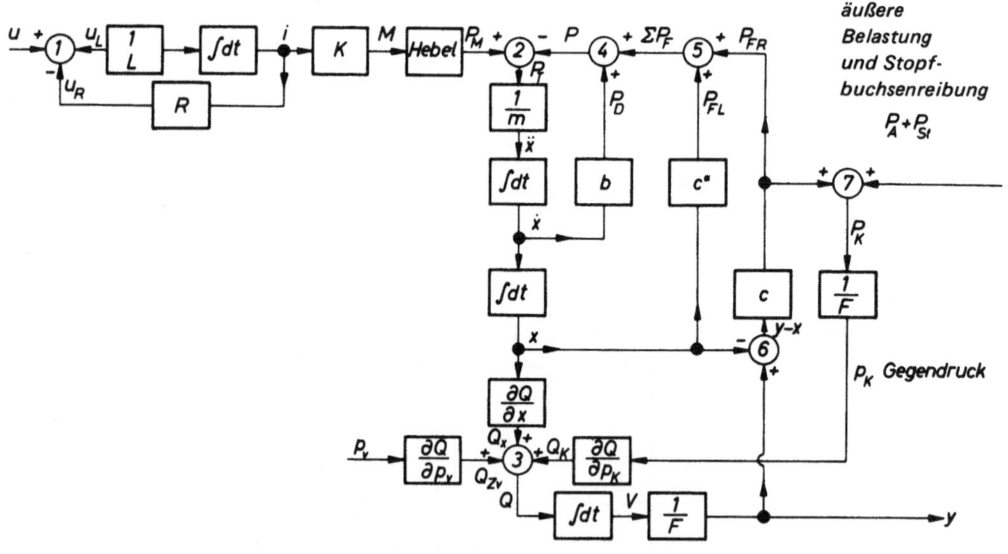

Bild Ü 2.2-2.4

[1]) Die additive Zusammenführung von $\dfrac{\partial Q}{\partial x}\,x + \dfrac{\partial Q}{\partial p_v}\,p_v + \dfrac{\partial Q}{\partial p_K}\,p_K$ stellt eine Linearisierung der Funktion $Q = Q\,(x, p_v, p_K)$ dar, deren Zulässigkeit in jedem Einzelfall überprüft werden muß (s. auch Abschn. 2.3.).

im Strukturbild ergänzt werden (Bild Ü 2.2-2.4). Q_{Zv} ergibt sich ähnlich wie Q_x durch Multiplikation von p_v mit dem Faktor $\partial Q/\partial p_v$ und entsprechend Q_K zu $(\partial Q/\partial p_K)\cdot p_K$. Der Gegendruck p_K steht über F in direktem Zusammenhang mit der Kolbenkraft P_K, die sich an der Mischstelle 7 aus der schon bekannten Rückführfederkraft P_{FR}, der äußeren Belastung P_A und der Stopfbuchsenreibung P_{St} zusammensetzt [1]).

Das vollständige Strukturbild (Bild Ü 2.2-2.4) gibt in allen Einzelheiten Auskunft über die Beziehung zwischen dem Ausgangssignal y, dem Eingangssignal u, den Störgrößen p_v, P_A und P_{St} sowie den Kenngrößen des hydraulischen Kraftschalters.

2.2-3 Das Strukturbild für eine pneumatisch arbeitende Anlage nach Bild Ü 2.2-3.1 soll entworfen werden

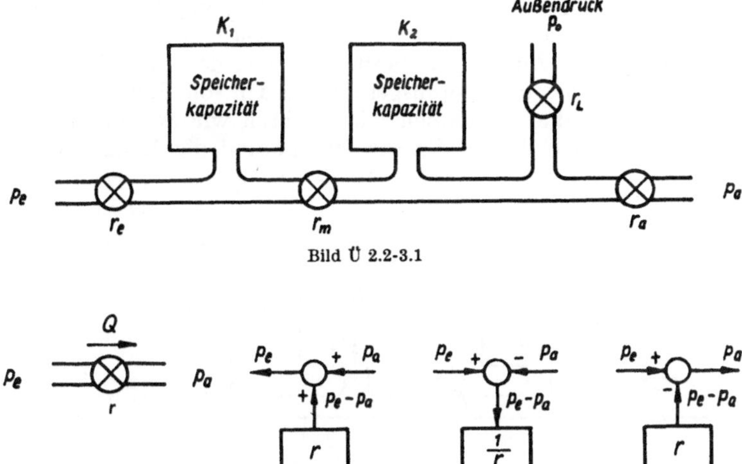

Bild Ü 2.2-3.1

Bild Ü 2.2-3.2

Das betrachtete pneumatische System besteht aus einer Kombination von Drosselwiderständen und Speicherkapazitäten. Die Eigenschaften dieser Bauelemente und ihre Verarbeitung im Strukturbild sollen zuerst grundsätzlich erläutert und daraus das Strukturbild des Gesamtsystems entwickelt werden.

In Bild Ü 2.2-3.2 ist eine Drossel mit dem Widerstand r gezeichnet. Unter der Voraussetzung kleiner Strömungsgeschwindigkeiten gilt mit guter Annäherung die lineare Beziehung $Q\cdot r = p_e - p_a$ mit $r = \text{const}$ (Q hier gleich Mengenstrom, z. B. in Nm³/min). Diese Gleichung erlaubt es, eine der drei Variablen Q, p_e

[1]) Die Massenkräfte bleiben an dieser Stelle als vernachlässigbar klein unberücksichtigt.

oder p_a zu bestimmen, wenn die beiden anderen bekannt sind. Je nachdem, nach welcher der drei Variablen die obige Beziehung aufgelöst worden ist, erhält man eine der drei Formen des Strukturbildes (Bild Ü 2.2-3.2).

Mit Hilfe des Bildes Ü 2.2-3.3 wollen wir die Verhältnisse an einer Speicherkapazität erläutern. Die in der Speicherkapazität enthaltene Gasmenge G wird durch den eintretenden Mengenstrom Q vergrößert. Es gilt $Q = dG/dt$ oder $G = \int Q\,dt$. Bei gleichbleibender Gastemperatur gilt streng eine lineare Beziehung zwischen der Gasmenge G und dem Druck p im Speicherraum ($p = G/K$). Auf diese Weise ergibt sich das Strukturbild in Ü 2.2-3.3.

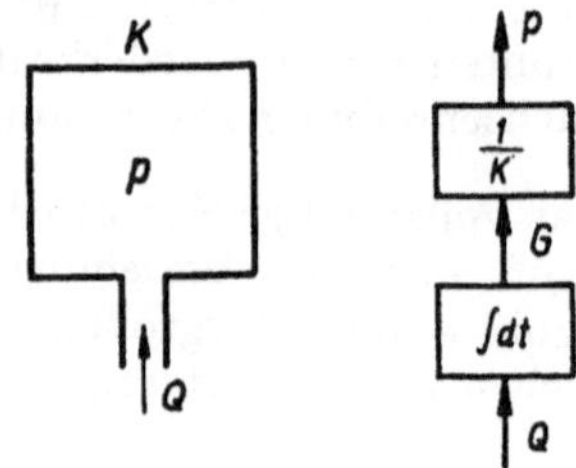

Bild Ü 2.2-3.3

Das vorliegende System (Bild Ü 2.2-3.1) hat als Eingangsgröße den Druck p_e, welcher über das pneumatische Netzwerk in die Ausgangsgröße p_a umgesetzt wird. Der Druck p_a am Ausgang ist außerdem von der Entnahmemenge Q_a abhängig, die hier als bekannt vorausgesetzt werden soll. Bevor mit der Aufstellung des Strukturbildes begonnen wird, führen wir zweckmäßig die Bezeichnungen nach Bild Ü 2.2-3.4 für die Drücke und die Mengenströme ein.

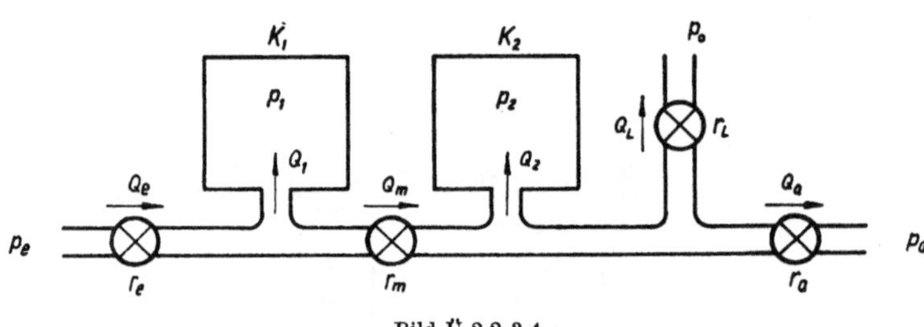

Bild Ü 2.2-3.4

Das Strukturbild Ü 2.2-3.5 des ganzen Systems beginnt man am einfachsten mit dem Signalablauf für die Speicherkapazitäten. Aus Q_1 ergibt sich p_1 in der oben beschriebenen Weise, so daß nun p_1 und p_e benutzt werden können, um Q_e mittels Form b des Bildes Ü 2.2-3.2 zu gewinnen. Die Umwandlung von Q_2 in p_2, von $(p_1\text{-}p_2)$ in Q_m sowie von $(p_2 - p_0)$ in Q_1 geschieht auf die gleiche Art. Aus der Bedingung, daß an jedem Punkt die Summe der zufließenden Mengenströme gleich der Summe der abfließenden Mengenströme ist, folgen die Gleichungen

$$Q_1 = Q_e - Q_m \quad \text{und} \quad Q_2 = Q_m - (Q_L + Q_a),$$

die in den Mischstellen 4, 5 und 6 ihren Ausdruck finden. Die Anwendung von Form c des Bildes Ü 2.2-3.2 auf die Ausgangsdrossel r_a liefert aus Q_a und p_2 das Ausgangssignal p_a.

Das Strukturbild Ü 2.2-3.5 läßt im Vergleich mit dem Systembild Ü 2.2-3.1 klar erkennen, wie verschieden der das Strukturbild bestimmende Wirkungsfluß von dem Mengen- bzw. Energiefluß ist.

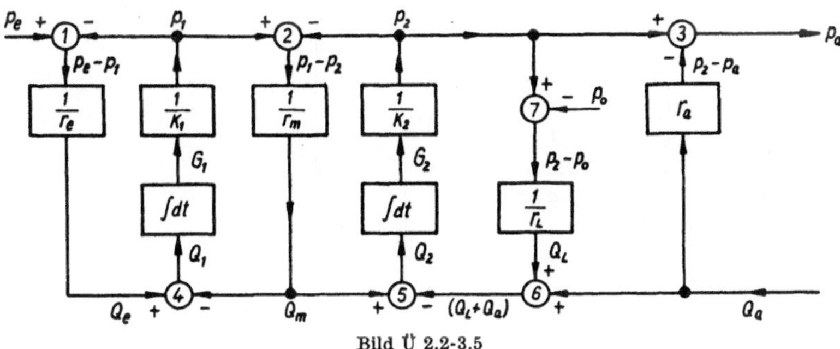

Bild Ü 2.2-3.5

Übungsaufgaben

2.2-4 Ein Schiff wird von Hand nach Kompaß gesteuert. Wie sieht das Blockschaltbild dieses durch einen Menschen geschlossenen Regelkreises aus?

2.2-5 Für den pneumatisch arbeitenden Verstärker nach Bild Ü 2.2-5 soll das Blockschaltbild entworfen werden.

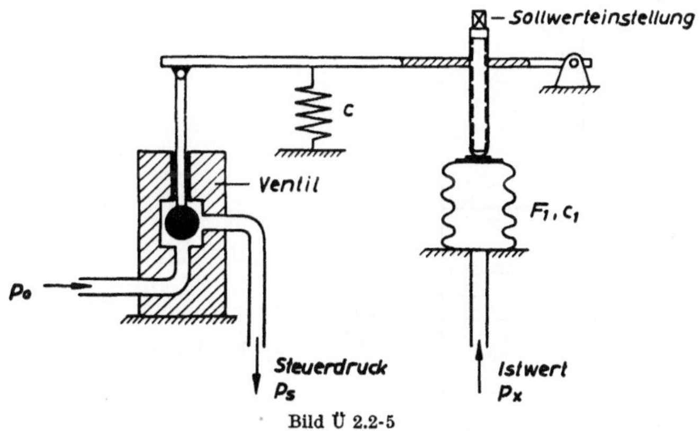

Bild Ü 2.2-5

2.2-6 Mit Hilfe eines elektrischen Reglers und eines pneumatisch arbeitenden Stellmotors wird der Flüssigkeitsdurchfluß in einer Modellanlage nach Bild Ü 2.2-6 geregelt. Man gebe das Blockschaltbild an.

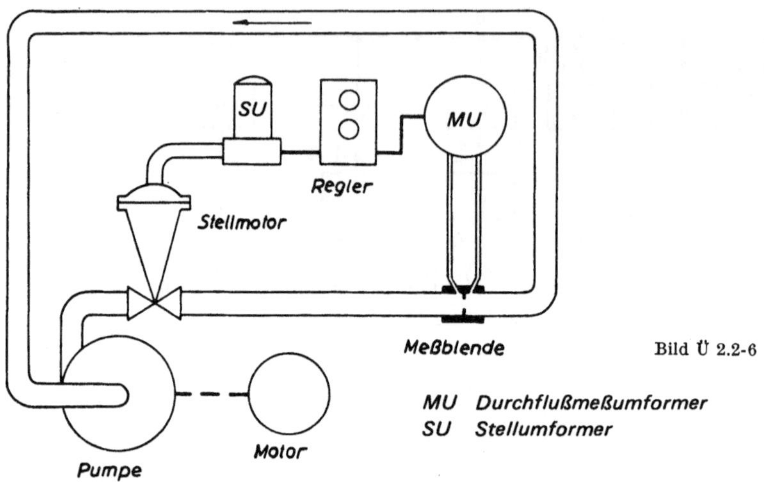

Bild Ü 2.2-6

2.2-7 In der Wasserstandsregelung nach Bild Ü 2.2-7 beträgt der maximale Stellweg $y = 50$ mm. Die Zuflußmenge soll linear mit y wachsen (Strömungskräfte auf den Schieber und Reibung seien vernachlässigt).

a) Wie sieht das Blockschaltbild aus?

b) Um welchen Betrag fällt der Spiegel im Behälter, wenn der Abfluß von 5 dm³/s auf 16 dm³/s erhöht wird? ($Q_{max} = 40$ dm³/s)

c) Wie muß das Hebelverhältnis geändert werden, damit der Wasserspiegel bei allen Abflußmengen zwischen Null und Q_{max} in einem Bereich von $h = 20$ mm bleibt?

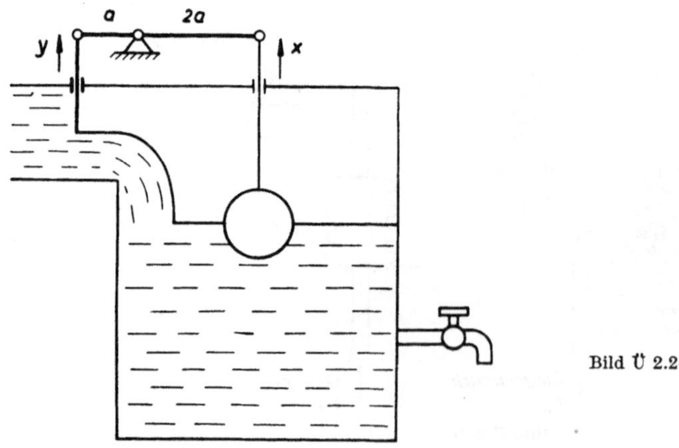

Bild Ü 2.2-7

2.2-8 Reibungseinflüsse in Stellgliedern (z. B. Stopfbuchsenreibung eines Ventils) verhindern eine feste Zuordnung zwischen Eingangsbefehl und Ausgangsgröße des Stellmotors. Diese Unsicherheit kann durch einen Stellungsregler beseitigt werden, welcher die Stellgröße y mit der dem Eingangswert zugeordneten Solleinstellung vergleicht und die Stellgrößenabweichung benutzt, um den Stellmotor nachzustellen. Es ergibt sich der Aufbau eines Hilfsregelkreises, der es erlaubt, den Stellmotor ohne wesentliche Belastung des Reglerausganges zu betätigen.

Man entwerfe das Strukturbild für den Stellungsregler nach Bild Ü 2.2-8.

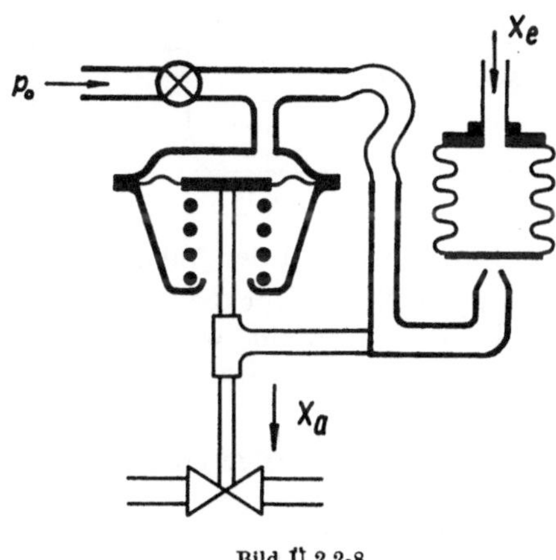

Bild Ü 2.2-8

2.2-9 Man gebe das Blockschaltbild für den in Bild 2.2[1]) dargestellten Regelkreis an.

2.2-10 Das Strukturbild für den Steuerschieber und den hydraulischen Stellmotor einschließlich der starren Rückführung nach Bild 2.2[1]) sind zu entwerfen. (Die Elastizität des Rückführhebels, Reibung und Dämpfung seien vernachlässigt, das Öl als inkompressibel betrachtet.)

2.2-11 Das Strukturbild für den Meßwertwandler (Transmitter) nach Bild Ü 2.2-11 soll entworfen werden.

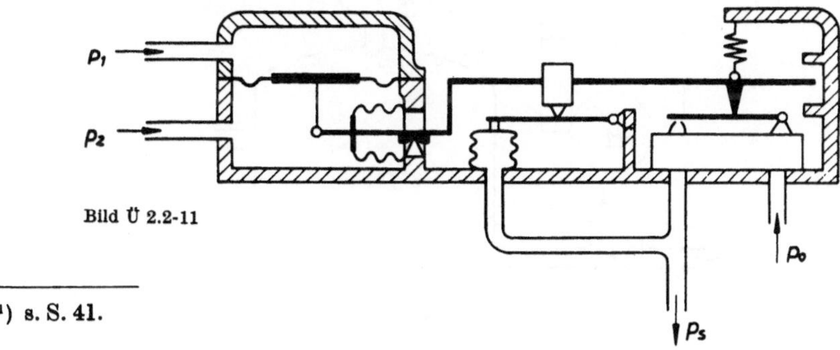

Bild Ü 2.2-11

[1]) s. S. 41.

2.2-12 Die Druckregelung eines Niederdruckbehälters kann mit Hilfe der Anordnung nach Bild Ü 2.2-12 vorgenommen werden.

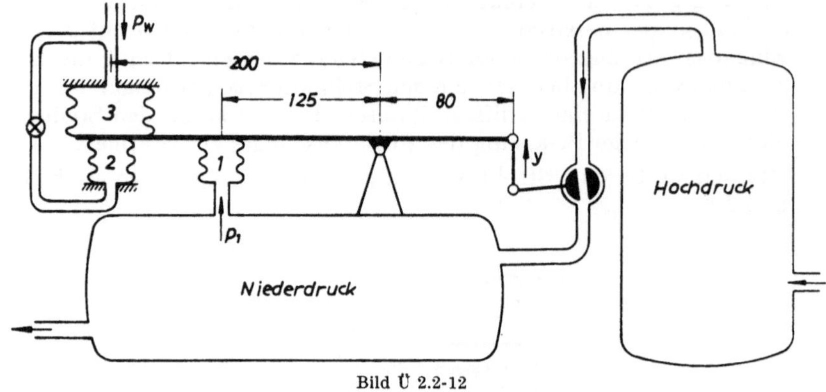

Bild Ü 2.2-12

a) Wie sieht das Blockschaltbild der Anlage aus?

b) Welcher Druck p_1 im Niederdruckbehälter hält dem Führungsdruck $p_w = 0{,}3$ bar das Gleichgewicht, wenn $y = 4$ mm beträgt und jegliche Reibung vernachlässigt wird?

Zahlenwerte:

Mittlere Durchmesser der Federbälge $D_1 = D_2 = 20$ mm
$D_3 = 30$ mm

Federkonstanten der Federbälge $c_1 = c_2 = c_3 = 0{,}16$ N/cm

2.2-13 Man zeichne das Blockschaltbild für die Druckregelung nach Bild Ü 2.2-13.

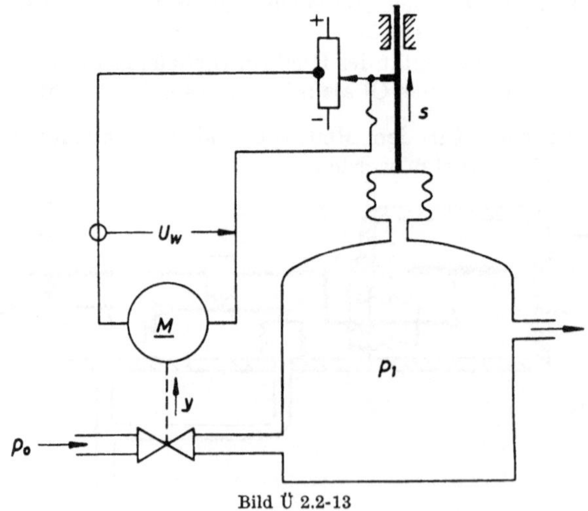

Bild Ü 2.2-13

2.2-14 Das Strukturbild für die elektrische Schaltung nach Bild Ü 2.2-14 soll entworfen werden.

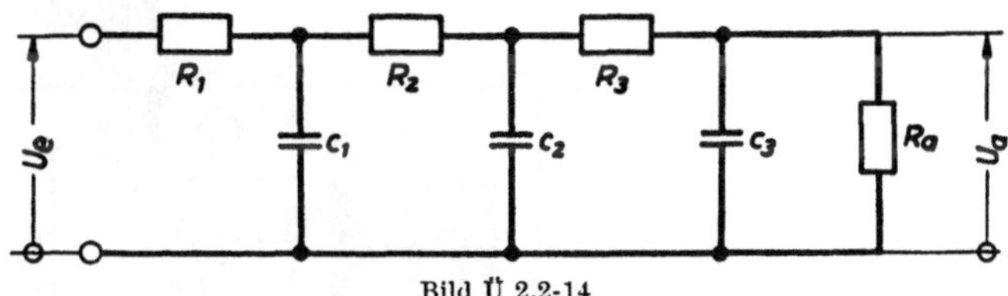

Bild Ü 2.2-14

2.2-15 Für den pneumatisch arbeitenden Regler nach Bild Ü 2.2-15 soll das Strukturbild angegeben werden. Der eingezeichnete Verstärker liefert die Steuerluft auf der Entnahmeseite, ohne den Steuerdruck p_s zu ändern.

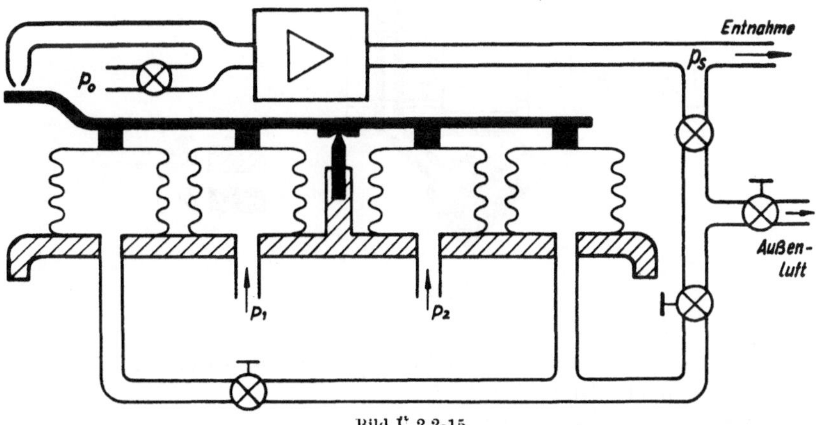

Bild Ü 2.2-15

2.2-16*Es ist das Strukturbild des in Bild 2.1 dargestellten Fliehkraftreglers anzugeben. Die Gestängeteile des Reglers sollen als starr und masselos betrachtet werden.

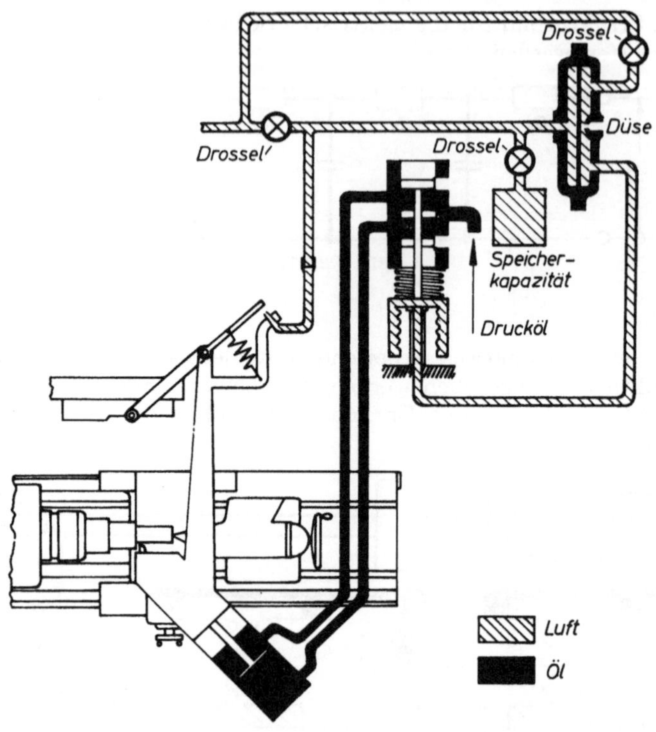

Bild Ü 2.2-17

2.2-17 Man entwerfe das Blockschaltbild der pneumatisch-hydraulischen Folgeregelung nach Bild Ü 2.2-17. Ferner soll das Strukturbild für den pneumatischen Teil des Regelkreises gezeichnet werden mit dem Prallplattenabstand als Eingangssignal und der Steuerkolbenstellung als Ausgangssignal. Rückwirkungen des Drucköls auf den Steuerkolben sollen vernachlässigt werden.

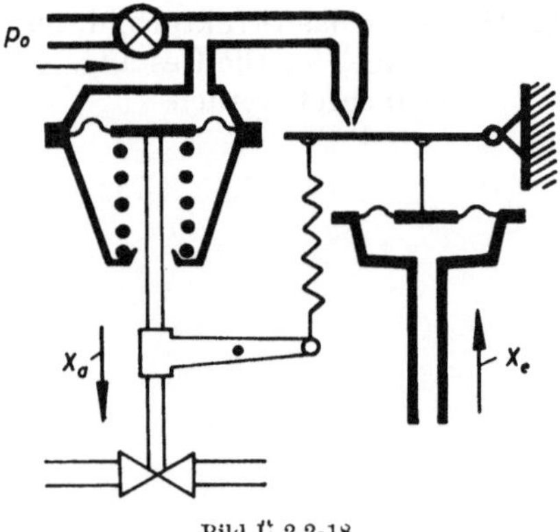

Bild Ü 2.2-18

2.2-18 Man entwerfe das Strukturbild für den in Bild Ü 2.2-18 gezeichneten Stellungsregler.

2.3. Differentialgleichungen für Regelkreisglieder und Regelkreis [1])

Als Beispiel stellen wir die Differentialgleichung für den Block 1 der Turbinen-Drehzahlregelung auf, dessen Strukturbild (Bild 2.5) qualitativ die mathematischen Beziehungen innerhalb des Blocks wiedergibt. Unter der Voraussetzung starrer Kupplung und unendlich großer Torsionssteifigkeit der Läufer lesen wir aus Bild 2.5 sofort folgende Beziehung ab

$$\theta \frac{d\omega}{dt} = \theta \frac{dX}{dt} = M_T - M_G, \tag{2.1}$$

in der θ das Massenträgheitsmoment aller rotierenden Massen bezogen auf die Drehachse, M_T das Turbinen- und M_G das Gebläsemoment bedeuten. Die Gleichung (2.1) behält ihre Richtigkeit, wenn man statt der Absolutwerte M_T und M_G deren Abweichungen m_T und m_G von den Beharrungswerten M_{T0} und M_{G0} einsetzt, da $M_{T0} = M_{G0}$ ist.

$$\theta \frac{d\omega}{dt} = \theta \frac{dX}{dt} = m_T - m_G. \tag{2.1a}$$

Das Reibungsmoment ist hierbei der Einfachheit halber vernachlässigt.

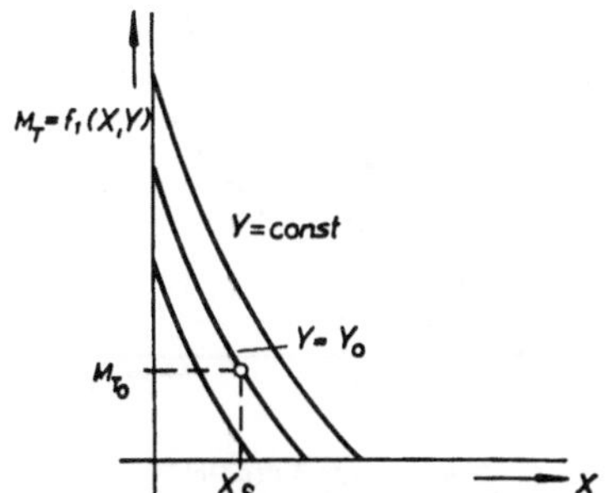

Bild 2.6. Kennlinienfeld der Turbine (Parameter: Ventilstellung)

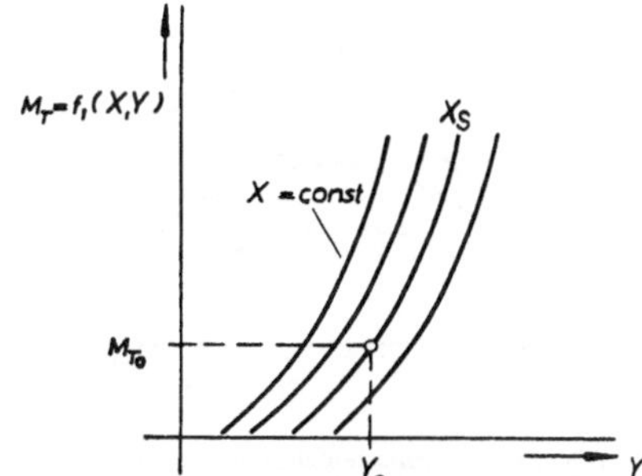

Bild 2.7. Kennlinienfeld der Turbine (Parameter: Winkelgeschwindigkeit)

Wenn die Turbine nur geringe Dampfmengen enthält (keine Speicherwirkung), und von den Störungen des Dampfzustandes einmal abgesehen wird, dann ist das Turbinenmoment M_T nur eine Funktion der Stellgröße (Ventilstellung) Y und der Drehzahl X. Diese Funktion ist im allgemeinen nichtlinear. Es ist üblich — weil es in der Regel praktisch zulässig ist —, diese nichtlineare Funktion in der Umgebung der Sollwertdrehzahl X_s zu linearisieren. Wir schreiben also anstelle der Funktion $f_1(X, Y)$, die in Bild 2.6 über X mit Y als Parameter und im Bild 2.7 über Y mit X als Parameter dargestellt ist, folgende linearisierte Beziehung

$$M_T - M_{T0} = m_T = c_1 x + c_2 y. \tag{2.2}$$

[1]) Zur klareren Unterscheidung von absoluten Meßgrößen und ihren Abweichungen vom Beharrungswert wurde in diesem Abschnitt entgegen der neuen DIN-Norm 19226 ausnahmsweise die alte Groß- und Kleinschreibung beibehalten.

In der Umgebung des Punktes M_{T0}, X_s und Y_0, wird also die gekrümmte Fläche, welche der Funktion $f_1\,(X,\ Y)$ entspricht, durch die Tangentialebene ersetzt. In (2.2) bedeuten $x = X - X_s$ und $y = Y - Y_0$, während $c_1 = \left(\frac{\partial M_T}{\partial X}\right)_{X_s, Y_0}$ und $c_2 = \left(\frac{\partial M_T}{\partial Y}\right)_{X_s, Y_0}$ sind. Das vom Gebläse geforderte Drehmoment $M_G = f_2\,(X,\ p)$ ist ebenfalls eine nichtlineare Funktion (vgl. Bilder 2.8 und 2.9). Wie zuvor linearisieren wir diese Funktion in der Umgebung des Punktes M_{G0}, X_s und p_0.

$$M_G - M_{G0} = m_G = c_3 x + c_4 (p - p_0)$$

mit $$c_3 = \left(\frac{\partial M_G}{\partial X}\right)_{X_s, p_0} \quad \text{und} \quad c_4 = \left(\frac{\partial M_G}{\partial p}\right)_{X_s, p_0}.$$

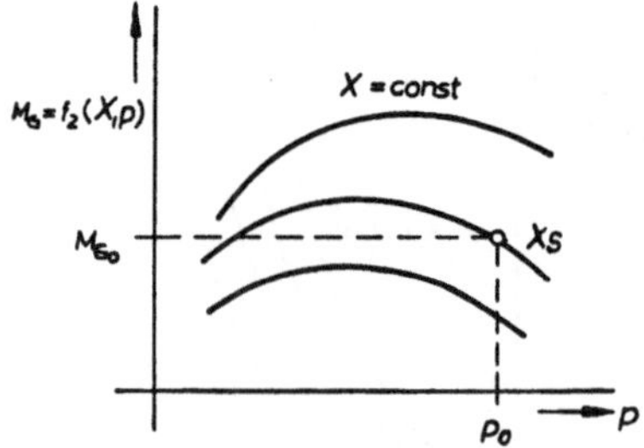

Bild 2.8. Kennlinienfeld des Gebläses (Parameter: Winkelgeschwindigkeit)

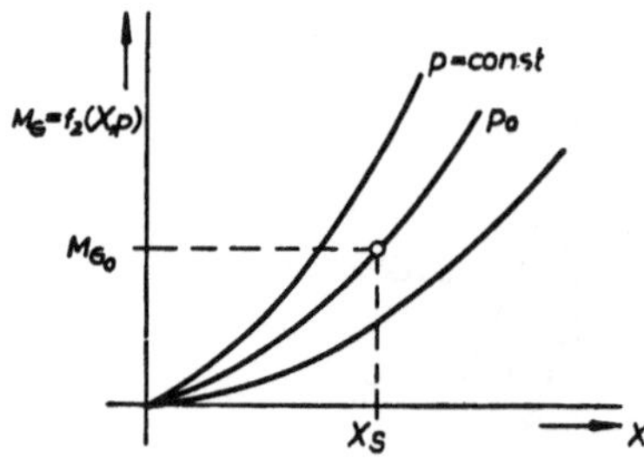

Bild 2.9. Kennlinienfeld des Gebläses (Parameter: Druck)

Mit (2.2) und (2.3) läßt sich dann (2.1a) wie folgt schreiben:

$$\theta \frac{dX}{dt} = \theta \frac{dx}{dt} = c_1 x + c_2 y - c_3 x - c_4 (p - p_0)$$

oder $$\theta \dot{x} + c x = c_2 y - c_4 (p - p_0) \tag{2.4}$$

mit $$c = c_3 - c_1$$

bzw. ohne Störeinfluß $$\theta \dot{x} + c x = c_2 y. \tag{2.5}$$

Die Regelstrecke wird also beschrieben durch eine gewöhnliche DGl. erster Ordnung mit konstanten Koeffizienten, der wir entnehmen, daß im Beharrungszustand eine proportionale Zuordnung zwischen Stell- und Regelgröße besteht. Wegen des nichtlinearen Charakters der Kennflächen für die Turbinen- und Gebläsemomente ist zu bedenken, daß (2.4) und (2.5) nur für kleine x und y

(Abweichungen von den Beharrungswerten) hinreichend genau sind. Da es aber gerade der Sinn der Regelung ist, Drehzahländerungen kleinzuhalten, ist die hier vorgenommene Linearisierung meistens zulässig. Es ist jedoch zu beachten, daß bei sehr großen Belastungsänderungen y nicht klein zu bleiben braucht. Diese Bemerkung möge als Hinweis darauf dienen, daß Linearisierungen nicht bedenkenlos durchgeführt werden dürfen.

Es ist im Hinblick auf die weite Verbreitung der Frequenzgangmethode in der Regelungstechnik üblich, die DGln. so zu schreiben, daß auf der linken Seite der nicht differenzierte Term den Koeffizienten eins besitzt, was hier durch Division mit c erreicht wird. Somit erhalten wir

$$T_{1M}\dot{x} + x = r_M\, y + r_z \cdot \Delta p \tag{2.4a}$$

bzw.

$$T_{1M}\dot{x} + x = r_M\, y \tag{2.5a}$$

mit

$$T_{1M} = \frac{\theta}{c}, \quad r_M = \frac{c_2}{c}, \quad r_z = \frac{c_4}{c} \quad \text{und} \quad \Delta p = p - p_0 .$$

Die Größe T_{1M} (Dimension: Zeit) bezeichnen wir als die Zeitkonstante der Regelstrecke; sie ist um so größer, je größer das Trägheitsmoment der Läufer ist.

Auf ähnlichem Wege[1]) erhalten wir für die übrigen Regelkreisglieder folgende Differentialgleichungen:

$$T_{2m}^2\ddot{v} + T_{1m}\dot{v} + v = r_m x \tag{2.6}$$

(Zentrifugalpendel einschl. Feder und Gestänge)

$$T_{1SM}\dot{y} = -v \tag{2.7}$$

(Hydraulischer Stellmotor)

Darin bezeichnet v die Steuerschieberstellung.

Aus den DGln. (2.4a), (2.6) und (2.7) lassen sich nun alle veränderlichen Größen des Regelkreises bis auf x eliminieren, so daß wir die nachstehende inhomogene DGl. (2.8) vierter Ordnung mit konstanten Koeffizienten für die Regelgröße x erhalten, die das Verhalten der Regelgröße bei beliebigen Druckschwankungen Δp auf der Gebläseseite beschreibt. Ebenso führt die Kombination von (2.5a), (2.6) und (2.7) mit $\Delta p = 0$ zu der entsprechenden homogenen DGl. (2.8a) der Regelgröße bei geschlossenem Regelkreis.

$$x^{\mathrm{IV}} \cdot \frac{T_{1SM}}{r_M \cdot r_m} \cdot T_{1M} T_{2m}^2 + \dddot{x} \cdot \frac{T_{1SM}}{r_M \cdot r_m} \cdot (T_{2m}^2 + T_{1M} \cdot T_{1m}) + \ddot{x}\,\frac{T_{1SM}}{r_M \cdot r_m}\,(T_{1M} + T_{1m}) +$$

$$+ \dot{x} \cdot \frac{T_{1SM}}{r_M \cdot r_m} + x = r_z \cdot \frac{T_{1SM}}{r_M \cdot r_m}\,[\Delta\dddot{p} \cdot T_{2m}^2 + \Delta\ddot{p} \cdot T_{1m} + \Delta\dot{p}] \tag{2.8}$$

$$T_{1M} \cdot T_{2m}^2 \cdot T_{1SM} x^{\mathrm{IV}} + \mathrm{T}_{1SM}(T_{1M} T_{1m} + T_{2m}^2)\dddot{x} + T_{1SM}(T_{1M} + T_{1m})\ddot{x} +$$

$$+ T_{1SM}\dot{x} + r_M r_m \cdot x = 0. \tag{2.8a}$$

---

[1]) s. Übungsbeispiel 2.3—7.

Wenn man einmal eine derartige DGl. selbst für sehr einfache Störfunktionen bzw. Anfangsbedingungen gelöst hat, weiß man, daß der Einfluß der einzelnen Konstanten auf das Zeit- und Stabilitätsverhalten des Regelkreises außerordentlich unübersichtlich ist. Dennoch würde sich die Einführung spezieller mathematischer Methoden für die Regelungstechnik kaum lohnen, wenn die mathematische Untersuchung lediglich dem Zwecke zu dienen hätte, den Regelungsablauf für einen gegebenen Regelkreis bei beliebigen Stör- oder Führungsgrößen rechnerisch zu bestimmen. Eine derartige Auffassung des mathematischen Regelungsproblems ist jedoch, wie bereits in der Einleitung dargelegt wurde, verfehlt. Der Regelkreis ist als solcher ja gar nicht fest gegeben, sondern i. a. nur die Regelstrecke, oder gar nur gewisse Teile des zu regelnden Objektes, und zuweilen auch (z. B. aus konstruktiven Gründen) das Stellglied und der Stellmotor. Alle übrigen Glieder des Regelkreises dagegen sind meistens weitgehend frei wählbar; diese so zu bemessen und ihre Zusammenschaltung derart auszulegen, daß die Forderungen an das Beharrungs- und Zeitverhalten des Regelkreises erfüllt werden, ist die Aufgabe der mathematischen Untersuchung.

Nun führt aber gerade die Aufstellung einer DGl. für den gesamten Regelkreis durch Elimination aller „inneren" Signale dazu, den Einfluß der einzelnen Glieder auf das Verhalten des Regelkreises im ganzen zu verwischen. Vom Standpunkt der Praxis sind also nur solche Rechenverfahren sinnvoll, bei deren Anwendung der Einfluß der einzelnen Bauelemente des Regelkreises auf sein Zeit- und Stabilitätsverhalten überblickt werden kann. Das ist aber bei der Benutzung „klassischer" Methoden zur Lösung linearer DGln. zumindest in Regelkreisen, die viele Zeitkonstanten enthalten, praktisch ausgeschlossen. Dieser Mangel ist ein wesentlicher Grund für die Einführung spezieller Rechenverfahren in der Regelungstechnik, da ja diese nicht nur der Analyse, sondern insbesondere auch der Synthese von Regelkreisen oder, weniger anspruchsvoll, der Anpassung bestimmter Bauglieder des Regelkreises dienen soll. Die im vorliegenden Band eingehend erörterten Verfahren, allen voran die Frequenzgangmethode, werden diesen Forderungen der Praxis gerecht.

Übungsaufgaben

2.3-1 Für den hydraulischen Stellmotor und den Steuerschieber nach Bild 2.1 soll die Differentialgleichung aufgestellt und in die Form der Gleichung (2.7) überführt werden.

Anleitung: Bei der Lösung gehe man vom Strukturbild aus.

2.3-2 Das Eingangssignal für das mechanische System nach Bild Ü 2.3-2 ist x_e, die Ausgangsgröße x_a.

Man stelle die Differentialgleichung auf und gebe ein diesem System analoges an, welches

a) elektrisch

b) pneumatisch

arbeitet und stelle dafür ebenfalls die Differentialgleichungen auf.

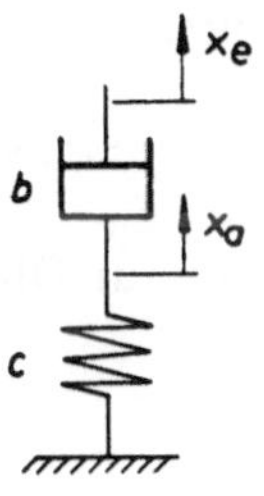

Bild Ü 2.3-2

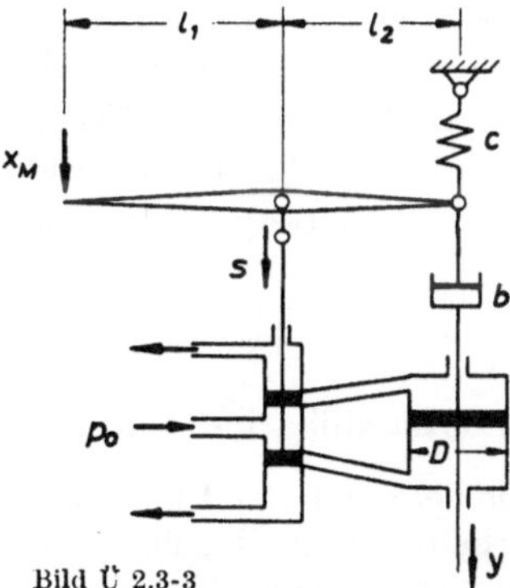

Bild Ü 2.3-3

2.3-3 Für das System nach Bild Ü 2.3-3 ist die Differentialgleichung aufzustellen. Mit Hilfe der angegebenen Zahlenwerte sind die Zeitkonstanten zu ermitteln.

Zahlenwerte: $c = 2$ N/mm $\quad b = 0{,}3$ N s/mm
$l_1 : l_2 = 4 : 1 \quad D = 12$ cm

$$\frac{\partial Q}{\partial s} = 10^3 \text{ cm}^3/\text{cm s}.$$

2.3-4 Welche Differentialgleichung erhält man, wenn in Bild Ü 2.3-3 Feder und Dämpfer vertauscht werden? Man vergleiche das Ergebnis mit demjenigen der Übungsaufgabe 2.3-3.

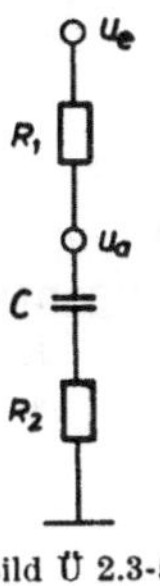

Bild Ü 2.3-5

2.3-5 Für das elektrische Netzwerk nach Bild Ü 2.3-5 ist die Differentialgleichung herzuleiten. Die Eingangsgröße ist u_e, die Ausgangsgröße u_a.
Man gebe ein analoges mechanisches System an und stelle auch dafür die Differentialgleichung auf.

2.3-6* Eine aus Antriebsmotor M, Getriebe G und Arbeitsmaschine A bestehende Regelstrecke hat die Anordnung nach Bild Ü 2.3-6.

Wie lautet die Differentialgleichung für diese Anordnung, wenn M_M die Eingangsgröße und der Drehwinkel φ_{21} der Welle 1 die Ausgangsgröße ist?

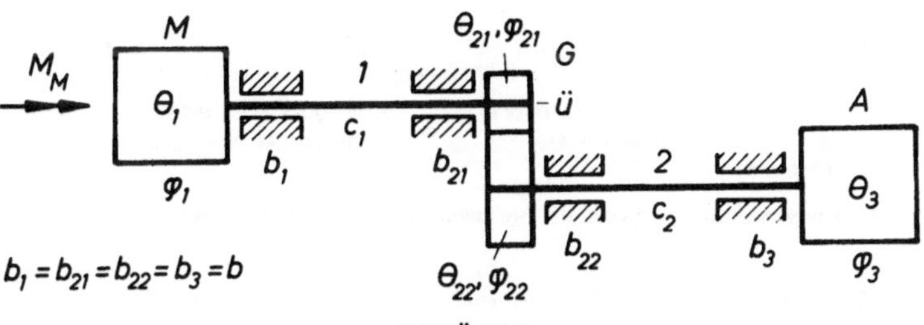

Bild Ü 2.3-6

2.3-7* Die Differentialgleichung für den in Bild 2.1 dargestellten Fliehkraftregler soll aufgestellt werden.

Man gebe die Zeitkonstanten der Differentialgleichung entsprechend Gl. (2.6) an und bestimme die Konstante r_m allgemein.

Anleitung: Zur Lösung verwende man das Strukturbild aus Übungsaufgabe 2.2-16.

2.4. Klassifikation von Regelstrecken und Reglern

Wie bereits in der Einleitung (vgl. Bild 7) gezeigt wurde, ist es üblich, das Zeitverhalten von Regelkreisgliedern durch ihre Übergangsfunktion[1]) (Sprungantwort) zu charakterisieren. Sie ist häufig auch die einzige Aussage, die man mit vertretbarem Aufwand von einer zu regelnden Anlage, z. B. einem Glühofen, erhalten kann. Es ist daher notwendig, die wichtigsten Typen von Übergangsfunktionen zu kennen und zu deuten.

Eine immer wiederkehrende Regelstrecke oder Teilregelstrecke läßt sich durch eine Differentialgleichung 1. Ordnung von der Form Gl. 2.5a beschreiben, so z. B. der Säuresumpf in der vorher besprochenen Salzsäureanlage oder der zu heizende Raum in Abschnitt 1.2. Ändert man die Eingangsgröße y einer solchen Strecke sprungartig vom Beharrungszustand null auf den Wert y_0, dann folgt der Ausgang der Zeitfunktion:

$$x = y_0 \, r_M \, (1 - \mathrm{e}^{-t/T_1}).$$

Diese Sprungantwort kann man aus der Differentialgleichung 2.5a für $y(t \leq 0) = 0$; $y(t > 0) = y_0$ und den Anfangswert $x(t = 0) = 0$ errechnen. Die Sprungantwort ist im Bild 2.10a dargestellt.

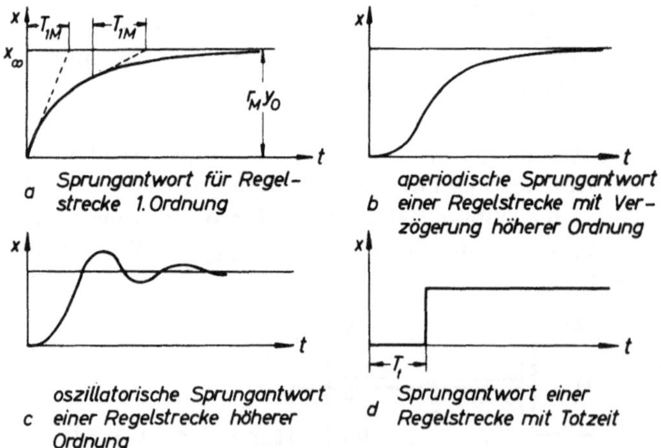

Bild 2.10. Die verschiedenen Typen der Sprungantworten von Regelstrecken mit Ausgleich

---

[1]) Die auf die Sprunghöhe des Eingangssignals bezogene Sprungantwort wird Übergangsfunktion genannt (vgl. DIN 19226, Ausg. 1968).

Weil die zugehörige Differentialgleichung von 1. Ordnung ist, spricht man hier von der Sprungantwort einer Verzögerung 1. Ordnung.

Man erkennt, daß die Regelgröße x dem neuen Beharrungswert $x\,(t \to \infty) = x_\infty = r_M\, y_0$ zustrebt. Das Verhältnis $x_\infty / y_0 = r_M$ nennt man die Regelstreckenverstärkung V_s. Sie hat die Dimension Regelgrößeneinheit/Stellgrößeneinheit. Gelegentlich werden die Regelgröße (Meßgröße) und die Stellgröße in Prozent vom Meßbereich bzw. Stellbereich ausgedrückt. Die Streckenverstärkung ist dann dimensionslos und gibt an, um wieviel Prozent des Meßbereichs sich die Regelgröße ändert, wenn die Stellgröße um ein Prozent verstellt worden ist.

Wenn man an die Übergangskurve in Bild 2.10a an beliebiger Stelle die Tangente legt, so schneidet sie die Beharrungsgerade x_∞ stets im zeitlichen Abstand T_{1M} vom Berührungspunkt. Die Zeitkonstante T_{1M} der Regelstrecke ist also ein Maß dafür, wie schnell die Regelgröße ihrem neuen Beharrungswert zustrebt.

Weitere Typen von Sprungantworten häufig vorkommender Regelstrecken sind in Bild 2.10b bis d dargestellt. Unter ihnen verdienen der Typ der schwingungsfähigen Regelstrecke und derjenigen mit Totzeit besondere Beachtung. Das Totzeitverhalten kommt häufig zusammen mit einer Verzögerung erster oder höherer Ordnung vor.

Immer wenn die Regelgröße nach einem Stellgrößensprung einem neuen Beharrungswert zustrebt, spricht man von einer Strecke mit Ausgleich. Bei Strecken ohne Ausgleich läuft die Regelgröße für $y \neq 0$ stets gegen eine ihrer — nichtlinearen — Signalgrenzen. Typische Sprungantworten von Strecken ohne Ausgleich zeigt (im linearen Bereich) Bild 2.11.

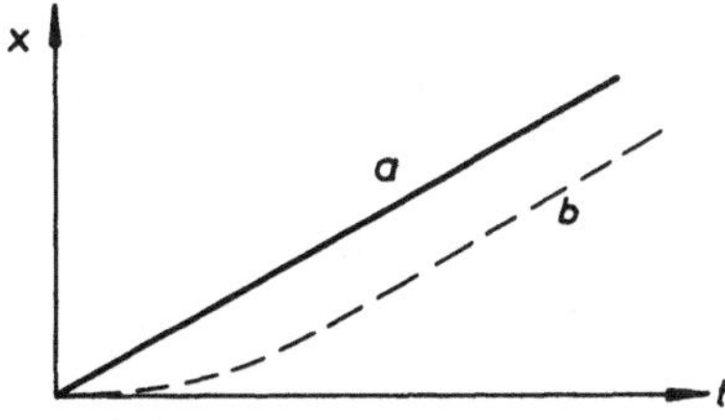

Bild 2.11 Sprungantworten für Regelstrecken ohne Ausgleich
(a ohne Verzögerung)
(b mit Verzögerung)

Ebenso wie bei den Regelstrecken gestattet die Sprungantwort auch eine anschauliche Darstellung des Zeitverhaltens von Reglern. Hier dient als Eingangssignal eine sprunghafte Regeldifferenzänderung von null auf x_{d0}.

Ein Regler, der darauf mit einer Stellgrößenänderung $y_0 = V_R \cdot x_{d0}$ antwortet, wird als idealer P-Regler bezeichnet (vgl. Tabelle 2.1 links oben). Natürlich ist ein solch ideales Verhalten nur annähernd zu verwirklichen; tatsächlich sprechen P-Regler mit einer gewissen Verzögerung an, wie aus der unteren Zeile der Tabelle 2.1 hervorgeht, so daß i. a. die Differentialgleichung für den P-Regler lautet:

$$\ldots\; T_1 \cdot \dot{y} + y = V_R \cdot x_d,$$

Tabelle 2.1

		P	I	PI	PD	PID
idealer Regler	Dgl. idealer Regler	$y = V_R x_d$	$y = \frac{V_R}{T_n} \int x_d \, dt$	$y = V_R \left[x_d + \frac{1}{T_n} \int x_d \, dt \right]$	$y = V_R \left[x_d + T_v \frac{dx_d}{dt} \right]$	$y = V_R \left[x_d + \frac{1}{T_n} \int x_d \, dt + T_v \frac{dx_d}{dt} \right]$
	Frequenzgang	$F_R = V_R$	$F_R = \frac{V_R}{i\omega T_n}$	$F_R = V_R \frac{1 + i\omega T_n}{i\omega T_n}$	$F_R = V_R (1 + i\omega T_v)$	$F_R = V_R \frac{1 + i\omega T_n + (i\omega)^2 T_n T_v}{i\omega T_n}$
	Sprungantwort					
	Anstiegsantwort					
verzögerter Regler	Dgl. verzög. Regler	$T_1 \dot{y} + y = V_R x_d$	$T_1 \dot{y} + y = \frac{V_R}{T_n} \int x_d \, dt$	$T_1 \dot{y} + y = V_R \left[x_d + \frac{1}{T_n} \int x_d \, dt \right]$	$T_1 \dot{y} + y = V_R \left[x_d + T_v \frac{dx_d}{dt} \right]$	$T_1 \dot{y} + y = V_R \left[x_d + \frac{1}{T_n} \int x_d \, dt + T_v \frac{dx_d}{dt} \right]$
	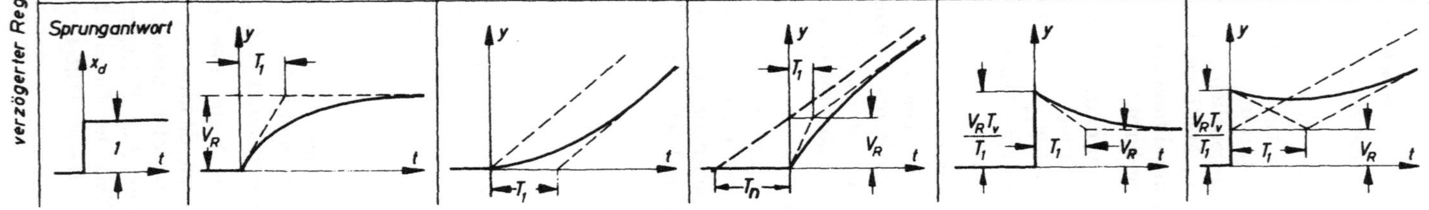 Sprungantwort					

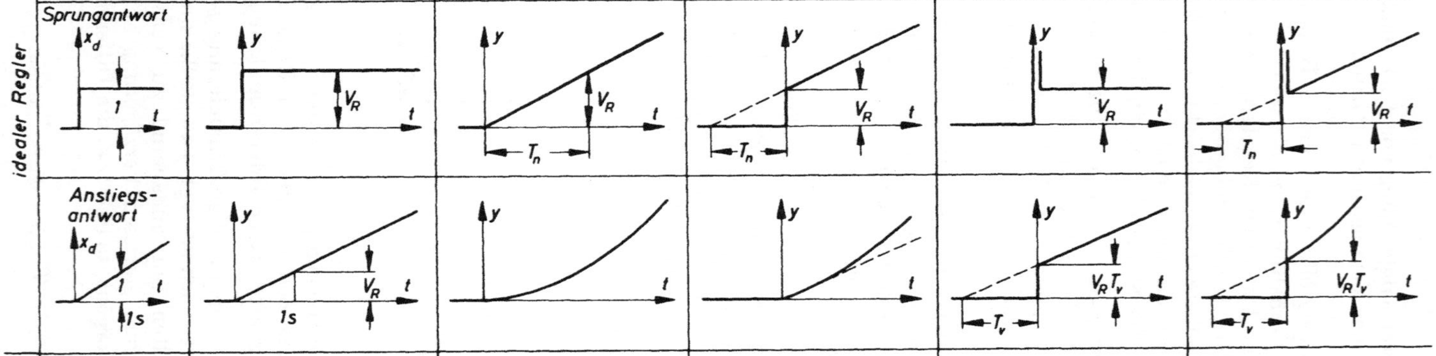

Auf ähnliche Weise lassen sich die Differentialgleichungen des I-Reglers, PI-, PD- und PID-Reglers ableiten, die für die idealen Regler in der 1. Zeile, für die Regler mit Verzögerung 1. Ordnung in der 5. Zeile der Tabelle 2.1 eingetragen sind. Die Kenngröße T_n bei Reglern mit I-Anteil heißt Nachstellzeit. Der Vollständigkeit halber sind in der Tabelle auch die Frequenzgänge der Regler aufgenommen worden, deren Behandlung jedoch dem Kapitel 5 vorbehalten bleibt.

Bei der Betrachtung der Tabelle 2.1 fällt auf, daß die Regler mit Integralanteil (I-Anteil) nicht zur Ruhe kommen, solange $x_d \neq 0$ ist. Daraus kann man folgern, daß diese Regler nach einer Sprungstörung die Stellgröße solange verstellen, bis die Regeldifferenz wieder zu null geworden ist. Regler ohne I-Anteil benötigen dagegen eine bleibende Regeldifferenz $x_d = y/V_R$ um die zur Kompensation einer Störung erforderliche Stellgröße y aufbringen zu können. Diese bleibende Differenz ist um so kleiner, je größer die Reglerverstärkung V_R ist. Wir werden aber bei der späteren Erörterung der Stabilität von Regelkreisen sehen, daß die Verstärkung nicht beliebig groß gemacht werden kann, ohne daß unzulässige, lang andauernde oder gar sich aufschaukelnde Pendelungen der Regelgröße auftreten.

PD-und PID-Regler zeichnen sich durch eine zusätzliche differenzierende Wirkung aus. Man spricht hier von Reglern mit D-Anteil oder mit Vorhalt. Die Vorhaltwirkung kommt besonders gut in der Anstiegsantwort (Tabelle 2.1, Zeile 4) zum Ausdruck. Für Regler mit D-Anteil werden die Parameter T_v = Vorhaltzeit und $T_v/T_1 = V_D$ = Vorhaltverstärkung zur Kennzeichnung herangezogen.

Bei den meisten handelsüblichen Reglern ist neben den Zeitkennwerten T_n oder/ und T_v anstelle der Reglerverstärkung V_R ihr Kehrwert X_p = Proportionalbereich üblicherweise in Prozent einstellbar. Der Proportionalbereich gibt bei einem P-Regler an, wieviel Prozent des Meßbereiches erforderlich sind, um den gesamten Stellbereich des Reglers zu durchfahren.

So bedeutet z. B. ein X_p von 10% für einen sogenannten Systemregler, d. h. einen Regler, der für den Anschluß an einen Meßumformer mit 20 mA-Ausgangssignal eingerichtet ist, daß ein Eingangsstrom von 2 mA ausreicht, um den Ausgang des — auf P-Verhalten eingestellten — Reglers voll durchzusteuern, z. B. die Ausgangsspannung von 0 auf 10 V zu bringen.

3. Die Übertragungsfunktion

3.1. Linearität und Rückwirkungsfreiheit

Die wirkungsvolle Anwendung allgemeiner und systematischer Rechenmethoden in der Regelungstechnik setzt lineares Verhalten der Regelkreisglieder voraus. Zwar lassen sich viele der häufig vorkommenden Nichtlinearitäten weitgehend durch lineares Verhalten annähern. Ein großer Teil nichtlinearer Regelvorgänge ist aber der linearen Theorie nicht zugänglich, jedoch ist die Kenntnis der linearen Theorie erforderlich, um viele Rechenmethoden für nichtlineare Regelkreise wie z. B. die Beschreibungsfunktion anwenden zu können.

Die Linearität eines Regelkreisgliedes mit der Eingangsgröße x_e und der Ausgangsgröße x_a äußert sich im folgenden Verhalten:

1. Ist für eine Eingangszeitfunktion $x_{e1}(t)$ die Ausgangsgröße $x_{a1}(t)$ bekannt, dann liefert eine Eingangsfunktion $x_{e2} = a\, x_{e1}$ die Ausgangsgröße $x_{a2} = a\, x_{a1}$ (a = eine von der Zeit unabhängige Konstante).

   In abgekürzter Schreibweise:

$$x_{e1} \to x_{a1}$$

$$x_{e2} = a\, x_{e1} \to x_{a2} = a\, x_{a1} \tag{3.1}$$

2. Mit $\quad x_{e1} \to x_{a1}$

   und $\quad x_{e2} \to x_{a2}$

   gilt für

$$x_{e3} = x_{e1} + x_{e2} \to x_{a3} = x_{a1} + x_{a2} \tag{3.2}$$

3. Mit $\quad x_{e1} \to x_{a1}$

   gilt für

$$x_{e2} = \int x_{e1}\, dt \to x_{a2} = \int x_{a1}\, dt$$

   und für

$$x_{e3} = \frac{dx_{e1}}{dt} \to x_{a3} = \frac{dx_{a1}}{dt} \tag{3.3}$$

4. x_a ist mit x_e durch eine lineare Differentialgleichung (Differenzengleichung) verknüpft.

Von diesen Zusammenhängen wird in den folgenden Abschnitten immer wieder Gebrauch gemacht.

Bisher haben wir bei der Betrachtung der Regelkreisglieder angenommen, daß es sich jeweils um *ein* Eingangssignal und *ein* Ausgangssignal handelt, welche durch die einzelnen Blöcke miteinander verknüpft sind. Diese Vereinfachung gilt auch für viele Regelkreisglieder. Grundsätzlich ist es aber so, daß ein Übertragungsweg stets zwei Variablen unterschiedlicher Dimension führt. So überträgt z. B. ein Gestänge Kräfte *und* Bewegungen, eine pneumatische Leitung Druck *und* Luftmengenstrom, eine elektrische Leitung Spannung *und*

Strom. Selbst ein Thermoelement kühlt bei merklicher Stromentnahme die Meßstelle (Peltiereffekt), führt also als Eingangsvariable Temperatur *und* Wärmemenge (Wärmeleistung) als Ausgangsvariable Spannung *und* Strom.

Die beiden Variablen am Ausgang lassen sich durch zwei Gleichungen mit den beiden Eingangsvariablen in Beziehung bringen. Als Beispiel soll ein elektrisches Vorhaltglied nach Bild 3.1 betrachtet werden.

Es besitzt die Eingangsvariablen U_1, I_1
die Ausgangsvariablen U_2, I_2

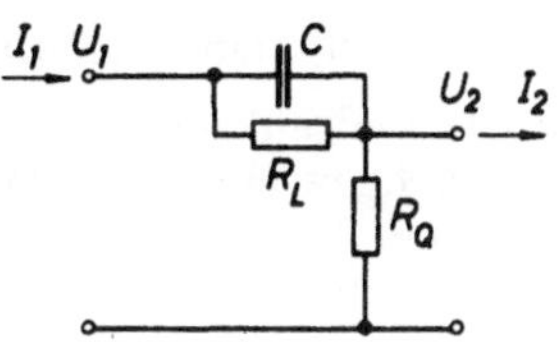

Bild 3.1. Elektrisches Vorhaltglied

Zwischen den Variablen bestehen folgende Beziehungen:

$$CR_L \frac{dU_2}{dt} + U_2 = CR_L \frac{dU_1}{dt} + U_1 - I_1 R_L$$

$$CR_L \frac{dI_2}{dt} + I_2 = CR_L \frac{dI_1}{dt} + \frac{I_1 (R_L + R_Q)}{R_Q} - CR_L \frac{dU_1}{dt} - U_1$$

Sie lassen sich, wie später gezeigt wird, in die Form bringen:

$$\left.\begin{aligned} U_2 &= a_{11} U_1 + a_{12} I_1 \\ I_2 &= a_{21} U_1 + a_{22} I_1 \end{aligned}\right\} \quad (3.4)$$

Zur Berechnung des als geschlossene Wirkungskette aufzufassenden Regelkreises müßten die Variablen U_2, I_2 dann als Eingangsgrößen in die Gleichungen des nachfolgenden Regelkreisgliedes eingesetzt werden u. s. f.

Wir haben mit Gl. (3.4) die obige Anordnung als Vierpol vollständig beschrieben. Die Gl. (3.4) nennt man in der Vierpoltheorie auch Kettengleichung[1]) und schreibt sie in Matrizenform:

$$\begin{pmatrix} U_2 \\ I_2 \end{pmatrix} = \begin{pmatrix} a_{11} & a_{12} \\ a_{21} & a_{22} \end{pmatrix} \begin{pmatrix} U_1 \\ I_1 \end{pmatrix}$$

Man erkennt schon an dem obigen Beispiel, daß die Vierpolbetrachtung zu einem recht mühsamen Rechnungsverlauf führen muß. Glücklicherweise sind in der Regelungstechnik die Fälle selten, in denen man sämtliche Regelkreisglieder nach dieser Methode behandeln muß. Normalerweise gibt es in jedem Regelkreis mehrere Stellen, an denen nur eine der beiden gekoppelten Variablen von Bedeutung ist.

---

[1]) In der Elektrotechnik ist die Kettengleichung in umgekehrter Wirkungsrichtung gebräuchlich, d. h. die Eingangsgrößen (x_1) stehen dabei auf der linken Seite: $(x_1) = (K) \cdot (x_2)$.

Ein gutes Beispiel ist in Bild Ü 2.2-17 (S. 58) dargestellt. Dort sind folgende „Zweitvariablen" vernachlässigbar:

1. Die Kräfte am Schablonen-Abtasthebel verglichen mit den Stellkräften am Support.
2. Die Kraft der ausströmenden Druckluft am Abtasthebel. (Die Hebelstellung ist geometrisch durch die Schablone und die Supportstellung festgelegt).
3. Die Auslenkungen der Membran in der Verstärkerzelle sind klein und haben praktisch keinen Einfluß auf den Meßdruck.
4. Die hydraulischen Druckkräfte auf den Steuerschieber sind praktisch im Gleichgewicht. Das Öl setzt einer Steuerschieberauslenkung so gut wie keinen Widerstand entgegen; d. h. die pneumatische Kraft im Meßbalg fixiert durch Gleichgewicht mit der Gegenfeder die Lage des Steuerschiebers.

Dieser Regelkreis läßt sich also in vier rückwirkungsfreie Blöcke zerlegen (s. Bild 3.2), die folgende Zwischenvariable miteinander verknüpfen:
Auslenkungen w (Führungsgröße), x (Istwert), $x_d = w - x$ (Regeldifferenz)

Meßdruck p_M

Ausgangsdruck des Volumenverstärkers p_a

Steuerschieberstellung v

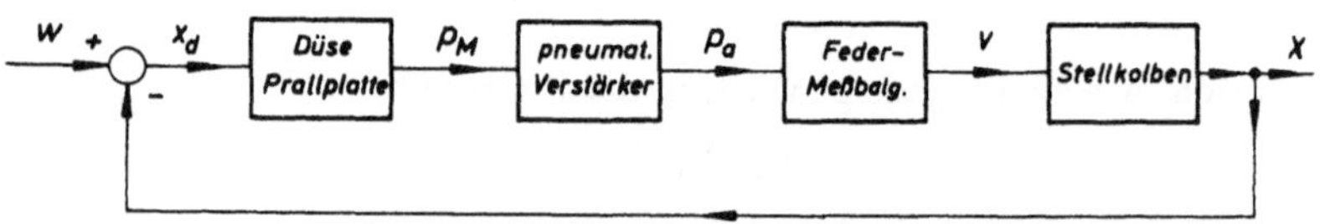

Bild 3.2. Blockschaltbild der Drehbank-Folgeregelung

Eine weitere Zergliederung der angegebenen Blöcke bleibt dem Strukturbild vorbehalten, in welchem die an jeder Stelle physikalisch gekoppelt auftretenden Variablen als getrennte Signale in Beziehung gesetzt sind (s. hierzu z. B. Bild Ü 2.2 – 3.5).

3.2. Beschreibung des dynamischen Verhaltens von Regelkreisgliedern und Regelkreisen

Da für die Auslegung und Beurteilung von Regelkreisgliedern und Regelkreisen das dynamische Verhalten der einzelnen Blöcke von eminenter Bedeutung ist, sind schon frühzeitig spezielle Testmethoden entwickelt worden, um das dynamische Verhalten zu prüfen. Dabei unterwirft man das Bauelement einer definierten Eingangszeitfunktion und registriert den zeitlichen Verlauf der Ausgangsgröße, die „Antwort" des Regelkreisgliedes.

Je nach der verwendeten Eingangsgröße (s. Bild 3.3) unterscheidet man zwischen der Impulsantwort x_N, der Sprungantwort x_C, der Anstiegsantwort x_A und der Beschleunigungsantwort x_B. Als weitere Methode hat sich die Frequenzganganalyse (s. Kapitel 5) durchgesetzt.

Jeder der genannten Tests ist geeignet, das dynamische (und statische) Verhalten des Regelkreisgliedes vollständig zu beschreiben, sofern Linearität und Rückwirkungsfreiheit gewährleistet sind. Mit Hilfe der Gl. (3.3), (in Abschnitt 3.1) erkennt man leicht, daß die „Antworten" auf die Signale in Bild 3.3 gleichwertig sind und ineinander überführt werden können; denn es gilt

$$x_A(t) = \frac{d\,x_B(t)}{dt} \qquad x_C(t) = \frac{d\,x_A(t)}{dt} \qquad x_N(t) = \frac{d\,x_C(t)}{dt}$$

und zwar sowohl für die Eingangs- als auch für die Ausgangsgrößen.

Da man von der Analyse der Bauelemente zur Analyse des Gesamtsystems voranschreiten will, stellt sich die Frage, wie z. B. die Übergangsfunktion einer Reihenschaltung von Regelkreisgliedern oder gar des geschlossenen Regelkreises aussieht, wenn diejenigen der einzelnen Glieder bekannt sind.

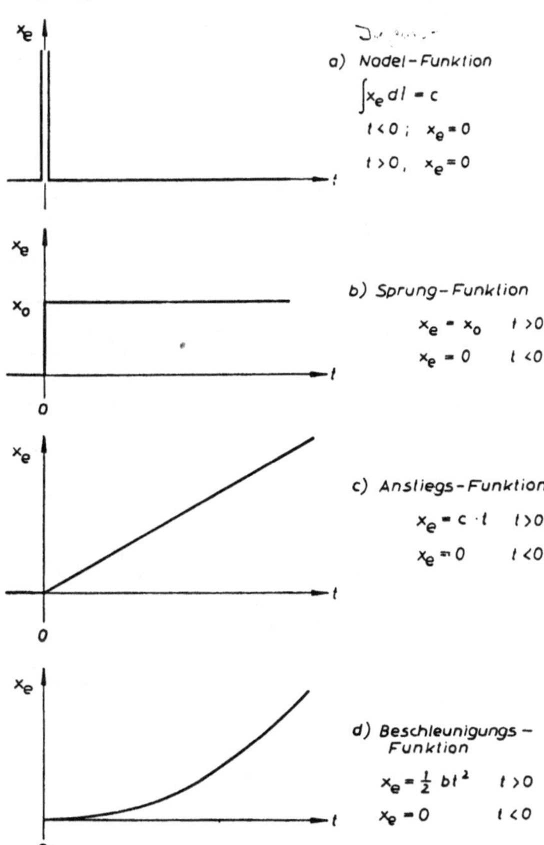

Bild 3.3.
In der Regelungstechnik angewandte Eingangssignale

In Bild 3.4 sind entsprechend dem zuvor erörterten Beispiel der Regelung der Turbinendrehzahl zwei Glieder hintereinander geschaltet, von denen Block a das Zeitverhalten des Maschinensatzes und Block b das des Zentrifugalpendels darstellen. Die Differentialgleichungen für diese Regelkreisglieder sind im Abschnitt 2.3 (Gln. (2.5a) und (2.6)) zu finden.

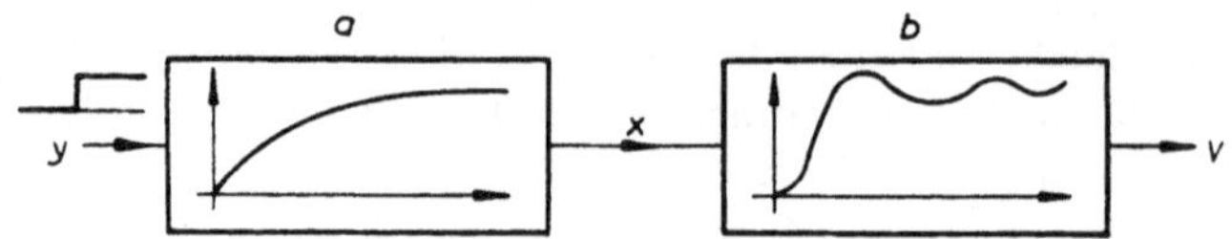

Bild 3.4. In Reihe geschaltete Regelkreis-Glieder

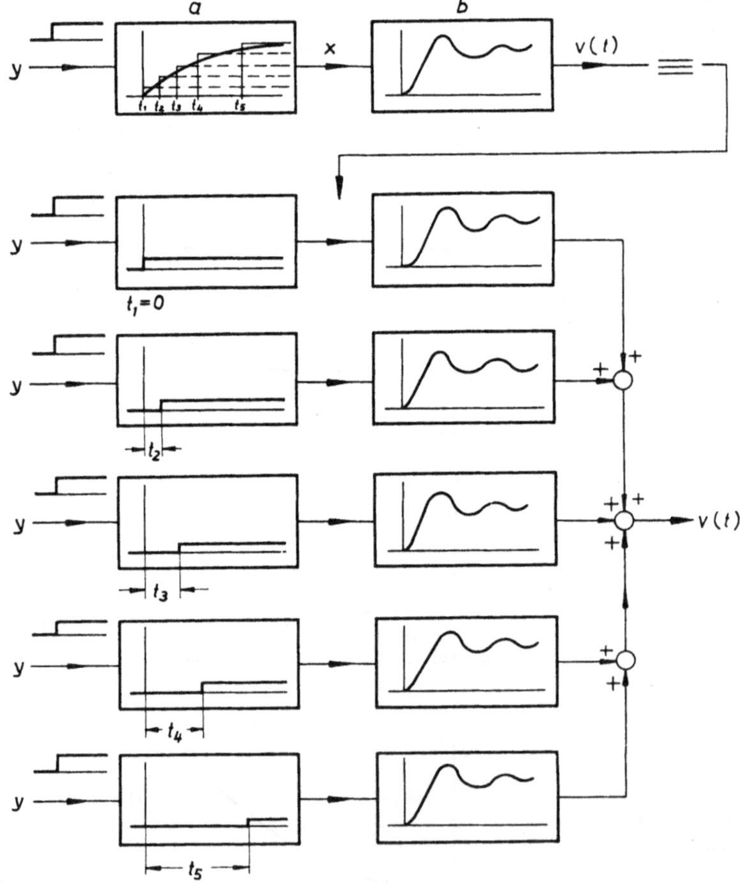

Bild 3.5. Näherungsweise Bestimmung der Übergangsfunktion zweier hintereinandergeschalteter Glieder

Wir sehen uns hier offenbar der Schwierigkeit gegenüber, daß die Kenntnis der Übergangsfunktion jedes einzelnen Blockes wenig für die Bestimmung der Übergangsfunktion von v nützt; denn der „Eingang“ des Blockes b ist ja nun keine Sprungfunktion sondern die Übergangsfunktion des Blockes a, so daß der „Ausgang“ von b, wenn an den Eingang von a eine Sprungfunktion y angelegt wird, nicht die in Block b eingezeichnete Übergangsfunktion sondern eine verhältnismäßig verwickelte Kombination der Übergangsfunktionen von a und b sein wird. Diese läßt sich angenähert durch Überlagerung, wie in Bild 3.5 gezeigt, gewinnen, wenn man die Übergangsfunktion von a durch eine Treppenkurve ersetzt.

Man hat also die Größe der Übergangsfunktion von b proportional zu jeder Treppenstufe zu ändern, ferner den zeitlichen Beginn jeweils um die Zeiten t_1, t_2, t_3, t_4 und t_5 zu verschieben und danach die so gefundenen fünf Funktionsverläufe zu addieren. Wenn man dann das Ergebnis noch „glättet“, erhält man eine Annäherung für $v(t)$, die „theoretisch“ um so besser ist, je feiner die Treppenstufen gewählt werden.

Das Beispiel zeigt deutlich, daß die Übergangsfunktion zur weiteren Verarbeitung in der Regelkreisanalyse nicht geeignet ist.

Wir wenden uns daher wieder der Differentialgleichung zu und zwar der für den einzelnen Block eines Regelkreises. Betrachten wir dazu in Bild 1.9 die Verknüpfung zwischen dem Luftdruck x in der Meßdose und dem Abstand v zwischen der Düse und der Prallplatte. Zunächst können wir den Einfluß des Luftstrahls auf die Prallplattenbewegung und ferner die von der Meßmembran bewegte Luftmenge gegenüber der zu den Verbrauchern geleiteten Luftmenge vernachlässigen. Es liegt also Rückwirkungsfreiheit vor. Der dynamische Zusammenhang zwischen den Größen x und v läßt sich nun nach den Grundgesetzen der Mechanik entwickeln:

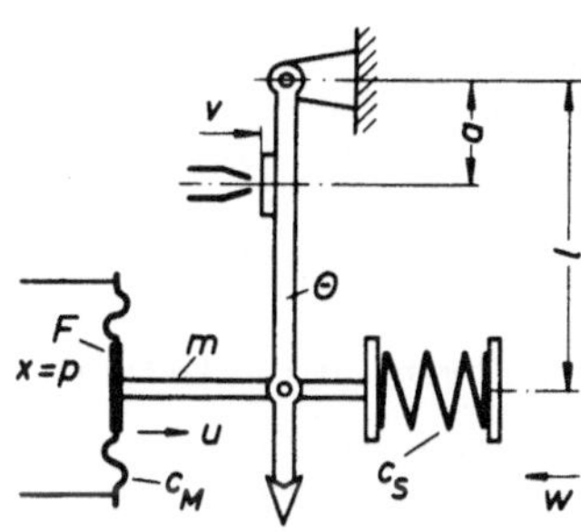

Bild 3.6. Einzelheit zu Bild 1.9

Bezeichnet man mit:

c_S Federkonstante der Sollwertfeder
c_M Federkonstante der Membran
m Masse der Membran, des Federtellers und der Verbindungsstange
θ Trägheitsmoment des Hebels bezogen auf das feste Lager
l Abstand der Gelenkpunkte
a Hebellänge zur Pralldüse
F Fläche der Membran
b Gelenkreibungskoeffizient

dann gilt:

$$\Sigma P = F\,p - (c_M + c_S)\,u - c_S\,w - (m + \theta/l^2)\,\frac{d^2 u}{dt^2} - \mathrm{b}\,\frac{du}{dt} = 0 \qquad (3.5)$$

oder mit $u = \frac{l}{a} v$ und $c_S w = F p_0$

$$\frac{d^2v}{dt^2}(m + \Theta/l^2) + b\frac{dv}{dt} + (c_M + c_S)\, v = \frac{a}{l} F\,(p - p_0)$$

Mit $\frac{m + \Theta/l^2}{c_M + c_S} = T_2^2$; $\frac{b}{c_M + c_S} = T_1$; $\frac{a \cdot F}{l\,(c_M + c_S)} = r$ und $p - p_0 = \Delta p$

erhält man die allgemeine Form

$$\ddot{v}\, T_2^2 + \dot{v}\, T_1 + v = r\, \Delta p \tag{3.6}$$

Der klassische Lösungsweg einer solchen Differentialgleichung sieht nun folgende Schritte vor:

a) Lösung der „homogenen" Differentialgleichung

$$\ddot{v}\, T_2^2 + \dot{v} T_1 + v = 0$$

z. B. Ansatz $v = C e^{st} \rightarrow \dot{v} = s C e^{st}$, $\ddot{v} = s^2 C e^{st}$

ergibt eingesetzt: $C e^{st}\,(s^2 T_2^2 + s\, T_1 + 1) = 0$

Der Klammerausdruck gleich null gesetzt liefert mit $2T_2 > T_1$

$$s_{1,2} = \frac{-\,T_1 \pm \sqrt{T_1^2 - 4\, T_2^2}}{2\, T_2^2} = -\,\alpha \pm i\omega.$$

Die allgemeine Lösung der homogenen DGl. lautet damit

$$\begin{aligned} v_{\mathrm{hom}} &= C_1 e^{-\alpha t - i\omega t} + C_2 e^{-\alpha t + i\omega t} \\ &= e^{-\alpha t}\,[\, V_1 \cos \omega t + V_2 \sin \omega t] \end{aligned}$$

b) Aufsuchen einer speziellen Lösung der inhomogenen Dgl.
z. B. für Δp = Sprungfunktion d. h. $\Delta p = \Delta p_0$ für $t \geq 0$

ergibt sich $v_{\mathrm{spez}} = r\, \Delta p_0 \quad \left(\frac{dv_{\mathrm{spez}}}{dt} = \frac{d^2 v_{\mathrm{spez}}}{dt^2} = 0\right)$

c) Bestimmen der Konstanten aus den Anfangsbedingungen für die Gesamtlösung

$$v_{\mathrm{ges}} = v_{\mathrm{hom}} + v_{\mathrm{spez}} = e^{-\alpha t}(V_1 \cos \omega t + V_2 \sin \omega t) + r\, \Delta p_0$$

z. B. für die Sprungantwort:

$v\,(t = 0) = 0 \;\rightarrow\; V_1 + r\, \Delta p_0 = 0$

$\dot{v}\,(t = 0) = 0$

$\dot{v} = -\,\alpha e^{-\alpha t}\,[\, V_1 \cos \omega t + V_2 \sin \omega t] + e^{-\alpha t}\, \omega\, [-\, V_1 \sin \omega t + V_2 \cos \omega t]$

$\dot{v}\,(t = 0) = -\,\alpha V_1 + \omega V_2 = 0$

damit

$$V_1 = - r\,\Delta p_0$$

$$V_2 = - \frac{\alpha}{\omega} r\,\Delta p_0$$

und schließlich

$$v_{ges} = r\,\Delta p_0 \left[1 - e^{-\alpha t}\left(\cos \omega t + \frac{\alpha}{\omega} \sin \omega t\right)\right]. \tag{3.7}$$

3.3. Laplace-Transformation und Übertragungsfunktion

Für die Lösung von linearen Differentialgleichungen mit konstanten Koeffizienten steht nun aber ein spezielles Verfahren, die Laplace-Transformation, zur Verfügung, welches sowohl die Rechenarbeit auf das unbedingt notwendige Mindestmaß beschränkt als auch die Gedankenarbeit erheblich erleichtert. Nach dieser Methode hat man folgende Schritte auszuführen:

a) Die Differentialgleichung mit der unabhängigen Variablen Zeit wird in eine algebraische Gleichung mit einer neuen Variablen s übersetzt. Die Übersetzung geschieht nach einfachen Regeln, von denen die wichtigsten auf S. **76f** tabelliert sind.

   Die Ableitung einiger Übersetzungsregeln aus der Definitionsgleichung wird nachfolgend gezeigt.

b) Die übersetzte Gleichung wird algebraisch umgeformt. Dabei ist im allgemeinen eine gebrochen rationale Funktion von s in Partialbrüche zu zerlegen.

c) Die umgeformte Gleichung in s wird mit den gleichen Übersetzungsregeln in eine Zeitfunktion zurückverwandelt, welche bereits die Lösung der Differentialgleichung für die richtigen Anfangswerte darstellt.

Um diese Schritte am Beispiel ausführen zu können, wollen wir zunächst die Definitionsgleichung und einige Übersetzungsregeln der Laplace-Transformation kennenlernen.

Die Laplacetransformierte $F(s)$ einer Zeitfunktion $f(t)$ ist definiert durch

$$F(s) = \int_0^\infty e^{-st} \cdot f(t)\,dt. \tag{3.8}$$

Um dieses Integral lösen zu können, muß $f(t)$ im ganzen Bereich $0 < t < \infty$ definiert sein. Da es sich um ein bestimmtes Integral mit festen Grenzen handelt, bleibt nach der Integration und dem Einsetzen der Grenzen nur noch eine Funktion des Exponentenfaktors s übrig.

Die Zuordnung zwischen $F(s)$ und $f(t)$ schreibt man auch abgekürzt

$$F(s) = L\,[f(t)]$$

oder

$$F(s) \rightleftharpoons f(t) \quad \left(\text{oder } F(s) \bullet\!\!-\!\!\circ f(t)\right)$$

Das modifizierte Gleichheitszeichen $\rightleftharpoons$ wird im folgenden bevorzugt verwendet. Der obere Halbpfeil weist dabei auf die Zeitfunktion (Oberfunktion), während der untere Halbpfeil auf die Laplacetransformierte (Unterfunktion) gerichtet ist.

Für die Sprungfunktion $u(t) = \begin{cases} 1 \text{ für } & 0 \leq t < \infty \\ 0 \text{ für } & -\infty < t < 0 \end{cases}$

wollen wir die Laplace-Transformierte $U(s)$ berechnen.

Es gilt:

$$U(s) = \int_{+0}^{\infty} 1 \cdot e^{-st}\, dt = -\left.\frac{e^{-st}}{s}\right|_{t=+0}^{\infty} = \left[-\frac{0}{s} + \frac{1}{s}\right] = \frac{1}{s}. \qquad \text{(s. 3.9)}$$

Als weiteres Beispiel wollen wir die Exponentialfunktion $f(t) = e^{-t/T}$ transformieren:

$$F(s) = \int_0^{\infty} e^{-st} \cdot e^{-t/T} dt = \int_0^{\infty} e^{-\left(s + \frac{1}{T}\right)t} dt$$

$$= -\left.\frac{e^{-(s+1/T)t}}{(s + 1/T)}\right|_{t=0}^{\infty} = \frac{1}{s + 1/T}. \qquad \text{(s. 3.10)}$$

Eine große Anzahl weiterer Zuordnungen ist in einschlägigen Fachbüchern und Formelsammlungen zu finden. Aus Platzgründen können hier nur die wichtigsten und für unsere Zwecke nützlichsten in der folgenden Tabelle wiedergegeben werden.

$$\frac{1}{s} \rightleftharpoons 1 \qquad (3.9) \qquad\qquad \frac{1}{s - s_1} \rightleftharpoons e^{s_1 t} \qquad (3.10)$$

$$\frac{1}{s^2} \rightleftharpoons \frac{t}{1!} \qquad (3.11) \qquad\qquad \frac{1}{(s - s_1)^2} \rightleftharpoons \frac{t}{1!} \cdot e^{s_1 t} \qquad (3.12)$$

$$\frac{1}{s^n} \rightleftharpoons \frac{t^{n-1}}{(n-1)!} \qquad (3.11\,a) \qquad\qquad \frac{1}{(s - s_1)^n} \rightleftharpoons \frac{t^{n-1}}{(n-1)!} e^{s_1 t} \qquad (3.12\,a)$$

$$\frac{as + b}{s^2 + cs + d} \rightleftharpoons a\, e^{-\frac{c}{2}t} \left[\cos \omega t + \frac{(b/a - c/2)}{\omega} \cdot \sin \omega t\right] = K e^{-\frac{c}{2}t} \cos(\omega t + \varphi)$$

(3.13) u. (3.13a)

mit $\omega = \sqrt{d - c^2/4}, \qquad K = \frac{1}{\omega}\sqrt{a^2 d + b^2 - abc}$

$\cos \varphi = a/K, \qquad \sin \varphi = (a\, c/2 - b)/\omega K$

Weiter gilt für transformierte Variable, die durch Großbuchstaben oder durch Fettdruck oder/ und durch Zufügen der Variablen (s) gekennzeichnet werden:

$$x(t) \leftrightharpoons x(s)$$

$$\int_0^t x(\tau)\,d\tau \leftrightharpoons \frac{x(s)}{s} \tag{3.14}$$

$$\frac{dx}{dt} \leftrightharpoons s x(s) - [x(t = 0)]^{1)} \tag{3.15}$$

$$\frac{d^n x}{dt^n} \leftrightharpoons s^n x(s) - [s^{n-1} x(0) + s^{n-2} \dot{x}(0) + \ldots + s x^{(n-2)}(0) + x^{(n-1)}(0)]^{1)} \tag{3.15a}$$

$$x(t-T) \leftrightharpoons \mathrm{e}^{-sT} x(s). \tag{3.16}$$

Wir wollen nun darangehen, die Differentialgleichung (3.6) nach der Methode der Laplace-Transformation zu lösen. Zunächst setzen wir dabei für die transformierten Variablen:

$$v(t) \leftrightharpoons V(s)$$

$$\Delta p(t) \leftrightharpoons P(s)$$

und erhalten entsprechend Gl. (3.15) und (3.15a):

$$\dot{v} \leftrightharpoons s V(s)^{2)}$$

$$\ddot{v} \leftrightharpoons s^2 V(s)$$

Die transformierte Differentialgleichung lautet damit:

$$T_2^2 s^2 V(s) + T_1 s V(s) + V(s) = r P(s)$$

Durch Ausklammern von $V(s)$ und Dividieren durch die Klammer erhält man daraus:

$$V(s) = \frac{r}{(1 + T_1 s + T_2^2 s^2)} \cdot P(s) \tag{3.17}$$

Diese Gleichung ist für die Regelungstechnik von fundamentaler Bedeutung. Sie zeigt nämlich, daß der dynamische Zusammenhang zwischen dem Eingangs- und dem Ausgangssignal eines linearen rückwirkungsfreien Regelkreisgliedes vollständig durch einen Faktor in s beschrieben werden kann. Dieser Faktor wird Übertragungsfunktion genannt und im folgenden näher behandelt.

---

1) In der linearen Regelungstechnik wird praktisch immer von energiefreien Anfangszuständen ausgegangen, so daß die Ausdrücke in den eckigen Klammern verschwinden.

2) Alle Anfangswerte sind null.

Um die Lösung von Gl. (3.6) für die Sprungfunktion zu erhalten, haben wir nun $P(s) = \frac{\Delta p_0}{s}$ einzusetzen (Sprungfunktion) und $V(s)$ in Partialbrüche zu zerlegen:

$$V(s) = \frac{r\,\Delta p_0}{s(1 + T_1 s + T_2^2 s^2)} = \frac{A}{s} + \frac{(B_1 s + B_2)}{(1 + T_1 s + T_2^2 s^2)}$$

Durch Multiplizieren der Identitätsgleichung mit s und Einsetzen von $s = 0$, findet man $A = r\Delta p_0$. Den zweiten Partialbruch findet man durch Subtrahieren des ersten Partialbruches von der Gesamtfunktion.

$$\frac{r\Delta p_0 - r\,\Delta p_0\,(1 + T_1 s + T_2^2 s^2)}{s\,(1 + T_1 s + T_2^2 s^2)} = \frac{B_1 s + B_2}{1 + T_1 s + T_2^2 s^2}$$

$$B_1 = -\,r\,T_2^2\,\Delta p_0 \qquad\qquad B_2 = -\,r\,T_1\,\Delta p_0$$

Damit:

$$V(s) = r\,\Delta p_0 \left(\frac{1}{s} - \frac{s + T_1/T_2^2}{s^2 + \frac{T_1}{T_2^2}\,s + \frac{1}{T_2^2}}\right)$$

und nach Gl. (3.13) ergibt sich über:

$$a = 1, \qquad b = c = T_1/T_2^2, \qquad d = 1/T_2^2$$

$$\omega = \sqrt{1/T_2^2 - T_1^2/4T_2^4} \qquad b/a - c/2 = T_1/2T_2^2 = c/2 = \alpha$$

als Lösung:

$$v(t) = r\,\Delta p_0 \left[1 - \mathrm{e}^{-\alpha t}\left(\cos\omega t + \frac{\alpha}{\omega}\sin\omega t\right)\right]$$

was mit Gl. (3.7) übereinstimmt.

Auf $r \cdot \Delta p_0$ bezogene Sprungantworten dieses Systems sind im Bild 3.7 über t/T_2 aufgetragen. Für die Kurvenform ist das dimensionslose Dämpfungsmaß D maßgebend. Es ist als Parameter der Kurven eingetragen und wird definiert zu:

$$D = T_1/2T_2 \tag{3.18}$$

Durch Einsetzen in die obigen Gleichungen lassen sich folgende Zusammenhänge ableiten:

$$\omega = \frac{1}{T_2}\sqrt{1 - D^2}, \qquad \alpha = D/T_2, \qquad \frac{\alpha}{\omega} = \frac{D}{\sqrt{1 - D^2}} \qquad \text{(3.18a, b u. c)}$$

Ferner ist mit dem Dämpfungsmaß D auch die größte Überschwingung der Sprungantwort festgelegt.

Es gilt:

$$\ddot{u} = \frac{v_{\max}}{r \cdot \Delta p_0} - 1 = \mathrm{e}^{-\pi \cdot \alpha/\omega} = \mathrm{e}^{-\pi D/\sqrt{1 - D^2}} \tag{3.19}$$

Für $D \geq 1$ zeigt die Sprungantwort einen aperiodischen bzw. überaperiodischen Verlauf. Die Übertragungsfunktion $V(s)/P(s) = F(s)$ läßt sich dann als Produkt zweier Übertragungsfunktionen 1. Ordnung schreiben, wie im folgenden gezeigt wird:

$$F(s) = \frac{1}{1 + T_a s} \cdot \frac{1}{1 + T_b s} = \frac{1}{1 + (T_a + T_b)\, s + T_a\, T_b \cdot s^2}$$

Es gelten also die Zuordnungen:

$$T_2^2 = T_a \cdot T_b, \qquad T_1 = T_a + T_b$$

$$D = T_1/2\,T_2 = \frac{T_a + T_b}{2\sqrt{T_a \cdot T_b}} \begin{cases} > 1 \text{ für } T_a \neq T_b \\ = 1 \text{ für } T_a = T_b \end{cases}$$

Die Transformationsgleichungen (3.13) bzw. (3.13a) lassen sich in diesem Fall nicht anwenden, da ω als Wurzel einer negativen Zahl nicht reell bleibt.

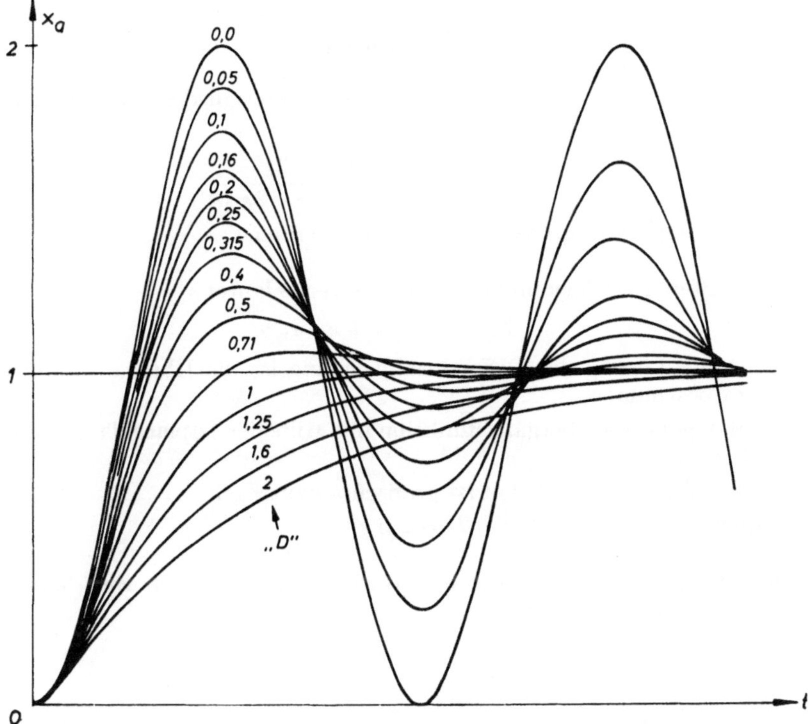

Bild 3.7. Sprungantworten von Gliedern 2. Ordnung verschiedener Dämpfung

Statt dessen errechnet man dann die reellen Wurzeln $s_1 = -1/T_a$ und $s_2 = -1/T_b$ als Nullstellen des Nennerpolynoms und zerlegt die transformierte Ausgangsgröße $V(s)$ jetzt in drei Terme nach der Beziehung

$$V(s) = \frac{r \Delta p_0 / T_2^2}{s\,(s + 1/T_a)\,(s + 1/T_b)} \equiv \frac{A}{s} + \frac{B}{s + 1/T_a} + \frac{C}{s + 1/T_b}\,.$$

Zur Rücktransformation werden dann die Gl. (3.9) und (3.10) verwendet.

Übungsaufgaben

3.3-1 Das Übertragungsverhalten eines Regelkreisgliedes ist bestimmt durch die Übertragungsfunktion

$$F(s) = \frac{v}{x} = \frac{8}{s\,(s^2 + s + 16{,}25)}$$

Die Übergangsfunktion $v(t)$ ist anzugeben.

3.3-2 Die Übergangsfunktion $v(t)$ eines Regelkreisgliedes, dessen Übertragungsfunktion gegeben ist durch

$$F(s) = \frac{v}{x} = \frac{6\,(s+3)}{s^2(s+1)\,(s^2+2s+2)},$$

soll ermittelt und grafisch aufgetragen werden.

3.3-3 Die Differentialgleichung einer Regelstrecke lautet:

$$T_2^2\,\ddot{x} + T_1\,\dot{x} + x = r_m y$$

a) Durch Lösung der Differentialgleichung ist die Übergangsfunktion zu bestimmen.

b) Man gebe die Übergangsfunktion mit Hilfe der Laplace-Transformation an.

c) Die Übergangsfunktion ist grafisch aufzutragen.

Zahlenwerte: $T_1 = 1{,}6$ s; $T_2 = 2{,}5$ s; $r_m = 10$.

3.3-4 Für die Reihenschaltung zweier Regelkreisglieder nach Bild 3.4 mit der Übertragungsfunktion

$$F(s) = \frac{r_M r_m}{(T_{1M}s + 1)\,(T_{2m}^2 s^2 + T_{1m}s + 1)}$$

ist die Übergangsfunktion mit Hilfe der Laplace-Transformation zu berechnen und unter Verwendung der Zahlenwerte grafisch darzustellen.

$r_M = 1{,}6$ $r_m = 10$ $T_{1m} = 0{,}1$ s $T_{2m} = 0{,}316$ s $T_{1M} = 1{,}6$ s

3.3-5 Es sind die Differentialgleichungen zweier Regelkreisglieder bekannt

$$(1)\quad T_2\dot{v}+v=K_1y,$$
$$(2)\quad T_3\dot{x}+x=K_2\,(T_1\dot{v}+v).$$

Welche Übergangsfunktionen erhält man

a) für jedes einzelne der beiden Regelkreisglieder,

b) für die Reihenschaltung beider Regelkreisglieder.

Man stelle die Übergangsfunktionen grafisch unter Benutzung der Zahlenwerte dar.

$T_1=0{,}5$ s; $T_2=6{,}3$ s; $T_3=3{,}15$ s; $K_1=6{,}3$; $K_2=3{,}15$.

3.3-6 Die Differentialgleichung eines Reglers lautet:

$$T_1\dot{y}+y=V_R\left[\frac{1}{T_n}\int x\,dt+x\right]$$

Man stelle die Übertragungsfunktion des Reglers auf und berechne die Übergangsfunktion mit Hilfe der Laplace-Transformation. Unter Benutzung der Zahlenwerte

$T_1=1{,}0$ s; $T_n=3{,}15$ s; $V_R=16$

ist die Übergangsfunktion grafisch anzugeben.

3.3-7 Das Verhalten eines Reglers ist bestimmt durch seine Differentialgleichung

$$T_1y+y=V_R\,(x+T_v\dot{x}).$$

Es ist die Übertragungsfunktion des Reglers aufzustellen und die Übergangsfunktion mit Hilfe der Laplace-Transformation zu bestimmen. Unter Benutzung der Zahlenwerte ist die Übergangsfunktion zu zeichnen.

$V_R=16$; $T_1=0{,}8$ s; $T_v=1{,}6$ s.

3.4. Anwendung der Übertragungsfunktion auf die Standard-Eingangssignale

Da es immer wieder vorkommt, daß die Antwort von bekannten Regelkreisgliedern auf die in Bild 3.3 gezeigten Testsignale bestimmt werden muß, wollen wir uns noch näher mit der Ausführung dieser Aufgabe beschäftigen. Wir bedienen uns dabei der folgenden Nomenklatur:

Nadelfunktion	Koeffizienten	$N_{j,k}$
Sprungfunktion	,,	$C_{j,k}$
Anstiegsfunktion	,,	$A_{j,k}$
Beschleunigungsfunktion	,,	$B_{j,k}$

Für die transformierte Ausgangsgröße eines Übertragungsgliedes gilt nach Gl. (3.17) die Beziehung:

$$\boldsymbol{x}_a(s) = F(s) \cdot \boldsymbol{x}_e(s)$$

$F(s)$ ist darin die Übertragungsfunktion des Blockes, während für $\boldsymbol{x}_e(s)$ die jeweilige Transformation der Eingangsgröße zu setzen ist, nämlich:

Nadelfunktion: $$\boldsymbol{x}_{eN}(s) = 1 \rightleftharpoons \begin{cases} x_e(t) = 0 \text{ für } t < 0 \\ \int x_e dt = 1 \\ x_e(t) = 0 \text{ für } t > 0 \end{cases}$$

Sprungfunktion: $\boldsymbol{x}_{eC}(s) = \frac{1}{s} \rightleftharpoons x_e(t) = 1$

Anstiegsfunktion: $\boldsymbol{x}_{eA}(s) = \frac{1}{s^2} \rightleftharpoons x_e(t) = t$ für $t > 0$

Beschleunigungsfunktion: $\boldsymbol{x}_{eB}(s) = \frac{1}{s^3} \rightleftharpoons x_e(t) = \frac{t^2}{2}$

und erhalten damit für $\boldsymbol{x}_a$:

Nadelfunktion: $\boldsymbol{x}_{aN}(s) = F(s)$

Sprungfunktion: $\boldsymbol{x}_{aC}(s) = \frac{F(s)}{s}$

Anstiegsfunktion: $\boldsymbol{x}_{aA}(s) = \frac{F(s)}{s^2}$

Beschleunigungsfunktion: $\boldsymbol{x}_{aB}(s) = \frac{F(s)}{s^3}$

Durch Partialbruchzerlegung gewinnen wir nun die Konstanten N_{jk} bzw. C_{jk}, A_{jk} und B_{jk}. Im einzelnen ergibt sich:

$$\boldsymbol{x}_{aN}(s) = F(s) = \frac{N_{11}}{(s - s_1)} + \frac{N_{12}}{(s - s_1)^2} + \frac{N_{13}}{(s - s_1)^3} + \ldots + \frac{N_{1m}}{(s - s_1)^m} + \frac{N_{21}}{(s - s_2)} + \ldots$$

Hierbei ist s_1 als m-fache Wurzel des Nenners von $F(s)$ angenommen. Nach den obigen Regeln zur Rücktransformation finden wir die Zeitfunktion

$$x_{aN}(t) = N_{11} e^{s_1 t} + N_{12} \frac{t}{1!} e^{s_1 t} + \ldots + N_{1m} \frac{t^{m-1}}{(m-1)!} e^{s_1 t} + N_{21} e^{s_2 t} + \ldots \tag{3.20}$$

Für den Sonderfall, daß eine der s_j Null ist, wird der Faktor $e^{s_j t}$ zu 1, und es bleiben die Glieder $N_{jk} \frac{t^{k-1}}{(k-1)!}$ stehen.

Auf dem gleichen Wege findet man die Koeffizienten C_{jk}

$$\boldsymbol{x}_{aC}(s) = \frac{F(s)}{s} = \frac{C_0}{s} + \frac{C_{11}}{(s - s_1)} + \frac{C_{12}}{(s - s_1)^2} + \ldots + \frac{C_{21}}{(s - s_2)} + \ldots$$

mit der dazugehörigen Zeitfunktion

$$x_{aC}(t) = C_0 + C_{11} e^{s_1 t} + C_{12} \frac{t}{1!} e^{s_1 t} + \ldots + C_{21} e^{s_2 t} + \ldots \tag{3.21}$$

Für den Sonderfall einer zu Null werdenden Wurzel ist hier jedoch, im Gegensatz zum Fall der Nadelfunktion, zu berücksichtigen, daß $1/s$ bereits infolge des Sprungeingangs vorhanden ist. Eine im Nenner von $F(s)$ enthaltene m-fache Wurzel $s = 0$ wird daher zu einer $m+1$-fachen Wurzel, und daher lautet die Gleichung jetzt:

$$x_{aC}(s) = \frac{C_{01}}{s} + \frac{C_{02}}{s^2} + \frac{C_{03}}{s^3} + \ldots + \frac{C_{0,m+1}}{s^{m+1}} + \frac{C_{11}}{(s - s_1)} + \ldots$$

$$x_{aC}(t) = C_{01} + C_{02} \frac{t}{1!} + C_{03} \frac{t^2}{2!} + \ldots + C_{0,m+1} \cdot \frac{t^m}{m!} + C_{11} e^{s_1 t} + \ldots \tag{3.21 a}$$

Für die Anstiegsfunktionen lauten die entsprechenden Gleichungen

$$x_{aA}(s) = \frac{F(s)}{s^2} = \frac{A_{01}}{s} + \frac{A_{02}}{s^2} + \frac{A_{11}}{(s - s_1)} + \frac{A_{12}}{(s - s_1)^2} + \ldots$$

mit der dazugehörigen Zeitfunktion

$$x_{aA}(t) = A_{01} + A_{02} \frac{t}{1!} + A_{11} e^{s_1 t} + A_{12} \frac{t}{1!} e^{s_1 t} + \ldots \tag{3.22}$$

Für den Sonderfall einer Wurzel $s = 0$ gilt Entsprechendes wie bei der Sprungfunktion, jedoch kommen infolge des Anstiegseingangs zwei Faktoren s in den Nenner. Die Gleichungen des Sonderfalles lauten also:

$$x_{aA}(s) = \frac{A_{01}}{s} + \frac{A_{02}}{s^2} + \frac{A_{03}}{s^3} + \ldots + \frac{A_{0,m+2}}{s^{m+2}} + \frac{A_{11}}{s - s_1} + \ldots$$

$$x_{aA}(t) = A_{01} + A_{02} \frac{t}{1!} + A_{03} \frac{t^2}{2!} + \ldots + A_{0,m+2} \frac{t^{m+1}}{(m+1)!} + A_{11} e^{s_1 t} + \ldots \tag{3.22 a}$$

Für die Beschleunigungsfunktion lauten die Gleichungen:

$$x_{aB}(s) = \frac{B_{01}}{s} + \frac{B_{02}}{s^2} + \frac{B_{03}}{s^3} + \frac{B_{11}}{(s - s_1)} + \frac{B_{12}}{(s - s_1)^2} + \ldots + \frac{B_{21}}{(s - s_2)} + \ldots$$

und die Zeitfunktion:

$$x_{aB}(t) = B_{01} + B_{02} \frac{t}{1!} + B_{03} \frac{t^2}{2!} + B_{11} e^{s_1 t} + B_{12} \frac{t}{1!} e^{s_1 t} + \ldots \tag{3.23}$$

die entsprechenden Formeln des Sonderfalles $s_j = 0$:

$$x_{aB}(s) = \frac{B_{01}}{s} + \frac{B_{02}}{s^2} + \frac{B_{03}}{s^3} + \frac{B_{04}}{s^4} + \ldots + \frac{B_{0,m+3}}{s^{m+3}} + \frac{B_{11}}{(s-s_1)} + \ldots$$

$$x_{aB}(t) = B_{01} + B_{02}\frac{t}{1!} + B_{03}\frac{t^2}{2!} + \ldots + B_{0,m+3}\frac{t^{m+2}}{(m+2)!} + B_{11}e^{s_1 t} + \ldots \quad (3.23\,\mathrm{a})$$

Um den Rechnungsgang der Partialbruchzerlegung nicht in jedem Fall zu wiederholen, kann man die Konstanten $N_{j,k}$, $C_{j,k}$, $A_{j,k}$ und $B_{j,k}$ auch nach den Formeln berechnen:

$$N_{j,k} = \frac{1}{(m-k)!}\left[\frac{\partial^{m-k}}{\partial s^{m-k}}\left\{(s-s_j)^m F(s)\right\}\right]_{s=s_j} \quad (3.24\,\mathrm{a})$$

$$C_{j,k} = \frac{1}{(m-k)!}\left[\frac{\partial^{m-k}}{\partial s^{m-k}}\left\{(s-s_j)^m \frac{F(s)}{s}\right\}\right]_{s=s_j} \quad s_j = m\text{-fache Wurzel} \quad (3.25\,\mathrm{a})$$

$$A_{j,k} = \frac{1}{(m-k)!}\left[\frac{\partial^{m-k}}{\partial s^{m-k}}\left\{(s-s_j)^m \frac{F(s)}{s^2}\right\}\right]_{s=s_j} \quad (k = 1, 2, 3, \ldots, m) \quad (3.26\,\mathrm{a})$$

$$B_{j,k} = \frac{1}{(m-k)!}\left[\frac{\partial^{m-k}}{\partial s^{m-k}}\left\{(s-s_j)^m \frac{F(s)}{s^3}\right\}\right]_{s=s_j} \quad (3.27\,\mathrm{a})$$

(s wird dann gleich s_j gesetzt, wenn sämtliche Operationen in der eckigen Klammer durchgeführt sind.)

Diese Formeln vereinfachen sich wesentlich, wenn die betreffende Wurzel nur einmal vorhanden ist ($m = 1$) und lauten dann:

$$N_j = [(s-s_j)\cdot F(s)]_{s=s_j} \quad (3.24)$$

$$C_j = \left[(s-s_j)\cdot\frac{F(s)}{s}\right]_{s=s_j} \quad (3.25)$$

$$A_j = \left[(s-s_j)\cdot\frac{F(s)}{s^2}\right]_{s=s_j} \quad s_j \neq 0 \quad (3.26)$$

$$B_j = \left[(s-s_j)\cdot\frac{F(s)}{s^3}\right]_{s=s_j} \quad (3.27)$$

Für den Sonderfall $s_j = 0$ gilt jedoch davon abweichend:

$$C_{j,k} = \frac{1}{(m+1-k)!}\left[\frac{\partial^{m+1-k}}{\partial s^{m+1-k}}\{s^m F(s)\}\right]_{s=0} \quad (k = 1, 2, \ldots, (m+1)) \quad (3.25\,\mathrm{b})$$

$$A_{j,k} = \frac{1}{(m+2-k)!}\left[\frac{\partial^{m+2-k}}{\partial s^{m+2-k}}\{s^m F(s)\}\right]_{s=0} \quad (k = 1, 2, \ldots, (m+2)) \quad (3.26\,\mathrm{b})$$

$$B_{j,k} = \frac{1}{(m+3-k)!}\left[\frac{\partial^{m+3-k}}{\partial s^{m+3-k}}\{s^m F(s)\}\right]_{s=0} \quad (k = 1, 2, \ldots, (m+3)) \quad (3.27\,\mathrm{b})$$

Die eingangs dieses Abschnittes schon erwähnten Beziehungen zwischen den Eingangssignalen lassen sich auch für die Ausgangssignale anschreiben. nämlich:

mit $$\frac{x(s)}{s} \rightleftharpoons \int x(t)dt$$

gilt wegen $$F(s) \rightleftharpoons x_{aN}(t)dt$$

auch $$\frac{F(s)}{s} \rightleftharpoons x_{aC}(t) = \int x_{aN}(t)dt$$

und $$\frac{F(s)}{s^2} \rightleftharpoons x_{aA}(t) = \int x_{aC}(t)$$

$$\frac{F(s)}{s^3} \rightleftharpoons x_{aB}(t) = \int x_{aA}(t)dt$$

Aus diesen Beziehungen lassen sich die folgenden Zusammenhänge zwischen den Konstanten $N_{j,k}$, $C_{j,k}$, $A_{j,k}$ und $B_{j,k}$ herleiten:

$$C_{j,k} = \frac{1}{s_j}(N_{j,k} - C_{j,k+1}) \qquad C_{j,m} = \frac{1}{s_j}N_{j,m}; \text{ wegen } C_{j,m+1} = 0$$

$$A_{j,k} = \frac{1}{s_j}(C_{j,k} - A_{j,k+1}) \qquad A_{j,m} = \frac{1}{s_j}C_{j,m} = \frac{1}{s_j^2}N_{j,m}$$

$$B_{j,k} = \frac{1}{s_j}(A_{j,k} - B_{j,k+1}) \qquad B_{j,m} = \frac{1}{s_j}A_{j,m} = \frac{1}{s_j^2}C_{j,m} = \frac{1}{s_j^3}N_{j,m}$$

Durch sukzessives Einsetzen leitet man daraus ab:

$$C_{j,k} = \frac{1}{s_j}\left(N_{j,k} - \frac{N_{j,k+1}}{s_j} + \frac{1}{s_j^2}N_{j,k+2} - + \ldots + \frac{N_{j,m}}{(-s_j)^{m-k}}\right)$$

$$A_{j,k} = \frac{1}{s_j}\left(C_{j,k} - \frac{C_{j,k+t}}{s_j} + \frac{1}{s_j^2}C_{j,k+2} - + \ldots + \frac{C_{j,m}}{(-s_j)^{m-k}}\right)$$

$$= \frac{1}{s_j^2}\left(N_{j,k} - \frac{2N_{j,k+1}}{s_j} + \frac{3N_{j,k+2}}{s_j^2} - \ldots + (m-k+1)\frac{N_{j,m}}{(-s_j)^{m-k}}\right)$$

$$B_{j,k} = \frac{1}{s_j}\left(A_{j,k} - \frac{A_{j,k+1}}{s_j} + \frac{1}{s_j^2}A_{j,k+2} - + \ldots + \frac{A_{j,m}}{(-s_j)^{m-k}}\right)$$

$$= \frac{1}{s_j^2}\left(C_{j,k} - \frac{2C_{j,k+1}}{s_j} + \frac{3C_{j,k+2}}{s_j^2} - \ldots + (m-k+1)\frac{C_{j,m}}{(-s_j)^{m-k}}\right)$$

$$= \frac{1}{s_j^3}\left(N_{j,k} - \frac{3N_{j,k+1}}{s_j} + 6\ldots - 10\ldots + \sum_{n=1}^{m-k+1} n \cdot \frac{N_{j,m}}{(-s_j)^{m-k}}\right)$$

Die gleichen Beziehungen in umgekehrter Reihenfolge lauten:

$$A_{j,k} = s_j \cdot B_{j,k} + B_{j,k+1}$$

$$C_{j,k} = s_j \cdot A_{j,k} + A_{j,k+1}$$

$$= s_j^2 \cdot B_{j,k} + 2 \cdot s_j \cdot B_{j,k+1} + B_{j,k+2}$$

$$N_{j,k} = s_j \cdot C_{j,k} + C_{j,k+1}$$

$$= s_j^2 \cdot A_{j,k} + 2 \cdot s_j \cdot A_{j,k+1} + A_{j,k+2}$$

$$= s_j^3 \cdot B_{j,k} + 3 \cdot s_j^2 \cdot B_{j,k+1} + 3 \cdot s_j \cdot B_{j,k+2} + B_{j,k+3}$$

Übungsaufgaben

3.4-1 Ein Regelkreisglied hat die Übertragungsfunktion

$$F(s) = \frac{4}{(s+0{,}63)}.$$

Man berechne den zeitlichen Verlauf der Ausgangsgröße, wenn am Eingang des Systems

a) eine Nadelfunktion
b) eine Sprungfunktion
c) eine Anstiegsfunktion
d) eine Beschleunigungsfunktion

aufgeschaltet wird. Man trage die Ergebnisse grafisch auf.

3.4-2 Man bestimme den zeitlichen Verlauf der Ausgangsgröße eines Systems, dessen Übertragungsfunktion gegeben ist durch

$$F(s) = \frac{1}{s(s+0{,}2)}.$$

Das System wird nacheinander durch die vier Standardeingangssignale nach Bild 3.1 angeregt. Man zeichne die Ergebnisse auf und vergleiche sie mit denjenigen der Übungsaufgabe 3.4-1.

3.4-3 Der zeitliche Verlauf der Ausgangsgröße für ein Regelkreisglied mit der Übertragungsfunktion

$$F(s) = \frac{s+3{,}15}{(s+0{,}4)^2}$$

ist zu bestimmen und aufzuzeichnen. Als Eingangssignale dienen die vier Standardsignale.

3.4-4 Die Übertragungsfunktion

$$F(s) = \frac{2{,}5}{s^2+0{,}1s+0{,}063}$$

beschreibt das Übertragungsverhalten eines Regelkreiselementes. Man berechne und zeichne den zeitlichen Verlauf der Ausgangsgröße für jedes der vier Standardeingangssignale.

3.4-5 Das Übertragungsverhalten einer Regelstrecke wird beschrieben durch die Übertragungsfunktion

$$F(s) = \frac{s + 2{,}5}{(s + 0{,}315)^2\,(s + 0{,}25)}\,.$$

Man berechne das zeitliche Verhalten der Ausgangsgröße dieses Systems, wenn am Eingang die vier Standardeingangssignale aufgeschaltet werden, und trage sie grafisch auf.

3.5. Die Übertragungsfunktion zusammengesetzter Systeme

Die in Gl. (3.17) angegebene Beziehung, die man allgemein auch als

$$V(s) = F(s) \cdot P(s)$$

oder

$$x_{\text{aus}} = F(s) \cdot x_{\text{ein}}$$

schreiben kann, gilt nicht nur für eine Sprungfunktion als Eingangsfunktion. Die Eingangsvariable kann auch die Ausgröße eines anderen Blockes sein.

Wir kommen damit zu dem wichtigsten Ergebnis:

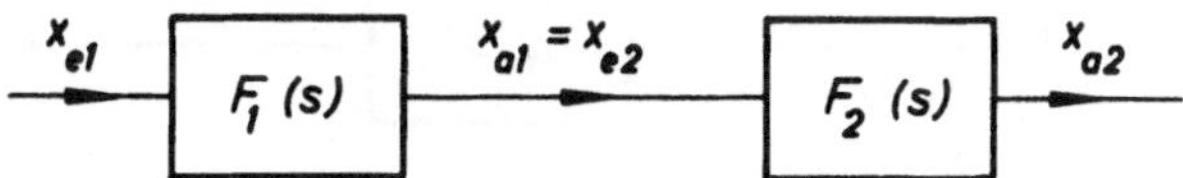

Bild 3.8. Reihenschaltung zweier Übertragungsblöcke

$$x_{a2} = F_2(s)\,[F_1(s)\,x_{e1}]$$

Die Übertragungsfunktion einer Reihenschaltung ist gleich dem Produkt der Teilübertragungsfunktionen

$$F_{1,2R}(s) = F_1(s)\,F_2(s) \tag{3.28}$$

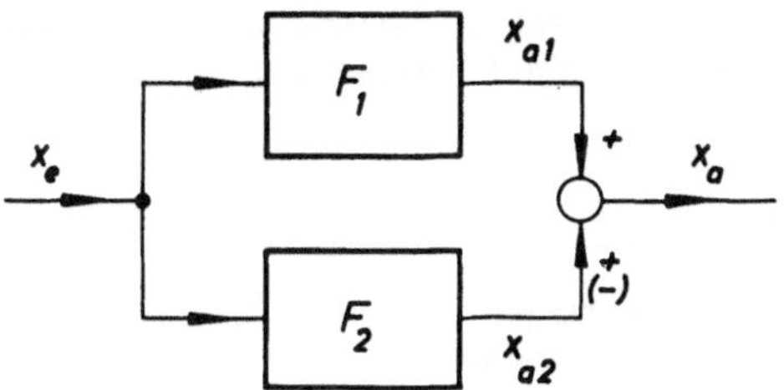

Bild 3.9. Parallelschaltung zweier Übertragungsblöcke

Da das Integral einer Summe gleich der Summe der Integrale ist, gilt für eine Parallelschaltung von Blöcken mit den Übertragungsfunktionen F_1 und F_2:

$$x_a = x_{a1} \overset{+}{(-)} x_{a2} = F_1 x_e \overset{+}{(-)} F_2 x_e$$

Die Übertragungsfunktion einer Parallelschaltung ist gleich der Summe bzw. der Differenz der Teilübertragungsfunktionen

$$F_{1,2P}(s) = F_1(s) \overset{+}{(-)} F_2(s) \tag{3.29}$$

Auf ähnliche Weise gelingt es, für einen geschlossenen Regelkreis eine Übertragungsfunktion z. B. zwischen der Führungsgröße $w(s)$ und der Regelgröße $x(s)$ anzugeben, wenn die Übertragungsfunktionen der Regelkreisglieder bekannt sind.

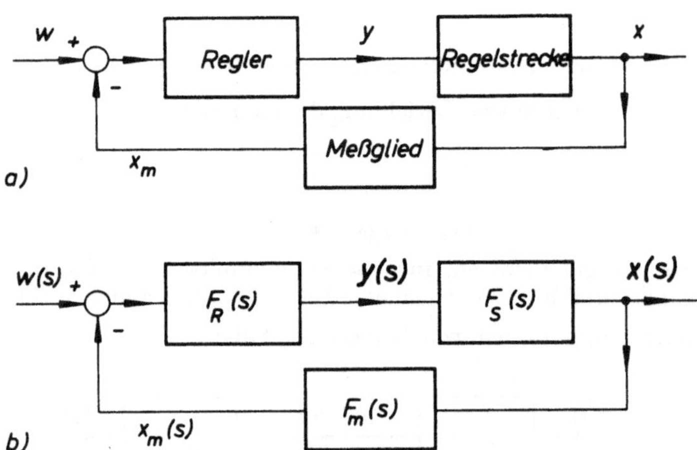

Bild 3.10. Blockschaltbild des einschleifigen Regelkreises

Es gilt somit: $x(s) = F_s(s)\, F_R(s)\, [w(s) - F_m(s)\, x(s)]$

oder
$$x(s) = \frac{F_R \cdot F_S}{1 + F_m F_R F_S} \cdot w(s) \tag{3.30}$$

Durch Einsetzen z. B. einer transformierten Sprungfunktion für $w(s)$ in Gl. (3.30) kann man nun das Zeitverhalten des geschlossenen Regelkreises finden, indem man das so erhaltene $x(s)$ algebraisch in Partialbrüche umformt und in den Zeitbereich zurücktransformiert. Die Übertragungsfunktion des geschlossenen Regelkreises ist also

$$F_G(s) = \frac{F_v}{1 + F_0}$$

mit F_v = Übertragungsfunktion der „Vorwärtsglieder" und F_0 = Übertragungsfunktion aller im Regelkreis enthaltenen Blöcke.

3.5. Die Übertragungsfunktion zusammengesetzter Systeme 89

Vorgang	geg. Blockschaltbild	gl. w. Blockschaltbild
1. Vertauschen von Elementen	$a \to F_1 \to F_2 \to b$	$a \to F_2 \to F_1 \to b$
2. Vertauschen von Mischstellen	$a(\pm)b$; $a(\pm)b(\pm)c$	$a(\pm)c$; $a(\pm)b(\pm)c$
3. Neuordnung von Mischstellen	$b(\pm)c$; $a\pm(b\pm c)$	$a(\pm)b$; $a(\pm)b(\pm)c$
4. Vertauschen von Verzweigungsstellen	$a \to F_1 \to b \to F_2 \to c$	$a \to F_1 \to b \to F_2 \to c$
5. Vorverlegung einer Mischstelle	$d = b(\pm)c$	$a(\pm)c'$; $\frac{1}{F_1}$
6. Zurückverlegung einer Mischstelle	$a\pm b$	$c = a'(\pm)b'$
7. Vorverlegung einer Verzweigungsstelle	$a \to F_1 \to b$	$a \to F_1 \to b$
8. Zurückverlegung einer Verzweigungsst.	$a \to F_1 \to b$	$\frac{1}{F_1}$
9. Verlegung einer Verzweigungsstelle vor eine Mischstelle	$c = a(\pm)b$	$c = a(\pm)b$
10. Verlegung einer Verzweigungsstelle hinter eine Mischstelle	$c = a(\pm)b$	$a = c(\mp)b$; $c = a(\pm)b$
11. Reihenschaltung von Elementen	$a \to F_1 \to F_2 \to b$	$a \to F_1 \cdot F_2 \to b$
12. Entfernen eines Elementes aus einer Vorwärtsschleife	$d = b(\pm)c$	$d = b(\pm)c$
13. Einfügen eines Elementes in eine Vorwärtsschleife	$d = b(\pm)a$	$d = b$
14. Elimination einer Vorwärtsschleife	$d = b(\pm)c$	$F_1(\pm)F_2$
15. Entfernen eines Elementes aus einer Rückführschleife	$c = a(\pm)b$	$c' = a'(\pm)b'$
16. Einfügen eines Elementes in eine Rückführschleife	$c = a(\pm)b$	$c' = a'(\pm)b'$
17. Elimination einer Rückführschleife	$c = a(\pm)b$	$\frac{F_1}{1(\mp)F_1 \cdot F_2}$
18. Sonderfall von 17	$c = a(\pm)b$	$\frac{F_1}{1(\mp)F_1}$
19. Sonderfall von 17	$a(\pm)b$	$\frac{1}{1(\mp)F_1}$
20. Einfügen einer Rückführschleife als Ersatz eines Elementes	$a \to F_1 \to d$	F_2; $\frac{1}{(\mp)F_2}(\pm)\frac{1}{F_1}$
21. Eine andere Form von 20	$a \to F_1 \to d$	$\frac{F_1}{1(\pm)F_1 \cdot F_3}$; F_3

Tabelle 3.1 Verwandlungsregeln für Blockschaltbilder
(nach *T. D. Graybeal*, Electr. Engineering V. 70, (51) Seite 985)

Wir haben an diesem Beispiel gesehen, daß mit den transformierten Variablen und den Übertragungsfunktionen der Blöcke das Blockschaltbild eine neue Bedeutung gewinnt. Es gelingt damit, die dynamischen Zusammenhänge in Regelungssystemen in aller Klarheit und Kürze grafisch wie mathematisch zu fixieren.

Diese Art der Darstellung ist daher auch besonders geeignet, um Strukturumwandlungen — vor allem zur Vereinfachung komplizierter Systeme — zu veranschaulichen. Dabei erweisen sich die Schaltungsregeln der Tabelle 3.1 häufig als nützlich.

Übungsaufgaben

3.5-1 Für die Schaltung nach Bild Ü 3.5-1 ist die Übertragungsfunktion v/u zu ermitteln. Die Übertragungsfunktionen der einzelnen Glieder sind

$$F_1 = K; \qquad F_2 = 1 + sT_1; \qquad F_3 = \frac{1}{s}; \qquad F_4 = \mathrm{e}^{-sT_t}.$$

u → F_1 → F_2 → F_3 → F_4 → v

Bild Ü 3.5-1

3.5-2 Ein Doppelschleifensystem nach Bild Ü 3.5-2 besteht aus einer Vorwärts- und einer Rückführschleife.

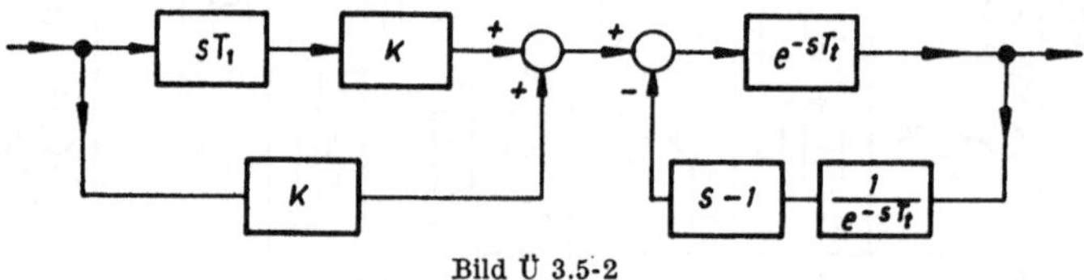

Bild Ü 3.5-2

Man reduziere die Schaltung zu einem Einzelblock und weise nach, daß die Übertragungsfunktion dieses Blockes identisch ist mit derjenigen nach Übungsaufgabe 3.5-1.

3.5-3 Das Blockschaltbild Ü 3.5-3 ist so zu vereinfachen, daß die Übertragungsfunktion durch einen einzelnen Block dargestellt wird.

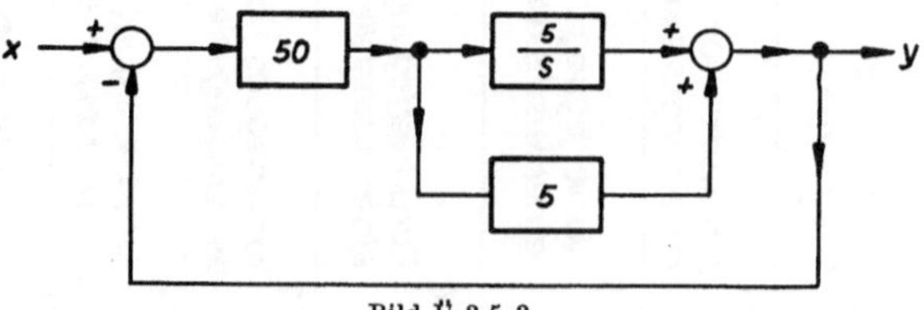

Bild Ü 3.5-3

3.5-4 Das Netzwerk nach Bild Ü 3.5-4 ist in einen einzelnen Block umzuwandeln, und die Übertragungsfunktion $F_G = \boldsymbol{v}/\boldsymbol{u}$ des geschlossenen Kreises ist zu ermitteln.

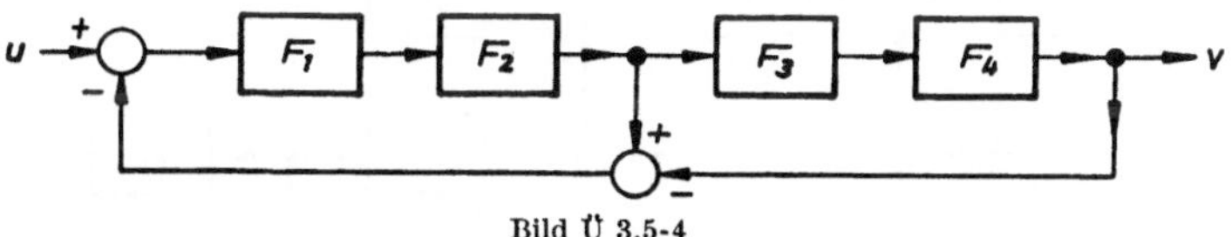

Bild Ü 3.5-4

Man gebe ein Blockschaltbild an, welches *eine* Rückführschleife mit der Übertragungsfunktion 1 hat, und die gleiche Übertragungsfunktion $F_G = \boldsymbol{v}/\boldsymbol{u}$ besitzt.

3.5-5 Man bestimme die Gesamtübertragungsfunktion der Schaltung nach Bild Ü 3.5-5

a) durch Umwandlung (Anwendung der Schaltungsregeln)
b) durch Rechnung.

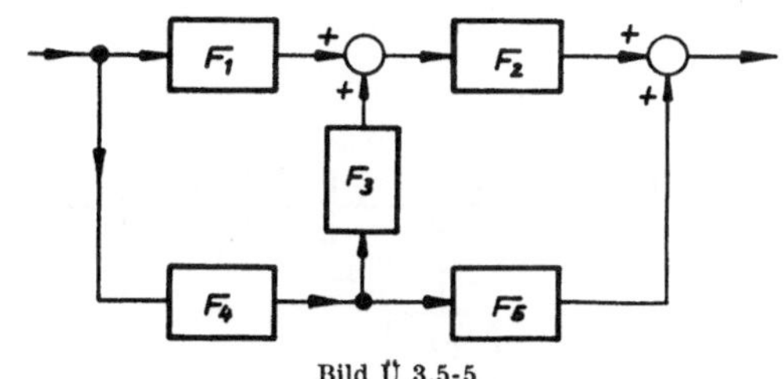

Bild Ü 3.5-5

3.5-6 Die Verwandlung des Bildes Ü 3.5-6 ist so vorzunehmen, daß

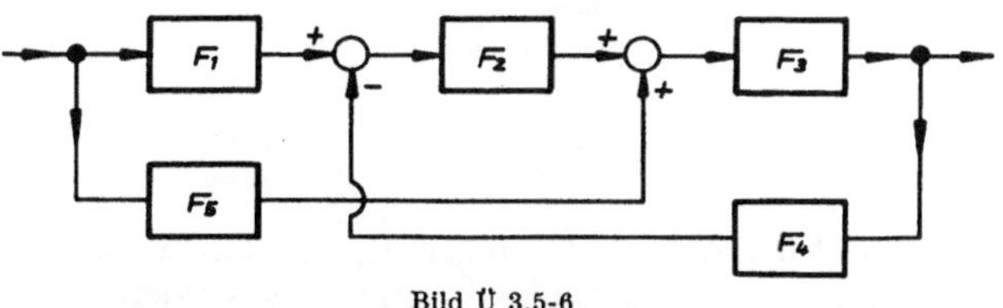

Bild Ü 3.5-6

a) ein einzelner Block
b) die Form von Bild Ü 3.5-6.1 entsteht.

Man gebe die Übertragungsfunktion F_v und F an!

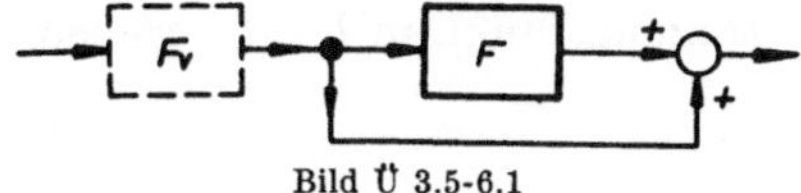

Bild Ü 3.5-6.1

3.5-7 Die Übertragungsfunktion für das Netzwerk nach Bild Ü 3.5-7 soll ermittelt werden.

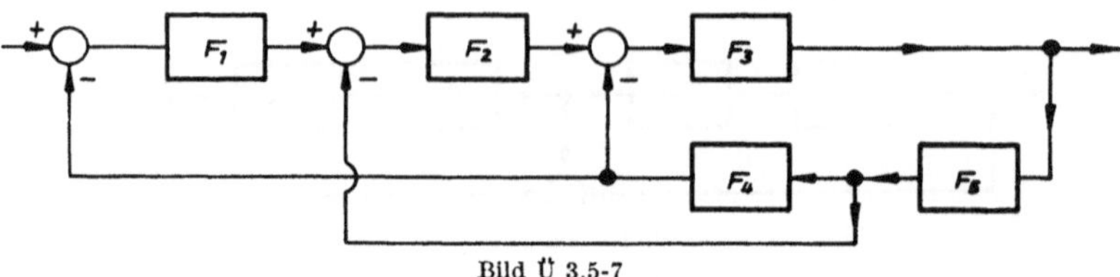

Bild Ü 3.5-7

3.5-8 a) Das Netzwerk von Bild Ü 3.5-8 ist zu einem Block zusammenzufassen. Man gebe die Übertragungsfunktion dieses Blockes an.

b) Man nehme die Umwandlung so vor, daß ein einschleifiges System mit dem Rückführblock der Verstärkung 2 entsteht.
Man gebe die Übertragungsfunktion des Vorwärtsblockes an.

c) Wie lautet die Übertragungsfunktion des Vorwärtsblockes, wenn bei äquivalenter Schaltung eine Rückführverstärkung von 4 gefordert wird?

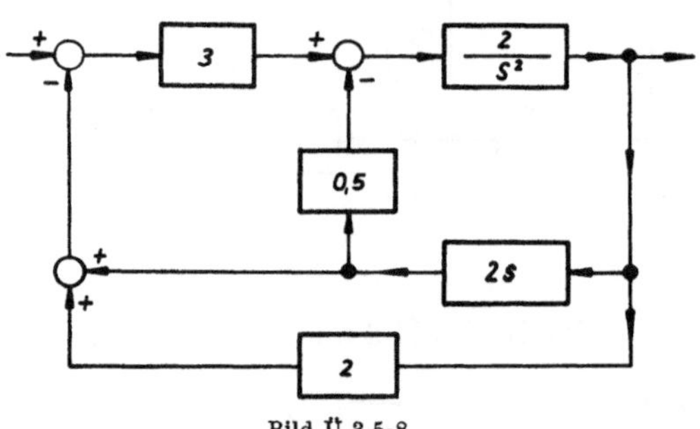

Bild Ü 3.5-8

3.5-9 Für das Strukturbild der Übungsaufgabe 2.2-14 soll durch Umwandlung die Übertragungsfunktion ermittelt werden.

3.5-10 Das Blockschaltbild nach Bild Ü 3.5-10 soll in die Form nach Bild Ü 3.5-10.1 überführt werden. Man gebe die Übertragungsfunktionen der entstehenden Blöcke an. Der Block, in dem die Regelgröße x gewandelt wird, soll die Übertragungsfunktion $F = 1$ besitzen.

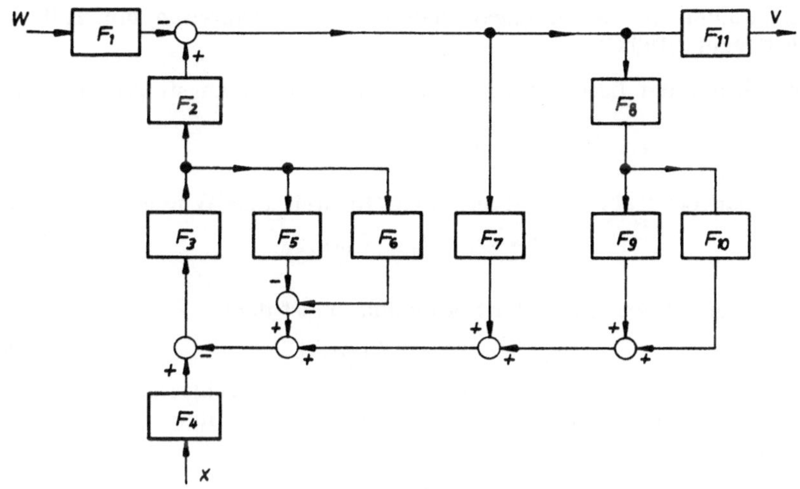

Bild Ü 3.5-10

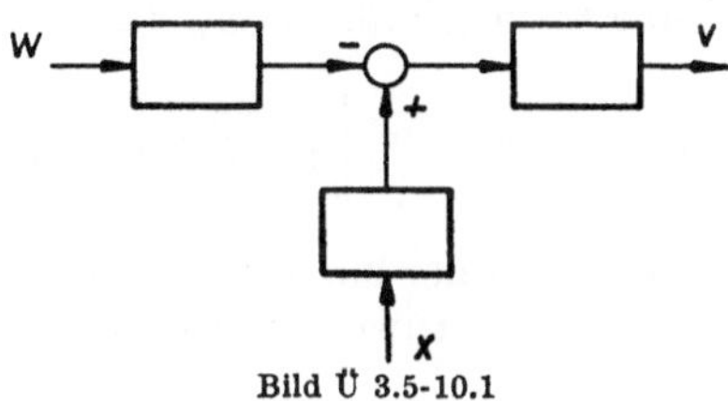

Bild Ü 3.5-10.1

3.5-11 Das Netzwerk nach Bild Ü 3.5-11 soll in die Form von Bild Ü 3.5-10.1 gebracht werden. Der Block, der die Regelgröße x wandelt, soll die Übertragungsfunktion $F = F_4$ besitzen. Wie lauten die Übertragungsfunktionen der beiden anderen Blöcke?

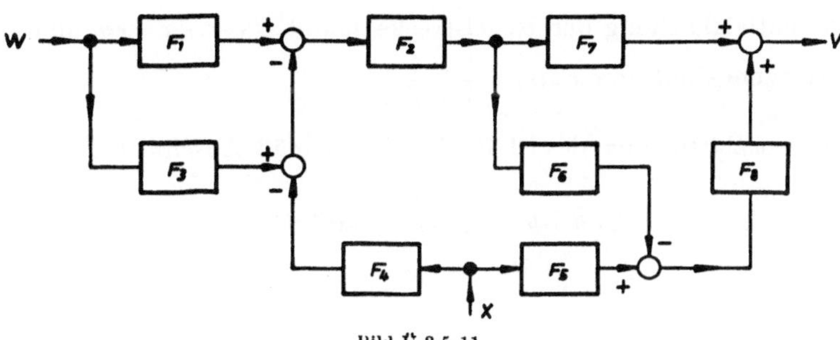

Bild Ü 3.5-11

3.6. Bestimmung des Beharrungsverhaltens von Regelkreisen mit Hilfe der Übertragungsfunktion

Die Betrachtung der Lösungsformel (3.21) für die Übergangsfunktion

$$x_a = C_0 + \sum_{i=1}^{n} C_i e^{s_i t}$$

lehrt uns, daß bei stabilem Zeitverhalten (Realteil aller Wurzeln s_i negativ!)

$$x_a(t \to \infty) = C_0 = [F(s)]_{s=0}$$

wird.

Für eine Sprungfunktion mit der Sprunghöhe x_0 ist dann

$$x_a(t \to \infty) = x_0 \, [F(s)]_{s=0}. \tag{3.31}$$

Wir haben nun in Abschnitt 3.5 gesehen, daß für den geschlossenen Regelkreis nach Bild 3.11 die Übertragungsfunktion für x_d in Abhängigkeit von der Führungsgröße w wie folgt lautet

$$\frac{x_d(s)}{w(s)} = \frac{1}{1 + F(s)} = E(s). \tag{3.32}$$

Nach (3.31) ist dann für eine Sprungfunktion w_0 der Führungsgröße

$$x_d(t \to \infty) = w_0 \, [E(s)]_{s=0} = \lim \left[\frac{w_0}{1 + F(s)}\right] = \frac{w_0}{1 + \lim\limits_{s \to 0} F(s)} \tag{3.33}$$

Formel (3.33) liefert also den Wert der bleibenden Abweichung der Regelgröße bei Sprungfunktionseingang. Als Anwendungsbeispiel betrachten wir den Regelkreis nach Bild 3.12.

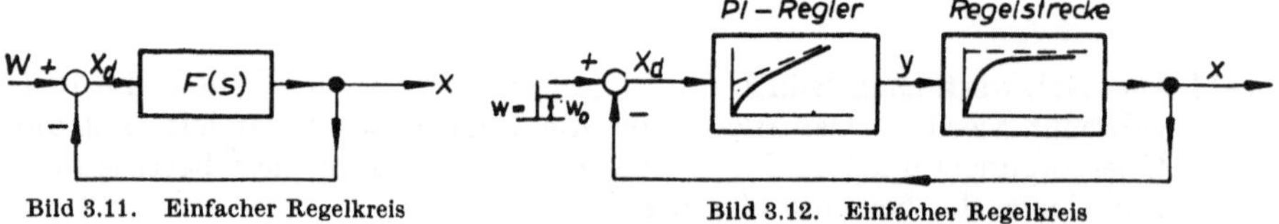

Bild 3.11. Einfacher Regelkreis

Bild 3.12. Einfacher Regelkreis

Die Differentialgleichung der Regelstrecke lautet $T_{1S}\dot{x} + x = ry$ und folglich die Übertragungsfunktion $F_2(s) = \dfrac{r}{1 + T_{1S} \cdot s}$.

Die Differentialgleichung des PI-Reglers ist gemäß Abschnitt 2.1 (Gl. (2.3))

$$T_{1R}\dot{y} + y = V_R\left(\frac{1}{T_n} \int x_d \, dt + x_d\right)$$

und damit die Übertragungsfunktion

$$F_1(s) = \frac{V_R\left(1+\frac{1}{T_n s}\right)}{1+T_{1R}s}$$

Wegen $$F(s) = F_1(s)\cdot F_2(s) = \frac{V_R\left(1+\frac{1}{T_n s}\right) r}{(1+T_{1R}s)\,(1+T_{1S}s)}$$

folgt $$\lim_{s\to 0} F(s) = \infty$$

und somit nach (3.33)

$$x_d(t\to\infty) = 0$$

Ersetzt man im Regelkreis den PI-Regler durch einen P-Regler mit der Übertragungsfunktion

$$F_1(s) = \frac{V_R}{1+T_{1R}s},$$

ergibt sich $$\lim_{s\to 0} F(s) = V_R\, r$$

und daher $$x_d(t\to\infty) = \frac{w_0}{1+V_R\, r} \neq 0.$$

Entsprechende Formeln für die bleibende Abweichung, die sich mit Hilfe der Theorie der Laplace-Transformation leicht ableiten lassen, vgl. Abschnitt 3.4, werden im folgenden für die Anstiegsfunktion und die Beschleunigungsfunktion als Führungsgröße mitgeteilt.

$$x_d(t\to\infty) = \frac{v_0}{\lim\limits_{s\to 0} s\cdot F(s)} \quad \text{für Anstiegsfunktion } w = v_0 t \tag{3.34}$$

$$x_d(t\to\infty) = \frac{b_0}{\lim\limits_{s\to 0} s^2 F(s)} \quad \text{für Beschleunigungsfunktion } w = \frac{b_0 t^2}{2} \tag{3.35}$$

Wir wenden (3.34) auf den in Bild 3.12 dargestellten Regelkreis an.

Wegen $$\lim_{s\to 0} s\,F(s) = \lim_{s\to 0} \frac{s\,V_R\left(1+\frac{1}{T_n s}\right) r}{(1+T_{1R}s)(1+T_{1S}s)} = \frac{V_R\, r}{T_n}$$

ergibt sich $$x_d(t\to\infty) = \frac{v_0 T_n}{V_R\, r} = \frac{v_0}{C_R\, r} \neq 0,$$

während für den Sprungfunktionseingang die bleibende Abweichung mit $t\to\infty$ zu Null wurde.

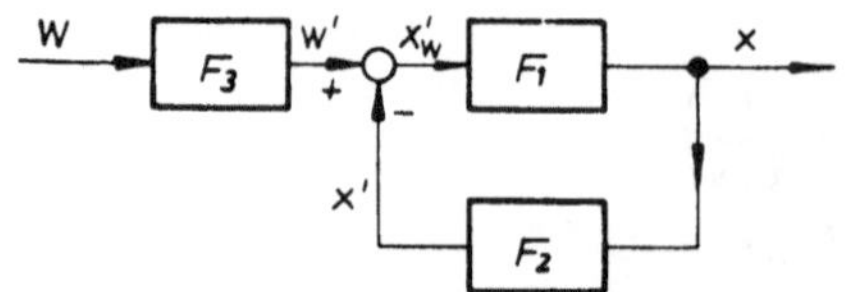

Bild 3.13. Regelkreis mit Istwert- und Sollwertwandlung der Regelgröße

Die Gln. (3.33), (3.34) und (3.35) erlauben also eine einfache Berechnung der bleibenden Abweichung der Regelgröße für Regelkreise entsprechend Bild 3.11. Wir wollen nun diese Ergebnisse verallgemeinern für den in Bild 3.13 dargestellten Regelkreis.

x_d' ist hier nicht die Abweichung der Regelgröße, sondern die Differenz zwischen den geeignet umgeformten Werten der Regelgröße und der Führungsgröße. Wir beziehen also x_d' auf die umgeformte Führungsgröße w'.

$$x_d'(s) = w(s)\,F_3(s) - x_w'(s)\,F_1(s)\,F_2(s)$$

folglich

$$\frac{x_d'(s)}{w(s)\,F_3(s)} = \frac{x_d'(s)}{w'(s)} = \frac{1}{1+F_1(s)\,F_2(s)}$$

als Übertragungsfunktion für die Abweichung der umgeformten Regelgröße bezogen auf die ebenso umgeformte Führungsgröße. Somit erhalten wir im Hinblick auf (3.33), (3.34) und (3.35) folgende analoge Formeln für die bleibende Abweichung.

$$x_d'(t\to\infty) = \frac{w_0'}{1+\lim\limits_{s\to 0} F_1F_2} \quad \text{für die Sprungfunktion } w' = w'_0 \tag{3.33a}$$

$$x_d'(t\to\infty) = \frac{v_0'}{\lim\limits_{s\to 0} s\,F_1F_2} \quad \text{für die Anstiegsfunktion } w' = v_0'\,t \tag{3.34a}$$

$$x_d'(t\to\infty) = \frac{b_0'}{\lim\limits_{s\to 0} s^2F_1F_2} \quad \text{für die Beschleunigungsfunktion } w' = \frac{b_0'\,t^2}{2} \tag{3.35a}$$

Wünscht man die wahre bleibende Abweichung x_d zwischen der Führungsgröße W und dem Istwert der Regelgröße X, so bildet man folgende leicht aus Bild 3.13 abzuleitende Übertragungsfunktion

$$\frac{W(s)-X(s)}{W(s)} = \frac{1+F_1(F_2-F_3)}{1+F_1F_2}$$

Folglich

$$x_d(t\to\infty) = w_0 \lim_{s\to 0} \frac{1+F_1(F_2-F_3)}{1+F_1F_2} \quad \text{für die Sprungfunktion } w = w_0 \tag{3.33b}$$

$$x_d(t\to\infty) = v_0 \lim_{s\to 0} \frac{1+F_1(F_2-F_3)}{s\,F_1F_2} \quad \text{für die Anstiegsfunktion } w = v_0 t \tag{3.34b}$$

$$x_d(t\to\infty) = b_0 \lim_{s\to 0} \frac{1+F_1(F_2-F_3)}{s^2F_1F_2} \quad \text{für die Beschleunigungsfunktion } w = \frac{b_0t^2}{2} \tag{3.35b}$$

Ähnlich kann man bei der Untersuchung des Beharrungsverhaltens der Regelgröße bei Störgrößeneinwirkung und $X = X_s$ zur Zeit des Störungsbeginns vorgehen. Dazu betrachten wir den einfachen Regelkreis in Bild 3.14.

$$(W - X(s))F_1 + Z(s)F_2 = X(s) \qquad \frac{X(s)}{Z(s)} = \frac{F_2}{1+F_1} + \frac{W}{Z(s)}\,\frac{F_1}{(1+F_1)}$$

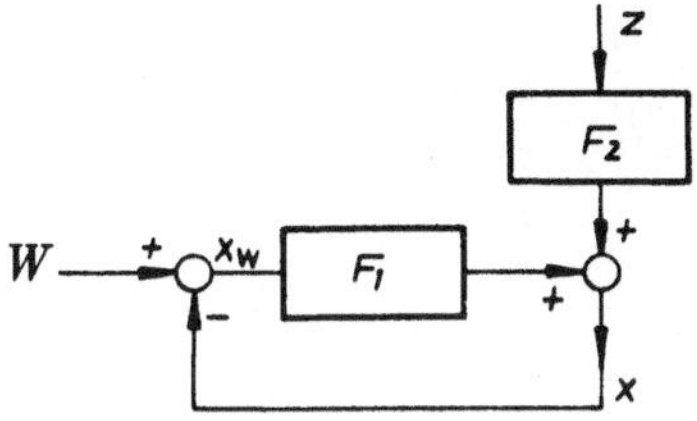

Bild 3.14. Einfacher Regelkreis mit Störstrecke

Analog zu (3.33) usw. erhalten wir nun

$$X(t \to \infty) = z_0 \lim_{s \to 0} \frac{F_2}{1+F_1} + W \lim_{s \to 0} \frac{F_1}{1+F_1} \quad \text{für Sprungfunktion } z = z_0 \tag{3.36}$$

$$X(t \to \infty) = v_0 \lim_{s \to 0} \frac{F_2}{s\,F_1} + W \lim_{s \to 0} \frac{F_1}{1+F_1} \quad \text{für Anstiegsfunktion } z = v_0 t \tag{3.37}$$

$$X(t \to \infty) = b_0 \lim_{s \to 0} \frac{F_2}{s^2 F_1} + W \lim_{s \to 0} \frac{F_1}{1+F_1} \quad \text{für Beschleunigungsfunktion } z = \frac{b_0 t^2}{2} \tag{3.38}$$

Darin ist $W \lim_{s \to 0} \frac{F_1}{1+F_1}$ eine Konstante, die den Beharrungswert der Regelgröße bei Nichtvorhandensein der Störung Z festlegt.

Übungsaufgaben

3.6-1 Für die Systeme mit den nachfolgend angegebenen Übertragungsfunktionen des offenen Kreises ist der statische Regelfehler zu bestimmen, wenn als Eingangssignale

a) eine Sprungfunktion w_0

b) eine Anstiegsfunktion $v_0 t$

c) eine Beschleunigungsfunktion $\frac{1}{2} b_0 t^2$

verwendet werden.

1) $F_0(s) = \dfrac{10s}{(s+0{,}8)\,(s+8)\,(s+80)}$ 2) $F_0(s) = \dfrac{6{,}3}{s^2\,(s^2+2s+2)\,(s+4)}$

3) $F_0(s) = \dfrac{0{,}4\,(s+2)\,(s+8)}{s\,(s^2+4s+10)\,(s+6{,}3)}$

3.6-2 Für den einfachen Regelkreis nach Bild Ü 3.6-2 soll die bleibende Regelabweichung bestimmt werden, wenn das System durch einen Einheitssprung angeregt wird.

Wie groß muß die Verstärkung werden, damit der bleibende Regelfehler den Wert x_d $(t \to \infty) = 0{,}05 \cdot$ w nicht überschreitet?

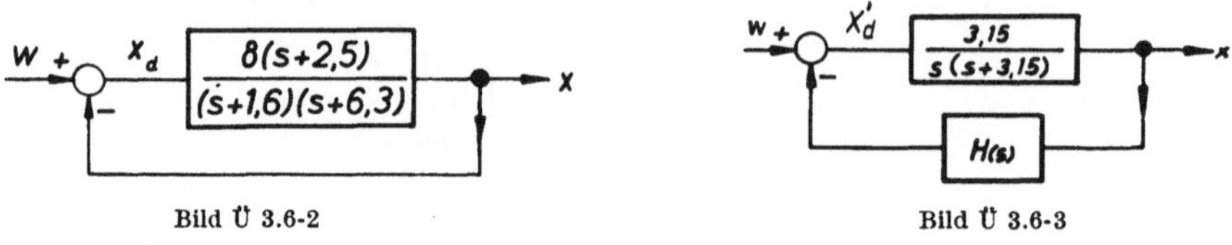

Bild Ü 3.6-2

Bild Ü 3.6-3

3.6-3 Man bestimme die bleibenden Regelabweichungen x_d' für den Regelkreis nach Bild Ü 3.6-3, wenn $H(s)$ eine der nachfolgend angegebenen Übertragungsfunktionen des Meßwertwandlers ist und dem Eingang des Systems

a) eine Sprungfunktion $w = w_0 = 1$

b) eine Anstiegsfunktion $w = v_0 t$

c) eine Beschleunigungsfunktion $w = \frac{1}{2} b_0 t^2$

zugeführt wird.

1) $H(s) = \dfrac{1}{s}$ 2) $H(s) = \dfrac{1}{s^2}$ 3) $H(s) = \dfrac{1}{s + 1{,}6}$

4) $H(s) = \dfrac{1}{s(s+1{,}6)}$ 5) $H(s) = \dfrac{1}{s^2(s+1{,}6)}$ 6) $H(s) = \dfrac{1}{s(s^2+4s+8)}$

3.6-4 Welche Übertragungsfunktion $H(s)$ muß das in der Rückführung des Systems nach Bild Ü 3.6-4 befindliche Regelkreisglied besitzen, damit bei Verwendung einer Beschleunigungsfunktion $w' = \frac{1}{2} b_0 t^2$ als Eingangssignal der statische Regelfehler x_d' den Betrag $0{,}0325\ b_0$ nicht überschreitet?

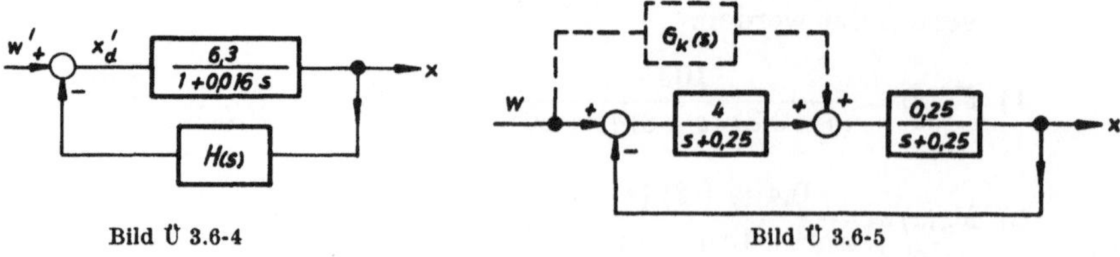

Bild Ü 3.6-4

Bild Ü 3.6-5

3.6-5 Das Eingangssignal des Regelkreises nach Bild Ü 3.6-5 ist $w = w_0$ für $t > 0$ (Sprungfunktion). Man bestimme die statische Regelabweichung x_d. Durch Hinzufügen des gestrichelt gezeichneten Netzteiles soll der Regelfehler $x_d(t \to \infty) = 0$ gemacht werden. Welche Übertragungsfunktion $G_K(s)$ genügt hierfür?

3.6-6 Unter der Annahme $w = 0$ ist für den Regelkreis nach Bild Ü 3.6-6 das statische Störverhalten zu bestimmen. Die Störgröße z habe folgende Funktionen im Zeitbereich ($t > 0$):

1) $z = z_0$ 2) $z = v_0 t$ 3) $z = \frac{1}{2} b_0 t^2$

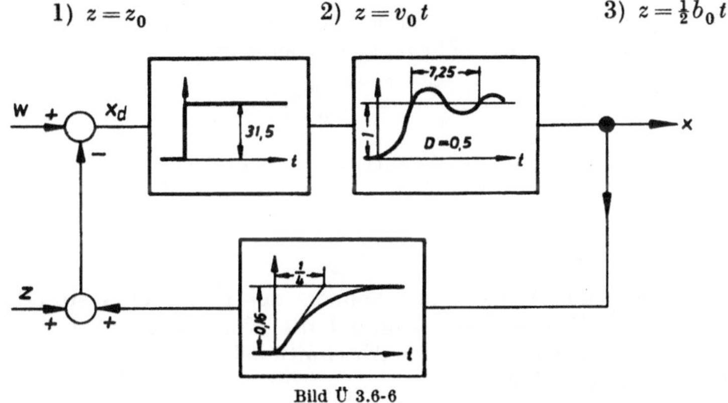

Bild Ü 3.6-6

3.6-7 Für den Regelkreis nach Bild Ü 3.6-7 ist die Konstante K_1 zu bestimmen, wenn eine Einheitssprungfunktion aufgeschaltet wird und die bleibende Regelabweichung $x_d(t \to \infty) = 0{,}01$ sein soll.

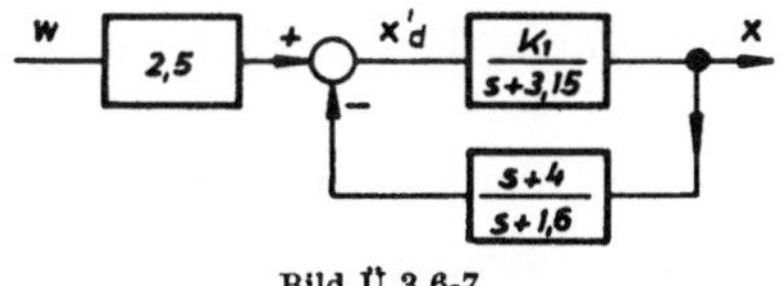

Bild Ü 3.6-7

Wie groß wird x_d $(t \to \infty)$, wenn eine Anstiegs- bzw. eine Beschleunigungsfunktion aufgeschaltet wird?

4. Das Wurzelortverfahren

4.1. Mathematische Grundlagen des Wurzelortverfahrens

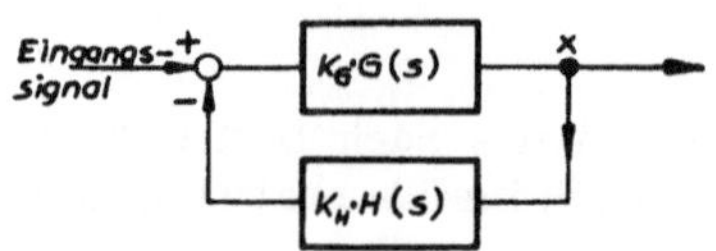

Bild 4.1. Einfacher Regelkreis

Das Wurzelortverfahren wurde von *Evans* [6] für den einfachen Regelkreis (Bild 4.1) entwickelt, dessen Eingangssignal sowohl eine Führungsgröße wie auch eine Störgröße sein kann.

Die Übertragungsfunktion $E(s)$ dieses geschlossenen Regelkreises ist dann (s. Regel 17, Tab. 3.1) bei Führungsgrößeneingang

$$E(s) = \frac{x}{w} = \frac{K_G G}{1 + K_G K_H G H}.$$

Für den Fall, daß w eine Sprungfunktion der Höhe 1 ist, wird die Übergangsfunktion $x(t)$ (vgl. Abschnitt 3.2) im Normalfall wie folgt erhalten

$$x(t) = C_0 + \sum_{i=1}^{n} C_i \cdot e^{s_i t}.$$

Darin sind die s_i die Wurzeln des Nenners der Übertragungsfunktion $E(s)$ des geschlossenen Regelkreises, während die Konstanten C_i mit Hilfe der hier anzuwendenden Gl. (3.25) (im Abschnitt 3.4) gewonnen werden, in der $E(s)$ an die Stelle von $F(s)$ tritt:

$$C_0 = [E(s)]_{s=0} \qquad C_i = \left[\frac{s - s_i}{s} E(s)\right]_{s=s_i} \quad (i = 1, 2, \ldots n)$$

Neben der Bezeichnung *Wurzel*, d. s. die Werte von s, die die Gleichung $1 + KGH = 0$ erfüllen ($K = K_G K_H$), wollen wir noch zwei Begriffe einführen:

Nullstellen s_N, d. s. die Werte von s, die den Zähler von KGH zu Null machen, und

Pole s_P, d. s. die Werte von s, die den Nenner von KGH zu Null machen.

Damit läßt sich KGH wie folgt schreiben:

$$KGH = K \frac{\prod_{j=1}^{m} (s - s_{N_j})}{\prod_{k=1}^{n} (s - s_{P_k})} \text{ [1]} \qquad (4.1)$$

Im Hinblick darauf, daß die Wurzeln s_i aus der Gleichung:

$$\text{Nenner von } E(s_i) = 0,$$

also aus $1 + KGH = 0$ gewonnen werden, die mit Gl. (4.1) ausgeschrieben wie folgt lautet:

$$1 + K \frac{\prod_{j=1}^{m} (s - s_{N_j})}{\prod_{k=1}^{n} (s - s_{P_k})} = 0$$

[1] n ist aus energetischen Gründen praktisch immer größer als m.

oder

$$\prod_{k=1}^{n}(s-s_{P_k})+K_G K_H\prod_{j=1}^{m}(s-s_{N_j})=\prod_{i=1}^{n}(s-s_i)=0,$$

erhalten wir

$$E(s)=K_G\cdot G(s)\cdot\frac{\prod_{k=1}^{n}(s-s_{P_k})}{\prod_{i=1}^{n}(s-s_i)}. \tag{4.2}$$

Zur Bestimmung der C_i der Übergangsfunktion ist diese Übertragungsfunktion $E(s)$ in die Gl. (3.25) einzusetzen.

Für den häufig vorkommenden Sonderfall, daß $H(s)=1$, wird im Hinblick auf Gl. (4.1)

$$E(s)=K_G\frac{\prod_{j=1}^{m}(s-s_{N_j})}{\prod_{i=1}^{n}(s-s_i)}. \tag{4.2a}$$

Dann erhalten wir mit Gl. (3.25) für die Konstanten

$$C_i=\left[\frac{(s-s_i)}{s}K_G\frac{\prod_{j=1}^{m}(s-s_{N_j})}{\prod_{l=1}^{n}(s-s_l)}\right]_{s=s_i}\quad(i=1,2,\ldots n). \tag{4.3a}$$

Dabei wird s erst nach Kürzung durch $(s-s_i)$ gleich s_i gesetzt; ferner

$$C_0=K_G\frac{\prod_{j=1}^{m}(-s_{N_j})}{\prod_{i=1}^{n}(-s_i)}. \tag{4.3b}$$

Während die m Nullstellen s_{N_j} ebenso wie die n Pole s_{P_k} stets von den Übertragungsfunktionen $G(s)$ und $H(s)$ sofort abzulesen sind, erfordert die Bestimmung der n Wurzeln s_i, die definitionsgemäß die Gleichung

$$1+KG(s)H(s)=0 \tag{4.4}$$

zu erfüllen haben, zumeist erheblichen numerischen Rechenaufwand, besonders dann, wenn die Wurzeln für eine Reihe verschiedener K (Verstärkung) und verschiedene Zeitkonstanten, sofern auch solche noch frei wählbar sind (z. B. Stabilisierungsglied), ermittelt werden müssen. Es ist das Ziel des Wurzelortverfahrens, hier Abhilfe zu schaffen.

Wenn Gl. (4.4) zu

$$KGH=-1 \tag{4.4a}$$

umgeformt wird, kann man auch sagen, daß die Größen s_i aufzusuchen sind, die die Übertragungsfunktion des aufgeschnittenen Regelkreises gleich -1 machen; denn, wie Bild 4.2 zeigt, ist KGH die Übertragungsfunktion des aufgeschnittenen oder offenen Regelkreises.

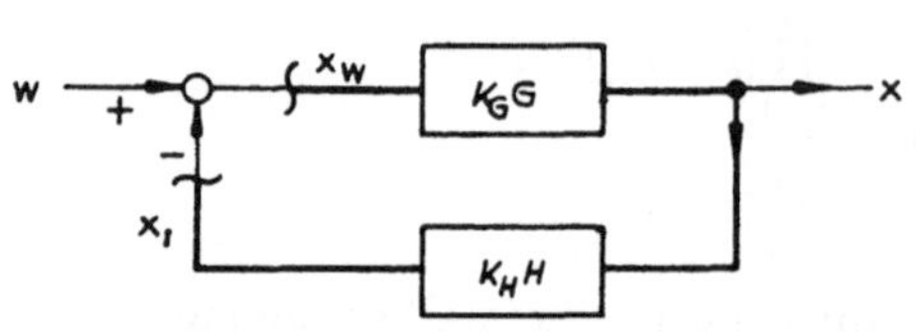

Bild 4.2. Aufgeschnittener Regelkreis

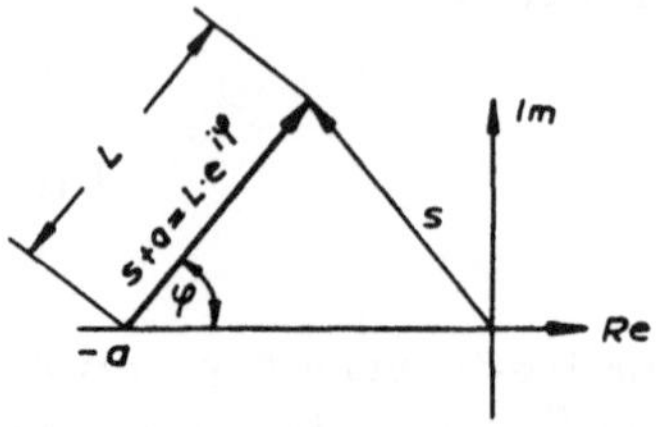

Bild 4.3. Polare Darstellung von $s+a$

Das Wurzelortverfahren geht nun davon aus, daß jeder Faktor von GH auch in polarer Darstellung (Bild 4.3) geschrieben werden kann:

$$s + a = L e^{i\varphi}$$

$a =$ komplexe bzw. reelle Zahl.

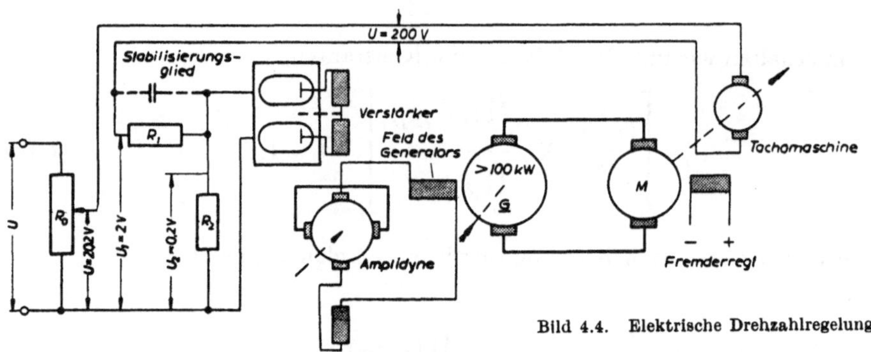

Bild 4.4. Elektrische Drehzahlregelung

Betrachten wir z. B. die elektrische Drehzahlregelung in Bild 4.4, deren Blockschaltbild dem Bild 4.5 zu entnehmen ist. Die Übertragungsfunktionen der einzelnen Blöcke mögen wie folgt lauten:

Block 1: Spannungsteiler (mit Kondensator zur Stabilisierung)

$$F_1 = \frac{s+4}{s+40}$$

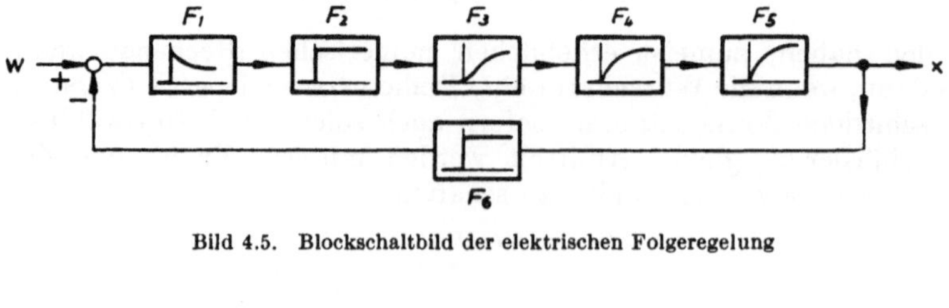

Bild 4.5. Blockschaltbild der elektrischen Folgeregelung

Block 2: Elektronischer Verstärker $F_2 = 100$,

Block 3: Amplidyne $F_3 = \frac{40\,000}{(s+200)(s+40)}$,

Block 4: Generator $F_4 = \frac{2{,}5}{s+0{,}5}$,

Block 5: Motor $F_5 = \frac{1{,}2}{s+1}$,

Block 6: Tachogenerator $F_6 = 0{,}333$.

Mit diesen Werten läßt sich Gl. (4.4a) wie folgt schreiben:

$$4 \cdot 10^6 \frac{s+4}{(s+0{,}5)(s+1)(s+40)^2(s+200)} = -1$$

Dieser Ausdruck gewinnt in polarer Darstellung mit

$(s+4) = L_1 e^{i\varphi_1}$; $(s+0{,}5) = L_2 e^{i\varphi_2}$; $(s+1) = L_3 e^{i\varphi_3}$; $(s+40) = L_4 e^{i\varphi_4}$

und $s+200 = L_5 e^{i\varphi_5}$

folgendes Aussehen

$$\frac{K \cdot L_1 e^{i\varphi_1}}{L_2 e^{i\varphi_2}\, L_3 e^{i\varphi_3}\, (L_4 e^{i\varphi_4})^2\, L_5 e^{i\varphi_5}} = -1$$

oder

$$\frac{KL_1}{L_2 L_3 L_4^2 L_5} e^{i(\varphi_1 - [\varphi_2 + \varphi_3 + 2\varphi_4 + \varphi_5])} = L e^{i\varphi} = -1. \tag{4.5}$$

Gl. (4.5) ist nur erfüllt, wenn

$$|KGH| = L = 1 \tag{4.6}$$

und

$$\arg(KGH) = \varphi = \pm(2k+1)\,180° \quad k = 0, 1, 2, 3 \ldots \tag{4.7}$$

Die Gln. (4.6) und (4.7) sind die Grundgleichungen des Wurzelortverfahrens; denn in der Trennung von Winkelbedingung (4.7) und Betragsgleichung (4.6) liegt der Schlüssel für die einfache Bestimmung der i. a. komplexen Wurzeln der Gl. (4.4a), die zumeist eine Gleichung ziemlich hoher Ordnung ist. Dabei geht man so vor, daß zunächst Gl. (4.7), im Falle des von uns benutzten Beispiels also die Gleichung

$$\varphi_1 - (\varphi_2 + \varphi_3 + 2\varphi_4 + \varphi_5) = \pm(2k+1)\,180°,$$

benutzt wird, um den Ort aller Wurzeln s_i der Gleichung (4.4) zu finden.

Danach wird mit Hilfe von (4.6), hier also mit der Gleichung $\frac{KL_1}{L_2 L_3 L_4 L_5} = 1$, der Wurzelort, i. a. ein mehrfach verzweigter Kurvenzug in der komplexen s-Ebene, mit verschiedenen Werten von K markiert. Man kann dann verhältnismäßig schnell feststellen, in welchem Bereich von K-Werten alle

Wurzeln von (4.4) außerhalb eines bestimmten Gebietes der s-Ebene (mindestens außerhalb der rechten Halbebene) bleiben.

Zur Veranschaulichung der Methode wollen wir zunächst den Wurzelort für ein einfaches Beispiel aufsuchen, bevor wir uns im Abschnitt 4.2 wieder dem obigen Beispiel der elektrischen Folgeregelung zuwenden.

$$1 + KGH = 1 + K \frac{1}{s(s+100)} = 0.$$

KGH besitzt also keine Nullstellen, sondern nur zwei Pole, $s_{P_1} = 0$ und $s_{P_2} = -100$.

Bei der grafischen Darstellung werden die Pole mit Kreuzen, die Nullstellen mit kleinen Kreisen und die Wurzeln mit Punkten gekennzeichnet. Die Winkelbedingung Gl. (4.7) lautet hier

$$\arg KGH = -\varphi_1 - \varphi_2 = -180^\circ.$$

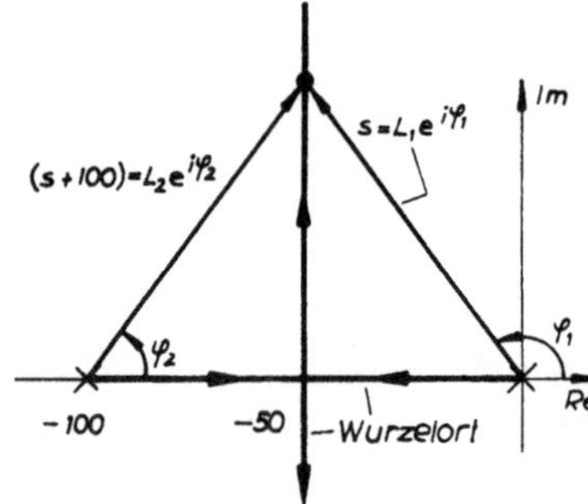

Bild 4.6.

Wurzelortbestimmung für $G \cdot H = \frac{1}{s(s+100)}$

Wie man auch aus Bild 4.6 ersehen kann, ist der Wurzelort eine Parallele zur imaginären Achse durch den Punkt -50. Allerdings ist dies nicht der ganze Wurzelort, der auch das Geradenstück auf der reellen Achse zwischen 0 und -100 enthält, aber nicht über letztgenannte Punkte hinaus, da dann die Summe von $-(\varphi_1 + \varphi_2)$ gleich Null bzw. 360° wird, was Gl. (4.7) widerspricht. Die Pfeile im Bild 4.6 weisen in Richtung wachsender K, beginnend mit $K = 0$ in den Polen $s_{P_1} = 0$ und $s_{P_2} = -100$.

Bei einem etwas schwierigeren Beispiel, etwa

$$1 + K \frac{(s+a+ib)(s+a-ib)}{s(s+c)(s+d)} = 0$$

bzw.

$$1 + K \frac{L_1 e^{i\varphi_1} \cdot L_2 e^{i\varphi_2}}{L_3 e^{i\varphi_3} \cdot L_4 e^{i\varphi_4} \cdot L_5 e^{i\varphi_5}} = 0,$$

wo KGH zwei konjugiert komplexe Nullstellen und drei Pole besitzt (Bild 4.7), wäre man gezwungen, zunächst einen Versuchspunkt für den Wurzelort zu wählen und dann zu untersuchen, ob die Gl. (4.7) erfüllt wird, hier also ob

$$\varphi_1 + \varphi_2 - (\varphi_3 + \varphi_4 + \varphi_5) = \pm (2k + 1) 180°.$$

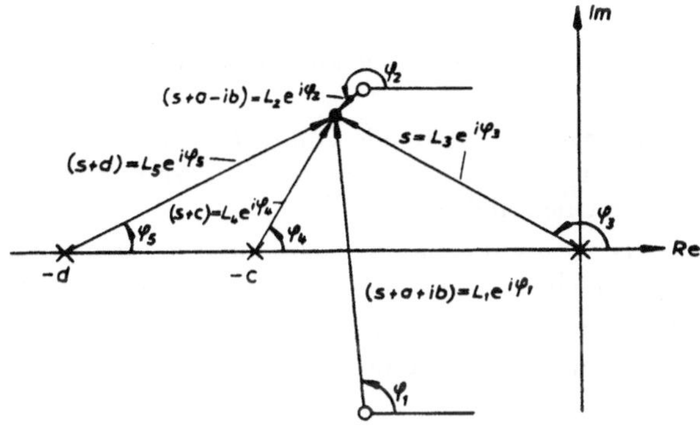

Bild 4.7. Wurzelortbestimmung für $G \cdot H = \frac{(s + a + ib)(s + a - ib)}{s(s + c)(s + d)}$

Da eine solche Vorgehensart sehr zeitraubend ist, hat *Evans* eine Reihe von Regeln aufgestellt, die eine rasche Orientierung über den Verlauf des Wurzelortes gestatten.

4.2. Regeln für die Konstruktion von Wurzelortkurven

Um eine schnelle Skizzierung der zur reellen Achse symmetrischen Wurzelortkurve zu ermöglichen, hat *Evans* eine Anzahl von Konstruktionsregeln angegeben, die im folgenden am Beispiel der elektrischen Drehzahlregelung (Bild 4.4), für die

$$KGH = K \frac{(s + 4)}{(s + 0{,}5)(s + 1)(s + 40)^2 (s + 200)} \tag{4.8}$$

gefunden war, diskutiert werden sollen. Die Beweise der Regeln sind z. B. im Buch von *Truxal* [21] nachzulesen.

Regel 1: In der komplexen s-Ebene werden die Nullstellen und Pole von GH eingetragen (Nullstellen ○; Pole ×), da jeder Pol ein Ausgangspunkt ($K = 0$) für einen der Äste der Wurzelortkurve ist, die für $K = \infty$ in den Nullstellen von GH enden oder nach Unendlich streben. Der Maßstab auf der imaginären Achse ist der gleiche wie auf der reellen Achse.

Obiges Beispiel besitzt folgende

Nullstelle: $s_{N1} = -4$;

Pole: $s_{P1} = -0{,}5$; $s_{P2} = -1$; $s_{P3} = -40$ (2fach); $s_{P4} = -200$.

(Vgl. Bild 4.8)

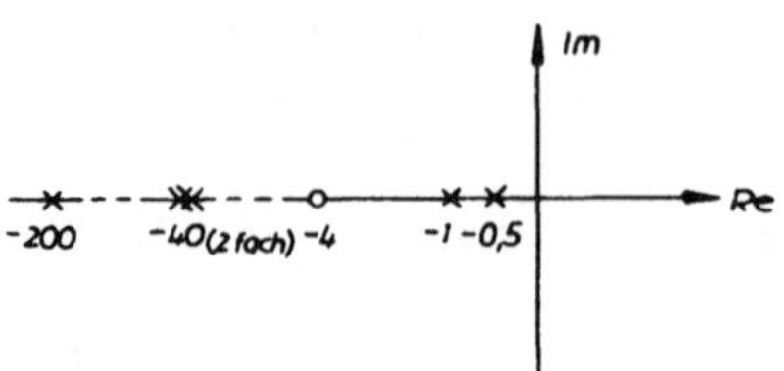

Bild 4.8. Nullstellen und Pole von GH in der s-Ebene (nicht maßstäblich)

Regel 2: Da i. a. die Anzahl n der Pole von GH größer als die Anzahl m der Nullstellen ist, enden $(n-m)$ von den insgesamt n Ästen der Wurzelortkurve im Unendlichen.

Im obigen Beispiel ist $m=1$ und $n=5$; also enden $n-m=5-1=4$ Äste im Unendlichen, während ein Ast für $K=\infty$ in $s=-4$ einmündet.

Regel 3: Jeder Ort auf der reellen Achse, auf dessen rechter Seite die Summe der Nullstellen und Pole eine ungerade Zahl ergibt, ist ein Wurzelort.

Für das erörterte Beispiel sind die auf der reellen Achse befindlichen Teile der Wurzelortkurve im Bild 4.9 dick ausgezogen gekennzeichnet. Man beachte, daß $s=-40$ ein zweifacher Pol ist.

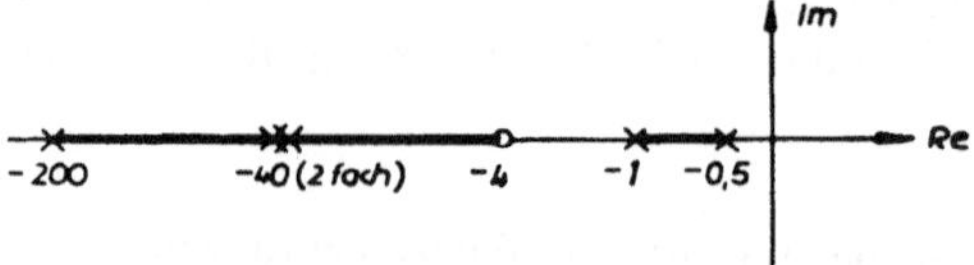

Bild 4.9. Wurzelorte auf der reellen Achse (nicht maßstäblich)

Regel 4: Aus einem ϱ-fachen reellen Pol s_P (bzw. in eine ϱ-fache reelle Nullstelle s_N) von GH laufen ϱ Wurzelortäste unter den Winkeln

$$\Theta_\nu = \frac{1}{\varrho}\left[(a_P - a_N - 1)\,180° + \nu\cdot 360°\right] \tag{4.9}$$

heraus (bzw. hinein). Darin bedeuten:

a_P = Anzahl der rechts von s_P (bzw. s_N) liegenden Pole

a_N = Anzahl der rechts von s_P (bzw. s_N) liegenden Nullstellen

$\nu = 1, 2, 3 \ldots \varrho$.

Im Beispiel entsprechend Gl. (4.8) ist:

a) $s_{N1} = -4$ eine einfache Nullstelle, d. h. $\varrho = 1$; somit haben wir lediglich $\nu = 1$. $a_P = 2$; $a_N = 0$ (s. Bild 4.9).
Folglich

$$\Theta_{N1} = \tfrac{1}{1}\,[(2-0-1)\,180° + 1\cdot 360°] = 540° = \underline{180°} + 360°.$$

b) $s_{P1} = -0{,}5$; $\varrho = 1$; $a_P = 0$; $a_N = 0$ (s. Bild 4.9).
Folglich

$$\Theta_{P1} = \tfrac{1}{1}\,[(0-0-1)\,180° + 1\cdot 360°] = \underline{+180°}.$$

c) $s_{P_2} = -1$; $\varrho = 1$; $a_P = 1$; $a_N = 0$ (s. Bild 4.9).
Folglich

$$\Theta_{P_2} = \tfrac{1}{1}\,[(1-0-1)\,180° + 1\cdot 360°] = \underline{0°} + 360°.$$

d) $s_{P_3} = -40$; $\varrho = 2$, somit $\nu = 1$ und $\nu = 2$; $a_P = 2$; $a_N = 1$ (s. Bild 4.9).
Folglich

$$\Theta_{P_{31}} = \tfrac{1}{2}\,[(2-1-1)\,180° + 1\cdot 360°] = \underline{180°}$$

und

$$\Theta_{P_{32}} = \tfrac{1}{2}\,[(2-1-1)\,180° + 2\cdot 360°] = \underline{0°} + 360°.$$

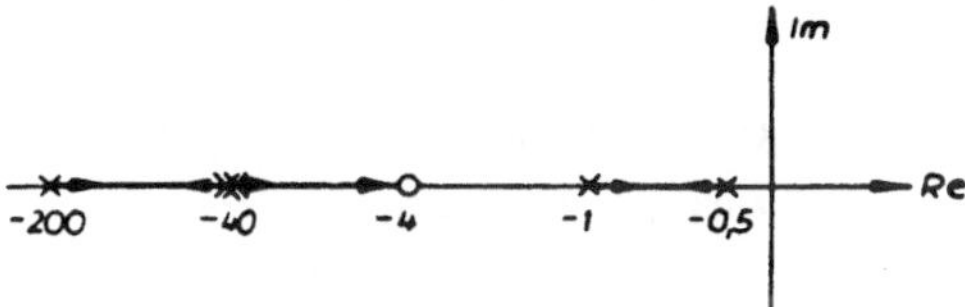

Bild 4.10. Richtung der Wurzelorte auf der reellen Achse (nicht maßstäblich)

e) $s_{P_4} = -200$; $\varrho = 1$; $a_P = 4$; $a_N = 1$ (s. Bild 4.9).
Folglich

$$\Theta_{P_4} = \tfrac{1}{1}\,[(4-1-1)\,180° + 1\cdot 360°] = \underline{0°} + 2\cdot 360°.$$

Die Ergebnisse a) bis e) sind in Bild 4.10 durch Pfeile gekennzeichnet.

Regel 5: Wenn GH nur reelle Pole und Nullstellen besitzt, dann verlassen (bzw. treffen) einzelne Äste der Wurzelortkurve die reelle Achse — und zwar i. a. senkrecht zur reellen Achse[1]) — in den Verzweigungspunkten s_A, die der folgenden Gleichung genügen.

$$\sum_{k=1}^{n} \frac{1}{s_A - s_{P_k}} = \sum_{j=1}^{m} \frac{1}{s_A - s_{N_j}}. \tag{4.10}$$

Gl. (4.10) lautet im vorliegenden Fall

$$\frac{1}{s_A + 0{,}5} + \frac{1}{s_A + 1} + \frac{1}{s_A + 40} + \frac{1}{s_A + 40} + \frac{1}{s_A + 200} = \frac{1}{s_A + 4}.$$

Es wäre nicht zweckmäßig, s_A als die Wurzeln der vorstehenden Gleichung 4. Grades aufsuchen zu wollen, zumal das Wurzelortverfahren gerade das Ziel verfolgt, diese mühsame und zugleich langweilige Rechenarbeit zu umgehen. Dagegen führen folgende Überlegungen ziemlich schnell zum Ziel. Die Verzweigungspunkte s_A können nur auf den in Bild 4.10 dick ausgezogenen Strecken der reellen Achse liegen. Im vorliegenden Beispiel können also die Verzweigungspunkte s_A in die Strecken zwischen $-0{,}5$ und -1, -4 und -40 sowie zwischen -40 und -200 fallen.

---

[1]) Nur wenn zwei Wurzelorte von der reellen Achse abzweigen. In komplizierteren Fällen kann man die Abzweigwinkel nach Gl. 4.11 berechnen, wenn man statt $(n-m)$ die Anzahl der austretenden Wurzelorte setzt.

Wir schätzen zunächst einen Punkt auf den genannten Strecken und untersuchen, ob er Gl. (4.10) erfüllt, z. B. $s_A = -0{,}8$:

$$\frac{1}{-0{,}8+0{,}5} + \frac{1}{-0{,}8+1{,}0} + 2\cdot\frac{1}{-0{,}8+40} + \frac{1}{-0{,}8+200} \overset{?}{=} \frac{1}{-0{,}8+4}$$

$$-3{,}33 + 5{,}0 + 2\cdot(0{,}025) + 0{,}005 = 1{,}722 \neq 0{,}312$$

Man sieht sofort, daß $s_A = -0{,}8$ betragsmäßig zu groß war, und weiterhin, daß die entfernt liegenden Pole und Nullstellen ohne praktisch bedeutsamen Einfluß sind. Wir können also für diesen Verzweigungspunkt die Wirkung der Pole -40 und -200 in dem konstanten Korrekturwert 0,055 auf der linken Seite der Gleichung zusammenfassen. Wir wählen nun $s_A = -0{,}76$ und erhalten

$$-\frac{1}{0{,}26} + \frac{1}{0{,}24} + 0{,}055 \overset{?}{=} \frac{1}{3{,}24}$$

$$\underbrace{-3{,}84 + 4{,}18 + 0{,}055}_{0{,}375} \neq 0{,}309.$$

Der genaue Wert liegt bei 0,758. Für unsere Zwecke hätte bereits die Wahl der Mitte zwischen $-0{,}5$ und $-1{,}0$ also $s_A = -0{,}75$ einen für die Skizzierung der Wurzelortkurve mehr als ausreichend genauen Wert geliefert.

Wir untersuchen nun, ob sich auch ein Verzweigungspunkt zwischen -4 und -40 befindet; denn, während zwischen 2 Polen von GH, also auf Strecken, auf denen sich die Pfeile begegnen (Bild 4.10), ein Verzweigungspunkt liegen muß, braucht es zwischen Pol und Nullstelle keinen Verzweigungspunkt zu geben, ja nur bei komplizierteren Fällen kommt das vor (s. Katalog von Wurzelortkurven Abschnitt 4.4). Im vorliegenden Fall schätzen wir zunächst

$$s_A = -10$$

$$-\frac{1}{9{,}5} - \frac{1}{9} + 2\cdot\frac{1}{30} + \frac{1}{190} \overset{?}{=} -\frac{1}{6}\,.$$

$$10^{-2}(-10{,}5 - 11{,}1 + 6{,}67 + 0{,}53) = -14{,}4\cdot 10^{-2} \neq -16{,}7\cdot 10^{-2}.$$

$$s_A = -9 \text{ ergibt}$$

$$-\frac{1}{8{,}5} - \frac{1}{8} + 2\frac{1}{31} + \frac{1}{191} \overset{?}{=} -\frac{1}{5}$$

$$10^{-2}(-11{,}8 - 12{,}5 + 6{,}45 + 0{,}52) = -0{,}173 \neq -0{,}2.$$

Es findet sich kein Wert für s_A zwischen dem Pol -40 und der Nullstelle -4, der Gl. (4.10) erfüllt. Also ist diese Strecke bereits ein vollständiger Zweig des Wurzelortes (von $K = 0$ bis $K = \infty$). Für den zu erwartenden Verzweigungspunkt zwischen den Polen -40 und -200 wählen wir zunächst einen Schätzwert, der in der Nähe des die folgende abgekürzte Gleichung erfüllenden Wertes liegt

$$2\cdot\frac{1}{s_A+40} + \frac{1}{s_A+200} \overset{?}{=} 0; \qquad s_A = -146\tfrac{2}{3}.$$

Gewählt $s_A = -160$: folglich

$$\frac{1}{-160+0{,}5} + \frac{1}{-160+1{,}0} + \frac{2}{-160+40} + \frac{1}{-160+200} \stackrel{?}{=} \frac{1}{-160+4}$$

$$\underbrace{-0{,}0063 - 0{,}0063 - 0{,}0167 + 0{,}0250}_{-0{,}0043} \stackrel{?}{=} -0{,}0064.$$

$s_A = -157$ erfüllt die vorstehende Gleichung bis auf die letzte noch mitgenommene Stelle. Doch ist der zuerst geschätzte Wert $s_A = -160$ für den hier verfolgten praktischen Zweck der Skizzierung der Wurzelortkurve bereits genau genug.

Regel 6: Für nach ∞ strebende Werte von K verlaufen die $(n-m)$ im Unendlichen endenden Äste der Wurzelortkurve asymptotisch zu den $(n-m)$ Winkeln

$$\psi_k = \frac{(2k-1)\,180^\circ}{(n-m)} \qquad k = 1, 2 \ldots (n-m). \tag{4.11}$$

Für Gl. (4.8) ist $n-m=4$. Folglich

$$\psi_1 = \frac{180}{4} = 45^\circ; \qquad \psi_2 = \frac{3\cdot 180}{4} = 135^\circ;$$

$$\psi_3 = \frac{5\cdot 180}{4} = 225^\circ; \qquad \psi_4 = \frac{7\cdot 180}{4} = 315^\circ.$$

Regel 7: Die Asymptoten der Regel 6 schneiden sich auf der reellen Achse in dem „Wurzelschwerpunkt", so genannt, weil sein Ort durch

$$s_w = \frac{\Sigma s_P - \Sigma s_N}{n-m} \tag{4.12}$$

gegeben ist.

Im Beispiel ist

$$\Sigma s_P = -200 - 2\cdot 40 - 1 - 0{,}5 = -281{,}5$$

$$\Sigma s_N = -4$$

$$n-m = 5-1 = 4$$

also $$s_w = \frac{-281{,}5+4}{4} = -\frac{277{,}5}{4} = -69{,}4.$$

Die Lage der Asymptoten ist Bild 4.11 zu entnehmen.

Wenn keine Nullstelle vorhanden wäre, würde die Kenntnis der Verzweigungspunkte und Asymptoten bereits ausreichen, die Wurzelortkurve näherungsweise zu skizzieren. Um die gegenseitige Beeinflussung von Nullstellen und Polen sich zu veranschaulichen, macht man zweckmäßig von einer hydromechanischen Analogie des Wurzelortverfahrens Gebrauch. Diese gestattet — auf Grund der Identität der hier verwendeten mathematischen Beziehungen mit denen der ebenen Potentialströmung (komplexe Funktionentheorie) – die Nullstellen als Senken, die Pole als Quellen und die Wurzelortkurven als Stromlinien aufzufassen[1]). Nullstellen „ziehen" also den Wurzelort an, Pole „stoßen" ihn ab oder anders ausgedrückt, die Wurzelortskurve wird nach Verlassen der reellen Achse konkav zur nächsten benachbarten Nullstelle und konvex zum benachbarten Pol gekrümmt sein. Dabei überwiegt der Einfluß der am näch-

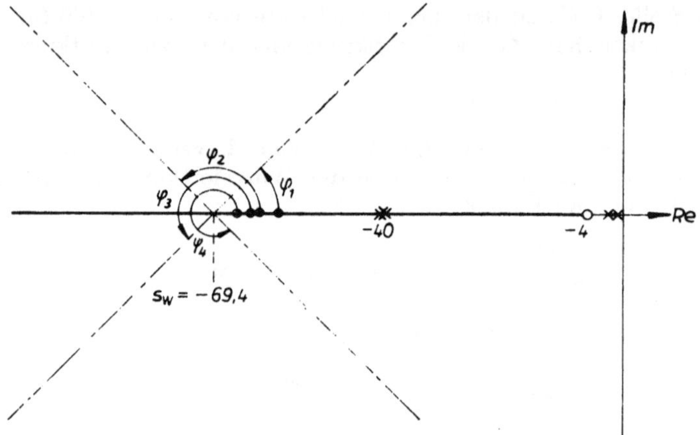

Bild 4.11. Lage der Asymptoten

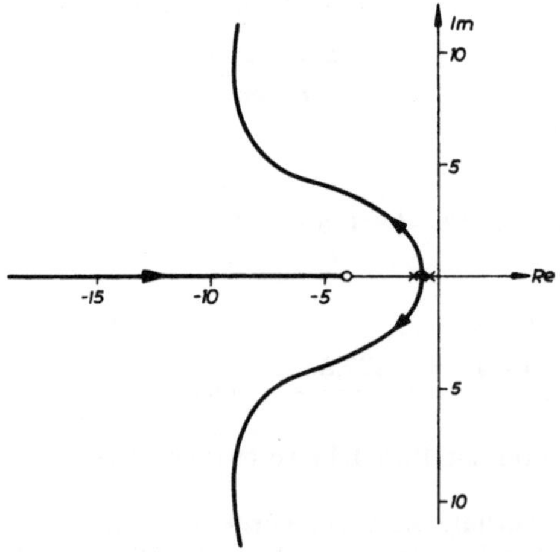

Bild 4.12. Einfluß der Nullstelle auf den Wurzelort

[1]) Man erinnere sich in diesem Zusammenhang daran, daß die Wurzelortkurven den Polen „entspringen" und in die Nullstellen „münden" (Regel 1).

sten liegenden Singularität (vgl. Bild 4.12). Beim vorliegenden Beispiel wird die Nullstelle $s = -4$ nicht umschlossen, weil der zweifache Pol bei $s = -40$ „kräftig“ genug ist, die Wurzelortkurve „abzuweisen“.

Da der in der Nähe der imaginären Achse verlaufende Zweig der Wurzelortkurve entscheidenden Einfluß auf das Zeitverhalten des Regelkreises hat , ist es notwendig, im vorliegenden Beispiel noch 2 bis 3 Wurzelortpunkte dieses Zweiges — am besten semigrafisch — zu bestimmen. Dazu wählt man zweckmäßig zunächst einmal den Schnittpunkt der Wurzelortkurve mit der imaginären Achse, den man unter Benutzung der Grundgleichung (4.7), wie in Bild 4.13 gezeigt, auffindet. Als erster Versuchspunkt diene $s = i \cdot 30$:

$$\varphi_1 = \arctan\frac{30}{4} = 82°25' \qquad \varphi_5 = \arctan\frac{30}{40} = 36°52'$$

$$\varphi_2 = \arctan\frac{30}{0{,}5} = 89°3' \qquad \varphi_4 = \arctan\frac{30}{200} = 3°49'$$

$$\varphi_3 = \arctan\frac{30}{1} = 88°6'$$

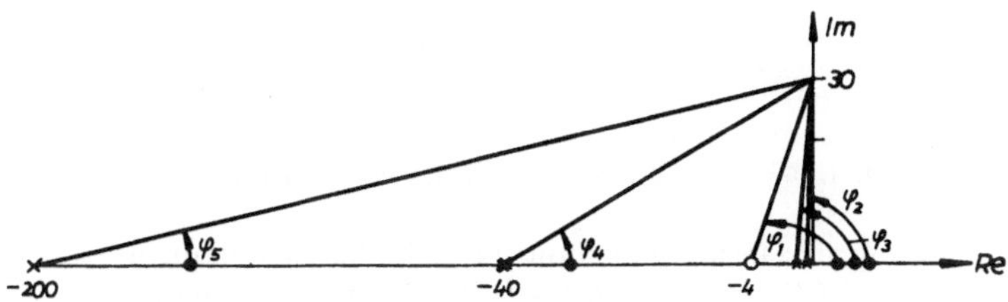

Bild 4.13. Bestimmung der Wurzel auf der imaginären Achse

$$\varphi_1 - (\varphi_2 + \varphi_3 + 2 \cdot \varphi_4 + \varphi_5) = 82°25' - (89°3' + 88°6' + 73°44' + 3°49') = \\ = -172°17'.$$

Der nächste Versuch mit $s = i \cdot 40$ ergibt

$$\varphi_1 - (\varphi_2 + \varphi_3 + 2 \cdot \varphi_4 + \varphi_5) = 84°20' - (89°17' + 88°35' + 2 \cdot 45° + 11°20') = \\ = -194°52'.$$

Also liegt der Schnittpunkt der Wurzelortkurve mit der imaginären Achse der s-Ebene, für den die Winkelsumme ein ganzes Vielfaches von $\pm 180°$ sein muß, etwa bei

$$s = i \cdot 30 + i\,\frac{180° - 172°17'}{194°52' - 172°17'} \cdot (40 - 30) = i \cdot (30 + \frac{7{,}71}{22{,}58} \cdot 10) = s = i \cdot 33{,}4.$$

Für unser praktisches Ziel der Zeichnung der Wurzelortkurve ist dieser Wert genau genug[1]).

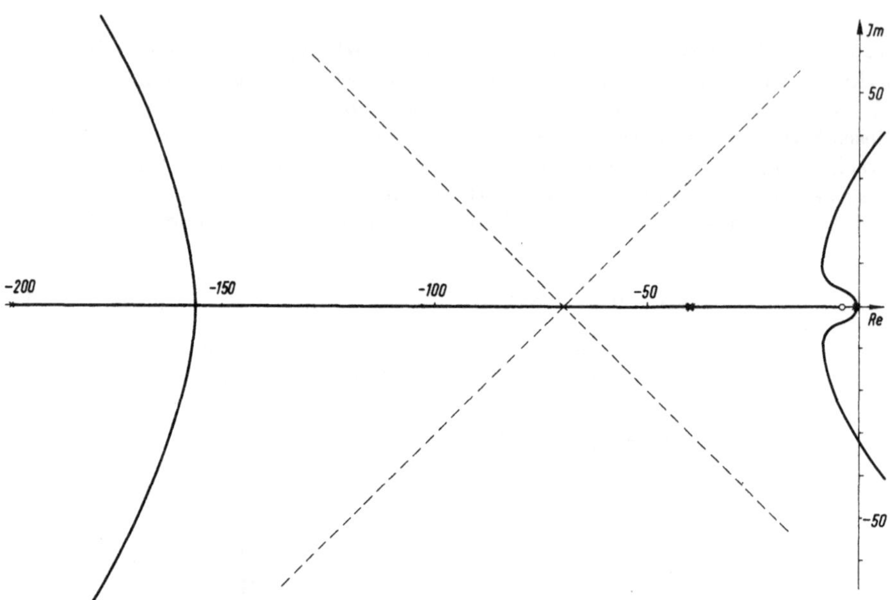

Bild 4.14. Gesamtheit der Wurzelorte für die elektrische Folgeregelung

Unter Anwendung der Grundgleichung (4.7) finden wir dann noch 4 weitere Punkte ($s = -8 \pm i \cdot 6{,}5$ und $s = -6{,}5 \pm i \cdot 20$), so daß nunmehr die Zeichnung der Wurzelortkurve mit ausreichender Genauigkeit möglich ist (Bild 4.14). Zum Auffinden jedes dieser Wurzelortpunkte waren 2—4 Versuche notwendig.

Wenn man bedenkt, daß für den Verlauf der Übergangsfunktion der Pol $s_{P_4} = -200$ praktisch unwichtig ist, da er von einem Regelkreisglied mit der Zeitkonstanten $T = \frac{1}{200}$ s herrührt, die klein im Vergleich zu den übrigen ist, kann man, wie in Bild 4.15 ausgeführt, Zeit sparen.

Dann existiert nur noch der Abzweigpunkt $s_A = 0{,}75$, der als Mitte zwischen den beiden Polen $-0{,}5$ und $-1{,}0$ ohne Rechnung genau genug geschätzt werden kann. Die Regeln 6 und 7 liefern drei unter 120° zueinander geneigte Asymptoten, deren Schnittpunkt bei

$$\frac{-2 \cdot 40 - 1{,}0 - 0{,}5 + 4}{4 - 1} = -\frac{77{,}5}{3} = -25{,}8$$

liegt.

[1]) Eine einmalige Verbesserung ergibt $s = i \cdot 32{,}4$. Der genaue Wert ist $s = i \cdot 31{,}567$.

Die Schnittpunkte der Wurzelortkurve mit der imaginären Achse errechnen sich in der gleichen Weise wie zuvor zu etwa $\pm i \cdot 38$. Wenn man nunmehr im Hinblick auf die Senkeneigenschaft der Nullstelle um diese mit ihrem Abstand vom Abzweigpunkt als Radius einen Halbkreis schlägt, kann man den weiteren Verlauf der Wurzelortkurve leicht skizzieren, da man sie wegen der jetzt „näheren" Lage der Asymptoten besser an diese „anlehnen" kann (Bild 4.15). Derartiges Vorgehen ist jedenfalls zur Untersuchung von ersten Entwürfen bei der Projektierung von Regelungen genau genug und zweckmäßig.

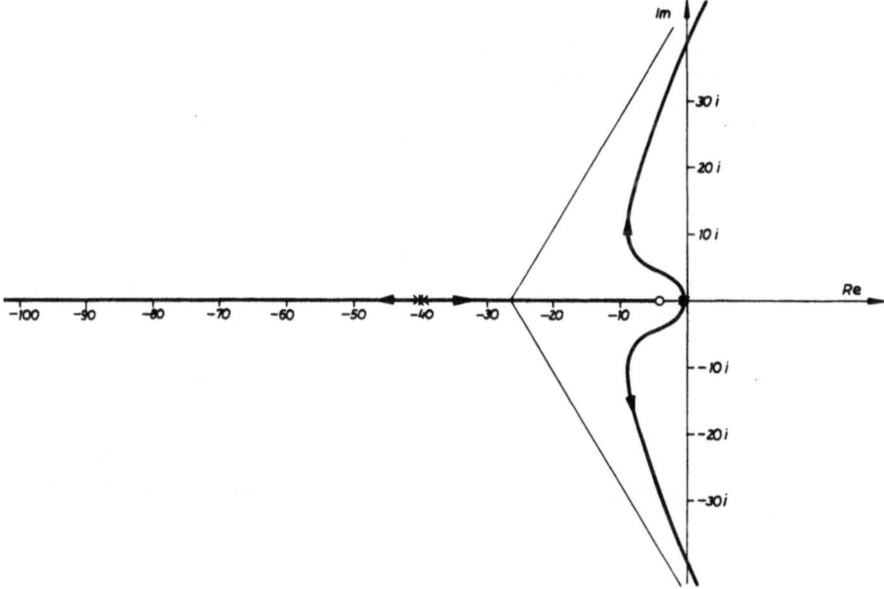

Bild 4.15. Wurzelorte unter Vernachlässigung des Pols $s_4 = -200$

Es bleibt nun noch die Aufgabe, die Wurzelortkurve mit einer Skalierung der K-Werte zu versehen. Hierzu benutzen wir die Grundgleichung (4.6 in Abschnitt 4.1), die im vorliegenden Beispiel lautet:

$$\frac{K L_1}{L_2 L_3 L_4^2 L_5} = 1 \quad \text{oder} \quad K = \frac{L_2 L_3 L_4^2 L_5}{L_1}$$

Für die Wurzel auf der imaginären Achse, $s = i31{,}6$ (s. Fußnote auf S. 115), erhalten wir durch Längenmessung der Vektoren, die auf Bild 4.16 von den Nullstellen und den Polen zur betrachteten Wurzel gezogen sind,

$$K = \frac{31{,}7 \cdot 31{,}8 \cdot 51{,}3^2 \cdot 202{,}5}{32{,}05} = 16{,}8 \cdot 10^6.$$

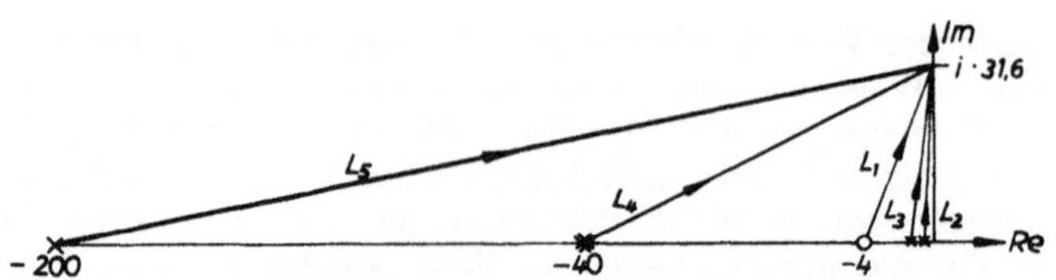

Bild 4.16. Graphische Bestimmung eines K-Wertes

Das Ergebnis für eine Anzahl weiterer Wurzelortpunkte ist aus Bild 4.17 zu ersehen. Sehr einfach gestaltet sich die K-Skalierung auf dem Zweig von $s = -40$ bis $s = -4$, ebenso wie auf dem Zweig zwischen $s = -200$ und $s = -40$. Für die K-Skalierung der dann noch verbleibenden Äste, die längs der linken Asymptoten (Bild 4.14) nach Unendlich streben, kann die folgende Regel 8 benutzt werden.

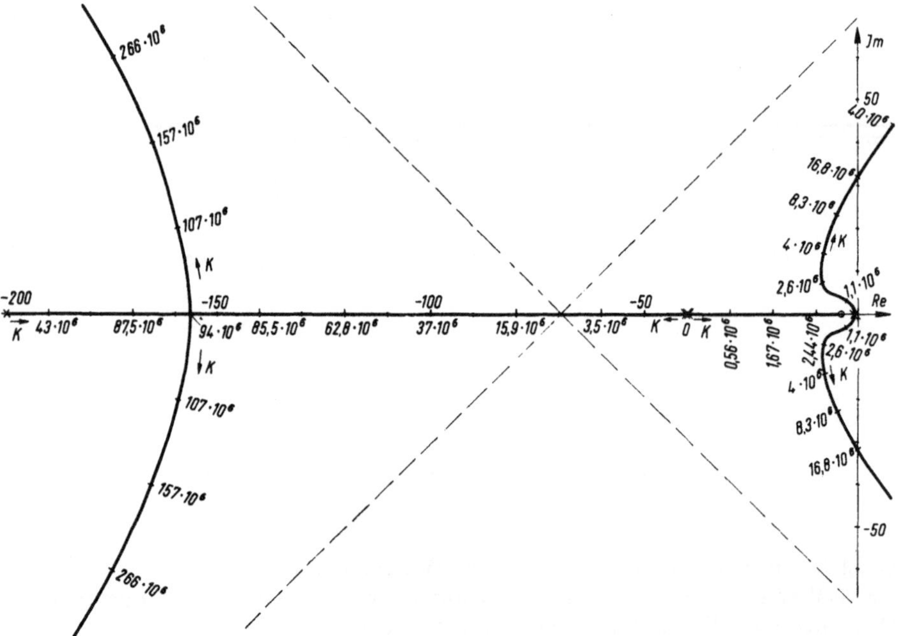

Bild 4.17. Wurzelorte der Übertragungsfunktion $KGH = \frac{K(s+4)}{(s+0{,}5)(s+1)(s+40)^2(s+200)}$

Regel 8: Wenn die Übertragungsfunktion GH mindestens zwei Pole mehr als Nullstellen besitzt, dann ist die Summe der Realteile aller Wurzelorte $s(K)$ für jedes K konstant.

Wir suchen z. B. den Wurzelort für $K = 200 \cdot 10^6$ auf den linken Ästen. Die Summe der Realteile der Wurzeln auf den übrigen Ästen beträgt (s. Bild 4.18) für dasselbe K:

$$2 \cdot 30{,}6 - 4{,}0 = 57{,}2$$

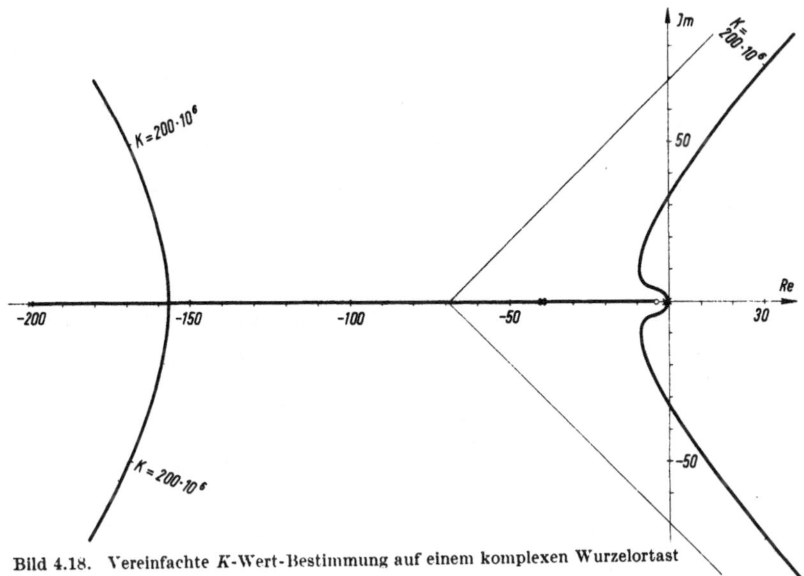

Bild 4.18. Vereinfachte K-Wert-Bestimmung auf einem komplexen Wurzelortast

Für $K = 0$ ist die Summe aller Realteile der Wurzelorte leicht gefunden, da die Pole von GH gleichzeitig Wurzelorte für $K = 0$ sind. Im vorliegenden Beispiel also

$$-0{,}5 - 1 - 2 \cdot 40 - 200 = -281{,}5.$$

Folglich haben die zwei noch unbekannten, zueinander konjugiert komplexen Wurzelorte für $K = 200 \cdot 10^6$ den Realteil

$$\frac{-281{,}5 - 57{,}2}{2} = -169{,}35.$$

Ergänzungen zu den Regeln 4 und 5 bei komplexen Nullstellen bzw. Polen

Regel 4a: Aus einem ϱ-fachen Pol (bzw. in eine ϱ-fache Nullstelle) eines konjugiert komplexen Paares laufen ϱ Äste der Wurzelortkurve unter den Winkeln

$$\Theta_{Pi\nu} = \frac{1}{\varrho}\left[-\sum_{\substack{k=1\\k\neq i}}^{n} \underline{/s_{Pi} - s_{Pk}} + \sum_{j=1}^{m} \underline{/s_{Pi} - s_{Nj}} - 180^\circ + \nu \cdot 360^\circ\right] \quad (4.9\text{a})^{1)}$$

bzw.

$$\Theta_{Ni\nu} = \frac{1}{\varrho}\left[\sum_{k=1}^{n} \underline{/s_{Ni} - s_{Pk}} - \sum_{\substack{j=1\\j\neq i}}^{m} \underline{/s_{Ni} - s_{Nj}} - 180^\circ + \nu \cdot 360^\circ\right] \quad (4.9\text{b})$$

$\nu = 1, 2, \ldots \varrho$ heraus bzw. hinein.

---

[1]) Mit $\underline{/s_1 - s_2}$ ist der Winkel der gerichteten Größe $s_1 - s_2$ gegenüber der reellen Achse gemeint.

Als Beispiel diene $GH = \dfrac{s+15}{s(s+10)\,(s+5+i\cdot 10)\,(s+5-i\cdot 10)}$.

Hier ist $\varrho = 1$, folglich $\nu = 1$; ν kann also hier als Index fortgelassen werden. Im Hinblick auf Bild 4.19 erhalten wir mit Gl. (4.9a)

$$\Theta_{P3} = -(116° + 64° + 90°) + 45° - 180° + 360° = -270° + 225° = -45°$$

(vgl. Bild 4.19).

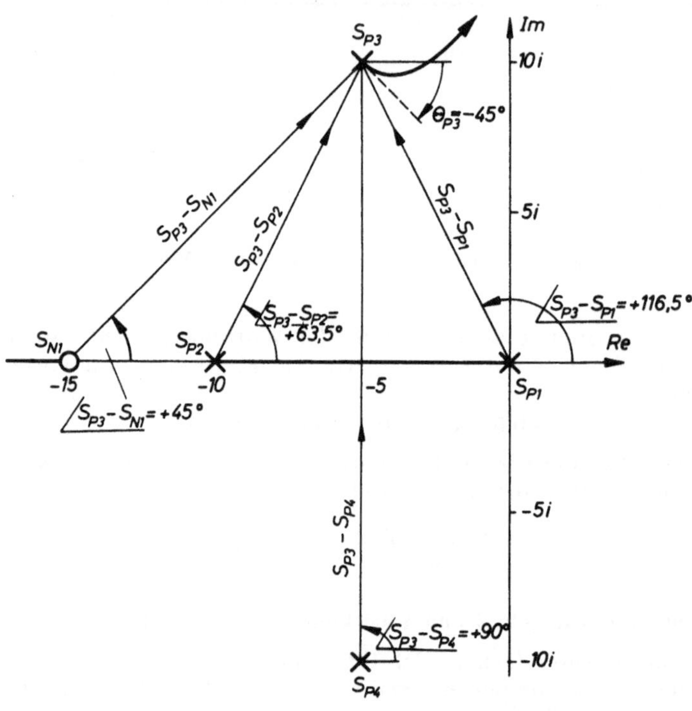

Bild 4.19. Austrittswinkel an einem komplexen Pol

Die Bestimmung des Mündungswinkels der Wurzelortkurve an einer komplexen Nullstelle möge an folgendem Beispiel gezeigt werden (Bild 4.20)

$$GH = \frac{(s+1+2i)\,(s+1-2i)}{s\,(s+1{,}5)\,(s+2{,}5)}.$$

Wiederum kann wegen $\varrho = 1$ und damit $\nu = 1$ der Index fortgelassen werden. Im Hinblick auf Bild 4.20 liefert nun Gl. (4.9b)

$$\Theta_{Ni} = 116{,}5° + 76° + 53° - 90° - 180° + 360° =$$
$$= +335{,}5° = -24{,}5°$$

Eine Erweiterung der Regel 5 wird notwendig, wenn sich komplexe Pole bzw. Nullstellen in der Nähe der reellen Achse befinden. Solange ihre Entfernung von der reellen Achse groß ist (sagen wir mehr als das Fünffache ihres Realteil-Abstands von den nächsten Polen und Nullstellen auf der reellen Achse), kann ihr Einfluß auf den oder die Abzweigpunkte vernachlässigt werden (s. auch Gl. (4.10a)). Doch muß auch dann ihre Wirkung berücksichtigt werden, wenn die Anzahl der reellen Pole und Nullstellen klein ist.

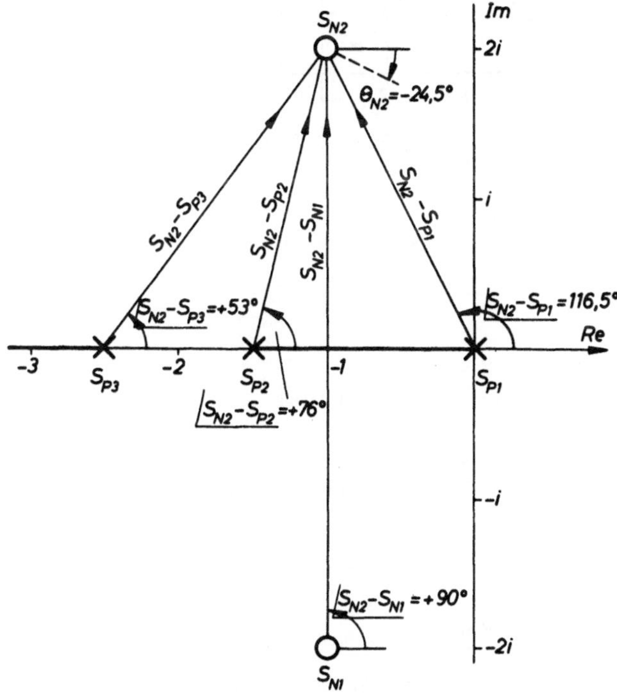

Bild 4.20. Einmündungswinkel an einer komplexen Nullstelle

Regel 5a: Bei Vorhandensein von komplexen Polen $\alpha_{Pi} \pm i\omega_{Pi}$ und Nullstellen $\alpha_{Ni} \pm i\omega_{Ni}$ ist Gl. (4.10) wie folgt zu erweitern:

$$\sum \frac{1}{s_A - s_{P\,\text{Reell}}} + \sum_i \frac{2(s_A - \alpha_{Pi})}{(s_A - \alpha_{Pi})^2 + \omega_{Pi}^2} =$$

$$= \sum \frac{1}{s_A - s_{N\,\text{Reell}}} + \sum_i \frac{2(s_A - \alpha_{Ni})}{(s_A - \alpha_{Ni})^2 + \omega_{Ni}^2}. \tag{4.10a}$$

Die Regel gilt auch für den Punkt des Einmündens von Wurzelortkurven in die reelle Achse.

Wir betrachten folgendes Beispiel (Bild 4.21)

$$GH = \frac{s+4}{(s+2+i\cdot 4)(s+2-i\cdot 4)}$$

$\omega_P = 4$; $\alpha_P = -2$.

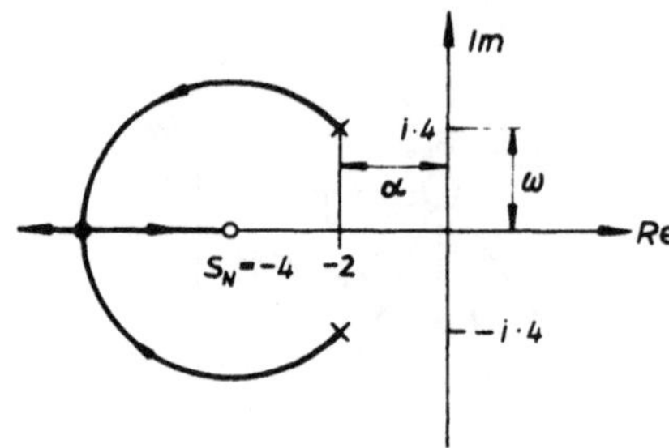

Bild 4.21. Wurzelort bei zwei komplexen Polen und einer Nullstelle

Geschätzt: $s_A = -8$; damit lautet Gl. (4.10a)

$$\frac{2(-8+2)}{(-8+2)^2+4^2} \stackrel{?}{=} \frac{1}{-8+4}$$

$$\frac{-12}{52} \neq -\frac{1}{4}.$$

Zweite Schätzung: $\underline{s_A = -8{,}5}$

$$\frac{2(-8{,}5+2)}{(-8{,}5+2)^2+4^2} \stackrel{?}{=} \frac{1}{-8{,}5+4}$$

$$\frac{-13}{58{,}25} = -\,0{,}223 \qquad -\frac{1}{4{,}5} = -\,0{,}222.$$

Da sich auf funktionentheoretischem Wege zeigen läßt, daß der Wurzelort kreisförmig (Mittelpunkt in der reellen Nullstelle) von den zwei komplexen Polen zur reellen Achse läuft (Bild 4.21), ist der genaue Wert

$$s_A = -4 - \sqrt{(4-2)^2+4^2} = -4 - \sqrt{20} = \underline{-8{,}47.}$$

Nach der vorstehenden ausführlichen Erörterung der Regeln seien abschließend die Schritte zusammengestellt, die bei der Bearbeitung einer regelungstechnischen Aufgabe mit dem Wurzelortverfahren auszuführen sind:

Vgl. Regel	Normalfall: negative Rückführung	Sonderfall: positive Rückführung
	$K_G \cdot G$, $K_H \cdot H$ (+, −)	$K_G \cdot G$, $K_H \cdot H$ (+, +)
3	Die Wurzelorte auf der reellen Achse liegen links von einer *ungeraden* Anzahl von s_P und s_N	*geraden* Anzahl von s_P und s_N (auch Null wird hier zu den geraden Zahlen gerechnet)
4	Austritts- (Eintritts-)winkel bei reellen Polen (Nullstellen) $\Theta_\nu = \frac{1}{\varrho}[(a_P - a_N - 1)\,180° + \nu \cdot 360°]$	$\Theta_\nu = \frac{1}{\varrho}[(a_P - a_N)\,180° + \nu \cdot 360°]$
4a	Austritts- (Eintritts-)winkel bei komplexen Polen (Nullstellen) $\Theta_{Pi\nu} = \frac{1}{\varrho}\left[-\sum_{k=1, k \neq i}^{n} \angle(s_{Pi} - s_{Pk}) + \sum_{j=1}^{m} \angle(s_{Pi} - s_{Nj}) - 180° + \nu \cdot 360°\right]$ bzw. $\Theta_{Ni\nu} = \frac{1}{\varrho}\left[\sum_{k=1}^{n} \angle(s_{Ni} - s_{Pk}) - \sum_{j=1, i \neq j}^{m} \angle(s_{Ni} - s_{Nj}) - 180° + \nu \cdot 360°\right]$	$\Theta_{Pi\nu} = \frac{1}{\varrho}\left[-\sum_{k=1, k \neq i}^{n} \angle(s_{Pi} - s_{Pk}) + \sum_{j=1}^{m} \angle(s_{Pi} - s_{Nj}) + \nu \cdot 360°\right]$ bzw. $\Theta_{Ni\nu} = \frac{1}{\varrho}\left[\sum_{k=1}^{n} \angle(s_{Ni} - s_{Pk}) - \sum_{j=1, j \neq i}^{m} \angle(s_{Ni} - s_{Nj}) + \nu \cdot 360°\right]$
	$\nu = 1, 2 \ldots \varrho$	
5	Abzweige von der reellen Achse, (nur reelle Pole und Nullstellen) $\sum_{k=1}^{n} \frac{1}{s_A - s_{Pk}} = \sum_{j=1}^{m} \frac{1}{s_A - s_{Nj}}$	
5a	Abzweige von der reellen Achse (bei komplexen Polen und Nullstellen) $\sum \frac{1}{s_A - s_{P\,\text{reell}}} + \sum \frac{2(s_A - \alpha_{Pi})}{(s_A - \alpha_{Pi})^2 + \omega_{Pi}^2} = \sum \frac{1}{s_A - s_{N\,\text{reell}}} + \sum \frac{2(s_A - \alpha_{Ni})}{(s_A - \alpha_{Ni})^2 + \omega_{Ni}^2}$	
6	Asymptotenwinkel: $\psi_k = \frac{(2k-1)\,180°}{n-m}$	$\psi_k = \frac{k \cdot 360°}{n-m}$
	$k = 1, 2, 3 \ldots$	
7	Asymptotenschnittpunkt $s_w = \frac{\Sigma s_P - \Sigma s_N}{n-m}$	

1. Man bestimmt die Pole und Nullstellen des offenen Kreises bzw. bringe $F_0 = KGH$ in die Normalform (4.1).
2. Pole und Nullstellen werden in die *Gauß*sche Zahlenebene in einem angepaßten Maßstab eingetragen. Der Maßstab soll möglichst einfach gewählt werden, weil sonst das Umrechnen der gemessenen Abstände Schwierigkeiten bereitet.
3. Unter Anwendung der gegebenen Regeln werden die Wurzelorte auf der reellen Achse, die Asymptoten, Abzweigpunkte und Anfangsneigungen der komplexen Äste berechnet.
4. Die berechneten Werte werden eingetragen, und, soweit erforderlich, noch einige Punkte nach dem Winkelsummenverfahren bestimmt und damit die Wurzelortkurven gezeichnet.
5. Die Schnittpunkte der komplexen Wurzelorte mit der Grenzkurve des zulässigen Gebietes[1]) werden zur Festlegung des K-Wertes benutzt und daraus die einzustellende Verstärkung errechnet.

Um die Anwendung des Wurzelortverfahrens zu erleichtern, sind die wichtigsten Konstruktionsregeln in der vorstehenden Tabelle zusammengefaßt. Ferner sind die Konstruktionsregeln bei positiver Rückführung in die Tabelle aufgenommen und denjenigen des Normalfalles (negative Rückführung) gegenübergestellt, sofern sie von ihnen abweichen.

4.3. Berechnung der Übergangsfunktion mit Hilfe der Wurzelortdarstellung

Im Abschnitt 3.4 wurde gezeigt, wie man aus der Übertragungsfunktion eines Systems die Sprungantwort berechnen kann. Dazu ist erforderlich, daß der Nenner der Übertragungsfunktion in Faktorform, d. h. als Produkt $\prod_n (s - s_{Pk})$ vorliegt.

Die mit dem transformierten Sprungeingang multiplizierte Übertragungsfunktion ergab dann die transformierte Sprungantwort

$$x(s) = \frac{K \prod_m (s - s_{Nj})}{\prod_n (s - s_{Pk})} \cdot \frac{1}{s} = \sum_n \frac{C_i}{(s - s_{Pi})} + \frac{C_0}{s}$$

Die etwas zeitraubende Bestimmung der Koeffizienten C_i, bei der auch immer wieder Rechenfehler aufzutreten pflegen, kann man durch Benutzung der Wurzelortdarstellung abkürzen, wie im folgenden beschrieben werden soll.

Wir setzen zunächst

$$x(s) = \frac{K \prod_m (s - s_{Nj})}{\prod_{n+1} (s - s_{Pk})} = \sum_{n+1} \frac{C_i}{(s - s_{Pi})},$$

[1]) Vgl. Abschnitt 7.1.2.

d. h. der Pol $s_P = 0$, der von der Eingangsfunktion herrührt, wird in die Produktformel mit aufgenommen[1]). Die C_i ergeben sich dann zu:

$$C_i = \frac{K \prod\limits_{m} (s_{Pi} - s_{Nj})}{\prod\limits_{\substack{k=1\\k \neq i}}^{n+1} (s_{Pi} - s_{Pk})} \qquad (4.13)^{2)}$$

Hat man in der s-Ebene sämtliche Pole (einschließlich des zusätzlichen Pols $s_P = 0$) und Nullstellen aufgetragen, dann kann man die Ausdrücke

$$(s_{Pi} - s_{Nj}) = L_{iN}\, e^{i\varphi_{iN}}$$

und

$$(s_{Pi} - s_{Pk}) = L_{iP}\, e^{i\varphi_{iP}}$$

als die auf den Punkt s_{Pi} gerichteten Strecken aus der s-Ebene entnehmen (s. Bild 4.23).

Liegt der Pol s_{Pi} auf der reellen Achse, dann gilt:

$$C_i = \frac{K \cdot \prod\limits_{m} L_{iN}}{\prod\limits_{\substack{k=1\\k \neq i}}^{n+1} L_{iP}} \qquad (4.13\,a)$$

Die Größen L sind mit Vorzeichen einzusetzen und zwar, wenn L nach rechts weist, positiv, sonst negativ.

Ist s_{Pi} dagegen komplex, dann ist C_i nach Betrag und Phase zu ermitteln:

$$|C_i| = \frac{K \cdot \prod\limits_{m} |L_{iN}|}{\prod\limits_{\substack{k=1\\k \neq i}}^{n+1} |L_{iP}|}; \quad \arg(C_i) = \varphi_i = \sum_{m} \angle\, s_{Pi} - s_{Nj} - \sum_{\substack{k=1\\k \neq i}}^{n+1} \angle\, s_{Pi} - s_{Pk} \qquad (4.13\,b)$$

Da die komplexen s_{Pi} und die entsprechenden C_i stets paarweise konjugiert komplex auftreten, kann man mit $|C_{i+}|$ und φ_{i+} des Pols mit dem positiven Imaginärteil sofort den Teil der Zeitfunktion $x(t)$ angeben, der dem Polpaar $s_{Pi} = \alpha_i \pm i\omega_i$ zugeordnet ist, nämlich

$$2\,|C_{i+}|\, e^{\alpha_i t} \cos(\omega_i t + \varphi_{i+}) \qquad (4.14)$$

Wir wollen die Vorgehensweise erläutern, indem wir die Antwort $x(t)$ eines geschlossenen Regelkreises auf einen Führungsgrößensprung bestimmen.

Die Pole und Nullstellen des aufgeschnittenen Kreises sind in Bild 4.22 eingetragen, ebenso die Wurzelorte und als kleine Vierecke die Wurzeln für $K = 5$.

---

[1]) Dem Anfänger wird empfohlen, die obige Gleichung einmal für $m = 1$ und $n = 2$ ausführlich hinzuschreiben.

[2]) C_i wird wie folgt gefunden: a) multipliziere beide Seiten mit $(s - s_{Pi})$, b) danach kürze auf beiden Seiten $(s - s_{Pi})$, und c) setze $s = s_{Pi}$.

Da wir die Sprungantwort des geschlossenen Kreises bestimmen wollen, müssen wir auch die Übertragungsfunktion des geschlossenen Kreises zugrunde legen. Mit $H = 1$ gilt Gl. (4.2a), d. h. die Nullstellen des offenen Kreises (hier $s_{N1} = -2$) sind auch Nullstellen für den geschlossenen Kreis, während die Pole durch die Wurzeln ersetzt werden. Unter Einbeziehung des Pols der Eingangsgröße $w(s) = 1/s$ sind folgende Wurzeln vorhanden:

$$s_1 = 0,\ s_2 = -3,\ s_3 = -1{,}5 + 1{,}94i,\ s_4 = -1{,}5 - 1{,}94i$$

Die Ausgangsgröße $x(t)$ wird beim Führungssprung also die Form besitzen:

$$x(t) = C_1 + C_2\,\mathrm{e}^{-3t} + 2\,|C_3|\,\mathrm{e}^{-1{,}5t}\cos(1{,}94t + \varphi_3)$$

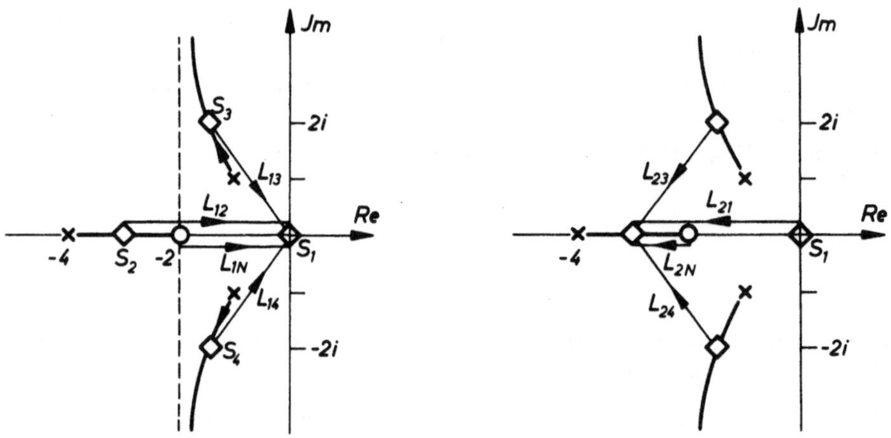

Bild 4.22. Bestimmung des Koeffizienten C_1

Bild 4.23. Bestimmung von C_2

Wir wenden nun Gl. (4.13a) bzw. (4.13b) an und lesen die L_i mit Vorzeichen aus dem Bild 4.22 ab.

$$C_1 = \frac{K\,L_{1N}}{L_{12}\,L_{13}\,L_{14}} = \frac{5\,(+2)}{(+3)\,(+2{,}45)\,(+2{,}45)} = 0{,}555$$

(Bild 4.23):

$$C_2 = \frac{K\,L_{2N}}{L_{21}\,L_{23}\,L_{24}} = \frac{5\,(-1)}{(-3)\,(-2{,}45)\,(-2{,}45)} = +\,0{,}278$$

(Bild 4.24):

$$|C_3| = \frac{K\,|L_{3N}|}{|L_{31}|\,|L_{32}|\,|L_{34}|} = \frac{5\,(2{,}0)}{(2{,}45)\,(2{,}45)\,(3{,}87)} = 0{,}430$$

$$\varphi_3 = \varphi_{3N} - (\varphi_{31} + \varphi_{32} + \varphi_{34}) = 75{,}5^\circ - (128^\circ + 52^\circ + 90^\circ) = -\,194{,}5^\circ$$

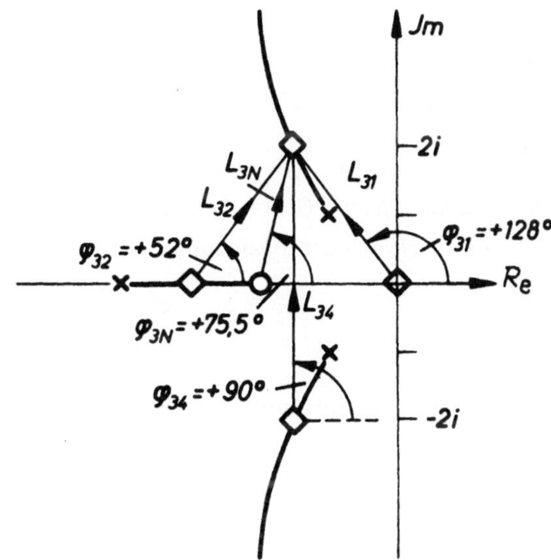

Bild 4.24. Bestimmung von $|C_3|$ und φ_3

Die Sprungantwort lautet also:

$$x(t) = 0{,}555 + 0{,}278\,e^{-3t} + 0{,}86\,e^{-1{,}5t} \cos(1{,}94\,t - 194{,}5°)$$

Zur Kontrolle berechnen wir $x(0)$, das bei Regelkreisen mit mehr Polen als Nullstellen verschwinden muß:

$$x(0) = 0{,}555 + 0{,}278 + 0{,}86 \cos(-194{,}5°)$$
$$= 0{,}833 - 0{,}833 = 0$$

Die C_i dürften also richtig berechnet sein.

Die Sprungantwort ist in Bild 4.25 dargestellt.

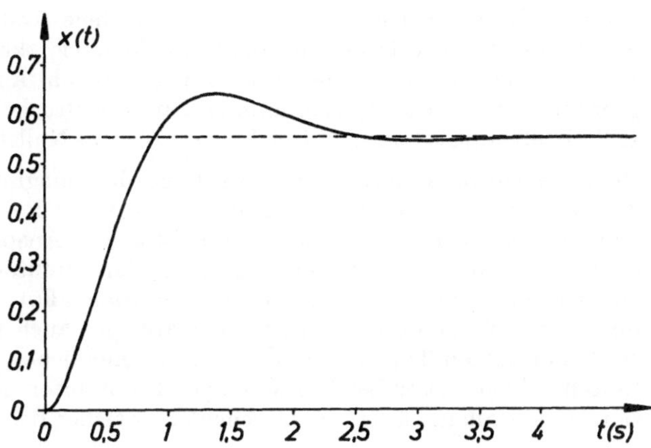

Bild 4.25. Sprungantwort $x(t)$

Im Fall einer Mehrfachwurzel erhält man aus Gl. (4.13a) nur einen Koeffizienten C, der zur Mehrfachwurzel gehört.

Z. B. sei s_1 eine Doppelwurzel. Bei der Partialbruchzerlegung von $x(s)$ treten dann die Glieder $\frac{C_{11}}{(s-s_1)^2} + \frac{C_{12}}{s-s_1}$ auf.

Die Anwendung von Gl. (4.13) liefert hier nur C_{11}.

C_{12} ergibt sich aus der Beziehung:

$$C_{12} = C_{11}\left[\sum_{m} \frac{1}{s_1 - s_{Nj}} - \sum_{k \neq 1} \frac{1}{s_1 - s_{Pk}}\right]$$

Die allgemeine Formel lautet, wobei s_1 für eine beliebige Mehrfachwurzel steht:

$$\begin{aligned} C_{1,n} = {} & C_{1,n-1}\left[\sum \frac{1}{s_1 - s_{Nj}} - \sum \frac{1}{s_1 - s_{Pk}}\right] \\ & - 1!\, C_{1,n-2}\left[\sum \frac{1}{(s_1 - s_{Nj})^2} - \sum \frac{1}{(s_1 - s_{Pk})^2}\right] \\ & + 2!\, C_{1,n-3}\left[\sum \frac{1}{(s_1 - s_{Nj})^3} - \sum \frac{1}{(s_1 - s_{Pk})^3}\right] \\ & \cdots\cdots\cdots\cdots\cdots\cdots \\ & + (-1)^{n-2}(n-2)!\, C_{11}\left[\sum \frac{1}{(s_1 - s_{Nj})^{n-1}} - \sum \frac{1}{(s_1 - s_{Pk})^{n-1}}\right] \end{aligned} \qquad (4.13\text{c})$$

4.4. Katalog von Wurzelortkurven

Für den im Wurzelortverfahren nicht so bewanderten Leser dürfte es bei der Anwendung des Verfahrens recht nützlich sein, die prinzipielle Verteilung der Wurzelorte in der s-Ebene für verschiedene Systemtypen zu kennen. Zu diesem Zwecke wurde der nachstehende Wurzelortkatalog zusammengestellt. Die verschiedenen Systeme sind nach der Anzahl ihrer Pole und Nullstellen geordnet, die in der Typennummer zum Ausdruck kommt. Darin bedeutet z. B. T 3,2 ein System mit drei Polen und zwei Nullstellen.

Bemerkenswert ist ferner, daß die Lage der imaginären Achse den Verlauf der Kurven nicht beeinflußt. Nur die Lage der Pole und Nullstellen zueinander ist maßgebend. Der Katalog erhebt keinen Anspruch auf Vollständigkeit. Schon allein aus Platzmangel mußten die dargestellten Typen auf Systeme bis zur Ordnungszahl T 4,2 beschränkt werden. Für höhere Ordnungszahlen nimmt der Nutzen eines derartigen Kataloges auch schnell ab, da sich dann zu den einzelnen Typen eine Vielzahl von möglichen Kurvenverläufen ergibt, so daß es dem Leser bei Vorlage einer bestimmten Pol-Nullstellen-Kombination schwerfallen würde, zu entscheiden, welcher der Kurvenverläufe zutrifft.

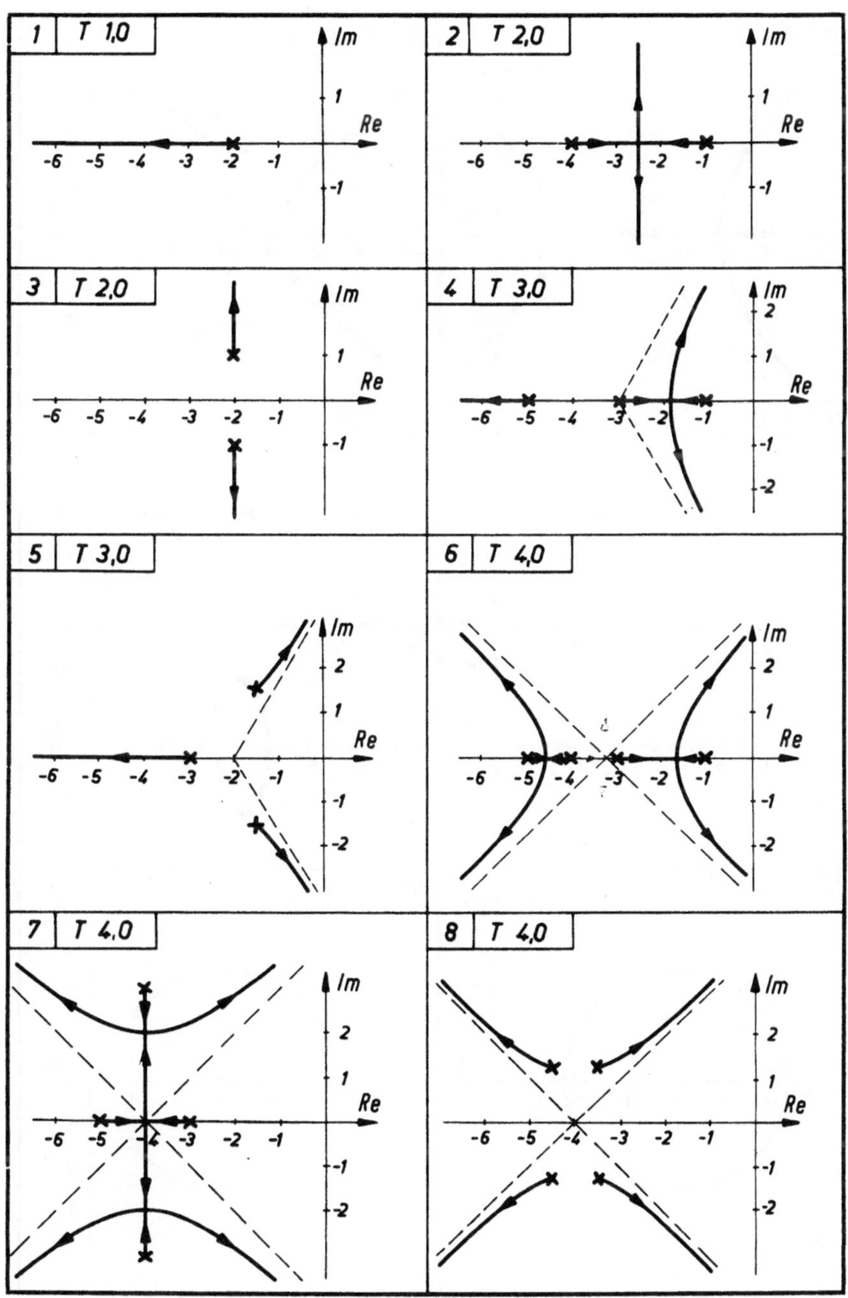
1
T 1,0
2
T 2,0
3
T 2,0
4
T 3,0
5
T 3,0
6
T 4,0
7
T 4,0
8
T 4,0
Im
Re

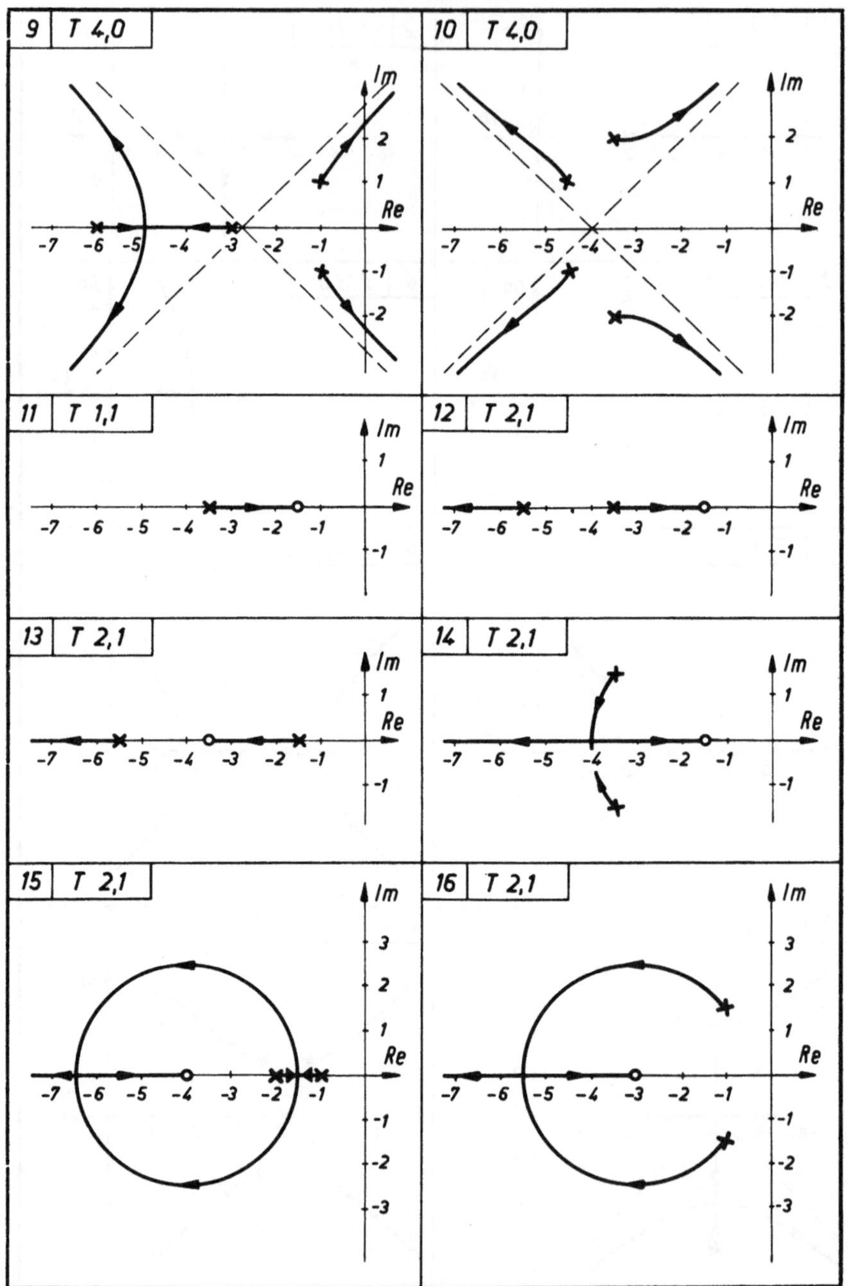
9
T 4,0
Im
Re
10
T 4,0
11
T 1,1
12
T 2,1
13
T 2,1
14
T 2,1
15
T 2,1
16
T 2,1

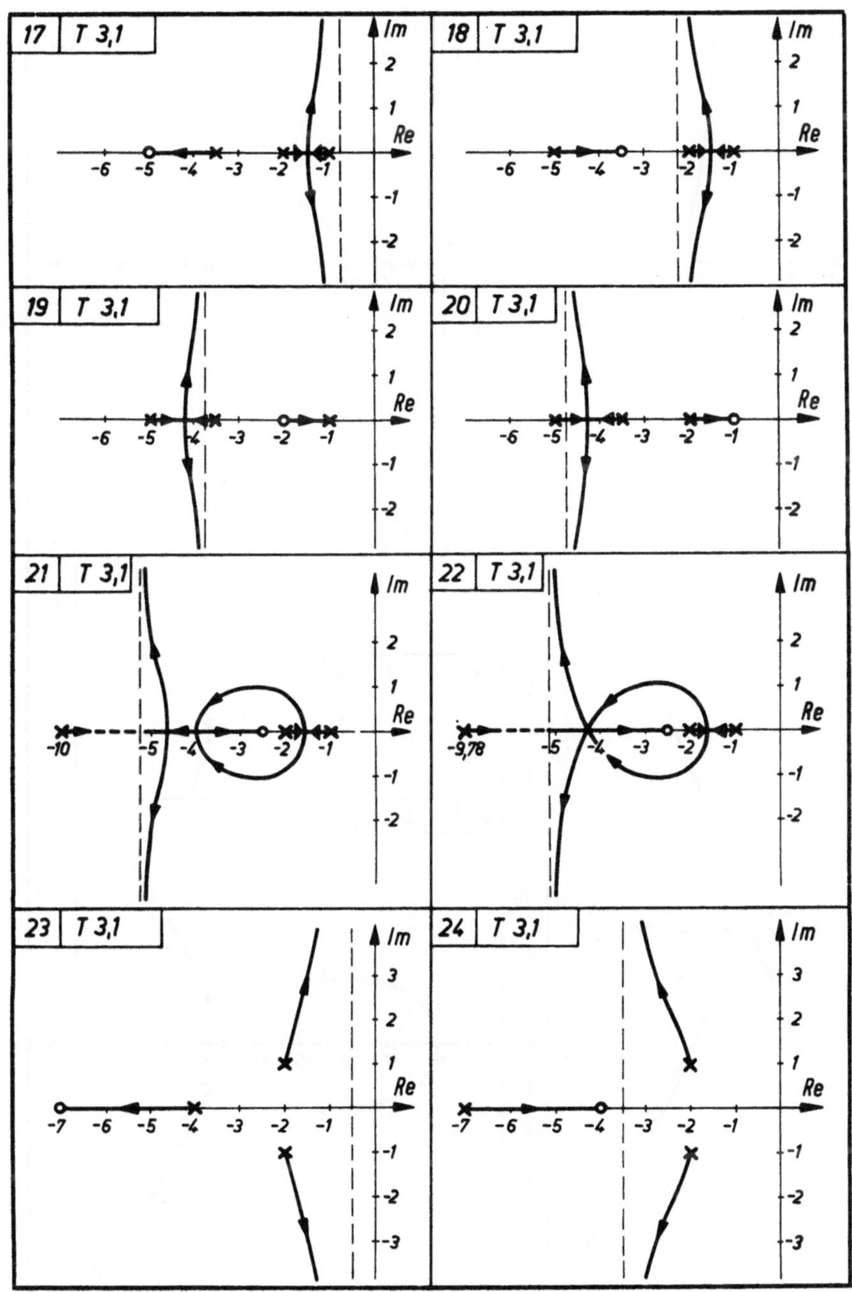
17 T 3,1
18 T 3,1
19 T 3,1
20 T 3,1
21 T 3,1
22 T 3,1
23 T 3,1
24 T 3,1
Im
Re
-10
-9,78

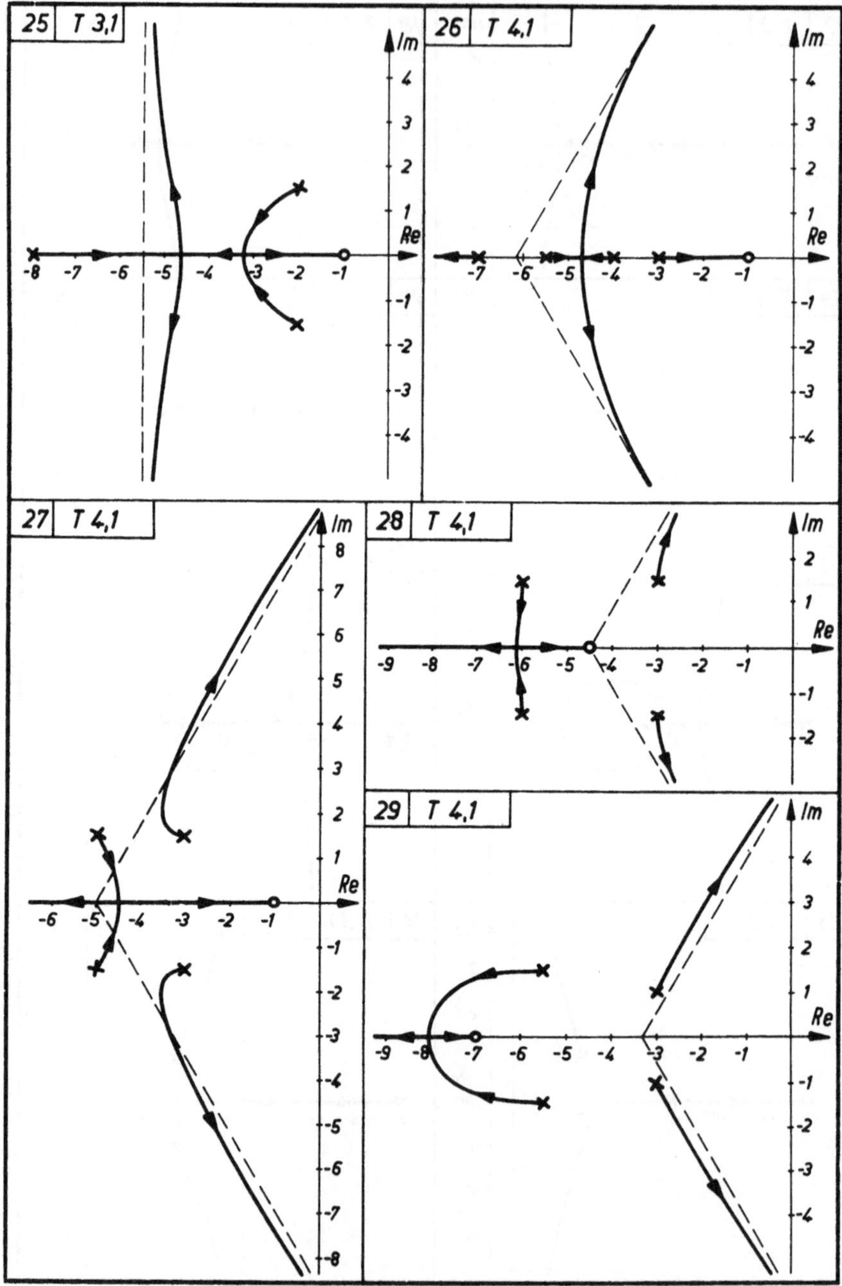
25 T 3,1
Im
Re
26 T 4,1
Im
Re
27 T 4,1
Im
Re
28 T 4,1
Im
Re
29 T 4,1
Im
Re

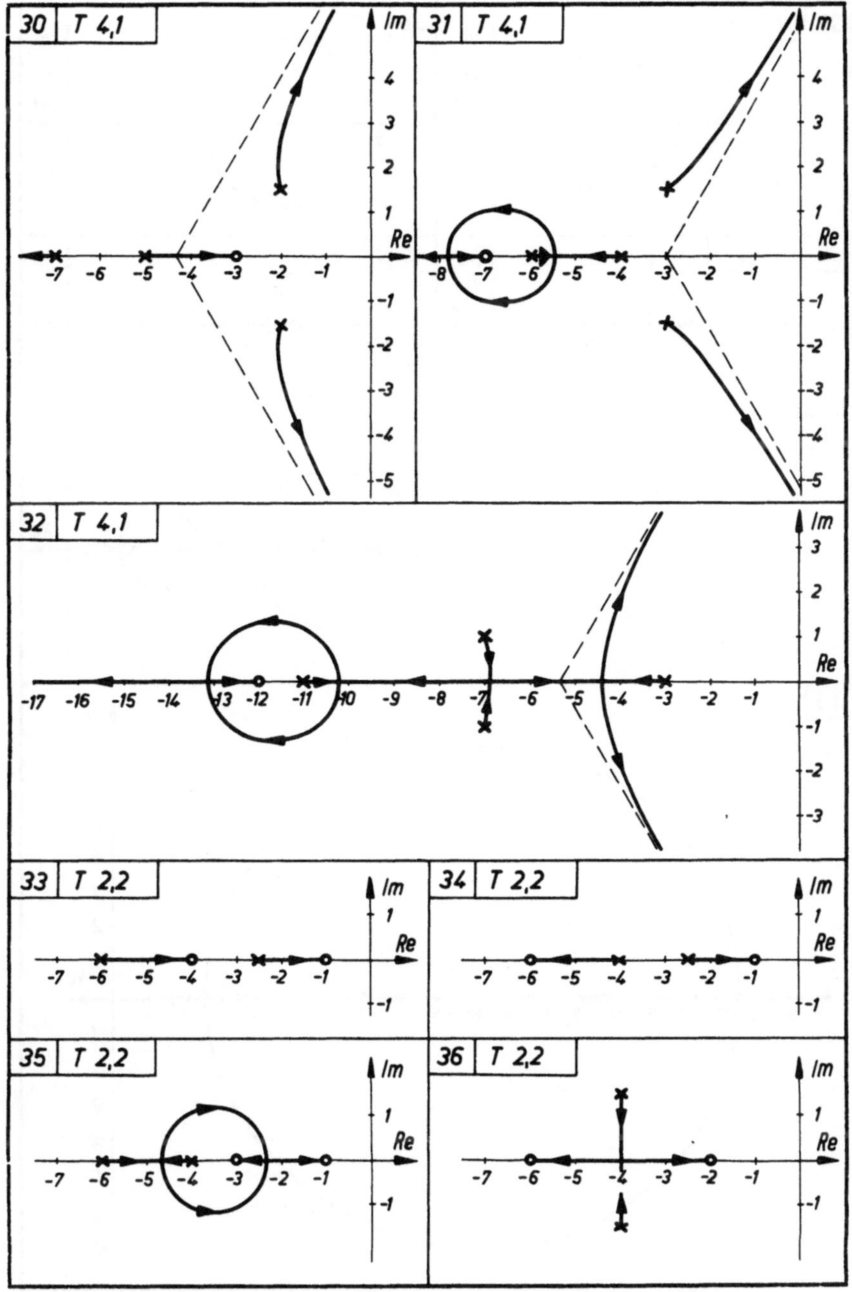
30 T 4,1
31 T 4,1
32 T 4,1
33 T 2,2
34 T 2,2
35 T 2,2
36 T 2,2
Im
Re

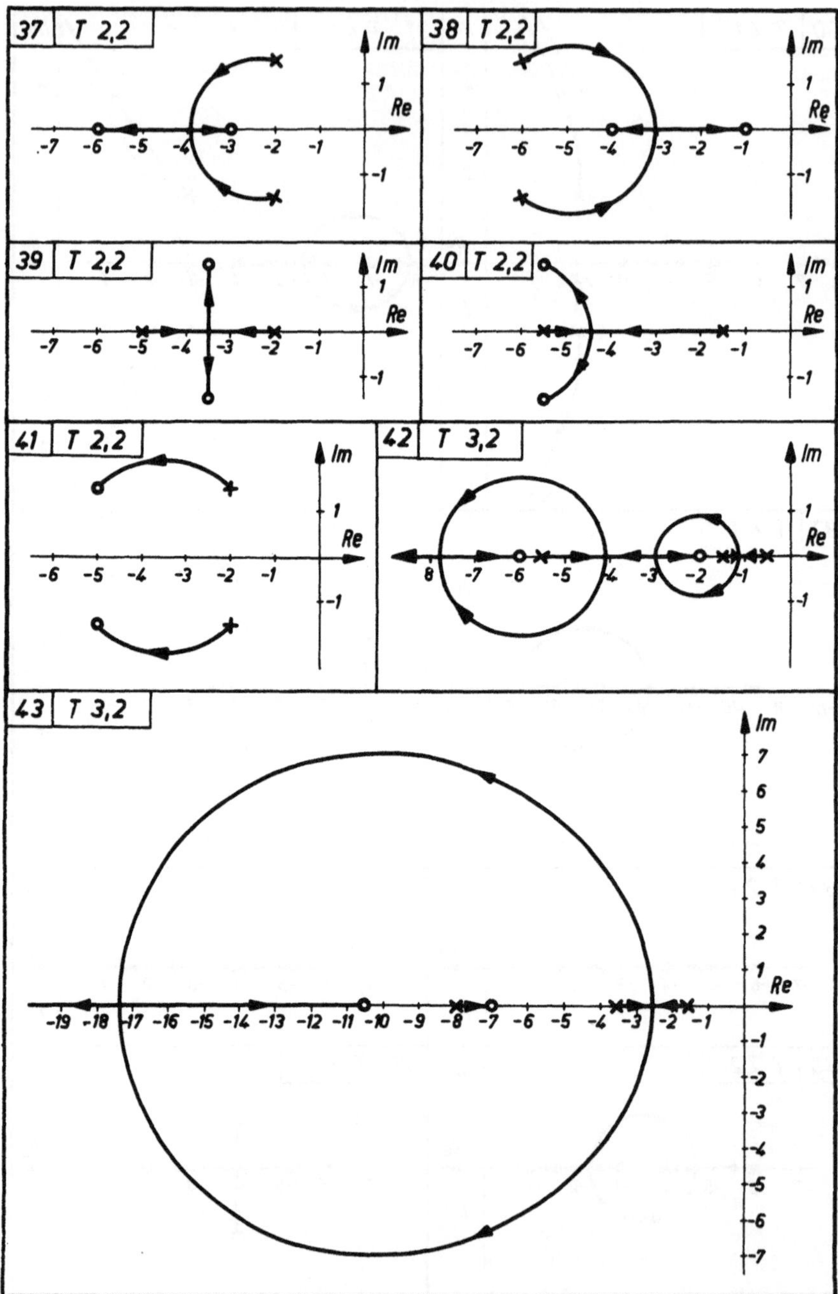
37 T 2,2
38 T 2,2
39 T 2,2
40 T 2,2
41 T 2,2
42 T 3,2
43 T 3,2
Im
Re

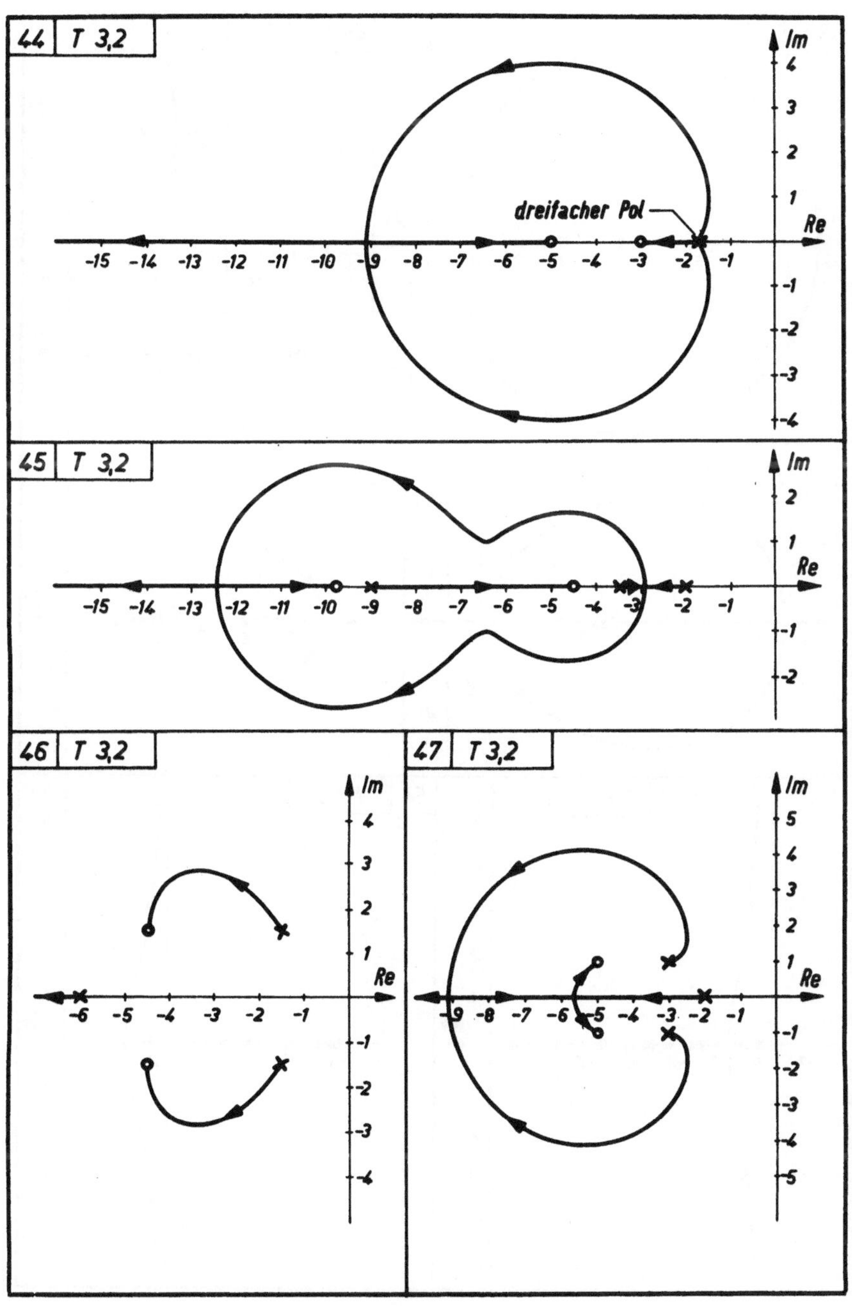
44 T 3,2
Im
Re
dreifacher Pol
-15 -14 -13 -12 -11 -10 -9 -8 -7 -6 -5 -4 -3 -2 -1
45 T 3,2
Im
Re
-15 -14 -13 -12 -11 -10 -9 -8 -7 -6 -5 -4 -3 -2 -1
46 T 3,2
Im
Re
-6 -5 -4 -3 -2 -1
47 T 3,2
Im
Re
-9 -8 -7 -6 -5 -4 -3 -2 -1

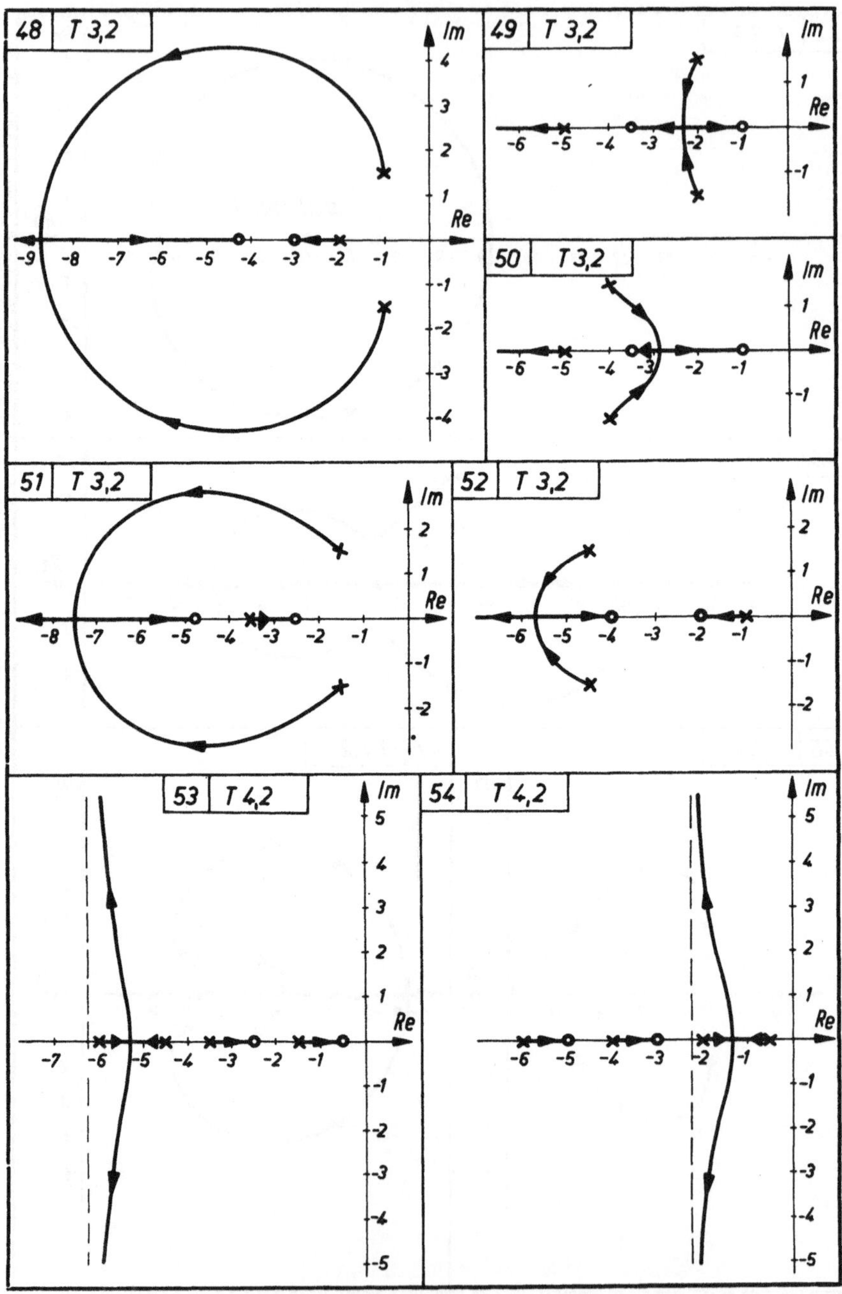
48 T 3,2
Im
Re
49 T 3,2
Im
Re
50 T 3,2
Im
Re
51 T 3,2
Im
Re
52 T 3,2
Im
Re
53 T 4,2
Im
Re
54 T 4,2
Im
Re

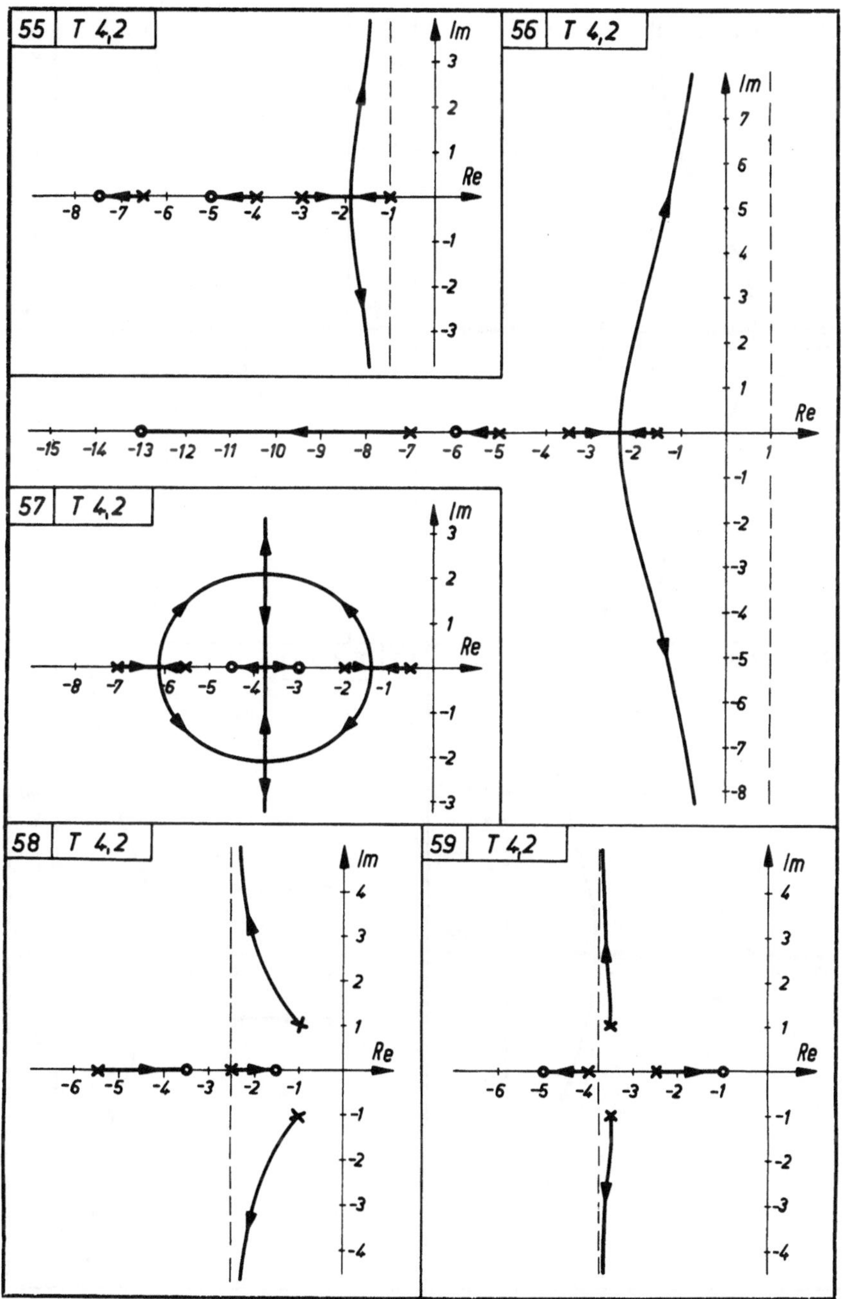

55 T 4,2
Im
Re
56 T 4,2
Im
Re
57 T 4,2
Im
Re
58 T 4,2
Im
Re
59 T 4,2
Im
Re

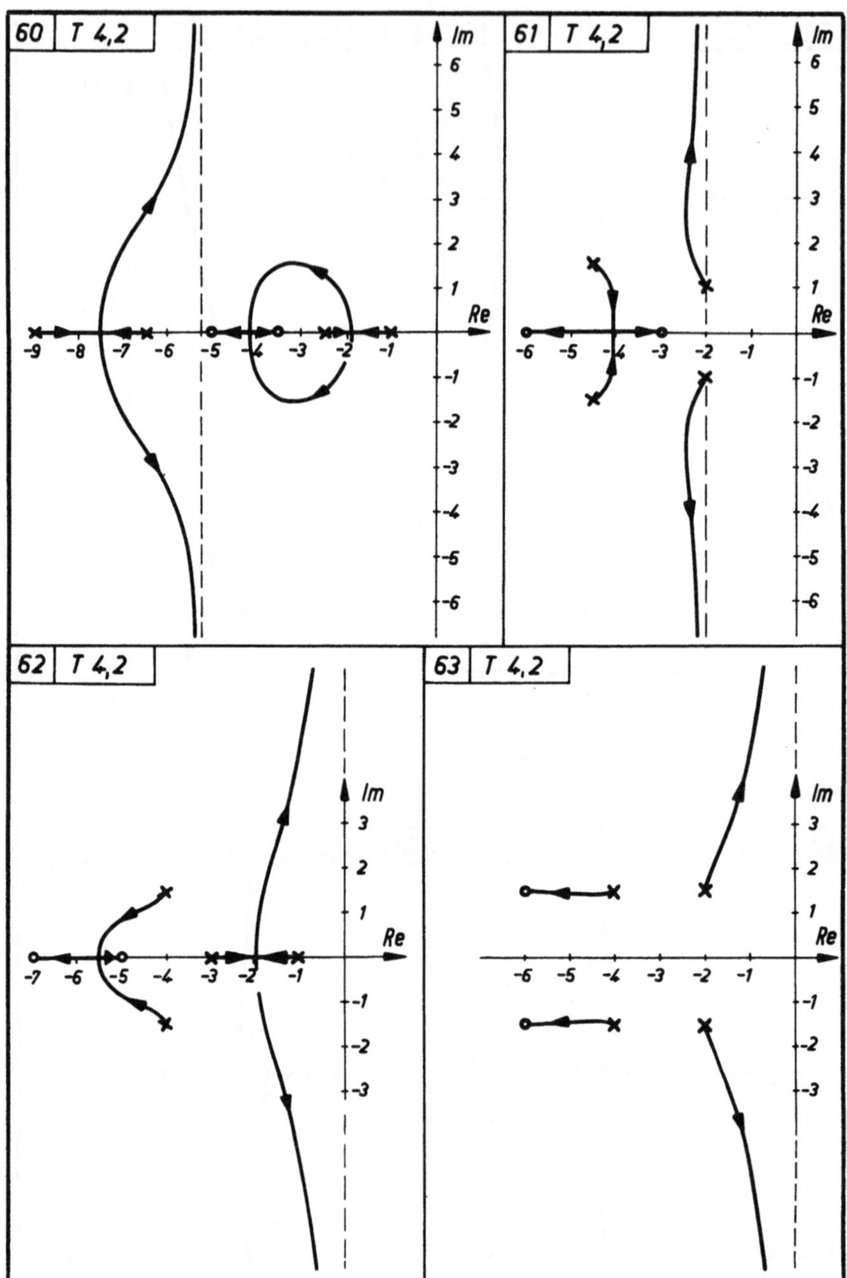
60 T 4,2
61 T 4,2
62 T 4,2
63 T 4,2
Im
Re

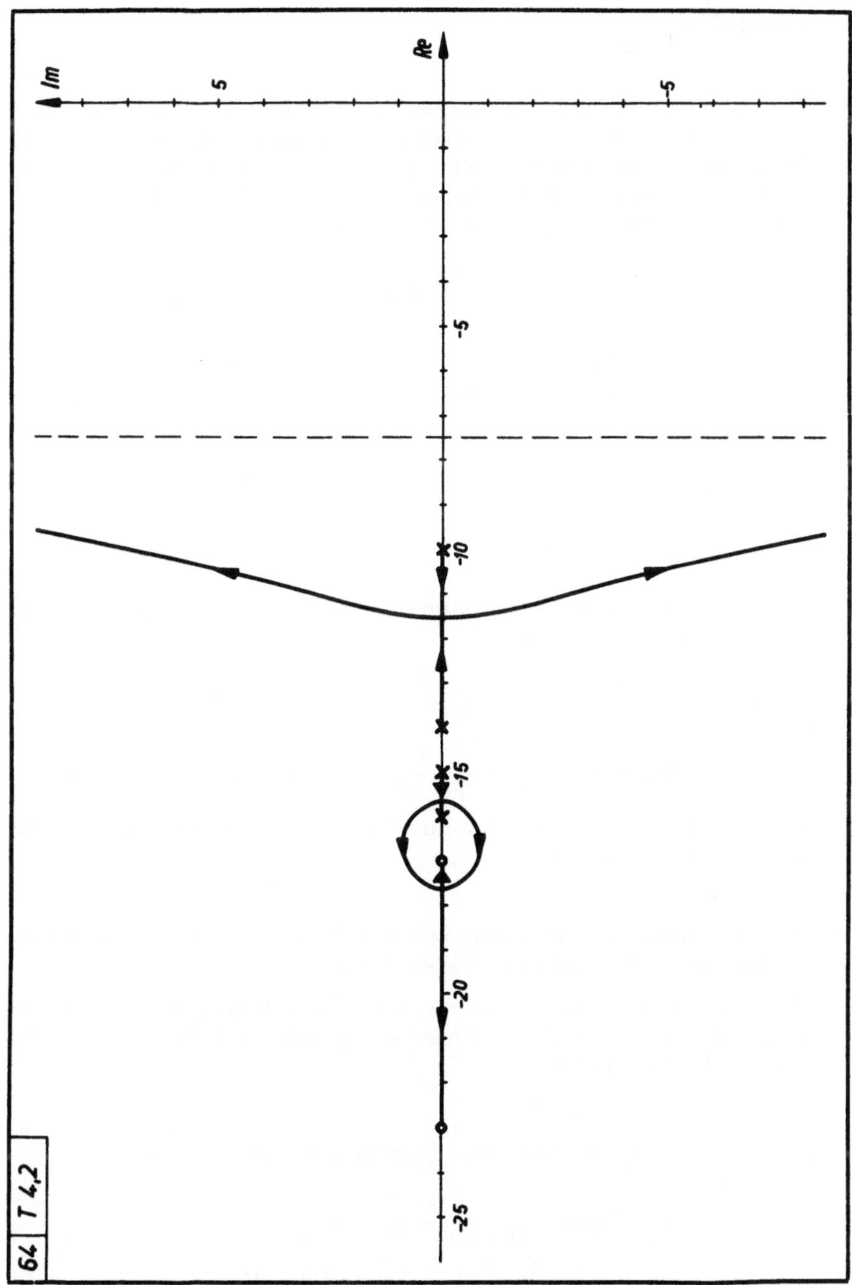
Im
Re
5
-5
-5
-10
-15
-20
-25
64
T 4,2

Übungsaufgaben

4.4-1 Man zeichne die Wurzelortkurven für die Polverteilung nach Bild Ü 4.4-1 und gebe die zugehörige Übertragungsfunktion an. Welche Änderung der Wurzelortkurven ergibt sich, wenn an Stelle der Pole $s_{P1} = -8$ und $s_{P2} = -6$ ein doppelter Pol $s_P = -7$ vorliegt? Man trage K-Skalierungen für beide Fälle ein!

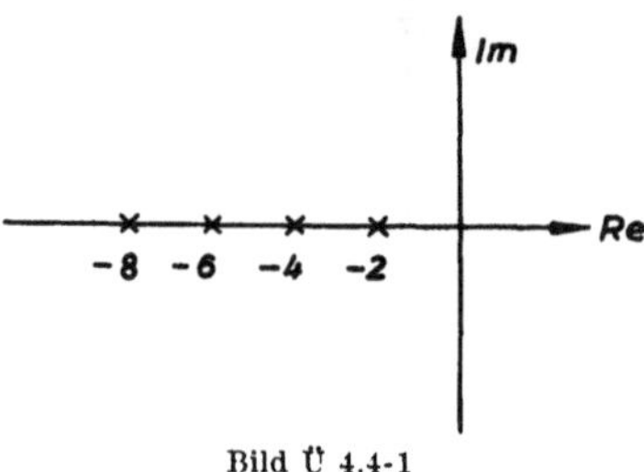

Bild Ü 4.4-1

4.4-2 Die Wurzelortkurven für die untenstehenden Übertragungsfunktionen sind anzugeben

a) $$F_0(s) = \frac{K}{(s+3)(s^2+3s+5{,}5)}$$

b) $$F_0(s) = \frac{K}{(s+1)(s+3)(s+5)}.$$

Welche Werte K erhält man für die Schnittpunkte der Wurzelortkurven mit der imaginären Achse?

4.4-3 Die Übertragungsfunktion eines offenen Regelkreises hat einen doppelten Pol $s_P = -1{,}5$ und eine Nullstelle $s_N = -4$.

Man zeichne die Wurzelortkurve, gebe K-Skalierungen an und weise analytisch nach, daß die Wurzelortkurve außerhalb der reellen Achse einen Kreis beschreibt.

4.4-4 Die Übertragungsfunktion eines Regelkreises lautet

$$F_0(s) = \frac{K(s+2{,}5)}{(s+1)(s+2)(s+10)}.$$

Man bestimme Asymptoten, Abzweige und die Wurzelortkurve.

Welchen Einfluß hat die Änderung des Poles $s_{P3} = -10$ in $s_{P3} = -9{,}6$ auf den Verlauf der Wurzelortkurve?

4.4-5
$$F_0(s) = \frac{K(s+4{,}5)}{(s^2+12s+38{,}25)(s^2+6s+11{,}25)}.$$

Man bestimme die Lage von Polen und Nullstellen der obigen Übertragungsfunktion. Wie beeinflußt die Erhöhung der Dämpfung des Gliedes
$$\frac{1}{(s^2+6s+11{,}25)}$$
auf $D=1{,}1$ den Verlauf der Wurzelortkurve?

4.4-6
$$F_0(s) = \frac{K(s^2+10s+26)}{(s^2+6s+10)(s+2)}.$$

Man bestimme den Verlauf der Wurzelortkurve, berechne den Abzweig s_A auf der reellen Achse und gebe einige K-Skalierungen an.

Wie verändert sich die Konstellation von Polen und Nullstellen, wenn das Zählerpolynom von $F_0(s)$ die Form $K\ (s^2+10s+9)$ annimmt? Welcher Wert K ergibt sich dann für den Schnittpunkt der Wurzelortkurve mit der imaginären Achse?

4.4-7
$$F_0(s) = \frac{K(s+7)}{(s+4)\ (s+6)\ (s^2+6s+11{,}25)}.$$

Wie sehen die Wurzelortkurven aus?

4.4-8 Ein aus Regler und Regelstrecke bestehender Regelkreis ist bestimmt durch die Übertragungsfunktion der Regelstrecke
$$F_S = \frac{0{,}05}{s^2+2s+4}$$
und die des Reglers
$$F_R = V_R.$$
Man bestimme die Wurzelorte und gebe Markierungen für V_R an.

4.4-9 Die Übertragungsfunktion eines offenen Regelkreises ist gegeben:
$$F_0(s) = \frac{K}{(s+4)(s^2+2s+5)}.$$
Die Wurzelortkurve ist zu zeichnen und einige K-Skalierungen im Bereiche $0 < K < 200$ sind vorzunehmen. Welchen Wert K erhält man im Schnittpunkt der Wurzelortkurve mit der imaginären Achse?

4.4-10 Die Elemente eines Regelkreises sind durch ihre Übergangsfunktionen (Bild Ü 4.4-10) charakterisiert. Man zeichne die Wurzelorte des Kreises und bestimme die Verstärkung $V_R = V_{\text{Krit}}$, für welche die komplexen Wurzelorte auf der imaginären Achse liegen.

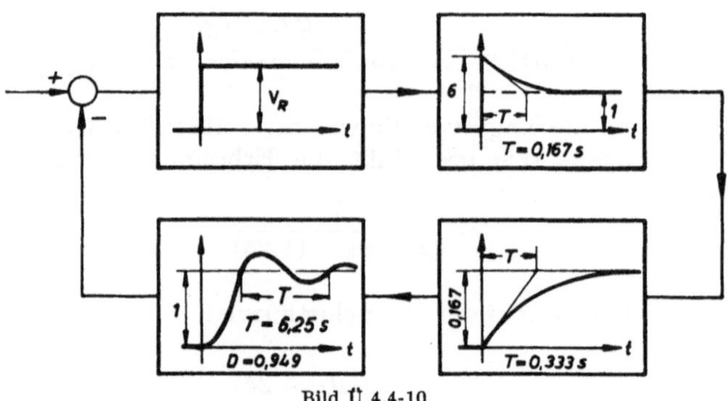

Bild Ü 4.4-10

4.4-11 Das Übertragungsverhalten eines Regelkreises ist bestimmt durch die Übertragungsfunktion

$$F_0(s) = \frac{1}{(s+1,5)\,(s^2+4,5s+6,06)}.$$

Man zeichne die Wurzelorte und nehme einige K-Skalierungen vor. Welchen Wert K besitzen die auf der imaginären Achse liegenden Wurzelorte?

4.5. Anwendung des Wurzelortverfahrens bei beliebigen Parametern

Bisher beschränkte sich die Darstellung des Wurzelortverfahrens auf den Fall, daß die Pole (Wurzeln des Nenners) der Übertragungsfunktion des geschlossenen einfachen Regelkreises für verschiedene Verstärkungsfaktoren gesucht wurden. Wenn man jedoch bedenkt, daß dieses Verfahren offensichtlich immer anwendbar ist, sofern der Nenner der Übertragungsfunktion des geschlossenen Regelkreises wie folgt geschrieben werden kann

$$1 + A\,\frac{Z(s)}{N(s)}, \tag{4.15}$$

dann leuchtet es ein, daß A nicht der Verstärkungsfaktor K des offenen Regelkreises zu sein braucht, sondern jede beliebige andere einstellbare Konstante, z. B. eine Dämpfungskonstante oder eine Zeitkonstante des Reglers bzw. eines ausgleichenden Netzwerks sein kann. Es ist also lediglich notwendig, dem Nenner der Übertragungsfunktion des geschlossenen Regelkreises durch zumeist einfache algebraische oder Blockschaltbild-Transformationen die Gestalt der Gleichung (4.15) zu geben. An einem Beispiel sei die Vorgehensart erläutert.

Die Übertragungsfunktion des aufgeschnittenen Regelkreises (z. B. verzögerungsarmer P-Regler, Regelstrecke mit Ausgleich und schwingungsfähiges Meßwerk) möge lauten

$$F_0(s) = K\,\frac{1}{1+T_1 s}\cdot\frac{1}{ms^2+bs+c}$$

Mit Rücksicht auf die bleibende Regelabweichung seien K und c bereits festgelegt; ebenso sollen T_1 und m nicht veränderlich sein, dagegen sei die Dämpfungskonstante b in weiten Grenzen einstellbar. Ihr Einfluß auf das Zeitverhalten des geschlossenen Regelkreises ist also zu untersuchen. Somit stellt sich das Problem, die charakteristische Gleichung $1 + F_0 = 0$, die durch Nullsetzen des Nenners der Übertragungsfunktion des geschlossenen Regelkreises entsteht, in $1 + b\,\frac{Z(s)}{N(s)} = 0$ umzuformen.

Da die Wurzeln von $1 + F_0$ in Abhängigkeit von b gesucht werden, schreiben wir zunächst

$$1 + \frac{K}{1 + T_1 s} \cdot \frac{1}{m s^2 + b s + c} = 0.$$

Folglich

$$m s^2 + b s + c + \frac{K}{1 + T_1 s} = 0$$

$$b + m s + \frac{c}{s} + \frac{K}{s(1 + T_1 s)} = 0$$

$$b + \frac{(m s^2 + c)(1 + T_1 s) + K}{s(1 + T_1 s)} = 0$$

$$1 + b\,\frac{s(1 + T_1 s)}{(m s^2 + c)(1 + T_1 s) + K} = 0$$

$$1 + b\,\frac{C_1 s (s + 1/T_1)}{C_2 (1/T_1 + s)(c/m + s^2) + 1} = 0 \text{ mit } C_1 = \frac{T_1}{K} \text{ und } C_2 = \frac{m T_1}{K}.$$

Es sind nun die Pole und Nullstellen von

$$\frac{s\left(s + \frac{1}{T_1}\right)}{C_2\left(\frac{1}{T_1} + s\right)\left(\frac{c}{m} + s^2\right) + 1}$$

aufzusuchen, da sie Anfang bzw. Ende der Wurzelortkurven sind, längs denen der Parameter b von Null bis Unendlich läuft.

Mit den Zahlenwerten $\frac{1}{T_1} = 2$; $\frac{c}{m} = 9$; $C_1 = 1$ und $C_2 = \frac{1}{50}$ erhalten wir als Nullstellen $s_{N1} = 0$ und $s_{N2} = -\frac{1}{T_1} = -2$, während die drei Pole, d. s. die Wurzeln der Gleichung

$$C_2\left(\frac{1}{T_1} + s\right)\left(\frac{c}{m} + s^2\right) + 1 = 0$$

entweder grafisch oder wie im folgenden rechnerisch gefunden werden. Die drei Pole s_{P1}, s_{P2} und s_{P3} finden wir aus der Gleichung

$$s^3 + \frac{1}{T_1} s^2 + \frac{c}{m} s + \frac{1}{C_2} + \frac{c}{T_1 m} = s^3 + 2s^2 + 9s + 68 = 0$$

zu $\quad s_{P1} = +1 + 4i; \quad s_{P2} = +1 - 4i \quad$ und $\quad s_{P3} = -4.$

Zusammen mit $s_{N1} = 0$ und $s_{N2} = -2$ erhalten wir dann in einfacher Weise die Wurzelortkurven des Bildes 4.26, die mit einigen Werten für b kotiert sind. Man erkennt sofort, daß der Regelkreis ohne Dämpfung instabil wird, für aperiodisches Verhalten (alle Wurzeln reell) wird $b = 1{,}2$, während die Stabilitätsgrenze für $b = 0{,}055$ erreicht ist, ebenso wie man für $b \to \infty$ an der „monotonen" Instabilitätsgrenze anlangt.

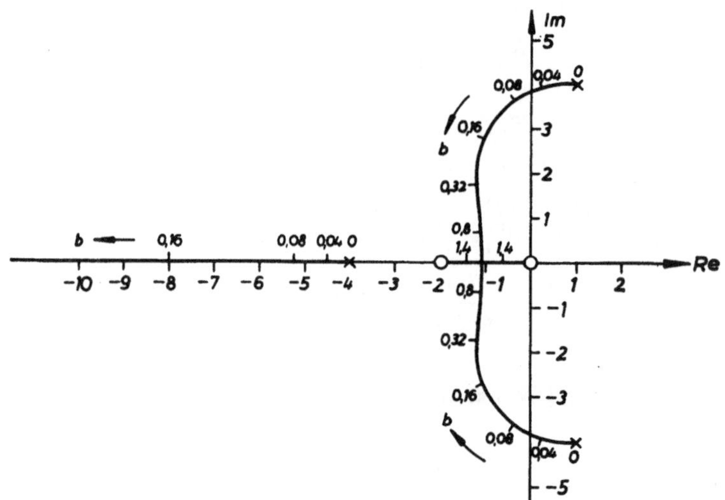

Bild 4.26. Wurzelorte in Abhängigkeit von der Dämpfungskonstanten b

Es kann vorkommen (vgl. das Übungsbeispiel 4.5—1), daß infolge der Umformung der charakteristischen Gleichung in $1 + A\,\frac{Z(s)}{N(s)} = 0$ der Zähler $Z(s)$ mehr Nullstellen als $N(s)$ hat, was bei F_0 praktisch nie der Fall ist, da aus energetischen Gründen $F_0 \to 0$ für $s \to \infty$ geht. Da in dem Katalog der Wurzelortkurven (Abschnitt 4.4) nur die praktisch auftretenden Fälle $m < n$ aufgenommen wurden, kann es dann zweckmäßig sein, statt für $1 + A\,\frac{Z(s)}{N(s)} = 0$ die Wurzelortkurven für $1 + \frac{1}{A} \cdot \frac{N(s)}{Z(s)} = 0$ aufzuzeichnen.

Übungsaufgaben

4.5-1 Die Übertragungsfunktion eines Regelkreises lautet

$$F_0(s) = \frac{K}{(1 + T_1 s)(1 + T_2 s)}.$$

Es soll der Einfluß der Zeitkonstanten T_2 auf den Verlauf der Wurzelortkurven festgestellt werden. Unter Verwendung der nachstehenden Zahlenwerte trage man die Wurzelortkurven mit T_2 als Parameter auf und gebe Markierungen für T_2 an.

Zahlenwerte: $T_1 = 0{,}5$ $K = 3$.

4.5-2

$$F_0(s) = \frac{K(1 + T_2 s)}{(1 + T_1 s)(ms^2 + bs + c)}$$

beschreibt das Übertragungsverhalten eines Regelkreises. Bis auf c seien alle Konstanten des Kreises festgelegt. Man trage die Wurzelortkurven in Abhängigkeit von c auf und benutze die folgenden Zahlenwerte:

$K = 4{,}33$ $T_1 = 0{,}166$ $T_2 = 0{,}25$ $m = 0{,}5$ $b = 2$

4.5-3 Mit der Übertragungsfunktion des Kreises

$$F_0(s) = \frac{K}{(1 + T_1 s)(ms^2 + bs + c)}$$

ist sein Übertragungsverhalten gegeben. Man trage die Wurzelorte mit c als Parameter auf, gebe Markierungen für c an und vergleiche die Lösung mit Bild 4.27.

Zahlenwerte: $K = 0{,}5$ $T_1 = 0{,}5$
$m = 0{,}02$ $b = 0{,}055$

4.5-4 Die Konstanten eines Regelkreises, dessen Übertragungsverhalten bestimmt ist durch

$$F_0(s) = \frac{K(ms^2 + bs + c)}{(1 + T_1 s)(1 + T_2 s)(1 + T_3 s)}$$

seien bis auf m festgelegt. Man stelle die Wurzelortkurve in Abhängigkeit von m dar und gebe einige Markierungen für m an.

Zahlenwerte: $K = 25$ $T_1 = 0{,}1$ $T_2 = 0{,}25$ $T_3 = 0{,}8$
$b = 1{,}6$ $c = 3{,}15$

4.5-5 Mit

$$F_0(s) = \frac{K(1+T_1 s)\ (1+T_2 s)}{s(ms^2+bs+c)}$$

ist das Übertragungsverhalten eines Regelkreises festgelegt. Es sollen die Wurzelortkurven in Abhängigkeit von c dargestellt und mit einigen Markierungen für c versehen werden.

Zahlenwerte: $T_1 = 0{,}315$ $T_2 = 0{,}25$

$K = 31{,}5$ $m = 0{,}25$ $b = 4$

4.6. Anwendung des Wurzelortverfahrens auf vermaschte Regelkreise

Bei der Bearbeitung vermaschter Regelkreise tritt an uns die Aufgabe heran, die Übertragungsfunktion eines geschlossenen inneren Regelkreises aus den Polen und Nullstellen des betreffenden Vorwärts- und Rückführblockes zu ermitteln, da diese für die Untersuchung des gesamten Regelungssystems erforderlich ist.

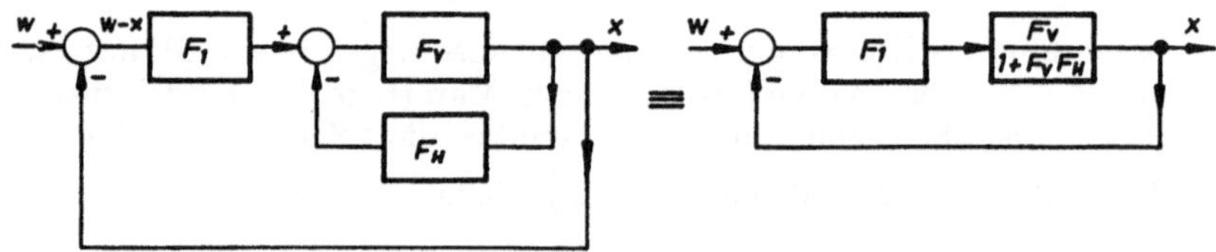

Bild 4.27. Einfaches Beispiel für einen vermaschten Regelkreis

Betrachtet sei das System nach Bild 4.27. Die innere Schleife enthält hier die Übertragungsfunktion F_V im Vorwärtszweig und die Übertragungsfunktion F_H im Rückführzweig. Unsere Aufgabe soll es nun sein, die Pole und Nullstellen der Übertragungsfunktion F_2, die dem inneren Regelkreis äquivalent ist, zu bestimmen. Es gilt die Beziehung

$$F_2 = \frac{F_V}{1+F_V F_H}$$

oder

$$F_2 = \frac{1}{F_H}\ \frac{F_0}{1+F_0}.$$

Setzen wir

$$F_0 = K \cdot \frac{\prod_0 (s - s_N)}{\prod_0 (s - s_P)}$$

dann läßt sich F_2 umformen in

$$F_2 = \frac{1}{F_H} \cdot \frac{K \cdot \prod_0 (s - s_N)}{\prod_0 (s - s_P) + K \cdot \prod_0 (s - s_N)}.$$

Der Nenner des zweiten Faktors dieser Gleichung läßt sich in die Form $\Pi_G(s-s_i)$ bringen, worin die s_i die Wurzeln dieses inneren Regelkreises darstellen. Vorausgesetzt wird dabei, daß $n>m$ d. h. F_0 mehr Pole als Nullstellen besitzt. Andernfalls gilt davon abweichend für $n=m$

$$\Pi_0(s-s_P)+K\Pi_0(s-s_N)=(1+K)\cdot\Pi_G(s-s_i)$$

bzw. für $n<m$

$$\Pi_0(s-s_P)+K\Pi_0(s-s_N)=K\Pi_G(s-s_i)$$

Mit
$$F_H=K_H\frac{\Pi_H(s-s_N)}{\Pi_H(s-s_P)};\qquad F_V=K_V\frac{\Pi_V(s-s_N)}{\Pi_V(s-s_P)}$$

und
$$F_0=F_H\cdot F_V$$
finden wir schließlich

$$F_2=\frac{K_V\Pi_V(s-s_N)\cdot\Pi_H(s-s_P)}{\Pi_G(s-s_i)}\qquad(\text{bei } n>m).\qquad(4.16)$$

Die Pole der Übertragungsfunktion F_2 ergeben sich als die Wurzeln des inneren Regelkreises, während die Nullstellen von F_2 sich aus den Nullstellen des Vorwärtsblockes und den Polen (!) des Rückführblockes zusammensetzen.

Will man die Wurzelortkurve des gesamten Regelungssystems zeichnen, müssen daher die Wurzeln der inneren Schleife vorliegen. Diese können aus einer weiteren Wurzelortzeichnung entnommen werden, in welcher die Verstärkungskonstante des inneren Kreises $K=K_H K_V$ Parameter ist. Die Verstärkungskonstante für die Wurzelorte des Gesamtkreises lautet entsprechend den obigen Erörterungen

$$K_1K_V\qquad(n>m \text{ im inneren Kreis})$$

$$\frac{K_1K_V}{1+K_VK_H}\qquad(n=m \text{ im inneren Kreis})$$

$$\frac{K_1}{K_H}\qquad(n<m \text{ im inneren Kreis})$$

Bei mehrfach vermaschten Regelkreisen ist dieses Verfahren für jede innere Schleife anzuwenden.

Abschließend sei die Vorgehensweise an einem zweischleifigen Regelkreis (nach Bild 4.27) mit den folgenden Übertragungsfunktionen erläutert.

$$F_1=\frac{K_1(s+8)}{(s+7)(s+10)}\qquad F_V=\frac{K_V(s+3)}{s(s+4)}\qquad F_H=\frac{K_H}{(s+5)}$$

Die Wurzelorte des inneren Kreises sind in Bild 4.28a) dargestellt. Für $K=K_H K_V=6$ ergeben sich die Wurzeln s_1, s_2, s_3. Diese werden beim Übergang zur Wurzelortebene des gesamten Kreises Bild 4.28b) zu Polen. Die

Nullstelle $s_{NV} = -3$ des Vorwärtsblockes F_V tritt in b) wieder als Nullstelle auf und der Pol $s_{PH} = -5$ des Rückführblockes F_H verwandelt sich in eine Nullstelle des gesamten Kreises (vgl. Gl. 4.16).

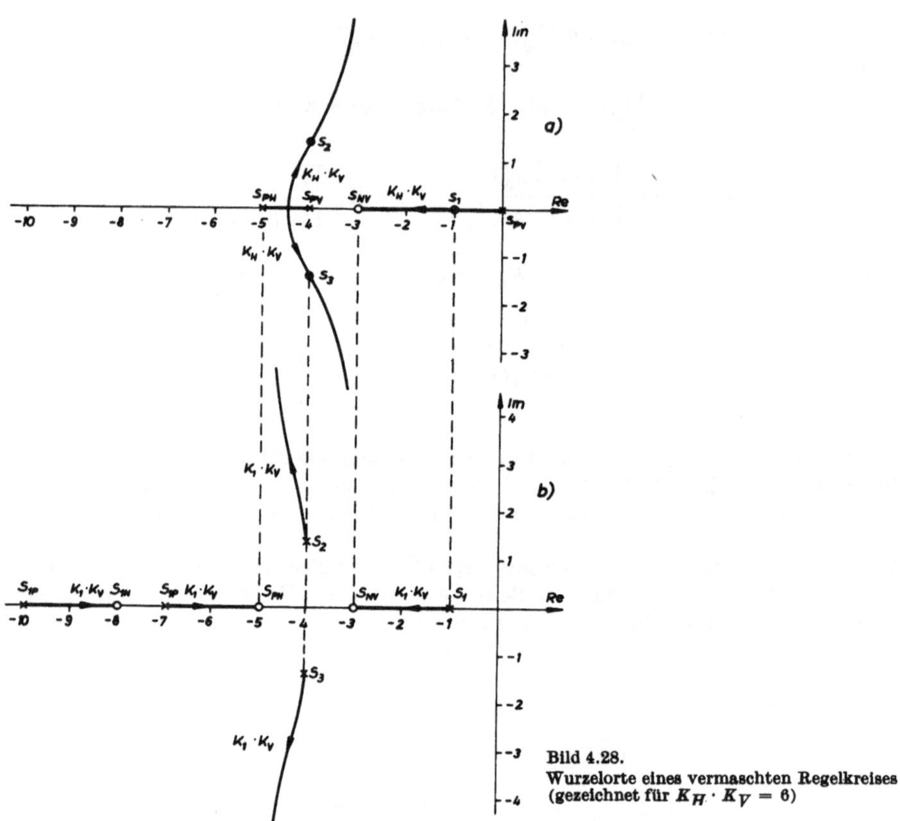

Bild 4.28.
Wurzelorte eines vermaschten Regelkreises (gezeichnet für $K_H \cdot K_V = 6$)

Übungsaufgaben

Für die vermaschten Regelkreise nach Bild Ü 4.6-1 bis Bild Ü 4.6-5 zeichne man ausgehend von den Wurzelorten der inneren Schleife die Wurzelortkurven des gesamten Kreises mit den Verstärkungswerten

4.6-1 $K_V = 2$

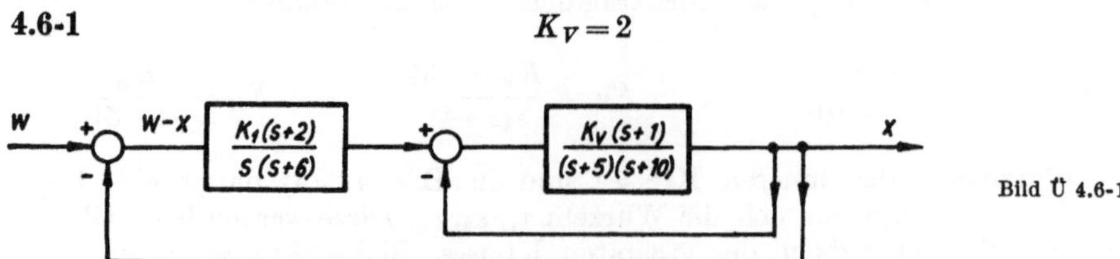

Bild Ü 4.6-1

4.6-2 a) $K_V=3$ b) $K_V=5$

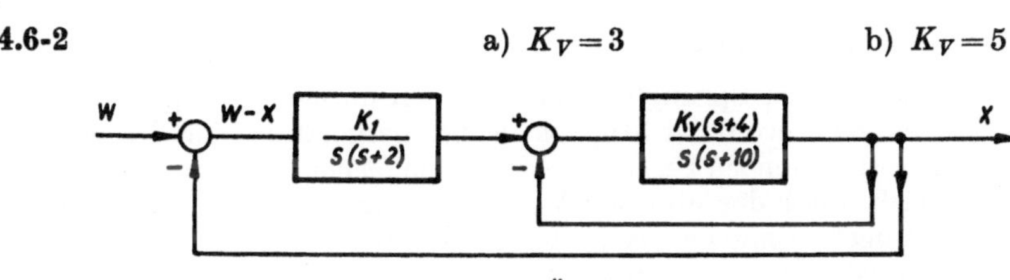

Bild Ü 4.6-2

4.6-3 $K_V = 4;\ K_H = 2$

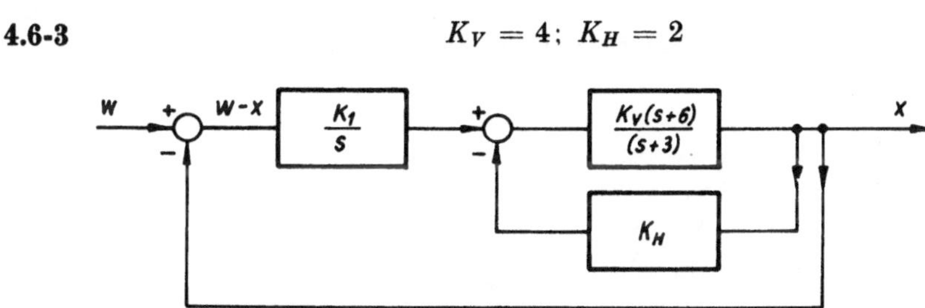

Bild Ü 4.6-3

4.6-4 $K_V K_H = 4$

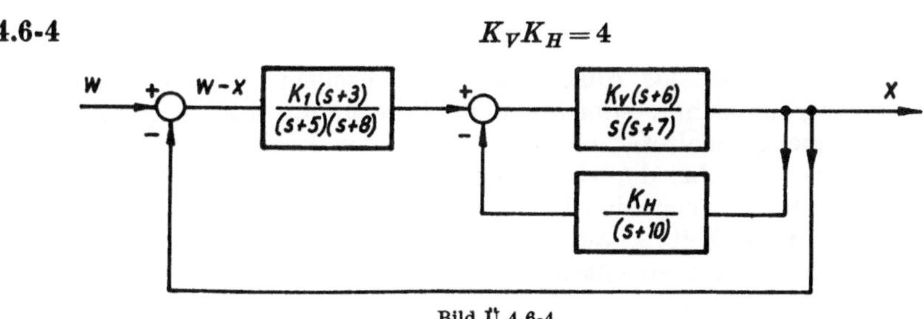

Bild Ü 4.6-4

4.6-5 $K_V K_H = 10$

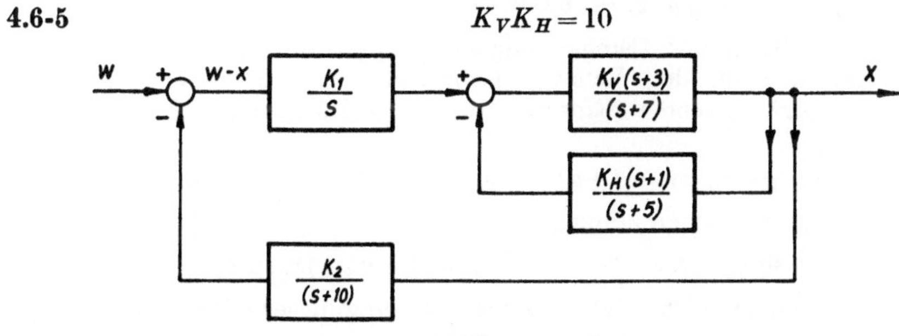

Bild Ü 4.6-5

5. Die Frequenzgangmethode

Wir wenden uns nach der Sprungfunktion und den übrigen nichtperiodischen Eingangssignalen dem wohl wichtigsten Eingangssignal in der Regelungstechnik, der Kreisfunktion zu. Im Gegensatz zu den bisher erörterten Eingangssignalen wird sich unter der üblichen Voraussetzung linearen Verhaltens bei einem sinusförmigen Eingang nach Abklingen des Einschwingvorganges wiederum ein sinusförmiger Ausgang ergeben (Bild 5.1), dessen Frequenz mit der des Eingangs übereinstimmt, der jedoch in bezug auf die Phase und Amplitude gegenüber dem Eingang verschieden ist. Dabei erweisen sich Phasenverschiebung und Amplitudenverhältnis von Ausgang zu Eingang als frequenzabhängige Funktionen, die in der besonders zweckmäßigen, komplexen Schreibweise als *Frequenzgang* zusammengefaßt werden.

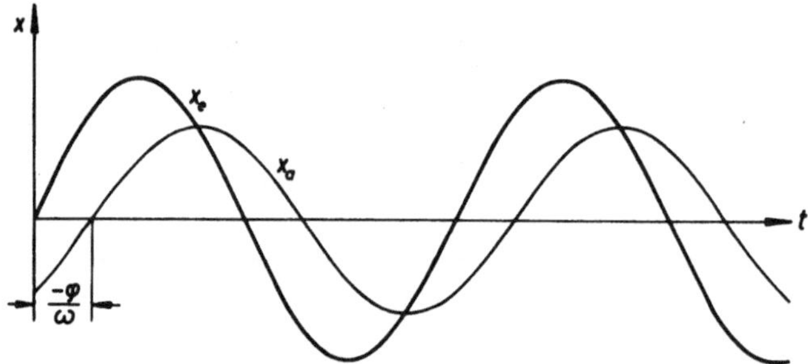

Bild 5.1. Harmonisches Eingangs- und Ausgangssignal

Die Tatsache nun, daß das Ausgangssignal denselben Funktionscharakter wie das Eingangssignal hat, erleichtert die Berechnung des Frequenzganges beliebig zusammengeschalteter Glieder. Neben der Einfachheit der mathematischen Operationen bei der Untersuchung der Stabilität des Regelkreises erlaubt diese Methode auch, den Einfluß der einzelnen Regelkreisglieder auf die Stabilität und das Zeitverhalten des Regelkreises zu überblicken, und ist daher vorzüglich zur mathematischen Synthese von Regelkreisen geeignet.

5.1. Beispiel

Wir wollen das sinusförmige Eingangssignal zunächst auf die Regelstrecke des Turbinendrehzahlbeispieles anwenden, welche durch die Differentialgleichung $T_{1M}\dot{x}+x=r_M y$ (2.5a) beschrieben wird.

Indem wir die Stellgröße (Eingangssignal) $y=y_0\cdot\sin\omega t$ setzen, können wir als Lösungsansatz für den Beharrungszustand von x in bekannter Weise $x=x_0\cdot\sin(\omega t+\varphi)$ verwenden. Einsetzen dieser Ausdrücke in (2.5a) ergibt dann die Gleichung

$$\omega\cdot T_{1M}\cdot x_0\cdot\cos(\omega t+\varphi)+x_0\sin(\omega t+\varphi)=r_M y_0\sin\omega t,$$

die wir wie folgt umformen können

$$(\omega T_{1M}\cos\varphi+\sin\varphi)x_0\cos\omega t+(-\omega T_{1M}\sin\varphi+\cos\varphi)x_0\sin\omega t=r_M y_0\sin\omega t.$$

Der Koeffizientenvergleich zeigt, daß zur Erfüllung dieser Gleichung für alle t $(\omega T_{1M}\cos\varphi+\sin\varphi)=0$ sein muß.

Daraus folgt
$$\tan\varphi = -\omega T_{1M}. \tag{5.1}$$

Ferner erhalten wir als Amplitudenverhältnis

$$\frac{x_0}{y_0} = \frac{r_M}{\cos\varphi - \omega T_{1M}\sin\varphi} = \frac{r_M}{\cos\varphi + \tan\varphi\sin\varphi} = \frac{r_M\cos\varphi}{\cos^2\varphi + \sin^2\varphi} = r_M\cos\varphi.$$

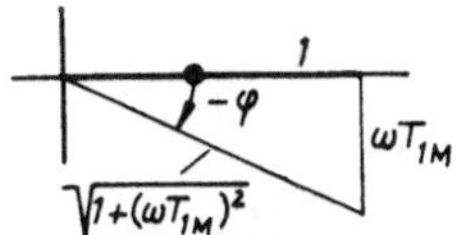

Bild 5.2. Zur Ableitung des $\cos\varphi$

Aus Bild 5.2 (vgl. Gl. (5.1)) läßt sich sofort ablesen

$$\cos\varphi = \frac{1}{\sqrt{1+(\omega T_{1M})^2}}.$$

Somit erhalten wir als Amplitudenverhältnis

$$\frac{x_0}{y_0} = \frac{r_M}{\sqrt{1+(\omega T_{1M})^2}}. \tag{5.2}$$

Aus der Tatsache, daß der Phasenverschiebungswinkel

$$\varphi = -\operatorname{arc\,tan}(\omega T_{1M}) \tag{5.3}$$

negativ ist, erkennen wir, daß das Ausgangssignal dem Eingang nachläuft. Der Phasenverschiebungswinkel φ ist ebenso wie das Amplitudenverhältnis x_0/y_0 von der Kreisfrequenz ω abhängig. Beide beschreiben gemeinsam als von der Frequenz ω abhängige Funktionen das Frequenzgangverhalten der Regelstrecke.

Zur grafischen Abbildung des Frequenzganges bedient man sich in der Regelungstechnik gewöhnlich zweier Darstellungsmethoden: Ortskurve und Bode-Diagramm[1]).

5.2. Der komplexe Frequenzgang und seine Ortskurve

Für jede Kreisfrequenz $0 \leq \omega \leq \infty$ läßt sich ein Zeiger zeichnen, dessen Länge gleich dem Amplitudenverhältnis ist und dessen Richtung durch den Phasenverschiebungswinkel festgelegt wird (Bild 5.3). Dabei werden positive Winkel im Gegenuhrzeigersinn eingetragen. Im zuvor behandelten Beispiel ist für $\omega = 0$ auch $\varphi = 0$ und das Amplitudenverhältnis $x_0/y_0 = r_M$; dagegen ist für $\omega = \infty$ der Phasenverschiebungswinkel $\varphi = -\pi/2$ und das Amplitudenverhältnis $x_0/y_0 = 0$. Wenn man für verschiedene ω zwischen Null und Unendlich diese Zeiger aufträgt und ihre Endpunkte durch eine Kurve verbindet, erhält man die sogenannte Ortskurve des Frequenzganges (Bild 5.4). Man kann nun die Zeiger selbst fortlassen und sich mit dem Auftragen der Ortskurve begnügen,

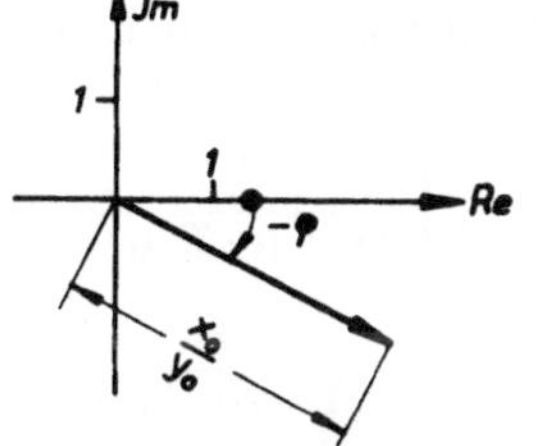

Bild 5.3. Amplitudenverhältnis und Phasenverschiebung als Zeiger

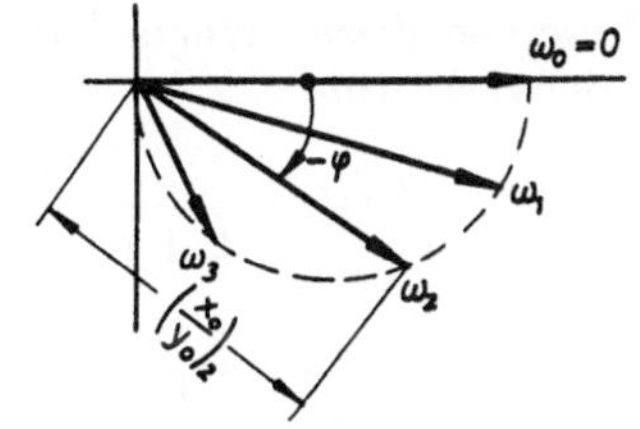

Bild 5.4. Konstruktion der Ortskurve für den Frequenzgang der Regelstrecke

[1]) Benannt nach *H. W. Bode*, der diese für die praktische Anwendung der Frequenzgangmethode in der Regelungstechnik so entscheidend wichtige Darstellungsweise des Frequenzganges in seinem Buche: Network Analysis and Feedback Amplifier Design, D. van Nostrand Co., 1945, als erster eingeführt hat.

die man mit Marken für die einzelnen Frequenzen versieht. Im vorliegenden Falle ist die Ortskurve ein Halbkreis, der sogenannte Thaleskreis (Bild 5.5), da wegen $x_0/y_0 = r_M \cos\varphi$ der Frequenzgangzeiger und die Verbindungslinie seines Endpunktes mit dem Ausgangspunkt der Ortskurve $\omega = 0$ für alle ω einen rechten Winkel bilden. Es ist üblich, die Ortskurve mit einem Pfeil in Richtung wachsender ω zu versehen.

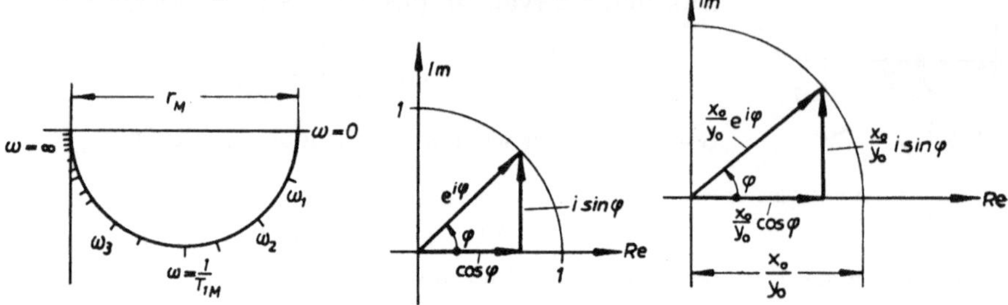

Bild 5.5. Ortskurve für den Frequenzgang der Regelstrecke

Bild 5.6. Darstellung der Eulerschen Formel

Bild 5.7. Frequenzgangzeiger in der komplexen Zahlenebene

Die Frequenzgangdarstellung durch Zeiger (Bild 5.3) weist unmittelbar auf die Schreibweise des Frequenzganges als komplexe Zahl hin:

$$\frac{x_0}{y_0} \cdot e^{i\varphi};$$

denn $e^{i\varphi}$ kann wegen $e^{i\varphi} = \cos\varphi + i \sin\varphi$ in der komplexen Ebene als Einheitszeiger in der Richtung φ gedeutet werden (Bild 5.6). Der Frequenzgang kann also in komplexer Schreibweise auch wie folgt dargestellt werden (Bild 5.7)

$$\frac{x_0}{y_0} \cdot e^{i\varphi} = \frac{x_0}{y_0} \cdot \cos\varphi + i \frac{x_0}{y_0} \cdot \sin\varphi.$$

Aus Bild 5.2 können wir ablesen

$$\cos\varphi = \frac{1}{\sqrt{1 + (\omega T_{1M})^2}} \quad \text{und} \quad \sin\varphi = \frac{-\omega T_{1M}}{\sqrt{1 + (\omega T_{1M})^2}}.$$

Einsetzen dieser Werte ergibt zusammen mit dem zuvor gefundenen Amplitudenverhältnis

$$\frac{x_0}{y_0} \cdot e^{i\varphi} = \frac{r_M}{\sqrt{1 + (\omega T_{1M})^2}} \left[\frac{1}{\sqrt{1 + (\omega T_{1M})^2}} - i \frac{\omega T_{1M}}{\sqrt{1 + (\omega T_{1M})^2}} \right] =$$

$$= r_M \frac{1 - i\omega T_{1M}}{1 + (\omega T_{1M})^2} = \frac{r_M}{1 + i\omega T_{1M}}.$$

Dieses Ergebnis hätten wir direkt aus Gl. (2.5a) in einfacher Weise erhalten, wenn wir $y = y_0 e^{i\omega t}$ und für x den Lösungsansatz $x = x_0 e^{i\varphi} \cdot e^{i\omega t}$ gewählt hätten. Mit diesen Ansätzen in Gl. (2.5a) würde sich dann die folgende Gleichung (5.4) ergeben

$$i\omega T_{1M} x_0 e^{i\varphi} e^{i\omega t} + x_0 e^{i\varphi} e^{i\omega t} = r_M y_0 e^{i\omega t} \tag{5.4}$$

aus der $e^{i\omega t}$ gekürzt werden kann, so daß wir ohne weiteres erhalten:

$$\frac{x_0}{y_0}\, e^{i\varphi} = \frac{r_M}{1 + i\omega\, T_{1M}}. \tag{5.5}$$

Der in komplexer Schreibweise dargestellte Frequenzgang, oder kürzer der komplexe Frequenzgang, steht mit der Übertragungsfunktion $F(s)$ in engem Zusammenhang. Man braucht nur die komplexe Zahl s durch die imaginäre Zahl $i\omega$ zu ersetzen, um aus der Übertragungsfunktion den komplexen Frequenzgang zu gewinnen. Wir werden daher in Zukunft den komplexen Frequenzgang mit

$$F(i\omega) = \frac{x_0}{y_0} \cdot e^{i\varphi}$$

bezeichnen.

Somit erweist sich mathematisch der komplexe Frequenzgang als ein Sonderfall der Übertragungsfunktion, nachdem wir zunächst den Frequenzgang als Ergebnis eines sinusförmigen Eingangssignals eingeführt hatten.

Auch wenn wir im folgenden insbesondere bei der Stabilitätsuntersuchung nach *Nyquist* immer von der Verwandtschaft mit der Übertragungsfunktion ausgehen, werden wir dennoch im Hinblick auf die experimentellen Anwendungsmöglichkeiten der Frequenzgangmethode die physikalisch anschauliche Auffassung des Frequenzganges später wieder aufgreifen.

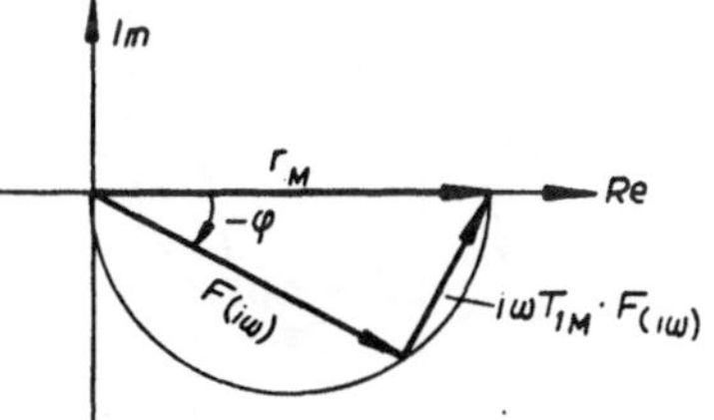

Bild 5.8. Zusammenhang zwischen Frequenzgang und seiner komplexen Darstellung

Zur Darstellung des Frequenzganges in der komplexen Zahlenebene (Bild 5.8) schreiben wir (5.4) wie folgt um:

$$\frac{x_0}{y_0}\, e^{i\varphi}(1 + i\omega\, T_{1M}) = F(i\omega)(1 + i\omega\, T_{1M}) = r_M.$$

Wir erkennen, daß wegen $|e^{i\varphi}| = 1$ der Betrag von $F(i\omega)$

$$|F(i\omega)| = \frac{x_0}{y_0} \text{ (Amplitudenverhältnis)} \tag{5.6}$$

und das Argument von $F(i\omega)$

$$\arg(F(i\omega)) = \varphi \text{ (Phasenverschiebungswinkel)} \tag{5.7}$$

sind.

Indem wir zu dem Beispiel der Turbinendrehzahlregelung zurückkehren, wollen wir noch den komplexen Frequenzgang für das Zentrifugalpendel herleiten. Dabei gehen wir von der Differentialgleichung (2.6) aus

$$T_{2m}^2 \ddot{v} + T_{1m} \dot{v} + v = r_m x.$$

Mit $v = v_0 e^{i\varphi} e^{i\omega t}$ und $x = x_0 e^{i\omega t}$ erhalten wir nach Kürzung durch $e^{i\omega t}$

$$[(i\omega\, T_{2m})^2 + i\omega\, T_{1m} + 1]\; v_0 e^{i\varphi} = r_m x_0.$$

Folglich ist
$$F(i\omega) = \frac{v_0}{x_0}\, e^{i\varphi} = \frac{r_m}{1 + i\omega\, T_{1m} + (i\omega\, T_{2m})^2} \tag{5.8}$$
oder mit $T_{1m} = 2DT$; $T_{2m} = T$ und $r_m = K$
$$F(i\omega) = \frac{K}{1 + i\omega 2DT + (i\omega T)^2}. \tag{5.8a}$$
Auch hier greifen wir zur Darstellung des komplexen Frequenzganges (Bild 5.9) in der komplexen Zahlenebene wieder auf die folgende Form der Frequenzganggleichung zurück
$$F(i\omega)[1 + i\omega\, T_{1m} + (i\omega\, T_{2m})^2] = r_m$$
bzw.
$$F(i\omega)[1 + i\omega 2DT + (i\omega T)^2] = K.$$

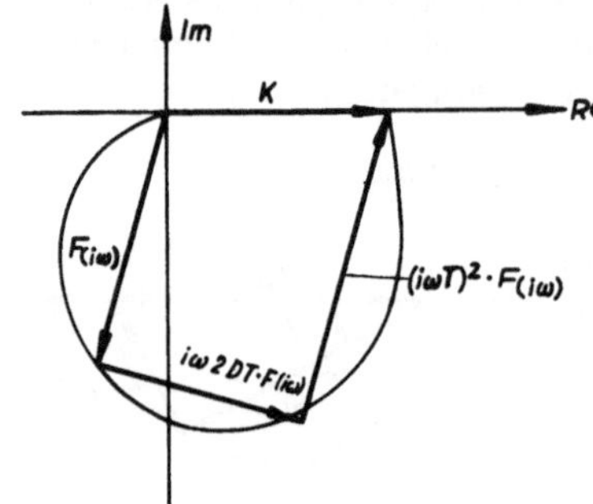

Bild 5.9. Ortskurvenkonstruktion für den Frequenzgang
$$F(i\omega) = \frac{K}{1 + i\omega 2DT + (i\omega T)^2}$$

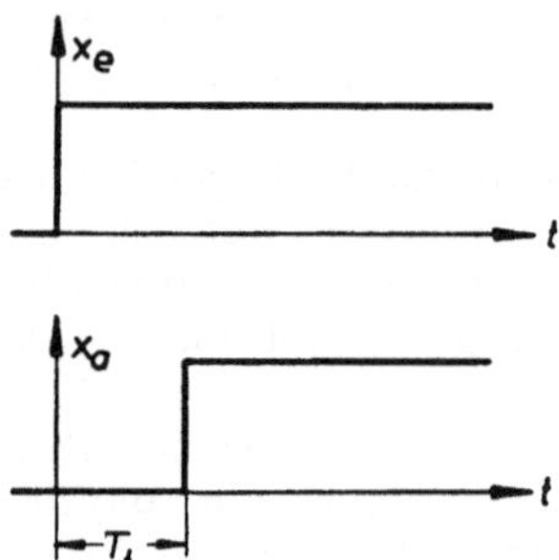

Bild 5.10. Zeitverhalten eines Regelkreisgliedes mit reiner Totzeit

An dieser Stelle wollen wir noch den Frequenzgang für ein Zeitverhalten kennenlernen, das uns bereits beim ersten Beispiel (Salzsäureherstellung) als Totzeit begegnete (Bild 5.10), und das wie folgt beschrieben werden kann

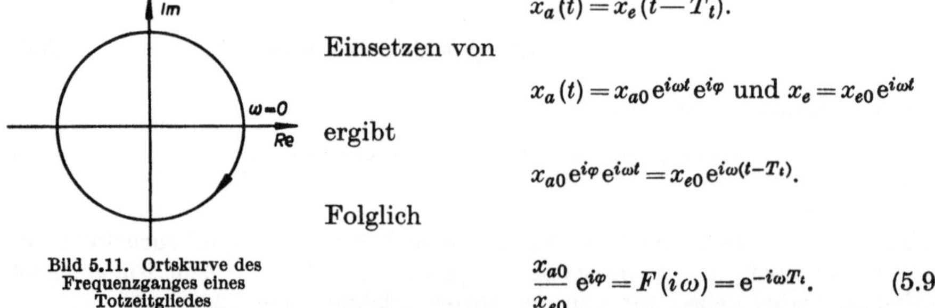

Bild 5.11. Ortskurve des Frequenzganges eines Totzeitgliedes

$$x_a(t) = x_e(t - T_t).$$
Einsetzen von
$$x_a(t) = x_{a0}\, e^{i\omega t} e^{i\varphi} \text{ und } x_e = x_{e0}\, e^{i\omega t}$$
ergibt
$$x_{a0}\, e^{i\varphi} e^{i\omega t} = x_{e0}\, e^{i\omega(t - T_t)}.$$
Folglich
$$\frac{x_{a0}}{x_{e0}}\, e^{i\varphi} = F(i\omega) = e^{-i\omega T_t}. \tag{5.9}$$
Wegen $|F(i\omega)| = 1$ und $\varphi = \arg(F(i\omega)) = -\omega T_t$ ist die Ortskurve (Bild 5.11) für diesen Frequenzgang ein Einheitskreis, der für $\omega = 0$ auf der positiven reellen Achse beginnt und mit nach ∞ strebenden ω unendlichmal im Uhrzeigersinn durchlaufen wird.

Mit Hilfe der Laplace-Transformation läßt sich für ein Totzeitglied übrigens leicht zeigen, daß $F(s) = e^{-sT_t}$ ist, wie auf Grund der oben angedeuteten Verwandtschaft zwischen komplexem Frequenzgang und Übertragungsfunktion zu erwarten war.

Es ist ebenfalls im Hinblick auf diese enge mathematische Beziehung nicht überraschend, daß sich der Frequenzgang von mehreren hintereinander geschalteten linearen Regelkreisgliedern wie bei der Übertragungsfunktion durch Multiplikation (bei beliebiger Reihenfolge!) der Frequenzgänge der einzelnen Glieder ergibt. Als Beispiel betrachten wir wiederum die in Bild 3.11 hintereinandergeschalteten Blöcke mit

$$F_a(i\omega) = \frac{x_0}{y_0} e^{i\varphi_a} = \frac{r_M}{1 + i\omega T_{1M}} \text{ und } F_b(i\omega) = \frac{v_0}{x_0} e^{i\varphi_b} = \frac{r_m}{1 + i\omega T_{1m} + (i\omega T_{2m})^2}.$$

Für die beiden Glieder zusammen gilt

$$F(i\omega) = \frac{v_0}{y_0} e^{i\varphi} = \frac{x_0}{y_0} e^{i\varphi_a} \cdot \frac{v_0}{x_0} e^{i\varphi_b}.$$

Demnach ist

$$|F(i\omega)| = \frac{x_0}{y_0} \cdot \frac{v_0}{x_0} = |F_a(i\omega)| \cdot |F_b(i\omega)| \tag{5.10}$$

und

$$\varphi = \varphi_a + \varphi_b = \arg(F_a(i\omega)) + \arg(F_b(i\omega)). \tag{5.11}$$

Hieraus ist auch unmittelbar die Vorgehensweise bei der Ortskurvenkonstruktion für den Frequenzgang mehrerer hintereinandergeschalteter Glieder ablesbar, wenn die Ortskurven der einzelnen Frequenzgänge vorliegen: Für jede Frequenz ω werden die Beträge der einzelnen Frequenzgänge multipliziert und die Phasenverschiebungswinkel addiert (Bild 5.12).

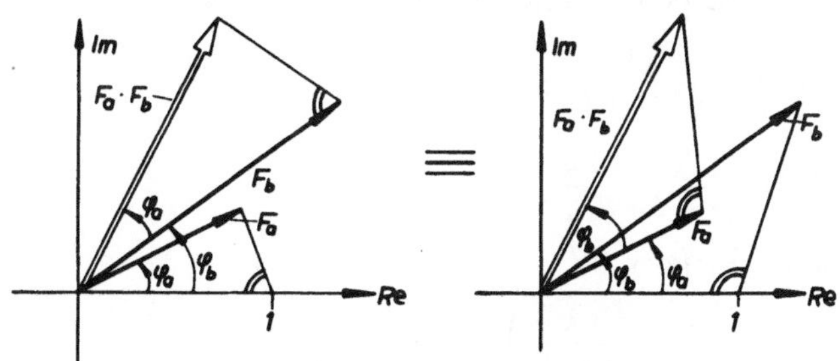

Bild 5.12a. Multiplikation zweier komplexer Zahlen F_a und F_b

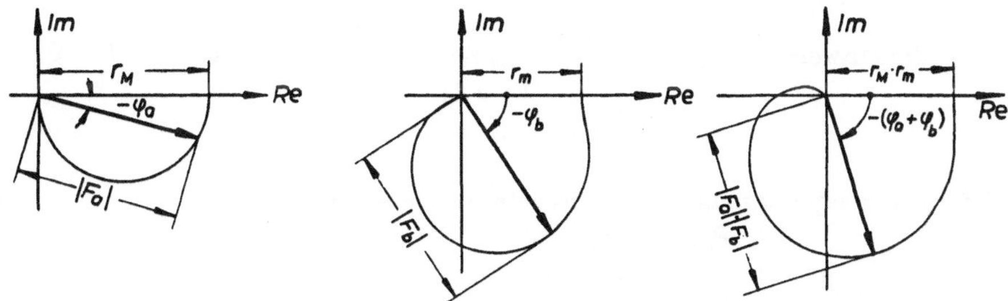

Bild 5.12b. Multiplikation zweier Frequenzgänge in der Ortskurvendarstellung

Übungsaufgaben

5.2-1 Man zeichne die Ortskurve für die Frequenzgänge

a) $F_a(i\omega) = V_a\,(1 + i\omega T_1)$

b) $F_b(i\omega) = \dfrac{V_b(1 + i\omega T_2)}{(1 + i\omega T_1)}$

c) $F_c(i\omega) = \dfrac{V_c}{[1 + 2DTi\omega + (i\omega T)^2]}$

und trage die Frequenzmarkierungen ein für die Werte

$\omega = 0{,}2\omega_E;\quad 0{,}5\omega_E;\quad \omega_E;\quad 2\omega_E;\quad 5\omega_E\quad \left(\omega_E = \dfrac{1}{T_1}\ \text{bzw.}\ \omega_E = \dfrac{1}{T}\right)$

Zahlenwerte: $T_1 = 0{,}5;\quad T_2 = 0{,}25;\quad T = 2$
$V_a = V_b = 12{,}5;\quad V_c = 1{,}25;\quad D = 0{,}4$

5.2-2 Man stelle die folgenden Frequenzgänge in der komplexen Zahlenebene dar und trage einige Frequenzmarkierungen ein:

a) $F_a(i\omega) = \dfrac{V_a}{i\omega(1 + i\omega T_1)}$

b) $F_b(i\omega) = \dfrac{V_b}{i\omega\,[1 + i\omega T_{1m} + (i\omega T_{2m})^2]}$

c) $F_c(i\omega) = \dfrac{V_c}{(i\omega)^2\,(1 + i\omega T_1)}$

d) $F_d(i\omega) = \dfrac{V_d \cdot i\omega}{[1 + i\omega T_{1m} + (i\omega T_{2m})^2]}$

e) $F_e(i\omega) = V_e \cdot i\omega \cdot \mathrm{e}^{-i\omega T_t}$

f) $F_f(i\omega) = V_f\left(1 + \dfrac{1}{i\omega T_1}\right)\mathrm{e}^{-i\omega T_t}$

g) $F_g(i\omega) = \dfrac{V_g \cdot i\omega \cdot \mathrm{e}^{-i\omega T_t}}{(1 + i\omega T_1)}$

Zahlenwerte: $T_1 = 0{,}8;\quad T_{1m} = 0{,}1;\quad T_{2m} = 0{,}4;\quad T_t = 0{,}4;$
$V_a = V_b = V_c = V_d = 8;$
$V_e = V_f = V_g = 6{,}3.$

5.2-3 Die Frequenzgänge zweier Regelkreisglieder lauten:

$F_a(i\omega) = V_a \mathrm{e}^{-i\omega T_t}$

$F_b(i\omega) = \dfrac{V_b}{(1 + i\omega T_1)}$

a) Man zeichne die Ortskurve für jeden Frequenzgang.

b) Wie sieht die Ortskurve des Frequenzganges für die Reihenschaltung beider Glieder aus?

Man trage für alle Ortskurven Frequenzmarkierungen ein!

Zahlenwerte: $V_a = 3{,}15$; $V_b = 4$; $T_1 = 2$; $T_t = 2{,}5$.

5.2-4 Zwei Regelkreisglieder sind nach Bild Ü 5.2-4 parallel geschaltet. Ihre komplexen Frequenzgänge sind

$$F_1(i\omega) = V_1$$

$$F_2(i\omega) = \frac{V_2}{[1 + i\omega T_{1m} + (i\omega T_{2m})^2]}$$

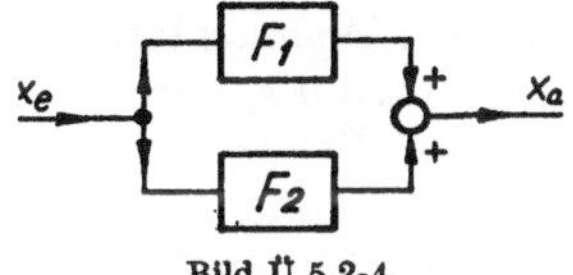

Bild Ü 5.2-4

a) Wie sehen die Ortskurven für jedes einzelne Regelkreisglied aus?

b) Welches Aussehen zeigt die Ortskurve für die Parallelschaltung beider Blöcke?

Man trage Frequenzmarkierungen für alle Ortskurven ein!

Zahlenwerte: $V_1 = 2{,}5$; $V_2 = 8$; $T_{1m} = 0{,}1$; $T_{2m} = 0{,}315$.

5.2-5 Für die Anordnung nach Bild Ü 5.2–5 soll die Ortskurve des komplexen Frequenzganges F_0 des aufgeschnittenen Regelkreises gezeichnet werden.

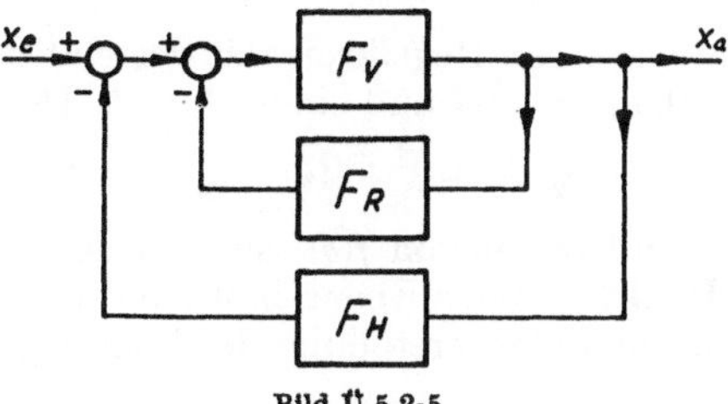

Bild Ü 5.2-5

$$F_V(i\omega) = V_V$$

$$F_R(i\omega) = V_R\,(1 + i\omega T_1)$$

$$F_H(i\omega) = \frac{V_H}{i\omega}$$

Zahlenwerte: $V_V = 2$; $V_R = 4{,}5$; $V_H = 10$; $T_1 = 2{,}5$.

5.3. Ableitung des Stabilitätskriteriums von Nyquist

Wir legen der nachfolgenden Betrachtung wieder den einfachen Regelkreis (Bild 5.13) zugrunde, dessen Übertragungsfunktion lautet

$$\frac{x(s)}{w(s)} = \frac{K_G \cdot G}{1+KGH}.$$

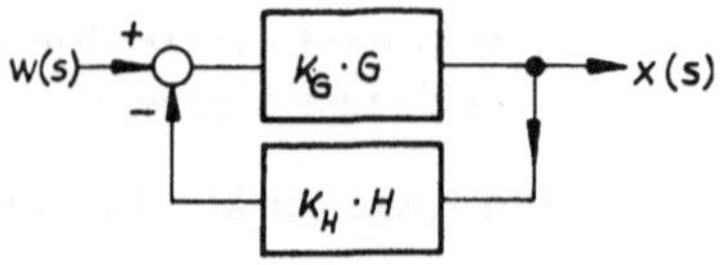

Bild 5.13. Einfacher Regelkreis

Wie zuvor (vgl. Abschnitt 4.1) gezeigt, müssen die Wurzeln s_i der charakteristischen Gleichung $1+KGH=0$ in der linken komplexen Halbebene liegen, damit der Regelkreis stabil ist. Zur Beurteilung der Stabilität eines Regelkreises ist also die Kenntnis dieser Wurzeln notwendig. Das Stabilitätskriterium von *Nyquist* hingegen gestattet eine Aussage bezüglich der Stabilität, ohne die Wurzeln s_i vorher bestimmen zu müssen, weil es sich auf die Beantwortung der Frage beschränkt, ob in der rechten komplexen Halbebene Wurzeln des Nennerausdrucks $1+KGH$ liegen oder nicht. Dieser läßt sich, wenn man der Einfachheit halber das Vorhandensein von Totzeit[1]) ausschließt, wie folgt schreiben:

$$1+KGH = 1+K\,\frac{(s-s_{N1})\,(s-s_{N2})\ldots(s-s_{Nm})}{(s-s_{P1})\,(s-s_{P2})\ldots(s-s_{Pn})}$$

$$= \frac{(s-s_1)\,(s-s_2)\ldots(s-s_n)}{(s-s_{P1})\,(s-s_{P2})\ldots(s-s_{Pn})} = f(s) \qquad (5.12)$$

Die Wurzeln der charakteristischen Gleichung sind also die Nullstellen von $f(s)$, während die Pole von GH gleichzeitig auch Pole von $f(s)$ sind. Da aus physikalischen Gründen $m < n$ ist, hat $f(s)$ stets gleichviel Pole wie Nullstellen (= Wurzeln). Dieser Tatbestand wird noch im weiteren Verlauf des Abschnittes von Bedeutung sein.

Für die Ableitung des Stabilitätskriteriums ist es nun wichtig, daß jedem Punkt der s-Ebene, also jeder komplexen Zahl s, vermöge der Gl. (5.12) eindeutig eine komplexe Zahl $f(s)$ zugeordnet ist, die ebenfalls in der Gauß'schen Zahlenebene aufgetragen werden kann.

Als Beispiel betrachten wir einen Regelkreis mit der Nullstelle $s_N = -30$, den Polen $s_{P1} = -4$, $s_{P2} = 0$, $s_{P3} = +4$ und einem $K = 5$. Der Kreis hat somit die Wurzeln

$$s_1 = -6, \quad s_2 = +3+4i, \quad s_3 = +3-4i.$$

Pole und Wurzeln (= Nullstellen von $f(s)$) sind in der s-Ebene in Bild 5.14 aufgetragen. Zu dem Punkt s_x der s-Ebene läßt sich nun das zugehörige $f(s_x)$ finden, indem man von der Polardarstellung der komplexen Zahlen Gebrauch macht:

$$|f(s_x)| = \frac{|s_x-s_1|\cdot|s_x-s_2|\cdot|s_x-s_3|}{|s_x-s_{P1}|\cdot|s_x-s_{P2}|\cdot|s_x-s_{P3}|}$$

und

$$\varphi(f) = \varphi_1+\varphi_2+\varphi_3-\varphi_{P1}-\varphi_{P2}-\varphi_{P3}$$

[1]) Die Beschränkung auf algebraische Polynome bei der Ableitung des Nyquist-Kriteriums hat lediglich die Vermeidung schwieriger funktionstheoretischer Methoden zum Ziel. Das Ergebnis der Ableitung besitzt auch Gültigkeit für transzendente Übertragungsfunktionen.

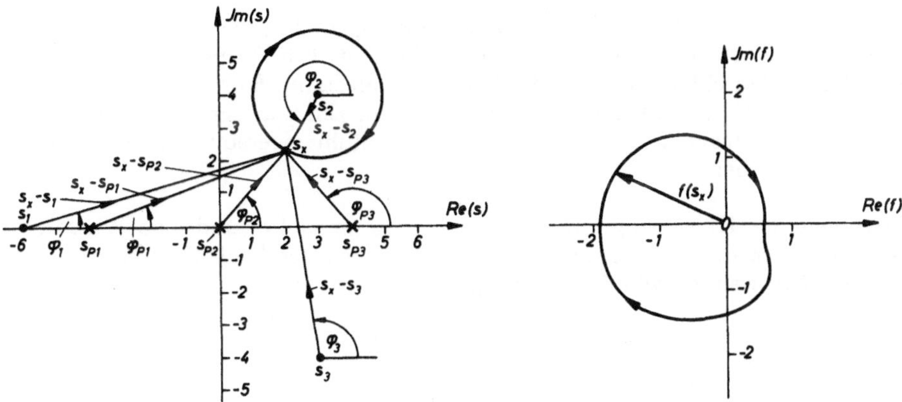

Bild 5.14. Abbildung eines Kreises um die Wurzel s_2 in der $f(s)$-Ebene

In Bild 5.14 ist s_x ein Punkt des Kreises, der die Wurzel s_2 umschlingt. Diesem Kreis ist in der $f(s)$-Ebene ebenfalls ein geschlossener Kurvenzug zugeordnet. Für uns ist nun bei dieser Abbildung wichtig, daß, wenn man eine *Wurzel* in der s-Ebene in einem geschlossenen Kurvenzug im Uhrzeigersinn umfährt, die zugeordneten Punkte $f(s)$ den Nullpunkt der f-Ebene ebenfalls im Uhrzeigersinn umfahren.

Diesen Tatbestand kann man sich leicht dadurch erklären, daß beim Umlauf um s_2 der Zeiger $s - s_2$ einen Winkel von 360° im Uhrzeigersinn durchläuft, während die übrigen Zeiger nur Pendelbewegungen ausführen. Entsprechend obiger Winkelzuordnung muß also $\varphi(f)$ nach einem Umlauf um den gleichen Winkel wie φ_2 gewachsen sein.

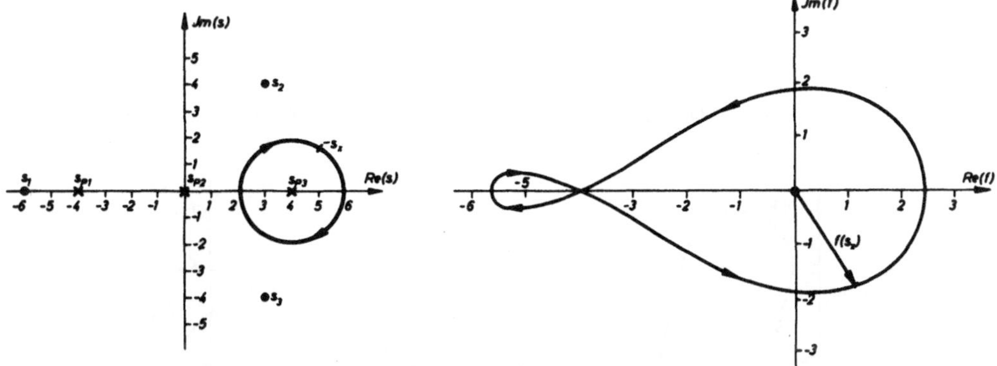

Bild 5.15. Abbildung des Kreises um den Pol s_{P3} in der $f(s)$-Ebene

Im Bild 5.15 ist ein gleichartiger Kreis in der s-Ebene um einen Pol gelegt und in die f-Ebene übersetzt worden. Dieses Bild zeigt, daß beim Umfahren eines Poles in der s-Ebene im Uhrzeigersinn der Nullpunkt der f-Ebene im Gegenuhrzeigersinn umfahren wird. Auch dieses Verhalten ist aus der Winkelzuordnung ersichtlich.

Als Sonderfall ist in Bild 5.16 ein Kurvenzug abgebildet, der in der s-Ebene einen Pol umfährt und einen weiteren Pol schneidet. Ein Fahrstrahl $f(s)$ überstreicht beim Durchlaufen der in die f-Ebene übersetzten Kurve einen Winkel von 540° d. h. $(1^1/_2) \cdot 360°$ im Gegenuhrzeigersinn. Ein von der „s-Kurve" geschnittener Pol trägt also nur mit 180° im Gegenuhrzeigersinn zum Umlaufwinkel von $f(s)$ bei.

Umschlingt der Kurvenzug dagegen gleichzeitig einen Pol und eine Wurzel, dann muß nach den vorangegangenen Überlegungen der Umlaufwinkel von f verschwinden, was im Bild 5.17 bestätigt wird.

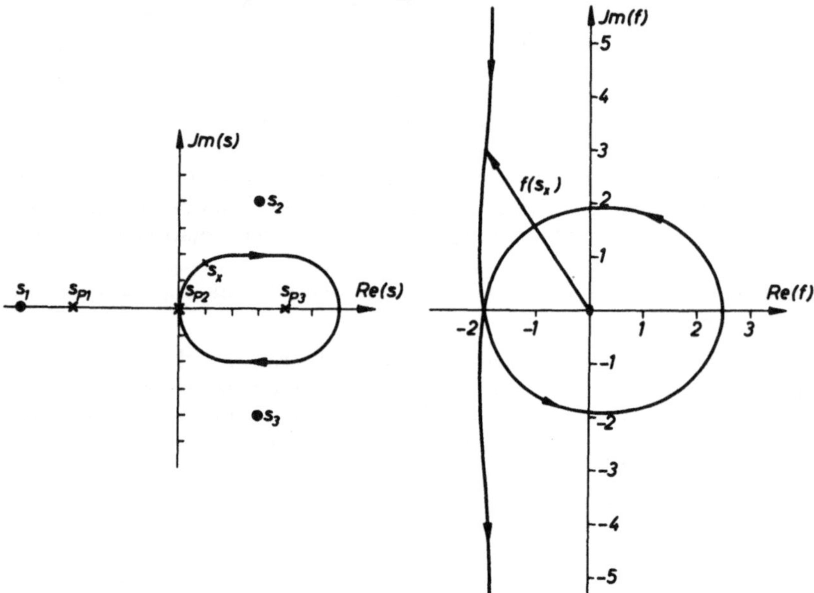

Bild 5.16. Abbildung einer Kurve, die s_{P3} umfährt und s_{P2} schneidet

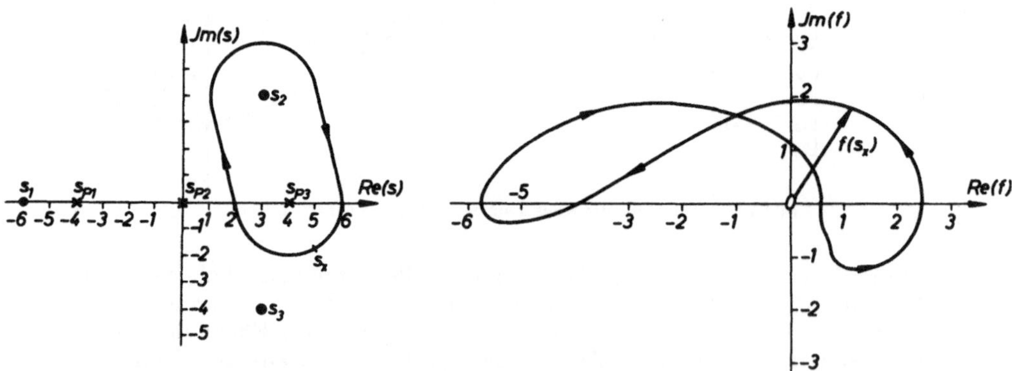

Bild 5.17. Abbildung einer Kurve, die einen Pol und eine Wurzel umschlingt

Wir kommen anhand der genannten Beispiele zu der folgenden allgemeinen Aussage:

> Umfährt eine geschlossene Kurve in der s-Ebene P Pole und W Wurzeln im Uhrzeigersinn und schneidet dabei p Pole und w Wurzeln, dann überstreicht der zugeordnete Zeiger $f(s)$ in der f-Ebene einen Winkel von
>
> $$\varphi_f = 360° \,(W-P) + 180° \,(w-p) \tag{5.13}$$
>
> ebenfalls im Uhrzeigersinn.

Dieser Satz gilt unabhängig davon, wo sich die einzelnen Pole P und Wurzeln W innerhalb der Kurve befinden.

Um eine Aussage über die Stabilität zu erhalten, bilden wir nun in der f-Ebene die imaginäre Achse der s-Ebene ab, die ja die — Instabilität anzeigenden — Wurzeln der rechten s-Halbebene von den übrigen Wurzeln trennt (s. Bild 5.18). Dabei läuft s von $-i\,\infty$ über $s = 0$ nach $+i\,\infty$ und schließt sich im Fall a (strichpunktierte Linie) über eine im Unendlichen verlaufenden Kurve zu einem geschlossenen Linienzug, der damit die ganze rechte Halbebene im Uhrzeigersinn umfährt. Beim Durchfahren der zugeordneten $f(s)$-Linie wird ein Winkel von 180° im Uhrzeigersinn überstrichen.

Nach Gl. (5.13) kann man also sofort die Anzahl der eingeschlossenen positiven Wurzeln bzw. Wurzeln auf der imaginären Achse angeben, da $P_r = 1$ (= Pole der rechten Halbebene) und $p = 1$ vorgegeben sind:

$$W_r + w/2 = \varphi_f/360° + P_r + p/2 = {}^1/_2 + 1 + {}^1/_2 = 2$$

Da die Abbildung der Punkte $s = -i\,\infty$ und $s = +i\,\infty$ in der f-Ebene im Punkt $f = +1$ zusammenfallen, kann damit entweder die Umfahrung der rechten s-Halbebene entsprechend a) oder der linken s-Halbebene entsprechend b) gemeint sein.

Im Fall b) wird die linke s-Halbebene jedoch im Gegenuhrzeigersinn umfahren, d. h. Gl. (5.13) liefert hier erst über die vorgenannte Bedingung der gleichen Anzahl von Wurzeln und Polen

$$W_{\text{ges}} = W_r + W_l + w = P_{\text{ges}} = P_r + P_l + p$$

die gleiche Beziehung

$$W_r + w/2 = \varphi_f/360° + P_r + p/2 \tag{5.13a}$$

Mit dieser Aussage haben wir bereits das vollständige Nyquist-Stabilitätskriterium vor uns; denn mit $W_r + w/2 = 0$ bzw. $\varphi_f/360° + P_r + p/2 = 0$ ist Stabilität gewährleistet. Entscheidend ist dabei, daß wir den Winkel φ_f aus der Ortskurve des Frequenzganges des aufgeschnittenen Regelkreises entnehmen können.

Es gilt nämlich $\quad KG(s = i\omega) \cdot H(s = i\omega) \equiv F_0\,(i\omega)$

und $\quad f(i\omega) = 1 + F_0(i\omega) \quad$ oder $F_0(i\omega) = f(i\omega) - 1$

d. h. die Abbildung $f(i\omega)$ ist bis auf die Verschiebung um 1 identisch mit der Ortskurve F_0 und ihre Erweiterung für negative Kreisfrequenz ω (s. hierzu Bild 5.18).

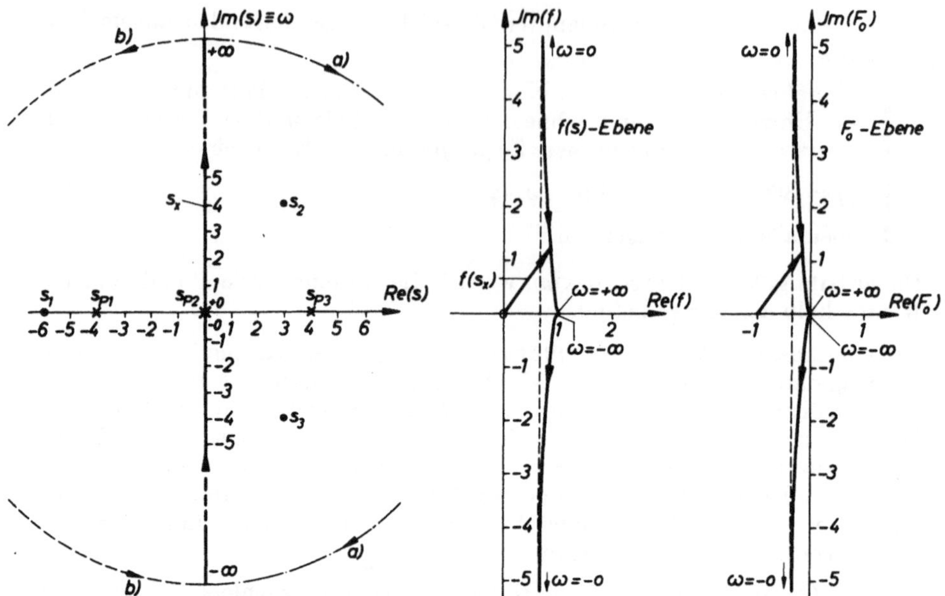

Bild 5.18. Abbildung der imaginären Achse in der $f(s)$-Ebene

Der Winkel φ_f ist entsprechend um den Punkt (-1) der F_0-Ebene zu messen, wobei ω von $-\infty$ bis $+\infty$ läuft.

Man kann außerdem von der Tatsache Gebrauch machen, daß die Ortskurve für negative ω sich aus derjenigen für positive ω durch Spiegelung an der reellen Achse ergibt, und das Stabilitätskriterium in folgendem Satz zusammenfassen.

Nyquistkriterium:

Ein Regelkreis mit P_r Polen mit positivem Realteil und p Polen mit dem Realteil null ist stabil, wenn in der Ortskurvenebene (F_0-Ebene) ein Fahrstrahl vom Punkt (-1) zur Ortskurve auf dem Wege von $\omega = 0$ bis $\omega = \infty$ den Winkel

$$\varphi_{F0} = 180° \ (P_r + p/2)$$

im Gegenuhrzeigersinn durchläuft.

Neben diesem notwendigen und hinreichenden Stabilitätskriterium von Nyquist gibt es noch andere, die einfacher formuliert und angewendet werden können, die aber nur notwendig und erst bei Beschränkung auf Systeme ohne Pole in der positiven s-Halbebene auch hinreichend sind.

Wie schon zu Anfang dieses Abschnittes gezeigt, ist die Ortskurve F_0 die Abbildung der imaginären Achse der s-Ebene auf die KGH-Ebene. Da wir es mit einer konformen Abbildung zu tun haben, wird das Gebiet rechts der imaginären Achse (s-Ebene) in der KGH-Ebene auch rechts der Ortskurve abgebildet, jedoch nur ausschließlich auf dieser Seite, wenn keine Unendlichkeitsstellen (Pole) in der positiven s-Halbebene liegen. Da nun die Wurzeln s_i (vgl. Gl. 4.4) sämtlich im Punkt (—1; 0) der KGH-Ebene abgebildet werden, müßte daher dieser Punkt rechts der Ortskurve liegen, wenn eine (oder mehrere) der Wurzeln diesem s-Gebiet rechts der imaginären Achse angehören soll. Wir erhalten damit die folgende Aussage:

Liegt der kritische Punkt (—1; 0) im Gebiet zur Rechten der Ortskurve, wenn sie mit wachsendem ω durchlaufen wird, dann ist der Regelkreis instabil. Bei Beschränkung auf Pole mit negativem Realteil gilt auch die Umkehrung, die als vereinfachtes Stabilitätskriterium am meisten bekannt ist:

> Liegt der kritische Punkt (—1; 0) der KGH-Ebene im Gebiet zur Linken der Ortskurve $F_0(i\omega)$, wenn diese mit wachsendem ω durchlaufen wird, dann ist der Regelkreis stabil.

Eine andere Formulierung des vereinfachten Stabilitätskriteriums ist das Testlinienkriterium, das ebenfalls nur bei Beschränkung auf Pole mit negativem Realteil eine sichere Aussage über die Stabilität erlaubt.

Testlinienkriterium: Der geschlossene Regelkreis ist stabil, wenn jede vom kritischen Punkt (—1; 0) zur Ortskurve F_0 gezogene Testlinie eine ω-Orientierung vorfindet, die von der Testlinie aus gesehen von rechts nach links weist. Die Testlinie darf vorher weder die Ortskurve noch die reelle Achse geschnitten haben (vgl. Bild 5.19 und 5.20).

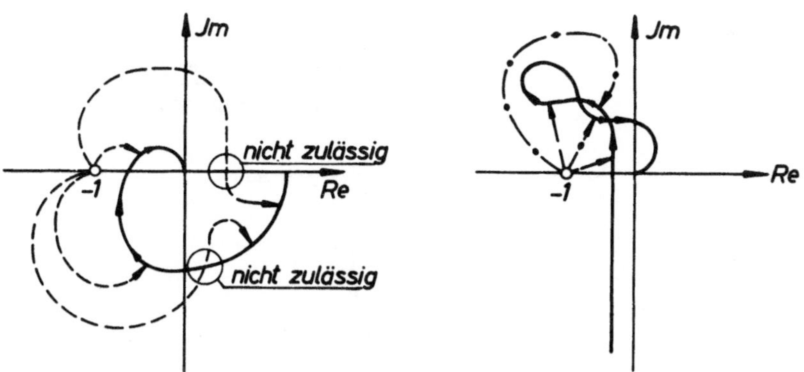

Bild 5.19. Verschiedene „Testlinien" bei einem stabilen Regelkreis

Bild 5.20. „Testlinien" bei einem instabilen System

Die Beschränkung auf Pole in der negativen s-Halbebene ist fast immer erfüllt. Sie besagt, daß der aufgeschnittene Regelkreis für sich stabil ist. Anderenfalls ließe sich der Frequenzgang z. B. experimentell nicht aufnehmen, da die im Ausgangssignal enthaltene erzwungene Schwingung von den theoretisch über alle Grenzen wachsenden Eigenfunktionen überdeckt wird.

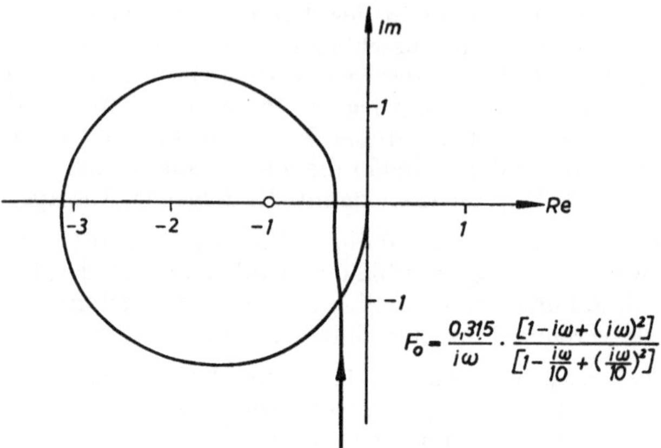

Bild 5.21. Ortskurve eines stabilen Systems

Bei instabilen Frequenzgängen des offenen Kreises (genauer: bei nichtregulären Polen) wird stets die Untersuchung mit Hilfe des vollständigen Nyquist-Kriteriums oder eines anderen strengen Kriteriums empfohlen[1]) (z. B. *Routh*-Kriterium, *Hurwitz*-Kriterium[16], *Cremer-Leonhard*-(bzw. *Michailow*)-Kriterium[13], Wurzelortverfahren)[2]), obwohl die vereinfachten Kriterien in vielen Fällen die richtige Stabilitätsaussage ergeben. Z. B. erfüllen die Ortskurven nach Bild 5.21 und 5.22 beide das vereinfachte Stabilitätskriterium, dennoch ist das System, dessen Ortskurve Bild 5.22 zeigt, instabil, wie man nach Anwendung des strengen Nyquist-Kriteriums leicht nachweist.

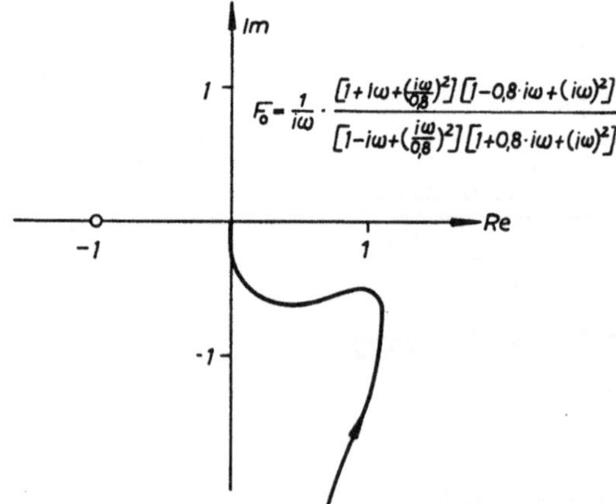

Bild 5.22. Ortskurve eines instabilen Systems

1) Man beachte, daß nur die nichtregulären Pole die Aussage der vereinfachten Kriterien beeinflussen, nicht jedoch die nichtregulären Nullstellen oder Totzeitglieder.

2) Vom Standpunkt dieses Buches erschien uns der Verzicht auf die Darstellung der vorgenannten Methoden mit Ausnahme des Wurzelortverfahrens zulässig.

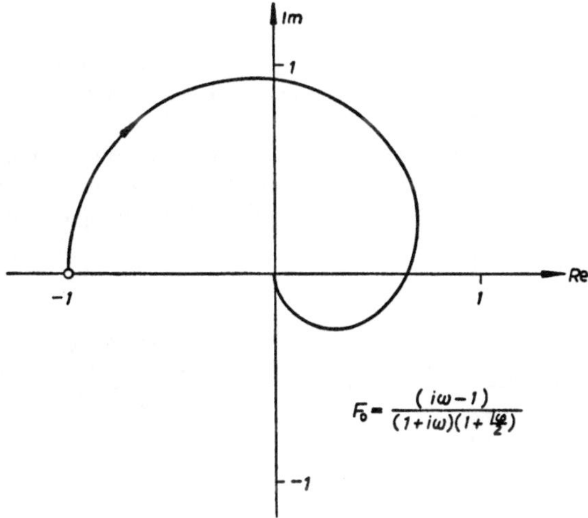

Bild 5.23. Ortskurve eines Regelkreises mit monotoner Stabilitätsgrenze

Für den Grenzfall, daß die Ortskurve durch den kritischen Punkt (—1, 0) der komplexen F_0-Ebene läuft (Stabilitätsgrenze), ergibt sich als Übergangsfunktion des geschlossenen Regelkreises eine Dauerschwingung, deren Frequenz der ω-Skalierung der Ortskurve am kritischen Punkt (—1; 0) entspricht. Nur bei nichtregulären Systemen kann die Ortskurve auch bei $\omega = 0$ mit dem kritischen Punkt zusammenfallen. Die oszillatorische Instabilität entartet dann zu monotoner Instabilität (vgl. Bild 5.23). Ein Regelkreis dieser Art ist natürlich unbrauchbar. Das gleiche gilt für einen Regelkreis, dessen Ortskurve F_0 zwar das Nyquist-Kriterium erfüllt, ohne dabei aber in genügendem Abstand vom kritischen Punkt (—1, 0) vorbeizulaufen. Was bedeutet nun „genügender Abstand“? Wir wollen diese Frage anhand des Bildes 5.24 behandeln. Ebenso wie die imaginäre Achse der s-Ebene als Ortskurve des Frequenzganges auf die F_0-Ebene abgebildet wird, kann auch, wie wir ja gesehen haben, jede andere beliebige Linie, also z. B. auch eine Parallele zur imaginären Achse der s-Ebene auf die F_0-Ebene abgebildet werden. Wenn

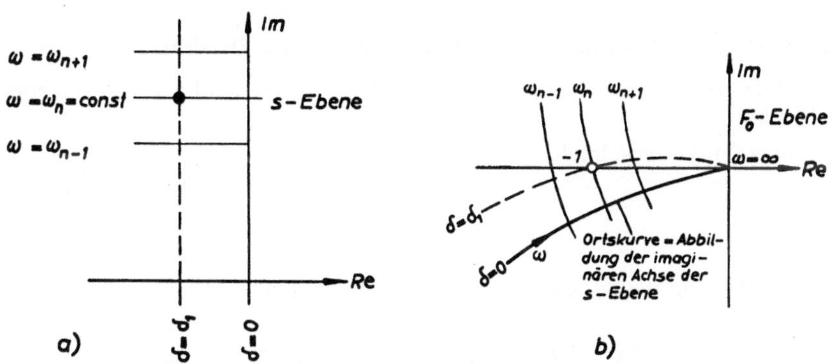

Bild 5.24. Beziehung zwischen der Dämpfung des Regelkreises und dem Abstand der Ortskurve vom kritischen Punkt

auf der gestrichelten Parallele in der s-Ebene des Bildes 5.24a eine Wurzel der charakteristischen Gleichung $1+F_0(s)=0$ liegt, läuft ihre Abbildung (gestrichelte Kurve in der F_0-Ebene des Bildes 5.24b durch den kritischen Punkt. Falls diese Wurzel $-\delta_1+i\omega_n$ und ihre konjugiert komplexe $-\delta_1-i\omega_n$ die einzigen sind, wird die Regelgröße des geschlossenen Regelkreises z. B. nach einem Anstoß entsprechend einer Sprungfunktion gedämpfte Schwingungen mit der Frequenz ω_n und der Abklingkonstanten δ_1 ausführen.

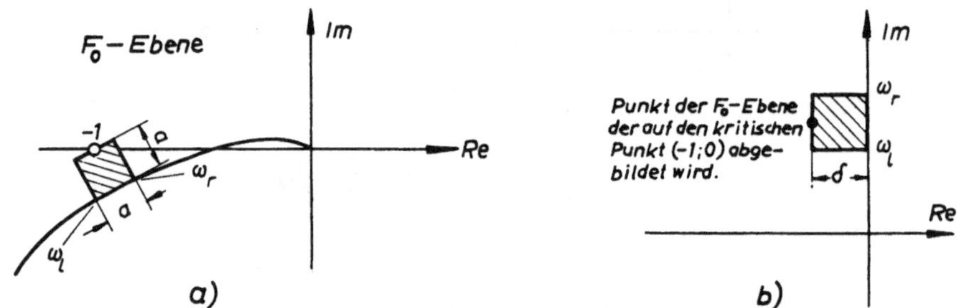

Bild 5.25. Bestimmung der Abklingkonstanten δ_1

Man kann nun in solchen Fällen, in denen die Ortskurve als verhältnismäßig glatte Kurve nahe genug am kritischen Punkt vorbeiläuft, aus dem Abstand a der Ortskurve vom kritischen Punkt die Abklingkonstante δ_1 bestimmen (Bild 5.25). Dazu trägt man den Abstand a in der Umgebung des dem Punkt $(-1,\ 0)$ nächsten Punktes der Ortskurve ab und bildet, möglichst unter Benutzung der vorhandenen ω-Skalierung, die Differenz $\omega_r-\omega_l$ (Bild 5.25a). Diese Differenz ist gleich der Abklingkonstanten δ_1, da ja die Abbildung der s-Ebene auf die F_0-Ebene eine konforme Abbildung ist und somit das schraffierte Quadrat auf der s-Ebene (Bild 5.25b) praktisch genau genug in das ebenfalls schraffierte Quadrat der F_0-Ebene (Bild 5.25a) abgebildet wird, wenn nur der Abstand a genügend klein ist. In komplizierteren Fällen (vgl. z. B. die Ortskurve in Bild 5.21) ist diese Bestimmung der Dämpfungskonstanten allerdings fragwürdig. Gleichfalls wird sie unsicher bei „großem" Abstand der Ortskurve vom kritischen Punkt, interessiert dann aber kaum noch.

5.4. Beispiele zur Stabilitätsuntersuchung anhand der Ortskurve

1. Beispiel: Gegeben sei ein einfacher Regelkreis, bestehend aus den folgenden zwei Blöcken:

Regelstrecke ohne Ausgleich: $$F_S=\frac{1}{T_S i\omega}$$

I-Regler: $$F_R=\frac{r_{-1}}{i\omega\,(1+T_1\cdot i\omega)}.$$

Der Frequenzgang des offenen Regelkreises lautet also

$$F_0=F_RF_S=\frac{r_{-1}}{T_S}\cdot\frac{1}{(i\omega)^2\,(1+T_1 i\omega)},$$

dessen Ortskurve in Bild 5.26 dargestellt ist.

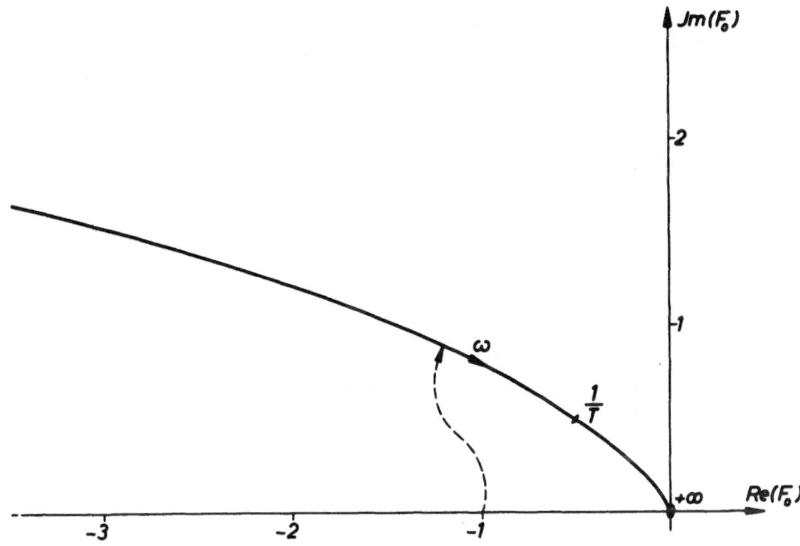

Bild 5.26. Ortskurve zum 1. Beispiel

Schon das vereinfachte Nyquistkriterium zeigt uns, daß der Regelkreis instabil sein muß, denn der kritische Punkt liegt zur Rechten der Ortskurve, wenn diese in ω-Richtung durchlaufen wird. Auch mit einer Testlinie kann man die Instabilität leicht nachweisen. Mit Hilfe des vollständigen Nyquistkriteriums können wir darüber hinaus die Anzahl der Wurzeln mit positivem Realteil bestimmen. Es gilt mit Gl. (5.13a) und mit $\varphi_{F0} = \varphi_f/2$:

$$(W_r + w/2) = \varphi_{F0}/180° + (P_r + p/2). \tag{5.13b}$$

Aus der Frequenzgangfunktion dieses Beispiels entnehmen wir: $P_r = 0$, $p = 2$. Ebenso weist man leicht nach, daß für $\omega \to 0$ $|F_0| \to \infty$ und $\varphi_0 \to 180°$ gehen. Damit legt ein Fahrstrahl vom kritischen Punkt zur Ortskurve auf dem Wege von $\omega = 0$ bis $\omega = \infty$ den Winkel 180° im Uhrzeigersinn zurück. Gl. (5.13b) liefert also

$$(W_r + w/2) = 180°/180° + 2/2 = 2$$

Anhand der Beispiele 4 und 5 im Wurzelortkatalog kann man sich klarmachen, daß es sich um ein komplexes Wurzelpaar in der rechten s-Halbebene handeln muß.

2. Beispiel: Ein zweimaschiger Regelkreis des in Bild 5.27 gezeigten Aufbaues sei gegeben.

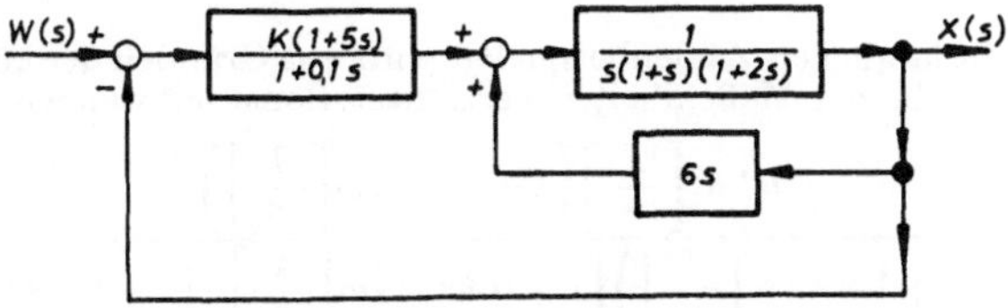

Bild 5.27. Regelkreis des Beispieles 2

Die Anwendung der Regeln 17 und 11 (Tabelle 3.1) liefert als Übertragungsfunktion des aufgeschnittenen Regelkreises

$$KGH = \frac{25K(s+{}^{1}/_{5})}{s(s-1)(s+2{,}5)(s+10)}\;[1].$$

Die positive Rückführung der Nebenschleife liefert also einen Pol $(+1,\ 0)$ in der rechten Hälfte der s-Ebene. Der aufgeschnittene Regelkreis ist daher instabil, was jedoch nicht notwendigerweise auch Instabilität des geschlossenen Regelkreises bedeutet. Der Frequenzgang des aufgeschnittenen Regelkreises wird mit $s = i\omega$ wie folgt erhalten

$$F_0 = \frac{0{,}2K(1+5i\omega)}{i\omega(-1+i\omega)(1+0{,}4i\omega)(1+0{,}1i\omega)}\;[1].$$

In Bild 5.28 ist die Ortskurve für ein $K = 3$ dargestellt. Zunächst prüfen wir, ob das vereinfachte Stabilitätskriterium erfüllt ist. Die eingezeichneten Testlinien zeigen Stabilität an.

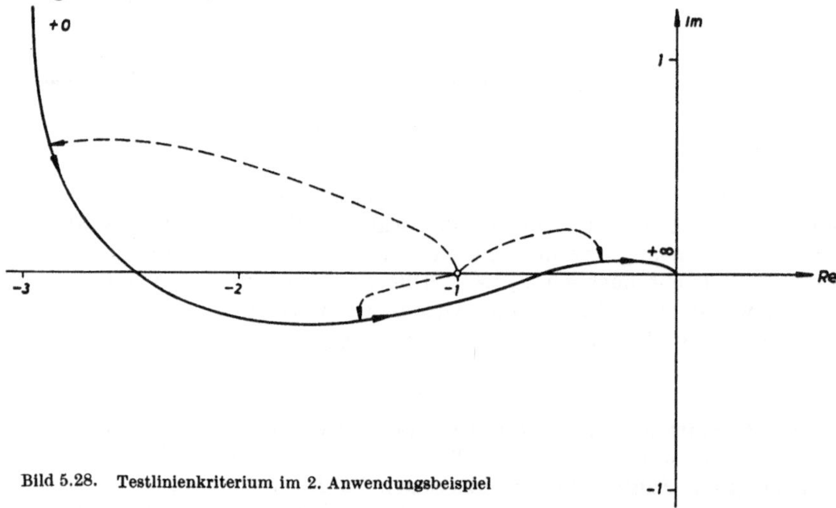

Bild 5.28. Testlinienkriterium im 2. Anwendungsbeispiel

Da die Frequenzgangfunktion einen positiven Pol (bei + 1) und einen Pol mit verschwindendem Realteil enthält, muß für das vollständige Nyquistkriterium der Fahrstrahl vom kritischen Punkt den Winkel

$$\varphi_{F0} = 180^\circ\,(P_r + p/2) = 270^\circ$$

im Gegenuhrzeigersinn überstreichen. Auch diese Bedingung ist erfüllt, so daß die Stabilität gesichert ist.

---

[1] In diesem und in ähnlichen Zahlenbeispielen wird aus Gründen der kürzeren Schreibweise auf die Angabe der Maßeinheiten verzichtet. Sonst müßten wir z. B. schreiben:

$$F_0 = \frac{0{,}2\,K\left[\frac{1}{\mathrm{s}}\right]\left(1+5\,\mathrm{sec}\;i\omega\left[\frac{1}{\mathrm{s}}\right]\right)}{i\omega\left[\frac{1}{\mathrm{s}}\right]\left(-1+1\,\mathrm{sec}\;i\omega\left[\frac{1}{\mathrm{s}}\right]\right)\left(1+0{,}4\,\mathrm{sec}\;i\omega\left[\frac{1}{\mathrm{s}}\right]\right)\left(1+0{,}1\,\mathrm{sec}\;i\omega\left[\frac{1}{\mathrm{s}}\right]\right)}.$$

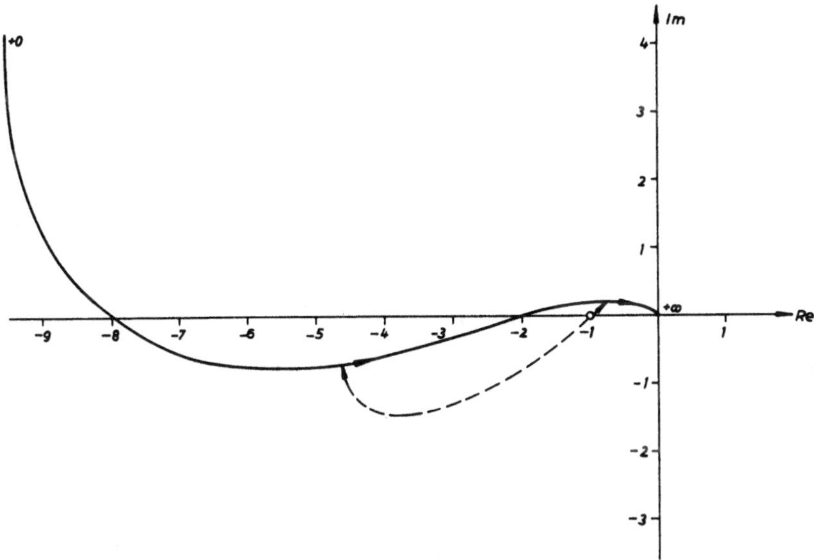

Bild 5.29a. Instabilität bei Vergrößerung der Verstärkung

Der hier untersuchte Regelkreis ist eines der in der Regelungstechnik verhältnismäßig seltenen Beispiele dafür, daß nicht nur bei Vergrößerung von K (Bild 5.29a), sondern auch bei Verminderung von K (Bild 5.29b) Instabilität eintreten kann. Diese Aussagen sind natürlich auch aus der Wurzelortkurve

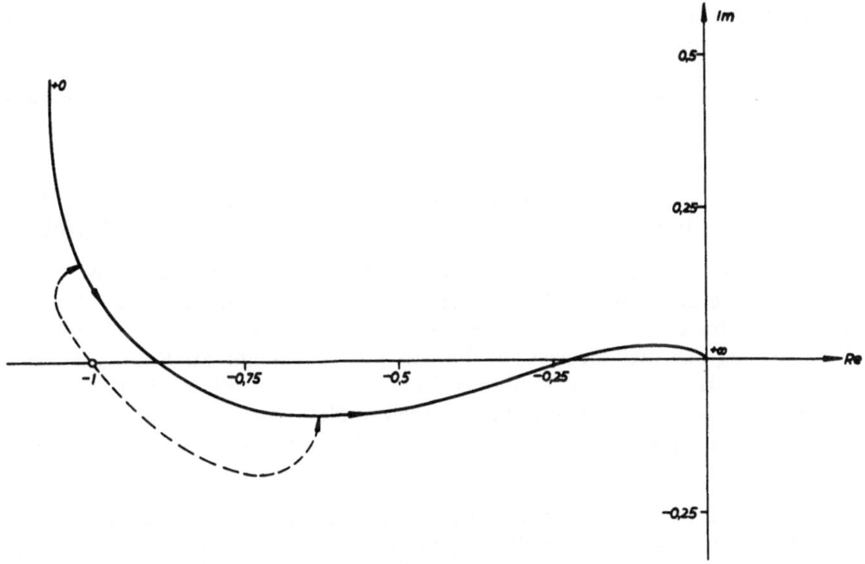

Bild 5.29b. Instabilität bei Verminderung der Verstärkung

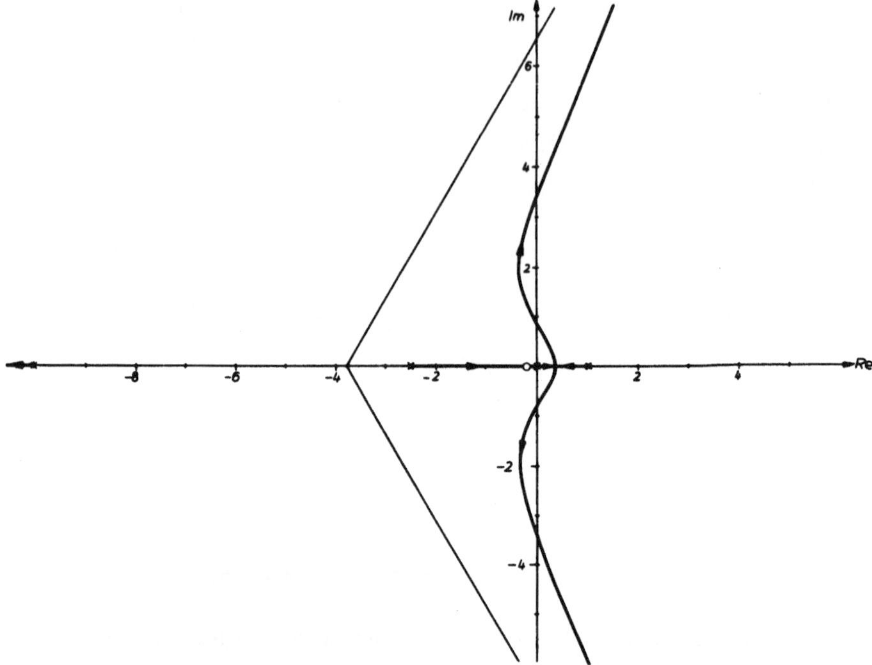

Bild 5.30. Wurzelortkurve zum zweiten Anwendungsbeispiel

(Bild 5.30) ablesbar, die sich unter Beachtung der Regeln in Abschnitt 4.2 schnell skizzieren läßt. Es handelt sich im vorliegenden Fall um einen nichtregulären Pol. Die Besonderheiten solcher nichtregulärer Systeme, vom Standpunkt der Theorie gesehen, werden im Abschnitt 5.8 eingehend erörtert.

Zum technischen Aspekt *nichtregulärer Pole* sei noch darauf hingewiesen, daß auch stabile Regelkreise dieser Art in zweifacher Hinsicht gefährdet sind:

a) Es besteht die Möglichkeit der Abnahme des Verstärkungsfaktors (z. B. Röhrenalterung, Abnahme des hydraulischen oder pneumatischen Vordrucks usw.); dadurch kann das Eintreten in den instabilen Zustand erfolgen.

b) Bei großen Störungen bzw. Sollwertänderungen (z. B. beim Anfahren eines drehzahlgeregelten Maschinensatzes) besteht die Gefahr, daß die Verstärker im Regelkreis in den Sättigungsbereich geraten. Dabei kann die Verstärkung des Regelkreises (Verhältnis von Ausgangs- zu Eingangssignal) ebenfalls unter die kritische Verstärkung absinken und somit Instabilität (jedoch „limit-cycle"-Schwingung) eintreten. Man wird also diese nur bedingt stabilen nichtregulären Systeme zu vermeiden suchen.

3. Beispiel: Während die Anwendung des Wurzelortverfahrens auf Regelkreise, die echte Totzeit enthalten, praktisch kaum in Frage kommt, entsteht auch hier für die Frequenzgangmethode keine besondere Schwierigkeit.

Insbesondere ist das Nyquist-Stabilitätskriterium unverändert anwendbar. Wir betrachten dazu einen einfachen Regelkreis bestehend aus einer Regelstrecke ohne Ausgleich mit Totzeit T_t

$$F_S = \frac{1}{T_S i\omega} e^{-i\omega T_t}$$

und einem PD-Regler mit Verzögerung 1. Ordnung

$$F_R = \frac{r_0 + r_1 i\omega}{1 + T_1 i\omega},$$

damit lautet der Frequenzgang des aufgeschnittenen Regelkreises

$$F_0 = \frac{r_0 + r_1 i\omega}{T_S i\omega (1 + T_1 i\omega)} e^{-i\omega T}.$$

Sowohl das Nyquist-Kriterium in der „vollständigen" Fassung als auch das vereinfachte Kriterium zeigen, daß Stabilität vorhanden ist (s. Bild 5.31). Allerdings wird der geschlossene Regelkreis bei Vergrößerung der Verstärkung des Reglers schließlich instabil (vgl. die gestrichelte Ortskurve).

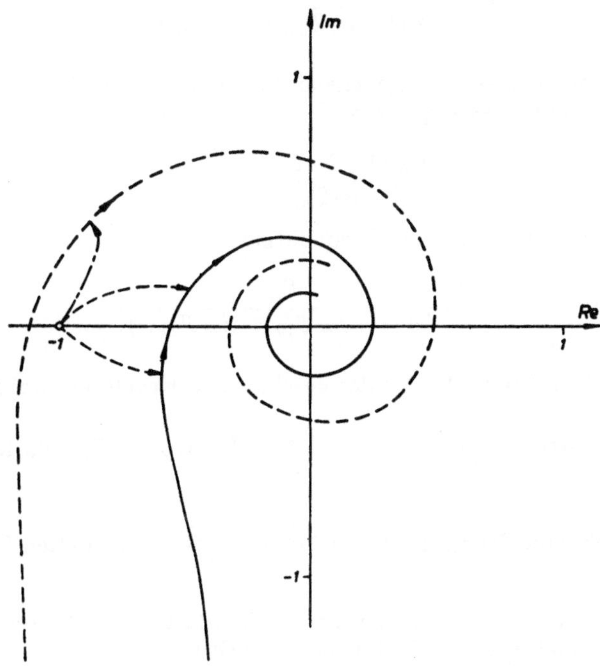

Bild 5.31. Vereinfachtes Nyquistkriterium im Anwendungsbeispiel 3

Übungsaufgaben

5.4-1 Gegeben sei ein einfacher Regelkreis nach Bild Ü 5.4-1 mit dem Frequenzgang des Reglers

$$F_R = \frac{V_R}{i\omega}$$

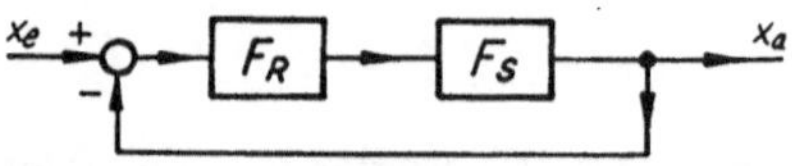

Bild Ü 5.4-1

und dem Frequenzgang der Regelstrecke

$$F_S = V_S\,(1 + i\omega T_1)$$

Mit Hilfe der „vollständigen“ Fassung des Nyquist-Kriteriums sowie des vereinfachten Kriteriums ist zu prüfen, ob der Regelkreis stabiles Verhalten hat.

5.4-2 Ein nach Bild Ü 5.4-1 aufgebauter Regelkreis ist mit Hilfe aller in Abschnitt 5.3 beschriebenen Verfahren bezüglich seiner Stabilität zu untersuchen. Der Frequenzgang des Reglers ist

$$F_R = \frac{V_R}{i\omega},$$

und für die Regelstrecke lautet er

$$F_S = \frac{V_S}{i\omega\,[1 + i\omega T_{1m} + (i\omega T_{2m})^2]}$$

5.4-3 Ein Regelkreis soll entsprechend Bild Ü 5.4-1 aufgebaut werden. Der Frequenzgang des Reglers ist

$$F_R = \frac{V_R\,(1 + i\omega T_1)}{(1 + i\omega T_2)}$$

Die Regelstrecke hat den Frequenzgang

$$F_S = \frac{V_S}{i\omega\,[1 + i\omega T_{1m} + (i\omega T_{2m})^2]}$$

Für welche Werte V_R ist der geschlossene Regelkreis stabil?

Zahlenwerte: $T_1 = 0{,}4$; $T_2 = 0{,}25$; $T_{1m} = 0{,}4$; $T_{2m} = 0{,}45$; $V_S = 10$.

5.4-4 Man prüfe die Stabilität des in Aufgabe 5.2-5 behandelten Regelkreises.

5.4-5 Ein einfacher Regelkreis (Aufbau nach Bild Ü 5.4-1) besteht aus einem Proportionalregler mit Trägheit erster Ordnung

$$F_R = \frac{V_R}{(1 + i\omega T_1)}$$

und der Regelstrecke mit Totzeit und Trägheit erster Ordnung

$$F_S = \frac{V_S\, e^{-i\omega T_t}}{(1 + i\omega T_2)}$$

Ist der geschlossene Regelkreis für jeden Wert von $V_R V_S$ stabil?

5.4-6 Bild Ü 5.4-6 zeigt den Aufbau eines Regelkreises. Die Übertragungsfunktionen der einzelnen Blöcke sind angegeben.

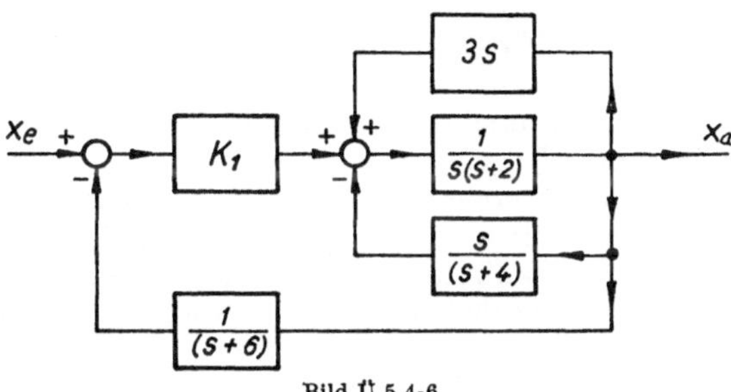

Bild Ü 5.4-6

Man untersuche die Stabilität des geschlossenen Kreises und prüfe, wie sie von der Konstanten K_1 abhängt.

5.5. Der Frequenzgang im Bode-Diagramm

Für die vorteilhafte Anwendung der Frequenzgangmethode in der Regelungstechnik (mit oder ohne spätere Übertragung der so gewonnenen Ergebnisse in das Zeitverhalten) ist es entscheidend, eine Methode zur Hand zu haben, die nicht nur eine schnelle und einfache Bestimmung des Frequenzgangverlaufes für sämtliche Frequenzen gestattet, sondern auch bei der so häufigen Reihenschaltung von Regelkreisgliedern eine *bequeme Multiplikation* der Frequenzgänge erlaubt. Während diese Forderungen von der Ortskurvendarstellung in der komplexen Zahlenebene offensichtlich nicht erfüllt werden, befriedigt das im folgenden beschriebene Verfahren von *Bode* praktisch alle diesbezüglichen Wünsche. Dagegen bietet bei der Addition von Frequenzgängen und bei der Stabilitätsuntersuchung komplizierter Systeme die Ortskurvendarstellung Vorteile.

Im Bode-Diagramm werden im Gegensatz zur Ortskurvendarstellung das Amplitudenverhältnis und der Phasenwinkel getrennt als Funktionen der Kreisfrequenz ω aufgetragen. Dabei wird für die Kreisfrequenz und das Amplitudenverhältnis (Frequenzgangbetrag) ein logarithmischer Maßstab und für den Phasenwinkel ein linearer Maßstab gewählt.

Mit der Identität $\quad F(i\omega) = |F(i\omega)| \cdot e^{i\varphi(\omega)}$

gilt auch $\quad \ln F(i\omega) = \ln(|F(i\omega)|) + i\varphi(\omega). \qquad (5.14)$

Der Logarithmus des komplexen Frequenzganges stellt also eine komplexe Zahl dar, deren Realteil der Logarithmus des Betrages, d. i. des Amplitudenverhältnisses, und deren Imaginärteil der Phasenverschiebungswinkel ist. Für den Fall, daß

$$F(i\omega) = F_1(i\omega) \cdot F_2(i\omega) \dots \cdot F_n(i\omega) = |F_1| e^{i\varphi_1} \cdot |F_2| e^{i\varphi_2} \dots \cdot |F_n| e^{i\varphi_n}$$
$$= |F_1| \cdot |F_2| \cdot |F_3| \dots |F_n| \cdot e^{i(\varphi_1 + \varphi_2 + \dots \varphi_n)}$$

ist, ergibt sich also

$$\ln F(i\omega) = \ln |F_1| + \ln |F_2| + \dots + \ln |F_n| + i(\varphi_1 + \varphi_2 + \dots \varphi_n). \quad (5.14\,\mathrm{a})$$

Durch Logarithmierung gewinnen wir somit den Vorteil, den Frequenzgang hintereinander geschalteter Regelkreisglieder durch Addition anstelle der unbequemen Multiplikation gewinnen zu können. Während dieser mathematische Vorteil sich sozusagen von selbst anbietet, kommt er jedoch erst dadurch für die praktische Anwendung des Frequenzgangverfahrens zum Tragen, daß man die Addition grafisch durchführt und dabei auch ω im logarithmischen Maßstab aufträgt.

Es ist ferner eine willkommene Tatsache, daß in der Regelungstechnik praktisch nur Frequenzgänge vorkommen, die sich aus den folgenden sechs verschiedenen Frequenzgangtypen der Tabelle 5.1 zusammensetzen[1]).

So lautet z. B. der Frequenzgang eines PI-Reglers mit Verzögerung erster Ordnung mit der Gl. $T\dot{y} + y = V_R \left(\int \frac{x\,dt}{T_n} + x \right)$

$$F(i\omega) = V_R \frac{1 + 1/T_n i\omega}{1 + Ti\omega}.$$

Er kann wie folgt als Kombination der Typen I und II umgeschrieben werden

$$F(i\omega) = V_R \cdot \frac{1}{T_n} \cdot \frac{(1 + T_n i\omega)}{(i\omega)\,(1 + Ti\omega)}.$$

In diesem Abschnitt werden wir uns weiterhin auf die ersten drei Typen von Frequenzgängen beschränken, während die übrigen Frequenzgangteile, die als nichtregulär bezeichnet werden, im Abschnitt 5.8 behandelt sind. Schließt man die nichtregulären Typen aus, dann besteht ein fester Zusammenhang zwischen Amplituden- und Phasenverlauf, wie er z. B. bei der Konstruktion der Grundwerte des Phasenverlaufs benutzt wird. Zudem sind die nichtregulären Systeme, die im englischen Sprachgebrauch als *nonminimum-phase systems* bekannt sind, bis auf die Totzeit verhältnismäßig selten.

[1]) Vgl. auch Tabelle 5.8 auf S. 206.

Tabelle 5.1 Zusammenstellung der Frequenzgangtypen

Typ	Differentialgleichung	Frequenzgang	Amplitudengang	Phasengang
I	$\dot{x}_a = x_e \quad (n = -1)$ $x_a = \dot{x}_e \quad (n = +1)$	$(i\omega)^n$	ω^n	$n \cdot \pi/2$
II	$T\dot{x}_a + x_a = x_e \quad (n = -1)$ $x_a = T\dot{x}_e + x_e \quad (n = +1)$	$(1 + Ti\omega)^n$	$[1 + (T\omega)^2]^{\frac{n}{2}}$	$n \arctan(T\omega)$
III	$T^2\ddot{x}_a + 2DT\dot{x}_a + x_a = x_e \quad (n = -1)$ $x_a = T^2\ddot{x}_e + 2DT\dot{x}_e + x_e \quad (n = +1)$	$[1 + 2DTi\omega + (Ti\omega)^2]^n$	$[(1 - T^2\omega^2)^2 + (2DT\omega)^2]^{\frac{n}{2}}$	$n \arctan\left(\frac{2DT\omega}{1 - T^2\omega^2}\right)$
IV	$T\dot{x}_a - x_a = x_e \quad (n = -1)$ $x_a = T\dot{x}_e - x_e \quad (n = +1)$	$(-1 + Ti\omega)^n$	$[1 + (T\omega)^2]^{\frac{n}{2}}$	$n \arctan(-T\omega)$
V	$T^2\ddot{x}_a - 2DT\dot{x}_a + x_a = x_e \quad (n = -1)$ $x_a = T^2\ddot{x}_e - 2DT\dot{x}_e + x_e \quad (n = +1)$	$[1 - 2DTi\omega + (Ti\omega)^2]^n$	$[(1 - T^2\omega^2)^2 + (2DT\omega)^2]^{\frac{n}{2}}$	$-n \arctan\left(\frac{2DT\omega}{1 - T^2\omega^2}\right)$
VI	$x_a(t) = x_e(t - T_t)$	$e^{-T_t \cdot i\omega}$	1	$-\omega T_t$

Wir wenden uns nunmehr der grafischen Darstellung der regulären Typen zu:

$$\text{I.}\quad F_{\mathrm{I}}(i\omega) = (i\omega)^n; \quad \text{Also}^{1)}\ |F_{\mathrm{I}}| = \omega^n \text{ und } \varphi_{\mathrm{I}} = n \cdot \frac{\pi}{2}. \tag{5.15}$$

Wegen $\log |F_I| = n \cdot \log \omega$, erkennt man sofort die Zweckmäßigkeit, $\log |F_I|$ über $\log \omega$ aufzutragen, weil dann — bei gleicher Maßstabswahl auf Ordinate und Abszisse — $\log |F_I|$ durch eine Gerade mit der Steigung n dargestellt wird (Bild 5.32).

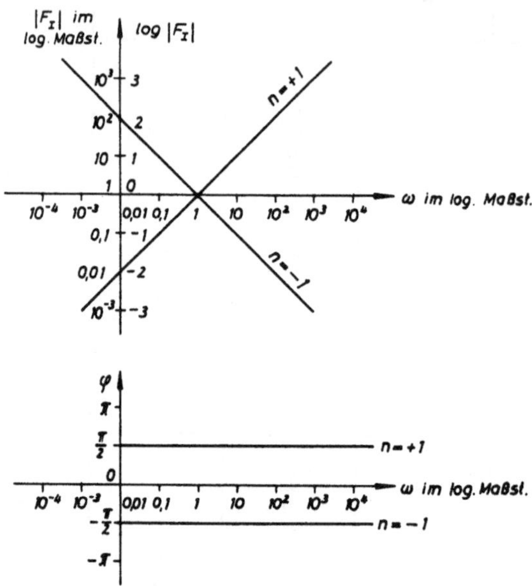

Bild 5.32. Bode-Diagramm für Frequenzgangtyp I

Es ist üblich, die ω-Achse durch $|F(\omega)| = 1$ zu ziehen, weil $\log 1 = 0$ ist. Insbesondere liegen, wenn $|F|$ und φ (gestrichelt) in ein Diagramm gezeichnet werden, $|F| = 1$ und $\varphi = 0$ auf einer Höhe (Bild 5.33).

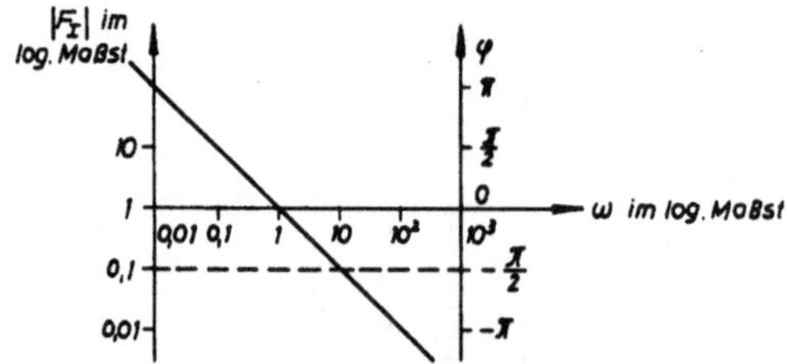

Bild 5.33. Bode-Diagramm für Frequenzgangtyp I ($n = -1$)

$$\left.\begin{aligned} &\text{II.}\quad F_{\mathrm{II}}(i\omega) = (1 + Ti\omega)^n; \ |F_{\mathrm{II}}| = [1 + (T\omega)^2]^{n/2} \\ &\varphi_{\mathrm{II}} = n \arctan (T\omega). \end{aligned}\right\} \tag{5.16}$$

---

1) Hier wie bei den folgenden Frequenzgangtypen ermittle der Leser Betrag und Phasenverschiebungswinkel mit Hilfe der Zeigerdarstellung in der komplexen Ebene! Vgl. Übungsaufgaben 5.2-1 und 5.2-2.

Hier erweist sich besonders eindrucksvoll die Zweckmäßigkeit des Bode-Diagramms; denn die Asymptoten von log $|F_{\text{II}}|$ für $\omega \to 0$ und $\omega \to \infty$ bilden eine gute Annäherung für log $|F_{\text{II}}|$ (Bild 5.34 und 5.35).

1. für $\omega \to 0$ geht $\log |F_{\text{II}}| \to \log 1 = 0$ und

2. für $\omega \to \infty$ geht $\log |F_{\text{II}}| \to \log (T\omega)^n = n \cdot \log (T\omega)$.

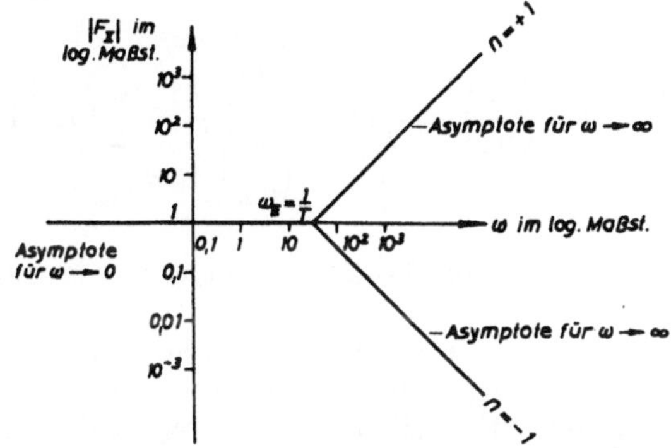

Bild 5.34. Asymptoten des Frequenzgangtyps II im Bode-Diagramm

Beide Asymptoten schneiden sich für $\omega = \omega_E = 1/T$ wegen $\log (T\omega_E) = \log 1 = 0$. Da hier die Asymptoten eine „Ecke" bilden, wird die Frequenz ω_E als Eckfrequenz bezeichnet.

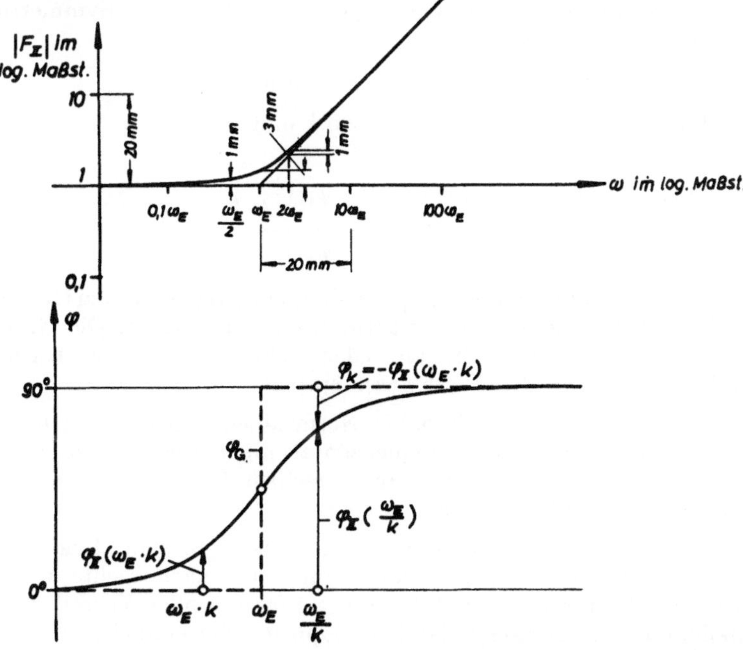

Bild 5.35. Abweichung des Frequenzgangtyps II von den Asymptoten

Der wahre Verlauf von $\log|F_{II}| = n \log\sqrt{1+\left(\frac{\omega}{\omega_E}\right)^2} = \frac{n}{2}\log\left[1+\left(\frac{\omega}{\omega_E}\right)^2\right]$

weicht nur wenig von den Asymptoten ab; und zwar symmetrisch zur Eckfrequenz $\omega_E = 1/T$; denn für $k\cdot\omega_E = \omega < \omega_E$ beträgt die Abweichung

$$\frac{n}{2}\log\left[1+\left(\frac{\omega}{\omega_E}\right)^2\right] - 0 = \frac{n}{2}\log\left[1+(k)^2\right] \quad \text{und für} \quad \omega = \frac{\omega_E}{k} > \omega_E$$

$$\frac{n}{2}\log\left[1+\left(\frac{\omega}{\omega_E}\right)^2\right] - \frac{n}{2}\log\left(\frac{\omega}{\omega_E}\right)^2 = \frac{n}{2}\log\frac{1+\left(\frac{\omega}{\omega_E}\right)^2}{\left(\frac{\omega}{\omega_E}\right)^2} = \frac{n}{2}\log\left[1+\left(\frac{\omega_E}{\omega}\right)^2\right] =$$

$$= \frac{n}{2}\log\left[1+(k)^2\right], \text{ also gleich dem vorigen Ergebnis.}$$

Für $\omega = \omega_E/2$ z. B. und $n = +1$ weicht der wahre Verlauf um $\frac{1}{2}\log(1+\frac{1}{4}) \approx 0{,}05$ von der Asymptoten $\log 1 = 0$ ab. Wenn also jede Dekade durch, sagen wir $L = 20$ mm dargestellt wird (Bild 5.35), beträgt auf der Zeichnung die Abweichung $0{,}05\cdot 20 = 1$ mm. Für $\omega = 2\omega_E$ und $n = +1$ beträgt die Abweichung des wahren Verlaufs von der Asymptoten $\log(\omega T)$ ebenfalls $\frac{1}{2}\log(1+\frac{1}{4}) \approx 0{,}05$. Die größte Abweichung ist bei der Eckfrequenz $\omega = \omega_E$ vorhanden: $\frac{1}{2}n\cdot\log 2 = \frac{1}{2}n\cdot 0{,}3010$; für $n = \pm 1$ also $\pm 0{,}15$, d. h. ± 3 mm bei einer Dekadenlänge $L = 20$ mm. Die Kurve $|F_{II}|$ hat an der Eckfrequenz die Steigung $n/2$.

Auch der Phasenverschiebungswinkel $\varphi_{II}(\omega)$ weist gewisse Symmetrieeigenschaften zur Eckfrequenz auf.

Wegen $\quad \arctan u = \pi/2 - \operatorname{arc\,cot} u \quad (u > 0)$

ergibt sich mit $\quad \varphi_{II}(\omega_E\cdot k) = n\cdot\arctan k$ und $\omega = k\cdot\omega_E$

die Beziehung $\quad \varphi_{II}(k\cdot\omega_E) = n\cdot\pi/2 - \varphi_{II}\left(\frac{\omega_E}{k}\right)$

$$\varphi = \varphi_G + \varphi_K.$$

Man kann daher den Phasenverlauf φ des Frequenzganges aus den Grundwerten φ_G und den tabellierten Phasenkorrekturen φ_K aufaddieren. Die Grundwerte bilden eine Treppenkurve, die an jeder Eckfrequenz dieser sogenannten Glieder 1. Ordnung um den Wert $n\cdot\pi/2$ springt.

Sind die k-Werte wie in Tabelle 5.2 in Normzahlen angegeben, dann sind die Phasenkorrekturen für höhere Frequenzen als ω_E in rückläufiger Reihenfolge und mit umgekehrtem Vorzeichen aus derselben Tabelle zu entnehmen und ebenfalls mit n zu multiplizieren.

Dabei wird vereinbart, die Eckfrequenz selbst noch zu dem „linken" Bereich zu rechnen (bei der üblichen ω-Auftragung mit nach rechts wachsenden Werten) (s. Tabelle 5.6 auf S. 195). Ein weiterer großer Vorteil der Normzahlenteilung ist die Tatsache, daß kein doppelt- oder einfach-logarithmisches Papier mehr erforderlich ist. Die Normzahlen, an eine lineare Teilung geschrieben,

Tabelle 5.2 Amplituden- und Phasenkorrekturen für Glieder 1. Ordnung

$\frac{\omega}{\omega_E}$	φ_{II}	$100 \cdot \begin{Bmatrix} \log \lvert F_{II} \rvert \\ -\log \lvert \text{Asympt.} \rvert \end{Bmatrix}$	$\frac{\omega}{\omega_E}$	φ_{II}	$100 \cdot \begin{Bmatrix} \log \lvert F_{II} \rvert \\ -\log \lvert \text{Asympt.} \rvert \end{Bmatrix}$
0,01	0,6	0,0	0,1	5,7	0,2
0,0112	0,6	0,0	0,112	6,4	0,3
0,0125	0,7	0,0	0,125	7,2	0,4
0,014	0,8	0,0	0,14	8,0	0,4
0,016	0,9	0,0	0,16	9,1	0,5
0,018	1,0	0,0	0,18	10,1	0,7
0,02	1,1	0,0	0,2	11,3	0,9
0,0224	1,3	0,0	0,224	12,6	1,1
0,025	1,4	0,0	0,25	14,1	1,3
0,028	1,6	0,0	0,28	15,7	1,7
0,0315	1,8	0,0	0,315	17,6	2,1
0,0355	2,0	0,0	0,355	19,5	2,6
0,04	2,3	0,0	0,4	21,7	3,2
0,045	2,6	0,0	0,45	24,1	4,0
0,05	2,9	0,1	0,5	26,6	4,9
0,056	3,2	0,1	0,56	29,4	6,0
0,063	3,6	0,1	0,63	32,3	7,3
0,071	4,1	0,1	0,71	35,3	8,8
0,08	4,5	0,2	0,8	38,5	10,7
0,09	5,1	0,2	0,9	41,7	12,9
0,1	5,7	0,2	1,0	45,0	15,1

liefern für sich eine logarithmische Skala. Eine Dekadenteilung ist dann in der Reihe R 10 (DIN 323) aus zehn Schritten zusammengesetzt. Die in den Tabellen benutzte Reihe R 20 geht aus der R 10 durch weiterc Unterteilung hervor, enthält also R 10 und R 5[1]).

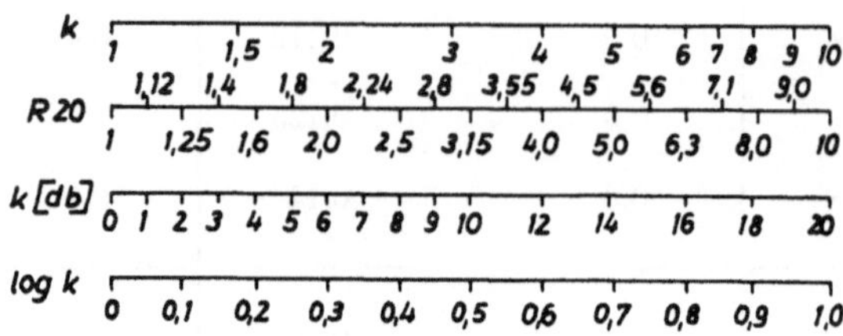

Bild 5.36. Vergleich verschiedener logarithmischer Teilungen

Die so unterteilte Wertereihe von $k = \omega/\omega_E$ ist aus den obengenannten Gründen nur für $k < 1$ angegeben. Für den am häufigsten vorkommenden Exponenten $n = -1$ sind alle Werte der Amplitudenkorrektur und der Phasenwinkel φ_{II} mit dem Minuszeichen zu versehen. Zur zeichnerischen Darstellung der Asymptotenabweichung sind die entsprechenden Werte lediglich mit der Dekadenlänge L zu multiplizieren und durch 100 zu dividieren.

Setzt sich ein Frequenzgang aus wenigen Gliedern 1. Ordnung zusammen, dann bietet die grafische Addition der Teilphasengänge, die mittels der im Anhang vorliegenden Schablone schnell aufgezeichnet werden können, erhebliche Vorteile.

Als Beispiel zeichnen wir das Bode-Diagramm für $F(i\omega) = \dfrac{25}{1+5i\omega}$. Die Eckfrequenz beträgt hier $\omega_E = \frac{1}{5} = 0{,}2$.

In Bild 5.37 sind die ω- und $|F|$ -Achse mit den Normzahlen der Zehnerreihe markiert, die aufgetragen im logarithmischen Maßstab voneinander um $^1/_{10}$ der Dekadenlänge L, in Bild 5.37 also um $^{50}/_{10} = 5$ mm, entfernt sind. Wegen $\log|F(i\omega)| = \log 25 + \log\left|\dfrac{1}{1+5i\omega}\right|$ verläuft die horizontale Asymptote bei $|F| = 25$ bis zur Eckfrequenz $\omega_E = 0{,}2$. Von da ab ist die Asymptote wegen $n = -1$ um 45° nach unten geneigt. Zum Zeichnen des Amplitudenverlaufs genügt nach Eintragung der Asymptoten die Markierung der Abweichungen an wenigen Stellen, z. B. bei $k = 1$ und $k = 2$, $k = 0{,}5$. Man erkennt ferner, daß der Phasenwinkelverlauf durch die Lage der Eckfrequenz $\omega_E = 1/T$ eindeutig festgelegt ist,

[1]) Die Verwandtschaft der R20-Teilung mit der in der angelsächsischen Literatur durchweg benutzten Dezibelteilung ist aus Bild 5.36 zu erkennen. Ein Teilungsschritt der R20-Reihe ist also gerade gleich einem db.

eine Tatsache, die uns, wie wir später noch genauer sehen, gestattet, den Phasenwinkelverlauf auf Grund der durch die Asymptoten allein schon bestimmten Eckfrequenzen zu ermitteln, auch wenn die Amplitudenkurve als Ergebnis von Frequenzgangversuchen gewonnen wurde[1]).

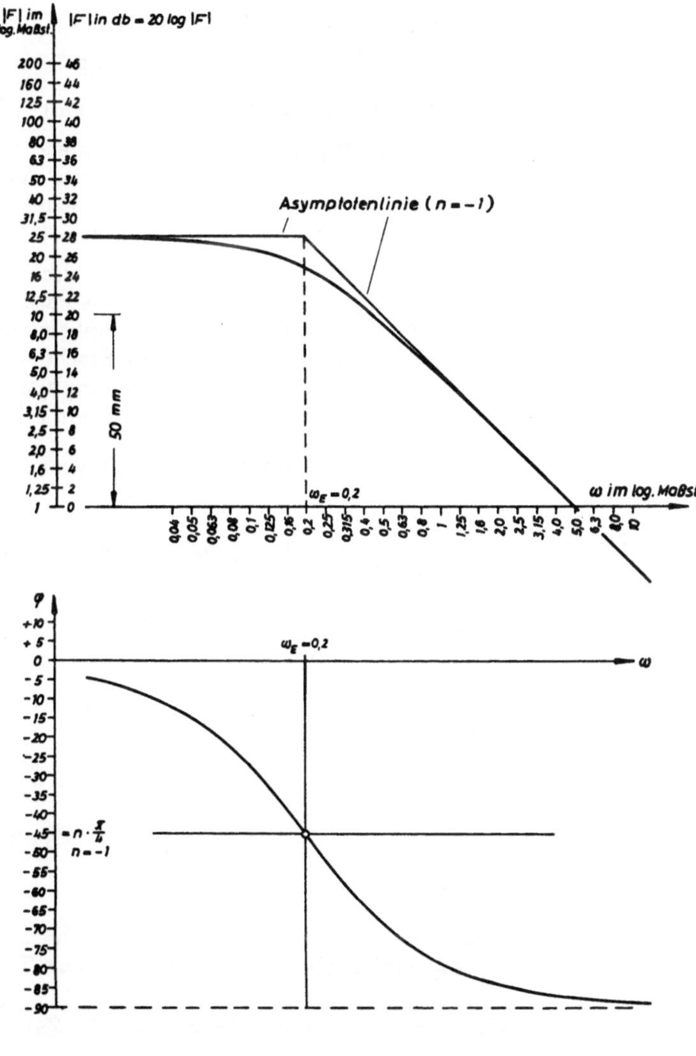

Bild 5.37. **Amplituden- und Phasenwinkelverlauf für** $F = \dfrac{25}{1 + 5i\omega}$ (Typ F_{II})

[1]) Voraussetzung ist wiederum, daß das System regulär ist (vgl. S. 170).

III. $F_{\mathrm{III}}(i\omega) = [1 + 2DTi\omega + (Ti\omega)^2]^n;$

$$|F_{\mathrm{III}}| = \sqrt{[1-(T\omega)^2]^2 + [2DT\omega]^2}^{\,n}; \quad \varphi_{\mathrm{III}} = n \cdot \arctan \frac{2DT\omega}{1-(T\omega)^2}. \tag{5.17}$$

Asymptoten für Amplitudenverlauf F_{III}:

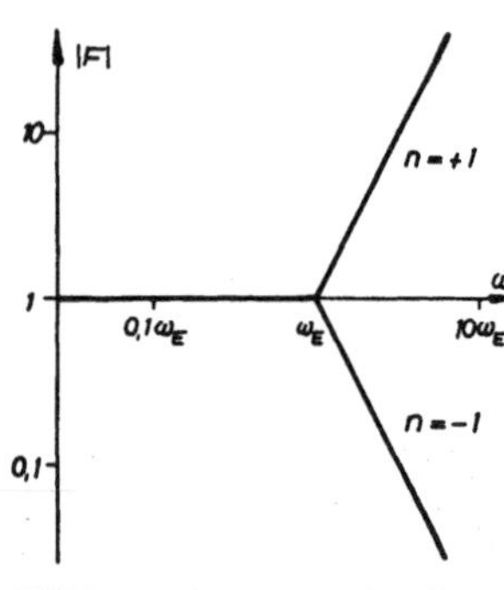

Bild 5.38. Asymptoten für Glieder 2. Ordnung (Typ III)

1. Für $\omega \to 0$ geht $|F_{\mathrm{III}}| \to 1$ und damit $\log|F_{\mathrm{III}}| \to 0$
2. Für $\omega \to \infty$ geht $|F_{\mathrm{III}}| \to (T\omega)^{2n}$ und damit $\log|F_{\mathrm{III}}| \to 2n\log(T\omega)$.

Diese Asymptoten schneiden sich wie zuvor für $\omega = \omega_E = 1/T$; doch hat die zweite Asymptote nunmehr bei doppelt-logarithmischer Darstellung eine Steigung von $2n$ (Bild 5.38).

Diese Asymptoten sind also unabhängig vom Dämpfungsmaß D, das jedoch als Parameter bei der Abweichung des wahren Amplitudenverlaufs $|F_{\mathrm{III}}|$ von den Asymptoten in Erscheinung tritt. Auch für $|F_{\mathrm{III}}|$ ist diese Abweichung symmetrisch zur Eckfrequenz ω_E, wie sich leicht zeigen läßt:

Für $\omega = k \cdot \omega_E < \omega_E = 1/T$ beträgt die Abweichung im logarithmischen Maßstab

$$\frac{n}{2}\log\left\{\left[1-\left(\frac{\omega}{\omega_E}\right)^2\right]^2 + \left(2D\frac{\omega}{\omega_E}\right)^2\right\} - \log 1 = \frac{n}{2}\log\{[1-(k)^2]^2 + (2Dk)^2\}.$$

Für $\omega = \dfrac{\omega_E}{k} > \omega_E = \dfrac{1}{T}$ beträgt die Abweichung ebenfalls

$$\frac{n}{2}\log\left\{\left[1-\left(\frac{\omega}{\omega_E}\right)^2\right]^2 + \left(2D\frac{\omega}{\omega_E}\right)^2\right\} - \frac{n}{2}\log\left(\frac{\omega}{\omega_E}\right)^4 =$$

$$= \frac{n}{2}\log k^4\left\{\left[1-\frac{1}{k^2}\right]^2 + \left(\frac{2D}{k}\right)^2\right\} = \frac{n}{2}\log\{[(k)^2-1]^2 + (2Dk)^2\},$$ was mit dem ersten Ergebnis übereinstimmt.

Die Auswertung der vorstehenden Abweichungsformel für verschiedene Werte von k (über zwei Dekaden) und einige Parameterwerte D liefert Tabelle 5.3 (vgl. Bild 5.39). Für k wurden die gleichen Normzahlen wie bei F_{II} gewählt. Wie zuvor sind für das Aufzeichnen des Amplitudenverlaufs die Zahlen in der Tabelle mit $\dfrac{n \cdot L}{100}$ (L = Dekadenlänge auf der Zeichnung) unter Beachtung des Vorzeichens von n zu multiplizieren. (Multiplikation mit 0,20 ergibt wiederum die Abweichungswerte für $n = 1$ in db.) Man beachte, daß die Kurve $|F_{\mathrm{III}}|$ für alle Dämpfungen D an der Eckfrequenz die Steigung n aufweist.

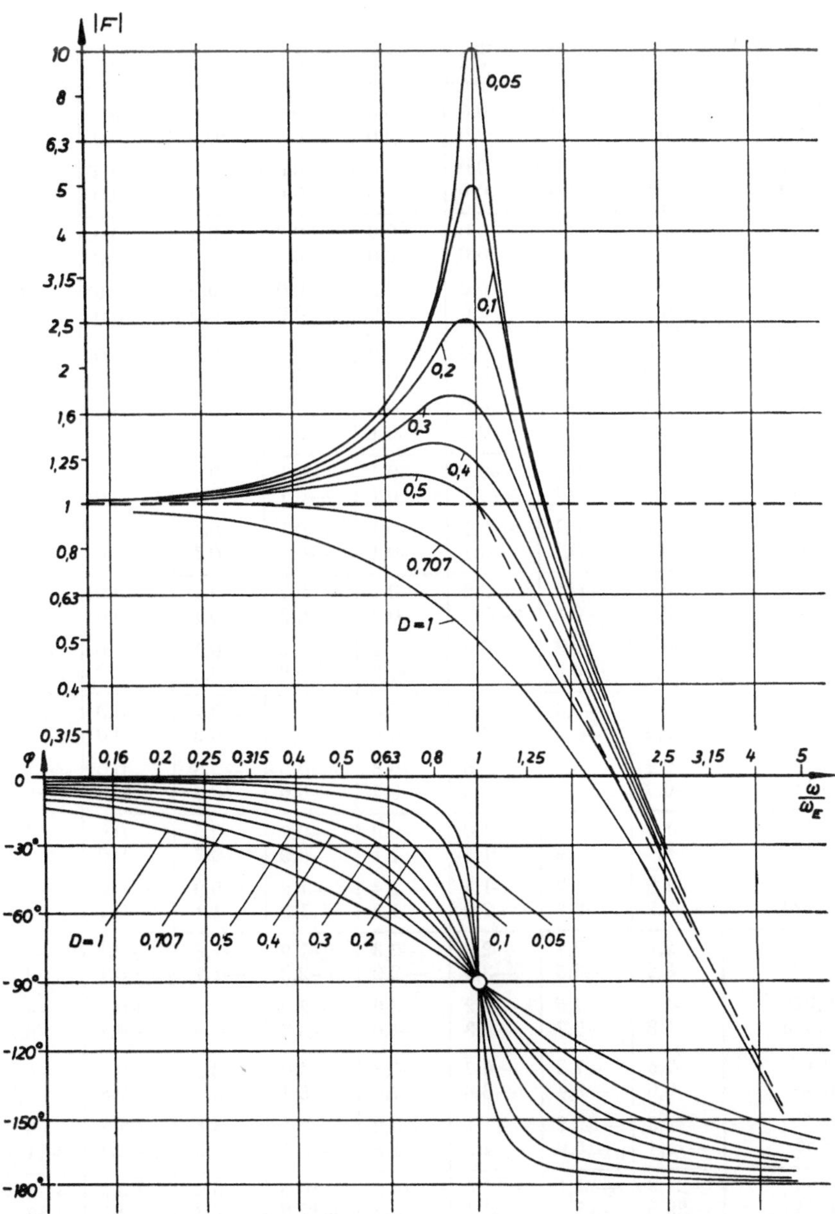

Bild 5.39. Bode-Diagramm von Gliedern 2. Ordnung mit verschiedener Dämpfung. ($n = -1$)

Tabelle 5.3 Amplitudenkorrektur 100 (log $|F|$—log |Asympt.|) für Glieder 2. Ordnung

k bzw. $1/k$ $\frac{\omega}{\omega_E}$ bzw. $\frac{\omega_E}{\omega}$	Dämpfungsmaß D							
	0,05	0,1	0,2	0,3	0,4	0,5	0,707	1
0,01	0,0	0,0	0,0	0,0	0,0	0,0	0,0	0,0
0,0112	0,0	0,0	0,0	0,0	0,0	0,0	0,0	0,0
0,0125	0,0	0,0	0,0	0,0	0,0	0,0	0,0	0,0
0,014	0,0	0,0	0,0	0,0	0,0	0,0	0,0	0,0
0,016	0,0	0,0	0,0	0,0	0,0	0,0	0,0	0,0
0,018	0,0	0,0	0,0	0,0	0,0	0,0	0,0	0,0
0,02	0,0	0,0	0,0	0,0	0,0	0,0	0,0	0,0
0,0224	0,0	0,0	0,0	0,0	0,0	0,0	0,0	0,0
0,025	0,0	0,0	0,0	0,0	0,0	0,0	0,0	0,0
0,028	0,0	0,0	0,0	0,0	0,0	0,0	0,0	0,0
0,0315	−0,1	−0,1	0,0	0,0	0,0	0,0	0,0	0,0
0,0355	−0,1	−0,1	−0,1	−0,1	0,0	0,0	0,0	+0,1
0,04	−0,1	−0,1	−0,1	−0,1	−0,1	0,0	0,0	+0,1
0,045	−0,1	−0,1	−0,1	−0,1	−0,1	−0,1	0,0	+0,1
0,05	−0,1	−0,1	−0,1	−0,1	−0,1	−0,1	0,0	+0,1
0,056	−0,1	−0,1	−0,1	−0,1	−0,1	−0,1	0,0	+0,1
0,063	−0,2	−0,2	−0,2	−0,1	−0,1	−0,1	0,0	+0,2
0,071	−0,2	−0,2	−0,2	−0,2	−0,2	−0,1	0,0	+0,2
0,08	−0,3	−0,3	−0,3	−0,2	−0,2	−0,1	0,0	+0,3
0,09	−0,4	−0,3	−0,3	−0,3	−0,2	−0,2	0,0	+0,4
0,1	−0,4	−0,4	−0,4	−0,4	−0,3	−0,2	0,0	+0,4
0,112	−0,6	−0,5	−0,5	−0,5	−0,4	−0,3	0,0	+0,5
0,125	−0,7	−0,7	−0,6	−0,6	−0,5	−0,3	0,0	+0,7
0,14	−0,9	−0,9	−0,8	−0,7	−0,6	−0,4	0,0	+0,9
0,16	−1,1	−1,1	−1,0	−0,9	−0,7	−0,5	0,0	+1,1
0,18	−1,4	−1,4	−1,3	−1,1	−0,9	−0,7	0,0	+1,4
0,2	−1,8	−1,7	−1,7	−1,4	−1,2	−0,9	0,0	+1,7
0,224	−2,2	−2,2	−2,0	−1,8	−1,5	−1,1	+0,1	+2,1
0,25	−2,8	−2,8	−2,6	−2,3	−1,9	−1,3	+0,1	+2,7
0,28	−3,6	−3,5	−3,3	−2,9	−2,3	−1,7	+0,1	+3,3
0,315	−4,6	−4,5	−4,2	−3,6	−2,9	−2,1	+0,2	+4,1
0,355	−5,8	−5,7	−5,3	−4,6	−3,7	−2,5	+0,4	+5,2
0,4	−7,5	−7,3	−6,7	−5,8	−4,6	−3,1	+0,5	+6,4
0,45	−9,6	−9,4	−8,6	−7,4	−5,7	−3,8	+0,8	+7,9
0,5	−12,5	−12,2	−11,1	−9,3	−7,1	−4,5	+1,3	+9,7
0,56	−16,4	−15,9	−14,3	−11,8	−8,7	−5,3	+2,1	+11,9
0,63	−21,8	−21,1	−18,5	−14,8	−10,5	−6,0	+3,2	+14,6
0,71	−29,8	−28,5	−24,1	−18,4	−12,2	−6,3	+4,9	+17,7
0,8	−41,3	−39,6	−31,3	−22,0	−13,4	−5,8	+7,3	+21,2
0,9	−64,9	−56,5	−38,6	−24,2	−13,0	−3,8	+10,6	+25,4
1,0	−100,0	−69,9	−39,8	−22,2	−9,7	0,0	+15,1	+30,1

Tabelle 5.4 Phasenwinkel φ_{III} für Glieder 2. Ordnung

k bzw. $1/k$	Dämpfungsmaß D							
$\frac{\omega}{\omega_E}$ bzw. $\frac{\omega_E}{\omega}$	0,05	0,1	0,2	0,3	0,4	0,5	0,707	1
0,01	0,0	0,1	0,2	0,3	0,5	0,6	0,8	1,1
0,0112	0,1	0,1	0,3	0,4	0,5	0,6	0,9	1,3
0,0125	0,1	0,1	0,3	0,4	0,6	0,6	1,0	1,4
0,014	0,1	0,2	0,3	0,5	0,6	0,7	1,1	1,6
0,016	0,1	0,2	0,4	0,5	0,7	0,8	1,3	1,8
0,018	0,1	0,2	0,4	0,6	0,8	0,9	1,4	2,0
0,02	0,1	0,2	0,5	0,7	0,9	1,1	1,6	2,3
0,0224	0,1	0,3	0,5	0,8	1,0	1,3	1,8	2,6
0,025	0,1	0,3	0,6	0,9	1,2	1,4	2,0	2,9
0,028	0,2	0,3	0,6	1,0	1,3	1,6	2,3	3,2
0,0315	0,2	0,4	0,7	1,1	1,5	1,8	2,6	3,6
0,0355	0,2	0,4	0,8	1,2	1,6	2,0	2,9	4,1
0,04	0,2	0,5	0,9	1,4	1,8	2,3	3,2	4,6
0,045	0,3	0,5	1,0	1,5	2,1	2,6	3,6	5,1
0,05	0,3	0,6	1,1	1,7	2,3	2,9	4,1	5,7
0,056	0,3	0,6	1,3	1,9	2,6	3,2	4,6	6,4
0,063	0,4	0,7	1,5	2,2	2,9	3,6	5,1	7,2
0,071	0,4	0,8	1,6	2,4	3,3	4,1	5,7	8,1
0,08	0,5	0,9	1,8	2,7	3,7	4,6	6,4	9,1
0,09	0,5	1,0	2,1	3,1	4,1	5,1	7,2	10,2
0,1	0,6	1,2	2,3	3,5	4,6	5,8	8,1	11,4
0,112	0,6	1,3	2,6	3,9	5,2	6,5	9,1	12,8
0,125	0,7	1,5	2,9	4,4	5,8	7,3	10,3	14,4
0,14	0,8	1,7	3,3	4,9	6,6	8,2	11,5	16,1
0,16	0,9	1,9	3,7	5,6	7,4	9,2	12,9	18,0
0,18	1,0	2,1	4,2	6,3	8,4	10,4	14,6	20,2
0,2	1,2	2,4	4,8	7,1	9,4	11,7	16,4	22,6
0,224	1,3	2,7	5,4	8,1	10,7	13,3	18,4	25,2
0,25	1,5	3,1	6,1	9,1	12,1	15,0	20,8	28,2
0,28	1,8	3,5	7,0	10,4	13,8	17,0	23,4	31,5
0,315	2,0	4,0	8,0	11,9	15,7	19,4	26,4	35,1
0,355	2,3	4,6	9,2	13,7	18,0	22,1	29,9	39,1
0,4	2,7	5,4	10,7	15,8	20,7	25,3	33,8	43,4
0,45	3,2	6,4	12,6	18,5	24,1	29,2	38,3	48,1
0,5	3,8	7,6	15,0	21,9	28,2	33,8	43,4	53,2
0,56	4,7	9,4	18,2	26,3	33,3	39,4	49,3	58,7
0,63	6,0	11,9	22,8	32,2	40,0	46,4	56,0	64,5
0,71	8,1	15,9	29,6	40,4	48,6	54,8	63,5	70,6
0,8	12,1	23,3	40,7	52,3	59,9	65,1	71,8	76,9
0,9	23,4	40,9	60,0	69,0	73,9	77,0	80,7	83,4
1,0	90,0	90,0	90,0	90,0	90,0	90,0	90,0	90,0

In Hinblick auf den Phasenwinkel φ_{III} gilt eine entsprechende symmetrieähnliche Beziehung wie im Fall II für φ_{II}, nämlich:

$$\varphi_{III}\,(k \cdot \omega_E) = n \cdot \pi - \varphi_{III}\left(\frac{\omega_E}{k}\right)$$

was sich wie folgt zeigen läßt:

$$\tan\frac{\varphi_{III}}{n} = \frac{2D\frac{\omega}{\omega_E}}{1-\left(\frac{\omega}{\omega_E}\right)^2} \qquad \omega_1 = \frac{\omega_E}{k} \qquad \omega_2 = \omega_E \cdot k$$

$$\tan\frac{\varphi_{III}}{\mathrm{n}}(\omega_1) = \frac{2D\frac{1}{k}}{1-\left(\frac{1}{k}\right)^2}; \quad \tan\frac{\varphi_{III}}{n}(\omega_2) = \frac{2Dk}{1-k^2} = \frac{2D\left(\frac{1}{k}\right)}{\frac{1}{k^2}-1}$$

also
$$\tan\frac{\varphi_{III}}{n}(\omega_1) = -\tan\frac{\varphi_{III}}{n}(\omega_2)$$

und wegen
$$\tan\alpha = -\tan(\pi-\alpha)$$

finden wir
$$\frac{\varphi_{III}}{n}(\omega_2) = \pi - \frac{\varphi_{III}}{n}(\omega_1)$$

oder
$$\varphi_{III}\,(k\omega_E) = n \cdot \pi - \varphi_{III}\left(\frac{\omega_E}{k}\right) \quad \text{q.e.d.}$$

Die Grundwerte des Phasenwinkels springen hier bei jeder Eckfrequenz um den Wert $n \cdot \pi$. Die Phasenkorrekturen (Tab. 5.4) sind genau wie im Fall II mit n zu multiplizieren und bis zur Eckfrequenz positiv und oberhalb der Eckfrequenz rückläufig und negativ zum Grundwert zu addieren[1]), ω_E gehört wiederum noch zum „linken" Bereich.

Als Anwendungsbeispiel zeichnen wir das Bode-Diagramm (Bild 5.40) für den Frequenzgang

$$F(i\omega) = \frac{r}{1+T_1 i\omega + (T_2 i\omega)^2} = \frac{3{,}15}{1+3{,}8 i\omega + (6{,}3 i\omega)^2}.$$

Wegen $T_2 = T$ und $T_1 = 2DT$ (s. Gl. (5.17)) ergibt sich

$$D = \frac{T_1}{2\,T_2} = \frac{3{,}8}{2 \cdot 6{,}3} = 0{,}3$$

und $\omega_E = 1/\mathrm{T}_2 = 0{,}16$. Ferner ist $n = -1$.

Mit Rücksicht auf $\log\,|F(i\omega)| = \log\,3{,}15 + \log\,\dfrac{1}{|1+3{,}8\,i\omega + (6{,}3 i\omega)^2|}$ verläuft die Asymptote für $\omega < \omega_E$ bei $|F| = 3{,}15$ horizontal bis zur Eckfrequenz $\omega_E = 0{,}16$. Von da ab fällt die Asymptote für $\omega > \omega_E$ wegen $n = -1$ mit der Steigung -2. Die Werte für die Abweichung

[1]) **Für den häufigsten Fall $n = -1$ sind die Phasenkorrekturen also negativ bis ω_E und danach positiv einzusetzen.**

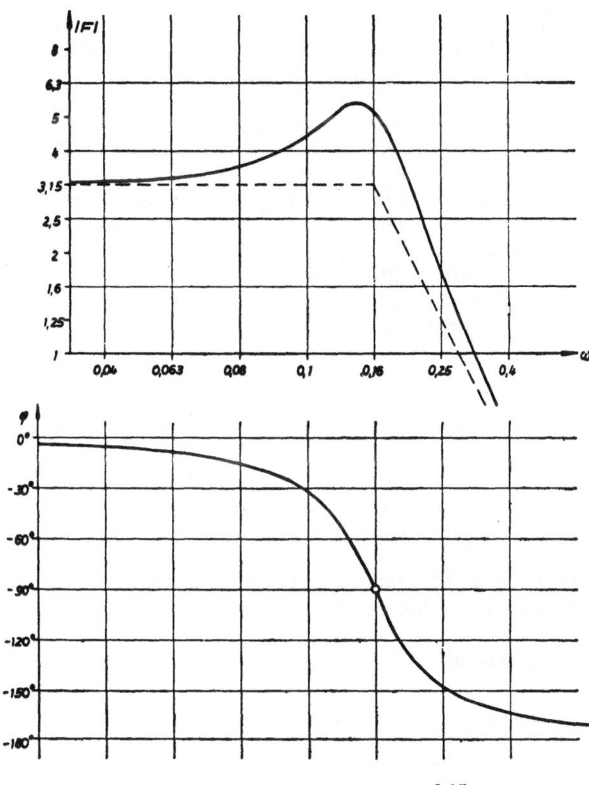

Bild 5.40. Bode-Diagramm für $F = \dfrac{3{,}15}{1 + 3{,}8 i\omega + (6{,}3 i\omega)^2}$

des Amplitudenverlaufs von den Asymptoten werden der Spalte für $D = 0{,}3$ in der Tabelle 5.3, die Phasenverschiebungswinkel der Spalte $D = 0{,}3$ in der Tabelle 5.4 entnommen. Mit Ausnahme der Tatsache, daß für eine genaue Zeichnung des Amplitudenverlaufs einige Punkte mehr als bei $|F_{II}|$ benötigt werden, gilt für $|F_{III}|$ und φ_{III} alles für $|F_{II}|$ und φ_{II} bereits dort Gesagte.

Übungsaufgaben

5.5-1 Man bestimme zeichnerisch die Eckfrequenz und den Phasenverlauf für den durch die Tabellenwerte festgelegten Frequenzgang:

ω	0,1	0,25	0,63	1,6	4	10	25	63	160
$\|F_0\|$	0,400	0,401	0,4046	0,4304	0,5663	1,077	2,529	6,315	16,00

5.5-2 Mit den Werten der nachfolgenden Tabelle ist der Amplitudenverlauf eines Frequenzganges im Bode-Diagramm festgelegt. Man finde die Eckfrequenz und den Phasenverlauf.

ω	0,25	0,63	1,6	2,5	4	6,3	10	16	25
$\|F_0\|$	10,00	10,05	10,26	10,67	11,83	16,36	50,00	6,503	1,893

ω	40	100	250	630
$\|F_0\|$	0,672	0,1009	0,0161	0,0025

5.6. Inversion, Multiplikation und Division von Frequenzgängen

Wegen $\log |1/F| = -\log |F|$ erhält man den Amplitudenverlauf $\log |1/F|$ durch Spiegelung des Amplitudenverlaufs $\log |F|$ um die ω-Achse, wenn diese, wie üblich, mit der Linie $\log 1 = 0$ (Bild 5.41) zusammenfällt.

Aus den grundsätzlichen Erörterungen in Abschnitt 5.5 geht hervor, daß die Phasenverschiebungswinkel bei der Inversion lediglich ihr Vorzeichen ändern.

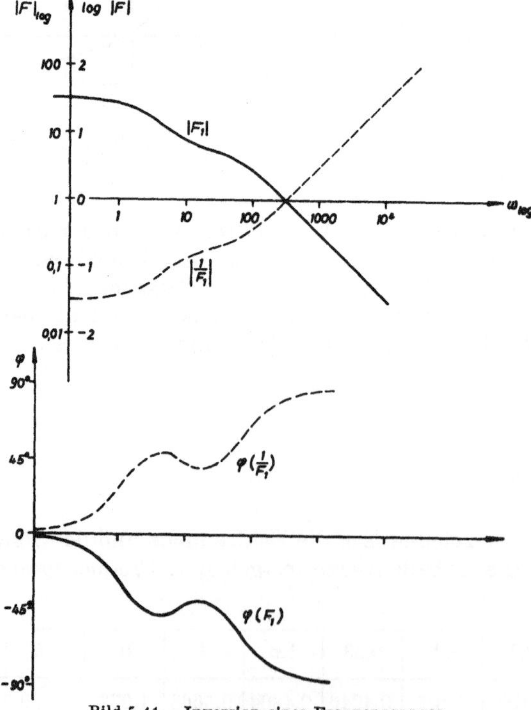

Bild 5.41. **Inversion eines Frequenzganges**

Zu Beginn des Abschnitts 5.5 war ferner gezeigt worden (s. Gl. (5.14a)), daß die Multiplikation (Division) von Frequenzgängen im Bode-Diagramm durch graphische Addition (Subtraktion) der logarithmierten Amplitudenverläufe ebenso wie durch Addition (Subtraktion) der Phasenverschiebungswinkel vollzogen wird. Wir wollen die Vorgehensart an folgendem Beispiel demonstrieren (s. Bild 5.42):

$$F_1 = V_R\left(1 + \frac{1}{T_n i\omega}\right) = \frac{V_R}{T_n}\,\frac{1 + T_n i\omega}{i\omega} = \frac{2{,}5}{4}\,\frac{1 + 4\,i\omega}{i\omega}$$

$$F_2 = \frac{V_s}{1 + 2DT\cdot i\omega + (Ti\omega)^2} = \frac{2}{1 + 2\cdot 0{,}3\cdot 1{,}6 i\omega + (1{,}6 i\omega)^2}$$

$$F_0 = F_1\,F_2 = \underbrace{\frac{2{,}5}{4}\cdot 2}_{K}\,\underbrace{\frac{1}{i\omega}}_{F_{\mathrm{I}}}\,\underbrace{(1 + 4 i\omega)}_{F_{\mathrm{II}}}\cdot\underbrace{\frac{1}{1 + 2\cdot 0{,}3\cdot 1{,}6 i\omega + (1{,}6 i\omega)^2}}_{F_{\mathrm{III}}}$$

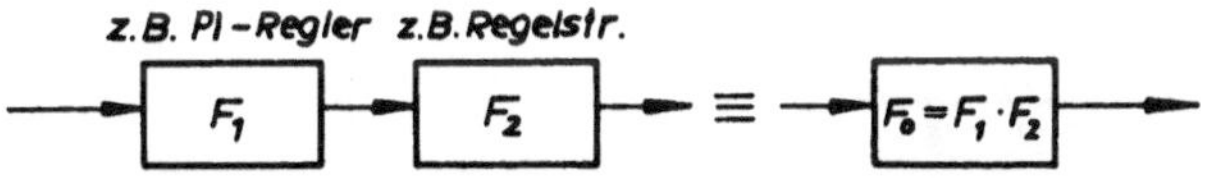

Bild 5.42. Hintereinandergeschaltete Regelkreisglieder

In Bild 5.43a) bis d) sind die Amplitudenverläufe der 4 Faktoren des Frequenzgangproduktes F_0 gesondert aufgetragen, deren Addition dann in Bild 5.43e) den Verlauf von $|F_0|$ ergibt.

In praxi geht man bei der Ermittlung von $|F_0|$ im Bode-Diagramm zweckmäßig so vor, daß man zunächst den Verlauf der Asymptoten von $|F_0|$ durch Addition der Asymptoten der Faktoren des Frequenzgangproduktes (Bild 5.43a) – e)) konstruiert (s. Bild 5.44). Man beginnt dabei vorteilhaft mit der Horizontalen $K = 1{,}25$, deren Schnittpunkt mit der Ordinate $\omega = 1$ die Lage von $K\cdot|F_{\mathrm{I}}| = \dfrac{1{,}25}{i\omega}$ festlegt. Diese mit der Neigung 1:1 abfallende Gerade erfährt an der Eckfrequenz von F_{II}, $\omega_{E1} = 1/4 = 0{,}25$, einen Knick. Da die Steigung von $|F_{\mathrm{II}}|$ von ω_{E1} an 1:1 ist, verläuft nunmehr die Asymptote von $|F_0|$ waagerecht bis zur Eckfrequenz $\omega_{E2} = \dfrac{1}{1{,}6} = 0{,}63$. Von hier ab beträgt mit Rücksicht auf $|F_{\mathrm{III}}|$ die Neigung der abfallenden Asymptote von $|F_0|$ 2:1.

Häufig begnügt man sich mit der Konstruktion der Asymptoten[1]). Wünscht man den wirklichen Amplitudenverlauf $|F_0|$, der insbesondere in der Umgebung der Eckfrequenzen von den Asymptoten abweicht, dann bestimmt man die Abweichungen zweckmäßigerweise tabellarisch (Tabelle 5.5). Zeile 1 enthält die Frequenzwerte in den Normzahlen der Zehnerreihe. Zeilen 2 und 3 enthalten die Frequenzverhältnisse k_1 und k_2 bzw. $1/k_1$ und $1/k_2$ bezogen auf die Eckfrequenzen ω_{E1} und ω_{E2}. In der Zeile 4 stehen die dem Frequenzverhältnis k_1 entsprechenden Abweichungen, die der Tabelle 5.2 entnommen sind, während

[1]) Z. B. bei Stabilitätsuntersuchungen, wenn die Asymptotenknicke genügend weit vom Schnittpunkt der Asymptotenlinie mit der Linie $|F_0| = 1$ entfernt sind.

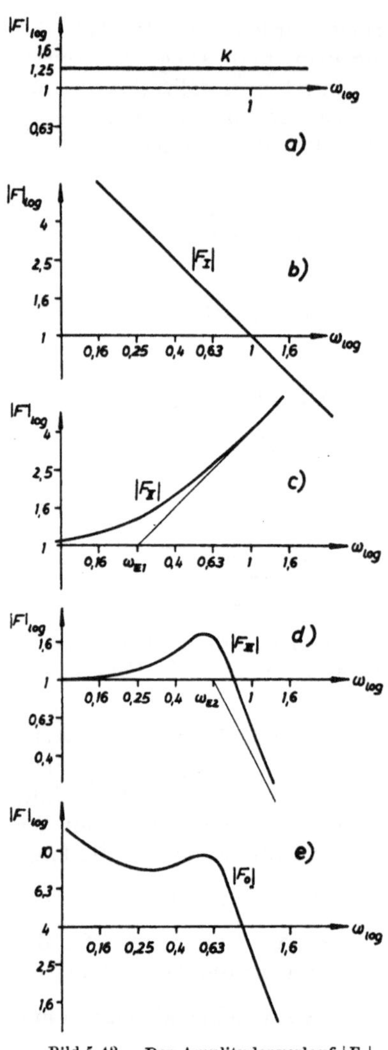

Bild 5.43. Der Amplitudenverlauf $|F_0|$ und seine Bestandteile

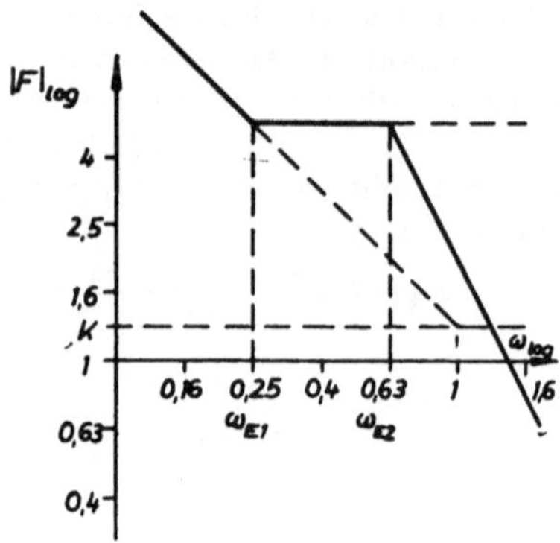

Bild 5.44. Asymptotenverlauf von $|F_0|$

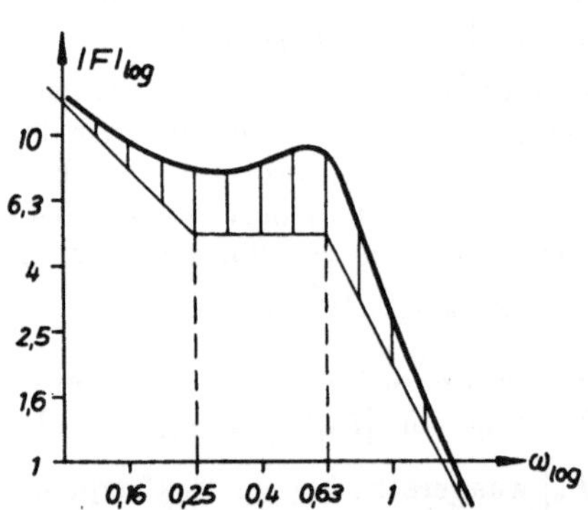

Bild 5.45. Konstruktion von $|F_0|$ mit Hilfe der Asymptotenlinie und der Korrekturwerte

Zeile 5 die k_2 entsprechenden Werte aus Tabelle 5.3 enthält. Zeile 6 ist dann die Summe der Zeilen 4 und 5. Die Werte der Zeile 6 liefern nunmehr nach Multiplikation mit $L/100$ (L = Dekadenlänge des Bode-Diagramms, hier gleich 30,5 mm) die Zahlen der Zeile 7, die unter Beachtung des Vorzeichens (hier alle positiv) in der Zeichnung (Bild 5.45) zu der Asymptotenlinie zu addieren sind.

Der Phasenverlauf wird in gleicher Weise tabellarisch (Tabelle 5.6) gewonnen. Hier sind die Zahlen in der Zeile 4 die Grundwerte des Phasenwinkels. Bemerkenswert ist dabei die Tatsache, daß die Steigung der Asymptotenlinie multipliziert mit $\pi/2$ gerade den Grundwert des Phasenwinkels ergibt. Die Korrekturen zu φ_{II} und φ_{III} sind aus den Tabellen 5.2 und 5.4 entnommen und in den

Tabelle 5.5 Berechnung der Asymptotenabweichung

①	ω	0,125	0,16	0,2	0,25	0,315	0,4	0,5	0,63	0,8	1	1,25	1,6
②	k_1 bzw. $1/k_1$	0,5	0,63	0,8	1	0,8	0,63	0,5	0,4	0,315	0,25	0,2	0,16
③	k_2 bzw. $1/k_2$	0,2	0,25	0,315	0,4	0,5	0,63	0,8	1	0,8	0,63	0,5	0,4
④	1. Amplitudenkorrektur (F_{II})	4,9	7,3	10,7	15,1	10,7	7,3	4,9	3,2	2,1	1,3	0,9	0,5
⑤	2. Amplitudenkorrektur (F_{III})	1,4	2,3	3,6	5,8	9,3	14,8	22,0	22,2	22,0	14,8	9,3	5,8
⑥	$\sum$ der Korrekturen	6,3	9,6	14,3	20,9	20,0	22,1	26,9	25,4	24,1	16,1	10,2	6,3
⑦	⑥ $\cdot L/100$ [mm]	1,9	2,9	4,4	6,4	6,1	6,7	8,2	7,7	7,4	4,9	3,1	1,9

Tabelle 5.6 Berechnung des Phasenverschiebungswinkels

①	ω	0,125	0,16	0,2	0,25	0,315	0,4	0,5	0,63	0,8	1,0	1,25	1,6
②	k_1 bzw. $1/k_1$	0,5	0,63	0,8	1	0,8	0,63	0,5	0,4	0,315	0,25	0,2	0,16
③	k_2 bzw. $1/k_2$	0,2	0,25	0,315	0,4	0,5	0,63	0,8	1	0,8	0,63	0,5	0,4
④	φ_G	—90	—90	—90	—90	0	0	0	0	—180	—180	—180	—180
⑤	φ_{II}	26,6	32,3	38,5	45,0	—38,5	—32,3	—26,6	—21,7	—17,6	—14,1	—11,3	—9,1
⑥	φ_{III}	—7,1	—9,1	—11,9	—15,8	—21,9	—32,2	—52,3	—90,0	+52,3	+32,2	+21,9	+15,8
⑦	$\sum \varphi_i$	—70,5	—66,8	—63,4	—60,8	—60,4	—64,5	—78,9	—111,7	—145,3	—161,9	—170,1	—173,3

Zeilen 5 und 6 eingetragen. Die Ergebnisse der Zeile 7 sind in Bild 5.46 dar gestellt. Zum Vergleich mit Bild 5.45 und 5.46 ist aus Bild 5.47 das Ortskurvendiagramm für $|F_0|$ zu ersehen.

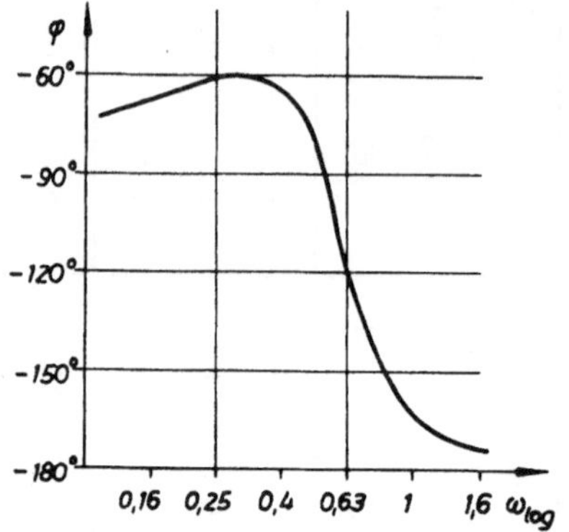

Bild 5.46. Phasenverlauf von F_0

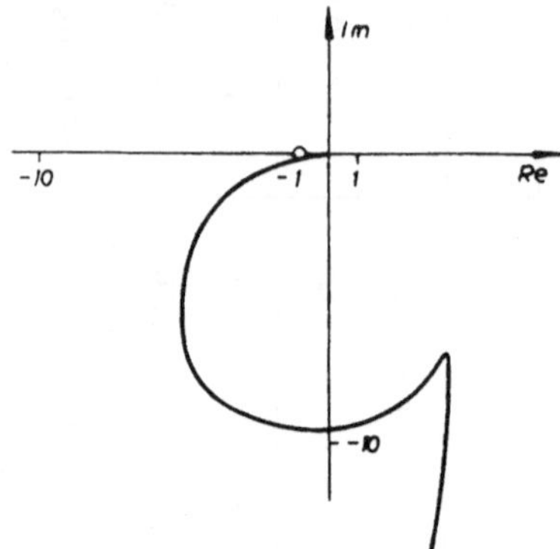

Bild 5.47. Ortskurve von F_0

Die Berechnung des Phasenverschiebungswinkels zeigt, daß dieser lediglich von der Lage der Eckfrequenzen und dem der jeweiligen Eckfrequenz entsprechenden Typ des Frequenzganges abhängt. Diese Eigenschaft, welche den Phasenverschiebungswinkel fest dem Amplitudenverlauf zuordnet, gilt jedoch nicht bei Vorhandensein nichtregulärer Frequenzgangtypen (vgl. Abschnitt 5.8). Wäre etwa im zuvor behandelten Beispiel zusätzlich ein reines Totzeitglied in Reihe geschaltet worden, so hätte sich, wie ein Blick auf Tabelle 5.8 zeigt, der Amplitudenverlauf nicht geändert. Der Phasenverschiebungswinkel wäre jedoch proportional zu ω stärker negativ geworden und die vorerwähnte feste Zuordnung zwischen Amplitudenverlauf und Phasenverschiebungswinkel wäre nicht mehr vorhanden.

Übungsaufgaben

5.6-1 Die folgenden Frequenzgänge sind im Bode-Diagramm ausgehend von der Asymptotenlinie bzw. den Grundwerten unter Benutzung der Tabellen 5.2, 5.3 und 5.4 zu zeichnen

a) $$F_{01}(i\omega) = \frac{1{,}6 i\omega}{(1 + 0{,}4\, i\omega)}$$

b) $$F_{02}(i\omega) = \frac{80\,(1 + 0{,}315 i\omega)}{(1 + 0{,}8 i\omega)}$$

c) $$F_{03}(i\omega) = \frac{10\,(1 + 4 i\omega)}{(i\omega)^2\,(1 + i\omega)}$$

d) $$F_{04}(i\omega) = \frac{12{,}5\,(1 + 1{,}25 i\omega)}{(1 + 0{,}63 i\omega)\,(1 + 0{,}315 i\omega)}$$

5.6-2 Der Frequenzgang eines Regelkreises ist gegeben durch

$$F_0(i\omega) = \frac{1{,}6\,(1+0{,}63 i\omega)\,(1+0{,}1 i\omega)}{[1+0{,}25 i\omega+(0{,}25 i\omega)^2]\,(1+0{,}025 i\omega)}$$

Welcher Phasenwinkel ist an den Stellen $\omega = 6{,}3$; 12,5; 25; 50 vorhanden?

5.6-3 Der Amplitudenverlauf und der Phasenverlauf des Frequenzganges

$$F_0(i\omega) = \frac{[1+0{,}2 i\omega+(i\omega)^2]\,(1+i\omega)}{i\omega(1+0{,}1 i\omega)\,[1+0{,}05 i\omega+(0{,}25 i\omega)^2]}$$

sind im Bode-Diagramm darzustellen.

Man bestimme den Phasenwinkel für alle vorkommenden Werte von $|F_0| = 1$

5.6-4 Man stelle den Frequenzgang

$$F_0(i\omega) = \frac{V\,(1+0{,}63 i\omega)\,(1+0{,}1 i\omega)}{[1+0{,}25 i\omega+(0{,}25 i\omega)^2]\,(1+0{,}025 i\omega)}$$

im Bode-Diagramm dar und gebe den Phasenwinkel an für die Stelle $|F_0| = 1$, wenn $V = 0{,}8$; 1,6; 3,15.

5.6-5 Die Inversion des Frequenzganges

$$F_0(i\omega) = \frac{0{,}25}{i\omega}\,(1+1{,}6 i\omega)\,(1+0{,}1 i\omega)$$

ist im Bode-Diagramm darzustellen. Man zeichne den zugehörigen Phasenverlauf.

5.6-6 Für den Frequenzgang

$$F_0(i\omega) = \frac{4\,(1+0{,}063 i\omega)}{i\omega\,(1+0{,}01 i\omega)[1+0{,}001 i\omega+(0{,}0025 i\omega)^2]}$$

trage man den Amplitudenverlauf und den Phasenverlauf im Bode-Diagramm ein und gebe die Inversion an.

5.6-7 Man trage Amplitudenverlauf und Phasenverlauf im Bode-Diagramm auf für den Frequenzgang

$$F_0(i\omega) = \frac{(1+0{,}1 i\omega)\,(1+0{,}01 i\omega)\,e^{-0{,}5 i\omega}}{(1+4 i\omega)\,(1+0{,}016 i\omega)\,(1+0{,}001 i\omega)}$$

5.6-8 Man trage den Frequenzgang eines offenen Regelkreises

$$F_0(i\omega) = \frac{4\,(1+0{,}4 i\omega)\,e^{-1{,}6 i\omega}}{[1+0{,}63 i\omega+(1{,}6 i\omega)^2]}$$

im Bode-Diagramm auf.

a) Wie groß ist der Phasenwinkel φ für $\omega = 0{,}8$?

b) Welche Eckfrequenz muß das Zählerglied besitzen, damit bei gleicher Dämpfung des Gliedes zweiter Ordnung und gleicher Totzeit an der Stelle $\omega = 0{,}8$ der Phasenwinkel $\varphi = -180°$ wird?

c) Wie groß ist dann die Amplitude des Frequenzganges für $\omega = 0{,}8$?

5.7. Anwendung des Nyquist-Stabilitätskriteriums im Bode-Diagramm

Zunächst wollen wir zwei für die Stabilitätsuntersuchung im Bode-Diagramm erforderliche Begriffe kennen lernen, nämlich den Phasenrand und den Amplitudenrand. Wie schon in Abschnitt 5.3 ausgeführt, ist die Lage des kritischen Punktes $(-1;0)$ zur Ortskurve des Frequenzganges F_0 für die Stabilität maßgebend. Je näher die Ortskurve an den kritischen Punkt rückt, um so geringer ist die „Dämpfung" (Stabilitätsgüte) des geschlossenen Regelkreises. Das System ist jedoch nur stabil, wenn die Ortskurve den kritischen Punkt mit wachsendem ω linksherum umfährt (vereinfachtes Nyquist-Kriterium). Der Abstand der Ortskurve vom kritischen Punkt und ihre Orientierung läßt sich im Bode-Diagramm nicht so unmittelbar übersehen wie im Nyquist-Diagramm. Ersatzweise betrachtet man daher den Phasenwinkel φ an der Stelle $|F_0| = 1$ und die Amplitude $|F_0|$ an der Stelle $\varphi = \pm 180°$ und gewinnt damit den Phasenrand φ_R (Bild 5.48) und den Amplitudenrand A_R (Bild 5.48).

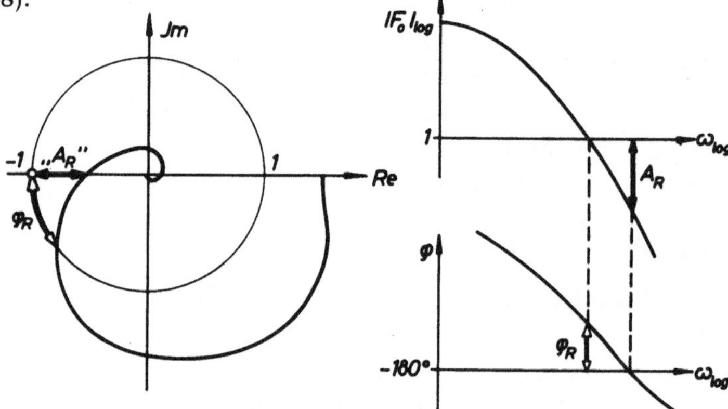

Bild 5.48. Phasen- und Amplitudenrand in der Ortskurve und im Bode-Diagramm

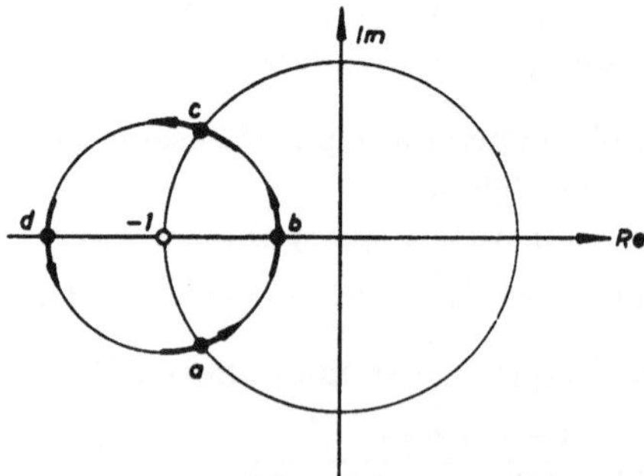

Bild 5.49. Orientierung stabiler Ortskurven zum kritischen Punkt (Vereinfachtes Kriterium)

Bild 5.49 zeigt die vier betrachteten Ortskurvenpunkte a...d, die ersatzweise zur Stabilitätsbestimmung herangezogen werden. Das vereinfachte Nyquistkriterium ist erfüllt, wenn die Ortskurve in den eingezeichneten Pfeilrichtungen durch diese Punkte läuft. Übertragen in das Bode-Diagramm finden wir die in Tabelle 5.7 dargestellten Zuordnungen, die zur Stabilität erforderlich sind.

Tabelle 5.7 Stabilitätsbedingungen im Bode-Diagramm

Fall	a)	b)	c)	d)
Bode-Diagramm	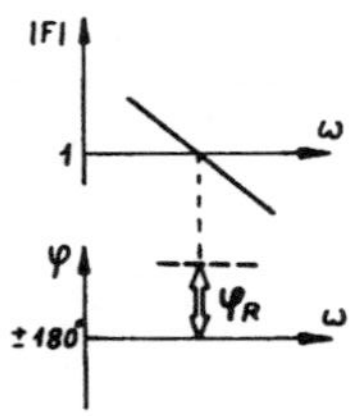	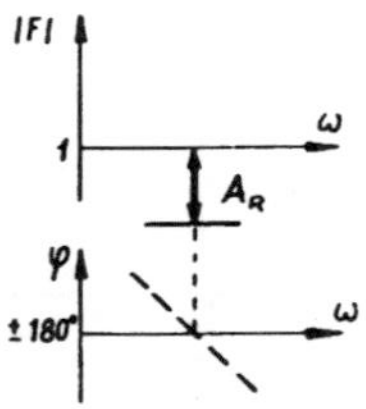	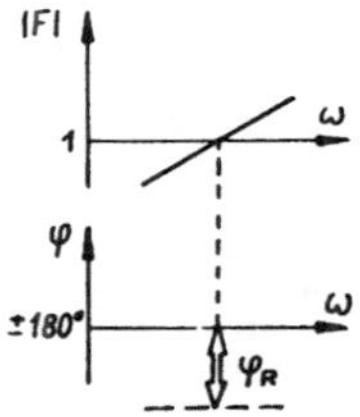	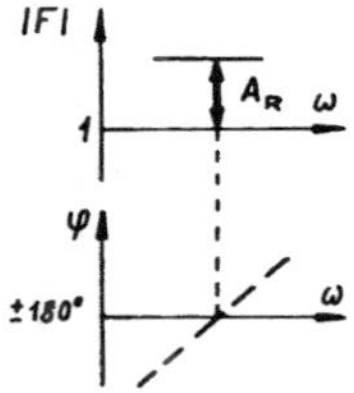
An der betrachteten Stelle liegt vor:	$\|F_0\| = 1$, abfallend	$\varphi = \pm 180°$ abfallend	$\|F_0\| = 1$ ansteigend	$\varphi = \pm 180°$ ansteigend
Zur Stabilität ist dann erforderlich, daß:	$\varphi > \pm 180°$, Steigung beliebig	$\|F_0\| < 1$, Steigung beliebig	$\varphi < \pm 180°$, Steigung beliebig	$\|F_0\| > 1$, Steigung beliebig

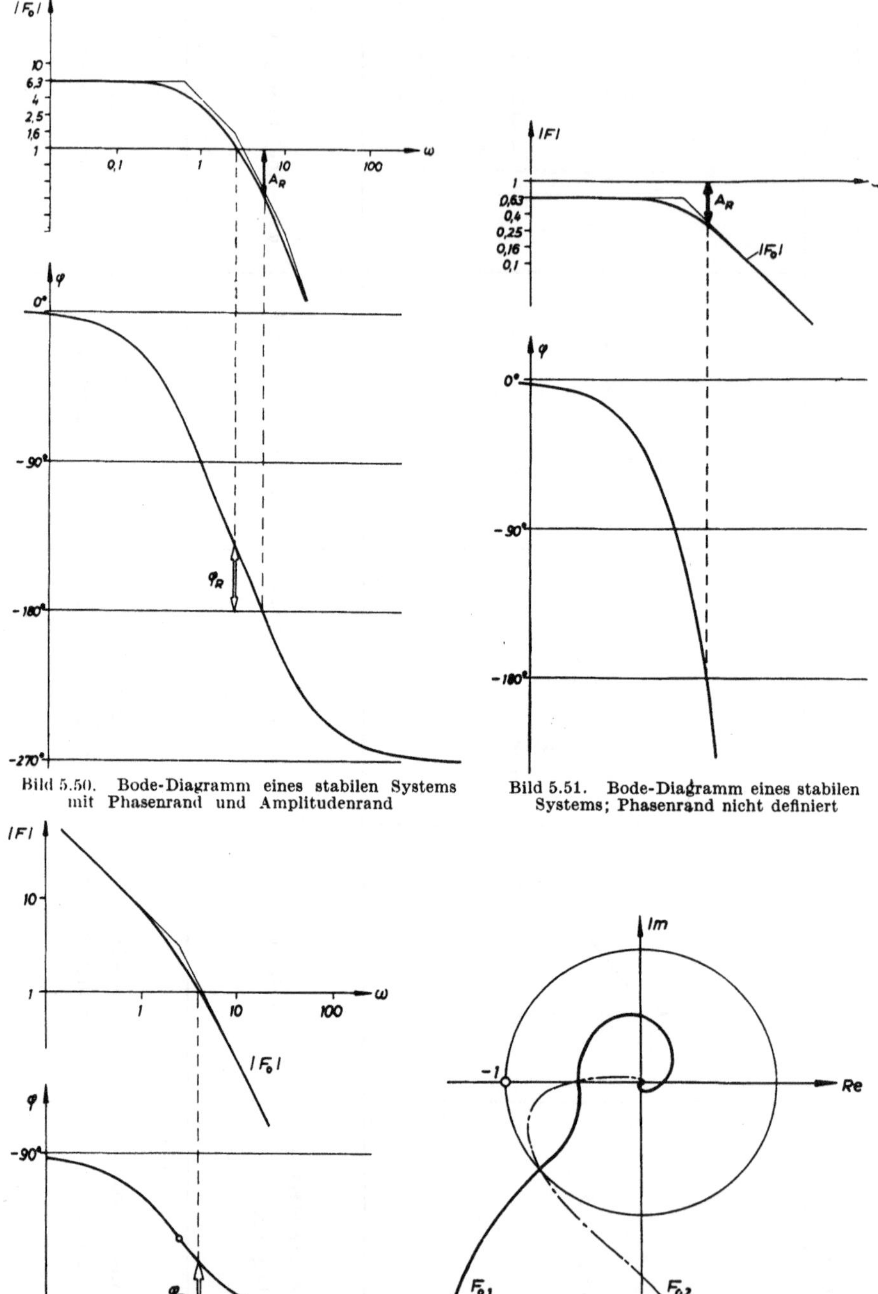

Bild 5.50. Bode-Diagramm eines stabilen Systems mit Phasenrand und Amplitudenrand

Bild 5.51. Bode-Diagramm eines stabilen Systems; Phasenrand nicht definiert

Bild 5.52. Bode-Diagramm eines stabilen Systems; Amplitudenrand nicht definiert

Bild 5.53. Ortskurven gleichen Phasen- und Amplitudenrandes jedoch verschiedener Stabilitätsgüte

Die meisten vorkommenden Systeme sind jedoch auf abfallende Amplituden- und Phasenverläufe beschränkt, wofür die Zuordnungen unter a) und b) gelten. Drei Beispiele für Systeme dieser Art sind in den Bildern 5.50, 5.51, 5.52 dargestellt.

Weitere Beispiele für die Anwendung der Stabilitätsbedingungen im Bode-Diagramm sind im Abschnitt 5.8 zu finden.

In der Größe des Phasenrandes und Amplitudenrandes kommt die Stabilitätsgüte des betrachteten Regelkreises zum Ausdruck. Mindestwerte und einige grundsätzliche Erläuterungen hierzu sind im Kapitel 7 angegeben. Wie in Bild 5.53 zu erkennen, ist die Einhaltung eines ausreichenden Phasen- und Amplitudenrandes aber noch keine Gewähr für genügende Stabilitätsgüte, sie kann nur nicht besser sein, als der erreichte Phasen- und Amplitudenrand angibt. Um ein sicheres Maß für die Stabilitätsgüte zu erhalten, bestimmt man vorteilhaft die Überhöhung des Frequenzganges des *geschlossenen* Regelkreises (Resonanzüberhöhung), die im direkten Zusammenhang zu der Dämpfung der in der Übergangsfunktion enthaltenen Schwingung steht. Diese Resonanzüberhöhung kommt in dem Wert M_{max} zum Ausdruck, auf den in Abschnitt 5.10 und 7.1.3 näher eingegangen wird. Die Bestimmung von M_{max} aus dem Frequenzgang des offenen Regelkreises läßt sich jedoch kaum im Bode-Diagramm durchführen, sondern erfordert die Konstruktion der Ortskurve oder — aus dem Bode-Diagramm am leichtesten zu konstruieren — der logarithmischen Ortskurve (Black- bzw. Nichols-Diagramm).

Übungsaufgaben

5.7-1 Der Frequenzgang eines offenen Regelkreises lautet:

$$F_0(i\omega) = \frac{5}{(1+0{,}315i\omega)\,(1+0{,}2i\omega)}$$

Man zeichne das Bode-Diagramm und bestimme den Phasenrand.

5.7-2 Für den Frequenzgang des offenen Regelkreises

$$F_0(i\omega) = \frac{0{,}315}{i\omega\,[1+0{,}25i\omega+(0{,}63i\omega)^2]}$$

sollen der Amplitudenrand und der Phasenrand bestimmt werden. Man diskutiere die Stabilität an Hand der Größen Amplitudenrand und Phasenrand, wenn die Dämpfung des Gliedes 2. Ordnung in

a) $D=0{,}1$ b) $D=0{,}707$ geändert wird?

5.7-3 Ein Regelkreis besteht aus einem Proportionalregler mit der Verstärkung V_R und der Regelstrecke mit dem Frequenzgang

$$F_S(i\omega) = \frac{1}{[1+0{,}4i\omega+(i\omega)^2]\,e^{3{,}7i\omega}}$$

a) Man bestimme den Phasen- und Amplitudenrand für $V_R=1$.

b) Bei welcher Verstärkung V_R des Reglers wird die Stabilitätsgrenze erreicht?

5.7-4 Man stelle den Frequenzgang eines aufgeschnittenen Regelkreises im Bode-Diagramm dar

$$F_0(i\omega) = \frac{4\,(1+0{,}063\,i\omega)}{i\omega\,(1+0{,}0063\,i\omega)\,e^{0{,}25 i\omega}}$$

a) Wie groß sind der Amplitudenrand und der Phasenrand?
b) Wie groß darf die Totzeit T_t sein, damit der Phasenrand noch $\varphi_R = 30°$ beträgt?

5.7-5 Der Frequenzgang eines offenen Kreises

$$F_0(i\omega) = \frac{160\,[1+0{,}063\,i\omega + (0{,}16\,i\omega)^2]}{i\omega\,[1+0{,}63\,i\omega + (0{,}63\,i\omega)^2]}$$

soll im Bode-Diagramm dargestellt werden.

a) Wie groß sind der Amplitudenrand und der Phasenrand?
b) Bei welcher Gesamtverstärkung des offenen Kreises erhält man einen Amplitudenrand $A_R = 4:1$?

5.8. Nichtreguläre Systeme

In der Behandlung der Regelkreise mit Hilfe des Bode-Diagramms haben wir uns bisher auf reguläre Systeme beschränkt, d. s. solche, deren Übertragungsfunktion des offenen Kreises $F_0(s) = K \cdot G(s) \cdot H(s)$ nur endlich viele Pole und Nullstellen und diese nur in der linken Hälfte der s-Ebene besitzt (Bild 5.54). Die regulären Systeme haben also sämtlich Übertragungsfunktionen des offenen Kreises vom Typ:

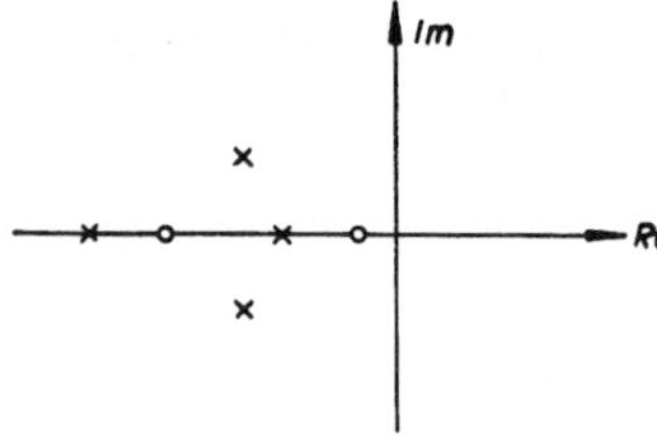

Bild 5.54. Pole und Nullstellen eines regulären Systems

$$F_0(s) = \frac{K \prod_{j=1}^{m} (s - s_{N_j})}{\prod_{k=1}^{n} (s - s_{P_k})} \qquad \begin{matrix} Re(s_{N_j}) \le 0 \\ Re(s_{P_k}) \le 0 \end{matrix}$$

Dabei ergaben sich die in Abschnitt 5.5 erörterten einfachen Beziehungen zwischen Amplituden- und Phasenverlauf des Frequenzganges im Bode-Diagramm.

In den seltener vorkommenden nichtregulären Systemen und in solchen, die nichtreguläre Teile enthalten, gelten diese einfachen Zusammenhänge nicht mehr. Die drei auftretenden Typen von Nichtregularitäten sollen nun einzeln im Bode-Diagramm untersucht werden.

5.8.1. Positive Pole in der Übertragungsfunktion $F_0(s)$ des offenen Kreises

Sondert man den nichtregulären Teil der Übertragungsfunktion ab und ist nur ein positiver Pol[1]) vorhanden, so kann man $F(s)$ wie folgt schreiben $F_0(s) = \frac{1}{(s - s_{P_n})} \cdot F_{\text{Reg}}(s)$. Da s_{P_n} ein positiver Pol ist, setzen wir ihn z. B. gleich einer positiven Zahl a und erhalten

$$F_0(s) = \frac{1}{(s-a)} \cdot F_{\text{Reg}}(s).$$

[1]) Hier beschränken wir unsere Erörterungen auf einen positiven reellen Pol. Die Aussagen dieses Abschnitts gelten auch für komplexe Pole mit positivem Realteil.

Beim Übergang zum Frequenzgang ergibt sich mit $s \to i\omega$

$$F_0(i\omega) = \frac{1}{(i\omega - a)} \cdot F_{\text{Reg}}(i\omega) \quad \text{oder} \quad F_0(i\omega) = \frac{1}{a} \cdot \frac{1}{\left(-1 + \frac{i\omega}{a}\right)} \cdot F_{\text{Reg}}(i\omega).$$

Wir bezeichnen den Ausdruck $\left(-1 + \frac{i\omega}{a}\right)$ der Frequenzgangfunktion als nichtreguläres Glied erster Ordnung. Sein Amplitudengang unterscheidet sich von dem entsprechenden regulären Glied nicht, da der Betrag des Realteiles (1) und des Imaginärteils (ω/a) sich nicht geändert haben. Der Phasenwinkel ist dagegen unterschiedlich. Aus der Gegenüberstellung

$$F_1 = \frac{1}{\left(-1 + \frac{i\omega}{a}\right)} \equiv |F_1| \cdot e^{i\varphi_1} \equiv |F_1| \cdot \frac{1}{\cos\varphi_1 - i \sin\varphi_1}$$

erhalten wir $\cos\varphi_1(\omega = 0) = -1$ oder $\varphi_1(\omega = 0) = \pm 180°$.

Weiter gilt $\tan\varphi_1 = +\omega/a$, woraus ersichtlich ist, daß mit zunehmendem ω auch $\tan\varphi_1$ und damit φ_1 zunimmt und mit $\omega \to \infty$ dem Wert $-90°$ $(+270°)$ zustrebt. Die Kurve als solche stimmt mit derjenigen des regulären Pols überein, da die Bestimmungsgleichung für $\tan\varphi$ sich nur durch das Vorzeichen unterscheidet; sie ist aber gegenüber dem regulären Phasengang um die Linie $\varphi = -90°$ gespiegelt (vgl. Bild 5.55).

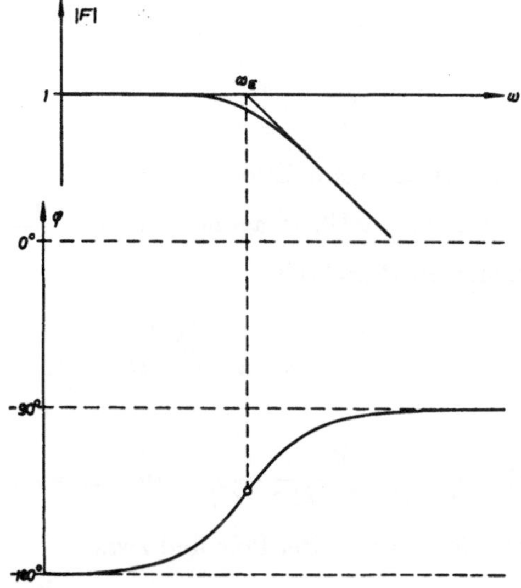

Bild 5.55. Bode-Diagramm eines nichtregulären Pols

Das Stabilitätsverhalten bei positiven Polen weist einige Besonderheiten auf und soll daher näher betrachtet werden. Zunächst benutzen wir ein strenges Stabilitätskriterium, das gleichzeitig den Vorzug der Anschaulichkeit hat, nämlich die Lage der Wurzeln s_i in der komplexen s-Ebene. Mit Hilfe des Wurzelortverfahrens (Kapitel 4) lassen sich Wurzeln für sämtliche Werte der

Kreisverstärkung K konstruieren; sie beginnen mit $K=0$ bei den Polen s_{P_k} und enden für $K \to \infty$ bei den Nullstellen s_{N_j} oder wachsen über alle Grenzen. Stabilität liegt vor, wenn alle Wurzeln des betrachteten K-Wertes in der linken (negativen) s-Halbebene liegen. Liegt, wie hier vorausgesetzt, ein Pol s_P in der positiven Hälfte der komplexen s-Ebene, dann wird der Regelkreis nur dann stabil arbeiten können, wenn der von diesem Pol ausgehende Wurzelort nach links in die negative Halbebene abwandert. Erst von einem bestimmten K ab, wird die dazugehörige Wurzel des geschlossenen Kreises einen negativen Realteil besitzen, womit die Stabilität des geschlossenen Kreises gesichert wäre.

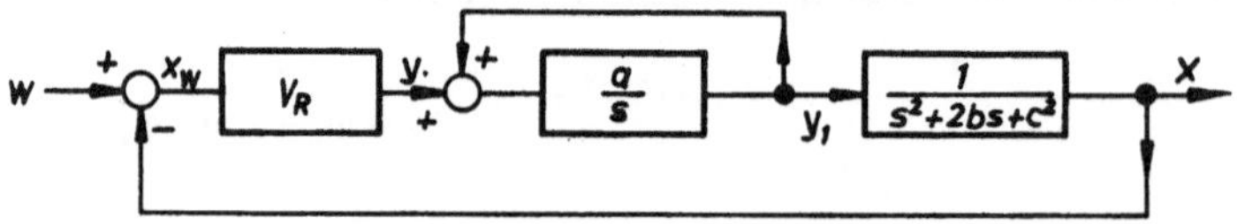

Bild 5.56. Regelkreis mit positivem Pol

Das folgende Beispiel soll die Verhältnisse näher erläutern. Gegeben sei ein Regelkreis mit dem in Bild 5.56 gezeigten Aufbau. Die gezeichneten Übertragungsblöcke enthalten zwar selbst keine Nichtregularitäten; eine solche kommt aber durch die innere Rückführung zustande. Die Übertragungsfunktion zwischen y und y_1 ergibt sich wie folgt:

$$y_1 = (y + y_1)\frac{a}{s}$$

$$\frac{y_1}{y} = \frac{a}{s-a}$$

Der Block mit der Übertragungsfunktion a/s einschl. Rückführung ist also dem nichtregulären Block mit der Übertragungsfunktion $\frac{a}{s-a}$ äquivalent. Somit lautet $F_0(s)$ für den offenen Regelkreis:

$$F_0(s) = \frac{x}{x_w} = \frac{V_R \cdot a}{(s-a)\,(s^2+2bs+c^2)}$$

oder

$$F_0(s) = \frac{K}{(s-a)\,(s^2+2bs+c^2)} \quad \text{mit} \quad K = V_R \cdot a.$$

Die Übertragungsfunktion besitzt drei Pole und zwar

$$s_{P1} = +a \qquad s_{P2,3} = -b \pm \sqrt{b^2-c^2}.$$

Folgende Zahlenwerte seien gegeben:

$$a = 1; \qquad b = 2; \qquad c = \sqrt{5}$$

und hiermit $\qquad s_{P1} = +1 \qquad s_{P2,3} = -2 \pm i.$

In Bild 5.57 sind die Pole eingetragen und die Wurzelorte konstruiert. Aus der K-Skalierung ist zu ersehen, daß der Regelkreis bis $K=5$ instabil bleibt. Drei Wurzelortäste laufen wegen des Fehlens von Nullstellen in F_0 mit wachsenden K-Werten nach Unendlich, wobei dann wieder Wurzeln mit positivem Realteil auftreten. Der Regelkreis ist also für $K>5$ nur vorübergehend stabil, um mit $K>8$ endgültig instabil zu werden.

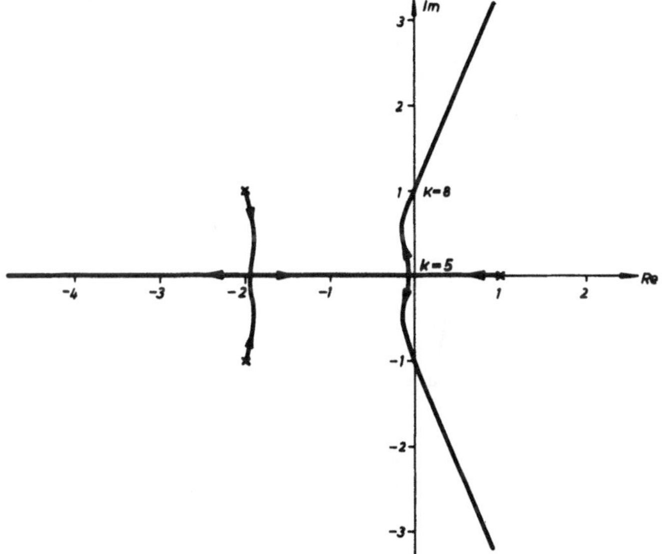

Bild 5.57. Wurzelorte zum System nach Bild 5.56.

Es lassen sich auch Beispiele finden, bei denen mit wachsendem K die Stabilität erhalten bleibt, z. B. wenn die oben angegebene Übertragungsfunktion noch eine Nullstelle $s_N = -1$ enthält (vgl. Bild 5.58). Stets aber gilt für stabile Systeme mit positiven Polen, daß eine untere Grenze der Kreisverstärkung existiert, deren Unterschreitung den Regelkreis instabil werden läßt.

Nachdem die Stabilitätseigenschaften positiver Pole in der Wurzelortebene festgestellt sind, wollen wir nun die Stabilitätsuntersuchung im Bode-Diagramm erörtern. Grundsätzlich müßte bei positiven Polen das strenge Nyquistkriterium angewendet werden (vgl. Abschnitt 5.3). Es läßt sich jedoch zeigen, daß mit Hilfe der vereinfachten Stabilitätskriterien erst dann falsche Aussagen möglich sind, wenn bei Vorhandensein positiver Pole zwei oder mehr Nichtregularitäten im Regelkreis existieren; und auch dann bleibt die Erfüllung der vereinfachten Kriterien eine notwendige Bedingung für die Stabilität.

Im vorliegenden Beispiel ist die Anwendung der in Abschnitt 5.7 erläuterten Stabilitätsbedingungen, die auf den vereinfachten Kriterien des Abschnittes 5.3 basieren, ausreichend, da nur ein positiver Pol vorliegt.

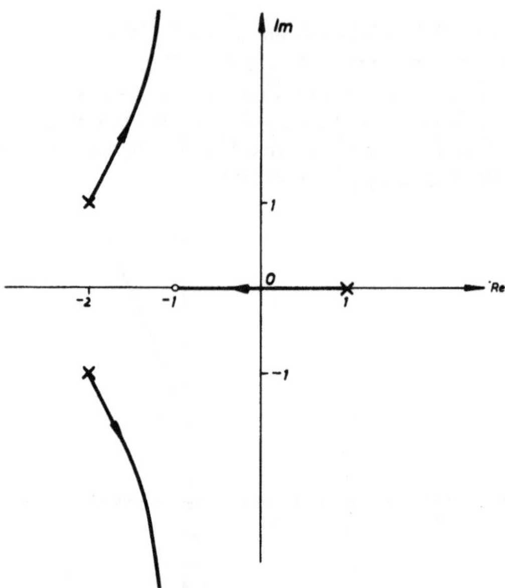

Bild 5.58. Wurzelorte des abgewandelten Systems

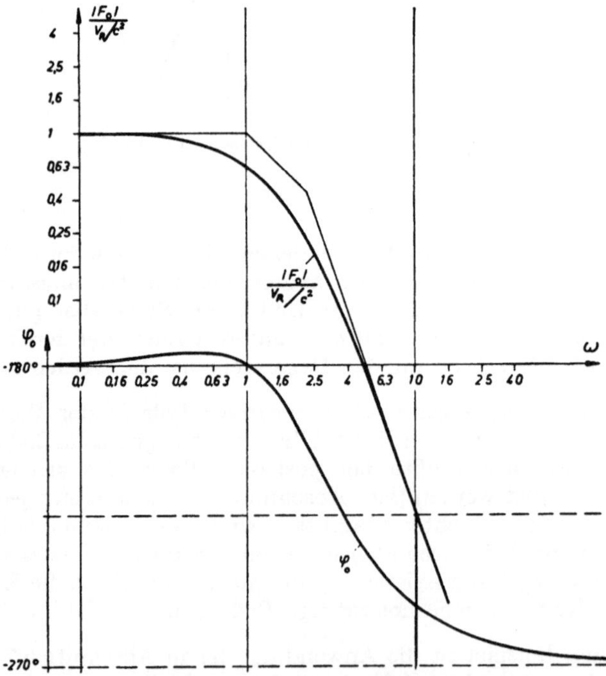

Bild 5.59. Bode-Diagramm des Frequenzganges mit positivem Pol

Die Frequenzgangfunktion ergibt sich durch die übliche Umformung aus der Übertragungsfunktion zu

$$F_0(i\omega) = \frac{V_R/c^2}{\left(-1+\frac{i\omega}{a}\right)\left[1+\frac{2b}{c}\cdot\left(\frac{i\omega}{c}\right)+\left(\frac{i\omega}{c}\right)^2\right]}.$$

Das Bodediagramm ist in Bild 5.59 dargestellt. Unter Anwendung der oben genannten Stabilitätsbedingungen erhalten wir bei Variation der Reglerverstärkung V_R zwei Stabilitätsgrenzen.

Da bei $\omega=1$ der Phasenwinkel $\varphi_0=-180°$ ist, wird eine Stabilitätsgrenze erreicht, wenn die Amplitude bei $\omega=1$ den Wert $|F_0|=1$ annimmt, dazu muß $V_R/c^2=1{,}6$ sein, oder mit $c^2=5 \rightarrow V_R=8$.

Ist V_R kleiner, dann liegt der Schnittpunkt $|F_0|=1$ weiter links von $\omega=1$ und wir erhalten einen positiven Phasenrand; das System arbeitet stabil (Fall a in Abschnitt 5.7). Die zweite Stabilitätsgrenze wird erreicht, wenn $V_R/c^2=1$ ist, weil dann bei $\omega=0$ gleichzeitig $\varphi_0=-180°$ und $|F_0|=1$ ist. Da der Phasenwinkel an dieser Stelle mit ω wächst (Fall d in Tabelle 5.7), erfordert die Stabilität, daß $|F_0|$ hier >1 (also $V_R>5$) bleiben muß, d. h. in unserem Fall, daß der Regelkreis nur für $5<V_R<8$ stabil wird, was in Übereinstimmung mit dem Ergebnis der Wurzelortuntersuchung steht.

5.8.2. Positive Nullstellen in der Übertragungsfunktion $F_0(s)$ des offenen Kreises

Liegt eine der Nullstellen der Übertragungsfunktion $F_0(s)$ in der positiven s-Halbebene, so ergibt sich beim Übergang zur Frequenzgangfunktion analog zum vorigen Abschnitt jetzt ein nichtreguläres Glied erster Ordnung im Zähler von der Form $F_2=\left(-1+\frac{i\omega}{a}\right)$.

Da hier der Kehrwert des unter 5.8.1 gefundenen Frequenzganganteiles vorliegt, müssen auch die Amplitudenverläufe sich wie Kehrwerte zueinander verhalten d. h., im Bode-Diagramm um die Achse $|F|=1$ gespiegelt sein. Der Phasenwinkel wechselt das Vorzeichen und wird daher um die Linie $\varphi=0$ gespiegelt. Wir erhalten somit das in Bild 5.60 angegebene Bode-Diagramm einer positiven Nullstelle.

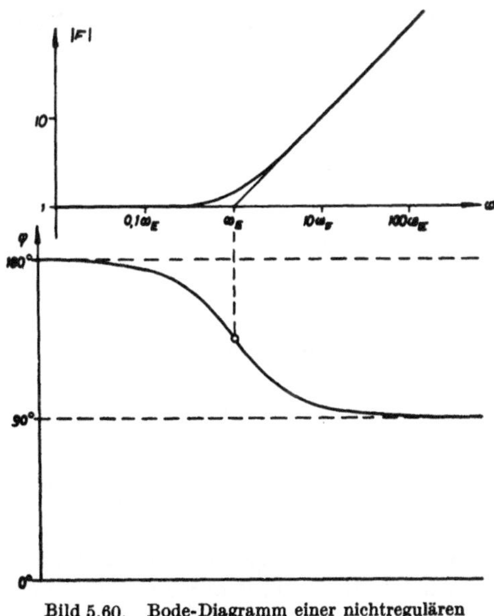

Bild 5.60. Bode-Diagramm einer nichtregulären Nullstelle

Sämtliche Systeme, die positive Nullstellen enthalten, haben die Eigenschaft, daß sie bei hinreichend großer Kreisverstärkung instabil werden, was sich am leichtesten in der Wurzelortsebene überblicken läßt. Die an den Polen s_P in der negativen s-Halbebene beginnenden Wurzelorte bewegen sich mit wachsendem K zu den Nullstellen s_N, also auch zu denjenigen, die in der positiven s-Halbebene liegen und zeigen dann Instabilität des geschlossenen Regelkreises an.

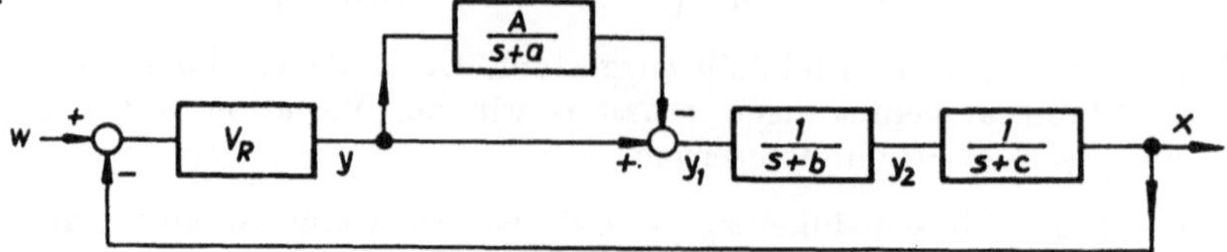

Bild 5.61. Regelkreis mit positiver Nullstelle

Als Beispiel soll das in Bild 5.61 dargestellte System näher untersucht werden. Die Übertragungsfunktion zwischen y und y_1 lautet hier:

$$y_1 = y\left[1 - \frac{A}{s+a}\right]$$

$$F_1(s) = \frac{y_1}{y} = \frac{(s+a-A)}{(s+a)} \qquad \text{und bei } A > a$$

$$F_1(s) = \frac{(s-[A-a])}{(s+a)}.$$

Somit folgt für den aufgeschnittenen Regelkreis:

$$F_0(s) = \frac{V_R(s-[A-a])}{(s+a)\,(s+b)\,(s+c)}$$

mit den Polen: $s_{P1} = -a \qquad s_{P2} = -b \qquad s_{P3} = -c$

und der Nullstelle

$$s_N = +[A-a].$$

Folgende Zahlenwerte seien gegeben:

$$a = 2; \qquad b = 4; \qquad c = 5; \qquad A = 3$$

und hiermit

$$s_{P1} = -2 \qquad s_{P2} = -4 \qquad s_{P3} = -5 \qquad s_N = +1.$$

Auf Grund dieser Pole und der Nullstelle sind in Bild 5.62 die Wurzelorte konstruiert. Man erhält nur einen die positive Halbebene durchsetzenden Ast. Die Stabilitätsgrenze auf ihm ist bei $s = 0$ mit $K = V_R = 40$ erreicht.

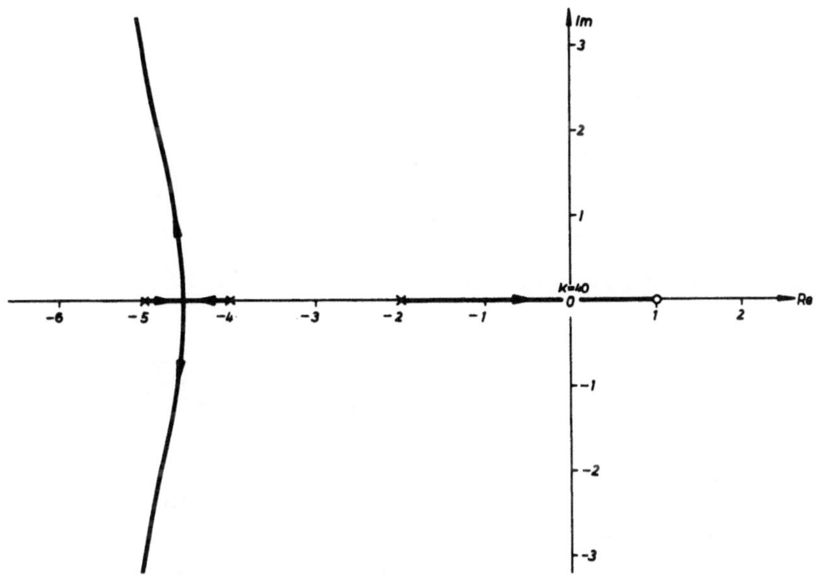

Bild 5.62. Wurzelortkurven eines Systems mit positiver Nullstelle

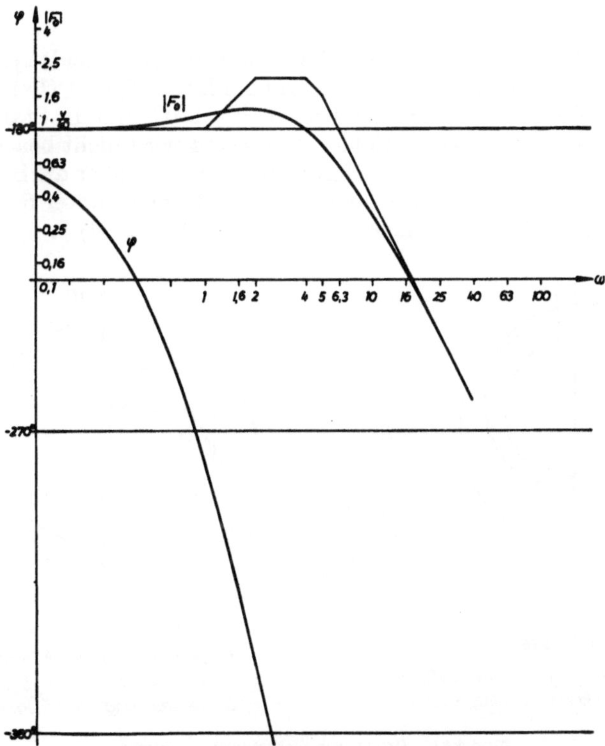

Bild 5.63. Frequenzgang mit positiver Nullstelle

Die Verwandlung der Übertragungsfunktion in die Frequenzgangfunktion ergibt:

$$F_0(i\omega) = \frac{V_R \cdot [A-a]}{a \cdot b \cdot c} \quad \frac{\left(-1 + \frac{i\omega}{A-a}\right)}{\left(1 + \frac{i\omega}{a}\right)\left(1 + \frac{i\omega}{b}\right)\left(1 + \frac{i\omega}{c}\right)}$$

Einsetzen obiger Zahlenwerte liefert:

$$F_0(\omega) = \frac{V_R \cdot 1}{2 \cdot 4 \cdot 5} \quad \frac{(-1 + i\omega)}{\left(1 + \frac{i\omega}{2}\right)\left(1 + \frac{i\omega}{4}\right)\left(1 + \frac{i\omega}{5}\right)}.$$

Phasen- und Amplitudengang des gesamten Kreises sind in Bild 5.63 dargestellt. Bei $\omega = 0$ ist $\varphi = -180°$ und fällt mit ω ab (Fall b in Tabelle 5.7); die Amplitude darf daher hier nicht größer als eins sein, d. h., die Stabilitätsgrenze ist mit $|F_0|\,(\omega = 0) \equiv \frac{V_R}{2 \cdot 4 \cdot 5} = 1$ oder $V_R = 40$ erreicht, wie bereits mit dem Wurzelortverfahren berechnet.

Hat V_R einen Wert zwischen 31,5 und 40, dann durchschneidet $|F_0|$ zwischen $\omega = 0$ und $\omega = 1{,}25$ mit wachsenden Werten die Linie $|F_0| = 1$ (Fall c in Tabelle 5.7). Der Phasenwinkel ist in diesem Gebiet $< -180°$, und die Stabilität damit gesichert. Der Schnittpunkt im Gebiet $2{,}5 < \omega < 4$ wird nicht beachtet, da nur der erste auf $\varphi = \pm 180°$ folgende Schnittpunkt $|F_0| = 1$ über die Stabilität entscheidet. Zum Vergleich sind für die benutzten Beispiele unter 5.8.1 und 5.8.2 die Ortskurven im Nyquist-Diagramm skizziert (Bild 5.64).

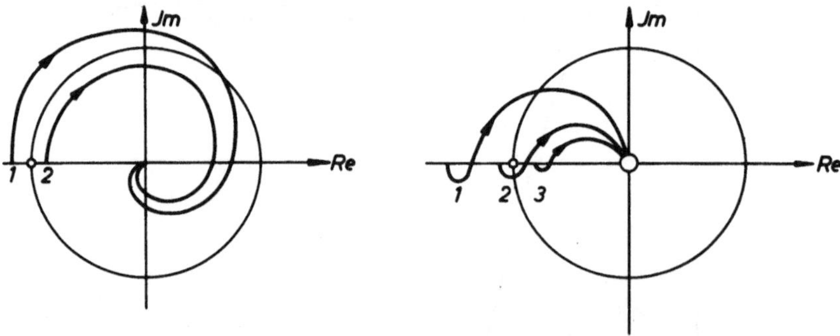

Bild 5.64. Ortskurven nichtregulärer Systeme

5.8.3. Regelkreis mit Totzeit

Im Abschnitt 5.2 war der Frequenzgang eines reinen Totzeitgliedes abgeleitet worden zu

$$F_t(i\omega) = e^{-i\omega T_t}.$$

Somit ist wegen $F \equiv |F| \cdot e^{i\varphi}$ $|F_t| \equiv 1$ und $\varphi_t = -\omega T_t$. Daraus folgt, daß die Totzeit im Amplitudengang überhaupt nicht in Erscheinung tritt, während der Phasengang proportional zu ω von Null nach $-\infty$ strebt. Da ein Totzeitanteil die Stabilität des *offenen* Frequenzganges eines Regelkreises nicht gefährdet, sondern das Ausgangssignal lediglich um den Betrag der Totzeit verschiebt, genügt es zur Stabilitätsuntersuchung des geschlossenen Regelkreises, das vereinfachte Ortskurvenkriterium oder die darauf beruhenden Stabilitätsbedingungen im Bode-Diagramm heranzuziehen. Als Beispiel sei der Regelkreis mit dem Frequenzgang

$$F_0 = \frac{r_0 + r_1 i\omega}{T_s i\omega(1 + T_1 i\omega)}\, e^{-i\omega T_t} \quad \text{(Frequenzgang des offenen Kreises)}$$

betrachtet, der schon im Abschnitt 5.4 in der Ortskurvendarstellung behandelt worden war.

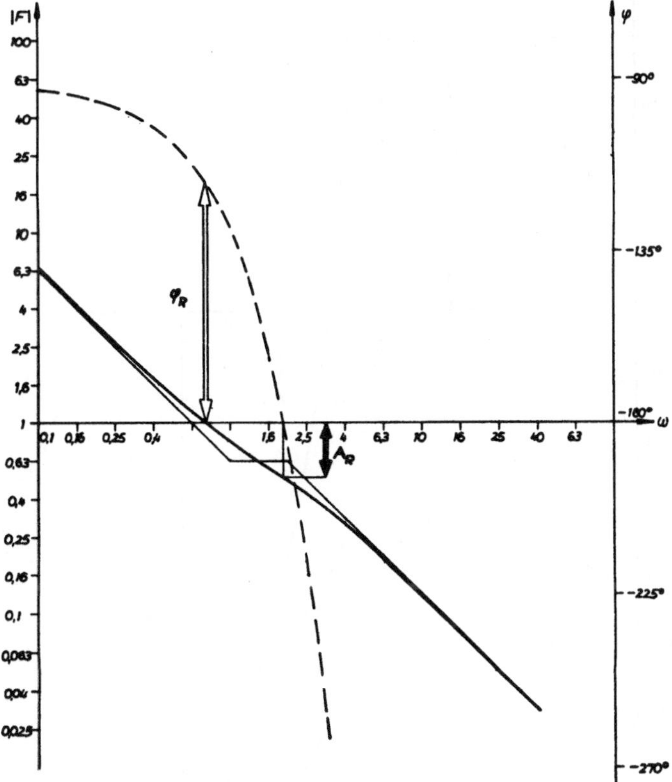

Bild 5.65. Bode-Diagramm eines Regelkreises mit Totzeit

Das Bode-Diagramm ist in Bild 5.65 dargestellt, in dem auch der Phasenrand und der Amplitudenrand eingezeichnet sind. Die Stabilitätsbedingungen für die hier vorliegenden Zuordnungen zwischen Amplituden- und Phasengang (Fall a und b in Tabelle 5.7) sind bei der vorliegenden Verstärkung erfüllt. Bei Vergrößerung der Verstärkung (Heraufschieben der Amplitudenkurve) gehen der Phasenrand und gleichzeitig der Amplitudenrand durch Null und wechseln in den instabilen Bereich über.

Ein Herabsetzen der Verstärkung vergrößert dagegen den stabilen Phasen- und Amplitudenrand und verbessert damit die Stabilitätsgüte (Dämpfung des geschlossenen Regelkreises).

Hier wie auch in den meisten vorkommenden Fällen verschlechtert die Totzeit das Stabilitätsverhalten eines Regelkreises. Daß dies jedoch nicht grundsätzlich so sein muß, beweist das folgende Beispiel:

Gegeben sei der Frequenzgang des aufgeschnittenen Regelkreises zu

$$F_0 = \frac{0{,}125\,\mathrm{e}^{-i\omega T_t}}{1 + 0{,}1\,i\omega + (i\omega)^2}.$$

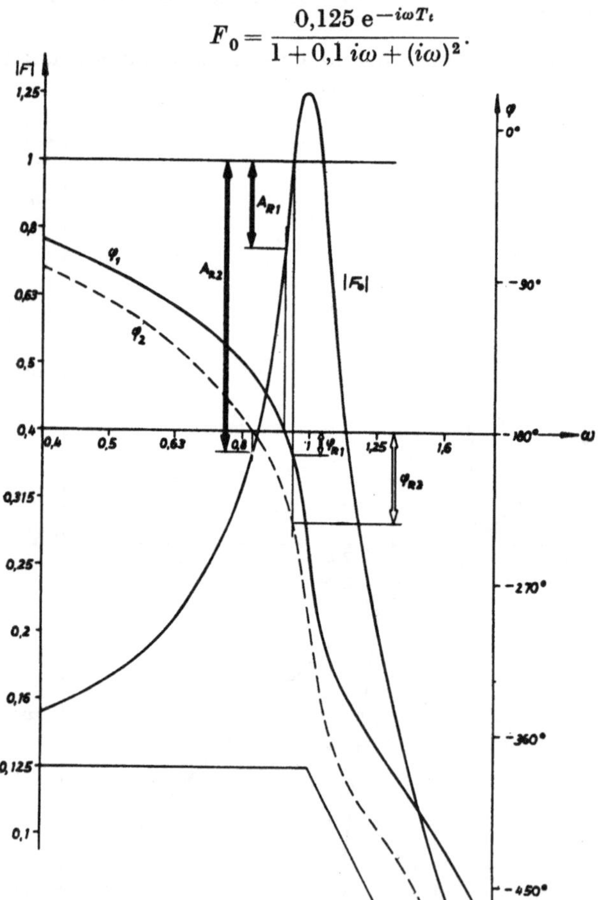

Bild 5.66. Bode-Diagramm eines Systems, bei dem die Erhöhung der Totzeit stabilisierend wirkt

Das Bode-Diagramm zeigt Bild 5.66, wobei die Totzeit $T_{t1} = 2{,}8$ s im Phasenverlauf φ_1 berücksichtigt ist. Die Stabilitätskenngrößen $A_{R1} = 1{,}35:1$ und $\varphi_{R1} = 14°$ gehören zu Fall b) und c) in Tabelle 5.7 und sind verhältnismäßig klein. Eine Vergrößerung der Totzeit von 2,8 auf 3,5 s liefert den mit φ_2 bezeichneten Phasengang.

Die Stabilitätsverbesserung der erhöhten Totzeit kommt dabei im Phasenrand $\varphi_{R2} = 50°$ und dem Amplitudenrand $A_{R2} = 1:0{,}37 = 2{,}7:1$ zum Ausdruck. Die Totzeit darf jedoch nicht beliebig vergrößert werden, was man sich leicht an einer Skizze der Ortskurve im Nyquist-Diagramm klarmacht.

Zum Abschluß seien noch einmal sämtliche regulären und nichtregulären Frequenzgangtypen in einer Übersichtstabelle 5.8 zusammengefaßt (vgl. auch Tab. 5.1). Darin sind die positiven Pole und Nullstellen unter Typ IV zusammengefaßt, da sie sich nur durch den Exponenten n unterscheiden. Darüber hinaus sind auch nichtreguläre Glieder zweiter Ordnung unter Typ V aufgeführt. Die Ableitung des Amplituden- und Phasenganges aus der Frequenzgangfunktion sei jedoch dem Leser überlassen (vgl. Übungsaufgabe 5.8-1).

Tabelle 5.8

Amplituden- und Phasengänge der Frequenzgangtypen

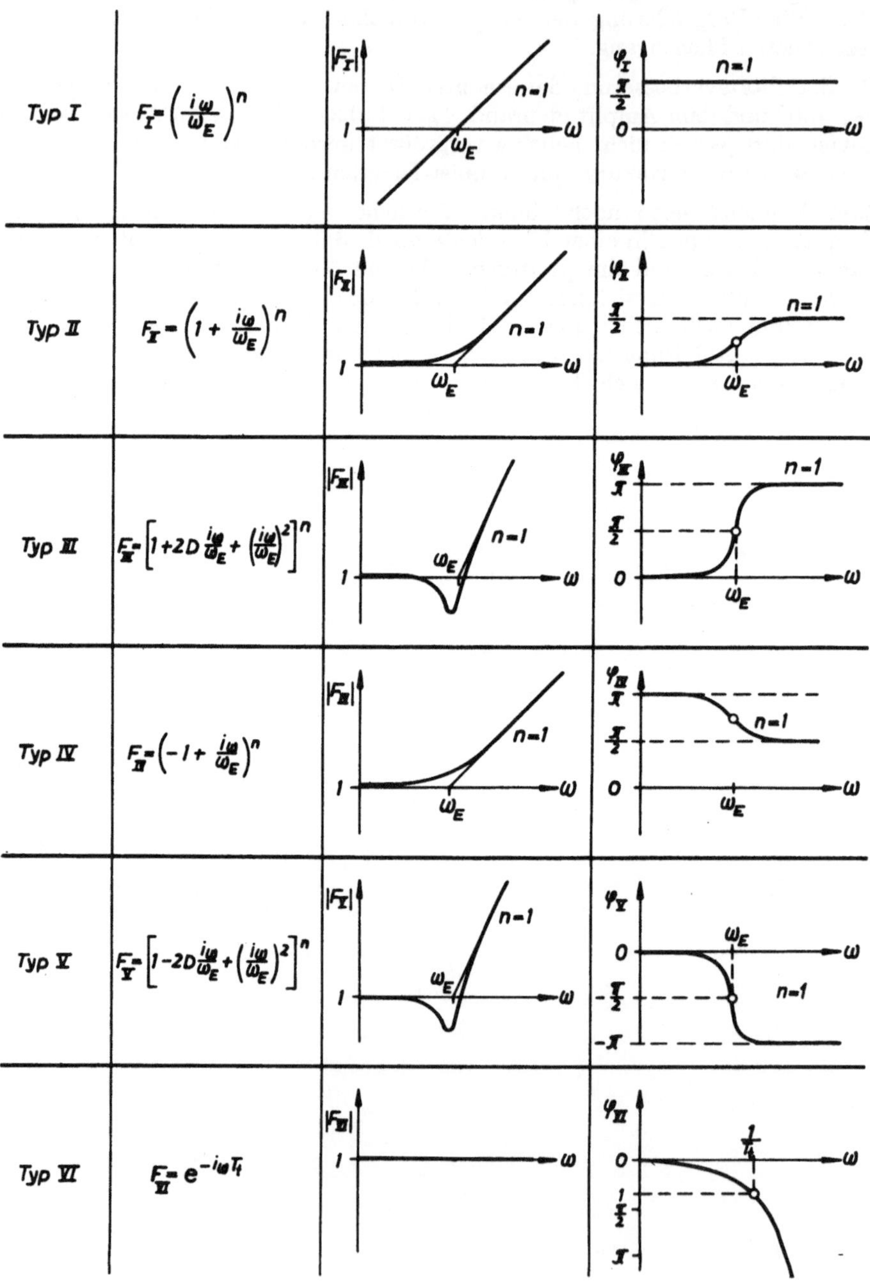

Übungsaufgaben

5.8-1 Man berechne den Amplituden- und den Phasenverlauf für

$$F(i\omega) = \frac{1}{[1 - 2DTi\omega + (Ti\omega)^2]}.$$

5.8-2 Man stelle die folgenden Frequenzgänge im Bode-Diagramm dar für $0{,}01 \leq \omega \leq 400$:

a) $F_a(i\omega) = \dfrac{10}{(-1 + 1{,}6i\omega)}$

b) $F_b(i\omega) = \dfrac{16}{[1 - 1{,}25i\omega + (1{,}6i\omega)^2]}$

c) $F_c(i\omega) = 4\,(-1 + 2{,}5i\omega)$

d) $F_d(i\omega) = 6{,}3\,[1 - i\omega + (2{,}5i\omega)^2]$

5.8-3 Man stelle die folgenden Frequenzgänge im Bode-Diagramm dar und gebe die Phasenwinkel an für $\omega = 2{,}5$; 5; 10; 25; 50; 100; 500.

a) $F_a(i\omega) = \dfrac{(-1 + i\omega)}{i\omega\,(1 + 0{,}16i\omega)\,(1 + 0{,}001i\omega)}$

b) $F_b(i\omega) = \dfrac{40\,(1 + 0{,}315i\omega)\,e^{-0{,}045i\omega}}{[1 - 0{,}6i\omega + (i\omega)^2]}$

5.8-4 Für den Frequenzgang

$$F_0(i\omega) = \frac{6{,}3\,K_1\,(1 + 0{,}4i\omega)^2\,e^{-0{,}025i\omega}}{[1 + 0{,}4i\omega + (i\omega)^2]\,(-1 + 0{,}16i\omega)}$$

sind der Amplituden- und der Phasenverlauf im Bode-Diagramm für $K_1 = 1$ zu zeichnen.

Wie groß muß K_1 sein, damit ein Phasenrand von $\varphi_R = 30°$ vorhanden ist?

5.8-5 Man zeichne Amplituden- und Phasenverlauf im Bode-Diagramm für den Frequenzgang

$$F_0(i\omega) = \frac{8\,[1 - i\omega + (i\omega)^2]}{(1 + 2{,}5i\omega)\,(1 + 0{,}25i\omega)\,(1 + 0{,}063i\omega)}.$$

Wie groß ist der Phasenwinkel für $\omega = 0{,}8$?

5.8-6 Für die Übungsaufgaben 5.8-3a und 5.8-5 stelle man die Wurzelortkurven dar und diskutiere die Stabilität.

5.9. Auswertung gemessener Frequenzgänge

Häufig sind Regelstrecken oder einzelne Regelkreiselemente rechnerisch nicht oder doch nicht genügend genau zu erfassen. In solchen Fällen bedarf es der auf das regelungstechnische Verhalten abgestimmten Messung. Die Aufnahme des Frequenzganges nach Amplitude und Phase liefert dabei die aufschlußreichsten Ergebnisse, erfordert jedoch auch einen höheren Aufwand an Meßgeräten und an Zeit als z. B. die Aufnahme der Übergangsfunktion.

Für die rechnerische Behandlung der regelungstechnischen Aufgabe läßt sich aus dem Amplituden- und Phasengang die Frequenzgangfunktion gewinnen, indem man unter Anlehnung an die — anfangs in gewissem Umfange willkürlichen — Asymptoten der im Bode-Diagramm aufgetragenen Amplitudenkurve einzelne Glieder erster oder zweiter Ordnung bestimmt, bis man schließlich eine Übereinstimmung mit dem gemessenen Frequenzgang erzielt. Die Vorgehensweise soll an einem Beispiel erläutert werden:

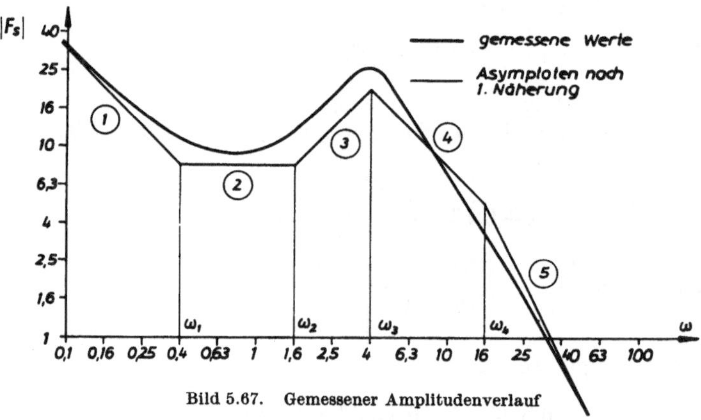

Bild 5.67. Gemessener Amplitudenverlauf

Vorgelegt sei der Amplituden- und Phasengang einer Regelstrecke (Bild 5.67 und 5.68). Der erste Schritt zur Analyse ist das Einzeichnen von Asymptoten mit ganzzahligen Steigungen, durchgeführt in Bild 5.67. Von der Asymptoten 1 ausgehend setzen wir die erste Eckfrequenz mit $\omega_1 = 0{,}4$ fest, da an dieser Stelle die Abweichung von Asymptote und wirklichem Verlauf 0,15 L beträgt, wie es bei einem Glied erster Ordnung der Fall ist. Auf dem gleichen Wege finden wir ω_2 zu 1,6. Bei $\omega \approx 4$ liegt eine Überhöhung von 1,25:1 bei gleichzeitigem Asymptotenabfall um den Wert 2 vor. Wir setzen daher ein Glied zweiter Ordnung mit der Eckfrequenz $\omega_3 = 4$ an. Die letzte Eckfrequenz ω_4 ergibt sich als Schnittpunkt der Asymptoten 4 und 5 zu $\omega_4 = 16$. Hier sind die Asymptoten Nr. 2, 3 und 4 bzw. die dadurch gebildeten Eckfrequenzen noch unsicher. Zur Kontrolle wird der durch die Asymptoten angenäherte Verlauf mit Hilfe der Amplitudenkorrekturen aus den Tabellen 5.2 und 5.3 vervollständigt und mit dem wahren Verlauf von $|F_s|$ verglichen (vgl. Tabelle 5.9).

Die Dämpfung des Gliedes 2. Ordnung mit der Eckfrequenz ω_3 muß dabei aus der Amplitude an der Eckfrequenz geschätzt werden. Die Überhöhung an der

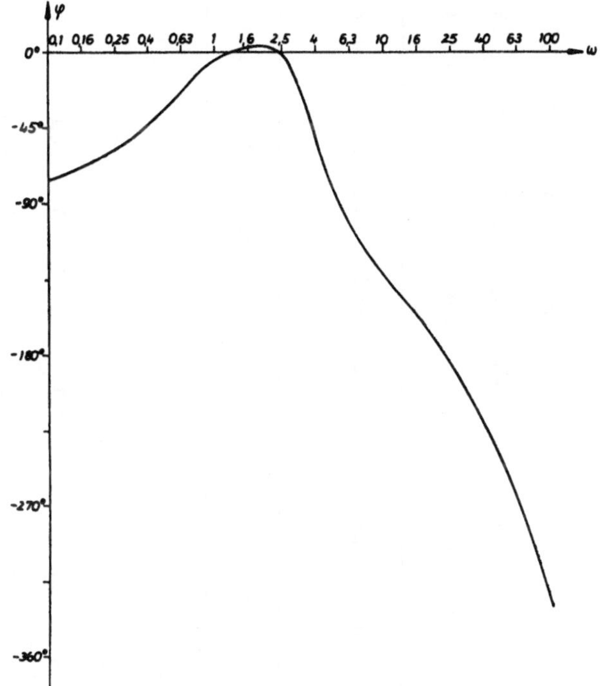

Bild 5.68. Gemessener Phasenverlauf

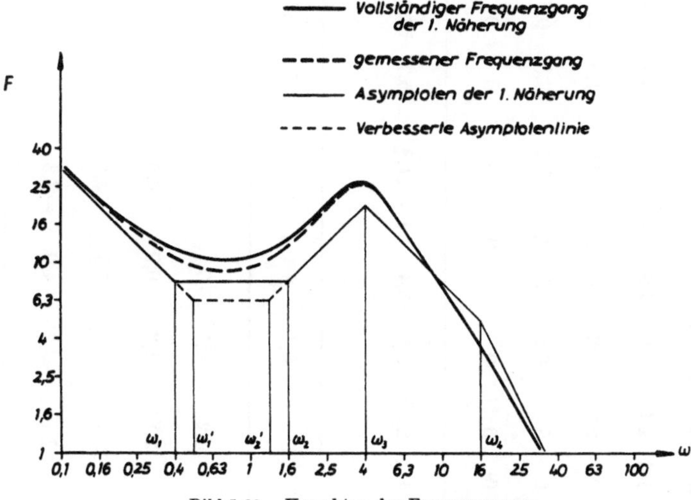

Bild 5.69. Korrektur des Frequenzganges

Eckfrequenz beträgt etwa 0,1 L, die Dämpfung wird damit $D = 0{,}4$. Der Vergleich mit dem wahren Verlauf gibt zu einer Korrektur der Eckfrequenzen ω_1 und ω_2 Anlaß (Bild 5.69). Die erneute Durchführung der tabellarischen

Tabelle 5.9 Korrekturen zur geschätzten Asymptotenlinie

ω	0,1	0,125	0,16	0,2	0,25	0,315	0,4	0,5	0,63	0,8	1	1,25	1,6	2	2,5	3,15	4
$AK1$	1,3	2,1	3,2	4,9	7,3	10,7	15,1	10,7	7,3	4,9	3,2	2,1	1,3	0,9	0,5	0,4	0,2
$AK2$	0,1	0,2	0,2	0,4	0,5	0,9	1,3	2,1	3,2	4,9	7,3	10,7	15,1	10,7	7,3	4,9	3,2
$AK3$	0	0	0,1	0,1	0,1	0,2	0,3	0,5	0,7	1,2	1,9	2,9	4,6	7,1	10,5	13,4	9,7
$AK4$	0	0	0	0	0	0	0	0	0	—0,1	—0,1	—0,2	0,2	—0,4	—0,5	—0,9	—1,3
$\sum AK$	1,4	2,3	3,5	5,4	7,9	11,8	16,7	13,3	11,2	10,9	+12,3	15,5	20,8	18,3	18,8	17,8	11,8

ω	5	6,3	8	10	12,5	16	20	25	31,5	40	50	63	80	100
$AK1$	0,2	0,1	0,1	0	0	0	0	0	0	0	0	0	0	0
$AK2$	2,1	1,3	0,9	0,5	0,4	0,2	0,2	0,1	0,1	0	0	0	0	0
$AK3$	13,4	10,5	7,1	4,6	2,9	1,9	1,2	0,7	0,5	0,3	0,2	0,1	0,1	0,1
$AK4$	—2,1	—3,2	—4,9	—7,3	—10,7	—15,1	—10,7	—7,3	—4,9	—3,2	—2,1	—1,3	—0,9	—0,5
$\sum AK$	13,6	8,7	+3,2	—2,2	—7,4	—13,0	—9,3	—6,5	—4,3	—2,9	—1,9	—1,2	—0,8	—0,4

Tabelle 5.10 Korrekturen zur verbesserten Asymptotenlinie

1	ω	0,1	0,125	0,16	0,2	0,25	0,315	0,4	0,5	0,63	0,8	1,0	1,25	1,6	2,0	2,5	3,15
2	$AK1$	0,9	1,3	2,1	3,2	4,9	7,3	10,7	15,1	10,7	7,3	4,9	3,2	2,1	1,3	0,9	0,5
3	$AK2$	0,2	0,2	0,4	0,5	0,9	1,3	2,1	3,2	4,9	7,3	10,7	15,1	10,7	7,3	4,9	3,2
4	$AK4$	0	0	0	0	0	0	0	0	0	—0,1	—0,1	—0,2	—0,2	—0,4	—0,5	—0,9
5	$AK3$	0	0	0,1	0,1	0,1	0,2	0,3	0,5	0,7	1,2	1,9	2,9	4,6	7,1	10,5	13,4
6	$\sum AK$	1,1	1,5	2,6	3,8	5,9	8,8	13,1	18,8	16,3	16,7	17,4	21,0	17,2	15,3	15,8	16,2
7	$\varphi K1$	11,3	14,1	17,6	21,7	26,6	32,3	38,5	45,0	—38,3	—32,3	—26,6	—21,7	—17,6	—14,1	—11,3	—9,1
8	$\varphi K2$	4,5	5,7	7,2	9,1	11,3	14,1	17,6	21,7	26,6	32,3	38,5	45,0	—38,5	—32,3	—26,6	—21,7
9	$\varphi K4$	—0,4	—0,5	—0,6	—0,7	—0,9	—1,1	—1,4	—1,8	—2,3	—2,9	—3,6	—4,5	—5,7	—7,2	—9,1	—11,3
10	$\varphi K3$	—1,2	—1,5	—1,8	—2,3	—2,9	—3,7	—4,6	—5,8	—7,4	—9,4	—12,1	—15,7	—20,7	—28,2	—40,0	—59,9
11	$\sum \varphi K$	14,2	17,8	22,4	27,7	34,1	41,5	50,1	59,1	—21,6	—12,3	—3,8	+3,1	—82,5	—81,8	—87,0	—102,0

1	ω	4	5	6,3	8	10	12,5	16	20	25	31,5	40	50	63	80	100	125
2	$AK1$	0,4	0,2	0,2	0,1	0,1	0	0	0	0	0	0	0	0	0	0	
3	$AK2$	2,1	1,3	0,9	0,5	0,4	0,2	0,2	0,1	0,1	0	0	0	0	0	0	
4	$AK4$	—1,3	—2,1	—3,2	—4,9	—7,3	—10,7	—15,1	—10,7	—7,3	—4,9	—3,2	—2,1	—1,3	—0,9	—0,5	
5	$AK3$	9,7	13,4	10,5	7,1	4,6	2,9	1,9	1,2	0,7	0,5	0,3	0,2	0,1	0,1	0,1	
6	$\sum AK$	10,9	12,8	8,4	+2,8	—2,2	—7,6	—13,0	—9,4	—6,5	—4,4	—2,9	—1,9	—1,2	—0,8	—0,4	
7	$\varphi K1$	—7,2	—5,7	—4,5	—3,6	—2,9	—2,3	—1,8	—1,4	—1,1	—0,9	—0,7	—0,6	—0,5	—0,4	—0,4	—0,3
8	$\varphi K2$	—17,6	—14,1	—11,3	—9,1	—7,2	—5,7	—4,5	—3,6	—2,9	—2,3	—1,8	—1,4	—1,1	—0,9	—0,7	—0,6
9	$\varphi K4$	—14,1	—17,6	—21,7	—26,6	—32,3	—38,5	—45,0	+38,5	+32,3	+26,6	+21,7	+17,6	14,1	11,3	9,1	7,2
10	$\varphi K3$	—90,0	+59,9	40,0	28,2	20,7	15,7	12,1	9,4	7,4	5,8	4,6	3,7	2,9	2,3	1,8	1,5
11	$\sum \varphi K$	—128,9	+22,5	2,5	—11,1	—22,7	—30,8	—39,2	+42,9	+35,7	29,2	23,8	19,3	15,4	12,3	9,8	7,8

Amplitudenkorrektur liefert befriedigende Ergebnisse (vgl. Tabelle 5.10). An dieser Stelle wird jetzt auch der Phasenverlauf nach den verbesserten Eckfrequenzen (und gegebenenfalls auch unter Berücksichtigung der verbesserten Dämpfungen) tabellarisch bestimmt.

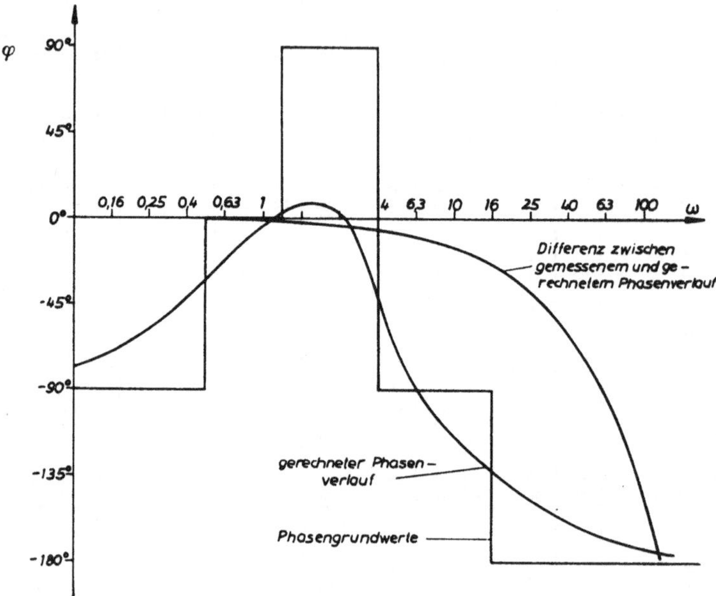

Bild 5.70. Abspaltung des regulären Teils des Phasenwinkels

Der Vergleich der gerechneten Phasenkurve mit dem gemessenen Verlauf hat nun nicht so sehr die Aufgabe einer Kontrolle der ω_i und D_i, sondern vielmehr die der Aufdeckung eines nichtregulären Phasenteils z. B. eines Totzeitgliedes, das, wie in Abschnitt 5.8 ausgeführt, den Amplitudengang nicht beeinflußt und daher aus ihm nicht bestimmt werden kann. Im Beispiel ergibt sich eine Differenzkurve der Phasenwinkel entsprechend Bild 5.70. Sie wird durch ein Totzeitglied mit $T_t = {}^1/_{40}$ s angenähert. Die resultierende Frequenzgangfunktion lautet damit

$$F_s = \frac{3{,}15\left(1+\frac{i\omega}{0{,}5}\right)\left(1+\frac{i\omega}{1{,}25}\right) e^{-\frac{i\omega}{40}}}{i\omega\left[1+\frac{i\omega}{5}+\left(\frac{i\omega}{4}\right)^2\right]\left(1+\frac{i\omega}{16}\right)}.$$

Übungsaufgaben

5.9-1 Man gebe die Frequenzgangfunktionen an für die gemessenen Werte von $|F_0(i\omega)|$ und φ, die in den Tabellen Ü 5.9-1 und Ü 5.9-2 zusammengestellt sind.

ω	Messung 1		Messung 2		Messung 3	
	$\|F_0(i\omega)\|$	$-\varphi$	$\|F_0(i\omega)\|$	$-\varphi$	$\|F_0(i\omega)\|$	$-\varphi$
0,04	—	—	—	—	—	—
—	—	—	—	—	—	—
0,063	—	—	—	—	—	—
—	—	—	—	—	—	—
0,1	40,0	2,6	—	—	100	85,3
—	—	—	—	—	—	—
0,16	39,9	4,1	—	—	63,3	82,5
—	—	—	—	—	—	—
0,25	39,8	6,3	—	—	40,6	78,2
—	—	—	—	—	—	—
0,4	39,5	10	—	—	25,9	71,6
0,5	—	—	—	—	—	—
0,63	38,8	16	—	—	17,5	61,4
0,8	—	—	31,8	2,8	—	—
1	37,2	24	31,9	3,5	10,2	47,1
1,25	—	—	32,2	4,4	—	—
1,6	33,7	36	32,8	5,7	9,8	28,9
2	—	—	33,4	7,2	—	—
2,5	28,1	51	34,7	9,4	9,3	9,1
3,15	—	—	36,8	12,5	—	—
4	20,9	67	40,7	17,3	11,0	—7,5
5	—	—	48,2	25,7	—	—
6,3	14,4	82	64,8	44,3	17,1	—11,4
8	—	—	78,8	94,6	—	—
10	9,0	98	41,1	145	29,1	30,8
12,5	—	—	19,1	164	—	—
16	5,3	113	10,3	174	14,6	77,6
20	—	—	5,83	181	—	—
25	2,8	129	3,47	186	7,3	86,9
31,5	—	—	2,12	192	—	—
40	1,4	144	1,30	198	4,2	88,9
50	—	—	0,82	205	—	—
63	0,59	156	0,51	213	2,6	89,4
80	—	—	0,32	224	—	—
100	0,24	165	0,20	236	1,6	89,7
125	—	—	0,13	250	—	—
160	0,10	170	—	—	1,0	89,8
—	—	—	—	—	—	—
250	0,040	174	—	—	0,63	90
—	—	—	—	—	—	—
400	0,016	176	—	—	0,40	90

ω	Messung 4		Messung 5		Messung 6	
	$\mid F_0(i\omega) \mid$	$-\varphi$	$\mid F_0(i\omega) \mid$	$-\varphi$	$\mid F_0(i\omega) \mid$	$-\varphi$
0,04	6,3	—1,8	—	—	100	267
—	—	—	—	—	—	—
0,063	6,3	—3,0	2454	93	63,1	266
—	—	—	—	—	—	—
0,1	6,4	—4,9	1596	95	40,2	263
—	—	—	—	—	—	—
0,16	6,6	—7,4	993	98	25,3	260
—	—	—	—	—	—	—
0,25	6,9	—10,6	618	102	16,5	254
—	—	—	—	—	—	—
0,4	7,6	—14,4	381	109	10,7	245
0,5	8,2	—13,8	—	—	—	—
0,63	9,0	—12,9	222	122	7,4	232
0,8	—	—	—	—	—	—
1	10,6	—6,3	122	148	5,6	216
1,25	11,6	0,0	—	—	—	—
1,6	12,1	8,0	74	207	4,6	198
2	—	—	—	—	—	—
2,5	12,1	28,3	105	271	4,0	180
3,15	—	—	—	—	—	—
4	10,4	52,2	154	308	3,5	162
5	—	—	—	—	—	—
6,3	7,4	77,5	188	337	2,9	144
8	—	—	—	—	—	—
10	4,5	102	193	363	2,1	128
12,5	3,4	114	—	—	—	—
16	2,4	125	170	386	1,5	115
20	—	—	—	—	—	—
25	1,1	143	133	406	1,0	106
31,5	—	—	—	—	—	—
40	0,47	156	92	421	0,6	101
50	—	—	—	—	—	—
63	0,19	165	61	431	0,4	97
80	—	—	—	—	—	—
100	0,08	170	40	438	0,3	94
125	—	—	—	—	—	—
160	0,03	174	25	442	0,2	93
—	—	—	—	—	—	—
250	0,01	176	16	445	0,1	91
—	—	—	—	—	—	—
400	0,005	177	—	—	—	—

5.10. Frequenzgang des geschlossenen Regelkreises (Nichols-Diagramm)

Wie bereits an anderer Stelle gezeigt wurde, kann jeder einfache Regelkreis, gleichgültig ob sein Führungs- oder Störverhalten untersucht werden soll, in die Form des Bildes 5.71 gebracht werden.

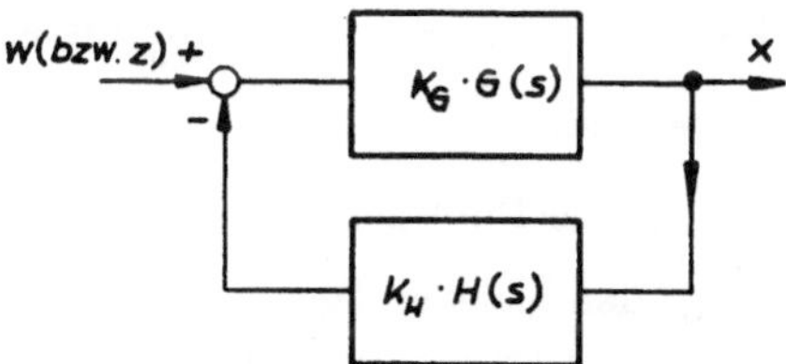

Bild 5.71. Allgemeiner einschleifiger Regelkreis

Mit $K \cdot G(i\omega) \cdot H(i\omega) = F_0(i\omega)$ lautet dann der Frequenzgang F_G des geschlossenen Regelkreises

$$F_G(i\omega) = \frac{1}{K_H \cdot H(i\omega)} \cdot \frac{F_0(i\omega)}{1 + F_0(i\omega)}. \tag{5.18}$$

Wir wenden uns zunächst dem Betrage des Quotienten $\frac{F_0}{1+F_0}$ in Gl. (5.18) zu. Die Ortskurve des Frequenzganges F_0 des aufgeschnittenen Regelkreises, der beispielsweise $F_0 = \frac{4}{(1+0{,}1i\omega)\,(1+i\omega)\,(1+5i\omega)}$ lauten möge, ist in Bild 5.72 dargestellt. Offenbar gehört sie zu einem stabilen Regelkreis. Aus Bild 5.72 lassen sich sofort F_0 und $1 + F_0$ als Funktionen von ω abgreifen. Die Berechnung des Betrages $M = \left|\frac{F_0}{1+F_0}\right| = \frac{|F_0|}{|1+F_0|}$ wird nun durch Eintragen der sogenannten M-Kreise in die F_0-Ebene auf ein bloßes Ablesen reduziert. Wenn wir für den Zeiger F_0 (komplexe Zahl) $x + iy$ schreiben, dann lautet

$$M = \left|\frac{x+iy}{1+x+iy}\right| \quad \text{oder} \quad M^2 = \frac{x^2+y^2}{(1+x)^2+y^2} \tag{5.19}$$

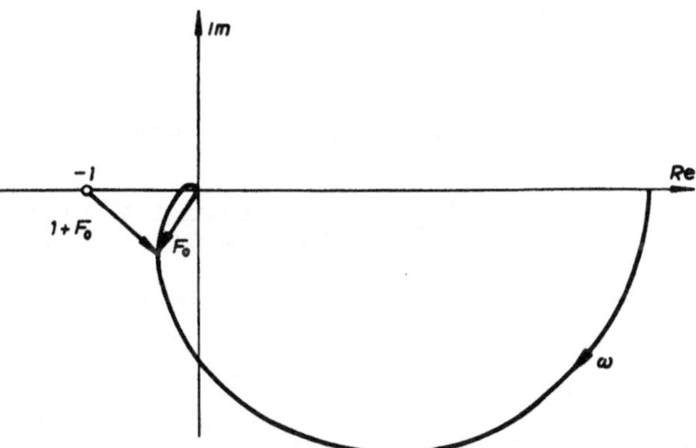

Bild 5.72. Bestimmung von M mit Hilfe der Zeiger F_0 und $1+F_0$ in der F_0-Ebene

Gl. (5.19) läßt sich umformen zu Gl. (5.20)

$$y^2 + \left(x + \frac{M^2}{M^2-1}\right)^2 = \frac{M^2}{(M^2-1)^2}, \tag{5.20}$$

die einen Kreis vom Radius $R = \left|\frac{M}{M^2-1}\right|$ mit dem Mittelpunkt in $x_0 = \frac{M^2}{1-M^2}$ und $y_0 = 0$ beschreibt.

Dieser Kreis ist dann der Ort aller Punkte in der F_0-Ebene, also aller Zeiger F_0, für die der Ausdruck $\frac{F_0}{1+F_0}$ den gleichen Betrag M hat.

Z. B. $M = 0{,}707$

$$x_0 = \frac{M^2}{1-M^2} = \frac{0{,}5}{1-0{,}5} = 1{,}0$$

$$R = \frac{M}{1-M^2} = \frac{0{,}707}{0{,}5} = 1{,}414$$

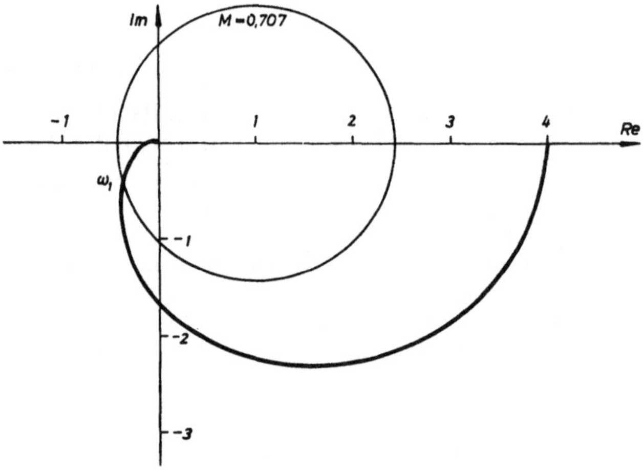

Bild 5.73. Linie $M = \text{const}$ in der Ortskurven-Ebene

In Bild 5.73 ist der Kreis für $M = 0{,}707$ eingezeichnet. Wir lesen ab: Bei der Frequenz ω_1, die dem Schnittpunkt des M-Kreises 0,707 mit der Ortskurve F_0 entspricht, hat der Quotient $\frac{F_0}{1+F_0}$ den Betrag $M = 0{,}707$.

Man kann nun die ganze F_0-Ebene mit M-Kreisen überdecken (Bild 5.74). Für $M = 1$ entartet der Kreis in eine zur imaginären Achse parallele Gerade durch den Punkt $(-\frac{1}{2}, 0)$. Die Kreise für $M > 1$ befinden sich links von dieser Geraden mit Mittelpunkten auf der negativen reellen Achse. In Bild 5.74 ist

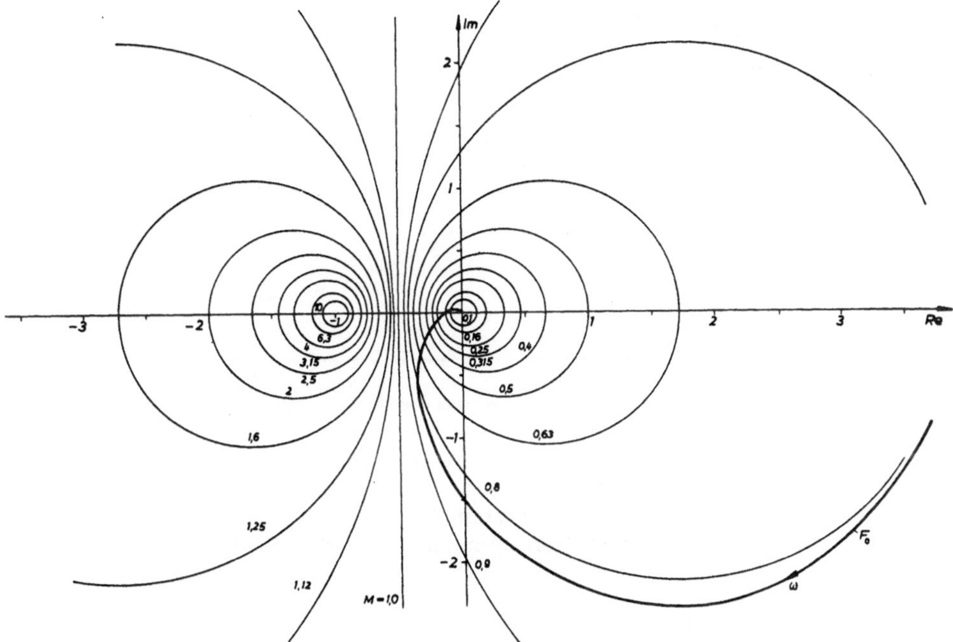

Bild 5.74. M-Kreise in der F_0-Ebene

ferner die Ortskurve für F_0 eingetragen, auf der die Frequenzen in den Schnittpunkten mit den einzelnen M-Kreisen bestimmt werden können. Man kann damit in einem M-ω-Diagramm (Bild 5.75) den Amplitudenverlauf $\left|\frac{F_0}{1+F_0}\right|$ auftragen. Division durch $|K_H H(i\omega)|$ ergibt dann den Amplitudenverlauf $|F_G(i\omega)|$ für den geschlossenen Regelkreis (Bild 5.76).

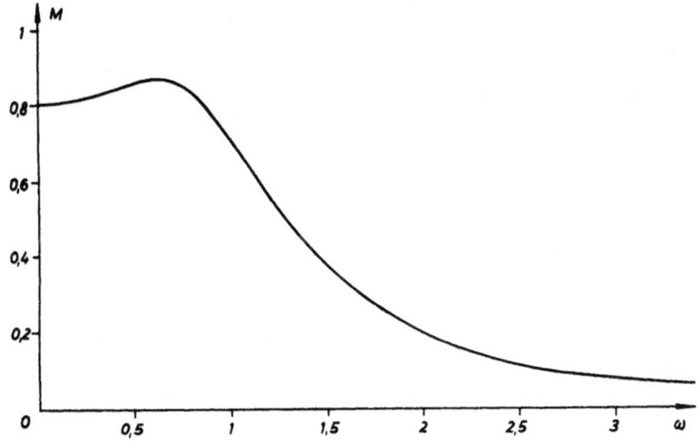

Bild 5.75. Die M-ω-Kurve für das durchgerechnete Beispiel

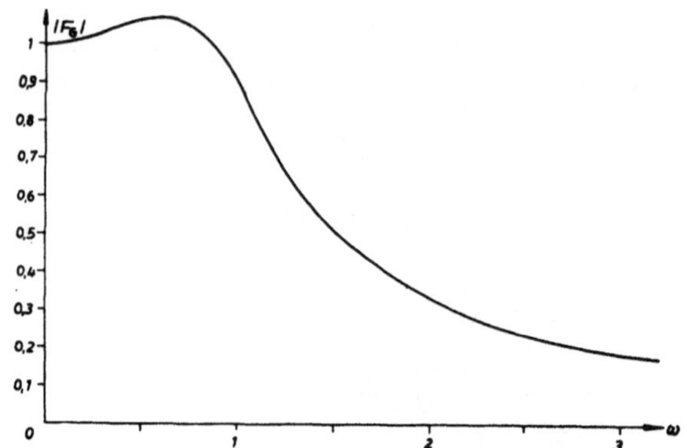

Bild 5.76. Amplitudengang $|F_G|$ des geschlossenen Kreises (linearer Maßstab)

Bei der Untersuchung von Regelkreisen mit Hilfe der Frequenzgang-Methode wird man häufig der Darstellung im Bode-Diagramm den Vorzug geben. Der Frequenzgang F_0 des hier betrachteten Beispiels ist dementsprechend in Bild 5.77 dargestellt, welchem man nunmehr leicht die Werte zur Zeichnung

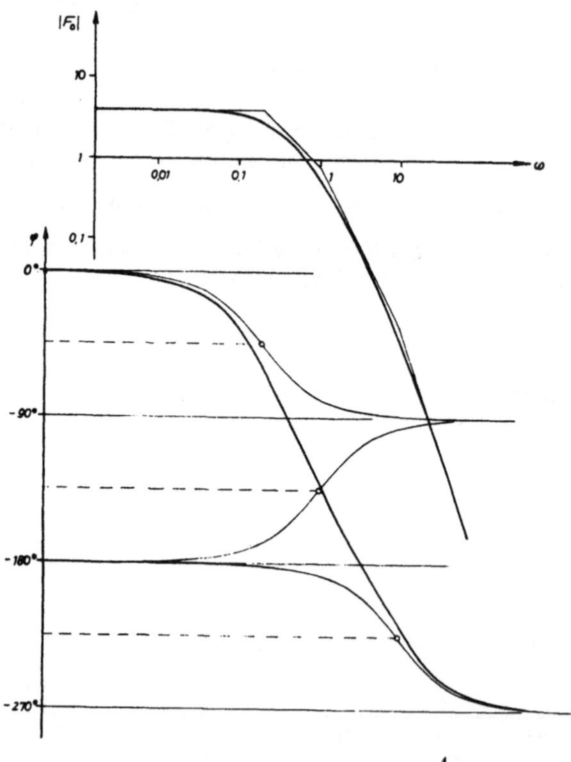

Bild 5.77. Bode-Diagramm für $F_0 = \dfrac{4}{(1+i\omega/10)(1+i\omega)(1+i\omega/0{,}2)}$

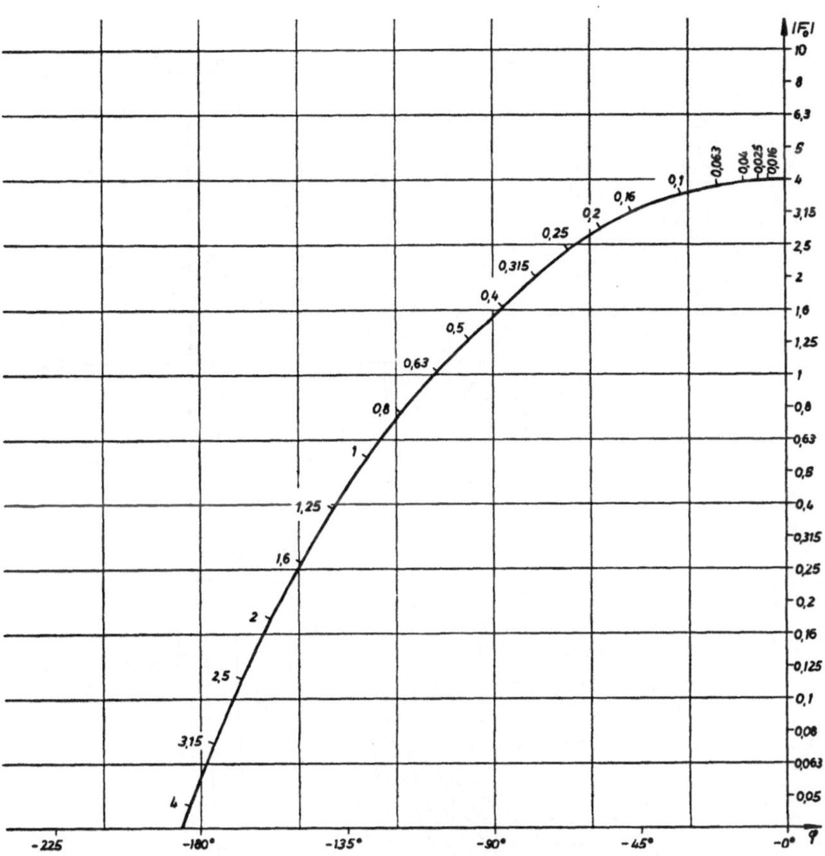

Bild 5.78. Die logarithmische Ortskurve

des Bildes 5.78 entnehmen kann, in welchem die $|F_0|$ im log-Maßstab als Ordinaten über den Phasenverschiebungswinkeln φ im linearen Maßstab als Abszissen aufgetragen sind. Die so entstandene Kurve ist mit den dazugehörigen Frequenzen skaliert. Man kann nun die M-Kreise der komplexen F_0-Ebene in dieses Diagramm übertragen (Bild 5.79). Für $M > 1$ ergeben sich geschlossene Kurven, die „M-Ovale". Bei $M = 1$ „platzt" die zugehörige Ovale auf und läuft mit nach ∞ wachsendem $|F_0|$ gegen die Asymptoten $-90°$ und $-270°$. Für $M < 1$ schließlich bilden die Kurven Wellenlinien, die jedoch wegen der Identität der Winkel $-360°$ und $0°$ auch als geschlossene Kurven aufgefaßt werden können.

An den Schnittpunkten dieser M-Kurven mit der logarithmischen Ortskurve von F_0 sind in Bild 5.79 die zugehörigen Frequenzen eingetragen. Wie zuvor kann man nun $M = \left|\frac{F_0}{1+F_0}\right|$ über ω (Bild 5.75) auftragen oder, noch zweckmäßiger $\left|\frac{F_0}{1+F_0}\right|$ im log-Maßstab zeichnen (Bild 5.80). Da $K_H\ |H(i\omega)|$ i. a. auch im Bode-Diagramm gegeben ist (Bild 5.81), kann $|F_G| = \frac{M}{K_H\ |H(i\omega)|}$

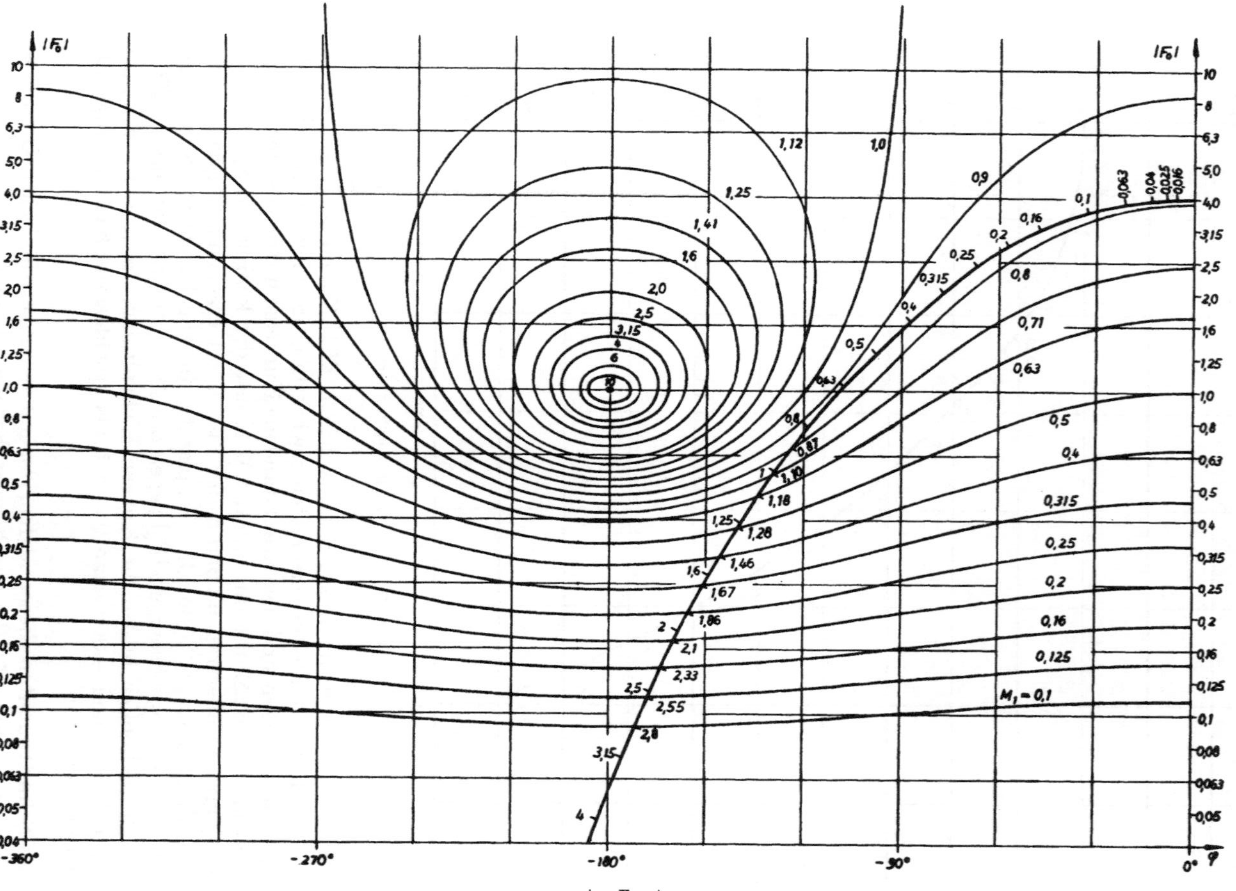

Bild 5.79. Bestimmung von $M = \left|\frac{F_0}{1+F_0}\right|$ aus der logarithmischen Ortskurve

durch grafische Subtraktion der Kurvenzüge in Bild 5.80 und 5.81 leicht gewonnen werden (s. Bild 5.82).

Zur Beurteilung des Verhaltens des geschlossenen Regelkreises kann man gelegentlich auf den Phasenwinkel von F_G verzichten. Häufig enthalten aber

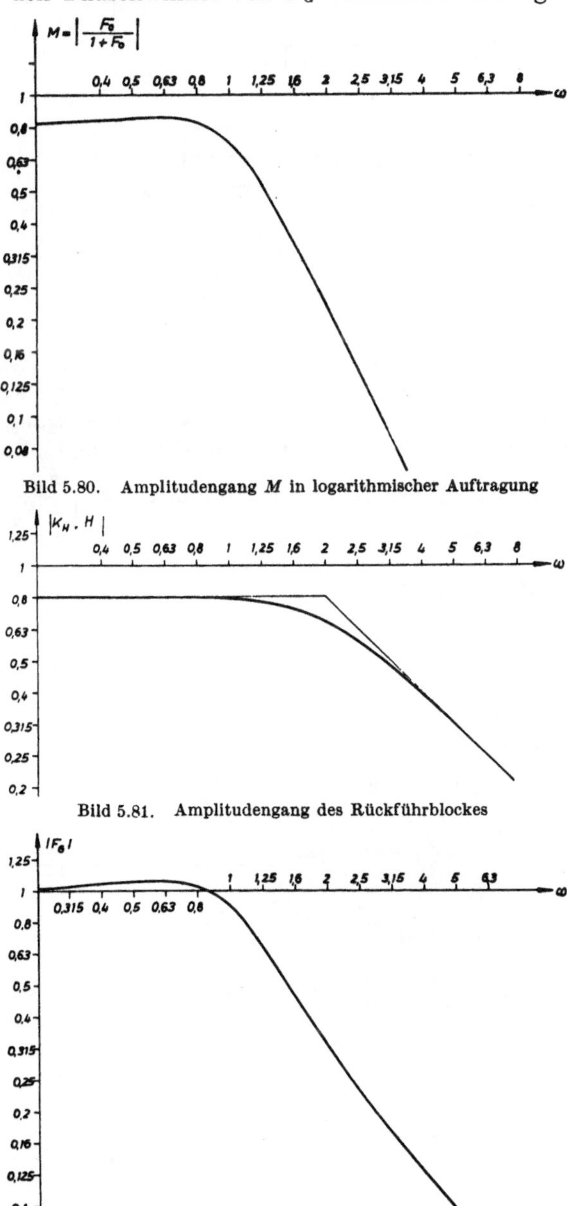

Bild 5.80. Amplitudengang M in logarithmischer Auftragung

Bild 5.81. Amplitudengang des Rückführblockes

Bild 5.82. Amplitudengang $|F_G|$ des geschlossenen Kreises

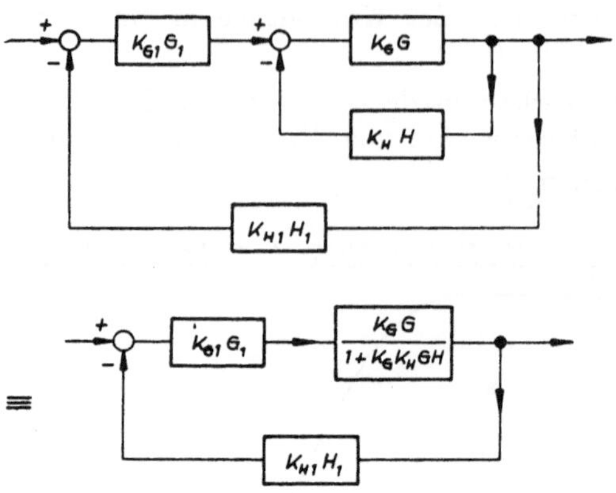

Bild 5.83. Zweischleifiger Regelkreis

Regelkreise innere Maschen (Bild 5.83), die selbst als kleine Regelkreise aufgefaßt werden können. Dann muß natürlich zur Untersuchung des geschlossenen inneren Regelkreises auch die Phasenbeziehung zwischen Ausgang und Eingang der „Masche“ bekannt sein. Ebenso wie bei den M-Kreisen, läßt es sich zeigen, daß die Punkte der F_0-Ebene, die bei der Bildung von $\frac{F_0}{1+F_0}$ den gleichen

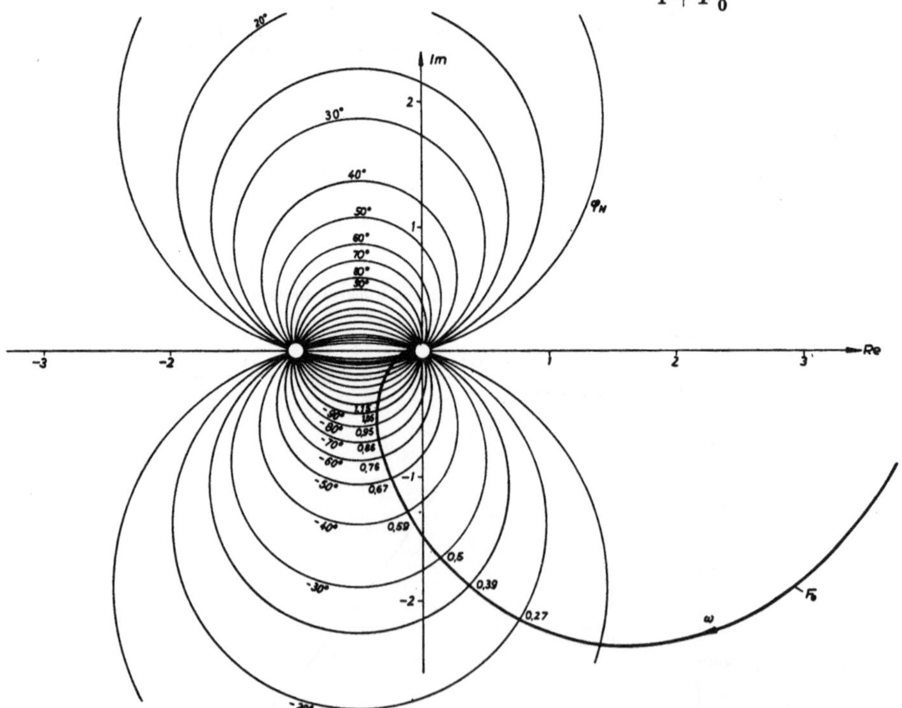

Bild 5.84. N-Kreise in der F_0-Ebene

Phasenverschiebungswinkel φ_N ergeben, auf Kreisen, den sogenannten N-Kreisen liegen (vgl. Bild 5.84). Alle N-Kreise gehen durch die Punkte (0;0) und (—1;0) der F_0-Ebene; ihre Mittelpunkte sind die Schnittpunkte der Parallelen zur imaginären Achse durch den Punkt ($-\frac{1}{2}$; 0) und der Geraden durch den Nullpunkt, die mit der imaginären Achse den Winkel φ_N bildet.

Der Radius der N-Kreise beträgt

$$R = \frac{1}{2 \sin \varphi_N}.$$

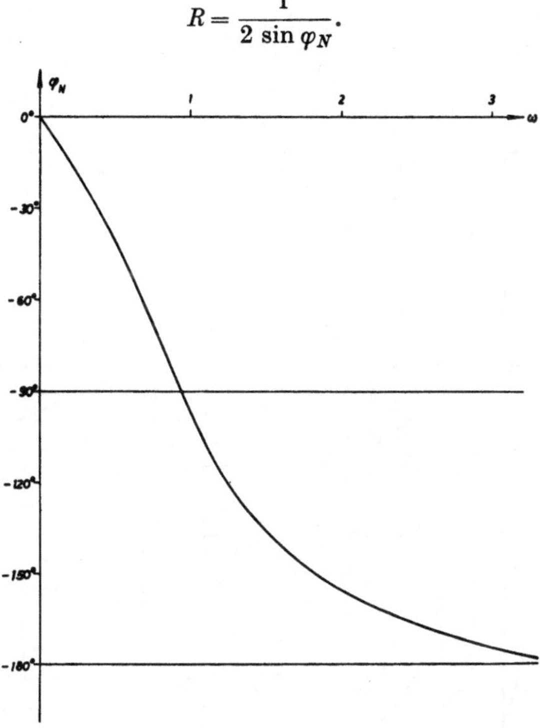

Bild 5.85. Phasenwinkel φ_N des Frequenzganges $\frac{F_0}{1+F_0}$

Wir wollen nunmehr den Phasenverschiebungswinkel zwischen Ausgang und Eingang des Regelkreises (Bild 5.71) mit Hilfe der N-Kreise bestimmen.

In Bild 5.84 ist auch die Ortskurve von F_0 eingetragen, an deren Schnittpunkten mit den einzelnen N-Kreisen die zugehörigen Frequenzen vermerkt sind. Wie zuvor kann nun der Phasenverschiebungswinkel φ_N für den Ausdruck $\frac{F_0}{1+F_0}$ als Funktion von ω dem Bild 5.84 entnommen und in einem besonderen Diagramm als Ordinate über der Frequenz als Abszisse aufgetragen werden (Bild 5.85).

Die N-Kreise können wie die M-Kreise in das Nichols-Diagramm als Linien konstanten Phasenverschiebungswinkels übertragen werden (Bild 5.86), in dem

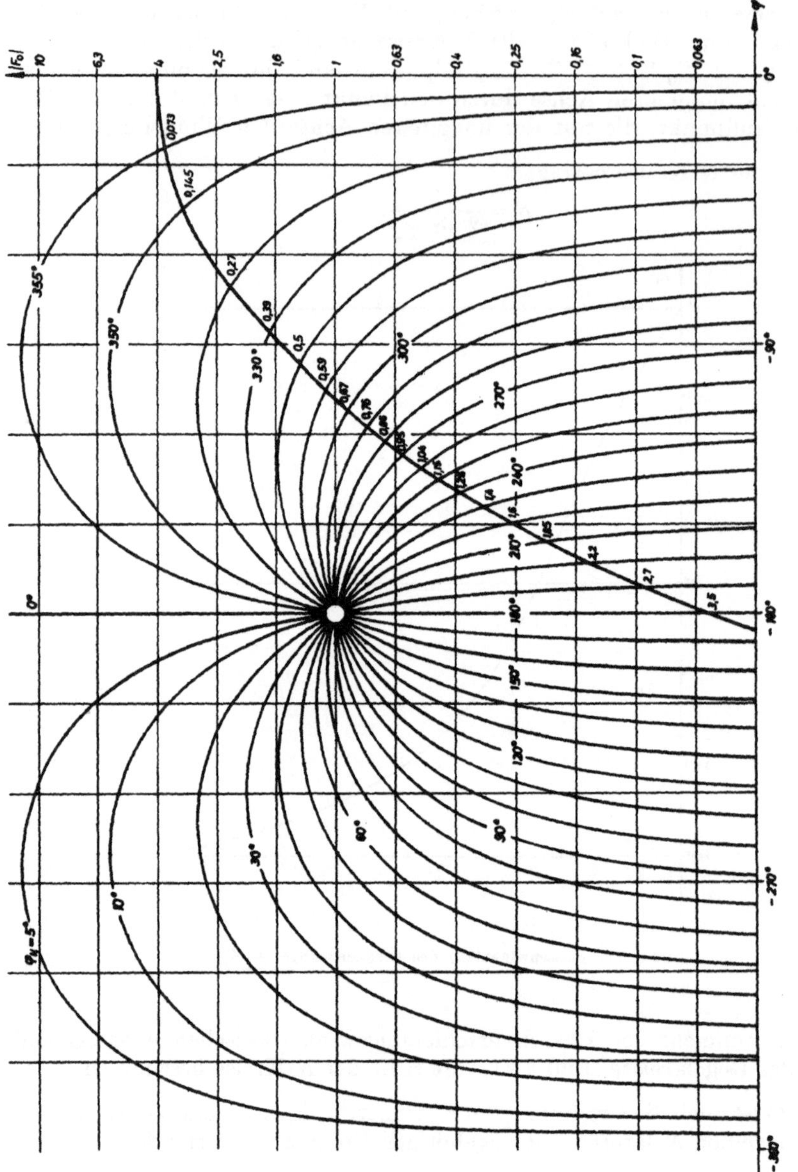

Bild 5.86. Bestimmung des Phasenwinkels φ_N im Nichols-Diagramm

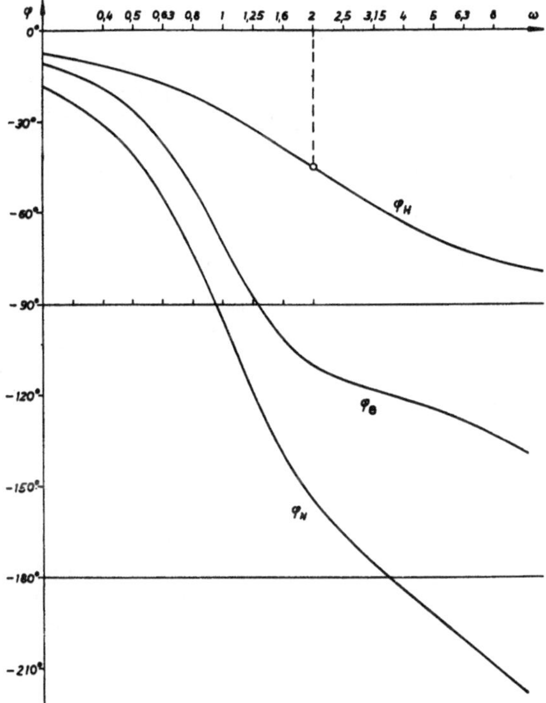

Bild 5.87. Phasenwinkel φ_G des geschlossenen Kreises und seine Bestandteile φ_N und φ_H

auch F_0 entsprechend Bild 5.78 eingezeichnet ist, wobei wiederum die Schnittpunkte der F_0-Linie mit den einzelnen N-Linien mit der Angabe der zugehörigen Frequenzen versehen sind. Somit kann der Phasenverlauf φ_N als Funktion der Frequenz Bild 5.86 entnommen und wie in Bild 5.85 oder über der Frequenz im log-Maßstab (Bild 5.87) aufgezeichnet werden. Wenn man hiervon den Phasenverlauf φ_H von $H\ (i\omega)$ (Bild 5.87) abzieht, gewinnt man schließlich den Phasenverschiebungswinkel φ_G zwischen Ausgang und Eingang des in Bild 5.71 dargestellten Regelkreises als Funktion von ω (Bild 5.87).

Ergänzend sei auf ein einfaches grafisches Verfahren zur Konstruktion der logarithmischen Ortskurve (Black-Diagramm) hingewiesen. Es wird dabei vorausgesetzt, daß das Bode-Diagramm für den betreffenden Frequenzgang vorhanden ist (Bild 5.88a). Die logarithmische Ortskurve wird auf einem transparenten Papier nach folgendem Schema konstruiert: Das Transparentblatt erhält eine Amplitudenskala im gleichen Maßstab wie das Bode-Diagramm und eine Phasenskala, deren Maßstab frei wählbar ist[1]). Die beiden Blätter werden dann derart übereinander gelegt, daß die beiden Linien $|F_0| = 1$ zusammenfallen. Jetzt fixiere man den Schnittpunkt der Linie $\varphi = 0$ im Bode-Diagramm mit der Linie $\varphi = 0$ im Black-Diagramm und einen weiteren Schnittpunkt z. B. der Linien $\varphi = -180°$. Die Verbindung beider Schnittpunkte liefert die in (Bild 5.88b) dargestellte Hilfsgerade. Die logarithmische Ortskurve kann nun Punkt für Punkt auf dem Transparentblatt konstruiert

[1]) Z. B. gleich dem des Nichols-Diagramms

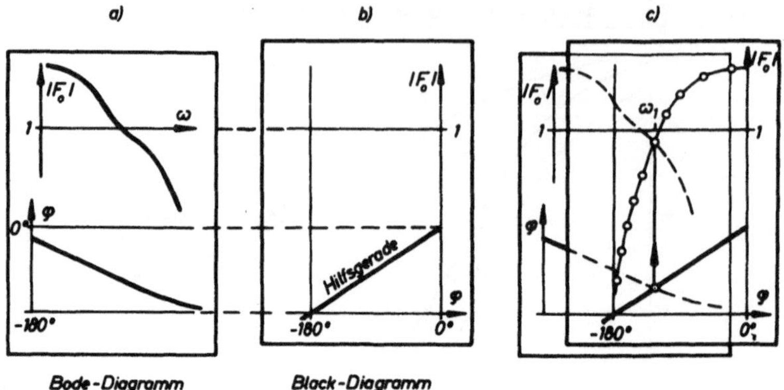

Bild 5.88. Grafische Konstruktion der logarithmischen Ortskurve mit Hilfe des Bode-Diagramms

werden, indem man durch Horizontalverschieben (Linien $|F_0| = 1$ bleiben in Deckung) die Hilfsgerade mit der Phasenkurve des Bode-Diagramms zum Schnitt bringt und den Punkt der Amplitudenkurve im Bode-Diagramm durchzeichnet, der jetzt senkrecht über dem Schnittpunkt liegt (vgl. Bild 5.88c). Gleichzeitig kann die dem so konstruierten Punkt der log. Ortskurve zugeordnete Frequenz an der ω-Skala des Bode-Diagramms abgelesen und notiert werden.

Übungsaufgaben

5.10-1 Der Vorwärtsblock des einfachen Regelkreises nach Bild Ü 5.10-1 hat den Frequenzgang

$$F_0(i\omega) = \frac{0{,}1\,(1 + 4i\omega)}{(1 + 0{,}063\,i\omega)}$$

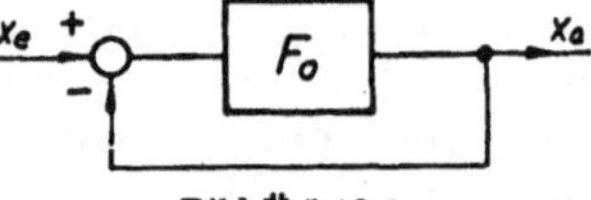

Bild Ü 5.10-1

Man stelle $F_0\,(i\omega)$ dar

a) im Bode-Diagramm

b) als logarithmische Ortskurve

und zeichne die M-ω-Kurve für dieses Beispiel auf.

Durch Rechnung sind für $\omega = 0{,}25$; 2,5; 6,3 die aus der Zeichnung ermittelten M-Werte zu überprüfen.

5.10-2 Für einen nach Bild Ü 5.10-1 aufgebauten Regelkreis mit dem Frequenzgang des Vorwärtsgliedes

$$F_0(i\omega) = \frac{3{,}15}{[1 + 0{,}08\,i\omega + (0{,}1\,i\omega)^2]}$$

soll mit Hilfe des Nichols-Diagramms die M-ω-Kurve bestimmt werden. Für welches ω hat die Kurve einen Extremwert?

5.10-3 Die Frequenzgänge der Glieder des in Bild Ü 5.10-3 dargestellten Regelkreises lauten

$$F_V = \frac{4}{(1+0{,}125 i\omega)}$$

$$F_H = \frac{2}{(1+i\omega)}$$

Bild Ü 5.10-3

Man ermittle den Frequenzgang $|F_G|$ des geschlossenen Kreises und den Phasenwinkel zwischen Regelgröße und Eingangssignal als Funktion von ω.

5.10-4 Der Frequenzgang eines offenen Regelkreises nach Bild Ü 5.10-1 liegt vor:

$$F_0(i\omega) = \frac{200}{i\omega\left(1+\frac{i\omega}{160}\right)\left(1+\frac{i\omega}{500}\right)\left[1+\frac{i\omega}{1120}+\left(\frac{i\omega}{630}\right)^2\right]}$$

Wie sieht die M-ω-Kurve aus?

Für den geschlossenen Kreis ermittle man zeichnerisch die Kurve $\varphi_G(\omega)$.

5.10-5 Für den vermaschten Regelkreis nach Bild Ü 5.10-5 sind die folgenden Frequenzgänge bekannt:

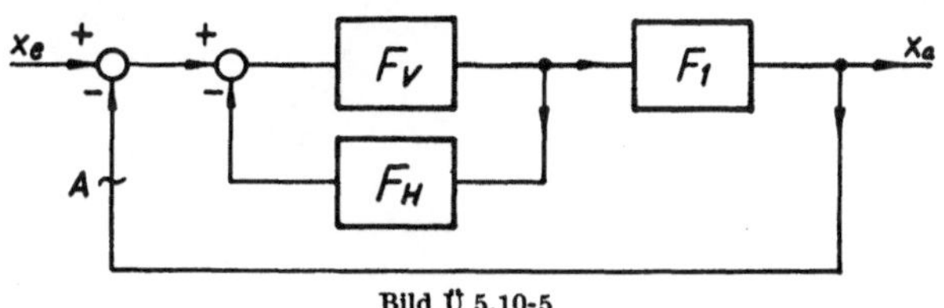

Bild Ü 5.10-5

$$F_V = \frac{2\,(1+i\omega)}{(1+0{,}4 i\omega)}$$

$$F_H = \frac{0{,}8}{i\omega}$$

$$F_1 = \frac{2}{i\omega\,(1+1{,}6 i\omega)}$$

Es sind zu ermitteln:

a) Der Amplituden- und Phasenverlauf des bei A aufgeschnittenen äußeren Kreises im Bode-Diagramm.

b) Die M-ω-Kurve für den geschlossenen äußeren Kreis.

5.11. Näherungsverfahren für das Frequenzgangverhalten des geschlossenen Regelkreises[1])

Bei Betrachtung des Nichols-Diagramms fällt auf, daß für sehr große $|F_0|$ die Größe M sich immer mehr dem Wert eins nähert. Andererseits stimmen sehr kleine $|F_0|$ mit den M-Werten nahezu überein. Diese Tatsache kann in einem Näherungsverfahren zur Bestimmung von M bzw. $|F_G|$ ausgenutzt werden:

Die Asymptotenlinie von M erhält man näherungsweise im Bode-Diagramm, wenn man von der Asymptotenlinie des Amplitudenganges $|F_0|$ und der Linie $|F| \equiv 1$ die mit dem jeweils kleineren Betrage übernimmt (vgl. Bild 5.89).

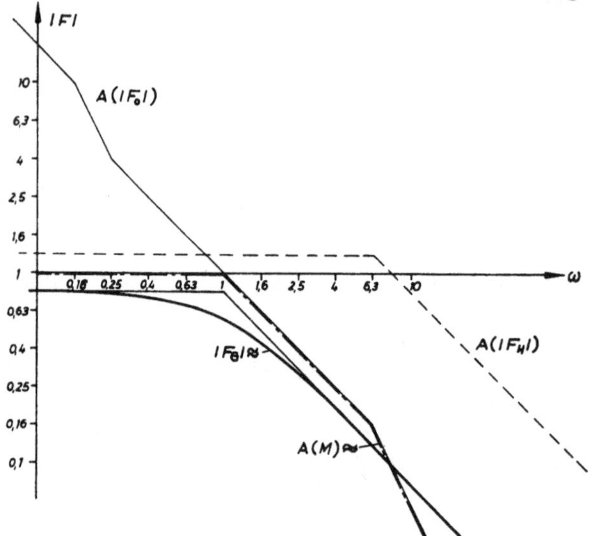

Bild 5.89. Angenäherte Konstruktion des Frequenzganges des geschlossenen Regelkreises

Nach Subtraktion von $A\,(|F_H|)$ [$=$Asymptotenlinie von $|F_H|$] gewinnt man nach diesem Näherungsverfahren $A\,(|F_G|)$ und mit Hilfe von Frequenzgangkorrekturen den Frequenzgangbetrag $|F_G|$ selbst. Bei dieser Amplitudenkorrektur ergeben sich jedoch Schwierigkeiten, wenn $A\,(|F_0|)$ und die Linie $|F| \equiv 1$ mit einem Steigungssprung von 2 und mehr ineinander übergehen, da dann die Dämpfung des so entstehenden Gliedes 2. Ordnung unbestimmt bleibt. Bedenkenlos hinsichtlich der Genauigkeit kann die angenäherte Konstruktion immer angewendet werden, wenn $A\,(|F_0|)$ in der Umgebung von $|F| \equiv 1$ ein längeres Geradenstück mit der Steigung -1 aufweist, und für $\omega = 0$ groß gegen 1 bleibt. Am Schnittpunkt der Asymptoten ergibt sich dann gerade ein Glied erster Ordnung (Frequenzgangtyp F_{II}), wie sich rechnerisch leicht nachweisen läßt:

$$\text{z. B. } F_0 = \frac{1}{i\omega} \quad \text{ergibt} \quad M = \left|\frac{F_0}{1+F_0}\right| = \left|\frac{1}{i\omega+1}\right|.$$

[1]) Vgl. auch Abschnitt 7.3 und 7.5.

In Abweichung von der obigen Vorgehensweise wird man für Regelkreise entsprechend Bild Ü 5.11-1 in praxi die angenäherte Konstruktion von $|F_G|$ in den folgenden Schritten durchführen (vgl. Bild 5.90).

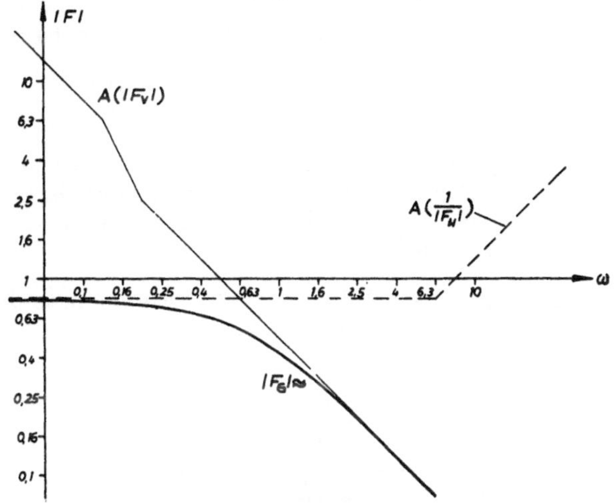

Bild 5.90. Abgekürzte Konstruktion des angenäherten Frequenzganges $|F_G|$

a) Man zeichne im Bode-Diagramm die Asymptotenlinie von $|F_V|$ und $|1/F_H|$ (Spiegelung von $|F_H|$ an der Linie $|F| \equiv 1$).

b) Man übernehme von den beiden Asymptotenlinien die mit dem jeweils kleineren Betrage. Die so gefundene Asymptotenlinie gehört zur Näherung von $|F_G|$.

c) Man füge zur Asymptotenlinie die in Abschnitt 5.5 angegebenen Korrekturen hinzu.

Übungsaufgaben

5.11-1 Ein Regelkreis ist nach Bild Ü 5.11-1 aufgebaut. Die Frequenzgänge der Blöcke sind:

a) $$F_V(i\omega) = \frac{4}{(1 + 0{,}125 i\omega)}$$

$$F_H(i\omega) = \frac{2}{(1 + i\omega)}$$

b) $$F_V(i\omega) = \frac{2\,(1 + i\omega)}{(1 + 0{,}4 i\omega)}$$

$$F_H(i\omega) = \frac{0{,}8}{i\omega}$$

Bild Ü 5.11-1

Man bestimme den Frequenzgang des geschlossenen Kreises näherungsweise durch den Asymptotenverlauf $|F_V|$ bzw. $\frac{1}{|F_H|}$ und verbessere das Ergebnis mit Hilfe der in Abschnitt 5.5 tabellierten Korrekturwerte.

Man berechne durch Blockschaltbildumformung $F_G(i\omega)$, trage diesen Frequenzgang im Bode-Diagramm auf und vergleiche das Ergebnis mit der Näherungslösung.

5.11-2 Die Frequenzgänge für einen nach Bild Ü 5.11-1 aufgebauten Regelkreis lauten:

$$F_V(i\omega) = \frac{6{,}3}{i\omega} \qquad F_H(i\omega) = \frac{0{,}16}{(1+0{,}4i\omega)}$$

Es soll der Frequenzgang des geschlossenen Kreises näherungsweise bestimmt werden. Der mit Hilfe der Tabelle 5.2 korrigierte Asymptotenverlauf ist mit dem Ergebnis zu vergleichen, welches das Nichols-Diagramm für diesen Fall liefert.

5.11-3 Für einen Regelkreis nach Bild Ü 5.11-3 bestimme man den Frequenzgang des bei A aufgeschnittenen Kreises:

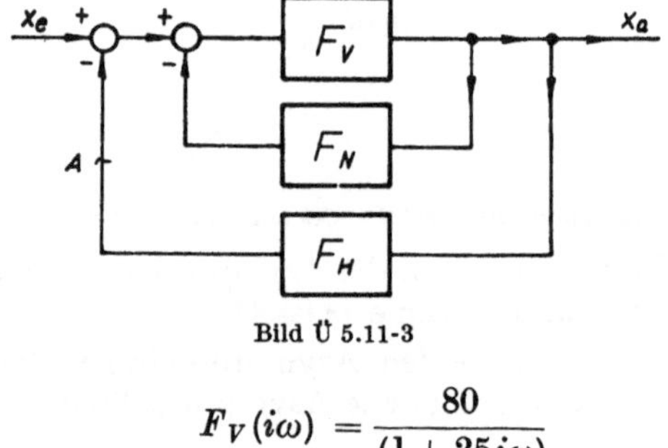

Bild Ü 5.11-3

$$F_V(i\omega) = \frac{80}{(1+25i\omega)}$$

$$F_N(i\omega) = \frac{0{,}1}{(1+i\omega)}$$

$$F_H(i\omega) = \frac{1}{(1+0{,}1i\omega)}$$

Der Frequenzgang des geschlossenen inneren Kreises werde näherungsweise aus den Asymptotenverläufen $|F_V|$ und $\frac{1}{|F_N|}$ konstruiert.

5.11-4 Die Frequenzgänge für eine Schaltung nach Bild Ü 5.11-3 seien:

$$F_V(i\omega) = \frac{50}{i\omega}$$

$$F_N(i\omega) = \frac{0{,}16i\omega}{(1+0{,}25i\omega)}$$

$$F_H(i\omega) = \frac{10}{(1+1{,}6i\omega)}$$

Man bestimme zunächst näherungsweise den Frequenzgang für den geschlossenen inneren Kreis, ermittle dann den Frequenzgang des bei A aufgeschnittenen äußeren Kreises und korrigiere die Asymptotenlinie.

5.12. Beziehung zwischen Frequenzgang und Zeitverhalten

Der in der unmittelbaren Interpretation von Frequenzgangergebnissen ungeübte Leser wird geneigt sein, die Frage zu stellen, ob der Frequenzgang auch eine Aussage bezüglich des Zeitverhaltens (z. B. der Sprungantwort) eines oder mehrerer zusammengeschalteter Regelkreisglieder liefern kann. Diese Möglichkeit besteht 1.) mit Hilfe des Fourierintegrals und 2.) mit Rücksicht darauf, daß ja der Frequenzgang mathematisch ein Sonderfall der Übertragungsfunktion ist.

5.12.1. Anwendung des Fourierintegrals

Folgende Formeln sind für die Berechnung der Sprungantwort bei bekanntem Frequenzgang geeignet:

$$\text{a)}\quad x_a(t) = \tfrac{1}{2}\,|F(i\omega)|_{\omega=0} + \frac{1}{\pi}\int\limits_0^\infty |F(i\omega)|\,\frac{\sin(\omega t+\varphi)}{\omega}\,d\omega \qquad \text{für } x_e = \text{(Sprung der Höhe 1)}$$

oder

$$\text{b)}\quad x_a(t) = |F(i\omega)|_{\omega=0} + \frac{2}{\pi}\int\limits_0^\infty \frac{\mathrm{Im}(\omega)}{\omega}\cos\omega t\,d\omega; \tag{5.21}$$

$\mathrm{Im}(\omega) =$ Imaginärteil von $F(i\omega)$

oder

$$\text{c)}\quad x_a(t) = \frac{2}{\pi}\int\limits_0^\infty \frac{\mathrm{Re}(\omega)}{\omega}\sin\omega t\,d\omega; \qquad \mathrm{Re}(\omega) = \text{Realteil von } F(i\omega).$$

Die numerische Auswertung der Formeln (5.21) ist natürlich mit erheblichem Aufwand verbunden. Aus diesem Grunde sind zahlreiche Näherungsmethoden

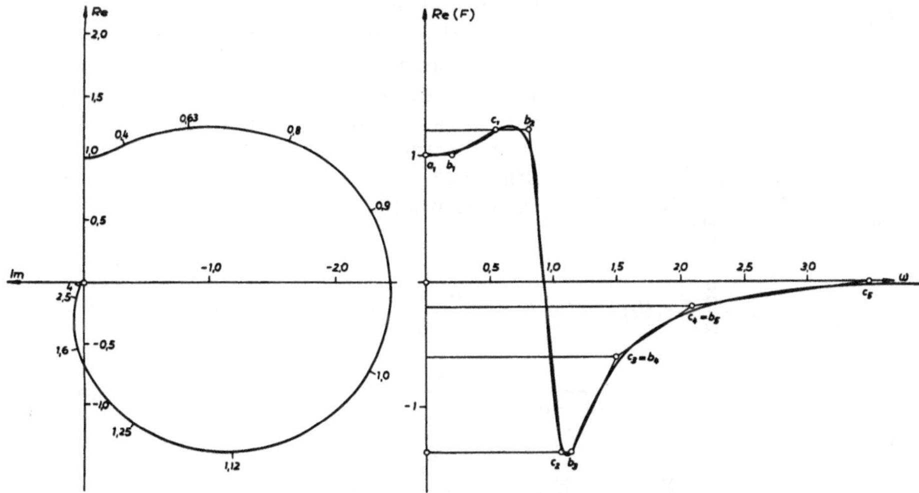

Bild 5.91. Bestimmung des Realteils von F und Annäherung durch Trapezteile (Solodownikow-Verfahren)

zur Verminderung des Rechenumfanges entwickelt worden, von denen wir hier lediglich das von *W. W. Solodownikow* angegebene Verfahren für die näherungsweise Ausrechnung von (5.21c) erörtern wollen. Die Methode benutzt die Möglichkeit, den wahren Verlauf des Realteils Re (ω) von $F(i\omega)$ durch eine Überlagerung von Trapezen entsprechend Bild 5.91 zu ersetzen.

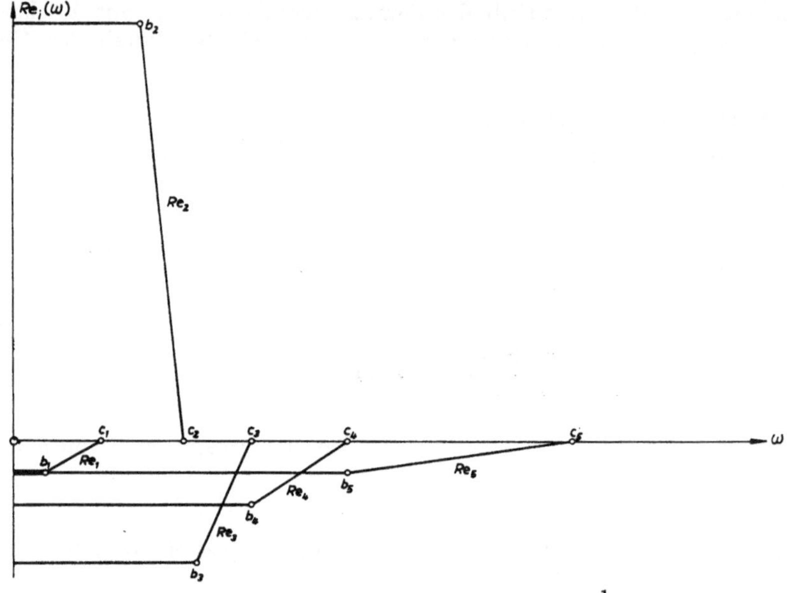

Bild 5.92. Trapezelemente des Realteils von $F = \dfrac{1}{(1+0{,}4 i\omega - \omega^2)(1+i\omega/3{,}15)}$

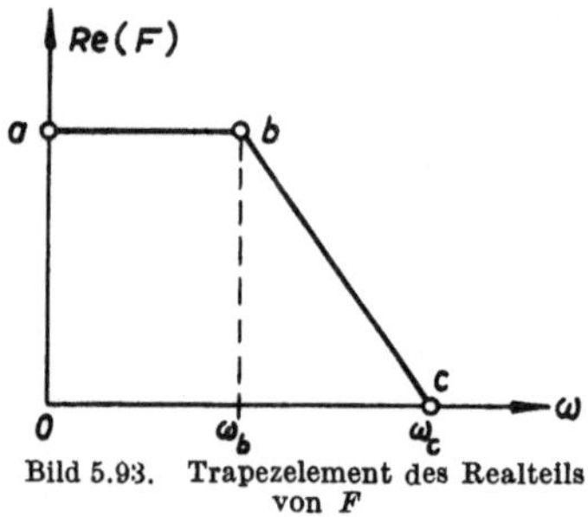

Bild 5.93. Trapezelement des Realteils von F

Der Geradlinienzug $a_1\, b_1\, c_1\, b_2\, c_2\, b_3\, c_3\, c_4\, c_5$ Bild 5.91b, welcher den Verlauf von Re (ω) ersetzt, entsteht also als Summe der in Bild 5.92 dargestellten einzelnen Trapezzüge. Mit Rücksicht darauf, daß sich (5.21c) für einen trapezförmigen Teilverlauf $\text{Re}_i(\omega)$ (Bild 5.93) in geschlossener Form wie folgt auswerten läßt.

$$x_{ai} = \frac{2}{\pi}\,\text{Re}_i(0)\left\{\text{Si}(\omega_b t) + \frac{\omega_c}{\omega_c - \omega_b}\,[\text{Si}(\omega_c t) - \text{Si}(\omega_b t)] + \right.$$

$$\left. + \frac{1}{\omega_c - \omega_b}\cdot\frac{\cos\omega_c t - \cos\omega_b t}{t}\right\}_i \qquad (5.22)$$

mit

$$\text{Si}(\omega_c t) - \text{Si}(\omega_b t) = \int\limits_{\omega_b}^{\omega_c} \frac{\sin\omega t}{\omega}\,d\omega$$

ergibt sich auch die Sprungantwort für den oben behandelten Fall in geschlossener Form als Funktion von t zu:

$$x_a = \sum_{i=1}^{5} x_{ai}.$$

Zur bequemeren Ausrechnung hat *W. W. Solodownikow* x_{ai} tabelliert für $\mathrm{Re}_i(0) = 1$ und $\omega_c = 1$ mit $k_i = \left(\frac{\omega_b}{\omega_c}\right)$ als Parameter (s. Tabelle 5.11).

In Anwendung auf Bild 5.92 erhalten wir die folgenden Werte[1])

$\mathrm{Re}_1\,(0) = -0{,}21$	$\omega_{c1} = 0{,}6$	$\omega_{b1} = 0{,}15$	$k_1 = 0{,}25$
$\mathrm{Re}_2\,(0) = +2{,}58$	$\omega_{c2} = 1{,}08$	$\omega_{b2} = 0{,}81$	$k_2 = 0{,}75$
$\mathrm{Re}_3\,(0) = -0{,}79$	$\omega_{c3} = 1{,}53$	$\omega_{b3} = 1{,}15$	$k_3 = 0{,}75$
$\mathrm{Re}_4\,(0) = -0{,}35$	$\omega_{c4} = 2{,}04$	$\omega_{b4} = 1{,}53$	$k_4 = 0{,}75$
$\mathrm{Re}_5\,(0) = -0{,}23$	$\omega_{c5} = 3{,}40$	$\omega_{b5} = 2{,}04$	$k_5 = 0{,}60$

Die den k_i entsprechenden Werte der Tabelle 5.11 sind jeweils mit $\mathrm{Re}_i\,(0)$ zu multiplizieren, während sich die zugehörige Zeit $t = \frac{\tau}{\omega_{ci}}$ ergibt.

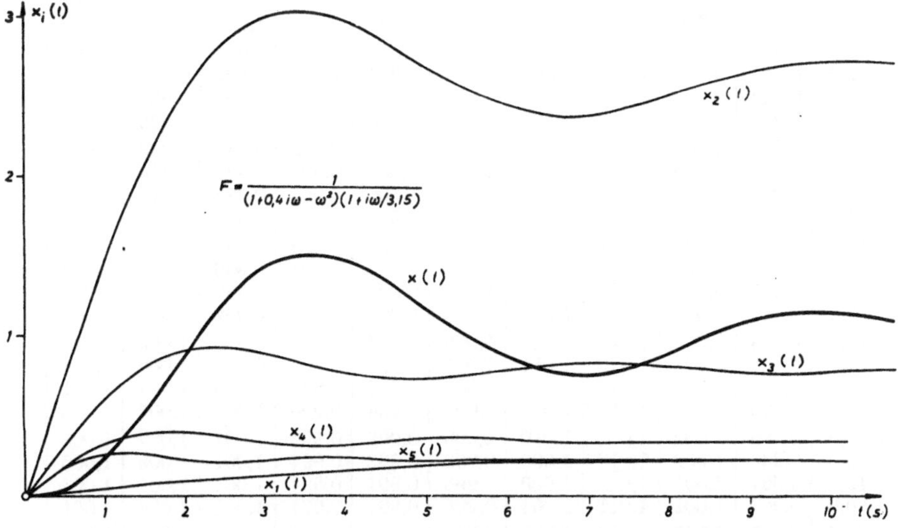

Bild 5.94. Zeitverhalten des Beispiels nach Bild 5.91 (*Solodownikow*-Verfahren)

Die Teilübergangsfunktionen x_{ai} werden für sich über t einzeln aufgetragen und dann überlagert (Bild 5.94). Man vergleiche diese Lösung mit der im Bild 5.95, die exakt mit Hilfe der Übertragungsfunktion gefunden wurde.

[1]) Der Ersatz-Geradenzug in Bild 5.91 ist so gewählt, daß sich k-Werte ergeben, die in Tabelle 5.11 enthalten sind.

Tabelle 5.11

τ \ k	0,0	0,05	0,10	0,15	0,20	0,25	0,30	0,35	0,40	0,45
0,0	0,000	0,000	0,000	0,000	0,000	0,000	0,000	0,000	0,000	0,000
0,5	0,158	0,166	0,175	0,182	0,190	0,197	0,205	0,213	0,221	0,228
1,0	0,310	0,325	0,341	0,356	0,371	0,386	0,402	0,417	0,432	0,447
1,5	0,449	0,471	0,493	0,515	0,537	0,559	0,580	0,601	0,622	0,642
2,0	0,571	0,600	0,628	0,655	0,682	0,709	0,733	0,761	0,785	0,810
2,5	0,673	0,706	0,739	0,771	0,802	0,832	0,861	0,889	0,916	0,941
3,0	0,755	0,792	0,828	0,863	0,895	0,928	0,958	0,986	1,013	1,038
3,5	0,814	0,854	0,892	0,929	0,963	0,995	1,024	1,051	1,076	1,097
4,0	0,856	0,898	0,937	0,974	1,008	1,038	1,066	1,090	1,110	1,127
4,5	0,882	0,924	0,964	1,000	1,032	1,060	1,084	1,104	1,120	1,131
5,0	0,895	0,939	0,977	1,012	1,042	1,067	1,087	1,102	1,112	1,117
5,5	0,901	0,944	0,982	1,015	1,042	1,063	1,079	1,093	1,092	1,091
6,0	0,903	0,945	0,981	1,013	1,037	1,054	1,065	1,069	1,068	1,062
6,5	0,903	0,945	0,979	1,009	1,030	1,044	1,050	1,050	1,044	1,030
7,0	0,904	0,945	0,978	1,006	1,024	1,034	1,037	1,033	1,023	1,009
7,5	0,906	0,948	0,979	1,005	1,021	1,027	1,027	1,020	1,007	0,991
8,0	0,911	0,951	0,983	1,007	1,020	1,024	1,021	1,011	0,998	0,982
8,5	0,917	0,959	0,989	1,011	1,022	1,024	1,018	1,007	0,993	0,978
9,0	0,925	0,966	0,996	1,016	1,025	1,025	1,017	1,006	0,992	0,978
9,5	0,932	0,973	1,003	1,021	1,028	1,026	1,018	1,005	0,993	0,982
10,0	0,939	0,980	1,009	1,025	1,030	1,027	1,018	1,005	0,994	0,985
10,5	0,944	0,985	1,013	1,028	1,031	1,026	1,016	1,004	0,994	0,988
11,0	0,947	0,988	1,015	1,028	1,030	1,024	1,013	1,002	0,993	0,990
11,5	0,949	0,989	1,015	1,027	1,028	1,020	1,009	0,998	0,992	0,991
12,0	0,950	0,990	1,015	1,025	1,024	1,015	1,004	0,994	0,989	0,990
12,5	0,950	0,990	1,013	1,022	1,019	1,009	0,998	0,988	0,986	0,989
13,0	0,950	0,989	1,012	1,019	1,015	1,004	0,993	0,986	0,984	0,989
13,5	0,950	0,989	1,011	1,016	1,011	1,000	0,990	0,983	0,984	0,989
14,0	0,951	0,990	1,010	1,015	1,008	0,997	0,987	0,983	0,985	0,991
14,5	0,953	0,991	1,011	1,014	1,006	0,995	0,986	0,984	0,987	0,994
15,0	0,956	0,993	1,012	1,014	1,006	0,995	0,987	0,986	0,991	0,998
15,5	0,958	0,996	1,013	1,014	1,006	0,995	0,989	0,989	0,995	1,003
16,0	0,961	0,998	1,015	1,014	1,006	0,995	0,990	0,992	0,999	1,007
16,5	0,963	1,000	1,016	1,015	1,005	0,996	0,992	0,995	1,003	1,010
17,0	0,965	1,001	1,016	1,014	1,005	0,996	0,993	0,998	1,006	1,011
17,5	0,966	1,002	1,016	1,013	1,003	0,995	0,994	0,998	1,007	1,011
18,0	0,966	1,002	1,015	1,012	1,002	0,994	0,994	1,000	1,007	1,010
18,5	0,966	1,002	1,014	1,010	1,000	0,993	0,994	1,001	1,007	1,008
19,0	0,966	1,002	1,013	1,008	0,998	0,992	0,994	1,001	1,006	1,006
19,5	0,967	1,001	1,012	1,006	0,996	0,991	0,994	1,001	1,005	1,003
20,0	0,967	1,001	1,011	1,004	0,995	0,991	0,994	1,001	1,004	1,001
20,5	0,967	1,002	1,010	1,003	0,994	0,991	0,995	1,001	1,003	1,000
21,0	0,968	1,002	1,010	1,003	0,994	0,991	0,996	1,002	1,003	0,999
21,5	0,970	1,003	1,010	1,002	0,994	0,993	0,998	1,003	1,003	0,998
22,0	0,971	1,004	1,011	1,002	0,994	0,994	1,000	1,004	1,004	0,998
22,5	0,972	1,005	1,011	1,002	0,995	0,996	1,002	1,006	1,004	0,998
23,0	0,973	1,006	1,011	1,002	0,995	0,997	1,003	1,006	1,004	0,998
23,5	0,974	1,006	1,011	1,002	0,995	0,998	1,004	1,006	1,003	0,998
24,0	0,975	1,006	1,010	1,001	0,995	0,998	1,005	1,006	1,002	0,998
24,5	0,975	1,006	1,009	1,000	0,995	0,999	1,004	1,005	1,000	0,997
25,0	0,975	1,006	1,008	0,999	0,995	0,999	1,004	1,004	0,999	0,996
25,5	0,975	1,006	1,007	0,998	0,994	0,999	1,004	1,002	0,997	0,996
26,0	0,975	1,005	1,006	0,997	0,994	0,999	1,003	1,001	0,996	0,996

Tabelle 5.11 (Fortsetzung)

	0,50	0,55	0,60	0,65	0,70	0,75	0,80	0,85	0,90	0,95	1,00
	0,000	0,000	0,000	0,000	0,000	0,000	0,000	0,000	0,000	0,000	0,000
	0,236	0,244	0,252	0,256	0,265	0,275	0,283	0,294	0,299	0,305	0,313
	0,461	0,476	0,491	0,505	0,519	0,534	0,548	0,561	0,575	0,590	0,602
	0,662	0,682	0,701	0,720	0,741	0,757	0,775	0,792	0,810	0,827	0,842
	0,831	0,856	0,878	0,899	0,919	0,938	0,957	0,974	0,991	1,008	1,022
	0,963	0,988	1,010	1,030	1,048	1,066	1,082	1,096	1,109	1,121	1,131
	1,061	1,081	1,100	1,116	1,131	1,143	1,154	1,162	1,169	1,174	1,177
	1,116	1,133	1,147	1,157	1,165	1,171	1,174	1,175	1,174	1,175	1,166
	1,141	1,151	1,158	1,162	1,163	1,161	1,156	1,150	1,141	1,132	1,119
	1,138	1,141	1,141	1,138	1,131	1,122	1,111	1,098	1,083	1,069	1,053
	1,117	1,114	1,107	1,097	1,084	1,069	1,053	1,036	1,019	1,003	0,987
	1,086	1,076	1,064	1,048	1,031	1,014	0,996	0,978	0,963	0,948	0,936
	1,051	1,036	1,020	1,001	0,984	0,966	0,949	0,934	0,922	0,914	0,907
	1,018	1,001	0,983	0,965	0,948	0,933	0,920	0,911	0,906	0,904	0,906
	0,992	0,975	0,957	0,941	0,927	0,917	0,911	0,909	0,911	0,917	0,926
	0,975	0,958	0,943	0,931	0,923	0,919	0,920	0,926	0,935	0,946	0,962
	0,966	0,952	0,941	0,934	0,932	0,936	0,944	0,955	0,970	0,987	1,002
	0,964	0,954	0,948	0,947	0,952	0,961	0,975	0,991	1,008	1,024	1,037
	0,968	0,962	0,961	0,967	0,976	0,990	1,006	1,023	1,038	1,051	1,060
	0,975	0,973	0,977	0,987	1,000	1,016	1,032	1,047	1,058	1,065	1,066
	0,982	0,984	0,993	1,006	1,020	1,036	1,049	1,059	1,063	1,062	1,056
	0,988	0,994	1,005	1,019	1,033	1,046	1,054	1,057	1,054	1,046	1,033
	0,993	1,001	1,014	1,027	1,039	1,047	1,048	1,044	1,034	1,021	1,005
	0,996	1,006	1,018	1,029	1,036	1,038	1,034	1,024	1,010	0,994	0,978
	0,997	1,007	1,018	1,026	1,029	1,025	1,015	1,000	0,985	0,970	0,958
	0,997	1,007	1,015	1,020	1,017	1,009	0,996	0,979	0,965	0,955	0,950
	0,997	1,006	1,012	1,012	1,005	0,993	0,979	0,965	0,955	0,952	0,955
	0,998	1,005	1,008	1,004	0,994	0,982	0,968	0,958	0,955	0,960	0,970
	0,999	1,005	1,005	0,998	0,987	0,975	0,965	0,961	0,965	0,976	0,991
	1,002	1,005	1,002	0,994	0,983	0,974	0,969	0,972	0,982	0,997	1,013
	1,005	1,006	1,002	0,993	0,983	0,977	0,978	0,987	1,001	1,018	1,032
	1,008	1,007	1,001	0,992	0,985	0,984	0,990	1,003	1,019	1,032	1,039
	1,010	1,008	1,001	0,994	0,990	0,993	1,003	1,018	1,031	1,040	1,039
	1,012	1,008	1,001	0,995	0,995	1,001	1,014	1,027	1,035	1,037	1,028
	1,012	1,007	1,000	0,996	0,999	1,008	1,021	1,030	1,032	1,026	1,012
	1,010	1,004	0,998	0,997	1,002	1,012	1,022	1,027	1,022	1,011	0,994
	1,008	1,001	0,997	0,997	1,004	1,014	1,020	1,019	1,008	0,993	0,978
	1,004	0,998	0,994	0,997	1,005	1,012	1,014	1,007	0,994	0,979	0,969
	1,001	0,995	0,993	0,997	1,004	1,009	1,006	0,995	0,981	0,970	0,967
	0,997	0,992	0,992	0,997	1,003	1,005	0,998	0,985	0,974	0,969	0,973
	0,995	0,991	0,992	0,998	1,003	1,001	0,991	0,980	0,972	0,975	0,986
	0,994	0,991	0,994	1,000	1,002	0,998	0,987	0,978	0,977	0,987	1,001
	0,993	0,992	0,996	1,001	1,002	0,996	0,986	0,982	0,987	1,001	1,015
	0,994	0,994	0,999	1,004	1,002	0,995	0,988	0,988	0,998	1,014	1,025
	0,995	0,997	1,002	1,005	1,002	0,995	0,992	0,997	1,010	1,024	1,029
	0,996	1,000	1,005	1,007	1,002	0,996	0,996	1,005	1,019	1,028	1,028
	0,997	1,002	1,007	1,007	1,002	0,997	1,001	1,011	1,022	1,025	1,016
	0,999	1,003	1,008	1,006	1,001	0,999	1,004	1,015	1,021	1,016	1,003
	0,999	1,004	1,007	1,004	0,999	0,999	1,007	1,015	1,016	1,006	0,990
	0,999	1,004	1,006	1,002	0,997	0,999	1,007	1,012	1,007	0,993	0,980
	1,000	1,004	1,004	0,999	0,996	1,000	1,007	1,008	0,998	0,984	0,975
	1,000	1,003	1,001	0,996	0,995	1,000	1,005	1,001	0,989	0,978	0,977
	1,000	1,002	0,999	0,995	0,995	1,000	1,002	0,996	0,984	0,978	0,984

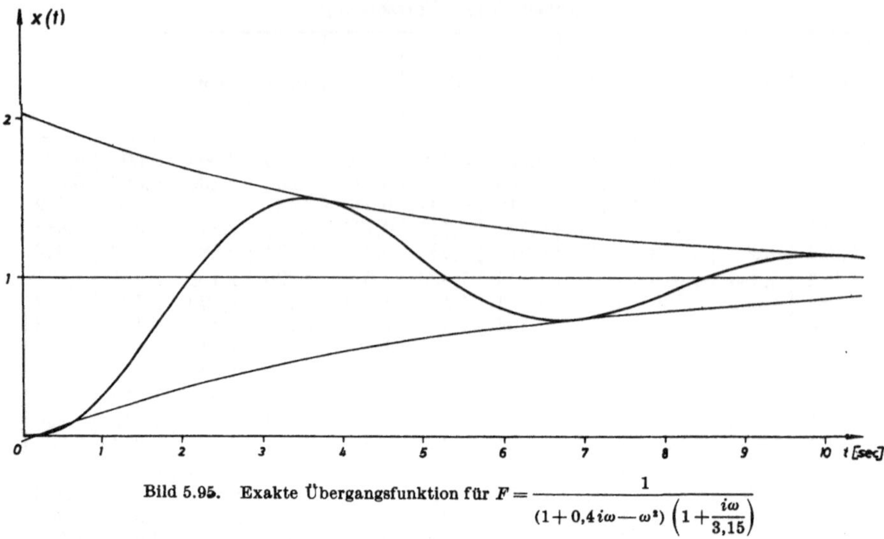

Bild 5.95. Exakte Übergangsfunktion für $F = \frac{1}{(1+0{,}4i\omega-\omega^2)\left(1+\frac{i\omega}{3{,}15}\right)}$

Eine einfachere Auswertungsformel als Gl. 5.22 ergibt sich, wenn als Zeitfunktion nicht die Sprungantwort sondern die Impulsantwort gesucht ist. Wird das Trapezelement entsprechend Bild 5.96 charakterisiert [7], dann lautet die Zeitfunktion:

$$x(t) = \sum_{i=1}^{k} \mathrm{Re}_i(0) \cdot \frac{2}{\pi} \cdot \left(\frac{\sin \omega_i t}{\omega_i t}\right) \left(\frac{\sin \Delta_i t}{\Delta_i t}\right) \tag{5.23}$$

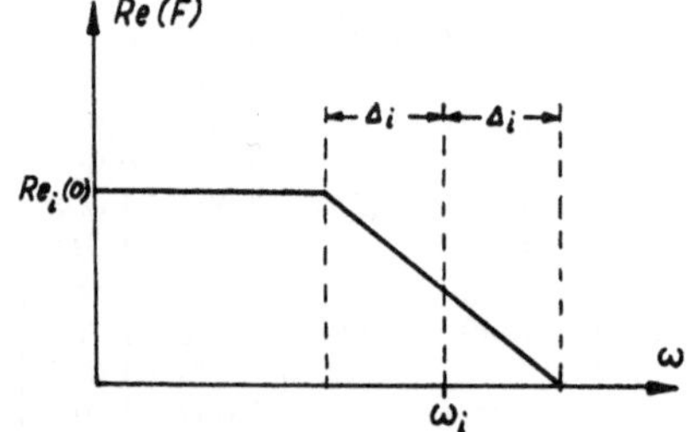

Bild 5.96. Trapezelement zur Bestimmung der Impulsantwort

Obwohl diese Formel nur elementare Funktionen enthält, sind zur Erleichterung der Rechenarbeit Tabellen für $\sin x/x$ in den Literaturstellen [7], [11] und [20] angegeben.

Eine Umwandlung der Impulsantwort in die Sprungantwort ist mit Hilfe der grafischen Integration bei erträglichem Arbeitsaufwand möglich.

5.12.2. Anwendung der Übertragungsfunktion

Für die Berechnung der Sprungantwort aus dem Frequenzgang unter Benutzung der mathematischen Verwandschaft zwischen Frequenzgang und Übertragungsfunktion wird man immer dann das Bode-Diagramm konstruieren, wenn der Frequenzgang nicht in analytischer Form bekannt ist, etwa bei Vorlage einer Ortskurve oder bei Auswertung von Meßergebnissen.

Im Bode-Diagramm kann nun, wie im Abschnitt 5.9 gezeigt, die Frequenzgangfunktion gefunden werden. Durch die Substitution $i\omega \to s$ und nachfolgende Umformung in die Standardschreibweise gewinnt man die Übertragungsfunktion $F(s)$, die unmittelbar zur Auswertung der Formeln in Abschnitt 3.4 herangezogen werden kann.

Die gefundene Zeitfunktion $x_a(t)$ ist die Sprungantwort des offenen oder des geschlossenen Regelkreises, je nachdem, ob der Frequenzgang F_0 oder F_G zugrunde gelegt wurde. Die Vorgehensweise sei noch einmal am Beispiel nach Bild 5.89 erläutert. Der Frequenzgang F_0 läßt sich aus seiner Asymptotenlinie zu

$$F_0 = \frac{1{,}6\ (1 + i\omega/0{,}25)}{i\omega\ (1 + i\omega/0{,}16)\ (1 + i\omega/6{,}3)}$$

ablesen. Die zugehörige Übertragungsfunktion lautet dann

$$F_0(s) = \frac{6{,}3\ (s + 0{,}25)}{s\ (s + 0{,}16)\ (s + 6{,}3)}.$$

Die Partialbruchzerlegung von $\frac{F_0(s)}{s}$ liefert:

$$x_a(s) = \frac{1{,}59}{s^2} - \frac{3{,}94}{s} + \frac{3{,}786}{s + 0{,}16} + \frac{0{,}156}{s + 6{,}3}$$

womit die Zeitfunktion (Sprungantwort des aufgeschnittenen Kreises)

$$x_a(t) = 1{,}59 \cdot t - 3{,}94 + 3{,}786\,e^{-0{,}16t} + 0{,}156\,e^{-6{,}3t}$$

gefunden ist.

Übungsaufgaben

5.12-1 Für die nachstehend angegebenen Frequenzgänge soll mit Hilfe des Verfahrens von *Solodownikow* das Zeitverhalten der Ausgangsgröße bestimmt werden, wenn auf den Eingang ein Einheitssprung gegeben wird.

a) $F(i\omega) = \frac{20\ (1 + 0{,}315 i\omega)}{(1 + 2{,}5 i\omega)^2}$

b) $F(i\omega) = \frac{100\ (1 + 0{,}4 i\omega)}{(1 + 3{,}15 i\omega)^2\ (1 + 4 i\omega)}$

c) $F(i\omega) = \frac{40}{[1 + 1{,}6 i\omega + (4 i\omega)^2]}$

d) $F(i\omega) = \frac{0{,}8\ (1 + i\omega)}{i\omega\ [1 + 0{,}06 i\omega + (0{,}1 i\omega)^2]}$

5.12-2 Für den Frequenzgang

$$F_0(i\omega) = \frac{0{,}25}{i\omega\ (1+i\omega)}$$

bestimme man mit Hilfe des Verfahrens von *Solodownikow* die Übergangsfunktion, wenn das Eingangssignal einen Einheitssprung ausführt.

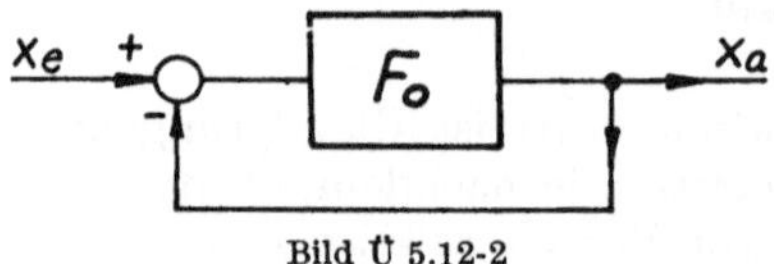

Bild Ü 5.12-2

Man berechne den Frequenzgang des nach Bild Ü 5.12-2 geschlossenen Kreises und ermittle auch dafür die Übergangsfunktion.

5.13. Berechnung des Frequenzganges aus der Übergangsfunktion

Die Frequenzgangverfahren werden in der Praxis häufig deswegen nicht verwendet, weil die zu regelnde Anlage für die im allgemeinen langwierige Messung des Frequenzganges nicht freigegeben werden kann. Auch ist der apparative Aufwand zur Erzeugung sinusförmiger Stellgrößen niedriger Frequenz nicht zu unterschätzen. In den meisten Fällen ist aber die Aufnahme von Übergangsfunktionen möglich, die grundsätzlich die gleiche vollständige Aussage über die Dynamik einer linearen Strecke liefert.

Um jedoch den Frequenzgang für weitere Operationen zur Verfügung zu haben, kann die nachfolgende beschriebene Methode mit Vorteil angewendet werden,

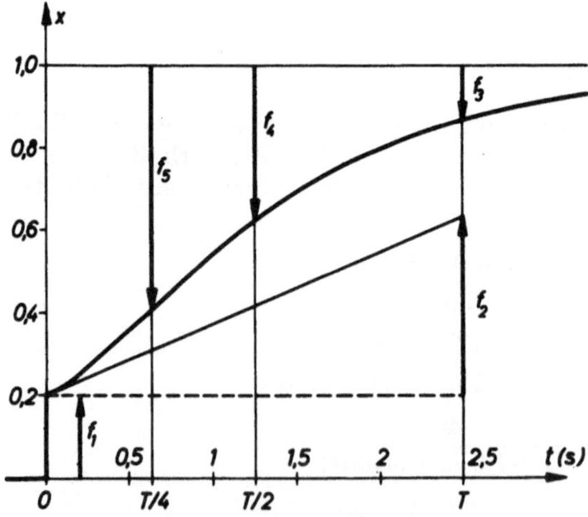

Bild 5.97. Kenngrößen einer Sprungantwort

die auf *U. Renner*[1]) zurückgeht, jedoch für unsere Zwecke modifiziert wurde. Dem Verfahren liegt die Idee zugrunde, die Übergangsfunktion durch eine Summe von Exponentialfunktionen zu ersetzen, deren Zeitkonstanten gleichmäßig gestaffelt sind.

Die auf den stationären Endwert normierte Ersatzsprungantwort lautet:

$$x = \frac{x_a}{x_{a\infty}} = 1 - C_1 e^{-t/T} - C_2 e^{-2t/T} - C_3 e^{-4t/T} - C_4 e^{-8t/T} - C_5 e^{-16t/T} \tag{5.24}$$

Mit Gl. (5.24) lassen sich die Kennwerte $f_1 \ldots f_5$ der Sprungantwort angeben, die wegen der vorgegebenen Zeitkonstanten lineare Funktionen der Konstanten $C_1 \ldots C_5$ sind (vgl. Bild 5.97).

Mit Hilfe der Matrizenrechnung wurde dieses Gleichungssystem nach den Konstanten $C_1 \ldots C_5$ aufgelöst; d. h. es wurde die Koeffizientenmatrix, die mit den meßbaren Kennwerten $f_1 \ldots f_5$ multipliziert die Konstanten $C_1 \ldots C_5$ ergibt, berechnet.

Aus Gl. (5.24) kann andererseits mit Hilfe der Laplacetransformation (vgl. Abschnitt 3.4) die Übertragungsfunktion und daraus wiederum der Frequenzgang angegeben werden.

Er hat die Form: $$F(\omega) = \frac{x_{a\infty}}{x_e} \cdot F_n(\omega)$$

mit

$$F_n(\omega) = 1 - C_1 \frac{i\omega T}{1+i\omega T} - C_2 \frac{i\omega T/2}{1+i\omega T/2} - C_3 \frac{i\omega T/4}{1+i\omega T/4} - C_4 \frac{i\omega T/8}{1+i\omega T/8} - C_5 \frac{i\omega T/16}{1+i\omega T/16} \tag{5.25}$$

Für eine vorgegebene Frequenz ist also auch F_n eine lineare Funktion der Konstanten $C_1 \ldots C_5$. Setzt man nun die vorher aus den f_i gefundenen C_i-Werte ein und zerlegt die Terme von Gl. (5.25) in Real- und Imaginärteil, dann erhält man schließlich die Arbeitsgleichungen des Verfahrens:

$$\mathrm{Re}\,[F_n(\omega)] = \mathrm{Re}_0 + \mathrm{Re}_1 f_1 + \mathrm{Re}_2 f_2 + \mathrm{Re}_3 f_3 + \mathrm{Re}_4 f_4 + \mathrm{Re}_5 f_5 \tag{5.26}$$

$$\mathrm{Im}\,[F_n(\omega)] = \mathrm{Im}_0 + \mathrm{Im}_1 f_1 + \mathrm{Im}_2 f_2 + \mathrm{Im}_3 f_3 + \mathrm{Im}_4 f_4 + \mathrm{Im}_5 f_5 \tag{5.27}$$

Durch Vergleich mit Gl. (5.25) erkennt man leicht, daß die Re- und Im-Werte Funktionen der Frequenz ω sind. Sie wurden deshalb im Bereich $0{,}1 \leq \omega T \leq 100$ berechnet und in den Tabellen 5.12 und 5.13 zusammengestellt.

Bei der Anwendung hat man folgende Schritte auszuführen:

1. Man wählt die Normierungszeit T so, daß die Kennwerte f_i eine möglichst große Aussagekraft über die Sprungantwort enthalten.

2. Man bestimmt die im Bild 5.97 eingetragenen Kennwerte und normiert sie auf den stationären Endwert $x_{a\infty}$.

[1]) *U. Renner*: Ein neues Verfahren zur Berechnung des Frequenzganges aus der gemessenen Übergangsfunktion. msr 10(1967) H. 3, S. 101–105.

Tabelle 5.12

ωT	Re_0	Re_1	Re_2	Re_3	Re_4	Re_5
0 1	1,0046	−0,00465	−0,00027	−0,0634	0,0485	−0,02614
0,126	1,0073	−0,00727	−0,00042	−0,0995	0,0759	−0,04091
0,159	1,0114	−0,01135	−0,00065	−0,1556	0,1184	−0,06389
0,2	1,0174	−0,01738	−0,00099	−0,2399	0,1812	−0,09797
0,251	1,0263	−0,02631	−0,00150	−0,3661	0,2743	−0,1486
0,316	1,0388	−0,03877	−0,00222	−0,5474	0,4042	−0,2197
0,4	1,0553	−0,05530	−0,00316	−0,7960	0,5757	−0,3149
0,5	1,0736	−0,07358	−0,00422	−1,099	0,7649	−0,4231
0,63	1,0890	−0,08896	−0,00511	−1,418	0,9209	−0,5207
0,8	1,0901	−0,09013	−0,00521	−1,642	0,9246	−0,5501
1,0	1,0673	−0,06728	−0,00396	−1,647	0,6624	−0,4614
1,26	1,0117	−0,01165	−0,00088	−1,294	+0,0301	−0,2134
1,59	0,9369	+0,06311	+0,00324	−0,6121	−0,8539	+0,1126
2,0	0,8682	0,1318	0,00694	+0,2322	−1,718	+0,3626
2,51	0,8466	0,1524	0,00783	0,8821	−2,087	+0,2872
3,16	0,8771	0,1229	0,00561	1,1012	−1,729	−0,1902
4	0,9307	0,0693	0,00181	0,8338	−0,705	−0,9659
5	0,9289	0,0711	0,00074	+0,3293	+0,466	−1,663
6,3	0,8211	0,1789	0,00501	−0,1412	1,308	−1,981
8	0,5993	0,4007	0,01473	−0,3780	1,533	−1,783
10	0,33088	0,6991	0,02572	−0,3956	1,279	−1,254
12,6	+0,08937	0,9106	0,03381	−0,2801	0,8006	−0,6413
15,9	−0,06997	1,070	0,03615	−0,1467	0,3660	−0,1672
20	−0,14550	1,145	0,03345	−0,0436	+0,0694	+0,1137
25,1	−0,15729	1,157	0,02762	+0,01057	−0,0740	0,2212
31,6	−0,13691	1,137	0,02104	0,03184	−0,1207	0,2290
40	−0,10480	1,105	0,01503	0,03232	−0,1124	0,1883
50	−0,07485	1,075	0,01030	0,02663	−0,0889	0,1401
63	−0,05079	1,051	0,00684	0,01923	−0,0632	0,0969
80	−0,03376	1,034	0,00447	0,01352	−0,0437	0,0655
100	−0,02193	1,022	0,00288	0,00899	−0,0289	0,0428

3. Aus den $f_1 \ldots f_5$ berechnet man mit Hilfe der tabellierten Re- und Im-Werte unter Beachtung von Gl. (5.26) und (5.27) den Frequenzgang nach Real- und Imaginärteil. Je nach weiterer Verwendung des Frequenzganges kann die Umrechnung in Betrag und Phase nach den bekannten Beziehungen

$$|F| = \frac{x_{a\infty}}{x_e} \sqrt{\mathrm{Re}^2 (F_n) + \mathrm{Im}^2 (F_n)}, \qquad \mathrm{tg}\, \varphi = \mathrm{Im}\, (F_n)/\mathrm{Re}(F_n)$$

erfolgen.

Die Rechnungen zum Punkt 3. lassen sich natürlich noch wesentlich vereinfachen, wenn eine Digitalrechenmaschine zur Verfügung steht.

Tabelle 5.13

ωT	Im_0	Im_1	Im_2	Im_3	Im_4	Im_5
0,1	0,00651	−0,00651	−0,00067	−0,2828	0,1538	−0,1208
0,126	0,00755	−0,00755	−0,00080	−0,3488	0,1870	−0,1487
0,159	0,00884	−0,00884	−0,00097	−0,4283	0,2272	−0,1833
0,2	0,00878	−0,00878	−0,00109	−0,5118	0,2614	−0,2179
0,251	0,00734	−0,00734	−0,00116	−0,5980	0,2896	−0,2541
0,316	+0,00178	−0,00178	−0,00104	−0,6655	0,2881	−0,2799
0,4	−0,00919	+0,00919	−0,00066	−0,6904	0,2409	−0,2900
0,5	−0,03202	0,0320	+0,00033	−0,6111	+0,0891	−0,2542
0,63	−0,06986	0,0699	0,00209	−0,3747	−0,2020	−0,1582
0,8	−0,12672	0,1267	0,00484	+0,0688	−0,6595	+0,01225
1,0	−0,19255	0,1926	0,00797	0,6683	−1,181	0,1993
1,26	−0,25166	0,2517	0,01056	1,284	−1,582	0,3098
1,59	−0,27823	0,2782	0,01111	1,658	−1,563	+0,1979
2,0	−0,26584	0,2658	0,00920	1,596	−0,9656	−0,1869
2,51	−0,23212	0,2321	0,00580	1,070	+0,1299	−0,7573
3,16	−0,22971	0,2297	0,00384	+0,3141	1,284	−1,228
4	−0,30383	0,3038	0,00580	−0,3332	1,987	−1,311
5	−0,46146	0,4615	0,01201	−0,6319	1,945	−0,8855
6,3	−0,64705	0,647	0,01926	−0,5650	1,280	−0,1227
8	−0,77898	0,779	0,02310	−0,3021	+0,4019	+0,6411
10	−0,80037	0,800	0,02068	−0,0254	−0,3117	1,129
12,6	−0,70942	0,709	0,01256	+0,1420	−0,6651	1,244
15,9	−0,55362	0,554	+0,00209	0,1992	−0,7143	1,090
20	−0,38526	0,3853	−0,00737	0,1742	−0,5764	0,8066
25,1	−0,24525	0,2453	−0,01363	0,1274	−0,4017	0,5340
31,6	−0,14391	0,1439	−0,01658	0,0786	−0,2446	0,3189
40	−0,08113	0,0811	−0,01679	0,04838	−0,1450	0,1835
50	−0,04350	0,0435	−0,01552	0,02685	−0,0792	0,0992
63	−0,02353	0,0235	−0,01349	0,01565	−0,0448	0,0547
80	−0,01174	0,01174	−0,01140	0,00685	−0,0208	0,0265
100	−0,00608	0,00608	−0,00939	0,00352	−0,0107	0,0137

Beispiel: Für die Sprungantwort nach Bild 5.97 soll der Frequenzgang an der Stelle $\omega = 2/\mathrm{s}$ bestimmt werden.

Als weitere Angaben seien $x_{a\infty} = 0{,}54$ V, $x_e = 9$ mA bekannt.

Aus dem Bild 5.97 kann man mit der dort eingetragenen Zeitkonstanten T folgende Kennwerte ablesen:

$f_1 = 0{,}2$; $f_2 = 0{,}44$; $f_3 = 0{,}13$; $f_4 = 0{,}375$; $f_5 = 0{,}59$.

In den Tabellen 5.12 und 5.13 finden wir unter $\omega T = \frac{2}{\mathrm{s}} \cdot 2{,}5\,\mathrm{s} = 5$ die Re- und Im-Werte und bestimmen zunächst den Realteil und Imaginärteil des normierten Frequenzganges F_n an der Stelle $\omega T = 5$.

i	Re_i	f_i	$\mathrm{Re}_i \cdot f_i$	Im_i	f_i	$\mathrm{Im}_i \cdot f_i$
0	0,9289		= 0,9289	−0,46146		= −0,4615
1	0,0711	0,2	= 0,0142	0,4615	0,2	= 0,0923
2	0,00074	0,44	= 0,0003	0,01201	0,44	= 0,0053
3	0,3293	0,13	= 0,0428	−0,6319	0,13	= −0,0821
4	0,466	0,375	= 0,1748	1,945	0,375	= 0,7295
5	−1,663	0,59	= −0,9820	−0,8855	0,59	= −0,5230
			$\mathrm{Re}(F_n)$ = 0,1790			$\mathrm{Im}(F_n)$ = −0,2475

Die weitere Umrechnung liefert den Phasenwinkel $\varphi = -54{,}2°$ und das normierte Amplitudenverhältnis $|F_n| = 0{,}305$, das mit der statischen Verstärkung $\frac{x_{a\infty}}{x_e} = \frac{0{,}54\ \mathrm{V}}{9\ \mathrm{mA}}$ multipliziert den gesuchten Frequenzgangbetrag liefert:

$$\left|F\left(\omega = \frac{2}{\mathrm{s}}\right)\right| = 18{,}3\ \mathrm{V/A}.$$

Auf diese Weise kann nun der Frequenzgang für eine Reihe von Frequenzen $0 < \omega < \infty$ numerisch bestimmt und die entsprechende Ortskurve oder das zugehörige Bode-Diagramm gezeichnet werden.

6. Die Zustandsdarstellung

Durch die starke Verbreitung wissenschaftlicher Digitalrechner, die zur Berechnung und Simulation von Regelkreisen eingesetzt werden, hat sich neben den als klassisch bezeichneten Methoden des Frequenzganges und der Wurzelortkurven eine weitere Darstellungsform eingebürgert, die für die numerische Verarbeitung besonders zweckmäßig ist.

Diese als Darstellung im Zustandsraum bezeichnete Beschreibung benutzt ein System von Differentialgleichungen 1. Ordnung und weiteren algebraischen Gleichungen, welche die Ausgangsgröße(n) mit den Variablen des Differentialgleichungs-Systems verknüpfen. Die allgemeine, ausführlich geschriebene Form lautet:

$$\left.\begin{array}{l}
\dot{u}_1 = a_{11} \cdot u_1 + a_{12} \cdot u_2 + \ldots + a_{1n} \cdot u_n + b_{11} \cdot y_1 + \ldots + b_{1m} \cdot y_m \\
\dot{u}_2 = a_{21} \cdot u_1 + a_{22} \cdot u_2 + \ldots + a_{2n} \cdot u_n + b_{21} \cdot y_1 + \ldots + b_{2m} \cdot y_m \\
\vdots \\
\dot{u}_n = a_{n1} \cdot u_1 + a_{n2} \cdot u_2 + \ldots + a_{nn} \cdot u_n + b_{n1} \cdot y_1 + \ldots + b_{nm} \cdot y_m \\
x_1 = c_{11} \cdot u_1 + c_{12} \cdot u_2 + \ldots + c_{1n} \cdot u_n + d_{11} \cdot y_1 + \ldots + d_{1m} \cdot y_m \\
\vdots \\
x_r = c_{r1} \cdot u_1 + c_{r2} \cdot u_2 + \ldots + c_{rn} \cdot u_n + d_{r1} \cdot y_1 + \ldots + d_{rm} \cdot y_m
\end{array}\right\} \quad (6.1)$$

Darin sind u_1 bis u_n die Zustandsvariablen, $y_1 \ldots y_m$ die Stellgrößen und $x_1 \ldots x_r$ die Ausgangsgrößen des Systems, während die a_{ij}, b_{ij}, c_{ij} und d_{ij} feste – oder im Sonderfall zeitveränderliche – Parameter darstellen.
Durch die Vektor/Matrizenschreibweise läßt sich Gl. (6.1) zusammenfassen zu:

$$\begin{aligned} \dot{\boldsymbol{u}} &= A \cdot \boldsymbol{u} + B \cdot \boldsymbol{y} \\ \boldsymbol{x} &= C \cdot \boldsymbol{u} + D \cdot \boldsymbol{y} \end{aligned} \quad (6.2)$$

mit $\boldsymbol{u}$ = dem Vektor der n Zustandsgrößen, $\boldsymbol{y}$ dem Vektor der m Stellgrößen und $\boldsymbol{x}$ dem Vektor der r Ausgangsgrößen[1]). Üblicherweise nennt man A die Systemmatrix, B die Eingangsmatrix, C die Ausgangsmatrix und D die Durchgangsmatrix.
Wie wir noch sehen werden, lassen sich alle linearen dynamischen Systeme mit konzentrierten Parametern in dieser Form beschreiben, sofern ihre Übertragungsfunktionen nicht mehr Nullstellen als Pole aufweisen[2]).

---

[1]) In vielen – jedoch nicht in allen – Veröffentlichungen über die Theorie der Zustandsdarstellung wird im Gegensatz zu oben die Bezeichnungsweise

$$\begin{aligned} \dot{\boldsymbol{x}} &= A \cdot \boldsymbol{x} + B \cdot \boldsymbol{u} \\ \boldsymbol{y} &= C' \cdot \boldsymbol{x} + D \cdot \boldsymbol{u} \end{aligned}$$

verwendet. Hier soll jedoch die Variablenbezeichnung der klassischen Regelungstechnik beibehalten werden, um den Übergang von einer zur anderen Darstellung zu erleichtern. (s. z. B. auch [25]).

[2]) Aus energetischen Gründen haben reale Systeme stets einen Polüberschuß. Die Bedingung läßt sich für jedes gedachte System dadurch erfüllen, indem man eine genügende Anzahl von Polen mit großen negativen Werten ergänzt.

Prinzipiell ist eine Erweiterung auf Systeme mit Totzeiten und Nichtlinearitäten möglich, was in dieser Einführung jedoch übergangen werden soll. Ebenso sei für die Anwendung auf zeitvariable Systeme und – unter Benutzung einer Modaltransformation – auch auf Systeme mit verteilten Parametern auf die Spezialliteratur verwiesen.

Die Zustandsbeschreibung hat folgende generelle Eigenschaften:

1. Im Gegensatz zu anderen Darstellungen ist die *Strukturinformation* zusammen mit den Kenngrößen *in den Matrizen* A, B, C und D enthalten. Der generelle Gleichungsaufbau enthält neben der Ordnungszahl n und ggfs. verschwindenden Matrix D keine systemspezifischen Eigenschaften.
2. Die Beschreibungsform ist gleichermaßen für Systeme mit einem Ein- und einem Ausgang als auch für Systeme mit mehreren Ein- und Ausgängen geeignet.
3. Bei vorgegebenen Ein- und Ausgangsvariablen und vorgegebenem Systemverhalten sind beliebig viele verschiedene Zustandsraum-Darstellungen möglich. Ja, es können durch ungeschickte Wahl der Zustandsvariablen – seltener durch die ungünstigen Systemeigenschaften selbst – Systembeschreibungen entstehen, die man als nicht voll steuerbar oder/und nicht voll beobachtbar bezeichnet. Nur der steuer- *und* beobachtbare Anteil läßt sich als Ein/Ausgangsverhalten durch Frequenzgang und Übertragungsfunktion beschreiben. Das bedeutet andererseits, daß jede Zustandsdarstellung, die aus dem Frequenzgang oder aus der Übertragungsfunktion abgeleitet wurde, steuerbar und beobachtbar sein muß, sofern keine kürzbaren Zähler- und Nennerterme enthalten sind. Ein Verfahren zum Nachweis der Steuer- und Beobachtbarkeit wird im folgenden Abschnitt 6.5 angegeben.
4. Aus der Zustandsbeschreibung eines kontinuierlichen Systems entsprechend Gl. (6.2) kann man eine gleichartige Beschreibung für die Abtastregelung ableiten. Mit T = Abtastperiode, $\boldsymbol{u}(k \cdot T) = \boldsymbol{u}_k$ und $\boldsymbol{u}([k - 1] \cdot T) = \boldsymbol{u}_{k-1}$ gilt:

$$\begin{aligned} \boldsymbol{u}_k &= A^* \cdot \boldsymbol{u}_{k-1} + B^* \cdot \boldsymbol{y}_{k-1} \\ \boldsymbol{x}_k &= C \cdot \boldsymbol{u}_k + D \cdot \boldsymbol{y}_k \end{aligned} \qquad 6.2\text{a})$$

Statt der Ableitung des Zustandsvektors wird darin direkt der Zustandsvektor des nächsten Abtastzeitpunktes berechnet. Zur Bestimmung der Matrizen A^* und B^* aus den A, B der kontinuierlichen Darstellung s. Abschnitt 6.4.

6.1. Ableitung der Zustandsgleichungen aus der physikalischen Systembeschreibung

Die Aufstellung der Zustandsgleichungen soll an einem einfachen Beispiel gezeigt werden, bei dem von einem physikalischen Modell des Systems ausgegangen wird. Ein elektrisches Netzwerk sei mit dem Schaltbild 6.1 gegeben. E soll die Eingangsvariable und U_A die Ausgangsvariable sein. Zweckmäßig wählt man bei einer derartigen Anordnung diejenigen Größen als Zustandsvariable aus, welche den Speicherzustand der energiespeichernden Bauelemente angeben. Der Begriff Zustandsgrößen erhält dadurch eine besonders anschauliche Bedeutung. Hier sind dies die Kondensatorspannungen U_1, U_2, U_4 und der Strom I_3, der durch die Induktivität L_3 fließt.

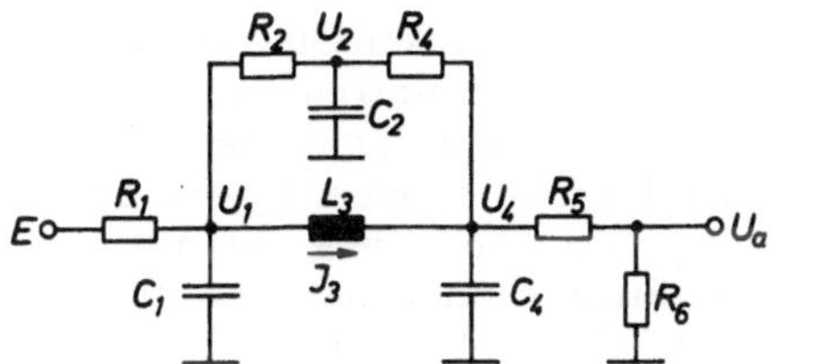

Bild 6.1

Für diese Speicherglieder gelten folgende physikalischen Grundgleichungen:

$$C_1 \cdot \frac{dU_1}{dt} = \sum_{(1)} I \tag{6.4}$$

Der Summenindex (1) soll dabei andeuten, daß alle zum Kondensator C_1 fließenden Ströme zu summieren sind.

Für die Induktivität gilt: $$L_3 \cdot \frac{dI_3}{dt} = U_1 - U_4 \tag{6.5}$$

Entsprechende Gleichungen gelten für die weiteren Kondensatoren C_2 und C_4. Nach dem Ohmschen Gesetz lassen sich die durch die Widerstände R_1 bis R_6 fließenden Ströme durch die anliegenden Spannungen ausdrücken, so daß wir schließlich folgendes Gleichungssystem aufstellen können:

$$\begin{aligned}
\dot{U}_1 &= -\frac{1}{C_1}\left[\frac{1}{R_1} + \frac{1}{R_2}\right] \cdot U_1 + \frac{1}{C_1 R_2} \cdot U_2 + \frac{1}{C_1} \cdot I_3 + \frac{1}{C_1 R_1} \cdot E \\
\dot{U}_2 &= \frac{1}{C_2 R_2} \cdot U_1 - \frac{1}{C_2}\left[\frac{1}{R_2} + \frac{1}{R_4}\right] \cdot U_2 + \frac{1}{C_2 R_4} \cdot U_4 \\
\dot{I}_3 &= \frac{1}{L_3} \cdot U_1 - \frac{1}{L_3} \cdot U_4 \\
\dot{U}_4 &= \frac{1}{C_4 R_4} \cdot U_2 + \frac{1}{C_4} \cdot I_3 - \frac{1}{C_4}\left[\frac{1}{R_4} + \frac{1}{R_5 + R_6}\right] \cdot U_4
\end{aligned} \tag{6.6}$$

sowie

$$U_A = \frac{R_6}{R_5 + R_6} \cdot U_4$$

Dieses System läßt sich entsprechend Gl. (6.2) und den Abkürzungen $T_{ij} = \frac{1}{C_i \cdot R_j}$ und $T_{4x} = \frac{1}{C_4 (R_5 + R_6)}$ wie folgt umschreiben:

$$\dot{u} = \begin{pmatrix} -(T_{11} + T_{12}) & T_{12} & \frac{1}{C_1} & 0 \\ T_{22} & -(T_{22} + T_{24}) & 0 & T_{24} \\ \frac{1}{L_3} & 0 & 0 & -\frac{1}{L_3} \\ 0 & T_{44} & \frac{1}{C_4} & -(T_{44} + T_{4x}) \end{pmatrix} \cdot u + \begin{pmatrix} T_{11} \\ 0 \\ 0 \\ 0 \end{pmatrix} \cdot y \tag{6.7}$$

$$x = \begin{pmatrix} 0 & 0 & 0 & \frac{R_6}{R_5 + R_6} \end{pmatrix} \cdot u$$

Man sieht, daß die Zustandsdarstellung schnell und ohne größere Umrechnungen aus dem Schaltbild abgeleitet werden kann und daß die Matrixelemente einfache Kombinationen der Systemparameter sind. Sie erfüllt damit ebenfalls die in Abschnitt 2.3 erhobene Forderung, daß der Einfluß einzelner Systemparameter erkennbar bleiben soll. Wegen des vermaschten Schaltungsaufbaus und wegen der Rückwirkung der Spannungen und Ströme aufeinander ist die Systemmatrix A auf vielen – wenn auch nicht auf allen – Plätzen besetzt.
Die Zustandsbeschreibung kann unmittelbar in einen Steckplan für eine Analogrechner-Simulation umgesetzt werden, da man die rechten Seiten nur jeweils einem Integrator zuführen muß, um am Integratorausgang die betreffende Zustandsgröße u_i zu erhalten, die dann zur Realisierung der rechten Seiten wieder zur Verfügung steht. Ohne die Ausführungen von Kapitel 8 vorwegnehmen zu wollen, soll hier der Steckplan des eben beschriebenen Beispiels den Zusammenhang mit den Zustandsgleichungen demonstrieren (Bild 6.2).

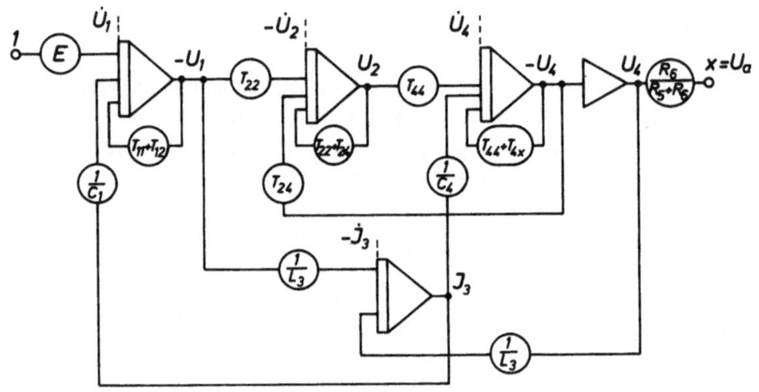

Bild 6.2

Übungsaufgaben

6.1-1 Das Federungsverhalten eines Kraftfahrzeuges wird in erster Näherung durch das skizzierte Feder-Masse-System beschrieben. Man stelle die zugehörigen Zustandsgleichungen auf, wenn als Ausgangsgröße die Geschwindigkeit der Masse m_1 definiert ist.
Hinweis: Bei mechanischen Systemen wählt man zweckmäßig die Geschwindigkeit der Massen und die Federkräfte als Zustandsvariable aus. (Warum?)

6.1-2 Das Schwingungsverhalten einer Wäscheschleuder sei durch ein gleichartiges Feder-Masse-System wie in 6.1-1 beschrieben, jedoch wirkt hier als Eingangsgröße eine (pulsierende) Kraft P_E auf die Masse m_1 ein, und die Geschwindigkeit v_E ist Null. Gesucht ist als Ausgangsgröße die Kraft in der Feder c_2. Wie ändert sich hierdurch die Zustandsbeschreibung gegenüber 6.1-1?

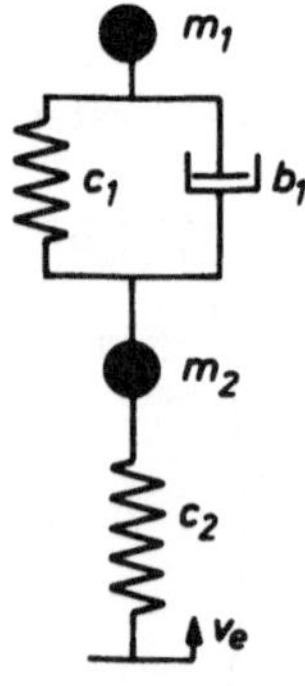

Bild Ü 6.1-1

6.1-3 Der elektrische Schaltkreis nach Bild Ü 6.1-3 ist durch Zustandsgleichungen zu beschreiben.

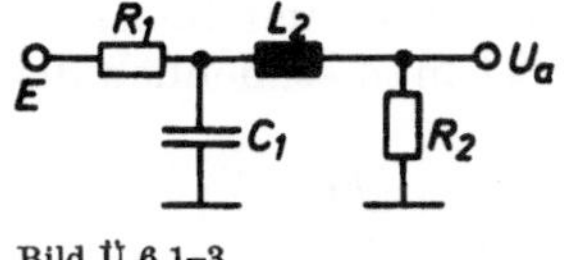

Bild Ü 6.1-3

6.1-4 Die Zustandsgleichungen für nebenstehende Schaltung sind aufzustellen.
Hinweis: Man beachte, daß weder U_2 noch U_3, sondern deren Differenz die Energie im Kondensator C_2 bestimmt.

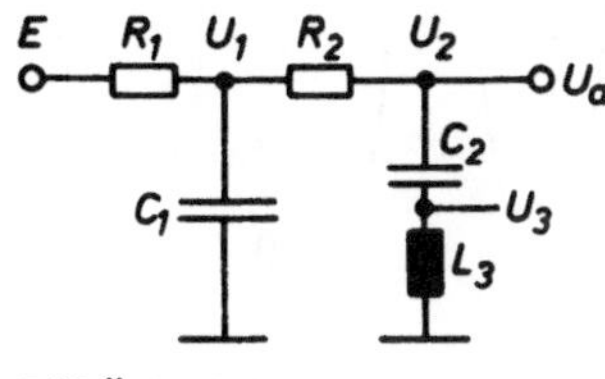

Bild Ü 6.1-4

6.2. Zusammenhang zwischen Zustandsgleichungen und der DGl des Gesamtsystems

Liegt bereits die DGl von i.a. höherer Ordnung zwischen der Ein- und Ausgangsgröße eines einläufigen Regelsystems vor, kann man aus deren Koeffizienten sofort eine gleichwertige Zustandsdarstellung anschreiben.
Mit der vorliegenden DGl der Form:

$$x^{(n)} + a_{n-1} \cdot x^{(n-1)} + \ldots + a_1 \cdot \dot{x} + a_0 \cdot x = b_0 \cdot y + b_1 \cdot \dot{y} + \ldots + b_m \cdot y^{(m)} \quad (6.8)$$

und der praktisch immer erfüllten Annahme $m \leq n$ (s. Fußnote S. 243) schreibt man Gl. (6.8) zunächst um und definiert rechtsbündige Teile der rechten Seite als höhere Ableitungen der Zustandsvariablen u_i:

$$x^{(n)} = \underbrace{-a_{n-1} \cdot x^{(n-1)} \ldots \underbrace{-a_m \cdot x^{(m)} + b_m \cdot y^{(m)} \ldots \underbrace{-a_0 \cdot x + b_0 \cdot y}_{=\dot{u}_1}}_{=u_{m+1}^{(m+1)}}}_{=u_n^{(n)}} \quad (6.9)$$

Diese Zuordnung liefert mit $x = u_n$

$$\begin{aligned}
\dot{u}_1 &= -a_0 \cdot u_n + b_0 \cdot y \\
\dot{u}_2 &= -a_1 \cdot \dot{u}_n + b_1 \cdot \dot{y} + \dot{u}_1 \\
&\vdots \\
u_{m+1}^{(m+1)} &= -a_m \cdot u_n^{(m)} + b_m \cdot y^{(m)} + u_m^{(m)} \\
&\vdots \\
u_n^{(n)} &= -a_{n-1} \cdot u_n^{(n-1)} + 0 \quad + u_{n-1}^{(n-1)}
\end{aligned} \quad (6.10)$$

Indem man nun die Anfangswerte der u_i und ihrer Ableitungen geeignet wählt, findet man schließlich die geforderte Zustandsbeschreibung:

$$\begin{pmatrix} \dot{u}_1 \\ \dot{u}_2 \\ \cdot \\ \cdot \\ \cdot \\ \cdot \\ \cdot \\ \dot{u}_n \end{pmatrix} = \begin{pmatrix} 0 & & & & & -a_0 \\ 1 & & \mathbf{0} & & & -a_1 \\ & 1 & & & & \cdot \\ & & \cdot & & & \cdot \\ & & & \cdot & & \cdot \\ & & & & \cdot & \cdot \\ & \mathbf{0} & & & \cdot & \cdot \\ & & & & 1 & -a_{n-1} \end{pmatrix} \cdot \begin{pmatrix} u_1 \\ u_2 \\ \cdot \\ \cdot \\ \cdot \\ \cdot \\ \cdot \\ u_n \end{pmatrix} + \begin{pmatrix} b_0 \\ b_1 \\ \cdot \\ \cdot \\ \cdot \\ \cdot \\ 0 \\ 0 \end{pmatrix} \cdot y \tag{6.11}$$

$$x = (0 \quad 0 \qquad \qquad 0 \quad 1) \cdot \boldsymbol{u} + (0) \cdot y$$

Die so gewonnene Matrix A hat eine sehr einfache Form, die einen besonders einfachen Entwurf eines Beobachters (s. Abschnitt 7.6.2) zuläßt und deshalb Beobachternormalform genannt wird.

Wie im Anhang nachgewiesen wird, kann man zu einer gültigen Zustandsbeschreibung eines Systems mit einem Ein- und einem Ausgang eine weitere finden, indem man die kombinierte Matrix $\left(\begin{array}{c|c} A & B \\ \hline C & D \end{array}\right)$ um ihre Hauptdiagonale spiegelt.

Angewandt auf die Beobachtungsnormalform findet man:

$$\begin{pmatrix} \dot{v}_1 \\ \cdot \\ \cdot \\ \cdot \\ \dot{v}_n \\ \hline x \end{pmatrix} \begin{matrix} \\ \\ = \\ \\ \\ = \end{matrix} \left(\begin{array}{cccccc|c} 0 & 1 & & & & \mathbf{0} & 0 \\ & & 1 & & & & 0 \\ & & & & & & \\ & & & & & 1 & \\ -a_0 & -a_1 & \cdots & -a_m & \cdots & -a_{n-1} & 1 \\ \hline b_0 & b_1 & & b_m & & 0 & 0 \end{array}\right) \cdot \begin{pmatrix} v_1 \\ \\ \\ \\ v_n \\ y \end{pmatrix} \tag{6.12}$$

Diese Zustandsbeschreibung nennt man Regelungsnormalform; sie läßt eine bequeme Auslegung einer Zustandsregelung mittels Polvorgabe zu. Die Zustandsvariablen sind hierbei andere als in Gl. (6.11), weshalb sie mit v_i bezeichnet wurden.

Mit den hier beschriebenen beiden Formen sind die Zustandsdarstellungen für eine gegebene Differentialgleichung nicht erschöpft. Sie liefern jedoch eine besonders einfache Korrespondenz zwischen den Parametern beider Beschreibungen.

6.3. Zusammenhang zwischen Übertragungsfunktion und Zustandsdarstellung

Die Übertragungsfunktion einer Strecke ist üblicherweise gegeben zu:

$$F(s) = \frac{K \cdot (s - s_{N1}) \cdot \ldots \cdot (s - s_{Nm})}{(s - s_{p1}) \cdot \ldots \cdot (s - s_{pn})} \tag{6.13}$$

oder läßt sich in diese Form überführen.

Zerlegt man $F(s)$ in Partialbrüche, wie im Kapital 3 näher beschrieben, dann läßt sich das System für den Fall voneinander verschiedener Pole als Parallelschaltung nach Bild 6.3 darstellen.

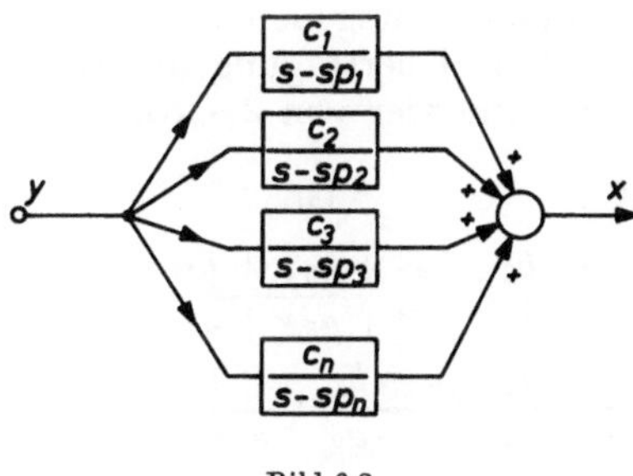

Bild 6.3

Die der Übertragungsfunktion eines einzelnen Blockes entsprechende Differentialgleichung erhält man wie folgt:

$$u_i = \frac{c_i}{(s - s_{pi})} \cdot y \rightarrow s \cdot u_i - s_{pi} \cdot u_i = c_i \cdot y$$

oder rücktransformiert: $\dot{u}_i = s_{pi} \cdot u + c_i \cdot y$

Die Zustandsgleichungen ergeben sich daraus zu:

$$\dot{\boldsymbol{u}} = \begin{pmatrix} s_{p1} & & & \mathbf{0} \\ & s_{p2} & & \\ & & \cdot & \\ & & & \cdot \\ & \mathbf{0} & & \\ & & & s_{pn} \end{pmatrix} \cdot \boldsymbol{u} + \begin{pmatrix} c_1 \\ c_2 \\ \cdot \\ \cdot \\ \cdot \\ c_n \end{pmatrix} \cdot y \tag{6.15}$$

$$x = (\,1 \quad 1 \quad .. \quad .. \quad 1\,) \cdot \boldsymbol{u}$$

Die Systemmatrix A liegt hierbei in Diagonalform vor, was die weitere Verarbeitung, etwa bei der Reglersynthese, besonders erleichtert. In Abwandlung der Gl. (6.14) kann man die Zustandsvariablen auch wie folgt wählen:

$$u_i(s) = \frac{y(s)}{s - s_{pi}}; \qquad x = c_i \cdot u_i$$

Man erkennt sofort, daß dadurch die Ein- und Ausgangsmatrizen B und C vertauscht (und transponiert) werden bei ungeänderter Systemmatrix A. Dies hätte man natürlich auch durch Spiegelung der kombinierten Systemmatrix um die Hauptdiagonale erhalten können.

Bei Systemen höherer Ordnungszahl wird man die Partialbruchzerlegung wegen des Rechenaufwandes vermeiden wollen und dafür auf den Vorteil einer diagonalisierten Systemmatrix verzichten, zumal bei komplexen Polen schwingfähiger Systeme auch die zugehörigen Diagonal-Elemente komplex sind, was für die weitere Bearbeitung unerwünscht ist. Da die komplexen Nullstellen und Pole jeweils als konjugiert komplexe Paare auftreten, werden diese zunächst zu quadratischen Termen mit reellen Koeffizienten zusammengefaßt. Die Übertragungsfunktion wird dann in Teilfaktoren zerlegt, mit Nennergliedern der Ordnung 1 oder 2 und der Zählerordnung kleiner oder gleich der Nennerordnung. Die in der Gl. (6.17) enthaltene Übertragungsfunktion 12. Ordnung ist z. B. in vier Faktoren 1. Ordnung und vier von 2. Ordnung zu zerlegen:

Typ: ① ⑤ ⑤ ④

$$x(s) = \frac{K}{s+a_{12}} \cdot \frac{s^2+b_7 s+b_6}{s^2+a_{11} s+a_{10}} \cdot \frac{s^2+b_5 s+b_4}{s^2+a_9 s+a_8} \cdot \frac{s+b_3}{s^2+a_7 s+a_6}$$
$$\cdot \frac{1}{s^2+a_5 s+a_4} \cdot \frac{s+b_2}{s+a_3} \cdot \frac{s+b_1}{s+a_2} \cdot \frac{1}{s+a_1} \cdot y(s) \tag{6.17}$$

Typ: ③ ② ② ①

Das Gesamtsystem kann dann als Reihenschaltung seiner Teilsysteme aufgefaßt werden, mit den Zwischenvariablen $x_1 \ldots x_r$, so daß gilt:

$$x_1(s) = \frac{1}{s+a_1} \cdot y(s) \tag{6.18}$$

$$x_2(s) = \frac{s+b_1}{s+a_2} \cdot x_1(s) \tag{6.19}$$

usw.

$$x(s) = K \cdot \frac{1}{s+a_{12}} \cdot x_7(s)$$

Die Reihenfolge der Teilsysteme ist zwar beliebig. Um einfache Matrizen B und C zu erhalten, wählt man aber vorteilhaft je ein Teilsystem 1. Ordnung ohne Nullstelle als erstes und letztes Glied der Kette.

Von den insgesamt fünf möglichen Typen von Teilsystemen (s. Kennzeichnung in Gl. (6.17)) sollen zunächst sogenannte Signalflußbilder skizziert werden, welche die für die Zustandsgleichungen einzuhaltende Forderung erfüllen, nämlich daß nur Eingangs- und Zustandsgrößen aufsummiert werden dürfen, nicht aber deren Ableitungen.

Typ ①: Die transformierte Beziehung (6.18) für diesen Typ läßt sich unmittelbar in die Differentialgleichung der gewünschten Form umsetzen:

$$\dot{x}_1 = -a_1 \cdot x_1 + y \tag{6.20}$$

Sie entspricht dem Signalflußbild 6.4, Teil 1.

Typ ②: Hier, wie auch beim Typ ⑤ hat der Zähler von $F_i(s)$ den gleichen Grad wie der Nenner (s. Gl. (6.19)). Diese Übertragungsfunktion muß daher zunächst umgeformt werden, damit keine Ableitungen der Eingangsgröße berücksichtigt werden müssen:

$$x_2(s) = \left[1 + \frac{b_1 - a_2}{s+a_2}\right] \cdot x_1(s) \tag{6.21}$$

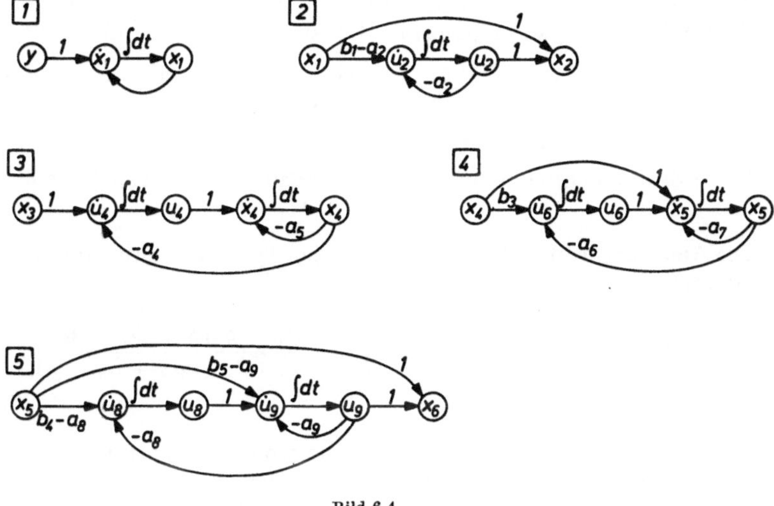

Bild 6.4

Die Ausgangsgröße setzt sich hier aus zwei Komponenten zusammen, von denen die zweite als Zustandsgröße u_2 bezeichnet werden soll:

$$\begin{aligned} x_{2a}(s) &= x_1(s) \\ x_{2b}(s) &= \frac{b_1 - a}{s + a_2} \cdot x_1(s) \end{aligned} \qquad \begin{aligned} x_2 &= x_{2a} + x_{2b} \\ &= x_1 \;\; + u_2 \end{aligned} \tag{6.22}$$

Da die zweite Gleichung dem Typ ① entspricht, ergibt sich somit das Signalflußbild 6.4, Teil 2.

Typ ③: Die transformierte Gleichung lautet hierfür:

$$x_4(s) = \left[\frac{1}{s^2 + s \cdot a_5 + a_4}\right] \cdot x_3(s) \qquad \text{bzw.}$$

$$x_4\,[s^2 + s \cdot a_5 + a_4] = x_3 \tag{6.23}$$

Bringt man nun alle von s unabhängigen Glieder auf die rechte Seite und setzt sie gleich $s \cdot u_4$, d. h. $s \cdot u_4 = x_3 - a_4 \cdot x_4$, dann läßt sich Gl. (6.23) durch s teilen:

$$x_4\,(s + a_5) = u_4 \tag{6.24}$$

Damit gewinnt man die Differentialgleichungen:

$$\begin{aligned} \dot{u}_4 &= -a_4 \cdot x_4 + x_3 \\ \dot{x}_4 &= -a_5 \cdot x_4 + u_4, \end{aligned} \tag{6.25}$$

welche im Signalflußbild 6.4, Teil 3 dargestellt sind.

Typ ④: Die transformierte Gl. (6.26) wird ebenfalls durch eine entsprechende Zustandsgröße u_6 so umgeformt, daß sie sich durch s teilen läßt:

$$x_5 \cdot [s^2 + a_7 \cdot s + a_6] = x_4 \cdot [s + b_3] \tag{6.26}$$

$$s \cdot u_6 = x_4 \cdot b_3 - x_5 \cdot a_6$$

$$x_5\,[s + a_7] = u_6 + x_4 \tag{6.27}$$

Diese Zusammenhänge finden sich im Signalflußbild Teil 4 wieder.

Typ ⑤: Die Ausgangsgröße setzt sich hier wie bei Typ② aus zwei Anteilen zusammen:

$$x_6(s) = \left[\frac{s^2 + b_5\,s + b_4}{s^2 + a_9\,s + a_8}\right] \cdot x_5(s) = \left[1 + \frac{(b_5 - a_9)\,s + (b_4 - a_8)}{s^2 + a_9\,s + a_8}\right] \cdot x_5(s) \tag{6.28}$$

Damit ist der Typ ⑤ auf einen zum Eingang x_5 proportionalen Anteil x_{6a} und auf einen Anteil nach Typ ④ zurückgeführt. Das Signalflußbild 6.4, Teil 5, ist dementsprechend zusammengesetzt.

Die Gl. (6.17) kann nur mit Hilfe der fünf Grundtypen in das Signalflußbild 6.5 übertragen werden, das wegen seiner Länge in drei Teile zerlegt werden mußte. Um nun die Zustandsgleichungen des Gesamtsystems anschreiben zu können, müssen noch die Zwischenvariablen x_i eliminiert werden; denn in den Zustandsgleichungen dürfen entsprechend Gl. (6.1) nur Zustandsgrößen oder die Eingangsgröße y auf der rechten Seite stehen. Aus Bild 6.5 entnimmt man die Beziehungen:

$$\begin{aligned} x_2 &= u_1 + u_2 \\ x_3 &= x_2 + u_3 = u_1 + u_2 + u_3 \\ x_6 &= u_7 + u_9 \\ x_7 &= x_6 + u_{11} = u_7 + u_9 + u_{11} \end{aligned} \tag{6.29}$$

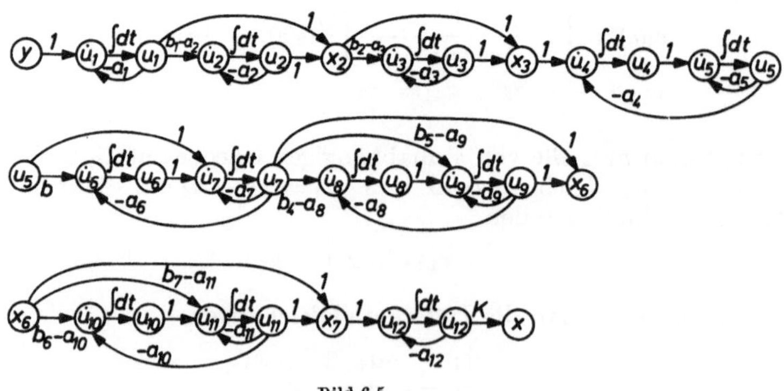

Bild 6.5

Damit lauten die Zustandsgleichungen:

$$
\begin{array}{l}
\ddot{u} \\
\\
\\
\ddot{u}\left\{\begin{array}{l}\\ \\ \end{array}\right. \\
\ddot{u}\left\{\begin{array}{l}\\ \\ \end{array}\right. \\
\\
\\
\\
\\
\ddot{u} \\
\\
\end{array}
\begin{pmatrix}
\dot{u}_1 \\ \dot{u}_2 \\ \dot{u}_3 \\ \dot{u}_4 \\ \dot{u}_5 \\ \dot{u}_6 \\ \dot{u}_7 \\ \dot{u}_8 \\ \dot{u}_9 \\ \dot{u}_{10} \\ \dot{u}_{11} \\ \dot{u}_{12} \\ x
\end{pmatrix}
=
\begin{array}{c}
\begin{array}{ccccccccccccc}
\cdot u_1 & \cdot u_2 & \cdot u_3 & \cdot u_4 & \cdot u_5 & \cdot u_6 & \cdot u_7 & \cdot u_8 & \cdot u_9 & \cdot u_{10} & \cdot u_{11} & \cdot u_{12} & \cdot y
\end{array} \\
\left(\begin{array}{cccccccccccc:c}
-a_1 & & & & & & & & & & & & 1 \\
b_1-a_2 & -a_2 & & & & & & & & & & & 0 \\
b_2-a_3 & b_2-a_3 & -a_3 & & & & & & & & & & 0 \\
1 & 1 & 1 & 0 & -a_4 & & & & & & & & 0 \\
 & & & 1 & -a_5 & & & & & & & & 0 \\
 & & & & b_3 & 0 & -a_6 & & & & & & 0 \\
 & & & & 1 & 1 & -a_7 & & & & & & 0 \\
 & & & & & & b_4-a_8 & 0 & -a_8 & & & & 0 \\
 & & & & & & b_5-a_9 & 1 & -a_9 & & & & 0 \\
 & & & & & & b_6-a_{10} & 0 & b_6-a_{10} & 0 & -a_{10} & & 0 \\
 & & & & & & b_7-a_{11} & 0 & b_7-a_{11} & 1 & -a_{11} & & 0 \\
 & & & & & & 1 & 0 & 1 & 0 & 1 & -a_{12} & 0 \\
\hdashline
0 & 0 & 0 & 0 & 0 & 0 & 0 & 0 & 0 & 0 & 0 & K & 0
\end{array}\right)
\end{array}
\qquad (6.30)
$$

ü bedeutet, daß zu diesen Zustandsgrößen ein Polüberschuß vorliegt.

Entsprechend den Koppelgleichungen für die Teilsysteme ohne Polüberschuß bilden sich Dreiecks-Teilmatrizen unterhalb der Hauptdiagonalen aus mit zeilenweise gleichen Elementen, deren Größe dadurch bestimmt ist, wieviele solche Teilsysteme 2 oder 5 in ununterbrochener Reihe aufeinander folgen. Das daran anschließende Teilsystem mit Polüberschuß beendet die Dreiecksmatrix mit einer Zeile von 1-Elementen. Die Gestalt der Systemmatrix ist daher von der Verteilung der Nullstellen auf die einzelnen Kettenglieder abhängig, die willkürlich gewählt werden kann. Selbst bei gleicher Aufteilung der Kettenglieder sind noch weitere Formen der Zustandsgleichungen möglich, allein schon durch die in Abschnitt 6.2 dargestellte Spiegelung der kombinierten Matrix.

Wegen der Vielgestalt der Zustandsdarstellung dürfte es nur in wenigen Fällen möglich sein, diese unmittelbar in die entsprechende Übertragungsfunktion zurückzuübersetzen. Hier liefert die Matrizenrechnung einen allgemeinen Ansatz: Aus der Gl. (6.2) erhält man unter der für die Übertragungsfunktion geltenden Voraussetzung verschwindender Anfangswerte die Laplace-transformierte Beziehung:

$$\begin{aligned} s \cdot \boldsymbol{u} &= A \cdot \boldsymbol{u} + B \cdot y \\ x &= C \cdot \boldsymbol{u} + D \cdot y, \end{aligned} \tag{6.31}$$

was man unter Beachtung der Reihenfolge bei Matrizenmultiplikationen und mit I = der Einheitsmatrix weiterentwickelt zu

$$\begin{aligned} \boldsymbol{u} &= (I \cdot s - A)^{-1} \cdot B \cdot y \\ x(s) &= [C \cdot (I \cdot s - A)^{-1} \cdot B + D] \cdot y(s) \equiv F(s) \cdot y(s) \end{aligned} \tag{6.32}$$

Da nun der Kehrwert einer Matrix gleich der adjungierten Matrix dividiert durch ihre Determinante ist (s. z. B. *Zurmühl* [26]), findet man die Pole von $F(s)$ als die Nullstellen der Determinanten

$$\det (I \cdot s - A) \equiv | I \cdot s - A | \equiv (s - s_{p1})(s - s_{p2}) \ldots (s - s_{pn}) \tag{6.33}$$

Die Pole nennt man daher auch die Eigenwerte der Matrix A, für deren Berechnung es auf den meisten wissenschaftlichen Digitalrechnern Standardroutinen gibt. Ebenso kann man die Nullstellen von $F(s)$ aus dem Zähler von Gl. (6.32) berechnen:

$$C \cdot (I \cdot s - A)_{\text{adj.}} \cdot B + D \cdot \det (I \cdot s - A) = (s - s_{N1})(s - s_{N2}) \ldots (s - s_{Nm}) \tag{6.34}$$

Obwohl diese Form zunächst komplizierter aussieht als Gl. (6.33) für die Pole, kommt man in den meisten Fällen hierbei schneller zum Ziel.
Als Beispiel sollen die Nullstellen der Übertragungsfunktion vom System im Bild 6.1 bestimmt werden. Den Zustandsgleichungen (6.7) ist zu entnehmen, daß die Matrizen B und C jeweils nur einfach besetzt sind. Multipliziert man zunächst rein formal die noch nicht bestimmte adjungierte Matrix

$$(I \cdot s - A)_{\text{adj.}} = \begin{vmatrix} \alpha_{11} & \alpha_{12} & \alpha_{13} & \alpha_{14} \\ \alpha_{21} & \ddots & & \vdots \\ \alpha_{31} & & \ddots & \vdots \\ \alpha_{41} & \cdots & \cdots & \alpha_{44} \end{vmatrix}$$

rechtsseitig mit B, dann verschwinden alle Matrix-Elemente außer dem 1. Spaltenvektor und man erhält:

$$(I \cdot s - A)_{\mathrm{adj.}} \cdot B = T_{11} \cdot \begin{pmatrix} \alpha_{11} \\ \alpha_{21} \\ \alpha_{31} \\ \alpha_{41} \end{pmatrix}$$

Wird dieser Ausdruck nun linksseitig mit C multipliziert, bleibt vom ersten Term in Gl. (6.34) übrig:

$$C \cdot (I \cdot s - A)_{\mathrm{adj.}} \cdot B = \frac{R_6}{R_5 + R_6} \cdot T_{11} \cdot \alpha_{41} \tag{6.35}$$

Wegen $D = 0$ ist dies schon der ganze Zähler der Übertragungsfunktion. Das Element α_{41} der adjungierten Matrix ist nun noch zu bestimmen. Es berechnet sich als Determinante der um die 4. Spalte und die 1. Zeile verminderten Matrix $(I \cdot s - A)$, multipliziert mit $(-1)^{i+k} = -1$. Aus (6.7) findet man damit:

$$\alpha_{41} = - \begin{vmatrix} -T_{22} & s + T_{22} + T_{24} & 0 \\ -\dfrac{1}{L_3} & 0 & s \\ 0 & -T_{44} & -\dfrac{1}{C_4} \end{vmatrix} \tag{6.36}$$

$$\alpha_{41} = s \cdot T_{22} \cdot T_{44} + (s + T_{22} + T_{24}) \cdot \frac{1}{C_4 \cdot L_3}$$

$$= \left(T_{22} \cdot T_{44} + \frac{1}{C_4 \cdot L_3}\right) \cdot \left(s + \frac{T_{22} + T_{24}}{1 + C_4 \cdot L_3 \cdot T_{22} \cdot T_{44}}\right)$$

Damit erhält man den Zähler der Übertragungsfunktion zu

$$\frac{R_6}{R_5 + R_6} \cdot T_{11} \left(T_{22} \cdot T_{44} + \frac{1}{C_4 \cdot L_3}\right) \left(s + \frac{T_{22} + T_{24}}{1 + C_4 \cdot L_3 \cdot T_{22} \cdot T_{44}}\right) \tag{6.37}$$

Er enthält also nur eine Nullstelle auf der negativen reellen Achse:

$$s_N = - \frac{T_{22} + T_{24}}{1 + C_4 \cdot L_3 \cdot T_{22} \cdot T_{44}}$$

was sich umformen läßt zu: $s_N = - \dfrac{1 + R_2/R_4}{R_2\, C_2 + L_3/R_4}$.

Wie wir sehen, läßt sich auf diesem Wege die Nullstelle bestimmen, ohne gleichzeitig die Pole zu kennen, was den Rechengang erheblich vereinfacht.

Übungsaufgaben

6.3-1 Die Übertragungsfunktion eines Systems lautet

$$F(s) = \frac{s^2 + 4s + 3}{s^3 + 5s^2 + 6{,}5s + 10} = \frac{x(s)}{y(s)}$$

Wie sieht die Differentialgleichung des Systems aus, und welche Matrizen A, B, C, D erhält man für die Regelungsnormalform?

6.3-2 Gegeben ist die Übertragungsfunktion eines Systems zu

$$F(s) = \frac{(s + 6)}{(s^3 + 2s^2 + 3s + 2)} \cdot \frac{(s^2 + 4s + 3)}{(s^3 + 5s^2 + 6{,}5s + 10)} = \frac{x(s)}{y(s)}$$

Man bestimme die Dgl des Gesamtsystems und gebe die Zustandsbeschreibung in Beobachternormalform an.

6.3-3 Zerlegen Sie die Zähler- und Nennerglieder von $F(s)$ in 6.3-2 in lineare und quadratische Terme und formen Sie die Übertragungsfunktion entsprechend Gl. (6.17) um.
a) Wie sieht das zugehörige Signalflußbild aus?
b) Man gebe die Zustandsgleichungen des Systems an.

6.3-4 Wie sehen die Zustandsgleichungen für ein System aus, das nur reelle Pole $s_{p1} \ldots s_{p5}$ und keine Nullstellen besitzt? Man schreibe zunächst die Übertragungsfunktion des Systems an.

6.3-5 Für das System aus Ü 6.1-3 ist die Differentialgleichung $U_A = D\,(E, t)$ aufzustellen und daraus die Zustandsgleichungen in Regelungsnormalform abzuleiten.

6.3-6 Man bestimme die Nullstellen der Übertragungsfunktionen der Systeme nach 6.1-1, 6.1-3, 6.1-4.

6.4. Lösung der Systemgleichungen

Wie bereits im vorigen Abschnitt beschrieben, kann man aus den Zustandsgleichungen die Übertragungsfunktion des Systems bestimmen. Damit ist die Lösung der Zustandsgleichungen auf die Lösung nach der Methode der Laplace-Transformation zurückgeführt (s. Kap. 3). Auch die Wurzelortmethode ist damit anwendbar.
Soll die Berechnung auf einem Digitalrechner erfolgen, so ist es aber oft vorteilhafter, eine Methode im Zeitbereich anzuwenden, auch wenn damit umfangreichere Matrizenrechnungen verbunden sind.
Wir wollen zunächst – ähnlich wie bei gewöhnlichen Differentialgleichungen – das homogene Gleichungssystem lösen, das mit

$$\dot{\boldsymbol{u}}(t) = A \cdot \boldsymbol{u}(t) \tag{6.38}$$

und den Anfangswerten $\boldsymbol{u}(0) = \boldsymbol{u}_0$ gegeben ist.

Die noch unbekannte Lösungsfunktion $\boldsymbol{u}(t)$ läßt sich als Taylor-Reihe im Punkt $t = 0$ entwickeln:

$$\boldsymbol{u}(t) = \boldsymbol{u}(0) + \left.\frac{d\boldsymbol{u}}{dt}\right|_0 \cdot \frac{t}{1!} + \left.\frac{d^2\boldsymbol{u}}{dt^2}\right|_0 \cdot \frac{t^2}{2!} + \ldots \tag{6.39}$$

Mit Hilfe von Gl. (6.38) ist es nun möglich, sämtliche Ableitungen an der Stelle $t = 0$ anzugeben, da

$$\begin{aligned} \dot{\boldsymbol{u}}(0) &= A \cdot \boldsymbol{u}(0) \\ \ddot{\boldsymbol{u}}(0) &= A \cdot \dot{\boldsymbol{u}}(0) = A^2 \cdot \boldsymbol{u}(0) \\ &\;\vdots \\ \overset{(n)}{\boldsymbol{u}}(0) &= A^n \cdot \boldsymbol{u}(0) \end{aligned}$$

Wir erhalten somit die Lösung $\boldsymbol{u}(t)$ in einer Reihenentwicklung:

$$\boldsymbol{u}(t) = \left[I + A \cdot \frac{t}{1!} + A^2 \cdot \frac{t^2}{2!} + \ldots\right] \cdot \boldsymbol{u}(0), \tag{6.40}$$

die man in Analogie zum eindimensionalen Fall abgekürzt schreiben kann als:

$$\boldsymbol{u}(t) = \mathrm{e}^{At} \cdot \boldsymbol{u}(0), \tag{6.41}$$

mit der durch die eckige Klammer erklärten Matrizenfunktion e^{At}.

Wenn man $\boldsymbol{u}(t)$ nun für viele Zwischenwerte eines Zeitabschnittes benötigt, wird man nicht für jedes t die Reihenentwicklung durchrechnen, sondern deren Wert nur für die erforderliche Schrittweite Δt ermitteln. Die Lösungsvektoren $\boldsymbol{u}(n \cdot \Delta t)$ können dann durch fortgesetzte Multiplikation aus dem Anfangsvektor bestimmt werden, d. h. mit der Abkürzung $\Phi(\Delta t) = \mathrm{e}^{A \cdot \Delta t}$:

$$\begin{aligned} \boldsymbol{u}(\Delta t) &= \Phi \cdot \boldsymbol{u}_0 \\ \boldsymbol{u}(2\,\Delta t) &= \Phi \cdot \boldsymbol{u}(\Delta t) \\ &\text{usw.} \end{aligned}$$

Da der Zustandsvektor $\boldsymbol{u}(t_1)$ durch Multiplikation mit $\Phi(\Delta t)$ in $\boldsymbol{u}(t_1 + \Delta t)$ übergeht, nennt man Φ auch die Transitions- oder Fundamentalmatrix.

Die gefundene Lösung (6.41) der homogenen Dgl kann nun zur Lösung der inhomogenen Dgl erweitert werden, indem man eine spezielle Lösung für den Störterm addiert.

$$\boldsymbol{u}(t) = \mathrm{e}^{At} \cdot \boldsymbol{u}(0) + \boldsymbol{u}_{sp}(y, t)$$

Wir wollen dazu wieder in Analogie zum eindimensionalen Fall vorgehen und die Dgl mit einem integrierenden Faktor multiplizieren: Aus

$$\dot{\boldsymbol{u}}(t) = A \cdot \boldsymbol{u}(t) + B \cdot y(t)$$

wird dabei:

$$\mathrm{e}^{-At} \cdot \dot{\boldsymbol{u}}(t) = \mathrm{e}^{-At} \cdot A \cdot \boldsymbol{u}(t) + \mathrm{e}^{-At} \cdot B \cdot y(t)$$

oder

$$\mathrm{e}^{-At} \cdot \dot{\boldsymbol{u}}(t) - \mathrm{e}^{-At} \cdot A \cdot \boldsymbol{u}(t) = \mathrm{e}^{-At} \cdot B \cdot y(t)$$

Die linke Seite ist nun gleich der Ableitung von $e^{-At} \cdot \boldsymbol{u}(t)$, so daß wir beide Seiten nach τ in den Grenzen 0 bis t integrieren können:

$$e^{-At} \cdot \boldsymbol{u}(t) = \int_0^t e^{-A\tau} \cdot B \cdot y(\tau)\, d\tau \tag{6.42}$$

Die Anfangswerte von $\boldsymbol{u}(t)$ können hier außer acht gelassen werden, da nur eine spezielle Lösung gesucht ist.

Wegen $e^{-At} \cdot e^{At} = I$, was man sich leicht anhand der Reihenentwicklung in Gl. (6.40) klarmacht, geht (6.42) über in

$$\boldsymbol{u}_{sp}(t) = e^{At} \cdot \int_0^t e^{-A\tau} \cdot B \cdot y(\tau)\, d\tau = \int_0^t e^{A(t-\tau)} \cdot B \cdot y(\tau)\, d\tau$$

Die vollständige Lösung des inhomogenen Gleichungssystems lautet also:

$$\boldsymbol{u}(t) = e^{At} \cdot \boldsymbol{u}(0) + \int_0^t e^{A(t-\tau)} \cdot B \cdot y(\tau)\, d\tau \tag{6.43}$$

Ein wichtiger Sonderfall liegt bei Abtastsystemen vor, bei denen zwischen den Abtastungen konstante Stellgrößen der kontinuierlichen Strecke aufgeprägt werden. Es gilt dann wegen $y(\tau) = \text{const.}$ und mit Umkehr der Integrationsrichtung:

$$\boldsymbol{u}(k \cdot T) = e^{A \cdot T} \cdot \boldsymbol{u}([k-1] \cdot T) + \int_0^T e^{A\tau} \cdot B \cdot d\tau \cdot \boldsymbol{y}([k-1] \cdot T) \tag{6.44}$$

Damit sind die in Gl. (6.2a) definierten Matrizen A^* und B^* gefunden:

$$A^* = e^{A \cdot T} = \Phi(T) \tag{6.45}$$

$$B^* = \int_0^T e^{A\tau} \cdot B \cdot d\tau = \int_0^T \Phi(\tau) \cdot B\, d\tau \tag{6.46}$$

Die oben abgeleitete Lösungsgleichung (6.43) liefert in sehr einfachen Fällen über eine Reihenrücktransformation auch die analytische Lösung.

Z. B. für

$$A = \begin{vmatrix} 0 & -2 \\ 1 & -3 \end{vmatrix} \quad \text{und} \quad B = \begin{vmatrix} 3 \\ 1 \end{vmatrix}$$

wird

$$\Phi(t) = \begin{vmatrix} 2e^{-t} - e^{-2t}; & 2e^{-2t} - 2e^{-t} \\ e^{-t} - e^{-2t}; & 2e^{-2t} - e^{-t} \end{vmatrix} \tag{6.47}$$

und mit $y = t$ (Anstiegsfunktion), $\boldsymbol{u}(0) = 0$ und $C = (0 \quad 1)$:

$$x(t) = \frac{3}{2} \cdot t - \frac{7}{4} - \frac{1}{4} \cdot e^{-2t} + 2e^{-t} \tag{6.48}$$

Für diese einfachen Fälle führt jedoch der klassische Weg entsprechend Kapitel 3 schneller zum Ziel. Man wird also die obige Lösungsformel eher als Grundlage für die iterative Berechnung mittels Digitalrechner einsetzen, wobei man wieder auf die Variante (6.44) geführt wird.

Da inzwischen recht leistungsfähige Identifikationsverfahren für den Rechnereinsatz entwickelt wurden (s. z. B. [27]), liegen sogar häufig eher die Matrizen A^* und B^* eines Systems vor als die Matrizen A und B der kontinuierlichen Beschreibung. Man kann dann z. B. A aus einer ähnlichen Reihenentwicklung wie Gl. (6.40) aus $A^* \equiv \Phi(T)$ berechnen:

$$A \cdot T = (\Phi - I) - \frac{(\Phi - I)^2}{2} + \frac{1}{3} \cdot (\Phi - I)^3 - \frac{1}{4} \cdot (\Phi - I)^4 + - \ldots \tag{6.49}$$

Diese Reihe konvergiert jedoch im Gegensatz zu Gl. (6.40) nicht für alle Matrizen Φ. Man kann nachweisen, daß als notwendige Bedingung für Konvergenz alle Eigenwerte der Matrix $(\Phi - I)$ zwischen 0 und $+2$ liegen müssen. In praxi wird man die Konvergenzuntersuchung aber meist empirisch anhand der Rechenergebnisse durchführen.

Die Lösung der Zustandsgleichungen kann auch nach ähnlichen Gleichungen wie (6.31) und (6.32) durch Laplace-Transformation gefunden werden. Berücksichtigt man dabei die Anfangswerte $\boldsymbol{u}_0$, dann erhält man:

$$\boldsymbol{u}(s) = \frac{1}{|Is - A|} \cdot [(I \cdot s - A)_{\text{adj.}} \cdot \boldsymbol{u}_0 + (I \cdot s - A)_{\text{adj.}} \cdot B \cdot y(s)] \tag{6.50}$$

Angewandt auf das obige Beispiel findet man die übersichtliche Beziehung:

$$\begin{pmatrix} u_1(s) \\ u_2(s) \end{pmatrix} \frac{1}{(s+2)(s+1)} \cdot \left[\begin{pmatrix} (s+3); & -2 \\ 1 \;; & s \end{pmatrix} \cdot \begin{pmatrix} u_1(0) \\ u_2(0) \end{pmatrix} + \begin{pmatrix} s+9 \\ s+3 \end{pmatrix} \cdot y(s) \right], \tag{6.51}$$

welche man nach Einsetzen von $y(s) = 1/s^2$ durch elementweise Laplace-Rücktransformation in die Gl. (6.52) überführen kann. Zweckmäßigerweise wird man dabei zunächst die Rücktransformation für $\dfrac{1}{(s+2)(s+1)}$ und $\dfrac{s}{(s+2)(s+1)}$ sowie wegen $y(s) = 1/s^2$ von $\dfrac{1}{s(s+2)(s+1)}$ und $\dfrac{1}{s^2(s+2)(s+1)}$ ausführen und durch Linearkombination dieser Grundlösungen die Elemente der rücktransformierten Gleichung (6.51) bestimmen:

$$\begin{pmatrix} u_1(t) \\ u_2(t) \end{pmatrix} = \begin{pmatrix} 2\,e^{-t} - e^{-2t}; & -2\,e^{-t} + 2\,e^{-2t} \\ e^{-t} - e^{-2t}; & -e^{-t} + 2\,e^{-2t} \end{pmatrix} \cdot \begin{pmatrix} u_1(0) \\ u_2(0) \end{pmatrix} + \begin{pmatrix} \frac{9}{2}t - \frac{25}{4} + 8\,e^{-t} - \frac{7}{4}e^{-2t} \\ \frac{3}{2}t - \frac{7}{4} + 2\,e^{-t} - \frac{1}{4}e^{-2t} \end{pmatrix} \tag{6.52}$$

Die oben angegebene Lösung (6.48) ist darin als unteres Element der letzten Klammer enthalten.

Übungsaufgaben

6.4-1 Für ein System mit der kombinierten Zustandsmatrix

$$Q = \left(\begin{array}{cc|c} 0 & 1 & 0 \\ 0 & -2 & 1 \\ \hline 1 & 1 & 0 \end{array}\right)$$

ist die transformierte und für $y(t) = 1$ die rücktransformierte Lösung entsprechend Gl. (6.51), (6.52) zu bestimmen.

6.4-2 Man berechne die ersten fünf Potenzen von A für das System von 6.4-1 und schreibe damit die Elemente der Transitionsmatrix $\Phi = e^{At}$ als Reihenentwicklung gemäß Gl. (6.40) an.

Man vergleiche das Ergebnis mit der Lösung von 6.4-1.

6.4-3 Aus der Übertragungsfunktion

$$F(s) = \frac{s+2}{s\,(s+1)^2}$$

ist

a) die Zustandsdarstellung in Regelungsnormalform abzuleiten (s. Gl. (6.12)).

b) Wie lautet die daraus abgeleitete adjungierte Matrix $(I \cdot s - A)_{\text{adj}}$. und damit die Transitionsmatrix Φ?

6.4-4 Man bestimme für die Übertragungsfunktion aus 6.4-3 mit $y = t$ die Lösung $x(t)$ durch Partialbruchzerlegung und vergleiche den Aufwand mit dem Lösungsweg oon 6.4-3.

6.5. Steuerbarkeit und Beobachtbarkeit

In der Regelungstechnik werden auch mit den Zustandsgleichungen normalerweise Regelstrecken beschrieben, d.h. dynamische Systeme, welche die Auswirkung von Stell- und Störgrößen auf die Ausgangsgrößen (Regelgrößen) angeben. Es wäre wenig sinnvoll, wenn man Systemteile in diese Beschreibung mit einbeziehen würde, welche von den Eingangsgrößen nicht beeinflußt werden können oder welche sich nicht auf die Ausgangsgrößen auswirken.

Eine gegebene Zustandsbeschreibung kann aber solche Anteile enthalten, was aus den Matrizen nicht immer unmittelbar abgelesen werden kann.

Ein vollständig steuer- und beobachtbares System liegt in jedem Fall vor, wenn die Systemmatrix Diagonalform hat, alle Diagonalelemente von Null und untereinander verschieden sind und die B-Matrix in jeder Zeile und die C-Matrix in jeder Spalte mindestens einmal besetzt ist.

Für Systeme mit nur einer Eingangs- und einer Ausgangsgröße bedeutet diese Bedingung, daß alle Elemente von B und C von Null verschieden sein müssen.

Auch für die beiden anderen genannten Normalformen können generelle Aussagen gemacht werden:

> Ein System, das durch eine Beobachternormalform beschrieben wird, ist stets vollständig beobachtbar (aber nicht notwendigerweise vollständig steuerbar).
>
> Für die Regelungsnormalform gilt umgekehrt, daß damit ein vollständig steuerbares aber nicht unbedingt vollständig beobachtbares System beschrieben wird.

Im allgemeinen Fall wird die Systemmatrix nicht in einer Normalform vorliegen. Man kann nun versuchen, die Zustandsdarstellung durch eine Transformation auf Diagonalform zu bringen. Diese Transformation kann man aber umgehen, wenn man folgende Testmatrizen bildet:

$$\text{Steuerbarkeitsmatrix:} \quad Q_S = (B;\ A \cdot B;\ A^2 \cdot B;\ \ldots;\ A^{n-1} \cdot B) \tag{6.53}$$

$$\text{Beobachtbarkeitsmatrix:} \quad Q_B = \begin{pmatrix} C \\ C \cdot A \\ C \cdot A^2 \\ \cdot \\ \cdot \\ \cdot \\ C \cdot A^{n-1} \end{pmatrix} \tag{6.54}$$

Das beschriebene System ist dann vollständig steuerbar, wenn die Testmatrix Q_S n linear unabhängige Spalten, es ist vollständig beobachtbar, wenn Q_B n linear unabhängige Zeilen enthält, mathematisch ausgedrückt, wenn die Matrizen den Rang n besitzen. Im Sonderfall bei nur einer Eingangs- und Ausgangsgröße sind Q_S und Q_B quadratische Matrizen. Der Nachweis linear unabhängiger Zeilen und Spalten ist dann gleichbedeutend mit von Null verschiedener Determinante der Testmatrix.

Ein einschleifiges System mit allgemeiner Zustandsbeschreibung ist also dann vollständig steuer- und beobachtbar, wenn die Determinanten der Steuerbarkeitsmatrix und der Beobachtbarkeitsmatrix beide ungleich Null sind.

Die Vorgehensweise soll an den im Bild 6.6 dargestellten Beispielen erläutert werden:

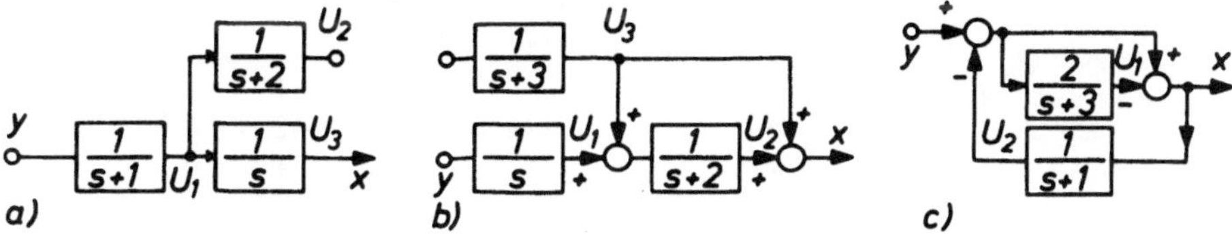

Bild 6.6

Das System nach Teilbild a) enthält offensichtlich die nicht beobachtbare Zustandsgröße u_2. Verwandelt man die im Bild dargestellten Zusammenhänge in den Zeitbereich, dann erhält man folgende kombinierte Zustandsmatrix:

$$Q = \left(\begin{array}{ccc|c} -1 & 0 & 0 & 1 \\ 1 & -2 & 0 & 0 \\ 1 & 0 & 0 & 0 \\ \hline 0 & 0 & 1 & 0 \end{array}\right)$$

Aus ihr ist im Gegensatz zum Bild 6.6a nicht offensichtlich, daß das System nicht vollständig beobachtbar ist. Wir wollen dies anhand der obigen Testmatrizen überprüfen. Zunächst leiten wir die fehlenden Spaltenvektoren der Steuerbarkeitsmatrix ab:

$$A \cdot B = \begin{pmatrix} -1 \\ 1 \\ 1 \end{pmatrix}, \quad A \cdot (A \cdot B) = \begin{pmatrix} 1 \\ -3 \\ -1 \end{pmatrix}.$$

Die daraus gebildete Determinante der Steuerbarkeitsmatrix ergibt sich zu

$$|Q_S| = \begin{vmatrix} 1 & -1 & 1 \\ 0 & 1 & -3 \\ 0 & 1 & -1 \end{vmatrix} = 2$$

Das System ist also, wie erwartet, vollständig steuerbar. Die fehlenden Zeilenvektoren der Beobachtbarkeitsmatrix erhält man zu:

$$C \cdot A = (1\;0\;0); \qquad (C \cdot A) \cdot A = (-1\;0\;0).$$

Die vollständige Determinante lautet daher:

$$|Q_B| = \begin{vmatrix} 0 & 0 & 1 \\ 1 & 0 & 0 \\ -1 & 0 & 0 \end{vmatrix} = 0$$

Somit wird die erkannte fehlende Beobachtbarkeit bestätigt. Im Gegensatz zu a) liegt im System b) ein nicht steuerbarer Anteil vor. Die kombinierte Systemmatrix lautet hier:

$$Q = \left(\begin{array}{ccc|c} 0 & 0 & 0 & 1 \\ 1 & -2 & 1 & 0 \\ 0 & 0 & 3 & 0 \\ \hline 0 & 1 & 1 & 0 \end{array}\right)$$

Aus ihr leitet man die beiden Testmatrizen Q_S und Q_B ab:

$$Q_S = \begin{pmatrix} 1 & 0 & 0 \\ 0 & 1 & -2 \\ 0 & 0 & 0 \end{pmatrix} \qquad Q_B = \begin{pmatrix} 0 & 1 & 1 \\ 1 & -2 & 4 \\ -2 & 4 & 10 \end{pmatrix}$$

Ihre Determinanten $|Q_S| = 0$, $|Q_B| = -18$ weisen nach, daß das System nicht vollständig steuerbar, aber vollständig beobachtbar ist. Dem dritten

System in Bild 6.6c) sieht man keinen nichtsteuerbaren oder nichtbeobachtbaren Anteil an. Seine kombinierte Systemmatrix findet man für die eingetragenen Zustandsgrößen zu:

$$Q = \left(\begin{array}{cc|c} -3 & -2 & 2 \\ -1 & -2 & 1 \\ \hline -1 & -1 & 1 \end{array}\right)$$

Die zu testenden Determinanten lauten hierfür:

$$|Q_S| = \begin{vmatrix} 2 & -8 \\ 1 & -4 \end{vmatrix} = 0 \quad \text{und} \quad |Q_B| = \begin{vmatrix} -1 & -1 \\ 4 & 4 \end{vmatrix} = 0.$$

Die Testaussage heißt also: nicht vollständig steuerbar und nicht vollständig beobachtbar. Durch Auflösen der parallelen Vorwärtszweige im Strukturbild findet man, daß dabei ein Zählerterm $(s + 1)$ entsteht. Die weitere Auflösung nach Tab. 3.1 liefert eine Übertragungsfunktion, in der sich dieser Term $(s + 1)$ wieder herauskürzt. Die zugehörige Zustandsgröße kann also nicht vollständig steuer- und beobachtbar sein, was die gefundene Testaussage bestätigt.

Generell sollte noch auf folgendes hingewiesen werden: Haben die gewählten Zustandsvariablen eine physikalisch interpretierbare Bedeutung (Geschwindigkeiten, Kräfte etc.), dann sollte man vor der Steuerbarkeits- und Beobachtbarkeits-Untersuchung keine Umwandlung der Zustandsgleichungen z.B. auf Regelungs- oder Beobachternormalform durchführen. Ein steuerbares, aber nicht vollständig beobachtbares System könnte dadurch in ein beobachtbares, aber nicht vollständig steuerbares System umgewandelt werden, und die physikalische Deutung der Testaussagen ist dann nicht mehr möglich.

Ein besonders kritischer Fall liegt vor, wenn der nicht steuerbare oder nicht beobachtbare Anteil dynamisch instabil ist (Pole mit positivem Realteil besitzt). Das System darf dann nicht ohne weiteres auf den steuerbaren und beobachtbaren Teil reduziert werden. Durch eine andere Wahl der Meßgrößen oder Stellgrößen muß versucht werden, den instabilen Anteil in die steuerbare und beobachtbare Zustandsbeschreibung einzubeziehen.

Übungsaufgaben

6.5-1 Man prüfe, ob die skizzierten Systeme vollständig steuer- und beobachtbar sind.

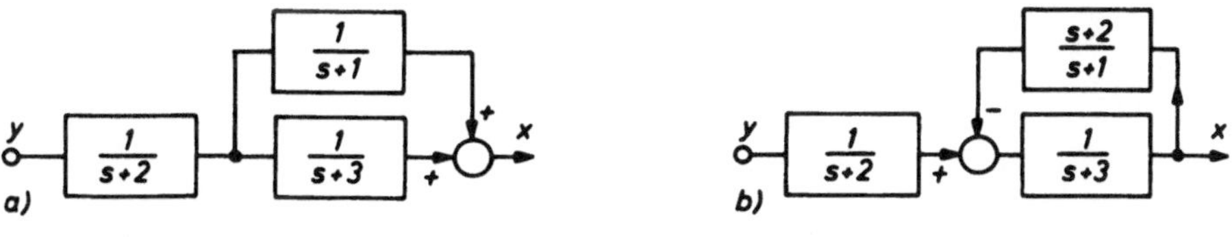

Bild Ü 6.5–1

6.5-2 Aus den folgenden Differentialgleichungen sind Zustandsgleichungen in Regelungsnormalform aufzustellen und diese auf Steuerbarkeit und Beobachtbarkeit zu untersuchen:

a) $\overset{IV}{x} + 6\dddot{x} + 9\ddot{x} + 4\dot{x} = 4y + 8\dot{y} + 5\ddot{y} + \dddot{y}$

b) $\dddot{x} + 9\ddot{x} + 23\dot{x} + 15x = 8y + 6\dot{y} + \ddot{y}$

6.5-3 Die gegebenen kombinierten Systemmatrizen sind auf Steuerbarkeit und Beobachtbarkeit zu untersuchen:

a) $\left(\begin{array}{ccc|c} 0 & 0 & -8 & 4 \\ 1 & 0 & -14 & 4 \\ 0 & 1 & -7 & 1 \\ \hline 0 & 0 & 1 & 0 \end{array}\right)$ b) $\left(\begin{array}{cccc|c} 0 & 1 & 0 & 0 & 0 \\ 0 & 0 & 1 & 0 & 0 \\ 0 & 0 & 0 & 1 & 0 \\ 0 & -4 & -9 & -6 & 1 \\ \hline 4 & 8 & 5 & 1 & 0 \end{array}\right)$ c) $\left(\begin{array}{ccc|c} -2 & 0 & 0 & 1 \\ 1 & -4 & -1 & 0 \\ 0 & 1 & -1 & 0 \\ \hline 0 & 1 & 0 & 0 \end{array}\right)$

6.5-4 Für welchen Parameter a in der folgenden kombinierten Systemmatrix ist das System nicht mehr vollständig steuerbar? Ist für diesen Wert die Beobachtbarkeit gewährleistet?

$$Q = \left(\begin{array}{ccc|c} 1 & 0 & a & 1 \\ 0 & 2 & 0 & 1 \\ 0 & 0 & 3 & 1 \\ \hline 1 & 2 & 1 & 0 \end{array}\right)$$

7. Optimierung und Regelkreissynthese

7.1. Formulierung der Optimierungskriterien

Der Entwurf einer Regelung läßt sich in vier Schritte gliedern. Nachdem sich der projektierende Ingenieur einen Überblick über die zu regelnde Anlage verschafft hat, muß er erstens festlegen, welche physikalischen Größen geregelt werden sollen. Bei dieser Festlegung muß außer der Wichtigkeit der betreffenden Regelgröße berücksichtigt werden, welche Variable sich als Stellgröße eignet und welches Meßverfahren für die Regelgröße oder eine gleichwertige Ersatzregelgröße eingesetzt werden kann. Als zweiter Schritt ist dann aufgrund der Eigenschaften der Regelstrecken und der Hauptstörgrößen die günstigste Struktur der Regelkreise zu bestimmen, z. B. Kaskadenanordnungen, Störgrößenaufschaltungen, Mehrkomponentenregelungen usw. Erst danach ist drittens entsprechend der zugehörigen Regelstrecke und der zu erwartenden Störungen und Führungsgrößenänderungen das Zeitverhalten der Regler zu wählen, für die dann später durch Vorausberechnung oder experimentell im vierten Schritt die Parameter zu ermitteln sind.

Während für die ersten beiden Schritte vorwiegend technologische Gesichtspunkte maßgebend sind, richtet sich die Auswahl des Reglertyps im wesentlichen nach dem Zeitverhalten der Regelstrecke. Als Orientierungshilfe gibt die nachfolgende Zusammenstellung für eine Reihe häufig vorkommender

Strecke	Regler	Einstellwerte
T_t (reine Totzeit)	I	$K_I \equiv \frac{V_R}{T_n} = \frac{1}{V_S \cdot T_t}(0{,}3\ldots0{,}8)$
$T_t \approx T_1$	PI	$T_n \approx T_1,\ V_R = \frac{T_1}{V_S \cdot T_t}(0{,}3\ldots0{,}8)$
$T_1 \gg T_t$	P	$V_R = \frac{T_1}{V_S \cdot T_t}(0{,}3\ldots0{,}8)$
$I + T_t$	P	$V_R = \frac{1}{V_{IS} \cdot T_t}(0{,}3\ldots0{,}8)$ [1]
$I + T_1 \gg T_t$	PD	$T_v \approx T_1,\ V_R \leq \frac{1}{V_{IS} \cdot T_t}(0{,}3\ldots0{,}8)$, $V_R \leq \frac{V_D}{V_{IS} \cdot T_1}(0{,}55\ldots3{,}3)$
$T_1 > T_2 > T_t$	PID	$T_n \approx T_1,\ T_v \approx T_2,\ V_R = \frac{T_1}{V_S \cdot T_t}(0{,}3\ldots0{,}8)$
$n \cdot T$ $(T_1 \approx T_2 \approx T_3 \approx \ldots \approx T_n)$	PID	$T_n \approx 2\,T,\ T_v \approx 0{,}5\,T,\ V_R = \frac{1}{V_S(n-1)}(0{,}3\ldots0{,}8)$

[1]) Die Streckenverstärkung V_{IS} einer integrierenden Strecke hat die Dimension $[V_{IS}] = \frac{\text{Dimension der Regelgröße}}{\text{Zeiteinheit} \cdot \text{Dimension der Stellgröße}}$

Strecken die günstigste Reglertype und größenordnungsmäßig die Einstellwerte an. Dem interessierten Leser wird empfohlen, die Übergangsfunktionen und Bode-Diagramme der Strecken zu skizzieren und die Wahl der Einstellregeln zu begründen. Bei der Kennzeichnung der Regelstrecken bedeutet: I = integrierende Strecke und beispielsweise $I + T_1 \gg T_t$ eine verzögerte Strecke ohne Ausgleich mit einer Totzeit, die merklich kleiner als die Zeitkonstante T_1 der Verzögerung ist.

Für das stationäre Verhalten eines Regelkreises bei verschiedenen Eingangsgrößen ist vor allem die Anzahl der integrierenden Glieder maßgebend. Über ihren Einfluß gibt Tabelle 7.1 Auskunft, in der die Regelabweichung für gut gedämpfte Regelkreise mit $n (= 0 \ldots 3)$ integrierenden Gliedern für verschiedene Störgrößen qualitativ dargestellt ist. Die Störstrecke F_z wurde dabei als Verzögerungsstrecke mit Ausgleich vorausgesetzt. Für den Fall, daß F_z integrales Verhalten besitzt, ist die Ordnungszahl p der Störgröße um die Anzahl der integrierenden Glieder von F_z zu erhöhen.

Tabelle 7.1. Regelabweichung bei verschiedenen Störeinwirkungen auf Regelstrecken mit integrierenden Gliedern bei geschlossenem Regelkreis

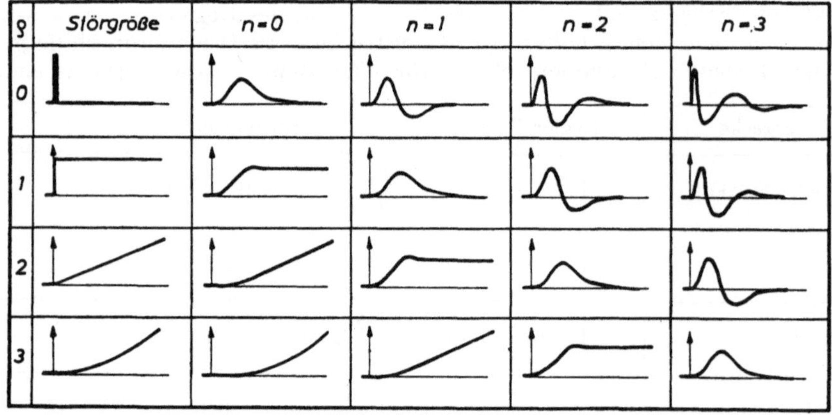

Betrachtet man die in der ersten Spalte eingetragene Ordnungszahl ϱ der Eingangsgröße, dann liest man aus der Tabelle folgende Gesetzmäßigkeit ab: Die Störwirkung (bzw. Regelabweichung) verschwindet nur dann mit $t \to \infty$, wenn die Störgröße $z(t)$ bzw. die Führungsgröße $w(t)$ eine Ordnungszahl ϱ hat, die kleiner oder gleich der Anzahl n der integrierenden Glieder im Regelkreis ist.

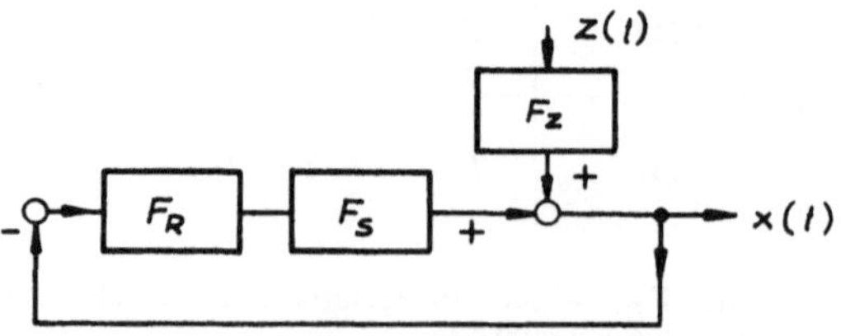

Bild 7.1. Regelkreis mit Störgrößeneingang

Weiter sehen wir, daß die Anzahl der Vorzeichenwechsel der Ausgangsgröße gleich der Differenz $n-\varrho$ zwischen der Anzahl n der integrierenden Glieder und der Ordnungszahl ϱ der Eingangsfunktion ist, sofern $n-\varrho > 0$. (Diese Anzahl ist das systembedingte Minimum. Es können sich bei gering gedämpften oder falsch ausgelegten Systemen Schwingungen überlagern, die die Vorzeichenwechsel beliebig erhöhen.)

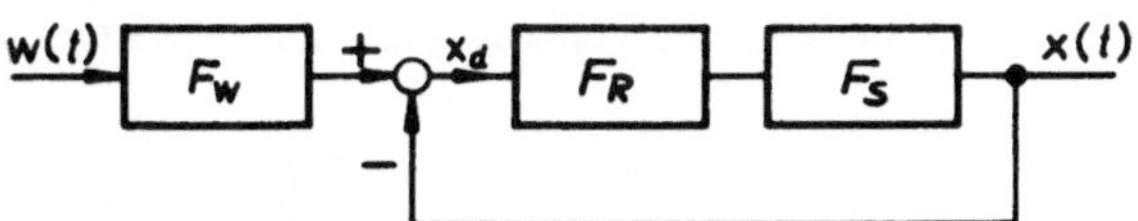

Bild 7.2. Regelkreis mit Führungsgrößeneingang

Für negative $n-\varrho$ gilt:

$n-\varrho = -1$, der Ausgang strebt für $t \to \infty$ einem konstanten Beharrungswert $\neq 0$ zu,

$n-\varrho = -2$, der Ausgang entfernt sich für $t \to \infty$ mit konstanter Geschwindigkeit von der Nullage,

$n-\varrho = -3$, der Ausgang entfernt sich für $t \to \infty$ mit konstanter Beschleunigung von der Nullage.

Die Grenzwerte für $t \to \infty$ lassen sich aus der Übertragungsfunktion rechnerisch ermitteln unter der Voraussetzung, daß der Regelkreis stabil ist.

	Störungsverhalten	Führungsverhalten
Sprungeingang:	$x_a(t\to\infty) = z_0 \cdot \dfrac{\lim\limits_{s\to 0} F_z}{1 + \lim\limits_{s\to 0} F_0}$	$x_d(t\to\infty) = w_0 \cdot \dfrac{\lim\limits_{s\to 0} F_w}{1 + \lim\limits_{s\to 0} F_0}$
Anstiegseingang:	$x_a(t\to\infty) = \dot{z}_0 \cdot \dfrac{\lim\limits_{s\to 0} F_z}{\lim\limits_{s\to 0} s \cdot F_0}$	$x_d(t\to\infty) = \dot{w}_0 \cdot \dfrac{\lim\limits_{s\to 0} F_w}{\lim\limits_{s\to 0} s \cdot F_0}$
Beschleunigungseingang:	$x_a(t\to\infty) = \ddot{z}_0 \cdot \dfrac{\lim\limits_{s\to 0} F_z}{\lim\limits_{s\to 0} s^2 \cdot F_0}$	$x_d(t\to\infty) = \ddot{w}_0 \cdot \dfrac{\lim\limits_{s\to 0} F_w}{\lim\limits_{s\to 0} s^2 \cdot F_0}$

Der Grenzwert $x_d(t\to\infty)$ bei Sprungeingang (statische Regelabweichung) bzw. der auf w_0 bezogene Wert

$$\frac{\lim\limits_{s\to 0} F_w}{1+\lim\limits_{s\to 0} F_0},$$

welchen man als *Regelfaktor* bezeichnet, gehören zu den häufig gebrauchten Regelkreisdaten.

7.1.1. Optimierungskriterien im Zeitbereich

Aus der Sprungantwort des geschlossenen Kreises $x(t)$ (Bild 7.3) als Antwort auf eine Sprungfunktion $w(t)$ kann man verschiedene Kennwerte ablesen:

Die Anregelzeit ist die Zeit bis zum erstmaligen Erreichen des Sollwertes, während die Ausregelzeit die Zeit angibt, bis die Regelabweichung endgültig in den Toleranzbereich (meistens $\pm$ 5 v. H. vom Sollwertsprung) einmündet, ohne ihn wieder zu verlassen. Ein für die Dämpfung des Regelkreises kennzeichnendes Maß ist die Überschwingweite $ü$, gemessen in Prozent vom Sollwertsprung.

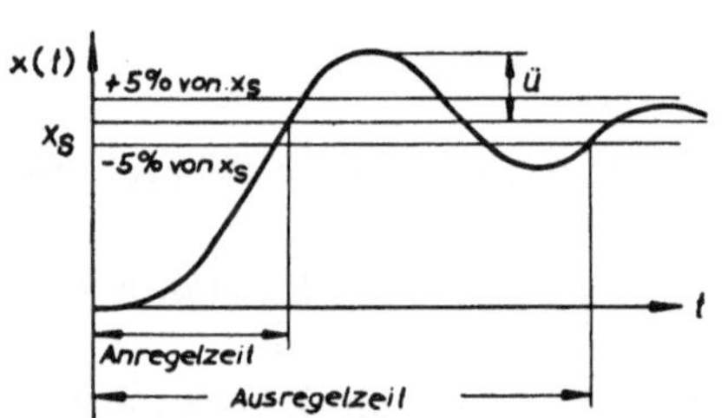

Bild 7.3. Sprungantwort des geschlossenen Regelkreises

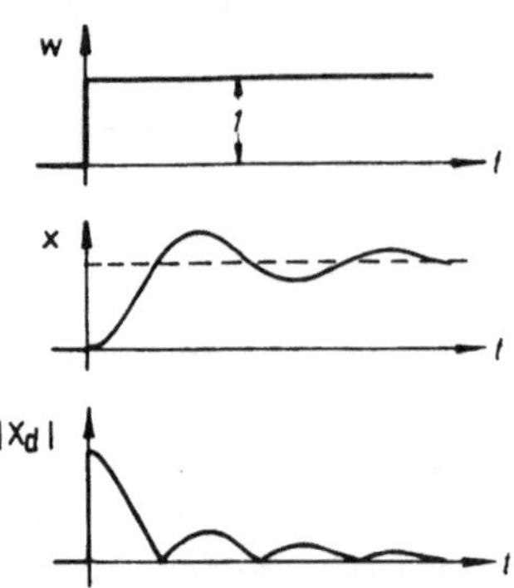

Bild 7.4. Betrag der Regeldifferenz x_d

Aus der eingangs beschriebenen Zweckbestimmung einer Regelung geht ohne weiteres hervor, daß ein Optimum der Auslegung vorliegt, wenn statischer Regelfehler sowie Überschwingweite, Anregelzeit und Ausregelzeit gleichzeitig möglichst klein werden. Die Tatsache, daß sich diese Forderungen teilweise widersprechen, führt zu der regelungstechnischen Aufgabe, einen Kompromiß zwischen den einzelnen Anforderungen zu schließen. Es gibt nun Kriterien, die einen solchen Kompromiß bei der Optimierung selbsttätig herbeiführen. Die im Zeitbereich wichtigsten seien hier wiedergegeben:

a) Eine Regelung heißt betragslinear[1]) optimiert, wenn bei einem Einheitssprung der Führungsgröße w (Sollwert x_s) das Integral des Betrages der Regeldifferenz x_d ein Minimum wird:

$$\int_0^\infty |x_d|\, dt \rightarrow \text{Minimum. (Vgl. Bild 7.4)}$$

Wendet man dieses Kriterium auf einen Regelkreis mit der Übertragungsfunktion $F(s) = \dfrac{1}{1+2Ds+s^2}$ des geschlossenen Kreises an, dann ergibt sich als günstigstes Dämpfungsmaß D der Wert 0,66.

[1]) Nicht zu verwechseln mit dem Betragsoptimum (s. 7.1.3), das sich auf den Betrag des Frequenzganges bezieht.

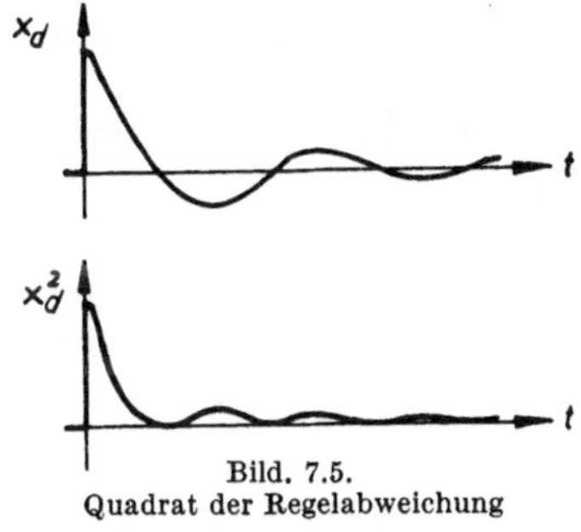

Bild. 7.5.
Quadrat der Regelabweichung

b) Eine Regelung heißt quadratisch optimiert, wenn bei einem Einheitssprung der Führungsgröße w (Sollwert x_s) das Integral des Quadrates der Regeldifferenz x_d ein Minimum wird:

$$\int_0^\infty x_d^2\, dt \rightarrow \text{Minimum. (Vgl. Bild 7.5).}$$

Es zeigt sich, daß die großen Abweichungen bei diesem Kriterium viel stärker als unter a) berücksichtigt werden. Eine Anwendung auf denselben Regelkreis wie oben liefert eine Dämpfung $D = 0{,}5$. Die dazugehörige Übergangsfunktion zeigt ein Überschwingen von 16 %, was in der Praxis oft als zu groß angesehen wird. Dennoch wird dieses Kriterium wegen seiner relativ einfachen experimentellen Verwirklichung und wegen des erträglichen mathematischen Aufwandes häufiger verwendet.

c) Eine Regelung heißt nach dem ITAE-Kriterium *(integral of time-multiplied absolute value of error)* optimiert, wenn bei einem Einheitssprung der Führungsgröße w (Sollwert x_s) das Integral des Betrages von x_d multipliziert mit der Zeit t ein Minimum wird:

$$\int_0^\infty t \cdot |x_d|\, dt \rightarrow \text{Minimum.}$$

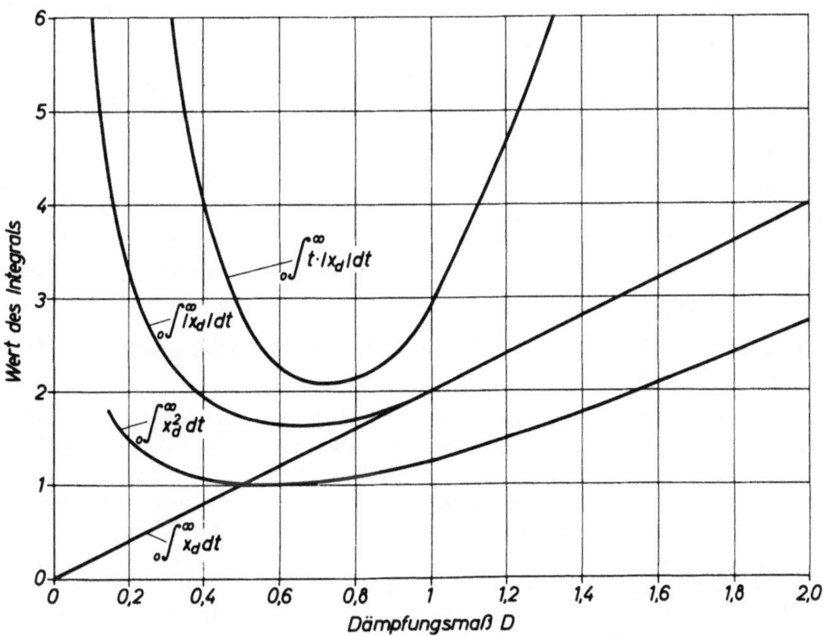

Bild 7.6. Vergleich verschiedener Optimierungskriterien an einer Strecke 2. Ordnung

Seine Anwendung auf den Regelkreis unter a) ergibt ein Dämpfungsmaß $D = \frac{1}{\sqrt{2}} = 0{,}707$, und damit in der Übergangsfunktion ein Überschwingen von 4 % bei relativ kurzer Anregelzeit.

Das ITAE-Kriterium weist gegenüber den anderen beiden Kriterien ein wesentlich schärferes Minimum auf, was die Optimierung z. B. auf dem Analogrechner wesentlich erleichtert.

7.1.2. Optimierungskriterien in der Wurzelortebene

Die Wurzelorte, die in der s-Ebene aus den Polen und Nullstellen der Übertragungsfunktionen des offenen Regelkreises konstruiert werden, geben die mit der Verstärkung K variierenden Pole des geschlossenen Regelkreises an. Wie im 3. Kapitel gezeigt wurde, läßt sich jede Übergangsfunktion, sei sie nun durch einen Sollwertsprung oder durch einen Störgrößensprung hervorgerufen, als Summe von Gliedern $C_i e^{s_i t}$ darstellen. Hierin sind lediglich die Koeffizienten C_i von den Anfangsbedingungen und dem Erregungsort abhängig, die Exponenten s_i jedoch nicht. Bei der Optimierung in der Wurzelortebene wendet man nun die Aufmerksamkeit nicht auf die Sprungantwort, beschrieben durch die $\sum C_i e^{s_i t}$, sondern auf die Lage der s_i in der komplexen Ebene. Den einzelnen s_i entsprechen Teilvorgänge, die je nachdem, ob die s konjugiert komplex mit negativem Realteil oder negativ reell sind, gedämpfte Schwingungen sind oder aperiodischen Verlauf zeigen und durch Überlagerung die Sprungantwort ergeben.

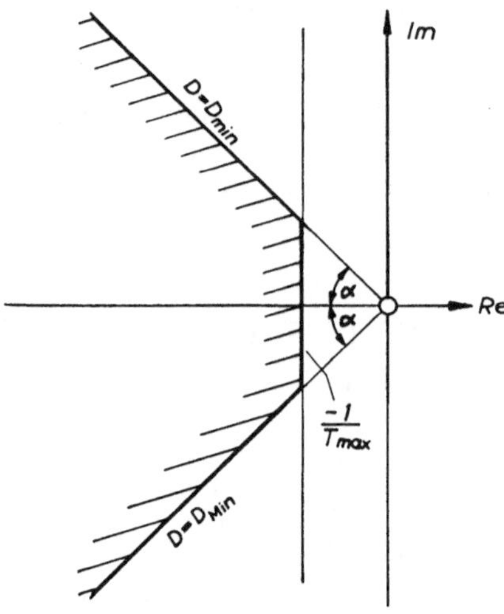

Bild 7.7. Zulässiges Gebiet für die Wurzeln s_i

Zwei Forderungen werden an diese Teilvorgänge gestellt:

a) Auftretende Schwingungen sollen eine Mindestdämpfung von etwa $D = 0{,}5$ bis 0,707 aufweisen.

b) Die Zeitkonstanten der Exponentialverläufe — bei gedämpften Schwingungen ist dies die Zeitkonstante der einhüllenden e-Funktion — sollen ein gewähltes Maß nicht überschreiten, so daß ein genügend schnelles Reagieren der Regelung gesichert ist. Durch die Festlegung einer minimalen Dämpfung und einer größtzulässigen Zeitkonstanten wird in der s-Ebene ein für die Wurzeln s_i zulässiges Gebiet abgeteilt (Bild 7.7). Die Dämpfung D_{Min} legt zwei unter den Winkeln $\pm\alpha$ gegen die negative reelle Achse geneigte Geraden fest. Wie die folgende Ableitung zeigt, gilt die Beziehung $\cos\alpha = D_{\text{Min}}$: Aus $s^2 + 2Ds_1 s + s_1^2$ ergeben sich die Wurzeln

$$s = -Ds_1 \pm \sqrt{D^2 s_1^2 - s_1^2} = s_1(-D \pm i\sqrt{1 - D^2}).$$

Somit ist $\frac{|\mathrm{Im}|}{|\mathrm{Re}|} = \tan\alpha = \frac{\sqrt{1-D^2}}{D}$ unabhängig von s_i. Hieraus folgt

$$D = \cos\alpha, \text{ da } \frac{\sqrt{1-\cos^2\alpha}}{\cos\alpha} = \tan\alpha.$$

Die Festlegung einer maximalen Zeitkonstanten findet wegen der Identität $\mathrm{Re}(s_i) = -1/T_i$ ihren Ausdruck in einer zur imaginären Achse parallelen Geraden. Der Größtwert für T bedeutet gleichzeitig den Kleinstwert von $\mathrm{Re}(s_i)$. Somit bleibt die schraffierte Fläche in Bild 7.7 als zulässiges Gebiet der Wurzelorte übrig. Da mit zunehmender Regelkreisverstärkung auch der statische Regelfehler abnimmt, wird man K so groß wählen, daß ein Wurzelort (oder ein komplexes Paar) gerade auf die Grenze des erlaubten Gebietes zu liegen kommt.

Gelegentlich beschränkt man sich darauf, eine Mindestdämpfung festzulegen, und sieht über die Begrenzung der Zeitkonstanten hinweg.

7.1.3. Optimierungskriterien für den Frequenzgang

Wie man anhand von Bild 7.1 leicht nachweist, kann man für die Regeldifferenz x_d folgende Gleichung anschreiben:

$$x_d = \frac{w + z\,F_z}{(1 + F_0)}.$$

Der Ausdruck $F_F = 1/(1 + F_0)$, den wir Fehlerfrequenzgang nennen wollen, hat also eine zweifache Bedeutung. Er gibt erstens an, wie sich Führungsgrößenänderungen auf die Regeldifferenz auswirken, und zweitens stellt er das Verhältnis der Störauswirkung bei Regelung zu der Störauswirkung ohne Regelung dar. Aus beiden Bedeutungen geht klar hervor, daß der Betrag des Fehlerfrequenzganges möglichst klein sein soll, während der Phasenwinkel von F_F nur wenig interessiert.

In Bild 7.8 ist ein typischer Fehlerfrequenzgang und der zugehörige Frequenzgang des offenen Regelkreises dargestellt.

Um $|F_F|$ in weiten Grenzen klein gegen eins zu halten, muß also $|F_0|$ möglichst groß und die Durchtrittsfrequenz ω_z möglichst weit nach rechts verschoben werden. Andererseits soll jedoch die Resonanzspitze von $|F_F|$ ein bestimmtes Maß nicht übersteigen, was gleichbedeutend mit einem ausreichenden Abstand von der Stabilitätsgrenze ist.

Im Frequenzbereich lassen sich also folgende Optimierungskriterien angeben

$$\omega_z \to \text{Maximum}$$

$$|F_F|_{\max} \to |F_F|_{\max,\ \text{zulässig}}$$

$$|F_0(\omega < \omega_z)| \gg 1$$

Bei den üblichen Regelkreisauslegungen kann die Forderung nach einer begrenzten Resonanzspitze von $|F_F|$ durch untere Schranken für den Amplitudenrand und den Phasenrand ersetzt werden.

Die Möglichkeit, die Resonanzfrequenz und die Höhe der Resonanzspitze des Fehlerfrequenzganges sowie den Verlauf von $|F_F|$ bei tieferen Frequenzen

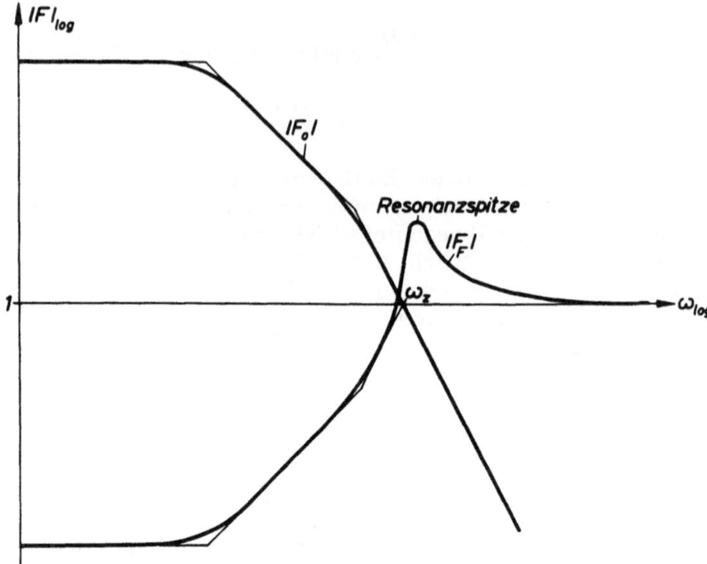

Bild 7.8. Bodediagramm des Fehlerfrequenzganges

durch die Auslegung des Regelkreises zu beinflussen, läßt eine gezielte Anpassung an die Spektralverteilung der Störungen (bzw. der Führungsgrößenänderungen) zu.

Wenn auch die Kenntnis der auftretenden vollständigen Spektralverteilung eher die Ausnahme als die Regel sein wird, so kann man doch für einzelne periodische Störungen z. B. das Zusammenfallen der Schwingfrequenz mit der Resonanzfrequenz von $|F_F|$ umgehen.

Ein anderer Weg wurde bei dem ,,praktischen" Optimum, auch Betragsoptimum genannt, eingeschlagen. Betrachtet man den Frequenzgang des geschlossenen Kreises und seine Analogie zum Zeitverhalten (Bild 5.82), dann erkennt man, daß statt einer möglichst hohen Grenzfrequenz bei kleiner Resonanzüberhöhung auch gefordert werden kann, daß der Frequenzgang sich möglichst weit an die Linie $|F_G| = 1$ anschmiegen soll. Mathematisch formuliert erhält man dann:

$$\left(\frac{d|F_G|}{d\omega}\right)_{\omega=0} = 0, \quad \left(\frac{d^2|F_G|}{d\omega^2}\right)_{\omega=0} = 0 \ldots$$

Da wegen $|F(i\omega)| = |F(-i\omega)|$ die Betragsfunktion eine gerade Funktion ist, verschwinden alle ungeraden Ableitungen nach ω an der Stelle $\omega = 0$ zwangsläufig. Die geraden Ableitungen an dieser Stelle sind jedoch von den Parametern des Regelkreises abhängig; somit erhält man als Kriterium für das Betragsoptimum, daß möglichst viele gerade Ableitungen $\left(\frac{d^{2n}|F_G|}{d\omega^{2n}}\right)_{\omega=0}$ zu Null werden.

Zur Anwendung der Betragsoptimierung ist also die analytische Form des Frequenzganges erforderlich. In Abschnitt 7.2.3 sind für drei häufig vorkommende Regelkreistypen die betragsoptimalen Einstellungen angegeben.

7.1.4. Optimierungskriterien für den Zustandsraum

Da die Zustandsgleichungen ein System im Zeitbereich beschreiben, sind im Prinzip die gleichen Integralkriterien wie im Abschnitt 7.1.1 anwendbar. Sie werden hierbei jedoch meist auf die Zustandsgrößen und weniger auf die Ausgangsgrößen angewandt. Ein sehr verbreiteter allgemeiner Ansatz lautet hierfür:

$$J = \boldsymbol{u}'(t_e) \cdot S \cdot \boldsymbol{u}(t_e) + \int_0^{t_e} [\boldsymbol{u}'(t) \cdot W \cdot \boldsymbol{u}(t) + \boldsymbol{y}'(t) \cdot R \cdot \boldsymbol{y}(t)]\, dt \tag{7-1}$$

Mit der Matrix S werden dabei die Abweichungen der Zustandsvariablen von den (zu Null angenommenen) Sollzuständen zum Endzeitpunkt des Beobachtungszeitraumes bewertet, W und R sind die entsprechenden Gewichtungsmatrizen für die Zustandsgrößen und die Stellgrößen *während* des Beobachtungszeitraums.

Damit die Optimierung nicht entartet, muß die (m,m)-Matrix R und mindestens eine der beiden (n,n)-Matrizen S und W positiv definit sein, d.h., daß für beliebige $y(t)$ bzw. $u(t)$ die in Gl. (7-1) enthaltenen Ausdrücke stets positive Ergebnisse liefern. Beide Matrizen S und W müssen jedoch mindestens positiv semidefinit sein.

Bei der Anwendung von Gl. (7-1) zur Auslegung einer Regelung treten zwei wesentliche Probleme auf.

1. Für die Festlegung der Gewichtsmatrizen gibt es keine systemunabhängige Vorschrift, sie bleibt dem Geschick bzw. der Willkür des Anwenders überlassen (Probierverfahren).
2. Die Berechnung eines Zustandsreglers nach dieser Optimierungsvorschrift führt über eine Matrix-Riccati-Differentialgleichung, die nur mit größerem Aufwand lösbar ist, insbesondere, wenn noch Stellengrößenbegrenzungen oder nur ungenau bekannte Stör- oder Führungsgrößen berücksichtigt werden müssen.

Aus diesen Gründen wird die Optimierung im Zustandsraum nach Integralkriterien nur noch selten angewandt.

Statt der vielparametrigen Gütematrizen gibt man besser die Pole des geschlossenen Zustandsregelkreises vor, aus denen man sehr viel bequemer die dazu erforderlichen Reglerparameter rückrechnen kann.

Neben diesem inzwischen stark verbreiteten Verfahren der Polvorgabe oder -verschiebung besteht über eine digitale Realisierung der Regelung (Abtastregelung) die Möglichkeit der Auslegung auf endliche Einstellzeit (dead-beat-Verhalten). Beide Verfahren werden im Abschnitt 7.6 näher beschrieben.

Unabhängig vom gewählten Syntheseverfahren liegt bei der Zustandsregelung meist der Fall vor, daß die zur Regelung benötigten Zustandsvariablen nicht alle meßbar sind. Sie müssen dann aus den Ausgangsgrößen mittels eines sogenannten Beobachters rekonstruiert werden (s. hierzu Abschnitt 7.6.2 und 7.6.3).

7.2. Einfache Bemessungsvorschriften für die optimale Einstellung von Reglern

7.2.1. Bei bekannter Übergangsfunktion der Regelstrecke

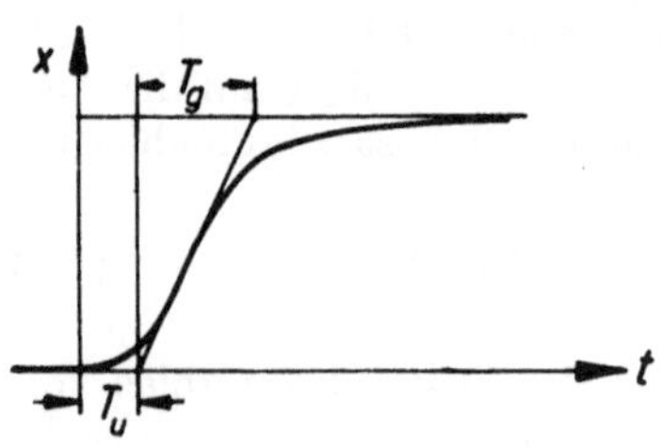

Bild 7.9. Zeitgrößen zur angenäherten Beschreibung des Zeitverhaltens einer Regelstrecke

Eine angenäherte Beschreibung einer Regelstrecke liegt mit den Werten der Verzugszeit T_u und der Ausgleichszeit T_g vor, die aus der Übergangsfunktion der Strecke abgelesen werden können, wenn man die Wendetangente an die Kurve mit der Zeitachse und der Linie $x = x_{stat}$ zum Schnitt bringt (Bild 7.9).

Basierend auf diesen Kennwerten haben *Chien, Hrones* und *Reswick* folgende Einstellregeln für die drei Haupttypen von Reglern angegeben [4]:

	Aperiodischer Übergang bei Führung	bei Störung	20 v.H. zulässiges Überschwingen bei Führung	bei Störung
P-Regler	$V_0 = 0{,}3\ T_g/T_u$	$0{,}3\ T_g/T_u$	$V_0 = 0{,}7\ T_g/T_u$	$0{,}7\ T_g/T_u$
PI-Regler	$V_0 = 0{,}35\ T_g/T_u$	$0{,}6\ T_g/T_u$	$V_0 = 0{,}6\ T_g/T_u$	$0{,}7\ T_g/T_u$
	$T_n = 1{,}2\ T_g$	$4\ T_u$	$T_n = T_g$	$2{,}3\ T_u$
PID-Regler	$V_0 = 0{,}6\ T_g/T_u$	$0{,}95\ T_g/T_u$	$V_0 = 0{,}95\ T_g/T_u$	$1{,}2\ T_g/T_u$
	$T_n = T_g$	$2{,}4\ T_u$	$T_n = 1{,}35\ T_g$	$2\ T_u$
	$T_v = 0{,}5\ T_u$	$0{,}42\ T_u$	$T_v = 0{,}47\ T_u$	$0{,}42\ T_u$

7.2.2. Auf Grund der kritischen Reglerverstärkung

Schließt man den Regelkreis, indem man einen P-Regler einfügt (bzw. PID-Regler mit $T_v = 0$ und $T_n = \infty$), und erhöht dieVerstärkung bis zur Stabilitätsgrenze, dann gewinnt man zwei neue Kennwerte, nämlich die kritische Reglerverstärkung V_{RK} und die Schwingungsdauer T_K der ungedämpften Schwingung. Diese Kennwerte haben *Ziegler* und *Nichols* herangezogen, um einfache Einstellregeln anzugeben [23]:

P-Regler	PI-Regler	PID-Regler
$V_R = 0{,}45 V_{RK}$	$V_R = 0{,}45\ V_{RK}$	$V_R = 0{,}6\ V_{RK}$
	$T_n = 0{,}85\ T_K$	$T_n = 0{,}5\ T_K$
		$T_v = 0{,}12\ T_K$

7.2.3. Bei bekanntem Frequenzgang der Regelstrecke mit Hilfe der Betragsoptimierung [12]

Zuverlässigere Bemessungsvorschriften liefert die Betragsoptimierung (vgl. 7.1.3), sie setzt jedoch die Kenntnis der Struktur der Strecke und ihrer Zeitkonstanten voraus.

Für die Streckentypen:

$$F_a(s) = \frac{e^{-T_t s}}{(1 + T_1 s)}, \qquad F_b(s) = \frac{1}{(1 + T_1 s)(1 + \Sigma T_\mu \cdot s)}$$

und $$F_c(s) = \frac{1}{(1 + T_1 s)(1 + T_2 s)(1 + \Sigma T_\mu \cdot s)}$$

(ΣT_μ = Summe aller kleinen Zeitkonstanten $T_\mu \ll T_1, T_2$).

sind unter Zugrundelegung der Streckenzeitkonstanten nachstehende Reglereinstellungen zusammengestellt:

Betragsoptimale Einstellung von Reglern

a) Strecke: $F_S = \dfrac{e^{-T_t s}}{(1+T_1 s)}$

I-Regler:	$F_R = \dfrac{V}{T_n s}$	P-Regler: $F_R = V$ $V = \left(\dfrac{T_1}{T_t}\right)^2 \cdot \dfrac{1}{1+2\left(\dfrac{T_1}{T_t}\right)}$
Vorschrift:	$\dfrac{T_n}{V} = 2\,(T_1 + T_t)$	$V = \dfrac{\vartheta^2}{1+2\vartheta}; \quad \vartheta = \dfrac{T_1}{T_t}$

PI-Regler: $F_R = V\left(\dfrac{1}{T_n s} + 1\right)$

Vorschrift: $V = \dfrac{1}{4}\,\dfrac{6\vartheta^3 + 6\vartheta^2 + 3\vartheta + 1}{3\vartheta^2 + 3\vartheta + 1} \qquad \dfrac{T_1}{T_t} = \vartheta$

für $\vartheta > 2 \rightarrow V \approx \dfrac{T_1}{2\,T_t} + \dfrac{T_t}{12\,T_1}$

$$T_n = \left(\frac{T_t}{3}\right) \cdot \frac{6\vartheta^3 + 6\vartheta^2 + 3\vartheta + 1}{2\vartheta^2 + 2\vartheta + 1}$$

für $\vartheta > 2 \rightarrow T_n \approx T_1 + \dfrac{T_t^3}{6\,T_1^2}$

PID-Regler: $F_R = V\left(\dfrac{1}{T_n s} + 1 + T_v s\right)$

Vorschrift: $V = \dfrac{1}{16}\,\dfrac{180\vartheta^4 + 240\vartheta^3 + 135\vartheta^2 + 42\vartheta + 7}{15\vartheta^3 + 15\vartheta^2 + 6\vartheta + 1}$

$$\vartheta > 2 \rightarrow V \approx \frac{3}{4}\frac{T_1}{T_t} + \frac{1}{4} + \frac{T_t}{80\,T_1}$$

$$T_n = \left(\frac{T_t}{15}\right) \cdot \frac{180\vartheta^4 + 240\vartheta^3 + 135\vartheta^2 + 42\vartheta + 7}{12\vartheta^3 + 12\vartheta^2 + 5\vartheta + 1}$$

$$\vartheta > 2 \rightarrow T_n \approx T_1 + \frac{T_t}{3}$$

$$T_v = \left(\frac{T_1}{16}\right) \cdot \frac{60\vartheta^4 + 60\vartheta^3 + 27\vartheta^2 + 7\vartheta + 1}{15\vartheta^3 + 15\vartheta^2 + 6\vartheta + 1}$$

$$\vartheta > 2 \rightarrow T_v \approx \frac{T_1}{4} + \frac{T_t^2}{80\,T_1}$$

---

b) Strecke: $F_S = \dfrac{1}{(1+T_1 s)\,(1+\Sigma T_\mu \cdot s)} \qquad T_1 \gg \Sigma T_\mu$

I-Regler: $F_R = \dfrac{V}{T_n s}$	P-Regler: $F_R = V$
$\dfrac{T_n}{V} \approx 2\,T_1$	$V \approx \dfrac{1}{2}\left(\dfrac{T_1}{\Sigma T_\mu} + \dfrac{\Sigma T_\mu}{T_1}\right) \approx \dfrac{1}{2}\,\dfrac{T_1}{\Sigma T_\mu}$

PI-Regler: $F_R = V\left(\frac{1}{T_n s} + 1\right)$

$T_n \approx T_1 \qquad V \approx \frac{T_1}{2\,\Sigma T_\mu}$

---

c) Strecke: $F_S = \frac{1}{(1+T_1 s)\,(1+T_2 s)\,(1+\Sigma T_\mu \cdot s)}$

I-Regler: $F_R = \frac{V}{T_n s}$	P-Regler: $F_R = V$
$\frac{T_n}{V} \approx 2\,(T_1 + T_2)$	$V = \frac{1}{2}\left(\frac{T_1^2 + T_2^2 + (\Sigma T_\mu)^2}{T_1 T_2 + \Sigma T_\mu \cdot (T_1 + T_2)}\right) \approx \frac{1}{2}\left[\frac{T_1}{T_2} + \frac{T_2}{T_1}\right]$

PI-Regler: $F_R = V\left(\frac{1}{T_n s} + 1\right)$

$T_n \approx T_1 + \frac{T_2}{1 + \left(\frac{T_1}{T_2}\right) + \left(\frac{T_1}{T_2}\right)^2} \qquad V \approx \frac{1}{2}\left(\frac{T_1}{T_2} + \frac{T_2}{T_1}\right)$

PID-Regler: $F_R = V\left(\frac{1}{T_n s} + 1 + T_v s\right)$

$T_n \approx T_1 + T_2 \qquad T_v \approx \frac{T_1 \cdot T_2}{T_1 + T_2} \qquad V \approx \frac{T_1 + T_2}{2\,\Sigma T_\mu}$

Übungsaufgaben

7.2-1 Man wende die Einstellregeln nach Abschnitt 7.2.1 auf folgende Regelstrecken an:

a) $F_S = \frac{V_S}{1 + T_1 i\omega}$ b) $F_S = \frac{V_S\,e^{-i\omega T_t}}{1 + T_1 i\omega}$ c) $F_S = \frac{V_S}{(1 + T_1 i\omega)^2}$

$T_1 = 6{,}3$ s
$T_t = 2{,}5$ s

Hinweis: Für den Streckentyp c) gelten die Beziehungen
$T_u = (3 - e)\,T_1$; $T_g = e \cdot T_1$ (e = 2,718...).

7.2-2 Für die Regelstrecken mit den folgenden Frequenzgängen bestimme man die kritische Verstärkung und die Schwingungsdauer aus dem Bode-Diagramm und wende dann die Einstellregeln des Abschnittes 7.2.2 an, um die Konstanten des Reglers auszulegen.

a) $F_S = \frac{0{,}4}{i\omega\,(1 + 1{,}6 i\omega)\,(1 + 0{,}4 i\omega)}$

b) $F_S = \frac{10}{(1 + 2 i\omega)\,(1 + 0{,}6 i\omega - \omega^2)}$

c) $F_S = \frac{4}{(1 + 0{,}4 i\omega)\,e^{0{,}0315 i\omega}}$ (Zeitangaben in Sekunden)

Welche Phasen- und Amplitudenränder ergeben sich für die optimierten Regelkreise?

Hinweis: Die Schwingungsdauer bei kritischer Verstärkung ($A_R = \varphi_R = 0$) ergibt sich im Bode-Diagramm aus der Kreisfrequenz ω_π, bei der φ_0 den Wert $-180°$ annimmt

zu $T_K = \dfrac{2\pi}{\omega_\pi}$

7.2-3 Für die Regelstrecken der Aufgabe 7.2-1 bestimme man die Reglerkonstanten nach dem Betragsoptimum (Abschnitt 7.2.3) und vergleiche sie mit den Lösungen von 7.2-1.

7.2-4 Eine Regelstrecke habe den Frequenzgang

$$F_S = \frac{1}{(1 + T_1 i\omega)\,(1 + T_2 i\omega)\,(1 + T_3 i\omega)}$$

mit den Zahlenwerten:

a) $T_1 = 20$ s; $T_2 = 1{,}6$ s; $T_3 = 0{,}125$ s

b) $T_1 = 8$ s; $T_2 = 2$ s; $T_3 = 0{,}315$ s

Man wende nacheinander die Betragsoptimierung von IP-Reglern für Streckentyp b) und c) an und vergleiche beide Ergebnisse miteinander.

7.2-5 Der Frequenzgang einer Regelstrecke bestehend aus fünf Nennergliedern erster Ordnung habe die Eckfrequenzen:

$\omega_1 = 1/\text{s}$ $\omega_2 = 2{,}5/\text{s}$ $\omega_3 = 50/\text{s}$ $\omega_4 = 80/\text{s}$
$\omega_5 = 100/\text{s}$.

Man gebe die betragsoptimalen Einstellungen für einen PID-Regler an und bestimme für den gesamten Regelkreis Phasen- und Amplitudenrand.

7.3. Einfügen von Netzwerken

Die Regelungseigenschaften eines Kreises lassen sich entscheidend verbessern, wenn man das Zeitverhalten der vorgegebenen Regelkreisglieder durch Einfügen von Netzwerken abändert und es damit zur Regelung besonders geeignet werden läßt. Ja, es könnte gesagt werden, daß man die Grenzfrequenz eines regulären linearen Systems zu beliebig hohen Frequenzen hin verschieben kann, wenn man den Aufwand immer weiter steigert. Dies ist jedoch nur begrenzt richtig wegen des bei hoher Grenzfrequenz und hoher Kreisverstärkung sich immer stärker bemerkbar machenden Rauschens und wegen der Tatsache, daß alle physikalischen Regelkreise letztlich doch aus ausgedehnten Kontinua bestehen, die in hohen Frequenzbereichen ein nichtreguläres Verhalten zeigen.

In den allermeisten Fällen ist man von diesen Grenzen jedoch weit entfernt, und das Einfügen von gut bemessenen Netzwerken bringt einen großen Gewinn an Regelgüte.

Es lassen sich grundsätzlich drei Schaltungsmöglichkeiten für ein Netzwerk ins Auge fassen.

7.3.1. Reihenschaltung

Kann man es erreichen, daß das in Reihe eingefügte Netzwerk rückwirkungsfrei arbeitet (gelegentlich wird diese Bedingung durch Trennverstärker erzwungen), dann wird der Einfluß des Netzwerkes auf das dynamische Verhalten des Regelkreises leicht überschaubar. Es gilt dann einfach: $F_0 = F_N F_0'$ mit F_N = Netzfrequenzgang und F_0' = Frequenzgang des offenen, nicht kompensierten Kreises.

Da unter Netzwerk hier immer ein passives Netzwerk ohne Übersetzung verstanden wird, ist der Frequenzgang von vornherein auf Werte $|F_N| \leq 1$ beschränkt. Daher lassen sich diese Netzwerke nicht zur exakten Integration oder Differentiation heranziehen.

Einige mechanische, elektrische und hydraulische Ausführungsformen von Netzwerken sind nebst ihren Frequenzgängen in Tabelle 7.2 zusammengestellt [3]. Die Netzwerke werden nur unter gewissen, jedoch in der Praxis meist in hohem Maße zutreffenden Vernachlässigungen durch die angegebenen Frequenzgänge beschrieben: Die mechanischen und hydraulischen Netzwerke sind als masselos betrachtet, die elektrischen als induktionsfrei. Unter gewissen Einschränkungen können die Anordnungen der hydraulischen Netzwerke auch als pneumatische Netzwerke benutzt werden, sind aber wegen der Kompressibilität merklich nichtlinear.

Zwei typische Vertreter der angegebenen Netzwerke werden in Abschnitt 7.4 noch näher zu besprechen sein. Ein wesentlicher Nachteil der Reihenschaltung ist in der Tatsache zu sehen, daß an die benutzten Verstärker, die ja ebenfalls in Reihe geschaltet sind, wesentlich höhere Anforderungen an Linearität und zeitliche Konstanz zu stellen sind als bei der Benutzung von Rückführnetzwerken.

7.3.2. Parallelschaltung

Schaltet man ein Netzwerk einem Regelkreisglied parallel, dann erfordert dies, daß beiden die gleiche Eingangsgröße zugeführt wird und die beiden Ausgangsgrößen zueinander addiert werden. Genau so wie bisher alle Übertragungsglieder als rückwirkungsfrei angesehen wurden, gilt hier im besonderen

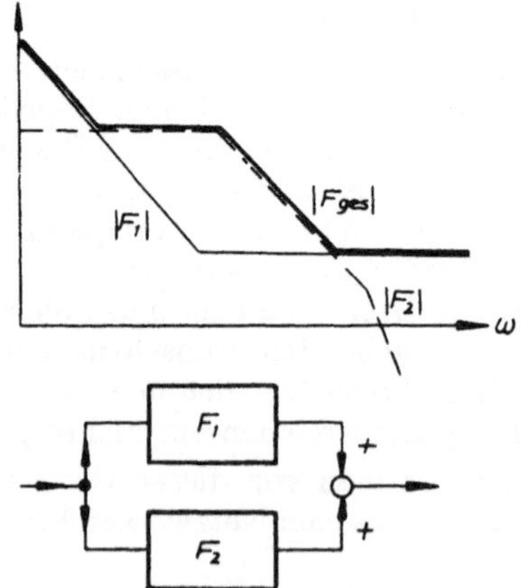

Bild 7.10. Parallelgeschaltete Frequenzgänge

Tabelle 7.2. Netzwerke und ihre Frequenzgänge

	Frequenzgang	Mechanisches Netzwerk	Gleichwertiges elektr. Netzwerk	Hydraulisches Netzwerk	Frequenzgang-Funktion
1	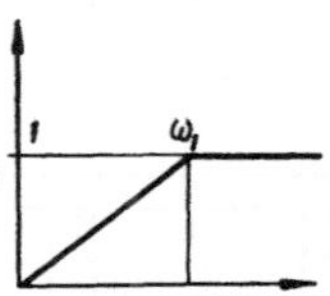 1; ω_1	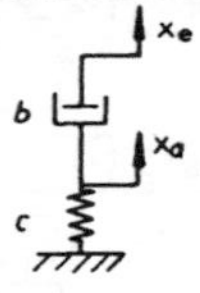 x_e, x_a, b, c; $T = \frac{b}{c}$	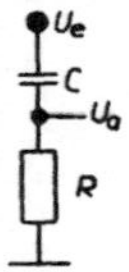 U_e, U_a, C, R; $T = R\,C$	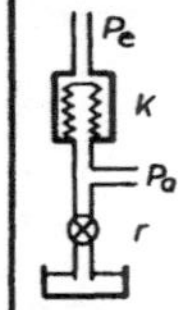 P_e, P_a, K, r; $T = r\,K$	$F = \frac{j\omega T}{1+j\omega T}$
2	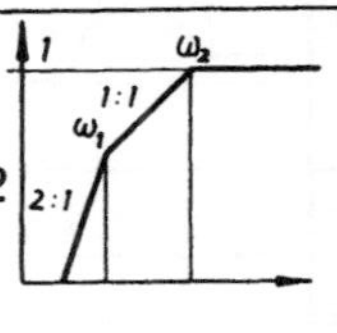 1; ω_1, ω_2; 1:1; 2:1	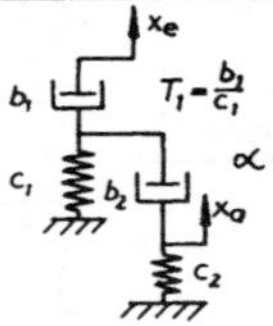 x_e, x_a, b_1, b_2, c_1, c_2; $T_1 = \frac{b_1}{c_1}$ $T_2 = \frac{b_2}{c_2}$ $\alpha = \frac{b_2}{b_1}$	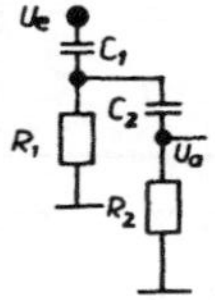 U_e, U_a, C_1, C_2, R_1, R_2; $T_1 = R_1 C_1$ $T_2 = R_2 C_2$ $\alpha = \frac{C_2}{C_1}$	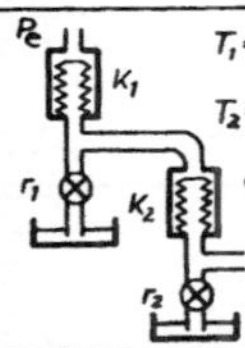 P_e, P_a, K_1, K_2, r_1, r_2; $T_1 = r_1 K_1$ $T_2 = r_2 K_2$ $\alpha = \frac{K_2}{K_1}$	$F = \frac{j\omega T_1\, j\omega T_2}{(1+j\omega T_a)(1+j\omega T_b)}$ $T_{a,b} = \frac{T_1}{2}\left([1+\frac{T_2}{T_1}+\alpha] \pm \sqrt{(1+\frac{T_2}{T_1}+\alpha)^2 - 4\,\frac{T_2}{T_1}}\right)$
3	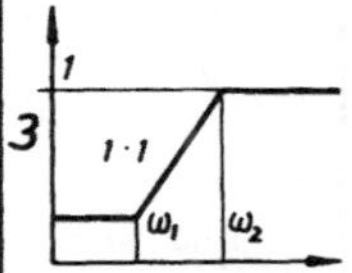 1; 1:1; ω_1, ω_2	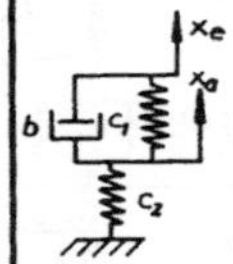 x_e, x_a, b, c_1, c_2; $T_1 = \frac{b}{c_1}$ $T_2 = \frac{b}{c_1+c_2}$ $\alpha = \frac{c_1}{c_1+c_2}$	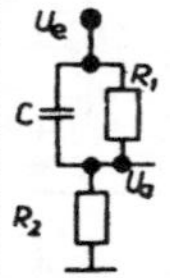 U_e, U_a, C, R_1, R_2; $T_1 = R_1 C$ $T_2 = \frac{R_1 R_2 C}{R_1+R_2}$ $\alpha = \frac{R_2}{R_1+R_2}$	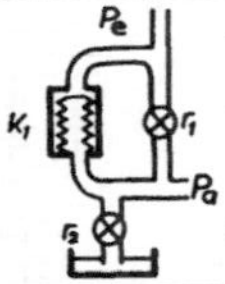 P_e, P_a, K_1, r_1, r_2; $T_1 = r_1 K$ $T_2 = \frac{r_1 r_2}{r_1+r_2} K$ $\gamma = \frac{r_2}{r_1+r_2}$	$F = \frac{\alpha\,(1+j\omega T_1)}{1+j\omega T_2}$
4	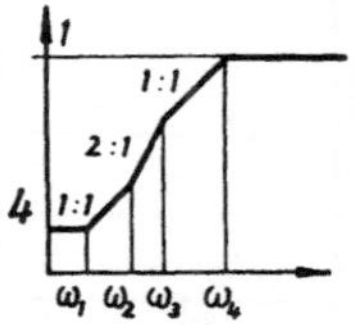 1; 1:1; 2:1; 1:1; ω_1 ω_2 ω_3 ω_4	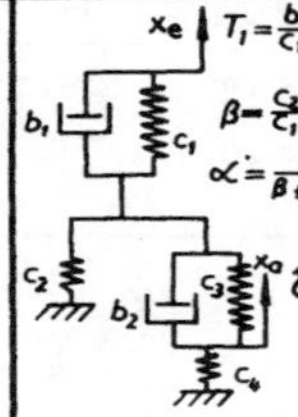 x_e, x_a, b_1, b_2, c_1, c_2, c_3, c_4; $T_1 = \frac{b_1}{c_1}$; $T_2 = \frac{b_2}{c_3}$ $\beta = \frac{c_2}{c_1} + 1 + \frac{c_4}{c_1}$ $\alpha = \frac{1}{\beta + \frac{c_4}{c_1 c_3}(c_1+c_2)}$ $\gamma = \frac{c_3+c_4}{c_3}$	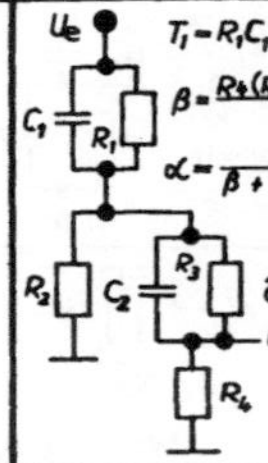 U_e, U_a, C_1, C_2, R_1, R_2, R_3, R_4; $T_1 = R_1 C_1$; $T_2 = R_3 C_2$ $\beta = \frac{R_4(R_1+R_2)+R_1 R_2}{R_2 R_4}$ $\alpha = \frac{1}{\beta + \frac{R_3}{R_2 R_4}(R_1+R_2)}$ $\gamma = \frac{R_3+R_4}{R_4}$	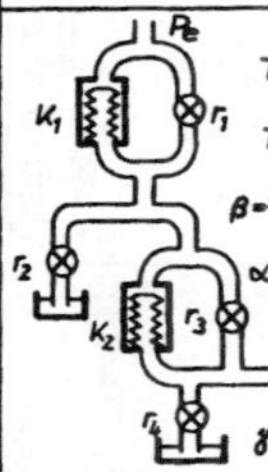 P_e, P_a, K_1, K_2, r_1, r_2, r_3, r_4; $T_1 = r_1 K_1$ $T_2 = r_3 K_2$ $\beta = \frac{r_4(r_1+r_2)+r_1 r_2}{r_2 r_4}$ $\alpha = \frac{1}{\beta + \frac{r_3}{r_2 r_4}(r_1+r_2)}$ $\gamma = \frac{r_3+r_4}{r_4}$	$F = \alpha \cdot \frac{(1+j\omega T_1)(1+j\omega T_2)}{(1+j\omega T_a)(1+j\omega T_b)}$ $T_{a,b} = \frac{T_1}{2\alpha}\left[(\gamma + \frac{T_2}{T_1}\beta) \pm \sqrt{(\gamma+\frac{T_2}{T_1}\beta)^2 - \frac{4\alpha T_2}{T_1}}\right]$
5	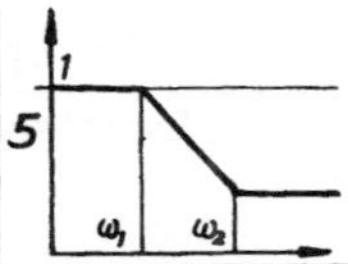 1; ω_1, ω_2	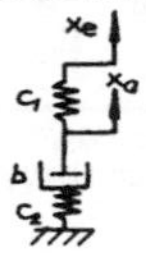 x_e, x_a, b, c_1, c_2; $T_1 = \frac{b(c_1+c_2)}{c_1 c_2}$ $T_2 = \frac{b}{c_2}$	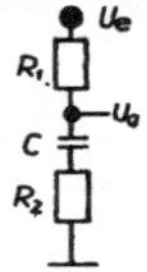 U_e, U_a, C, R_1, R_2; $T_1 = (R_1+R_2)C$ $T_2 = R_2 C$	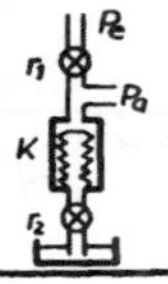 P_e, P_a, K, r_1, r_2; $T_1 = (r_1+r_2)K$ $T_2 = r_2 K$	$F = \frac{(1+j\omega T_2)}{(1+j\omega T_1)}$

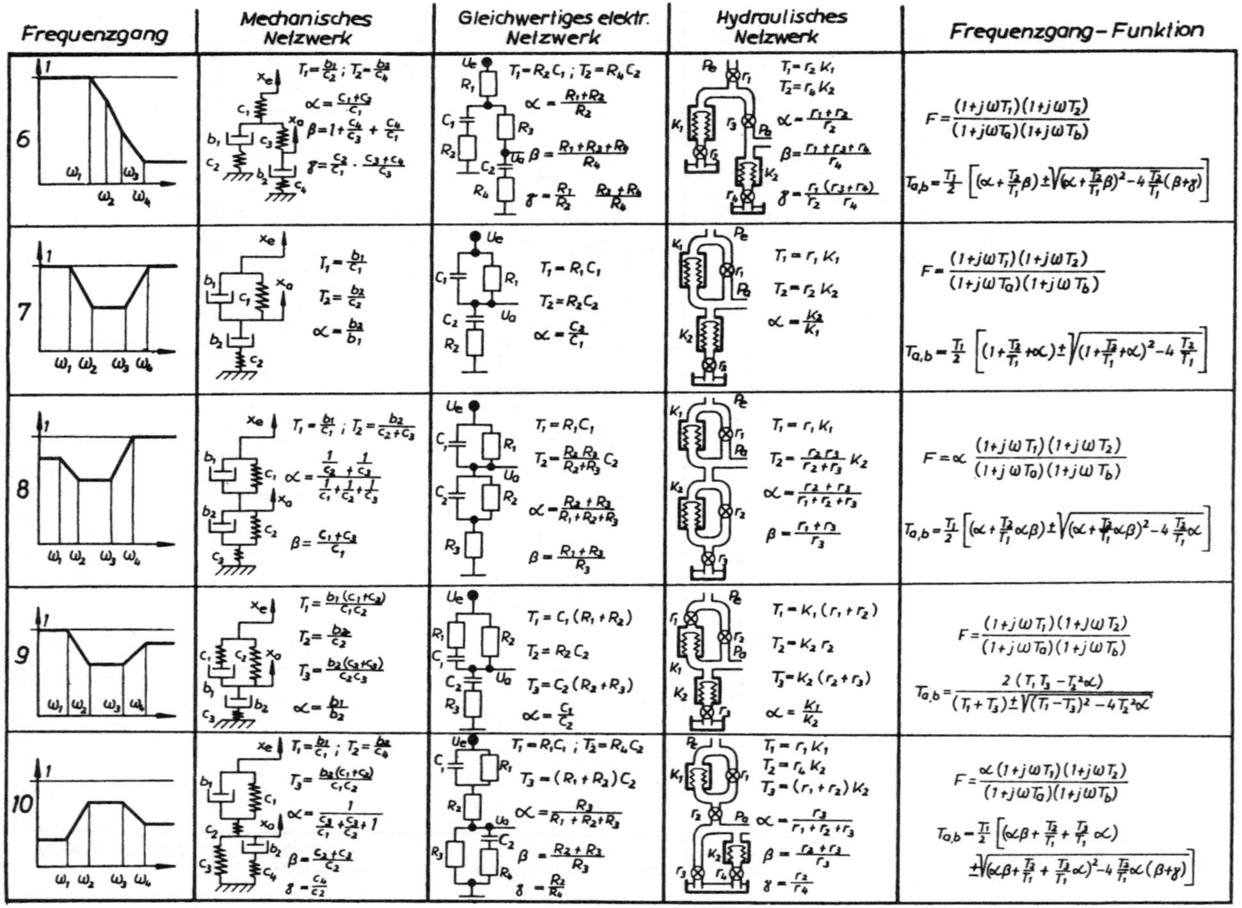

Frequenzgang	Mechanisches Netzwerk	Gleichwertiges elektr. Netzwerk	Hydraulisches Netzwerk	Frequenzgang-Funktion
6 (ω_1, ω_2, ω_3, ω_4)	$T_1=\frac{b_1}{c_2}$; $T_2=\frac{b_2}{c_4}$ $\alpha=\frac{c_1+c_3}{c_1}$ $\beta=1+\frac{c_4}{c_3}+\frac{c_4}{c_1}$ $\gamma=\frac{c_2}{c_1}\cdot\frac{c_3+c_4}{c_3}$	$T_1=R_2C_1$; $T_2=R_4C_2$ $\alpha=\frac{R_1+R_2}{R_2}$ $\beta=\frac{R_1+R_3+R_4}{R_4}$ $\gamma=\frac{R_1}{R_2}\quad\frac{R_3+R_4}{R_4}$	$T_1=r_2K_1$ $T_2=r_4K_2$ $\alpha=\frac{r_1+r_2}{r_2}$ $\beta=\frac{r_1+r_3+r_4}{r_4}$ $\gamma=\frac{r_1}{r_2}\frac{(r_3+r_4)}{r_4}$	$F=\frac{(1+j\omega T_1)(1+j\omega T_2)}{(1+j\omega T_a)(1+j\omega T_b)}$ $T_{a,b}=\frac{T_1}{2}\left[\left(\alpha+\frac{T_2}{T_1}\beta\right)\pm\sqrt{\left(\alpha+\frac{T_2}{T_1}\beta\right)^2-4\frac{T_2}{T_1}(\beta+\gamma)}\right]$
7 (ω_1, ω_2, ω_3, ω_4)	$T_1=\frac{b_1}{c_1}$ $T_2=\frac{b_2}{c_2}$ $\alpha=\frac{b_2}{b_1}$	$T_1=R_1C_1$ $T_2=R_2C_2$ $\alpha=\frac{C_2}{C_1}$	$T_1=r_1K_1$ $T_2=r_2K_2$ $\alpha=\frac{K_2}{K_1}$	$F=\frac{(1+j\omega T_1)(1+j\omega T_2)}{(1+j\omega T_a)(1+j\omega T_b)}$ $T_{a,b}=\frac{T_1}{2}\left[\left(1+\frac{T_2}{T_1}+\alpha\right)\pm\sqrt{\left(1+\frac{T_2}{T_1}+\alpha\right)^2-4\frac{T_2}{T_1}}\right]$
8 (ω_1, ω_2, ω_3, ω_4)	$T_1=\frac{b_1}{c_1}$; $T_2=\frac{b_2}{c_2+c_3}$ $\alpha=\frac{\frac{1}{c_2}+\frac{1}{c_3}}{\frac{1}{c_1}+\frac{1}{c_2}+\frac{1}{c_3}}$ $\beta=\frac{c_1+c_3}{c_1}$	$T_1=R_1C_1$ $T_2=\frac{R_2R_3}{R_2+R_3}C_2$ $\alpha=\frac{R_2+R_3}{R_1+R_2+R_3}$ $\beta=\frac{R_1+R_3}{R_3}$	$T_1=r_1K_1$ $T_2=\frac{r_2r_3}{r_2+r_3}K_2$ $\alpha=\frac{r_2+r_3}{r_1+r_2+r_3}$ $\beta=\frac{r_1+r_3}{r_3}$	$F=\alpha\frac{(1+j\omega T_1)(1+j\omega T_2)}{(1+j\omega T_a)(1+j\omega T_b)}$ $T_{a,b}=\frac{T_1}{2}\left[\left(\alpha+\frac{T_2}{T_1}\alpha\beta\right)\pm\sqrt{\left(\alpha+\frac{T_2}{T_1}\alpha\beta\right)^2-4\frac{T_2}{T_1}\alpha}\right]$
9 (ω_1, ω_2, ω_3, ω_4)	$T_1=\frac{b_1(c_1+c_2)}{c_1c_2}$ $T_2=\frac{b_2}{c_2}$ $T_3=\frac{b_2(c_2+c_3)}{c_2c_3}$ $\alpha=\frac{b_1}{b_2}$	$T_1=C_1(R_1+R_2)$ $T_2=R_2C_2$ $T_3=C_2(R_2+R_3)$ $\alpha=\frac{C_1}{C_2}$	$T_1=K_1(r_1+r_2)$ $T_2=K_2r_2$ $T_3=K_2(r_2+r_3)$ $\alpha=\frac{K_1}{K_2}$	$F=\frac{(1+j\omega T_1)(1+j\omega T_2)}{(1+j\omega T_a)(1+j\omega T_b)}$ $T_{a,b}=\frac{2(T_1T_3-T_2^2\alpha)}{(T_1+T_3)\pm\sqrt{(T_1-T_3)^2-4T_2^2\alpha}}$
10 (ω_1, ω_2, ω_3, ω_4)	$T_1=\frac{b_1}{c_1}$; $T_2=\frac{b_2}{c_4}$ $T_3=\frac{b_2(c_1+c_2)}{c_1c_2}$ $\alpha=\frac{1}{\frac{c_3}{c_1}+\frac{c_3}{c_2}+1}$ $\beta=\frac{c_2+c_3}{c_2}$ $\gamma=\frac{c_4}{c_2}$	$T_1=R_1C_1$; $T_2=R_4C_2$ $T_3=(R_1+R_2)C_2$ $\alpha=\frac{R_3}{R_1+R_2+R_3}$ $\beta=\frac{R_2+R_3}{R_3}$ $\gamma=\frac{R_2}{R_4}$	$T_1=r_1K_1$ $T_2=r_4K_2$ $T_3=(r_1+r_2)K_2$ $\alpha=\frac{r_3}{r_1+r_2+r_3}$ $\beta=\frac{r_2+r_3}{r_3}$ $\gamma=\frac{r_2}{r_4}$	$F=\frac{\alpha(1+j\omega T_1)(1+j\omega T_2)}{(1+j\omega T_a)(1+j\omega T_b)}$ $T_{a,b}=\frac{T_1}{2}\left[\left(\alpha\beta+\frac{T_2}{T_1}+\frac{T_3}{T_1}\alpha\right)\pm\sqrt{\left(\alpha\beta+\frac{T_2}{T_1}+\frac{T_3}{T_1}\alpha\right)^2-4\frac{T_2}{T_1}\alpha(\beta+\gamma)}\right]$

die Forderung, daß die Ausgangssignale sich nicht gegenseitig beeinflussen. Unter dieser Voraussetzung stellt sich der Frequenzgang der Parallelkombination auch als Summe der Teilfrequenzgänge dar. Vereinfachend gewinnt man die Frequenzgangsumme im Bode-Diagramm, indem man von den beiden Asymptoten jeweils die mit dem größeren Betrag übernimmt (Bild 7.10). Die so gewonnene Näherung trifft um so eher zu, je größer der Größenunterschied zwischen den beiden Teilfrequenzgängen für das betrachtete ω ist.

Zu beachten ist ferner, daß bei verschiedenen Vorzeichen an der Mischstelle nichtreguläre Systeme entstehen können (positive Pole oder Nullstellen in der Wurzelortebene). Im übrigen gilt in bezug auf die benutzten Verstärker dasselbe wie für die in Reihe geschalteten Netzwerke. Gelegentlich wird die Parallelschaltung benutzt, um PI- bzw. PID-Reglerkennlinien zu erzeugen.

Wie können am Beispiel des PID-Reglers den Unterschied zwischen der angenäherten Asymptotenkonstruktion und der wirklichen Asymptotenlinie des Gesamtfrequenzganges erkennen (Bild 7.11).

$$F_R = V\left(\frac{1}{i\omega T_n} + 1 + i\omega T_V\right) = V\,\frac{(1 + T_n i\omega + T_n T_v (i\omega)^2)}{i\omega T_n}$$

$$= \frac{V(1 + i\omega\tau_1)(1 + i\omega\tau_2)}{i\omega T_n} \text{ mit } \tau_{1;2} = \frac{T_n}{2}\left(1 \pm \sqrt{1 - \frac{4\,T_v}{T_n}}\right)$$

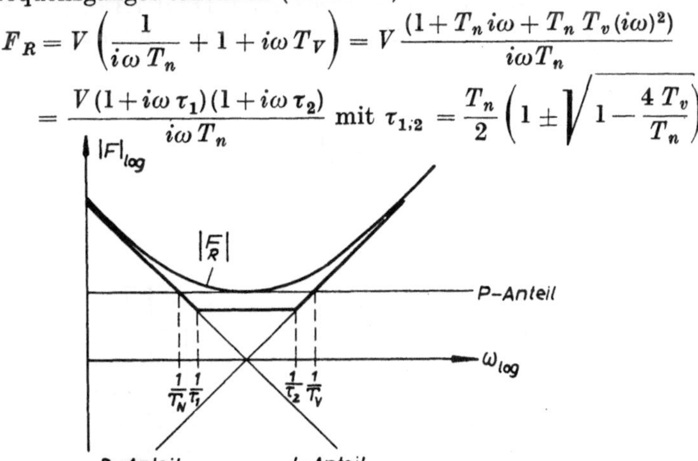

Bild 7.11. PID-Frequenzgang[1]) als Summe von drei Teilfrequenzgängen

während der Frequenzgang der angenäherten Konstruktion lauten würde

$$F_R \approx \frac{V(1 + i\omega T_n)\,(1 + i\omega T_v)}{i\omega T_n}.$$

7.3.3. Gegenschaltung

Diese, auch Rückführung genannte Schaltung, wird vor allem in Verbindung mit einem Regler hoher Verstärkung angewendet; sie besteht darin, den Ausgang des Reglers als Eingang des Netzwerkes zu benutzen und dessen Ausgang vom Eingangssignal des Reglers zu subtrahieren (Bild 7.12). Wir erhalten somit den Aufbau eines kleinen Regelkreises mit der Frequenzgangbeziehung

---

[1]) Wenn man die Reihenfolge der stark ausgezogenen Asymptoten verfolgt, wird deutlich, daß man richtiger vom IPD-Verhalten sprechen sollte. Wir schließen uns jedoch der eingeführten und genormten Bezeichnung PID-Regler etc. an.

$$F_{ges} = \frac{F_V}{1 + F_N F_V} \quad \text{oder umgeformt:} \quad \frac{1}{F_{ges}} = \frac{1}{F_V} + F_N.$$

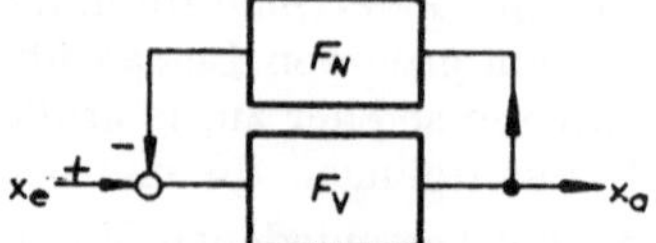

Bild 7.12. Gegenschaltung

Angenähert gilt daher, daß der Gesamtfrequenzgang mit dem Verstärkerfrequenzgang übereinstimmt, solange $1/|F_V|$ sehr groß ist gegenüber $|F_N|$, bzw. $|F_V|$ klein gegenüber $1/|F_N|$. Umgekehrt wird $|F_{ges}|$ angenähert gleich $1/|F_N|$, wenn $|F_V|$ groß gegenüber $1/|F_N|$ ist; d. h. man erhält eine angenäherte Asymptotenlinie für $|F_{ges}|$, wenn man von den Asymptotenlinien $|F_V|$ und $1/|F_N|$ jeweils die mit dem *kleineren* Betrag übernimmt (Bild 7.13). Ist $|F_V|$ über den ganzen Frequenzbereich sehr groß gegenüber $1/|F_N|$, dann gilt auch für den ganzen Frequenzbereich

$$F_{ges} \approx \frac{1}{F_N}.$$

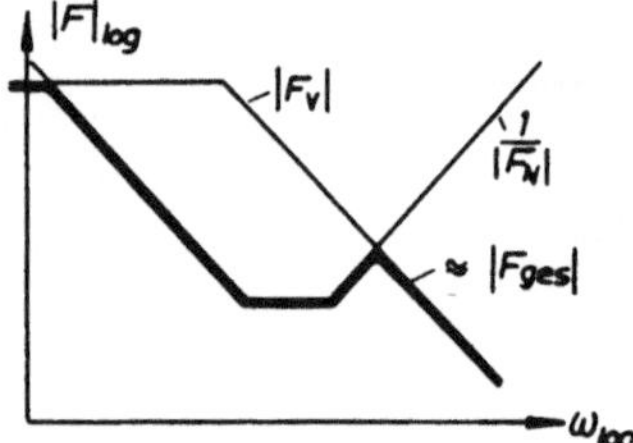

Bild 7.13. Angenäherter Frequenzgang der Gegenschaltung

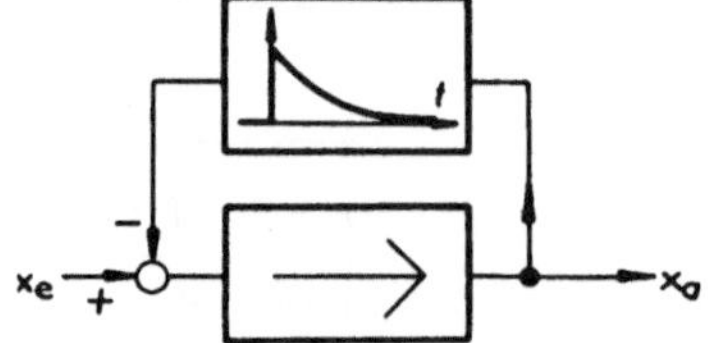

Bild 7.14. Regler mit nachgebender Rückführung

An dieser Formel erkennt man den verschwindenden Einfluß von Nichtlinearitäten und zeitlichen Schwankungen des Verstärkers, worin ein wesentlicher Vorzug der Gegenschaltung zu erblicken ist.

Zur Verdeutlichung sollen zwei Beispiele, nämlich die Erzeugung eines PI- und eines PID-Reglers durch gegengeschaltete Netzwerke, besprochen werden. Im ersten Fall liegt eine nachgebende Rückführung vor (Bild 7.14) mit dem Frequenzgang

$$F_N = \left(\frac{i\omega T_n}{1 + i\omega T_n}\right) \cdot \frac{1}{V}$$

und der eingezeichneten Übergangsfunktion, welche auch aus einer Parallelschaltung eines Proportionalgliedes mit einem Verzögerungsglied erster Ordnung (Bild 7.15) gebildet werden kann:

$$F_N = F_{N1} - F_{N2} = \frac{1}{V}\left(\frac{1+i\omega T_n}{1+i\omega T_n}\right) - \left(\frac{1}{1+i\omega T_n}\right)\frac{1}{V}$$

$$= \left(\frac{i\omega T_n}{1+i\omega T_n}\right)\frac{1}{V} \quad \text{q.e.d.}$$

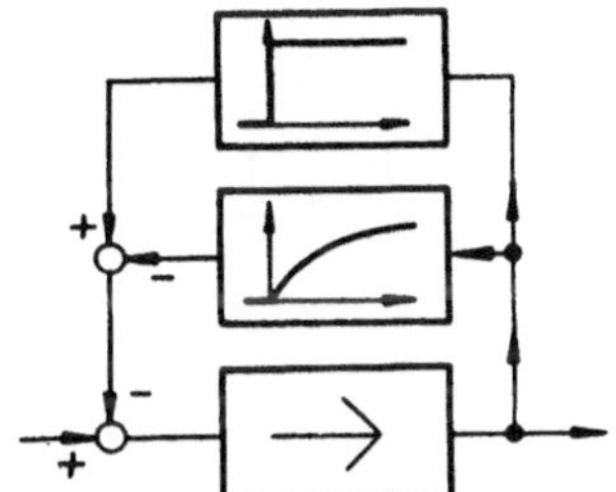

Bild 7.15. Aufteilung der nachgebenden Rückführung

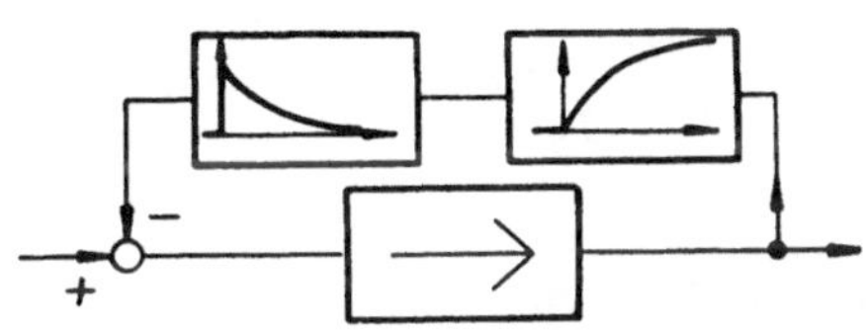

Bild 7.16. Regler in Gegenschaltung mit PID-Verhalten

Der im Vorwärtszweig liegende Verstärker ist mit einem Pfeil versehen, da sein Frequenzgang wegen der hohen Verstärkung nicht in Erscheinung tritt. Die angenäherte Beziehung liefert dann:

$$F_{\text{ges}} \approx \frac{1}{F_N} = V\left(\frac{1+i\omega T_n}{i\omega T_n}\right) = V\left(1+\frac{1}{i\omega T_n}\right)$$

die mit dem Standardfrequenzgang des PI-Reglers übereinstimmt. Setzt man das Rückführnetzwerk aus einem Vorhalteglied und einem Verzögerungsglied in Reihenschaltung zusammen (Bild 7.16), dann erhält man folgendes:

$$F_N = F_{N1} \cdot F_{N2}$$

$$F_N = \left(\frac{1}{(1+i\omega T_2)} \cdot \frac{i\omega T_1}{(1+i\omega T_1)}\right)\frac{1}{K}$$

und damit

$$F_{\text{ges}} \approx \frac{1}{F_N} = \frac{K(1+i\omega T_1)\cdot(1+i\omega T_2)}{i\omega T_1}$$

oder umgeformt

$$F_{ges} \approx K \left(\frac{1}{i\omega T_1} + \frac{T_1 + T_2}{T_1} + i\omega T_2 \right)$$

$$F_{ges} \approx K \frac{(T_1 + T_2)}{T_1} \left(\frac{1}{i\omega\,(T_1 + T_2)} + 1 + \frac{i\omega T_1 T_2}{T_1 + T_2} \right)$$

d. h. es ergibt sich ein PID-Regler. Verglichen mit der Standardschreibweise eines PID-Reglers

$$F_R = V \left(\frac{1}{i\omega\, T_n} + 1 + i\omega\, T_v \right)$$

finden wir die Zuordnung

$$V = K \frac{(T_1 + T_2)}{T_1}; \qquad T_n = T_1 + T_2; \qquad \frac{1}{T_v} = \frac{1}{T_1} + \frac{1}{T_2}.$$

Übungsaufgaben

7.3-1 Für die Parallelschaltung zweier Regelkreisglieder nach Bild Ü 7.3-1 lauten die Frequenzgänge:

$$F_1 = \frac{6{,}3}{i\omega}$$

$$F_2 = \frac{1{,}8}{(1 + 0{,}0315 i\omega)}$$

Bild Ü 7.3-1

Man zeichne das Bode-Diagramm für die gesamte Schaltung und stelle fest, in welchem Frequenzbereich PI-Verhalten vorliegt.

7.3-2 In der Schaltung nach Bild Ü 7.3-2 sind folgende Frequenzgänge vorhanden:

$$F_1 = \frac{16}{i\omega}$$

$$F_2 = \frac{4{,}5}{(1 + 0{,}0315 i\omega)}$$

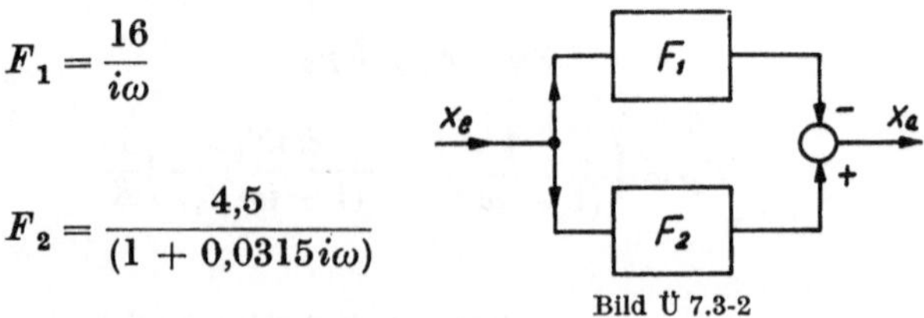

Bild Ü 7.3-2

Welchen Reglertyp erhält man durch die Parallelschaltung?

Man diskutiere an Hand der Wurzelortkurve die Stabilität eines mit diesem Regler betriebenen Regelkreises ($F_S F_H = \text{const.}$).

7.3-3 Ein Regler wird aus drei Regelkreisgliedern nach Bild Ü 7.3-3 zusammengeschaltet. Die einzelnen Frequenzgänge sind:

$$F_1 = 20$$

$$F_2 = \frac{20 i\omega}{(1 + 0{,}01 i\omega)}$$

$$F_3 = \frac{1}{0{,}315 i\omega}$$

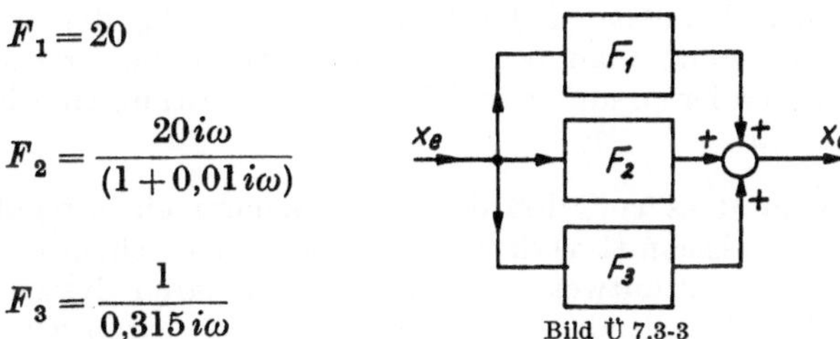

Bild Ü 7.3-3

Man zeichne den Frequenzgang der Gesamtschaltung im Bode-Diagramm auf. Welchem Reglertyp entspricht er?

7.3-4 In einer Gegenschaltung nach Bild Ü 7.3-4 sind die Frequenzgänge bekannt:

$$F_V = 10^7$$

$$F_N = \frac{2 i\omega}{6{,}3\ (1 + 5 i\omega)\ (1 + 1{,}25 i\omega)}$$

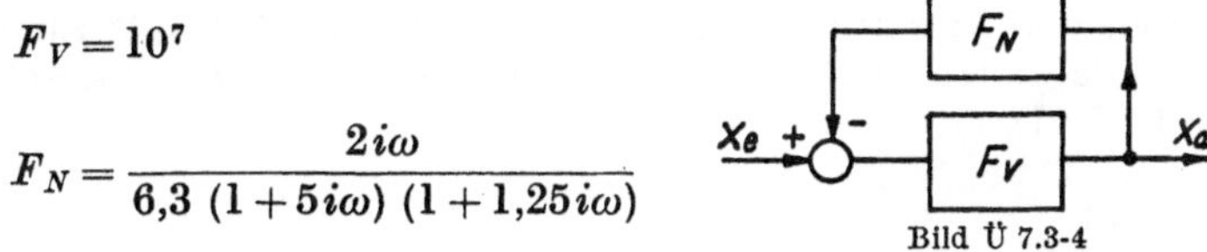

Bild Ü 7.3-4

Man zeichne den Asymptotenverlauf im Bode-Diagramm, korrigiere ihn mit Hilfe von Tabelle 5.2 und vergleiche das Ergebnis mit der Lösung von Aufgabe 7.3-3.

7.3-5 Man zeichne den Frequenzgang des Reglers nach Bild Ü 7.3-5 im Bode-Diagramm auf und stelle fest, welcher Reglertyp vorliegt. Die Frequenzgänge lauten:

$$F_V = 10^5$$

$$F_{N1} = 0{,}05$$

$$F_{N2} = \frac{0{,}05}{(1 + 0{,}1 i\omega)}$$

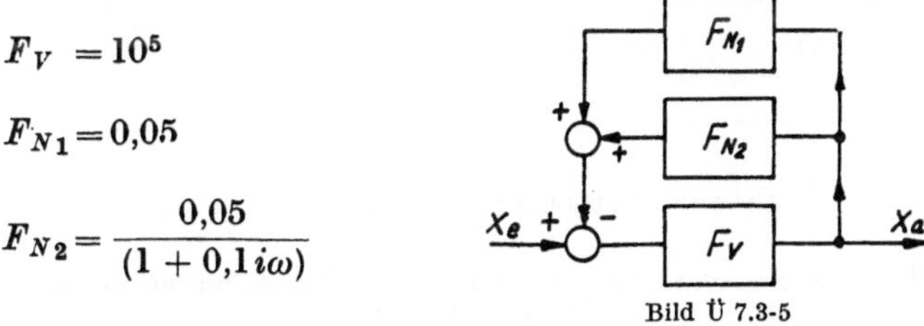

Bild Ü 7.3-5

7.4. Optimierung im Bode-Diagramm

Wie schon früher festgestellt, werden im Bode-Diagramm zur Optimierung die beiden Größen Phasenrand und Amplitudenrand herangezogen. Beschränkt man sich auf den Normalfall des im Gebiet um $|F_0| = 1$ und $\varphi = 180°$ abfallenden Amplituden- und Phasenganges des aufgeschnittenen Kreises, dann betragen die zulässigen Werte $\varphi_R = 30°$ bis $60°$ und $A_R = 2{,}5:1$ bis $5:1$[1]).

In anderen Fällen, bei denen φ den Wert $180°$ oder $|F_0|$ den Wert 1 mehr als einmal annimmt, sollte man besser die logarithmische Ortskurve (Nichols-Diagramm) konstruieren und den Wert $M_{\max}$ bestimmen, der zwischen 1 und 1,3 liegen soll.

Nicht selten kommt es vor, daß die Grenzfrequenz eines regulären Systems in einen Frequenzabschnitt verlegt werden soll, in welchem der Amplitudengang die Neigung -2 aufweist. Aus der bei regulären Systemen festen Zuordnung zwischen Amplitudengang und Phasengang leiten wir sofort ab, daß der Phasenwinkel in diesem Gebiet etwa $180°$ beträgt, und der Phasenrand in die Nähe von Null rückt. Die Amplitudenkurve muß daher in der Nähe von $|F_0| = 1$ derart abgewandelt werden (z. B. durch ein stabilisierendes Netzwerk), daß sie mit einer geringeren Neigung durch diesen Wert hindurchläuft. Als Entwurfsregel hat sich folgende Vorschrift bewährt:

> Der Asymptotenverlauf eines regulären Systems soll in der Nähe von $|F_0| = 1$ einen Geradenabschnitt mit der Neigung -1 aufweisen, der mindestens den Amplitudenbereich $|F_0| = 0{,}4$ bis $|F_0| = 2$ durchläuft, wenn sich daran längere Geradenstücke mit der Neigung -2 anschließen (vgl. Bild 7.17).

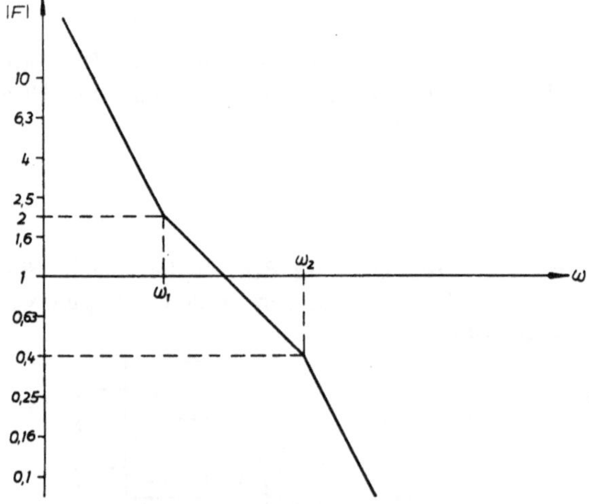

Bild 7.17. Stabilisierter Frequenzgang

[1]) Die kleineren Werte liefern schneller reagierende Regelkreise mit geringerem Regelfehler, die größeren Werte liefern die bessere Stabilität.

Im folgenden sollen zwei Netzwerktypen zur Verbesserung der Stabilitätsgüte herangezogen und die Bestimmung der Netzwerkzeitkonstanten im Bode-Diagramm gezeigt werden.

7.4.1. Amplitudenabsenkendes Netzwerk

Betrachtet sei ein Regelkreis mit stetig abfallendem Amplituden- und Phasengang (Bild 7.18), der sich z. B. bei Zusammenschaltung einer Regelstrecke aus zwei Gliedern 1. Ordnung und einem I-Regler ergibt. Wir lesen einen Phasenrand von 22° und einen Amplitudenrand von 4:1 ab und erkennen daran, daß der Regelkreis zu nahe an seiner Stabilitätsgrenze arbeitet, d. h. schlecht

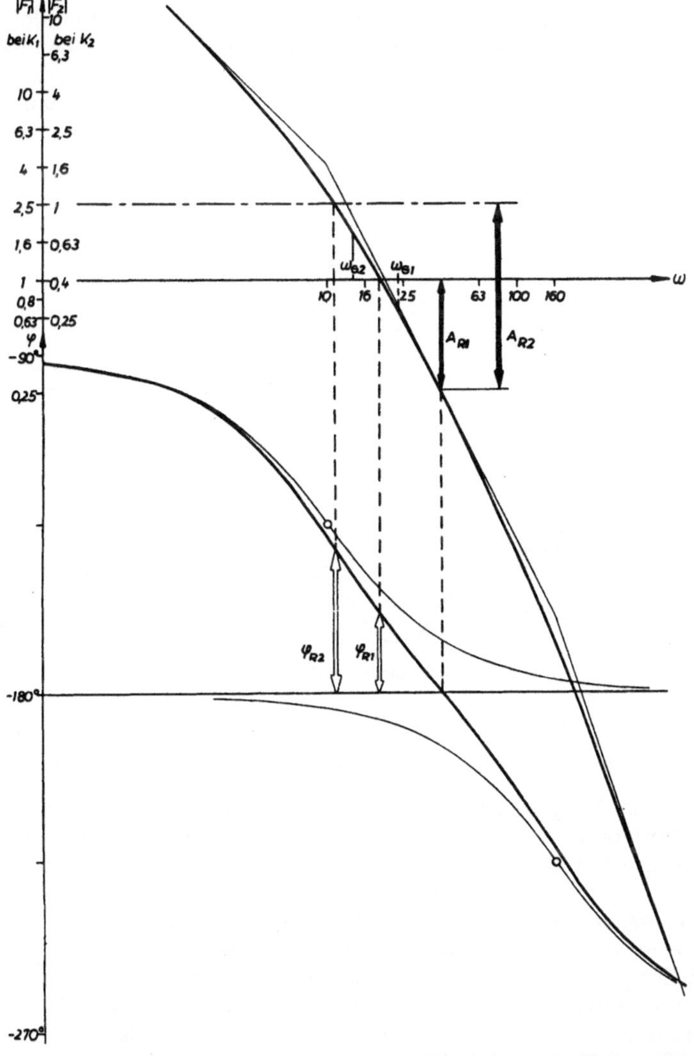

Bild 7.18. Optimierung eines Frequenzganges unter Verminderung der Kreisverstärkung

gedämpft ist. Es würde nun zur Verbesserung der Stabilitätsgüte genügen, die Kreisverstärkung — sagen wir um den Faktor 2,5 — abzusenken. Hierzu könnte ein Netzwerk benutzt werden, dessen Frequenzgang eine Konstante $K = 0{,}4$ wäre. (Diese Absenkung der Kreisverstärkung ist für den Amplitudengang gleichbedeutend mit einer Anhebung der Linie $|F| = 1$ um denselben Betrag, wie in Bild 7.21 strichpunktiert eingezeichnet.)

Wir würden dabei aber gleich zwei Nachteile in Kauf nehmen:

a) Die Grenzfrequenz des Kreises geht zurück von $\omega_{G1} = 23/\text{s}$ auf $\omega_{G2} = 13{,}5/\text{s}$, und b) die Regelgenauigkeit läßt nach, für welche die Größe von $|F_0|$ im Frequenzbereich $0 > \omega > \omega_G$ maßgebend ist.

Da jedoch die Stabilitätsgüte nur von dem Frequenzbereich um den Punkt $\omega(\varphi = -180°)$ bestimmt wird, läßt sich mit Vorteil ein Netzwerk benutzen, das den Amplitudenverlauf nur in diesem Gebiet absenkt, dagegen den Amplitudenverlauf bei tieferen Frequenzen — und damit die Regelgenauigkeit — nicht beeinflußt (Bild 7.19).

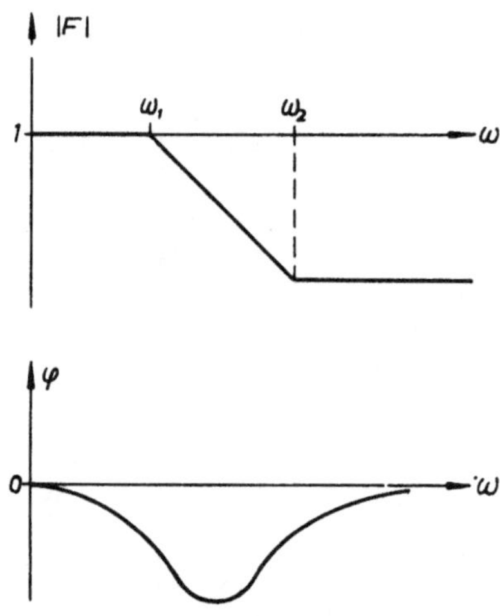

Bild 7.19. Amplitudenabsenkendes Netzwerk

Der Frequenzgang lautet für dieses Netzwerk $F_{N1} = \dfrac{(1 + i\omega/\omega_2)}{(1 + i\omega/\omega_1)}$, wobei durch die Indizes 1 und 2 angedeutet wird, daß die Eckfrequenz des Nenners kleiner als die des Zählers ist. Die Lage der beiden Eckfrequenzen kann jedoch nicht beliebig nahe am Punkt $|F_0| = 1$ gewählt werden, vielmehr ist ein Kompromiß zwischen der möglichst begrenzten Amplitudenabsenkung und der mit dem Netzwerk verursachten Absenkung des Phasenverlaufs zu schließen. In unserem Beispiel wären etwa die Eckfrequenzen $\omega_1 = 0{,}25/\text{s}$ und $\omega_2 = 1{,}25/\text{s}$ geeignet. Bei der gegenüber dem ursprünglichen System unveränderten Kreisverstärkung lesen wir aus Bild 7.20 einen Phasenrand von $\varphi_R = 45°$ und einen Amplitudenrand von 18:1 ab und vergewissern uns damit, daß eine genügende Dämpfung (Stabilitätsgüte) vorliegt.

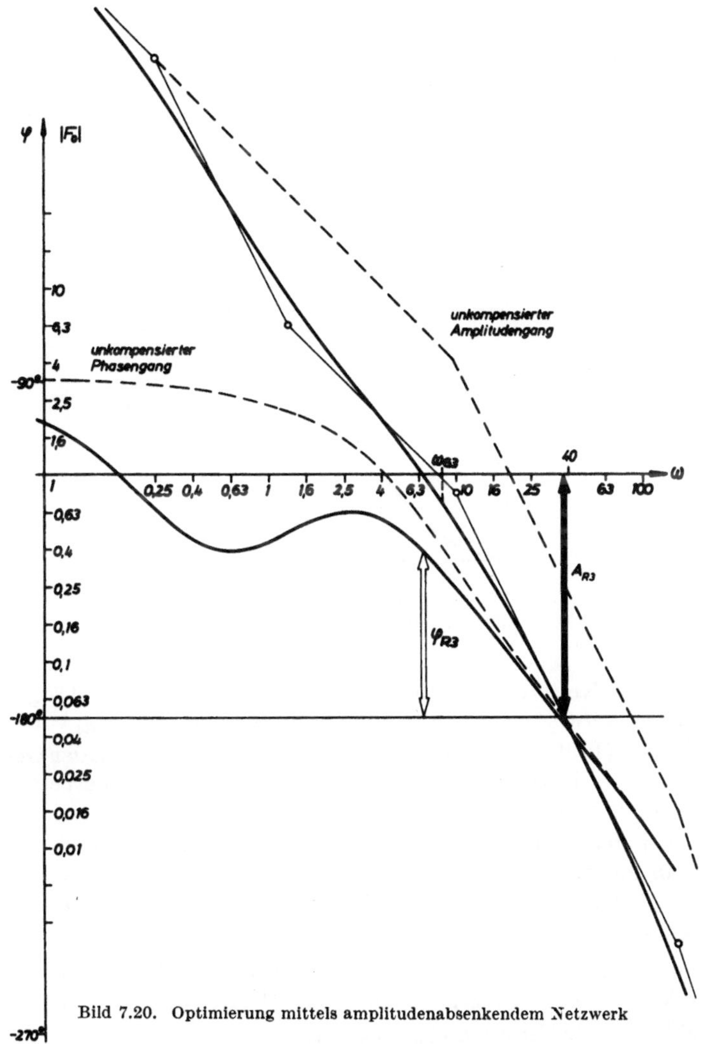

Bild 7.20. Optimierung mittels amplitudenabsenkendem Netzwerk

7.4.2. Phasenanhebendes Netzwerk

Im vorangegangenen Abschnitt wurden die Gütekennwerte φ_R und A_R verbessert, indem der Phasenverlauf im „kritischen" Bereich möglichst wenig beeinflußt, der Amplitudenverlauf dagegen möglichst weit abgesenkt wurde. Neben einer geringfügigen Einbuße an Regelgenauigkeit im kritischen Frequenzbereich verursachte das dort besprochene Netzwerk eine merkliche Absenkung der Grenzfrequenz, in unserem Beispiel von $\omega_{G1} = 23/\mathrm{s}$ auf $\omega_{G3} = 8/\mathrm{s}$ (Bild 7.20). Diesen Nachteil kann man ebenfalls beseitigen, indem man ein phasenanhebendes Netzwerk benutzt. In Bild 7.21 ist der Amplituden- und Phasenverlauf eines solchen Netzwerkes angegeben. Seine Frequenzgangfunktion lautet ganz ähnlich wie unter 7.4.1: $F_{N_2} = \left(\frac{1 + i\omega/\omega_1}{1 + i\omega/\omega_2}\right)$; jedoch ist hier die Eckfrequenz im Zähler kleiner als die des Nenners. Dieses Netzwerk übt einen anhebenden Einfluß auf den Amplitudengang aus; entscheidend ist aber die phasenanhebende Wirkung, so daß hiermit ebenfalls eine erhebliche Verbesserung des Stabilitätsverhaltens erzielt werden kann. In dem benutzten

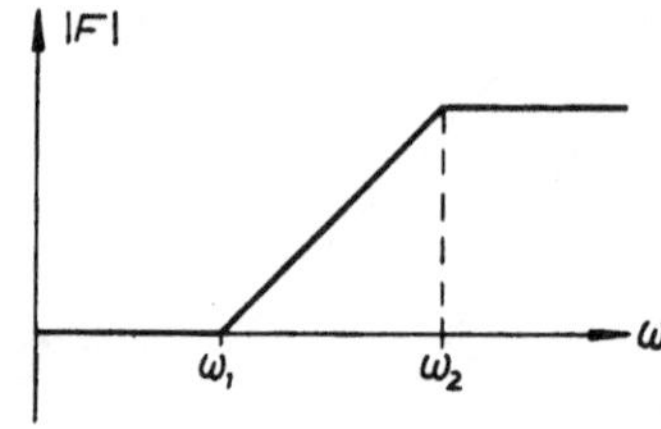

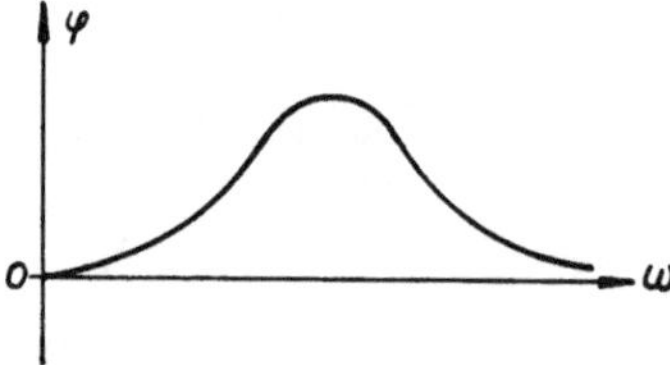

Bild 7.21. Phasenanhebendes Netzwerk

Beispiel wird ein Netzwerk mit den Eckfrequenzen $\omega_1 = 25$ und $\omega_2 = 400$ den Anforderungen gerecht. Die Gütekennwerte werden auf $\varphi_{R4} = 43°$, $A_{R4} = 5{,}6:1$ verbessert (Bild 7.22). Dabei konnte noch eine Anhebung der Gesamtverstärkung um den Faktor 5 zugelassen werden, worin die Verbesserung der Regelgenauigkeit zum Ausdruck kommt.

Legt man bei der Stabilisierung einen bestimmten Phasenrand zu Grunde, und hat man ein Netzwerk auszulegen, von dem — z. B. aus konstruktiven Gründen — der Frequenz-„Abstand", d. h. der Quotient ω_2/ω_1 vorgegeben ist, dann geht man anders als im obigen Beispiel wie folgt vor:

1. Man bestimmt den Winkelzuwachs φ_z an der Stelle $\omega_z = \omega_1^{0,6} \cdot \omega_2^{0,4}$ des Netzwerkes mit dem vorgegebenen ω_2/ω_1 (Bild 7.24).
2. Man bildet die Differenz $\varphi_{R\,\text{soll}} - \varphi_z = \varphi_d$.
3. Man sucht die Frequenz im Bode-Diagramm des nichtkompensierten Frequenzganges F_0' auf, für die φ den Wert $-180° + \varphi_d$ besitzt, und hat damit ω_z gefunden.
4. Die Eckfrequenzen des Netzwerkes bestimmen sich dann zu

$$\omega_1 = \omega_z \cdot \left(\frac{\omega_2}{\omega_1}\right)^{-0,4}; \qquad \omega_2 = \omega_z \cdot \left(\frac{\omega_2}{\omega_1}\right)^{0,6}.$$

5. Man addiere jetzt (grafisch) den Phasenwinkel des Netzwerkes.
6. Man konstruiere von $\omega = \omega_z$ und $|F| = 1$ ausgehend die Asymptotenlinie des Amplitudenganges und trage die Abweichungen des wahren Verlaufes ein.
7. Als letzte Kontrolle vergewissere man sich noch einmal, ob Phasen- und Amplitudenrand für die korrigierte Amplitudenkurve die zulässigen Werte einhalten.

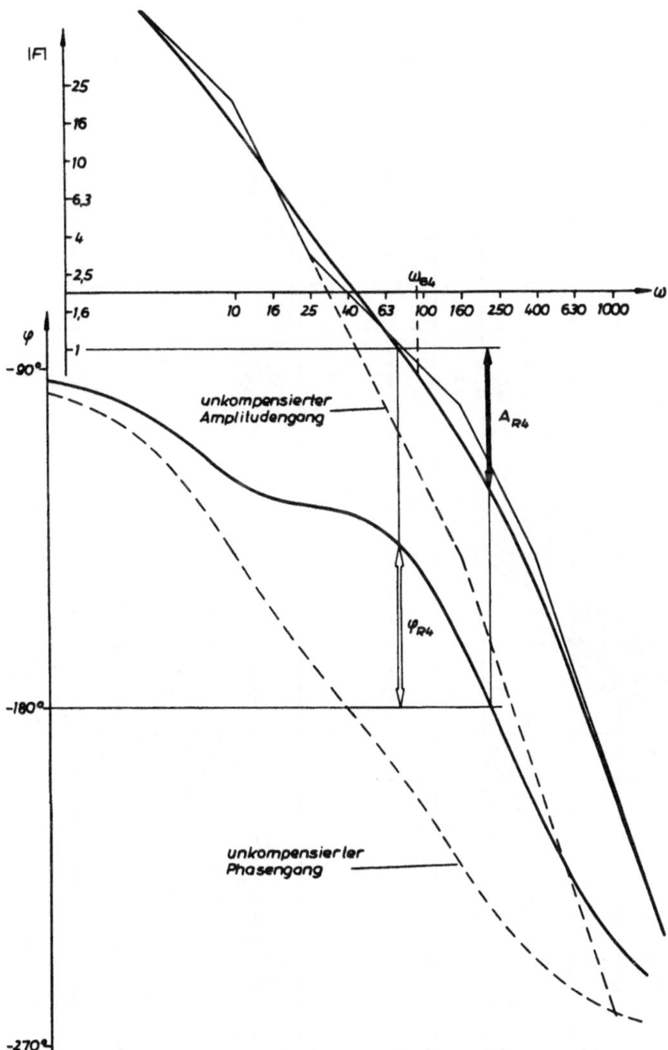

Bild 7.22. Optimierung mittels phasenanhebendem Netzwerk

In den Bildern 7.23 und 7.24 sind die Frequenzgänge der stabilisierenden Netzwerke 1. und 2. Art mit verschiedenen ω_2/ω_1 als Parameter dargestellt, aus denen man für ein vorliegendes Bode-Diagramm auf Grund der Phasenverhältnisse sofort das notwendige Eckfrequenzverhältnis ω_2/ω_1 des Netzwerkes ablesen kann, ebenso wie die „Schnittfrequenz“ ω_z, bei der die Asymptotenlinie der Amplitudenkurve $|F_0|$ die Linie $|F| = 1$ durchschneidet. (Gilt nur für phasenanhebende Netzwerke.)

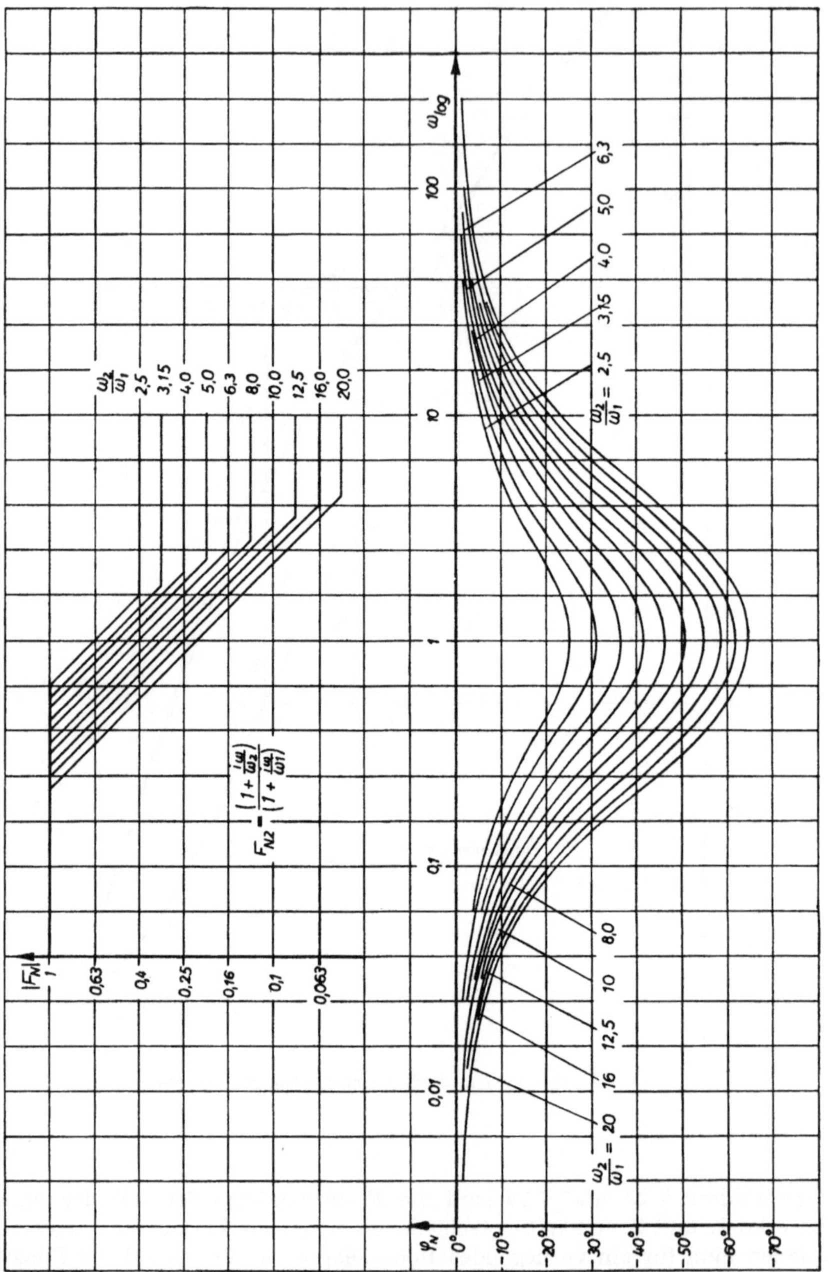

Bild 7.23. Amplitudenabsenkende Netzwerke

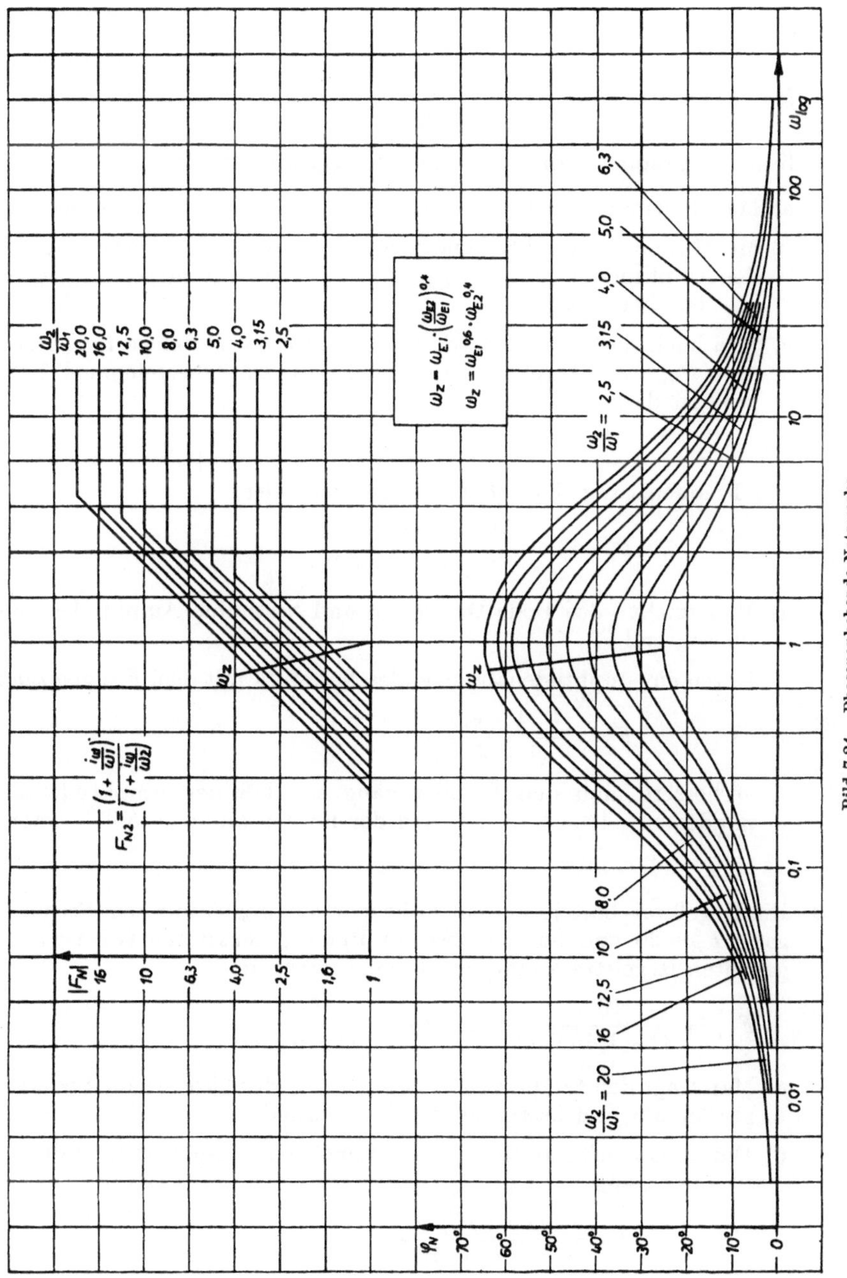

Bild 7.24. Phasenanhebende Netzwerke

Übungsaufgaben

7.4-1 Mit
$$F_0 = \frac{4\,(1+0{,}063 i\omega)}{i\omega\,(1+0{,}0063 i\omega)}\,e^{-0{,}25 i\omega}$$
liegt der Frequenzgang eines offenen Regelkreises vor.

a) Man bestimme im Bode-Diagramm Amplituden- und Phasenrand.

b) Mit Hilfe eines amplitudenabsenkenden Netzwerkes verbessere man den Amplitudenrand auf $A_R = 4{,}5:1$. Der Phasenrand soll mindestens $\varphi_R = 60°$ betragen.

c) Wie hoch darf die Verstärkung des unter b) stabilisierten Kreises sein, wenn ein Amplitudenrand von $A_R = 2{,}5:1$ bestehen soll? Wie groß ist dann der Phasenrand?

7.4-2 Der Frequenzgang eines offenen Regelkreises ist:
$$F_0 = \frac{2\,e^{-0{,}315 i\omega}}{[1+1{,}5 i\omega + (2{,}5 i\omega)^2]}$$

a) Man zeichne das Bode-Diagramm und bestimme Amplituden- und Phasenrand.

b) Durch ein amplitudenabsenkendes Netzwerk mit dem Frequenzgang
$$F_N = \frac{V\,(1+2{,}5 i\omega)}{(1+25 i\omega)}$$
verbessere man den Frequenzgang so, daß der Amplitudenrand mindestens $A_R = 2{,}5:1$ ist, und der Phasenrand $\varphi_R = 55°$ beträgt.

7.4-3 Ein Regelkreis besteht aus einem Proportionalregler mit dem Frequenzgang $F_R = 20$ und der aus zwei in Reihe geschalteten Gliedern aufgebauten Regelstrecke mit den Frequenzgängen
$$F_{S1} = \frac{16}{(1+1{,}6 i\omega)} \quad \text{und} \quad F_{S2} = \frac{0{,}08}{(1+6{,}3 i\omega)}$$

a) Man trage den Frequenzgang des offenen Regelkreises im Bode-Diagramm auf und bestimme den Phasenrand.

b) Durch Hinzufügen eines phasenanhebenden Netzwerkes mit dem Frequenzgang
$$F_N = \frac{(1+i\omega T)}{(1+i\omega T/5)}$$
soll die Stabilitätsgüte verbessert werden.

Wie groß muß T sein, und welche höchste Verstärkung ist zulässig wenn der Phasenrand $\varphi_R = 50°$ betragen soll?

7.5. Regelkreissynthese

In diesem Abschnitt soll gezeigt werden, wie man die Frequenzgänge der wählbaren Regelkreisglieder konstruieren kann, wenn der Frequenzgang des Führungs- und Störverhaltens vorgegeben wird. Das beschriebene Verfahren beschränkt sich auf lineare, einschleifige und reguläre Systeme, deren Standardform im Blockschaltbild 7.25 dargestellt ist. Freiwählbar sollen dabei der Reglerfrequenzgang G_R und der Frequenzgang des Führungsblockes G_W sein.

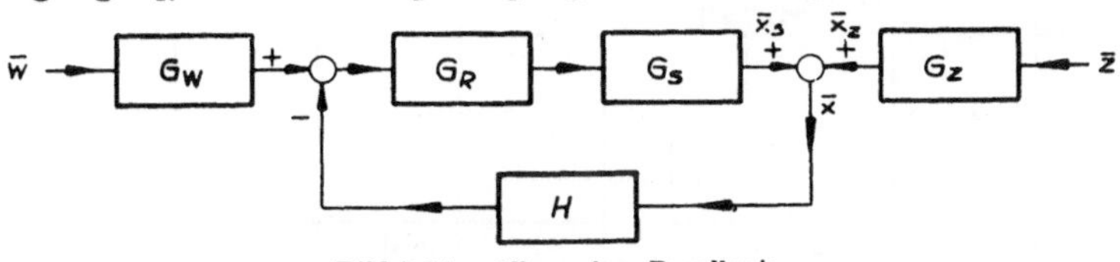

Bild 7.25. Allgemeiner Regelkreis

Die Forderungen an den Regelkreis lassen sich 1. als Störverhalten $(\boldsymbol{x}/\boldsymbol{z})_{w=0} \equiv F_z$ und 2. als Führungsverhalten $(\boldsymbol{x}/\boldsymbol{w})_{z=0} \equiv F_w$ formulieren; z. B. kann man verlangen, daß F_z einen bestimmten Höchstbetrag nicht übersteigt oder in einem bestimmten Frequenzbereich möglichst klein wird. Für F_w könnte die Forderung z. B. lauten, daß dieser Führungsfrequenzgang bis zu einer bestimmten Frequenz der Linie $|F| = 1$ folgen soll, um dann nach einem bestimmten Kurvenverlauf abzufallen.

Die schon vorher abgeleiteten Beziehungen zwischen dem Frequenzgang des geschlossenen und dem des offenen Kreises lauten für das oben angegebene Blockschaltbild

$$F_z = \left(\frac{\boldsymbol{x}}{\boldsymbol{z}}\right)_{w=0} = \frac{G_z}{1 + G_S \cdot G_R \cdot H} \quad \text{für das Störverhalten} \tag{7.1}$$

und

$$F_w = \left(\frac{\boldsymbol{x}}{\boldsymbol{w}}\right)_{z=0} = \frac{G_w \cdot G_R \cdot G_S}{1 + G_R \cdot G_S \cdot H} \quad \text{für das Führungsverhalten} \tag{7.2}$$

Jedem dieser formelmäßigen Zusammenhänge entspricht eine grafische Konstruktion, wie sie z. B. im Abschnitt 5. 11 ausgeführt ist. Auf ähnlichem Wege lassen sich nun auch die Frequenzgänge G_R und G_w bestimmen.

7.5.1. Bestimmung des Reglerfrequenzganges

Die Auflösung der Gleichung (7.1) nach G_R liefert die Beziehung

$$G_R = \left(\frac{G_z}{F_z} - 1\right) \cdot \frac{1}{H \cdot G_S} \tag{7.3}$$

Im Bode-Diagramm sind somit die Operationen: Dividieren, Subtrahieren, Dividieren auszuführen. Um nichtreguläre Frequenzgangteile auszuschließen, darf bei der Subtraktion der Ausdruck G_z/F_z nicht kleiner sein als eins bzw. F_z nicht größer als G_z werden. Diese Forderung läßt sich stets erfüllen und kommt dem Wunsch nach möglichst geringem Störeinfluß entgegen. Die Vorgehensweise soll am folgenden Beispiel erörtert werden.

Gegeben sind die Frequenzgänge

$$F_z \leq 0{,}01, \qquad G_S = \frac{1{,}6}{(1+i\omega/0{,}2)\;(1+i\omega/0{,}8)}$$

$$H \equiv 1, \qquad G_z = \frac{1}{(1+i\omega/0{,}1)\;(1+i\omega/1{,}25)}.$$

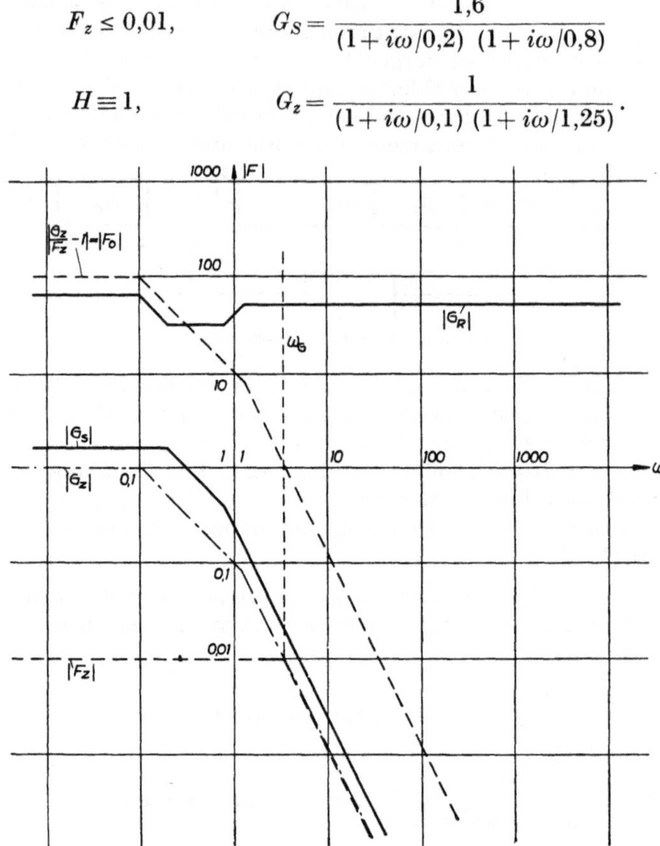

Bild 7.26. Bestimmung des Regler-Frequenzganges

Setzt man $F_z = \dfrac{0{,}01}{[1+0{,}108 i\omega + 0{,}08\,(i\omega)^2]}$, dann ergibt die Formel $G_R = \dfrac{1}{HG_S}\left(\dfrac{G_z}{F_z} - 1\right)$ den in Bild 7.26 dargestellten Reglerfrequenzgang. Die grafische Konstruktion ist in der Reihenfolge ausgeführt:

$$\left|\frac{G_z}{F_z}\right| \text{ (Subtraktion der Streckenzüge } |G_z| \text{ und } |F_z|),$$

$$\left|\frac{G_z}{F_z} - 1\right| \text{ (gestrichelte Linie),}$$

Der Abschnitt oberhalb ω_G ist rechnerisch kontrolliert.

$$\left|\frac{G_z}{F_z} - 1\right| \cdot \frac{1}{|G_S|\cdot|H|} = |G_R| \text{ (durchgezogene Linie)}$$

Benutzt man die drei mittleren Asymptotenstücke des ermittelten Reglerfrequenzganges, um einen PID-Regler festzulegen, dann verbessert sich der Störfrequenzgang nach Bild 7.27.

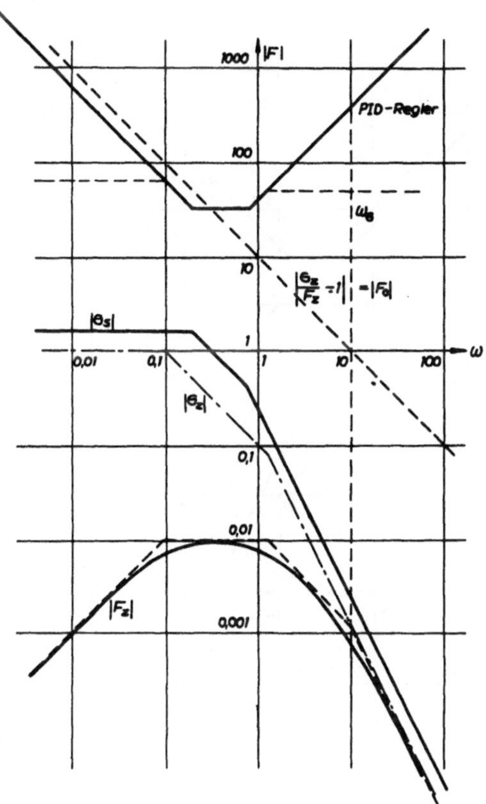

Bild 7.27. Verbesserung des Störfrequenzganges bei Benutzung eines PID-Reglers

Rechnerisch:

$$G_R = \frac{6{,}3\,(1+i\omega/0{,}2)\,(1+i\omega/0{,}8)}{i\omega}$$

$$F_0 = G_R \cdot G_S \cdot H = \frac{10}{i\omega}$$

$$\frac{G_z}{F_z} = \frac{10+i\omega}{i\omega} = \frac{10\,(1+i\omega/10)}{i\omega}$$

$$F_z = \frac{G_z \cdot i\omega}{10\,(1+i\omega/10)}$$

$$F_z = \frac{0{,}1\,i\omega}{(1+i\omega/0{,}1)\,(1+i\omega/1{,}25)\,(1+i\omega/10)}$$

Bemerkenswert ist ferner, daß die Reglerkennlinie oberhalb ω_G von dem geforderten Verlauf abweichen kann, ohne daß das Störverhalten merklich verändert wird (Bild 7.28); hierdurch wird die Realisierung des erforderlichen Reglerfrequenzganges erleichtert.

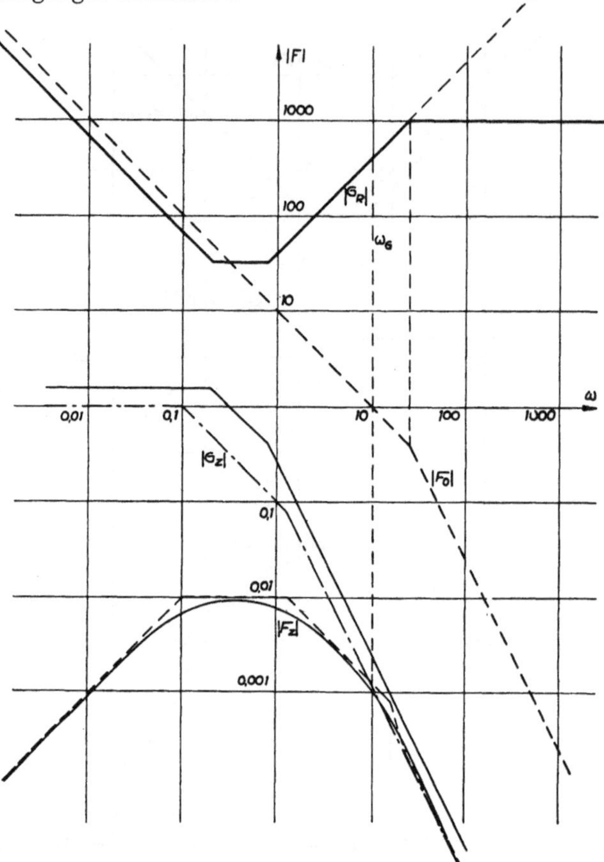

Bild 7.28. Veränderung des Regler-Frequenzganges oberhalb ω_G

7.5.2. Bestimmung des Frequenzganges des Führungsblockes (Sollwertglättung)

Nachdem der Reglerfrequenzgang durch ein vorgegebenes Störverhalten festgelegt worden ist, kann das geforderte Führungsverhalten nur noch durch Auslegung des Führungsblockes mit dem Frequenzgang G_w erreicht werden. Löst man die Gleichung (7.2) nach G_w auf, dann erhält man die Beziehung

$$G_w = \frac{F_w \cdot (1 + G_R \cdot G_S \cdot H)}{G_R \cdot G_S}$$

oder mit

$$G_R \cdot G_S \cdot H = F_0$$

$$G_w = F_w \cdot H \cdot \left(\frac{1}{F_0} + 1\right).$$

Die grafische Konstruktion soll an einem Beispiel erläutert werden. Gegeben seien die Frequenzgänge:

$$F_0 = \frac{630\ (1+i\omega)}{(1+i\omega/0{,}025)\ (1+i\omega/0{,}16)\ (1+i\omega/10)}$$

$$H = \frac{1{,}6}{(1+i\omega/1000)}\ ;$$

gefordert sei ein $F_w = \dfrac{1}{(1+i\omega/40)\ (1+i\omega/100)\ (1+i\omega/250)}$.

Die Konstruktion ist im Bild 7.29 dargestellt und in den Schritten

$$|F_0| \rightarrow \frac{1}{|F_0|} \rightarrow \left|\frac{1}{F_0}+1\right| \rightarrow |G_w| \text{ ausgeführt.}$$

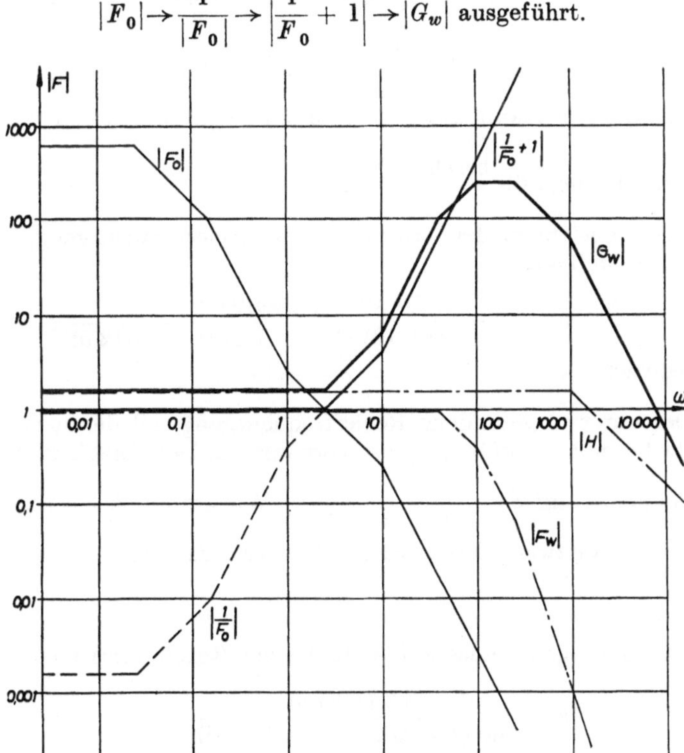

Bild 7.29. Bestimmung des Frequenzganges G_w

Die grafische Addition — hier genau so wie die grafische Subtraktion im Abschnitt 7.5.1 zur Bestimmung von G_R — sind Näherungsverfahren. In gewissen einfachen Fällen stimmen die Lösungen mit den exakten Ergebnissen genau überein. In anderen Fällen, z. B. wenn sich die Teilfrequenzgänge mit einem Neigungsunterschied von 2 oder mehr schneiden, bleibt die Dämpfung der so entstehenden Glieder 2. Ordnung unbestimmt. Auch können die so gefundenen Eckfrequenzen mit geringen Fehlern behaftet sein (vgl. Abschnitt 7.3.2 und 5.11). Diese Ungenauigkeiten können aber vielfach in Kauf genommen werden, da häufig die vorgegebenen Werte der Strecke usw. unsicher sind, bzw. merkliche Abweichungen vom linearen Verhalten vorliegen.

Zur Realisierung der gefundenen Frequenzgänge wird auf den Abschnitt 7.3 verwiesen.

Übungsaufgaben

7.5-1 Von einem Regelkreis sind folgende Frequenzgänge bekannt:

$$H = 1 \qquad G_S = F_S = \frac{3{,}15}{i\omega\,(1 + i\omega/1{,}6)}.$$

Der Einfluß der Hauptstörgröße z im ungeregelten Zustand wird durch $G_z = \dfrac{4}{i\omega\,(1 + i\omega/1{,}6)}$ beschrieben.

a) Man konstruiere den erforderlichen Reglerfrequenzgang, der den Störeinfluß auf

$$F_z = \frac{0{,}016\,(1 + i\omega/0{,}008)}{(1 + i\omega/0{,}16)\,(1 + i\omega/1{,}6)\,(1 + i\omega/12{,}5)}$$

reduziert.

b) Der unter a) gefundene Reglerfrequenzgang soll durch einen Verstärker mit Rückführung realisiert werden. Der Verstärker habe den Frequenzgang $F_V = \dfrac{V}{(1 + i\omega/0{,}004)}$. Wie groß muß V sein, und was für ein Netzwerk (Frequenzgang) ist erforderlich?

7.5-2 Der Frequenzgang eines aufgeschnittenen Regelkreises lautet

$$F_0 = \frac{6{,}3\,(1 + i\omega)}{i\omega\,(1 + i\omega/0{,}315)\,(1 + i\omega/5)},$$

der des Meßgliedes

$$H = \frac{1}{1 + i\omega/12{,}5}.$$

Man konstruiere den Frequenzgang des Führungsblockes, wenn der Zusammenhang zwischen Regelgröße und Führungsgröße durch $F_w = \dfrac{1}{(1 + i\omega/8)\,(1 + i\omega/16)}$ vorgeschrieben ist.

7.5-3 Man bestimme die Frequenzgänge des Reglers und des Führungsblockes für einen Regelkreis, dessen Daten durch

$$G_z = \frac{1}{(1+100i\omega)\,(1+10i\omega)} \qquad F_S = \frac{2,5}{(1+10i\omega)}$$

$$H = \frac{0,63}{(1+i\omega/1,6)}$$

gegeben sind und welcher den Anforderungen

$$|F_z| \leq \left|\frac{0,0063}{(1+6,3i\omega)}\right|$$

$$F_w = \frac{1}{(1+i\omega/2,5)} \qquad \text{(einzuhalten bis } \omega = 6,3)$$

gerecht werden soll.

Bei der Konstruktion ist zu berücksichtigen, daß für den Regler ein Verstärker mit $F_V = \dfrac{4}{i\omega\,(1+i\omega/40)}$ und eine PI-Verhalten erzeugende Rückführung vorgesehen ist. Was für ein F_z ergibt sich dadurch?

7.6. Regelkreissynthese im Zustandsraum

Der Zustandsraum erlaubt nicht nur eine andersartige Beschreibung der Regelstrecke, er ist auch die Grundlage für einen anderen Reglertyp, nämlich den Zustandsregler. Im Gegensatz zu den konventionellen Reglern mit charakteristischem Zeitverhalten geht man hierbei von dem Vektor der Zustandsvariablen aus, die mit einer algebraischen (m,n)-Matrix R multipliziert die m Stellsignale y_u liefern. Sie werden von dem mit der Filtermatrix S multiplizierten Sollwertvektor w abgezogen (s. Bild 7.30).

Zunächst fällt bei diesem Reglertyp die fehlende Dynamik auf; diese wird praktisch aus der Strecke entlehnt und ist deshalb stets an diese angepaßt. Ferner unterscheidet sich dieser Regler durch die große Zahl von Eingangssignalen. Da selten sämtliche Zustandsgrößen direkt meßbar sind, wird in einem zweiten Schritt ein Beobachter eingefügt, welcher aus den Ein- und Ausgangs-

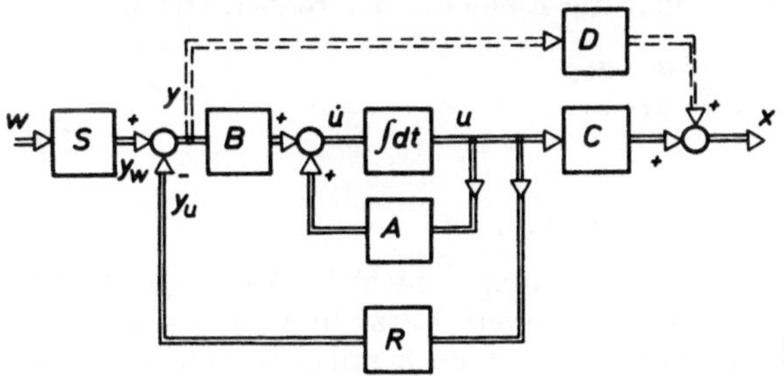

Bild 7.30

größen der Strecke (y_i und x_i) die fehlenden Zustandsgrößen rekonstruiert und dynamisch nachführt (s. 7.6.2). Beobachter und Zustandsregler zusammen bilden dann wieder ein dem konventionellen Regler entsprechendes System, das ggf. auch durch einen klassischen Regler (z. B. PID) realisiert werden kann. In diesem Fall liefert die Zustandsbetrachtung eine gezielte Bemessungsvorschrift für sämtliche Reglerparameter.

7.6.1. Zustandsregelung durch Polvorgabe

Die Wirkung des Zustandsreglers auf das zu regelnde System kann aus dem Bild 7.30 abgeleitet werden. Es gilt:

$$\dot{\boldsymbol{u}} = A \cdot \boldsymbol{u} - B \cdot R \cdot \boldsymbol{u} + B \cdot y_W = (A - B \cdot R) \cdot \boldsymbol{u} + B \cdot y_W$$

sowie

$$x = C \cdot \boldsymbol{u} + D \cdot y$$

Die Systemmatrix A wird durch das Produkt aus Eingangs- und Reglermatrix erweitert.

Besonders einfach läßt sich die Reglermatrix R bei einschleifigen Systemen in Regelungsnormalform entwerfen (Gl. (6.12)). Mit $D = 0$ ist die neue kombinierte Systemmatrix des Systems mit Zustandsregler gegeben durch:

$$Q_R = \left(\begin{array}{ccccc|c} 0 & 1 & 0 & \cdots & 0 & 0 \\ & 0 & 1 & \ddots & \vdots & \vdots \\ & & & \ddots & \vdots & \vdots \\ & & & & 1 & 0 \\ -a_0 - r_1; & -a_1 - r_2; & & \cdots & -a_{n-1} - r_n & 1 \\ \hline c_0; & c_1; & & \cdots & c_{n-1} & 0 \end{array}\right)$$

Die Ausgangsmatrix C bleibt also unverändert, ebenso die Eingangsmatrix B. Die Elemente der $(1, n)$-Reglermatrix subtrahieren sich unmittelbar von den Elementen $-a_{ni}$ der Systemmatrix, welche für die Regelungsnormalform mit den Konstanten der Differentialgleichung übereinstimmen. Die Auslegung läßt sich daher wie folgt durchführen:

Unter Berücksichtigung der bisherigen Pole (Eigenwerte von A) wählt man neue Pole aus, die einem verbesserten Zeitverhalten entsprechen (schneller, ggf. mit größerer Dämpfung). Durch Ausmultiplizieren des charakteristischen Polynoms $\Pi\ (s - s_{Gi})$ erhält man die Konstanten $\alpha_0 \ldots \alpha_{n-1}$ der neuen DGl. Aus diesen bestimmen sich unmittelbar die Elemente der Reglermatrix

$$\begin{aligned} r_1 &= a_0 - a_0 \\ r_2 &= \alpha_1 - a_1 \\ &\;\cdot \quad \cdot \\ &\;\cdot \quad \cdot \\ r_n &= \alpha_{n-1} - a_{n-1} \end{aligned} \qquad (7.4)$$

Im allgemeinen Fall liegen die Zustandsgleichungen nicht in Regelungsnormalform vor. Der Übergang von einer auf die andere Darstellung ist jedoch über eine Transformation möglich. Mit der zunächst noch unbekannten Transformationsmatrix T kann man die allgemeinen Zustandsgrößen $\boldsymbol{u}$ in solche umwandeln, deren Systemmatrix die gewünschte Regelungsnormalform besitzt:

$$\boldsymbol{v} = T \cdot \boldsymbol{u} \quad \text{und} \quad \boldsymbol{u} = T^{-1} \cdot \boldsymbol{v} \tag{7.5}$$

Setzt man dies in die Zustandsgleichungen ein, dann erhält man $T^{-1} \cdot \dot{\boldsymbol{v}} = A \cdot T^{-1} \cdot \boldsymbol{v} + B \cdot \boldsymbol{y}$, und durch linksseitige Multiplikation mit T:

$$\begin{aligned} \dot{\boldsymbol{v}} &= T \cdot A \cdot T^{-1} \cdot \boldsymbol{v} + T \cdot B \cdot \boldsymbol{y} \\ \boldsymbol{x} &= C \cdot T^{-1} \cdot \boldsymbol{v} \end{aligned}$$

Der Zustandsregler mit Polvorgabe (Gl. (7.4)) läßt sich nun auf das transformierte System anwenden: $y = -R \cdot \boldsymbol{v}$,

wobei die Pole des ungeregelten Systems $\det (I \cdot s - TAT^{-1}) \equiv \det (I \cdot s - A)$ aus den gleichen Eigenwerten der Matrix A bestehen.

Mit (7.5) gilt dann $y = -R \cdot T \cdot \boldsymbol{u}$, d.h., man erhält den Zustandsregler R_A für die allgemeinen Zustandsvariablen, indem man R mit der Transformationsmatrix T multipliziert.

Mit $A_R = T \cdot A \cdot T^{-1}$ und $B_R = T \cdot B$ und den Besonderheiten der Regelungsnormalform Gl. (6.12) findet man nach einigen Umformungen folgende Berechnungsvorschrift:

$$T' = (t;\ A' \cdot t;\ A'^2 \cdot t;\ \ldots;\ A'^{n-1} \cdot t), \tag{7.6}$$

wobei sich der Vektor t aus dem Gleichungssystem:

$$Q'_s \cdot t \equiv (b;\ Ab;\ A^2 b;\ \ldots;\ A^{n-1} b)' \cdot t = \begin{matrix} 0 \\ \cdot \\ \cdot \\ \cdot \\ 0 \\ 1 \end{matrix} \tag{7.7}$$

bestimmt. Gl. (7.4), (7.5) und (7.6) lassen sich weiter umformen in

$$R_A = (\alpha_0 \cdot I + \alpha_1 \cdot A' + \ldots + \alpha_{n=1} \cdot A'^{n-1} + A'^n) \cdot t \tag{7.8}$$

Da bei $D = 0$ (bei allen nichtsprungfähigen Strecken) durch Einfügen des Zustandsreglers die Elemente der Ausgangsmatrix C sich nicht ändern, welche die Zählerglieder der Übertragungsfunktion bestimmen, gilt die bemerkenswerte Tatsache, daß mit der Reglermatrix nur die Pole und nicht die Nullstellen der Übertragungsfunktion verändert werden. Das mit den Polen verbesserte Systemverhalten wird also durch keine unbeabsichtigten Verschiebungen der Nullstellen wieder in Frage gestellt. Die Auslegung eines Zustandsreglers ist ähnlich auch für Systeme mit mehreren Eingängen y_i möglich. Die (m,n) Elemente der Reglermatrix sind aber nur dann auf ähnlich einfache Weise bestimmbar, wenn jede Zustandsvariable jeweils nur von einer Stellgröße beeinflußt wird. Sortiert man die Zustandsgrößen in der Reihenfolge der Eingangsgrößen, dann erhält man m Teilsysteme, die man mit m Teilreglermatrizen verknüpfen kann, die jede wie oben angegeben bestimmbar ist.

Wie einfach die obige Auslegungsvorschrift durchzuführen ist, läßt folgendes Beispiel erkennen:

Das Streckenverhalten sei gegeben durch die Übertragungsfunktion:

$$F(s) = \frac{5s + 10}{s^3 + 3s^2 + 7s + 5} = \frac{5\,(s + 2)}{(s + 1)\,(s + 1 + 2i)\,(s + 1 - 2i)}$$

Die kombinierte Systemmatrix in Regelungsnormalform lautet also:

$$Q = \left(\begin{array}{ccc|c} 0 & 1 & 0 & 0 \\ 0 & 0 & 1 & 0 \\ -5 & -7 & -3 & 1 \\ \hline 10 & 5 & 0 & 0 \end{array}\right)$$

Die Pole sollen durch den Regler besser gedämpft werden und stärker negative Realteile erhalten, um Störungen schneller abklingen zu lassen. Es werden die Pole $s_{G1} = -2{,}5$, $s_{G2,3} = -5$ vorgegeben. Der Nenner von $F(s)$ wird dann:

$$(s + 2{,}5) \cdot (s + 5)^2 = s^3 + 12{,}5 \cdot s^2 + 50 \cdot s + 62{,}5$$

und die Reglerparameter errechnen sich damit zu:

$$\begin{aligned} r_1 &= 62{,}5 - 5 = 57{,}5 \\ r_2 &= 50 \quad - 7 = 53 \\ r_3 &= 12{,}5 - 3 = \ \ 9{,}5 \end{aligned}$$

Das damit erreichte Zeitverhalten ist im Bild 7.32 dargestellt. Eine Transformation ist hier wegen vorausgesetzter Regelungsnormalform nicht erforderlich. Man kann nun mit Recht fragen, wodurch die vorzugebenden Pole in ihrem negativen Realteil begrenzt sind. Offensichtlich wird doch das Zeitverhalten des geregelten Systems um so besser, je weiter die Pole in Richtung der negativen reellen Achse von s verschoben werden. Die Begrenzung ist dadurch gegeben, daß mit dem negativen Realteil der Pole auch die Reglerparameter anwachsen, was bei dem stets vorhandenen Meßrauschen zu immer unruhigeren Stellgrößen führt. Man hat deshalb einen Kompromiß zwischen Störwelligkeit in den Stellgrößen und der Schnelligkeit der Ausregelvorgänge zu schließen.

Nachzutragen ist noch die Auslegung des Sollwertfilters S. Fordert man die stationäre Übereinstimmung von $\boldsymbol{x}$ mit $\boldsymbol{w}$, dann gilt mit $\boldsymbol{u} = 0$ und für $D = 0$:

$$S = [C \cdot (B \cdot R - A)^{-1} \cdot B]^{-1} \tag{7.9}$$

Im einschleifigen Fall ist dies ein skalarer Faktor.

7.6.2. Der Luenberger Beobachter

Um die im allgemeinen nicht meßbaren Zustandsvariablen u_i aus den Ein- und Ausgangsgrößen y_i, x_i zu rekonstruieren, hat *Luenberger* die im Bild 7.31 angegebene Beobachterstruktur entwickelt. Sie besteht aus einem Modell der Regelstrecke, ergänzt durch einen Ausgangsvergleich und eine Korrekturmatrix K.

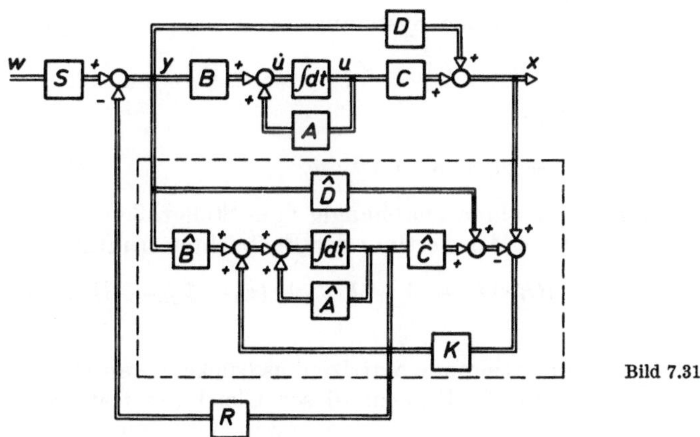

Bild 7.31

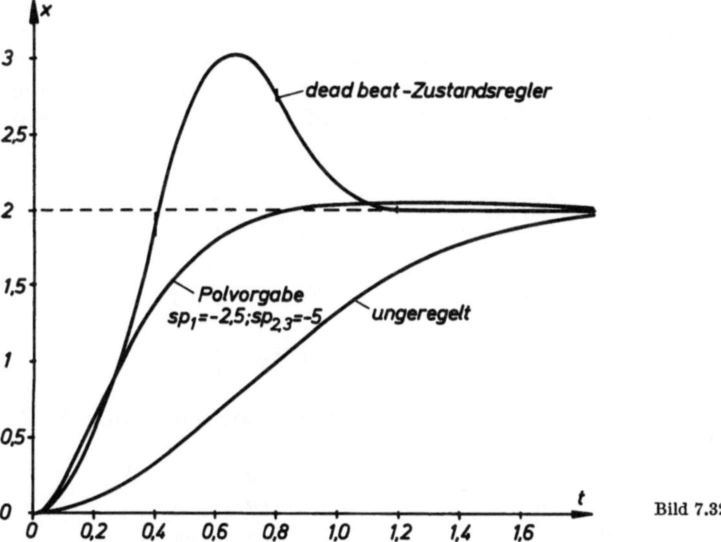

Bild 7.32

Wendet man auf die damit gegebenen Zusammenhänge die Laplace-Transformation an, erhält man folgende Beziehungen:

$$
\begin{aligned}
s \cdot \boldsymbol{u} - \boldsymbol{u}_0 &= A \cdot \boldsymbol{u} + B \cdot \boldsymbol{y} \\
s \cdot \hat{\boldsymbol{u}} - \hat{\boldsymbol{u}}_0 &= \hat{A} \cdot \hat{\boldsymbol{u}} + \hat{B} \cdot \boldsymbol{y} + K \cdot \boldsymbol{d} \\
\boldsymbol{d} &= C \cdot \boldsymbol{u} - \hat{C} \cdot \hat{\boldsymbol{u}} + D \cdot \boldsymbol{y} - \hat{D} \cdot \boldsymbol{y}
\end{aligned}
$$

Für den Fall, daß die Modellmatrizen den Systemmatrizen entsprechen, gilt:

$$s \cdot (\boldsymbol{u} - \hat{\boldsymbol{u}}) - (\boldsymbol{u}_0 - \hat{\boldsymbol{u}}_0) = (A - K \cdot C) \cdot (\boldsymbol{u} - \hat{\boldsymbol{u}})$$

und mit $\tilde{\boldsymbol{u}} = \boldsymbol{u} - \hat{\boldsymbol{u}}$ als Modellfehler:

$$\tilde{\boldsymbol{u}} = (I \cdot s - A + K \cdot C)^{-1} \cdot \tilde{\boldsymbol{u}}_0 \tag{7.10}$$

Der Modellfehler ist mit obiger Annahme unabhängig vom Stellgrößenvektor. Mit $D = 0$ findet man nach weiterer Auswertung der Beobachterstruktur:

$$\boldsymbol{x} = C \cdot [Is - A + BR]^{-1} \cdot \{\boldsymbol{u}_0 + BR \cdot [Is - A + KC]^{-1} \cdot (\boldsymbol{u}_0 - \hat{\boldsymbol{u}}_0) - BRS \cdot \boldsymbol{w}\} \tag{7.11}$$

Diese Gleichung enthält zwei zu invertierende Matrizenausdrücke, deren Determinanten die Pole der Übertragungsfunktionen dieser Gleichung festlegen. Bemerkenswert ist nun die Tatsache, daß die aus dem ersten Matrizenausdruck bestimmbaren Pole die gleichen sind wie die in Abschnitt 7.6.1 gefundenen Pole für das System *ohne* Beobachter. Mit anderen Worten:

Die Auslegung der Reglermatrix R kann unabhängig vom Beobachterentwurf durchgeführt werden!

Die mit der zweiten eckigen Klammer gegebenen Pole sind die von der Korrekturmatrix K abhängigen sogenannten Beobachterpole. Diese können innerhalb gewisser Grenzen ebenfalls frei gewählt werden. Die Vorgehensweise ist für einschleifige Systeme ähnlich dem Reglerentwurf. Hier betrachten wir die Zustandsgleichungen zunächst in Beobachternormalform mit der kombinierten Matrix:

$$Q = \left(\begin{array}{cccccc|c} 0 & 0 & \cdot & \cdot & & -a_0 & b_0 \\ 1 & 0 & \cdot & \cdot & & -a_1 & b_1 \\ 0 & 1 & \cdot & \cdot & & -a_2 & b_2 \\ \cdot & \cdot & \cdot & \cdot & & \cdot & \cdot \\ \cdot & \cdot & \cdot & \cdot & & -a_m & b_m \\ \cdot & \cdot & \cdot & \cdot & & \cdot & \cdot \\ 0 & 0 & \cdot & \cdot & 1 & -a_{n-1} & 0 \\ \hline 0 & 0 & \cdot & \cdot & 0 & 1 & 0 \end{array}\right)$$

Von der Systemmatrix A ist entsprechend Gl. (7.4) das Matrizenprodukt $K \cdot C$ abzuziehen, d.h.

$$A - K \cdot C = \begin{pmatrix} 0 & \cdot & \cdot & \cdot & \cdot & -a_0 - k_1 \\ 1 & 0 & \cdot & \cdot & \cdot & -a_1 - k_2 \\ 0 & 1 & \cdot & \cdot & \cdot & -a_2 - k_3 \\ \cdot & \cdot & \cdot & \cdot & \cdot & \cdot \\ \cdot & \cdot & \cdot & \cdot & \cdot & \cdot \\ 0 & \cdot & \cdot & \cdot & 1 & -a_{n-1} - k_n \end{pmatrix}$$

Diese Matrix ist wiederum in Beobachternormalform mit der gleichen Korrespondenz zur Differentialgleichung.

Hat man die n Beobachterpole gewählt, multipliziert man auch hier die charakteristische Gleichung aus

$$\Pi\,(s - s_{Bi}) = s^n + \beta_{n-1} \cdot s^{n-1} + \ldots + \beta_0$$

und erhält die Entwurfsbeziehung:

$$k_i = \beta_{i-1} - a_{i-1}; \; i = 1 \ldots n \tag{7.12}$$

Für die Wahl der Beobachterpole gelten ähnliche Gesichtspunkte wie beim Reglerentwurf, d. h., die Beobachterpole müssen mindestens negative Realteile besitzen (Stabilität), und die dominanten Pole sollten in der Gauß'schen Zahlenebene möglichst weiter links liegen (bei ausreichender Dämpfung) als die entsprechenden Pole nach dem Reglerentwurf (Matrix $A - BR$), damit die Modellfehler $\tilde{u}$ die Regelvorgänge möglichst wenig verfälschen.

Für den allgemeinen Fall, daß die zu ermittelnden Zustandsvariablen nicht einer Beobachtungsnormalform entsprechen, ist wieder eine Transformation erforderlich. Analog zum Reglerentwurf errechnet sich der Korrekturvektor K_A zu:

$$K_A = (\beta_0 \cdot I + \beta_1 \cdot A + \ldots + \beta_{n-1} \cdot A^{n-1} + A^n) \cdot \tau \tag{7.13}$$

wobei sich τ aus

$$Q_B \cdot \tau = \begin{pmatrix} C \\ C \cdot A \\ \cdot \\ \cdot \\ \cdot \\ C \cdot A^{n-1} \end{pmatrix} \cdot \tau = \begin{pmatrix} 0 \\ \cdot \\ \cdot \\ \cdot \\ 0 \\ 1 \end{pmatrix} \text{bestimmt.} \tag{7.14}$$

Als Beispiel soll das gleiche System wie beim Reglerentwurf betrachtet werden (s. 7.6.1). Um den Beobachter schneller als den geschlossenen Kreis zu machen, sollen die Beobachterpole $s_{B1} = s_{B2} = s_{B3} = -6$ gewählt werden. Die ausmultiplizierte charakteristische Gleichung liefert hierfür:

$$s^3 + 18s^2 + 108s + 216 \quad \text{und damit} \quad K' = (211; 101; 15)$$

Da in 7.6.1 die Regelungsnormalform vorausgesetzt wurde, soll der Korrekturvektor auf diese Form transformiert werden. Die Beobachtungsmatrix findet man hierfür zu

$$Q_B = \begin{vmatrix} 10 & 5 & 0 \\ 0 & 10 & 5 \\ -25 & -35 & -5 \end{vmatrix}$$

Mit ihr liefert die Bestimmungsgleichung (7.14):

$$\tau' = (1 \quad -2 \quad 4)/25$$

Der in der Klammer zusammengefaßte Matrizenausdruck in Gl. (7.13) errechnet sich mit den oben ermittelten β_i zu:

$$M = \begin{vmatrix} 211 & 101 & 15 \\ -75 & 106 & 56 \\ -280 & -467 & -62 \end{vmatrix},$$

woraus schließlich K'_A zu (2,76; −2,52; 16,24) bestimmt wird.

7.6.3. Der reduzierte Beobachter

Bei dem hier geschilderten Luenberger Beobachter wird die Tatsache nicht ausgenutzt, daß die Ausgangsgrößen selbst bereits Linearkombinationen der Zustandsvariablen sind. Es genügt daher, $n - m$ Zustandsvariable durch einen Beobachter zu rekonstruieren und mit Hilfe der Ausgangsmatrix C die restlichen m Variablen zu berechnen. Während jedoch der Luenberger Beobachterentwurf wenigstens für einschleifige Systeme zu einer eindeutigen Lösung führt, sind beim reduzierten Beobachter mehr freie Parameter als Bestimmungsgleichungen vorhanden.

Hippe und *Wurmthaler* [29] haben die freien Parameter benutzt, um ein möglichst parameterunempfindliches Gesamtsystem zu erreichen, und haben gleichzeitig ein gut handhabbares Entwurfsverfahren entwickelt, das die Koeffizienten der Übertragungsfunktion F_{Ry} liefert. F_{Ry} faßt dabei den reduzierten Beobachter und den Zustandsregler zu *einem* dynamischen System zusammen, das mit den üblichen konventionellen Reglern vergleichbar ist. Zum Entwurf von

$$F_{Ry} = \frac{l_{n-1} \cdot s^{n-1} + \ldots + l_1 \cdot s + l_0}{s^{n-1} + p_{n-2} \cdot s^{n-2} + \ldots + p_1 \cdot s + p_0} \tag{7.15}$$

benötigt man die Koeffizienten der Strecken-Übertragungsfunktion a_i und c_i und hat die $n - 1$ Beobachterpole s_{Bi} und die n Pole s_{Gi} der geregelten Strecke vorzugeben. Aus den Beobachterpolen errechnet sich das charakteristische Polynom

$$s^{n-1} + \beta_{n-2} \cdot s^{n-2} + \ldots + \beta_1 \cdot s + \beta_0 \tag{7.16}$$

und für die geregelte Strecke:

$$s^n + \alpha_{n-1} \cdot s^{n-1} + \ldots + \alpha_1 \cdot s + \alpha_0 \tag{7.17}$$

Mit den somit vorliegenden Koeffizienten a_i, c_i, α_i, β_i wird ein $(2n-1)$-dimensionaler Vektor $\boldsymbol{g}$ gebildet[1]):

$$\boldsymbol{g} = \begin{pmatrix} \alpha_{n-1} - a_{n-1} \\ \vdots \\ \alpha_0 - a_0 \\ 0 \\ \vdots \\ 0 \end{pmatrix} + \begin{pmatrix} 1 & 0 & \cdots & 0 \\ \alpha_{n-1} & 1 & \ddots & \vdots \\ \alpha_{n-2} & \alpha_{n-1} & \ddots & 0 \\ \vdots & \alpha_{n-2} & \ddots & 1 \\ \vdots & \vdots & & \alpha_{n-1} \\ \vdots & \vdots & & \alpha_{n-2} \\ \alpha_0 & \vdots & & \vdots \\ 0 & \alpha_0 & & \vdots \\ & 0 & \ddots & \vdots \\ 0 & 0 & \cdots\ 0 & \alpha_0 \end{pmatrix} \cdot \begin{pmatrix} \beta_{n-2} \\ \vdots \\ \beta_0 \end{pmatrix} \tag{7.18}$$

---

[1]) Der 1. Vektor der Bestimmungsgleichung (7.18) von $\boldsymbol{g}$ besteht aus der um n-1 Nullen ergänzten Matrix R (s. Gl. (7.4)), jedoch in gegenläufiger Reihenfolge.

Die gesuchten Parameter p_i und l_i findet man dann als Lösung des folgenden Gleichungssystems:

$$\begin{pmatrix} 1 & 0 & \cdots & 0 & c_{n-1} & 0 & \cdots & 0 \\ a_{n-1} & 1 & & \vdots & \vdots & \ddots & & \vdots \\ \vdots & a_{n-1} & \ddots & \vdots & \vdots & & \ddots & 0 \\ \vdots & \vdots & \ddots & 1 & c_0 & & & c_{n-1} \\ a_0 & \vdots & & a_{n-1} & 0 & \ddots & & \vdots \\ 0 & a_0 & & \vdots & \vdots & & \ddots & \vdots \\ 0 & \cdots & \cdots & a_0 & 0 & \cdots & 0 & c_0 \end{pmatrix} \cdot \begin{pmatrix} p_{n-2} \\ \vdots \\ p_0 \\ l_{n-1} \\ \vdots \\ \vdots \\ l_0 \end{pmatrix} = \begin{pmatrix} g_1 \\ \vdots \\ \vdots \\ \vdots \\ \vdots \\ \vdots \\ g_{2n-1} \end{pmatrix} \qquad (7.19)$$

Als Beispiel betrachten wir wieder das in Abschnitt 7.6.1 angegebene System ($a_2 = 3$; $a_1 = 7$; $a_0 = 5$; $c_1 = 5$; $c_0 = 10$).

Als Pole des geregelten Systems werde $s_{G1,2,3} = -4$ gewählt. Das charakteristische Polynom hierzu lautet:

$$s^3 + 12s^2 + 48s + 64$$

Die Beobachterpole sollen mit $s_{B1} = s_{B2} = -7$ vorgegeben werden mit dem Polynom: $s^2 + 14s + 49$.

Der Ergebnisvektor $\boldsymbol{g}$ berechnet sich daraus zu:

$$\boldsymbol{g} = \begin{pmatrix} 12-3 \\ 48-7 \\ 64-5 \\ 0 \\ 0 \end{pmatrix} + \begin{pmatrix} 1 & 0 \\ 12 & 1 \\ 48 & 12 \\ 64 & 48 \\ 0 & 64 \end{pmatrix} \cdot \begin{vmatrix} 14 \\ 49 \end{vmatrix} = \begin{pmatrix} 23 \\ 258 \\ 1319 \\ 3248 \\ 3136 \end{pmatrix}$$

Gleichung (7.19) liefert damit die gesuchten Parameter:

$$\begin{pmatrix} 1 & 0 & 0 & 0 & 0 \\ 3 & 1 & 5 & 0 & 0 \\ 7 & 3 & 10 & 5 & 0 \\ 5 & 7 & 0 & 10 & 5 \\ 0 & 5 & 0 & 0 & 10 \end{pmatrix} \cdot \begin{pmatrix} p_1 \\ p_0 \\ l_2 \\ l_1 \\ l_0 \end{pmatrix} = \begin{pmatrix} 23 \\ 258 \\ 1319 \\ 3248 \\ 3136 \end{pmatrix} \Rightarrow \begin{matrix} p_1 = 23 \\ p_0 = 2 \\ l_2 = 37{,}4 \\ l_1 = 155{,}6 \\ l_0 = 312{,}6 \end{matrix}$$

Der entworfene Regler wird also durch die Übertragungsfunktion

$$F_{Ry} = \frac{37{,}4 \cdot s^2 + 155{,}6 \cdot s + 312{,}6}{s^2 + 23 \cdot s + 2} \text{ beschrieben.}$$

Hätte man die Beobachterpole stärker negativ gewählt, z.B. $s_{B1\,2} = -8$, dann hätte sich p_0 als $-11{,}6$ ergeben, d.h., der Regler hätte sich nicht mehr stabil realisieren lassen. Dies ist eine Besonderheit des reduzierten Beobachters, während der Beoachterentwurf nach *Luenberger* lediglich zu sehr großen Koeffizienten k_i geführt hätte.

Durch Wahl geeigneter s_{Bi} (z.B. $s_{B1} = -7$; $s_{B2} = -7^1/_3$) kann man in dem eben berechneten Beispiel erreichen, daß der Parameter p_0 gerade verschwindet.

Die Regler-Übertragungsfunktion entspricht dann einem PID-Regler mit Verzögerung 1. Ordnung, der mit konventionellen Geräten realisiert werden kann:

$$\frac{(583/15)\cdot s^2 + 162{,}2\cdot s + 4928/15}{s\cdot(s+70/3)} = \frac{V_R\left(1+\dfrac{1}{sT_n}+sT_v\right)}{(1+sT_D)}$$

mit $V_R = 6{,}95$; $T_n = 0{,}4937$; $T_v = 0{,}2396$; $T_D = 0{,}0429$.

7.6.4. Auslegung auf endliche Einstellzeit

Beim Übergang zur Abtastregelung lassen sich Regler entwerfen, die Führungssprünge und Störgrößen in endlicher Zeit ausregeln. Eine Abtastregelung mit Zustandsregler ist im Bild 7.33a dargestellt. Sie unterscheidet sich von der kontinuierlichen Regelung durch ein Abtast- und Halteglied am Stellausgang. Da der Zustandsregler und die Sollwert-Eingangsmatrix S rein algebraische Umformungen darstellen, sind an deren Eingängen keine weiteren Abtast-Halteglieder nötig. Bei der digitalen Realisierung wird man allerdings auch hier eine Abtastung vornehmen und die dargestellten Verknüpfungen zur Stellgröße y nur einmal je Abtastschritt durchrechnen. Für die Auslegung des Abtastreglers kann man sich auf die Zustände in den Abtastzeitpunkten beschränken. Diese Zustände werden mit der Gl. (6.2a) beschrieben, was sich in Form des Strukturbildes 7.33b darstellen läßt. Mit Hilfe des Zeitverschiebungs-Operator $z = e^{sT}$ kann man nun analog zum kontinuierlichen Fall aus diesem Strukturbild eine Übertragungsfunktion $G(z)$ ableiten, die das Verhalten des geregelten Systems beschreibt:

Aus $\boldsymbol{u}\cdot z = A^*\cdot\boldsymbol{u} + B^*\cdot(y_W - R\cdot\boldsymbol{u})$

$x = C\cdot\boldsymbol{u}$

erhält man $\boldsymbol{u}\cdot(I\cdot z - A^* + B^*\cdot R) = B^*\cdot S\cdot w$

und schließlich:

$$x(z) = C\cdot(I\cdot z - A^* + B^*\cdot R)^{-1}\cdot B^*\cdot S\cdot w(z) = G(z)\cdot w(z) \tag{7.20}$$

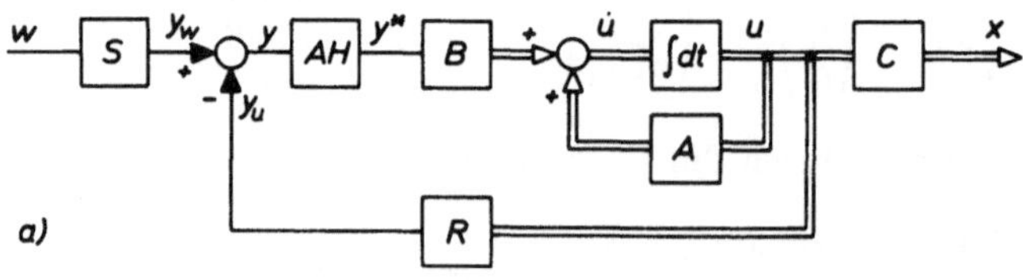

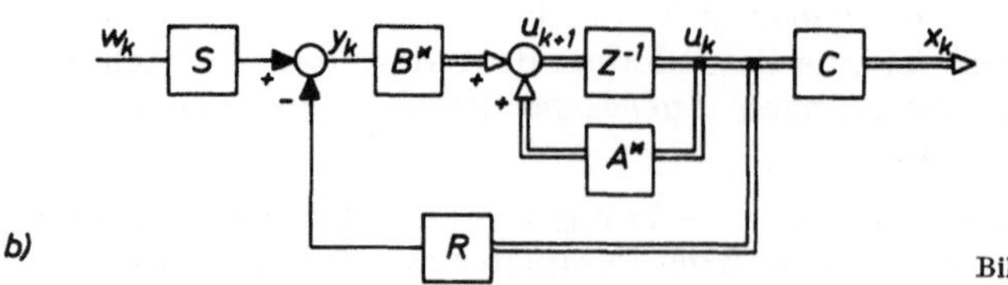

Bild 7.33

Die Analogie zu Gl. (6.32) ist offensichtlich. Entsprechend lassen sich auch hier die Pole z_{Gi} des geschlossenen Kreises vorgeben und danach der Regler R entwerfen, wobei das Verfahren in 7.6.1 benutzt werden kann, wenn man A durch A^* und B durch B^* ersetzt.

Zur Auslegung auf endliche Einstellzeit ist es nun erforderlich, alle n Pole z_{Gi} zu Null vorzugeben, was man sich wie folgt klarmachen kann: Ausgehend von einem beliebigen Anfangszustand $\boldsymbol{u}_0 \neq 0$ soll ein $\Phi = A^* - B^* \cdot R$ gefunden werden, das nach n Schritten (Mindestzahl) den Zustand $\boldsymbol{u}_n = 0$ erzeugt, wenn man hier einmal $w_k = 0$; $k = 1 \ldots n$ voraussetzt.

Es gilt mit Gl. (6.2a):

$$\begin{aligned} \boldsymbol{u}_1 &= \Phi(T) \cdot \boldsymbol{u}_0 \\ \boldsymbol{u}_2 &= \Phi(T) \cdot \boldsymbol{u}_1 \\ &\;\;\vdots \\ \boldsymbol{u}_n &= \Phi(T) \cdot \boldsymbol{u}_{n=1} = \Phi^n(T) \cdot \boldsymbol{u}_0 \end{aligned}$$

$\boldsymbol{u}_n = 0$ läßt sich damit nur für beliebige $\boldsymbol{u}_0$ erfüllen, wenn $\Phi^n(T) = 0$ ist. Eine Matrix hat aber immer dann n Eigenwerte $\lambda_i = 0$, wenn ihre n-te Potenz verschwindet (s. Theorem von *Cayley-Hamilton* [26]). Das charakteristische Polynom zu $\Phi(T)$ lautet damit:

$$\prod_{i=1}^{n} (z - \lambda_i) = z^n \quad \text{bzw.} \quad \alpha_i = 0 \quad \text{für } i = 1 \ldots n - 1$$

Mit diesem Ergebnis lautet die Entwurfsvorschrift für den dead-beat-Zustandsregler in Analogie zu den Gl. (7.7) und (7.8), d.h. für eine *nicht* in Regelungsnormalform aufgestellte Zustandsdarstellung (A^*, B^*, C):

Es ist ein Vektor $\boldsymbol{t}$ aus dem Gleichungssystem (7.21) zu berechnen:

$$Q_s^{*\prime} \cdot \boldsymbol{t} = (B^*;\ A^* \cdot B^*;\ \ldots;\ A^{*n-1} \cdot B^*)' \cdot \boldsymbol{t} = \begin{matrix} 0 \\ \vdots \\ 0 \\ 1 \end{matrix} \tag{7.21}$$

Die Reglermatrix R_A bestimmt sich dann aus $\boldsymbol{t}$ zu:

$$R_A' = \boldsymbol{t}' \cdot A^{*n} \tag{7.22}$$

Im Fall, daß A^* in Regelungsnormalform vorliegt, kann man sofort setzen:

$$r_{Ri} = \overset{*}{a}_{i-1} \tag{7.23}$$

Da der Entwurf nach Gl. (7.21) und (7.22) mit einigem Aufwand an Zahlenrechnung verbunden ist, soll als Beispiel ein einfaches System genügen:

Eine Regelstrecke mit der s-Übertragungsfunktion

$$F_s(s) = \frac{1}{(s + 0{,}5)\,(s + 2)}$$

läßt sich in Regelungsnormalform durch die kombinierte Systemmatrix

$$Q = \left(\begin{array}{cc|c} 0 & 1 & 0 \\ -1 & -2{,}5 & 1 \\ \hline 1 & 0 & 0 \end{array}\right) \text{ beschreiben.}$$

Die Lösung der Systemgleichungen liefert die Zeitbeziehung

$$\boldsymbol{u}(T) = A^* \boldsymbol{u}_0 + B^* y_k$$

$$\boldsymbol{u}(T) = \begin{pmatrix} \left(\frac{4}{3}e^{-T/2} - \frac{1}{3}e^{-2T}\right) & \left(\frac{2}{3}e^{-T/2} - \frac{2}{3}e^{-2T}\right) \\ -\frac{2}{3}e^{-T/2} + \frac{2}{3}e^{-2T} & -\frac{1}{3}e^{-T/2} + \frac{4}{3}e^{-2T} \end{pmatrix} \cdot \boldsymbol{u}_0 + \begin{pmatrix} 1 - \frac{4}{3}e^{-T/2} + \frac{1}{3}e^{-2T} \\ \frac{2}{3}e^{-T/2} - \frac{2}{3}e^{-2T} \end{pmatrix} \cdot y_k \tag{7.24}$$

Als Abtastzeit wird in Hinblick auf das Übergangsverhalten (Bild 7.34) $T = 1{,}5$ gewählt. Eingesetzt findet man damit:

$$A^* = \begin{pmatrix} 0{,}6132 & 0{,}2817 \\ -0{,}2817 & -0{,}0911 \end{pmatrix} \qquad B^* = \begin{pmatrix} 0{,}3868 \\ 0{,}2817 \end{pmatrix}$$

Da diese Matrizen nicht mehr der Regelungsnormalform entsprechen, sind die Gl. (7.21) und (7.22) anzuwenden. Die Bestimmungsgleichung (7.21):

$$(B^*;\, A^* \cdot B^*)' \cdot \boldsymbol{t} = \begin{pmatrix} 0{,}3868 & 0{,}2817 \\ 0{,}3165 & -0{,}1346 \end{pmatrix} \cdot \begin{pmatrix} t_1 \\ t_2 \end{pmatrix} = \begin{pmatrix} 0 \\ 1 \end{pmatrix}$$

wird gelöst durch den Vektor $\boldsymbol{t} = (1{,}9946;\, -2{,}738)'$.

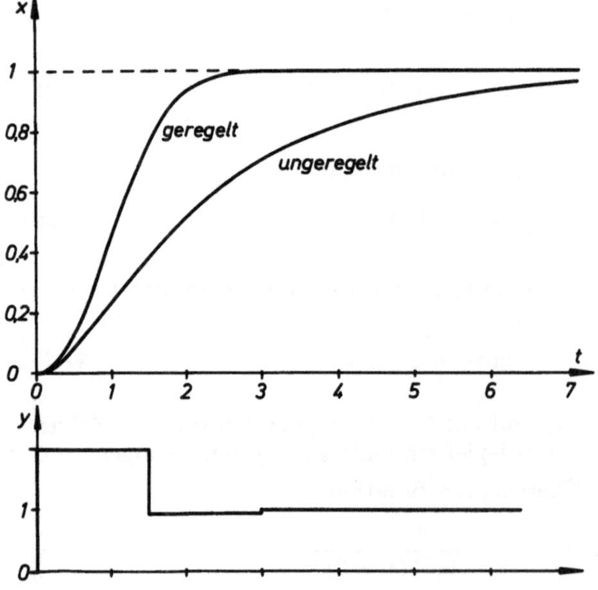

Bild 7.34

Schließlich errechnet sich R_A zu

$$R'_A = (1{,}9946 \quad —2{,}738) \cdot \begin{pmatrix} 0{,}2967 & 0{,}1471 \\ —0{,}1471 & —0{,}0711 \end{pmatrix} = \begin{pmatrix} 0{,}9946 \\ 0{,}4880 \end{pmatrix}$$

Wie die Übergangsfunktion des damit geregelten Systems in Bild 7.34 zeigt, wird der Endzustand nach $t = 3$ ohne Überschwingen erreicht. In Anbetracht dieses Verlaufs und der geringen Stellausschläge hätte die Abtastzeit noch kürzer gewählt werden können.

Daß mit einem dead-beat-Regler nach obigem Entwurf nicht immer so günstige Führungsübergänge erreicht werden, ist aus Bild 7.32 zu entnehmen. Dort wird das kräftige Überschwingen durch die Nullstelle der Übertragungsfunktion verursacht, auf die das System mit Polvorgabe in der s-Ebene besser angepaßt ist.

Übungsaufgaben

7.6-1 Für eine Strecke mit der Übertragungsfunktion

$$F_s(s) = \frac{10}{s^2 + 4s + 13}$$

ist

a) Ein Zustandsregler zur Polverschiebung nach $s_{G1,2} = —4$,

b) ein Luenbeger Beobachter mit den Beobachterpolen $s_{B1,2} = —8$,

c) ein Regler mit gleicher Polverschiebung und reduziertem Beobachter ($s_{B1} = —10$) zu entwerfen.

d) Man skizziere das unter c) gefundene F_{Ry} als Frequenzgang im Bodediagramm. Um was für einen Regler handelt es sich?

7.6-2 Die Übertragungsfunktion $F_s(s)$ aus Aufgabe 7.6-1 sei um eine Nullstelle $s_N = —3$ und einen Pol $s_p = —1$ erweitert.
Man entwerfe

a) den Zustandsregler zur Polverschiebung nach $s_{G1,2,3} = —5$,

b) den Luenberger Beobachter mit $s_{B1,2,3} = —7$,

c) den Regler mit reduziertem Beobachter für $s_{B1,2} = —10$.

7.6-3 Die Regelstrecke sei durch vier Pole ($s_{p1,2} = —1 \pm 3i$; $s_{p3,4} = —2 \pm 2i$), eine Nullstelle ($s_N = —1$) und die Verstärkungskonstante $K = 40$ gegeben.
Man bestimme den Regler mit reduziertem Beobachter ($s_{B1,2,3} = —10$) zur Polverschiebung nach $s_{G1,2} = —3$ und $s_{G3,4} = —3 \pm i$.

7.6-4 Für die Strecken-Übertragungsfunktion $F_s(s) = \dfrac{1}{s\,(s+1)}$ stelle man die Zustandsgleichungen auf und berechne die Lösung der Systemgleichungen in der Form von Gl. (7.24). Man bestimme den Zustandsregler für den Entwurf auf endliche Einstellzeit mit $T = 1$.

8. Anwendung des Analogrechners in der Regelungstechnik

In den vorangegangenen Kapiteln erstreckten sich unsere Betrachtungen lediglich auf Regelungssysteme, deren Elemente eine Linearisierung gestatten, so daß sie sich mathematisch durch lineare Differentialgleichungen mit konstanten Koeffizienten beschreiben lassen. Die hierfür entwickelten Verfahren, vornehmlich die Frequenzgangmethode und das Wurzelortverfahren, versagen, sobald sich im Regelkreis Blöcke befinden, deren nichtlineares Verhalten sich einer Linearisierung entzieht (z. B. Relais-Systeme), oder die mit Zeitquantisierung arbeiten (Abtasteinrichtung), oder deren Zeitverhalten und Verstärkung nicht konstant sondern zeitabhängig sind. Auch für derartige Regelungsprobleme existieren theoretische Verfahren, die jedoch für sich nicht die Allgemeingültigkeit in Anspruch nehmen können, wie sie die Frequenzgangmethode und das Wurzelortverfahren für lineare Regelungsaufgaben besitzen. Außerdem stellen diese Theorien an den Ingenieur erhebliche mathematische Anforderungen.

In Anbetracht der Tatsache, daß vom Standpunkt der Praxis aus eine wirklichkeitsgetreue rechnerische Behandlung nichtlinearer Probleme außerordentliche Bedeutung hat, ist es erfreulich, daß heute dem Ingenieur Rechengeräte zur Verfügung stehen, die ihm auch ohne Beherrschung sehr weitgehender mathematischer Theorien eine zuverlässige Vorausberechnung des regelungstechnischen Verhaltens derartiger Systeme ermöglichen. Unter den Hilfsmitteln, die dem Regelungstechniker bei der Verwirklichung praktischer Probleme sowie bei der Klärung grundsätzlicher Fragen zur Verfügung stehen, verdient der Analogrechner (vor allem der elektronische Analogrechner), dem die Ausführungen dieses Kapitels gewidmet sind, besondere Beachtung. Dieser bietet nicht nur bei mathematisch schwierigen Regelungsproblemen sondern auch bei linearisierten Regelungsaufgaben gegenüber den bisher behandelten semigrafischen Rechenmethoden folgende Vorteile:

a) Unmittelbare Anschaulichkeit.

b) Möglichkeit, einzelne auf anderem Wege schwer zu bestimmende Systemparameter (z. B. der Regelstrecke) durch Vergleich der Verhaltensweise (z. B. Übergangsfunktion) des vorgelegten Regelungssystems und einer in Echtzeit programmierten Nachbildung abzuschätzen.

c) Einfache Umstellung des Rechnungsablaufes auf abgeänderte Systemparameter (z. B. durch Potentiometerverstellung).

d) Gleich gute Anwendbarkeit auf lineare und nichtlineare Probleme.

e) Gleich gute Anwendbarkeit bei Verwendung konventioneller Eingangssignale (z. B. Sprungfunktion, Kreisfunktion) oder regelloser Signale.

f) Einfache Auswertung bestimmter Optimierungskriterien, z. B. des quadratischen Optimums oder des ITAE-Kriteriums.

Gegenüber dem anderen technisch wichtigen Rechenhilfsmittel, dem Digitalrechner, ergeben sich zusätzlich noch folgende Vorteile:

g) Leicht zu erlernende Programmierung.

h) Der Analogrechner kann bei Vorhandensein entsprechender Anpaßelemente mit Teilen des physikalischen Regelkreises (z. B. dem Regler und stabilisierenden Netzwerken) verbunden werden, so daß deren Verhaltensweise vollständig erfaßt und z. B. ein Vorabgleich der einzustellenden Konstanten vorgenommen werden kann. Dieser Vorteil fällt besonders bei Regelstrecken — wie etwa Atomreaktoren, ferngesteuerten Projektilen oder großen Industrieanlagen — ins Gewicht, deren fehlerhaftes Arbeiten mit erheblichen Kosten oder Gefahren verbunden sein würde.

Allen Analogrechnern ist — ebenso wie den Digitalrechnern — die Eigenschaft gemeinsam, daß sie keine allgemeinen Lösungen sondern nur ganz bestimmte durch eingestellte Anfangsbedingungen und Parameter (z. B. Zeitkonstanten) festgelegte Einzellösungen liefern. Für die Berechnung der Verhaltensweise eines bestehenden Regelungssystems sind daher quantitative Angaben über sämtliche wesentlichen Elemente erforderlich. Andernfalls ist nach der „Mosaik-Methode" vorzugehen, d. h. es sind Lösungen für ein dichtes Netz von Parameterwerten aufzusuchen, das sich über das ganze in Frage kommende Wertegebiet erstreckt.

8.1. Die Technik des elektronischen Analogrechners

Unter einem elektrischen Analogrechner verstehen wir ein Rechengerät, in welchem zwischen elektrischen Spannungen als abhängigen Variablen und der Zeit als der unabhängigen Variablen, die gleichen mathematischen Zusammenhänge hergestellt werden können, die zwischen den physikalischen Variablen des nachzubildenden Systems (Ausgangssystem)[1]) bestehen. Die im Rechner zeitlich veränderlichen Spannungen können gemessen oder aufgeschrieben werden und liefern bei Berücksichtigung der benutzten Umrechnungsmaßstäbe Aussagen über das Ausgangssystem.

Der elektronische A. R. benutzt hierzu elektronische Hilfsmittel wie Transistorverstärker, Diodenstrecken etc., welche in besonderen Baugruppen angeordnet sind. Die Größe der gegenwärtig existierenden Analogrechner reicht von kleinen Tischgeräten mit 8 bis 12 Rechenverstärkern bis zu großen Automaten mit 200 bis 600 Rechenverstärkern und einem entsprechenden Umfang an nichtlinearen Elementen und anderen Zusatzeinrichtungen.

Nach Art des Aufbaus der Rechenverstärker unterscheidet man drei Gruppen von Gleichspannungs-Analogrechnern:

Bei der ersten Gruppe werden neben nichtliniearen Bauelementen nur fest verdrahtete Summierer und Integrierer verwendet (Einheitsverstärkerbauweise). Dieser Aufbau ist besonders zur Lösung von Differentialgleichungen geeignet. Bestimmte Übertragungsfunktionen, wie sie in der Regelungstechnik vorkommen, lassen sich durch Zusammenschalten mehrerer Einheitsverstärker realisieren, wobei die Steckpläne eine besondere Art von Strukturbildern der

---

[1]) Zuweilen werden i. f. auch die Bezeichnungen wirkliches System oder ursprüngliches System benutzt.

Ausgangssysteme darstellen. Die Genauigkeit dieser fest verdrahteten Einheitsverstärker ist im allgemeinen größer als beim offenen Aufbau.

Analogrechner der zweiten Gruppe, des offenen Aufbaus, besitzen Rechenverstärker, bei denen die Rückführungs- und Eingangsimpedanzen von außen in beliebiger Weise gesteckt werden. Es gelingt dabei, eine ganze Reihe von Übertragungsfunktionen mit einem einzigen Rechenverstärker zu erzeugen, zu denen in der Einheitsverstärkerbauweise eine Kombination aus mehreren Rechenverstärkern erforderlich wäre. Der Vorteil der Flexibilität und guten Ausnutzung wird bei dieser offenen Aufbauweise durch geringere Genauigkeit und etwas geringere Übersichtlichkeit erkauft.

Die dritte Gruppe von Analogrechnern nimmt in ihrem Aufbau Rücksicht auf spezielle Anwendungsgebiete z. B. für elektrische Netzberechnung in Form von Leitungsnachbildungen oder bei Regelungsproblemen in Form von Gliedern 1. und 2. Ordnung. Die Ausnutzung dieser Rechner und ihre Genauigkeit ist sehr gut, ihre Umstellung auf anders geartete Probleme jedoch mit größeren Schwierigkeiten verbunden, wenn nicht unmöglich. Die Programmierung der letzten Gruppe gestaltet sich besonders einfach, da das *Block*schaltbild des Ausgangssystems mit den entsprechenden Systemkonstanten direkt als Schaltplan Verwendung finden kann. Die Programmierung bei offenem Aufbau oder bei Einheitsverstärkern läßt sich auf ähnliche Weise organisieren, wenn man auf eine Bibliothek von Standardprogrammen zurückgreifen kann, die dann als Schaltgruppen den einzelnen Blöcken des Blockschaltbildes entsprechen. Solche Standardprogramme für häufig vorkommende Bauelemente sind im Abschnitt **8.2.** angegeben.

Bevor wir uns nun dem Entwurf von Schaltbildern zuwenden, seien zunächst die Bestandteile von Analogrechnern und ihre Darstellung in Symbolen betrachtet. Das wichtigste Element des A. R. ist der Rechenverstärker, dessen prinzipiellen Aufbau Bild 8.1 zeigt. Ein Gleichspannungsverstärker, der eine hohe Verstärkung ($V \approx 10^5 \ldots 10^9$) aufweist und das Vorzeichen der verstärkten Spannung umkehrt ($U_a = -V\,U_g$), ist dort mit einem elektrischen Netzwerk verbunden, welchem mehrere Eingangsspannungen $U_1 \ldots U_n$ sowie die Ausgangsspannung U_a zugeführt werden. Ein einfaches Beispiel eines solchen Netzwerkes ist in Bild 8.2 gezeigt. Bestehen die elektrischen Impedanzen z_i des Bildes 8.2 sämtlich aus Widerständen, dann wird die zeitlich veränderliche Ausgangsspannung U_a in jedem Augenblick gleich der negativen Summe der

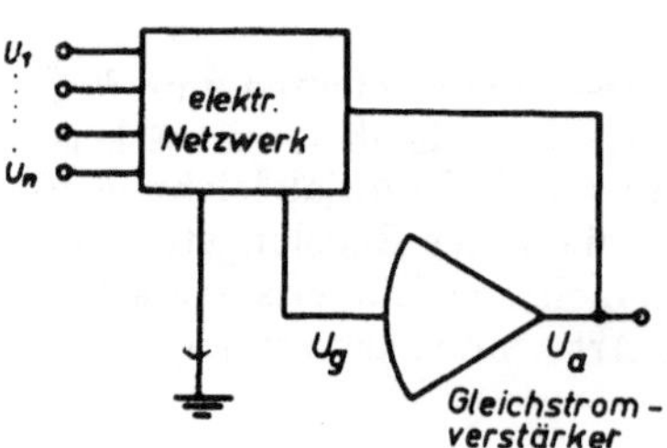

Bild 8.1. Allgemeiner Aufbau eines Rechenverstärkers

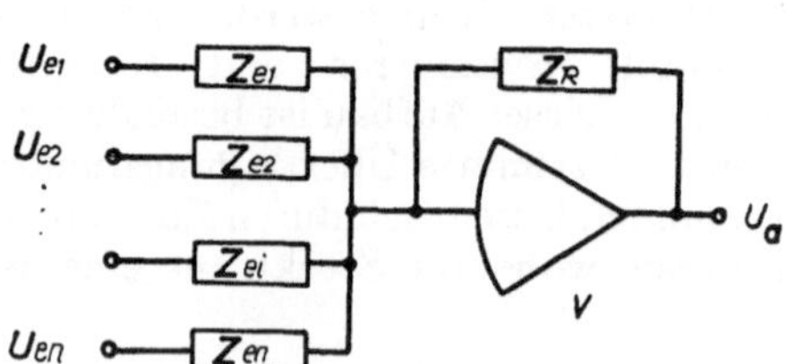

Bild 8.2. Rechenverstärker mit Rückführ- und Eingangsimpedanzen

Eingangsspannungen U_{ei} multipliziert mit den Gewichtsfaktoren R_R/R_{ei}[1]). Da diese Schaltungsart als *Summierer* in Rechenprogrammen viel verwendet wird, hat sich hierfür ein eigenes Symbol eingebürgert (s. Bild 8.3).

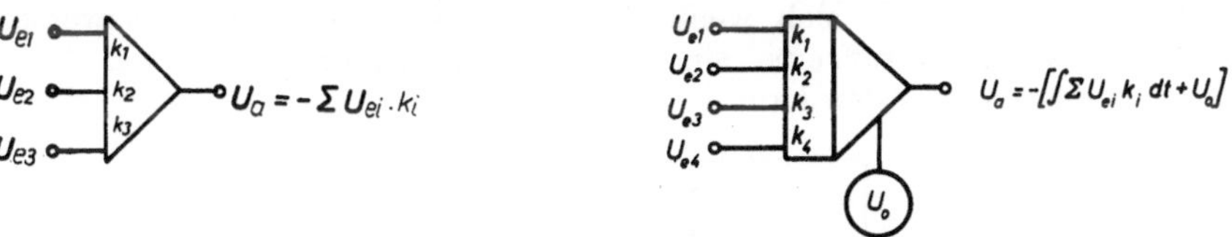

Bild 8.3. Symbol eines Summierers

Bild 8.4. Symbol eines Integrationsverstärkers

Wenn die Rückführimpedanz Z_R des Rechenverstärkers nach Bild 8.2 aus einem Kondensator besteht, bildet der Rechenverstärker als Ausgangsspannung das zeitliche Integral der Summe der Eingangsspannungen, wobei diese wiederum verschiedene Gewichtsfaktoren erhalten können. Als Symbol dieser *Integrierer* (eigentlich besser ,,Summierintegrierer") dient das in Bild 8.4 dargestellte Zeichen. Darin bedeuten U_{e1}, U_{e2} ... die Eingangsspannungen, U_a die Ausgangsspannung und U_0 den Anfangswert der Integration.

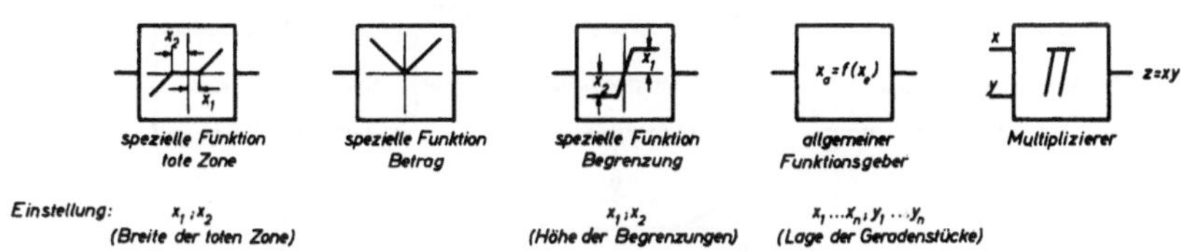

Bild 8.5. Symbole nichtlinearer Rechenelemente

Außer zur Addition und Integration gibt es praktisch in allen E. A. R. Bausteine zur Multiplikation und zur Bildung anderer nichtlinearer Funktionen. Die Symbole nach Bild 8.5 sind hierfür gebräuchlich. Die Funktionsgeber tote Zone, Begrenzung und Betrag sowie die allgemeinen Funktionsgeber sind aus Rechenverstärkern mit Diodennetzwerk aufgebaut. Die Multiplizierer arbeiten entweder nach dem Zwei-Parabel-Verfahren mit der Operationsgleichung $x \cdot y = \frac{1}{4}[(x+y)^2 - (x-y)^2]$, wobei statt der direkten Multiplikation zwei Quadraturen an Diodennetzwerken ausgeführt werden; oder es werden schnell aufeinander folgende Rechteckimpulse von der einen Eingangsspannung in der Amplitude und von der zweiten Eingangsspannung in der Länge moduliert und anschließend geglättet, so daß die Gleichspannung dem Produkt der Eingangsspannungen proportional ist. Darüber hinaus haben sich mechanisch-elektrische Multiplizierer und zwar vorwiegend servogesteuerte Potentiometer auch in sonst rein elektronischen A. R'n. gehalten.

---

[1]) Die genaue Beziehung lautet $U_a = -\dfrac{\Sigma U_{ei} \cdot R_R/R_{ei}}{1 + 1/V[1 + \Sigma R_R/R_{ei}]}$ wird aber wegen $V \gg 1$ zu $U_a \approx -\Sigma U_{ei} \cdot R_R/R_{ei}$.

8.2. Entwicklung eines Schaltplanes

Der Ablauf einer Analogrechner-Untersuchung ist schematisch in Bild 8.6 angegeben. Darin wird zwischen Analogschaltbild und Steckplan unterschieden; der letztere ergibt sich, wenn sämtliche Koeffizienten, Anfangswerte etc. so im Schaltbild verarbeitet sind, daß damit das Programm auf dem Rechengerät gesteckt werden kann.

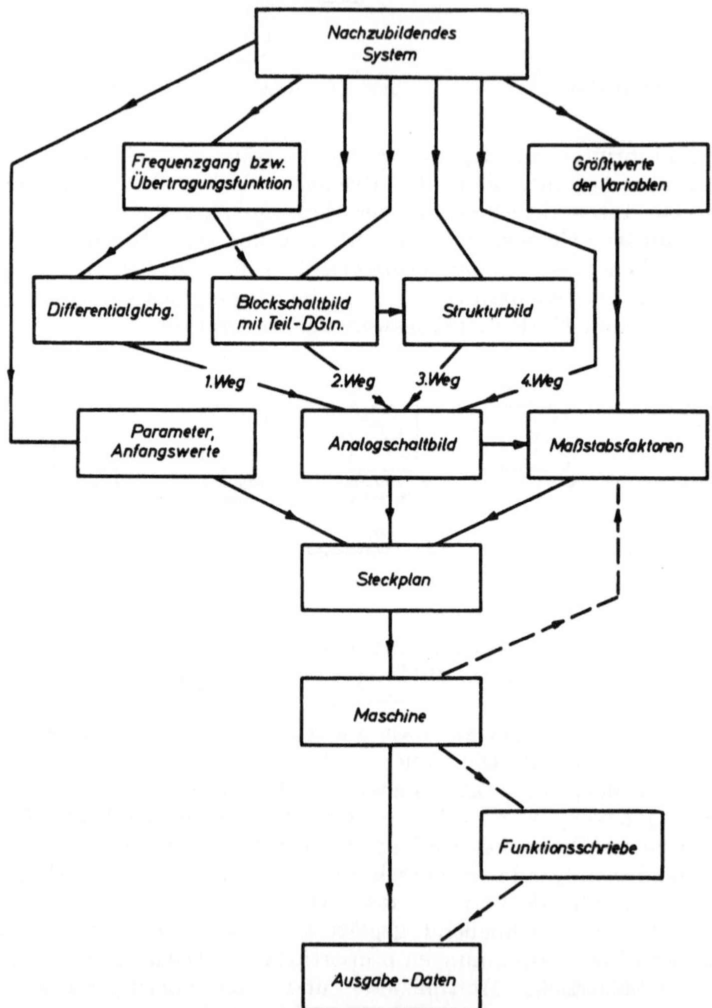

Bild 8.6. Ablauf einer Untersuchung mit Hilfe des Analogrechners (Der 4. Weg zum Analogschaltbild wird in Bild 8.15 näher erläutert.)

Grundsätzlich empfiehlt es sich bei einem Regelkreis nicht, nach der Differentialgleichung für das *Gesamtsystem* aufzulösen, da dann der Zusammenhang zwischen den Zwischenvariablen im Ausgangssystem und den im Rechner entstehenden verloren geht. Dieser Zusammenhang ist jedoch zur Überprüfung des Programms oder auch zur Vervollständigung der Rechenergebnisse erwünscht. Die Analogie zwischen dem Ausgangssystem und seiner Nachbildung wird dann besonders deutlich.

Andererseits hat die Entwicklung eines Schaltbildes auch auf die zu erreichende Rechengenauigkeit Rücksicht zu nehmen. Die mathematische Erfassung eines physikalischen Systems, ihre Darstellung in Struktur- und Blockschaltbildern sowie die Programmierung auf einem Analogrechner, lassen im allgemeinen mehrere Möglichkeiten zu. Rechenschaltungen, deren Ergebnisse sehr empfindlich auf Änderungen der Eingabedaten reagieren, sind, wenn irgend möglich, zu vermeiden. Allgemein gültige Richtlinien zur Abhilfe lassen sich jedoch nicht angeben.

Sowohl der 1. wie auch der 2. Weg zur Entwicklung des Analogschaltbildes (Bild 8.6) gehen von einer DGl. aus, diese möge z. B. lauten: $T_2^2\ddot{x} + T_1\dot{x} + rx = z$ mit x = Regelgröße und z = Störgröße. Im Analogschaltbild (hier programmiert für den Einheitsverstärkeraufbau) macht man nun Gebrauch davon, daß sich die höchste Ableitung der gesuchten Variablen — hier $\ddot{x}$ — durch die niederen Ableitungen und bekannte Eingangsfunktionen — hier $\dot{x}$, x und z — ausdrücken läßt:

$$T_2^2\,\ddot{x} = z - T_1\dot{x} - rx. \tag{8.1}$$

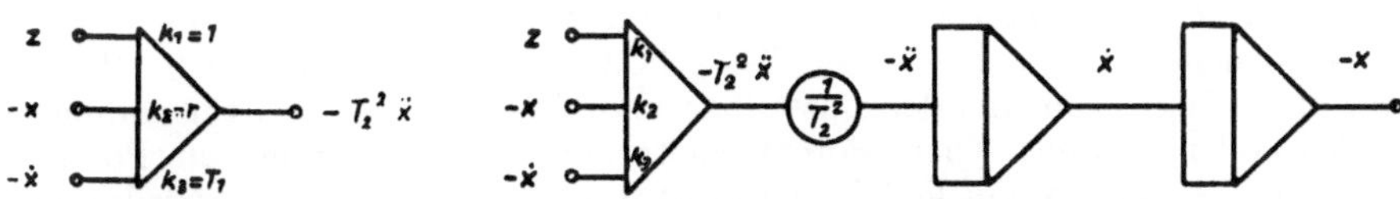

Bild 8.7. Darstellung der Gl. (8.1) an einem Summator

Bild 8.8 Entstehung der niederen Abteilungen von x

Die Beziehung (8.1) wird in einem Summierer (Bild 8.7) verifiziert, dem die Eingangsgrößen z, $-\dot{x}$ und $-x$ zugeführt werden müssen, die dann mit den entsprechenden Gewichtsfaktoren zu multiplizieren sind. Gibt man die so erhaltene Variable auf ein Potentiometer mit der Konstanteneinstellung $1/T_2^2$, dann steht am Ausgang des Potentiometers $-\ddot{x}$. Durch zweimalige Integration ergibt sich daraus der Reihe nach $\dot{x}$ und $-x$ (vgl. Bild 8.8). Wesentlich ist nun, daß die so gewonnenen niederen Ableitungen — gegebenenfalls nach Umkehrung des Vorzeichens — in den Summierer zurückgeführt werden und daß damit die gesuchte Variable praktisch benutzt wird, um sich selbst zu bilden (Bild 8.9).

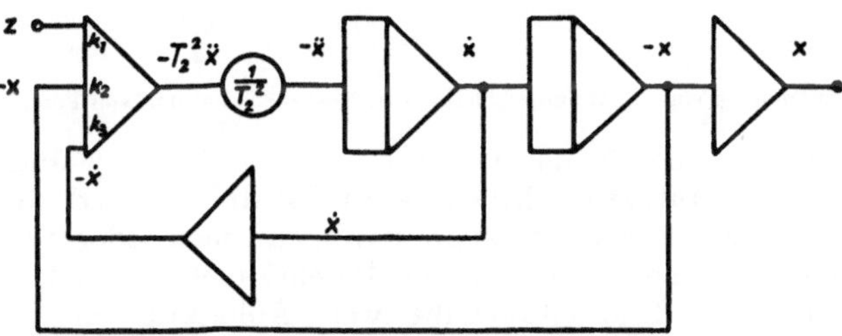

Bild 8.9. Vollständiges Schaltbild zu Gl. (8.1)

Um das Ergebnis $x(t)$ zu erhalten, muß dann wie im Bild 8.9 der Ausgang $-x$ noch über einen Umkehrer (Summierer mit einem Eingang) geführt werden. Wie schon unter 8.1 beschrieben, sind die Integrationsverstärker auch selbst in der Lage, mehrere Eingangssignale vor der Integration zu summieren. Der Aufbau nach Bild 8.9 kann demnach um zwei Summierer verringert werden. Das endgültige Analogschaltbild ist in Bild 8.10 dargestellt, in welchem darüber hinaus die Gewichtsfaktoren am Summierintegrierer gleich eins gesetzt und die Konstanten T_1 und r an Potentiometern abgegriffen werden.

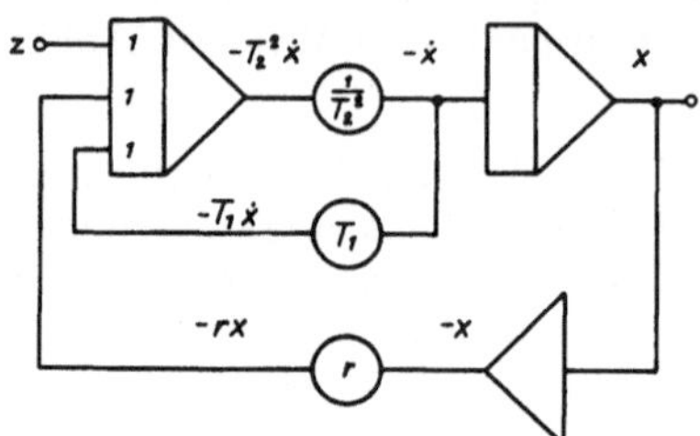

Bild 8.10. Vereinfachtes Schaltbild

Die Konstanten sind somit ohne weitere Änderung der Schaltung in den Grenzen $1 \geq T_1 \geq 0$ und $1 \geq r \geq 0$ sowie $1 \leq T_2 \leq \infty$ willkürlich einstellbar. Ein wesentlicher Vorteil dieser Schaltung besteht darin, daß sämtliche Parameter unabhängig voneinander einstellbar sind, was hier mit der ,,Entnahme" einer Variablen ,,hinter" einem Potentiometer, nämlich $-\dot{x}$ hinter dem Potentiometer $1/T_2^2$, erkauft wurde. Wie das elektrische Schaltbild dieser Anordnung zeigt (vgl. Bild 8.11), wird durch Veränderung des Potentiometerabgriffs für T_1

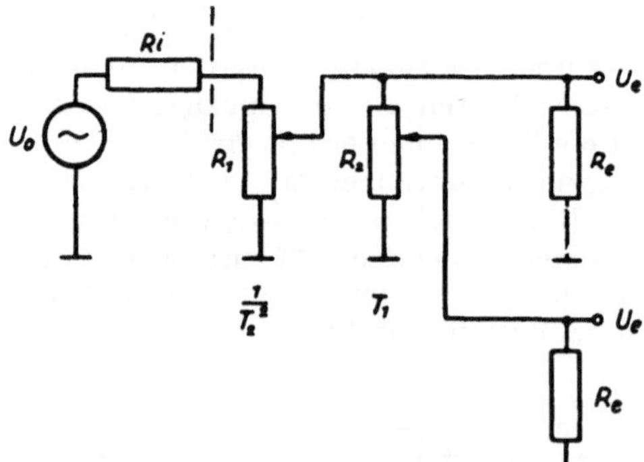

Bild 8.11. Entstehung eines Spannungsfehlers durch Kaskadenschaltung von Potentiometern

der Belastungswiderstand für das Potentiometer für $1/T_2^2$ verändert und ein Spannungsfehler tritt auf. Hinsichtlich dieses Nachteils ist evtl. die Schaltung nach Bild 8.9 wieder vorzuziehen, wenn man nicht nach jeder Neueinstellung von R_2 einen elektrischen Abgleich der Potentiometereinstellungen durchführen will. Zudem ist in Bild 8.9 auch die zweite Ableitung von x als Spannung vorhanden und kann auf einem Bildschirm oder einem Schreiber sichtbar gemacht werden.

Weitere Beispiele von Programmen für einfache oder gekoppelte DGln. sind den Abbildungen 8.12 bis 8.14 zu entnehmen.

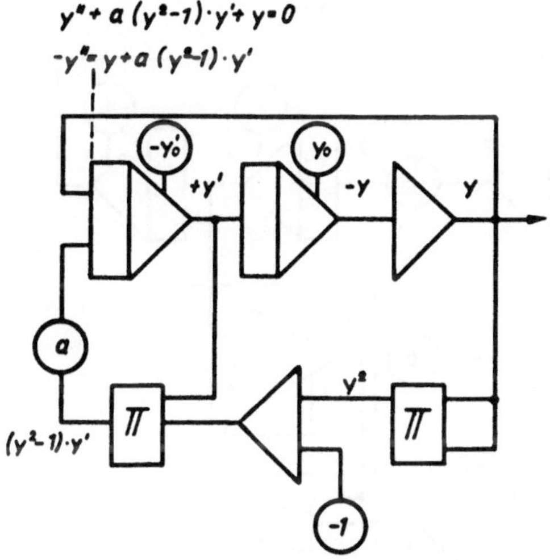

Bild 8.12. Schaltplan zu *van der Pols'* Differentialgleichung

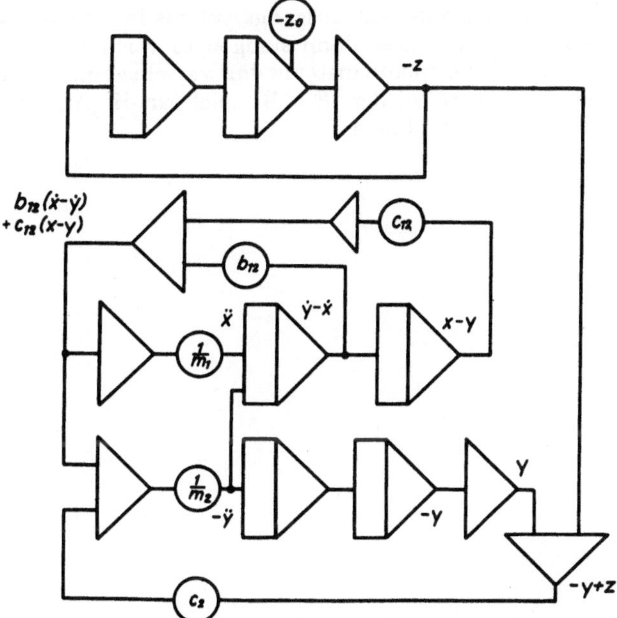

Bild 8.13. Schaltplan zweier gekoppelter Differentialgleichungen 2. Grades ($\omega = 1$)

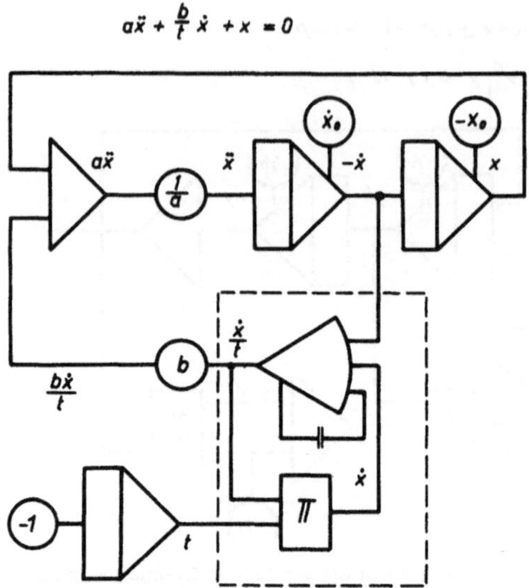

Bild 8.14. Schaltplan einer Differentialgleichung mit veränderlichen Koeffizienten

Im Entwurf eines Schaltplanes kann man jedoch den Umweg über die DGl. sparen, wenn man die Elemente des Ausgangssystems in einzelne Schaltplanbausteine übersetzt [17] und diese dann sinngemäß verbindet. Die Tabellen 8.1 und 8.2 geben die Schaltplanbausteine für verschiedene elektrische und mechanische Systemelemente wieder. Ein Beispiel für die Anwendung dieser Methode ist Bild 8.15 zu entnehmen.

Tabelle 8.1 Elektrische Systemelemente und ihre Schaltbilder

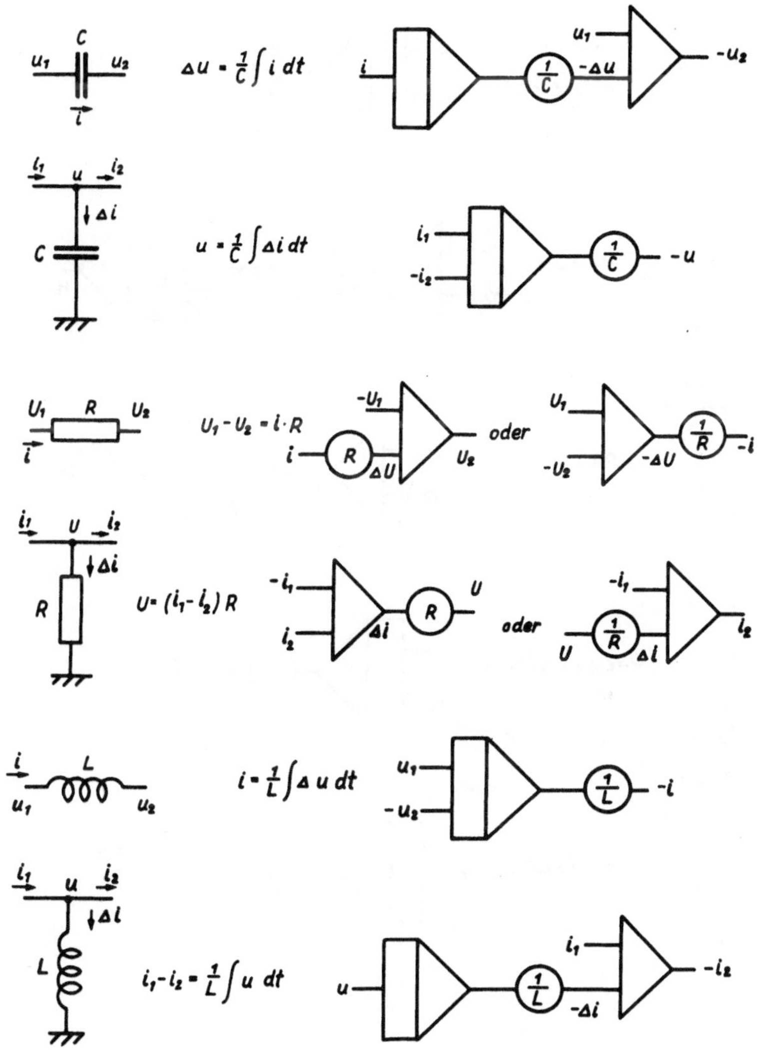
Δu = 1/C ∫ i dt
u = 1/C ∫ Δi dt
U₁ - U₂ = i · R
oder
U = (i₁ - i₂) R
oder
i = 1/L ∫ Δu dt
i₁ - i₂ = 1/L ∫ u dt

Tabelle 8.2 Mechanisch-translatorische Systemelemente und ihre Schaltbilder

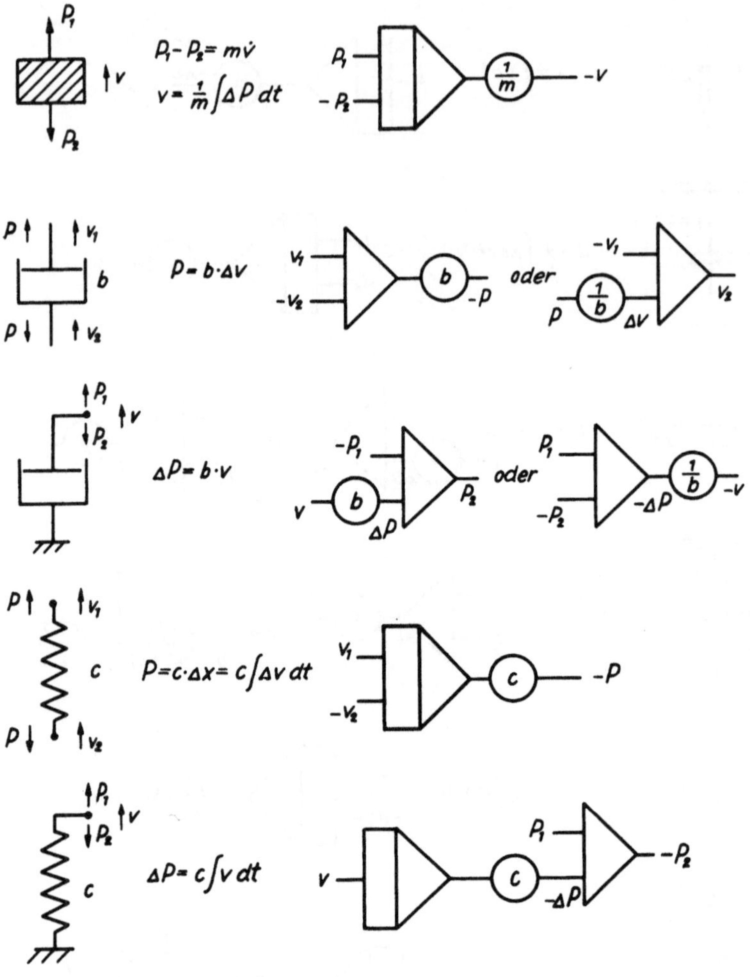

$P_1 - P_2 = m\dot{v}$

$v = \frac{1}{m}\int \Delta P \, dt$

$P = b \cdot \Delta v$ oder

$\Delta P = b \cdot v$ oder

$P = c \cdot \Delta x = c \int \Delta v \, dt$

$\Delta P = c \int v \, dt$

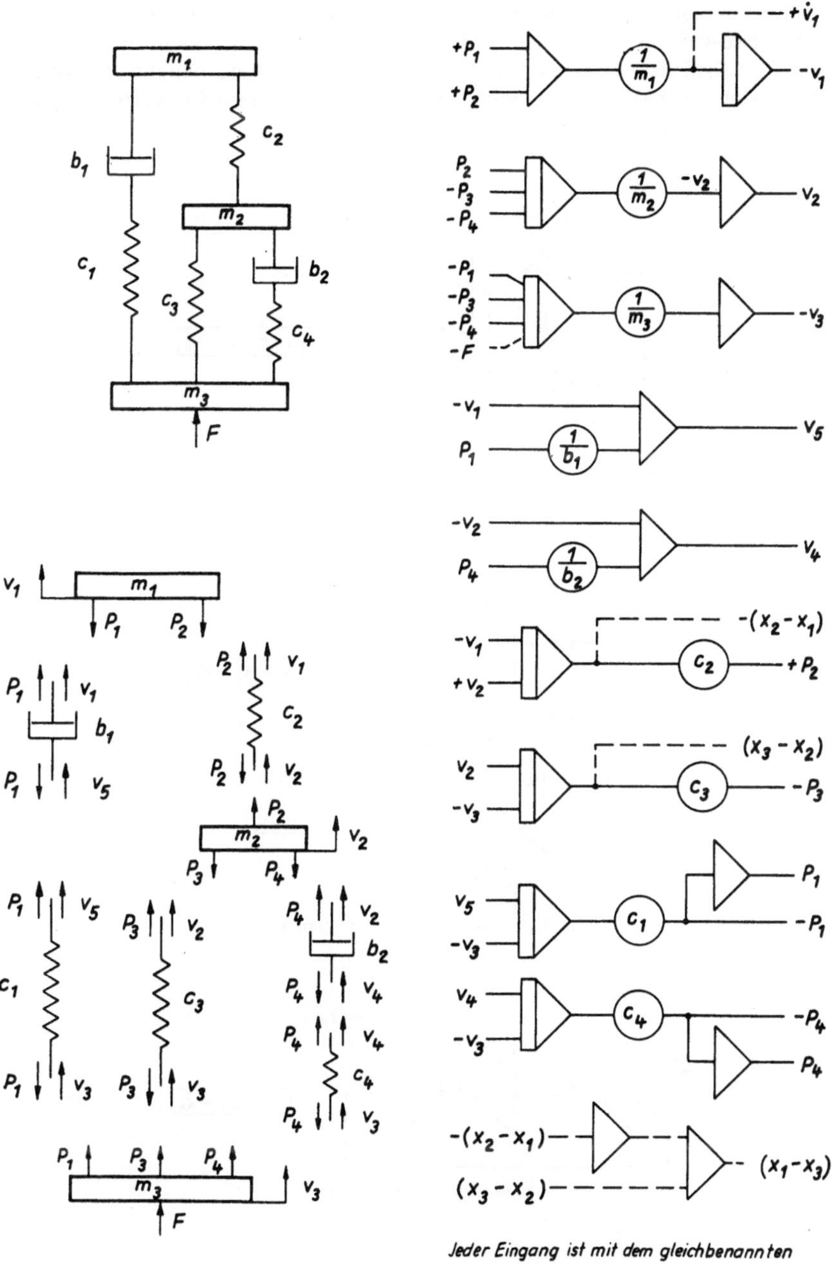

Bild 8.15. Anwendung der direkten Programmierung auf ein mechanisch translatorisches Dreimassensystem: (Eingangsgröße F; Ausgangsgrößen $\dot{v}_1$, (x_1-x_2) und (x_1-x_3))

Zum Schluß seien noch einige Schaltgruppen für Analogrechner der Einheitsverstärkerbauweise angegeben (Bilder 8.16 bis 8.25), die sich in der Praxis bezüglich Stabilität, Aussteuerbarkeit oder Genauigkeit gegenüber anderen bewährt haben. Schaltungskataloge für den offenen Verstärkeraufbau sind den Literaturstellen [14], [16] u. [17] zu entnehmen.

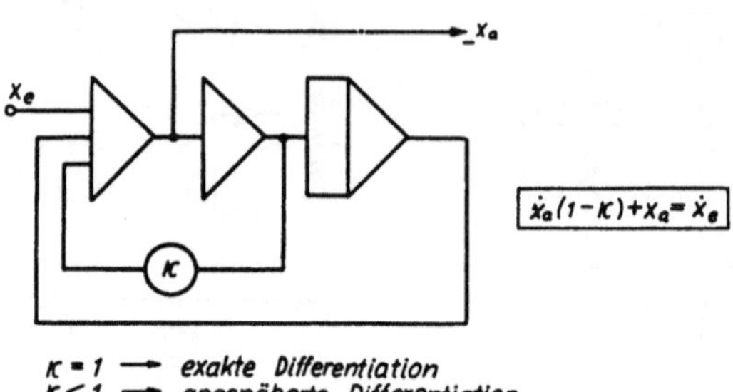

Bild 8.16. Angenäherte Differentiation

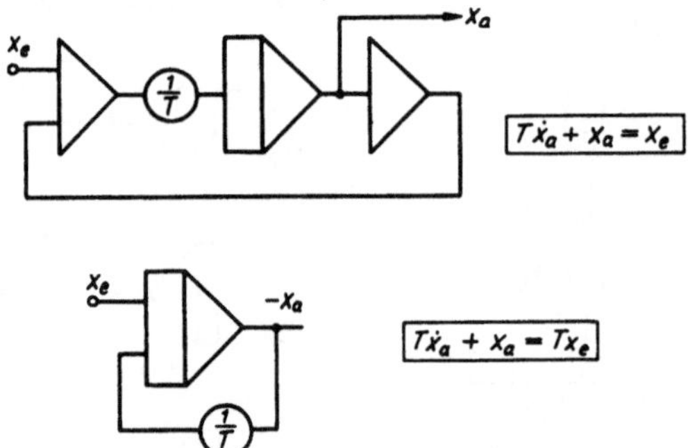

Bild 8.17. Reguläres Glied 1. Ordnung

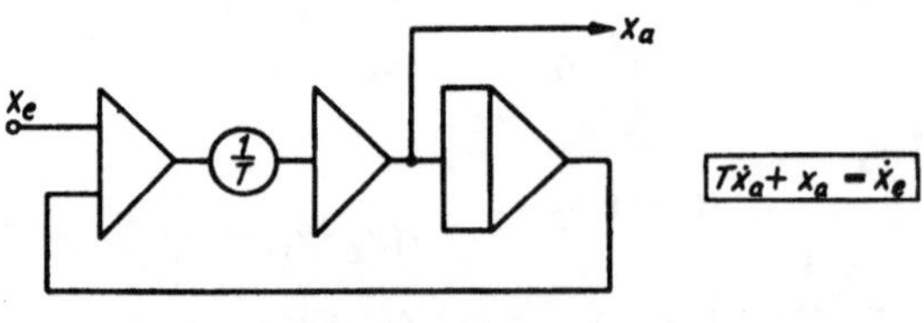

Bild 8.18. Vorhaltglied

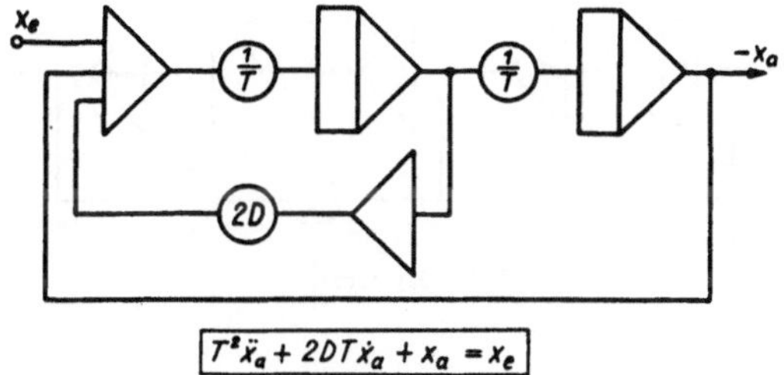

Bild 8.19. Reguläres Glied 2. Ordnung

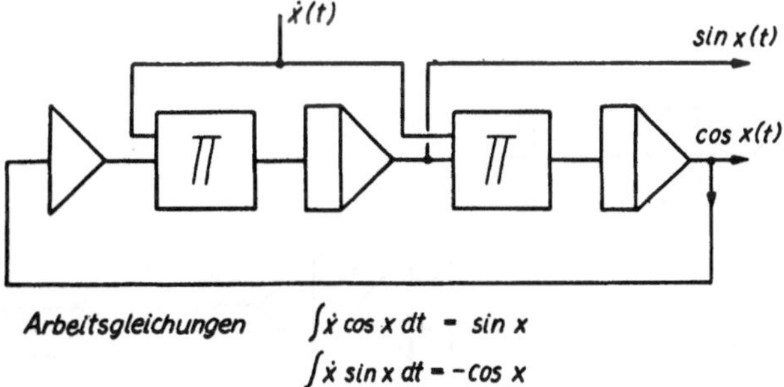

Bild 8.20. Kreisfunktion einer Rechenvariablen x (nur bei Vorhandensein des Signals $\dot{x}$)

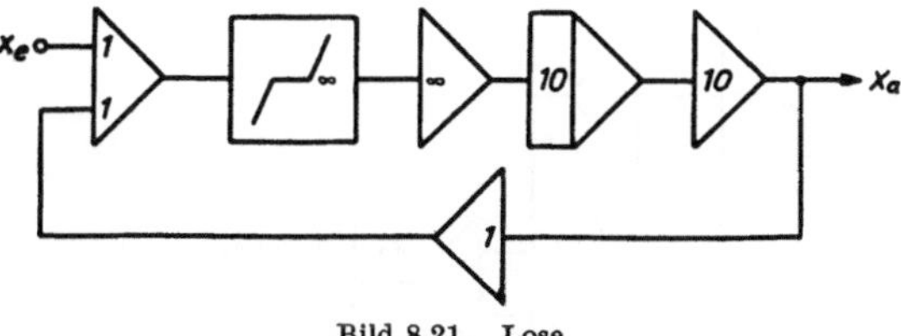

Bild 8.21. Lose

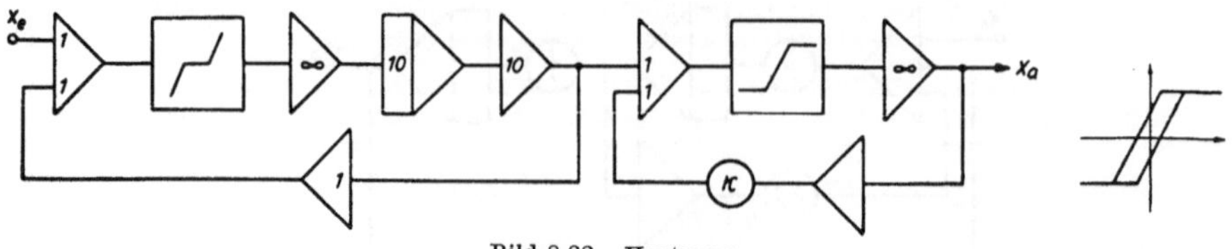

Bild 8.22. Hysterese

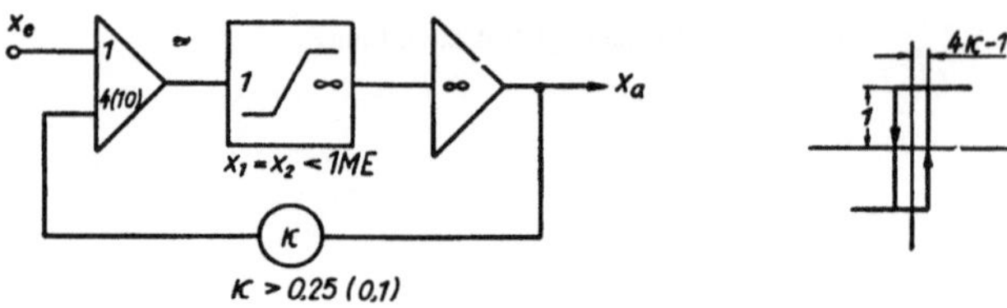

Bild 8.23. Relaisfunktion mit Hysterese

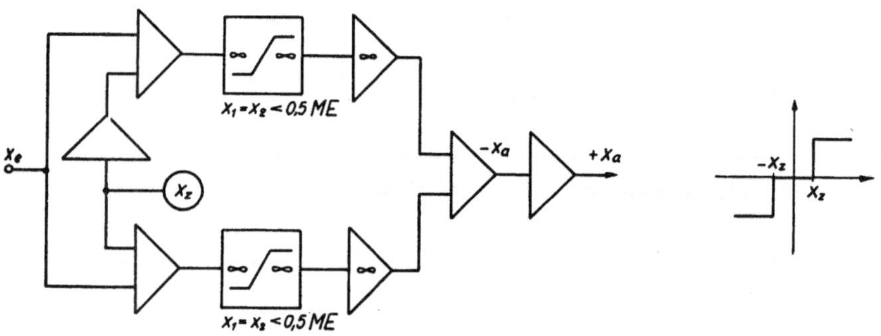

Bild 8.24. Relaisfunktion mit toter Zone

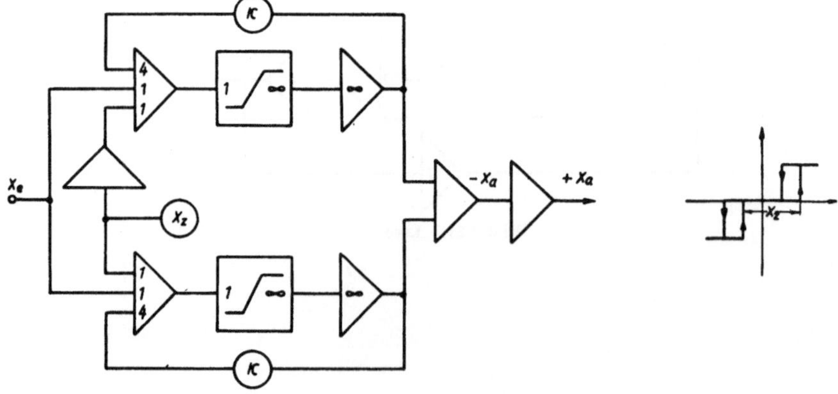

Bild 8.25. Relaisfunktion mit toter Zone und Hysterese

Übungsaufgaben

8.2-1 Man entwickle einen Schaltplan für die Lösung der Differentialgleichung

$$\dddot{x}\, T_3{}^3 + \ddot{x}\, T_2{}^2 + \dot{x}\, T_1 + x = r \cdot y$$

mit $x(0) = 0 \qquad \dot{x}(0) = v_0 \qquad \ddot{x}(0) = 0.$

8.2-2 Man entwickle den Schaltplan für ein Regelkreisglied, dessen Übertragungsfunktion

$$F_1(s) = K_1 \frac{(s - s_1)}{(s - s_2)}$$

lautet $(s_1 > s_2 > 0)$.

8.2-3 Für ein Regelkreisglied, dessen Frequenzgang mit

$$F_2(i\omega) = \frac{V_2\,(1 + i\omega T_1)}{1 + 2i\omega D T_2 + (i\omega T_2)^2} \quad (T_1 < T_2) \qquad \text{gegeben ist,}$$

soll der Schaltplan entworfen werden.

8.2-4 Man zeichne den Schaltplan für das quadratische Optimierungskriterium nach Abschnitt 7.1.1.

8.2-5 Auf die elektrische Ersatzschaltung zweier gekoppelter Bandfilter (Bild Ü 8.2-5), ist die direkte Programmierung (Tab. 8.1) anzuwenden.

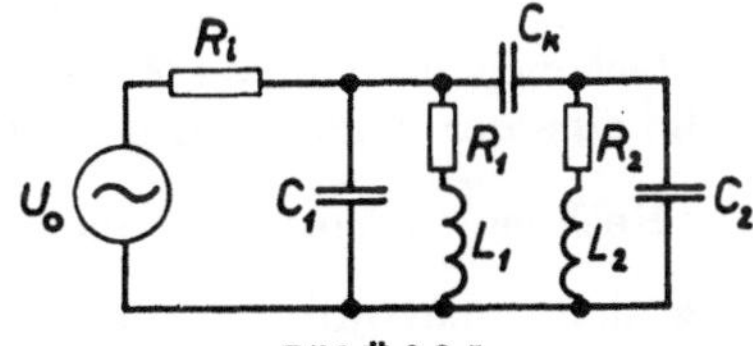

Bild Ü 8.2-5

8.3. Maßstabsbestimmung

Einen wichtigen Schritt bei der Auslegung des Steckplans bildet die Festlegung geeigneter Analogiemaßstäbe. Gerade für den Anfänger ist es notwendig, dabei systematisch vorzugehen, wenn er nicht bald — für nichtlineare Probleme gilt dies in besonderem Maße — in Schwierigkeiten geraten will.

Bewährt hat sich dabei die Einführung von Maßstabsfaktoren m_i, die das Verhältnis der wirklichen Variablen (z. B. Regelgröße Druck x in bar) zu der ihr analogen Spannung $\bar{x}$ (in Maschineneinheiten ME) angibt, im Beispiel $x\,[\mathrm{bar}] = m_x \left[\frac{\mathrm{bar}}{\mathrm{ME}}\right] \cdot \bar{x}\,[\mathrm{ME}]$[1]. Als Maschineneinheit bezeichnet man die für den betreffenden Rechner größtzulässige Rechenspannung z. B. 1 ME = 100 V. Durch die Rechnung in Maschineneinheiten wird einmal die Programmierung unabhängig vom Maschinentyp — die Maschinenvariablen sind dann auf die Maschineneinheit bezogene dimensionslose Größen — und zum anderen tritt kein zusätzlicher Maßstabsfaktor bei der Multiplikation zweier Variablen auf, welche fast immer so ausgelegt ist, daß bei Vollaussteuerung der Eingänge ($\bar{x} = 1$ ME; $\bar{y} = 1$ ME) auch der Ausgang die maximale Rechenspannung $\bar{z} = 1$ ME ergibt und damit im Produkt $\bar{z} = \bar{x}\bar{y} = 1\,\mathrm{ME}\cdot\mathrm{ME}$ nur die eine der beiden ME gestrichen zu werden braucht, um $\bar{z}$ zu erhalten. Beim Rechnen in Volt wäre dagegen $\bar{z} = \frac{\bar{x}\cdot\bar{y}}{100\,\mathrm{V}}$[2]) zu setzen, so daß $\bar{z}$ zahlenmäßig nicht mehr mit $\bar{x}\cdot\bar{y}$ übereinstimmt.

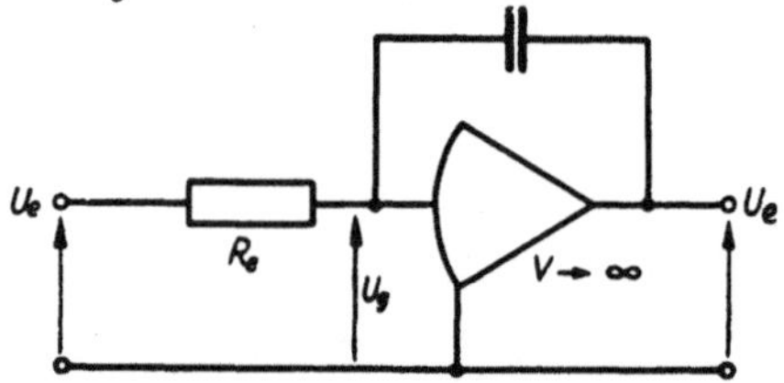

Bild 8.26. Integrierergrundschaltung

Da auch die Zeit als unabhängige Variable des Analogrechners beliebig der unabhängigen Variablen des Ausgangssystems, bei Regelungsaufgaben stets der Zeit, zugeordnet werden kann, ist also auch ein Maßstabsfaktor m_T für die Zeit festzulegen. Bei dem hier vorausgesetzten Einheitsverstärker-Aufbau wird man die „Maschinenzeit" ebenfalls in Maschineneinheiten angeben, obwohl jede Maschinenzeiteinheit auch in Sekunden ausgedrückt werden könnte. Der Grund hierfür liegt in der Eigenart der Integrationsverstärker. In Bild 8.26 ist der Integriereraufbau skizziert. Mit $I_g \approx 0$ gilt

$$U_a - \frac{1}{V}\left[U_a + \int \frac{U_a\,dt}{C_R R_e}\right] = -\int \frac{U_e}{C_R R_e}\,dt$$

[1]) Die von hier an — zumindest dort, wo sonst Mißverständnisse enstehen können — mit einem Querstrich versehenen analogen Spannungen werden anderen Orts auch als „Maschinenvariable" bezeichnet.

[2]) Bei einem Analogrechner mit 1 ME = 100 V.

wegen $V \gg 1$ ergibt sich daraus

$$U_a \approx -\int \frac{U_e}{C_R R_e}\,dt = -\frac{1}{T_i}\int U_e\,dt \qquad (8.2)$$

Diesem Resultat steht die Operationsgleichung des Integrierers

$$U_a = -k \int U_e\,dt \qquad (8.3)$$

gegenüber.

Nur dann, wenn die Kennzeichnung k am Rechenverstärker mit $\frac{1}{R_e C_R}\left[\frac{1}{\mathrm{s}}\right]$ übereinstimmt, ist auch eine Maschinenzeiteinheit gleich einer Sekunde. Ist das nicht der Fall, dann stimmen Gl. 8.2 und Gl. 8.3 überein, wenn die Zeit t statt in Sekunden in einem anderen Zeitmaßstab, nämlich in Maschinenzeiteinheiten MZE angegeben wird mit

$$1\ \mathrm{MZE} = \frac{R_e C_R}{k}$$

Diese im Rechner sozusagen fest installierte Zeittransformation braucht man dann bei der Programmierung nicht jedesmal wieder zu berücksichtigen. Die Zusammenhänge kommen am deutlichsten in einem orientierenden Versuch am Rechner zum Ausdruck, bei dem man einem Integrationsverstärker eine (zeitlich) konstante Eingangsspannung von der Größe einer Maschineneinheit zuführt (vgl. Bild 8.27). Der Eingangs-Gewichtsfaktor k sei eins und der Anfangswert des Integrators null. Die Ausgangsspannung $-U_a$ wird dann, wie auf einem Oszillografen oder einem Schreiber zu erkennen, mit konstanter Geschwindigkeit wachsen und die Größe von 1 ME genau nach der Zeit 1 MZE erreichen.

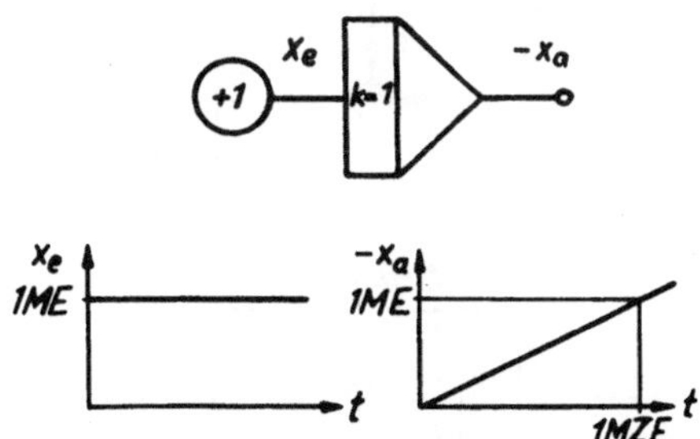

Bild 8.27. Integration einer konstanten Spannung

Dieser kleine Versuch beleuchtet auch gleichzeitig die Eigenart von Analogintegrierern, daß das Ausgangssignal die gleiche physikalische Dimension (elektr. Spannung) wie das Eingangssignal besitzt, was ja für das nachzubildende System keinesfalls zutrifft. Im wirklichen System sei z. B. eine Geschwindigkeit $v = 3$ m/s und eine Auslenkung $x = 5$ m vorhanden, die sich im Analogsystem als Spannungen $\bar{v} = 0{,}6$ ME und $\bar{x} = 0{,}2$ ME abbilden. Die Maßstabsfaktoren m_v und m_x sind damit $m_v = \frac{5\ \mathrm{m}}{\mathrm{s}}/\mathrm{ME}$ und $m_x = 25\ \mathrm{m/ME}$, während sich mit dem benutzten Zeitmaßstab $m_T = \frac{5\,\mathrm{s}}{\mathrm{MZE}}$ der Wegmaßstab rechnerisch aus dem Produkt des Geschwindigkeitsmaßstabes mit dem Zeitmaßstab zu

$$m_v \cdot m_T = \frac{5\,\mathrm{m}}{\mathrm{s}}/\mathrm{ME} \cdot \frac{5\,\mathrm{s}}{\mathrm{MZE}} = 25\ \mathrm{m}/\mathrm{ME\ MZE}$$

ergibt, was bis auf die Größe MZE im Nenner mit dem ersteren übereinstimmt. Die bei solchen Maßstabsumrechnungen erscheinenden überflüssigen MZE können daher gestrichen oder fehlende hinzugesetzt werden. Als Beispiele zur Maßstabsrechnung werden folgende Probleme behandelt.

8.4. Anwendungsbeispiele der Regelungstechnik

8.4.1. Lineares Beispiel

Gegeben ist eine Wasserturbine mit mechanischem Drehzahlgeber. Die Übergangsfunktion der Turbinendrehzahl bei plötzlicher Änderung der Stellgröße ergab, daß die Regelstrecke als Strecke 1. Ordnung mit einer Zeitkonstanten T_s von 5 Sekunden angenommen werden kann. Der Drehzahlgeber verhält sich wie ein Glied zweiter Ordnung; seine Übergangsfunktion ist eine gedämpfte Schwingung mit einer Periodendauer T_M von 2,4 s und einer Überschwingweite von 16% (vgl. Bild 8.28). Es soll untersucht werden, ob ein hydraulischer

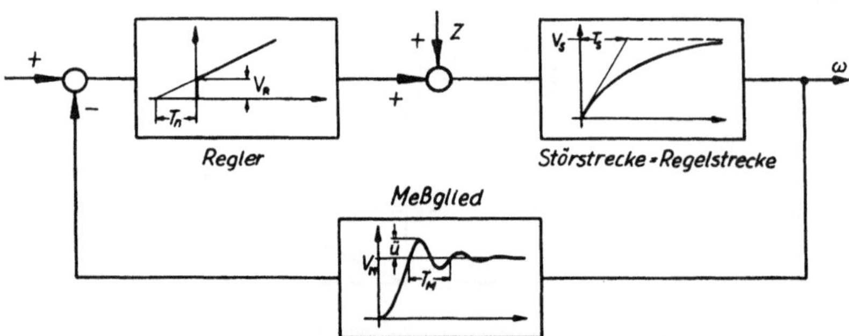

Bild 8.28. Blockschaltbild zur Wasserturbinenregelung

Kraftschalter mit nachgebender Rückführung (PI-Verhalten) in der Lage ist, bei einem Laststoß die vorübergehende Drehzahlabweichung auf 15% derjenigen zu beschränken, die sich ohne Regelung als dauernde Abweichung ergeben würde (vgl. hierzu Bild 8.31). Die Störstrecke habe die gleichen Eigenschaften wie die Regelstrecke. Welche Zeitkonstante muß die Rückführung des Reglers haben, und wie groß muß die Kreisverstärkung sein?

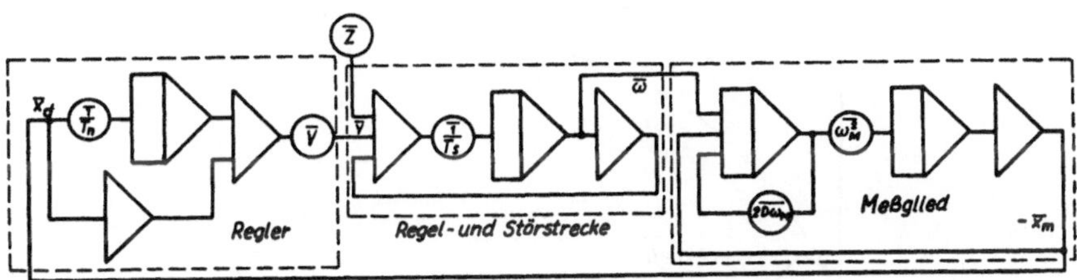

Bild 8.29. Analogschaltbild zur Wasserturbinenregelung

Im Schaltplan (Bild 8.29) sind die Verstärkungsfaktoren der Strecke und des Meßgliedes gleich eins gesetzt worden, so daß mit dem Potentiometer $\overline{V}$ die (dimensionslose) gesamte Kreisverstärkung eingestellt wird. Alle übrigen Einstellwerte enthalten nur die Dimension Zeit. Die Maßstabsbestimmung beschränkt sich daher auf die Festlegung des Zeitmaßstabes.

Die Größen $\overline{1/T_s}$, $\overline{2\,D\omega_M}$ und $\overline{\omega_M^2}$ sollen im Bereich 0,1 bis 10 einstellbar sein. Die Dämpfung des Meßwerkes errechnet sich aus der Überschwingweite $ü$ mit Hilfe der Formel $D^2 = \dfrac{1}{(\pi/\ln ü)^2+1}$ zu $D \approx 0{,}5$. Aus T_M und D gewinnt man die Kreisfrequenz ω_M des Meßwerkes mit Hilfe von $\omega_M = \dfrac{2\pi}{T_M \cdot \sqrt{1-D^2}}$ zu $\omega_M = 3/\mathrm{s}$.

Die einzustellenden Größen haben damit die Zahlenwerte $1/T_s = 0{,}2$ s; $2\,D\omega_M = 3/\mathrm{s}$ und $\omega_M^2 = 9/\mathrm{s}^2$.

Als Zeitmaßstab bietet sich hier $m_T = 1$ s/MZE an, da bereits die Zahlenwerte im gewünschten Bereich 0,1 . . . 10 liegen.

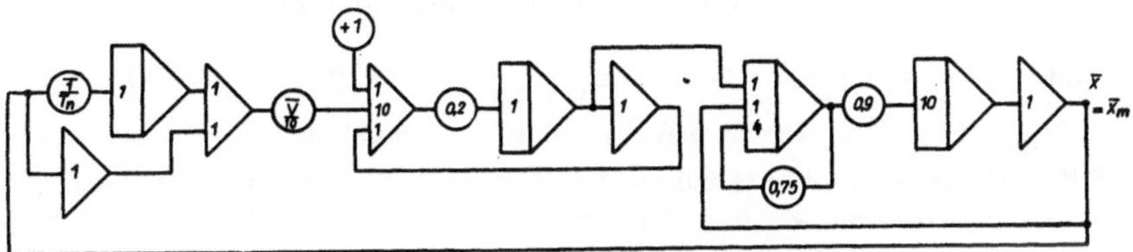

Bild 8.30. Steckplan zur Wasserturbinenregelung

Die mit dem Steckplan (Bild 8.30) durchgeführte Untersuchung ergab als optimale Werte $V = 6{,}6$ und $1/T_n = 0{,}186$ bzw. $T_R = 5{,}4$ s (Rückführzeitkonstante). Die Übergangsfunktion beim Laststoß hatte das Aussehen von Bild 8.31 und einen Maximalwert von 13,3 % bezogen auf die ungeregelte bleibende Drehzahlabweichung.

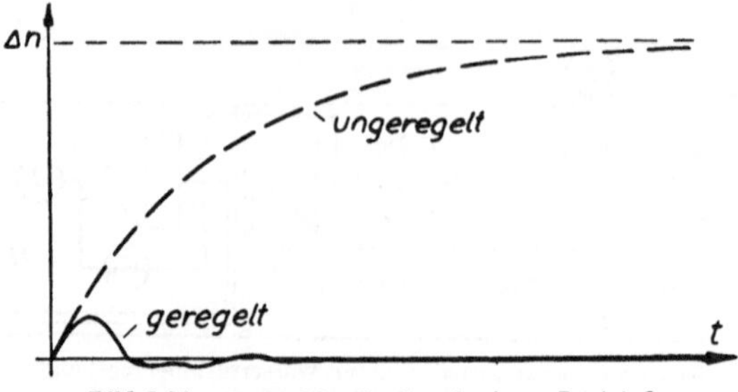

Bild 8.31. Drehzahlverlauf nach einem Laststoß

Der vorgeschlagene PI-Regler ist also in der Lage, die Turbinendrehzahl mit der gewünschten Genauigkeit zu halten.

8.4.2. Regelkreis mit Relaisregler

Eine Regelstrecke ohne Ausgleich und mit Verzögerung erster Ordnung soll durch einen Relaisregler mit Hysterese, einem integrierenden Stellglied und einer nachgebenden Rückführung zu einem Regelkreis nach Bild 8.32 zusammengeschaltet werden. Die Daten der Regelstrecke, des (proportionalen)

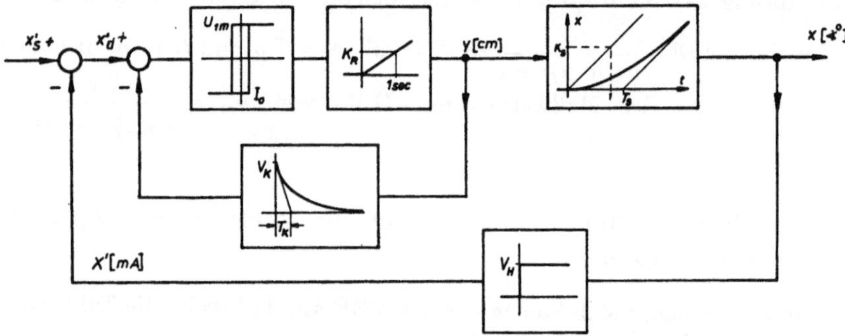

Bild 8.32. Blockschaltbild eines Regelkreises mit Relaisregler

Meßgliedes, des Stellgliedes und des Relaisreglers sind mit $K_s = \dfrac{1{,}62 \sphericalangle^\circ}{\text{cm s}}$, $T_s = 2{,}35$ s, $V_H = \dfrac{0{,}5 \text{ mA}}{\sphericalangle^\circ}$, $K_R = \dfrac{13{,}9 \text{ cm}}{110 \text{ V} 1 \text{ s}}$ (Motor und Getriebe), $y_{\max} =$ 10 cm, $U_{1m} = 110$ V, $I_0 = 0{,}73$ mA, $x_s = 6{,}46 \sphericalangle^\circ$ gegeben.

Mit Hilfe des Analogrechners sollen die Werte V_k und T_k der nachgebenden Rückführung gefunden werden, für die das ITAE-Kriterium (vgl. Abschnitt 7.1.1) beim Sollwertsprung x_s ein Optimum ergibt.

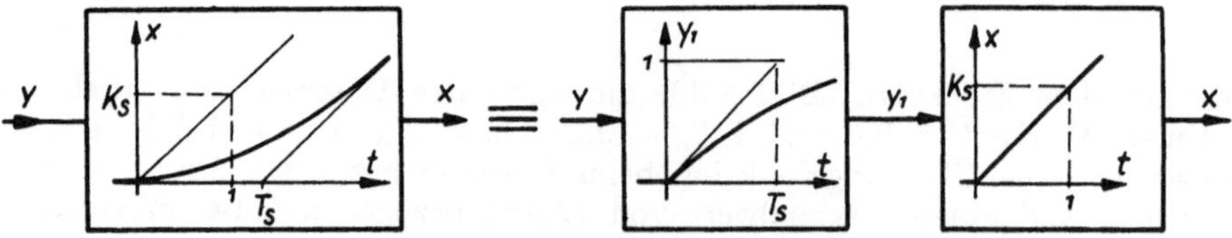

Bild 8.33. Aufteilung der verzögerten Regelstrecke ohne Ausgleich

Die verzögerte Regelstrecke ohne Ausgleich können wir zerlegen in eine verzögerte Strecke *mit* Ausgleich und eine *unverzögerte* Strecke ohne Ausgleich (rein integrales Verhalten). Da die Verzögerung von erster Ordnung ist, ergeben sich die in Bild 8.33 angegebenen Teilblöcke, welche auf einfache Weise in das Analogschaltbild übertragen werden können. Für die Relaisfunktion mit Hysterese, die Strecke erster Ordnung und das Vorhaltglied erster Ordnung (nachgebende Rückführung) benutzen wir die Schaltgruppen der Bilder 8.23,

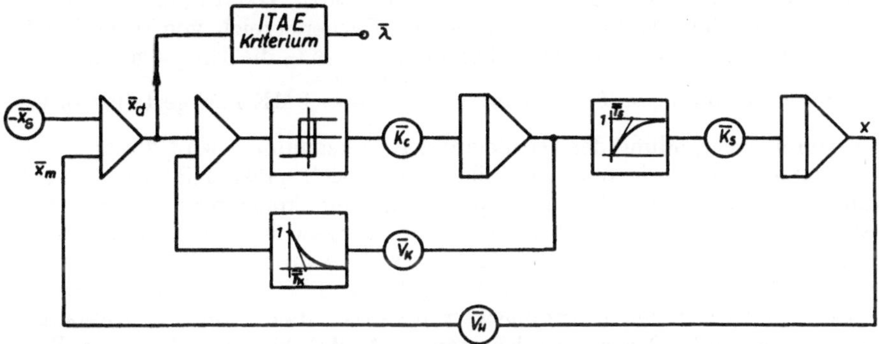

Bild 8.34. Schaltbild zum Regelkreis mit Relaisregler

8.17 u. 8.18 des Abschnittes 8.2 und gewinnen damit das Schaltbild 8.34. Darin ist die Bildung des ITAE-Kriteriums in einer weiteren Schaltgruppe angedeutet, welche im folgenden entwickelt werden soll.

Die Definitionsgleichung für das ITAE-Kriterium lautet $\lambda = \int_0^\infty |\, x_d \,| \cdot t \; dt$ oder auch $\lambda = \int_0^\infty |\, x_d \cdot t \,| \, dt$, da $t \geq 0$.

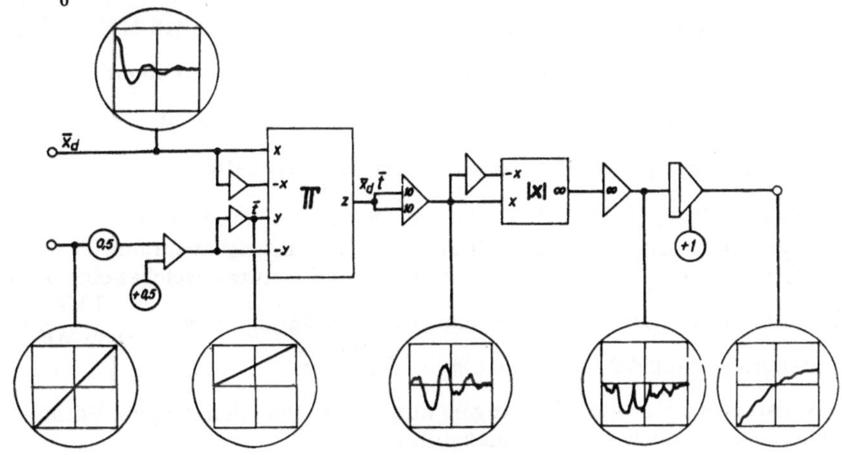

Bild 8.35. Schaltgruppe zur Erzeugung des ITAE-Kriteriums

Nach letzterer Gleichung sind mit x_d die in Bild 8.35 angegebenen Operationen durchgeführt worden. Um Übersteuerungen bei Änderung der Repetierzeit zu vermeiden, wurde bei der Erstellung der Rechenspannung t, die mit x_d multipliziert werden muß, von der Oszillografenablenkspannung ausgegangen, welche während der Ablenkzeit linear von —1 ME bis +1 ME wächst. Das nachfolgende Potentiometer verkleinert diese Funktion auf den Bereich —0,5 ME bis +0,5 ME, welche nunmehr zu einer konstanten Spannung von 0,5 ME addiert werden kann und damit eine der Zeit proportionale Spannung liefert, die während der Repetierzeit von 0 nach 1 ME läuft. Die zeitproportionale Spannung hätte ebensogut an einem Integrierer erzeugt werden können, dem eine konstante Eingangsspannung zugeführt wird. Die Ausgangsspannung hätte aber nur dann stets den gewünschten Rechenbereich von 0 bis 1 ME durchlaufen, wenn für jede eingestellte Repetierzeit t_R die Eingangsspannung des Integrators immer auf den Wert $x_e = \frac{1\,\mathrm{MZE}}{t_R} \cdot 1\,\mathrm{ME}$ nachgestellt worden wäre. Durch Verwendung der Oszillografenablenkspannung wird dieser Nachteil umgangen. Im übrigen spricht Bild 8.35 für sich selbst. Hier sei nur noch darauf hingewiesen, daß bei der Optimierung ein konstanter Faktor ohne Belang ist, da nur das relative Minimum von λ aufgesucht wird. Der Eingangsfaktor 20 bei $x_d \cdot t$ ist daher zulässig; er wurde während des Steckens nach Überprüfen der Signalaussteuerungen eingeführt. Ebenso hat der Integrierer nur zu dem Zweck einen Anfangswert erhalten, damit für die Ausgangsspannung der volle Rechenbereich von — 1 ME bis + 1 ME zur Verfügung steht. Den Eingängen des Multiplizierers und des Betragsfunktionsgebers sind, wie für den benutzten Rechnertyp erforderlich, die positiven und negativen Eingangsspannungen zugeführt.

Nach Aufstellung des Steckplans der ITAE-Schaltgruppe sind nun die Maßstabsfaktoren m_x, m_i, m_u, m_y und m_T festzulegen und die einzustellenden Konstanten zu berechnen, so daß der Steckplan des gesamten Systems aufgestellt werden kann. Die Regelgröße x wird zeitweise etwas größer als der Sollwert sein. Es bietet sich $m_x = \frac{10\ \sphericalangle^\circ}{\mathrm{ME}}$ an, so daß $\bar{x}_s = 0{,}646$ ME wird. Der abgeschätzte Maximalwert 10 $\sphericalangle^\circ$ von x wird im Meßglied in einen Strom von 5 mA umgewandelt. Setzen wir $m_i = \frac{5\,\mathrm{mA}}{\mathrm{ME}}$, dann sind $\bar{x}$ und $\bar{x}_m$ identisch ($\bar{V}_H = 1$), also auch gleichmäßig ausgesteuert. Mit m_i erhalten wir $\bar{I}_0 = 0{,}146$ ME.

Die Relaisschaltung (Bild 8.23) in Abschnitt 8.2 zeigte beim Probelauf eine starke Schwingneigung, die es erforderlich machte, die Ausgangsspannung kleiner als ± 1 ME zu wählen. Es wurde der Wert $\pm 0{,}39$ ME benutzt, welcher eine bessere Stabilität brachte. Der Spannungsmaßstab liegt damit zu $m_u = \frac{110\,\mathrm{V}}{0{,}39\,\mathrm{ME}}$ fest. Als Stellgrößenmaßstab bietet sich $m_y = \frac{10\,\mathrm{cm}}{\mathrm{ME}}$ an.

Die Konstanten $\bar{K}_R$ und $\bar{K}_S$ hängen nun außer von den obigen Variablenmaßstäben auch noch vom Zeitmaßstab ab.

$$\bar{K}_R = \frac{13{,}9\,\mathrm{cm}}{110\,\mathrm{V\,s}} \cdot \frac{m_u m_T}{m_y} = \frac{3{,}57}{\mathrm{s}} m_T$$

$$\bar{K}_s = \frac{1{,}62^\circ}{\mathrm{cm\,s}} \cdot \frac{1\,\mathrm{ME}}{10\ \sphericalangle^\circ} \cdot \frac{10\,\mathrm{cm}}{1\,\mathrm{ME}} \cdot m_T = \frac{1{,}62}{\mathrm{s}} \cdot m_T$$

Durch $m_T = 0{,}5$ s/MZE können beide Zahlenwerte in die Nähe von 1 gebracht werden.

$$\overline{K}_R = 1{,}785 = 0{,}446 \cdot 4$$
$$\overline{K}_s = 0{,}81.$$

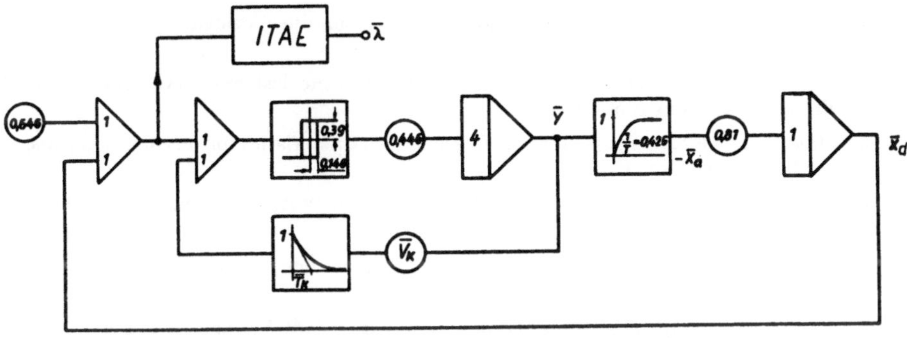

Bild 8.36. Steckplan zum Regelkreis mit Relaisregler

Mit diesen Zahlen können wir das Schaltbild zum Steckplan vervollständigen (Bild 8.36). Um die einzelnen Schaltungen der Schaltgruppen nicht zu wiederholen, sind im Steckplan nach Bild 8.36 wiederum nur die Symbole für die Schaltgruppen angegeben, in welche die benutzten Zahlenwerte eingetragen sind.

Der Abgleich der Potentiometer für $\overline{V}_k$ und $(\overline{1/T_k})$ bis zum Minimum von λ lieferte die Werte $\overline{V}_{k\,\mathrm{opt}} = 0{,}642$ und $(\overline{1/T_k})_{\mathrm{opt}} = 0{,}078$. Mit Hilfe obiger Maßstäbe errechnen wir daraus $V_{k\,\mathrm{opt}} = \dfrac{0{,}321\ \mathrm{mA}}{\mathrm{cm}}$ und $T_{k\,\mathrm{opt}} = 6{,}4$ s.

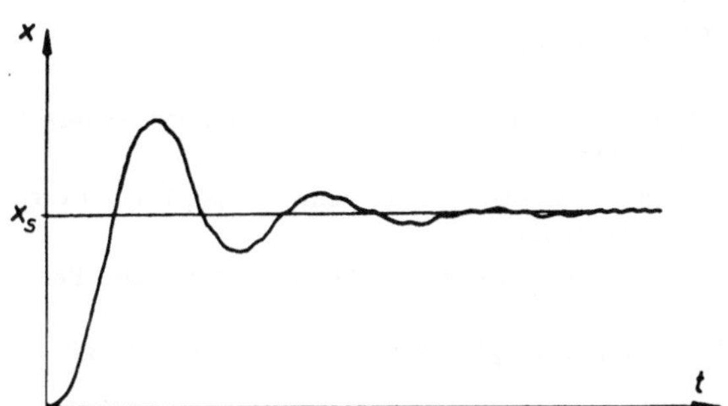

Bild 8.37. Übergangsfunktion des ITAE-optimierten Regelkreises

Wir erkennen aus dem Bild 8,37, welches die Übergangsfunktion bei $\overline{V}_{k\,\mathrm{opt}}$ und $(\overline{1/T_k})_{\mathrm{opt}}$ darstellt, daß der ITAE-optimierte Regelkreis in diesem Falle noch eine merkliche Schwingneigung aufweist.

Literatur

[1] *Bode, H. W.:* Network analysis and feedback amplifier design, van Nostrand Company, New York 1945.

[2] *Bower, J. L.* und *Schultheiss, P. M.:* Introduction to the design of servomechanisms, J. Wiley Verlag, New York 1958.

[3] *Chestnut, H.:* Obtaining attenuation-frequency characteristics for servomechanisms, Gen. El. Rev. 50 (Dez. 1947).

[4] *Chien, K. L., Hrones, J. A.* und *Reswick, J. B.:* On the automatic control of generalized passive systems, Transact. ASME 74 (1952).

[5] *Doetsch, G.:* Anleitung zum praktischen Gebrauch der Laplace-Transformation, R. Oldenbourg-Verlag, München 1956.

[6] *Evans, W. R.:* Control systems dynamics, McGraw-Hill Verlag, New York 1954.

[7] *Grabbe, E. M., Ramo, S., Wooldridge, D. E.:* Handbook of Automation Computation and Control, Bd. I, J. Wiley Verlag, New York 1958.

[8] *Graybeal, T. D.:* Block diagram network transformation, Transact. AIEE 70, Nov. 1951.

[9] *Helms, H. A.:* The Frequency-response approach to the design of a mechanical servo. Frequency Response, MacMillan Company, New York 1954.

[10] *Hengstenberg, J., Sturm, B.* und *Winkler, O.:* Messen und Regeln in der Chemischen Technik, Springer-Verlag, Berlin/Göttingen/Heidelberg 1957.

[11] *Kaufmann, H.:* Dynamische Vorgänge in linearen Systemen der Nachrichten- und Regelungstechnik, R. Oldenbourg-Verlag, München 1959.

[12] *Keßler, C.:* Über die Vorausberechnung optimal abgestimmter Regelkreise, Regelungstechnik 1955 Heft 2.

[13] *Leonhard, A.:* Die selbsttätige Regelung, Springer-Verlag, Berlin/Göttingen/Heidelberg 1957.

[14] *Mildner, W.:* Anleitung zum praktischen Gebrauch des Analogrechners, Rhode & Schwarz-Mitteilung 1959.

[15] *Oldenbourg, R. C.* und *Sartorius, H.:* Dynamik selbsttätiger Regelungen, R. Oldenbourg-Verlag, München 1951.

[16] *Oppelt, W.:* Kleines Handbuch technischer Regelvorgänge, Verlag Chemie, Weinheim/Bergstr., 1960.

[17] *Paynter, H. M.:* Palimpsest, Philbrick Researches 1955, S. 49 u. 127.

[18] *Pestel, E.:* Regelung in der Schiffstechnik, Jahrbuch der Schiffbautechnischen Gesellschaft 1957, Springer-Verlag, Berlin/Göttingen/Heidelberg.

[19] *Pestel, E.* und *Kollmann, E.:* Optimierung und Regelkreissynthese, „elektrische ausrüstung", Vogelverlag Würzburg, Heft 1 und 2, 1960.

[20] *Solodownikow, W. W.:* Grundlagen der automatischen Regelung, R. Oldenbourg Verlag, München, Teil I, 1958 und Teil II, 1959.

[21] *Truxal, J. G.:* Entwurf automatischer Regelsysteme, R. Oldenbourg Verlag, München 1960.

[22] *v. Valkenburgh, Nooger* und *Neville, Inc.:* Basic synchros and servomechanisms, Rider Publisher, New York 1955.

[23] *Ziegler, J. G.* und *Nichols, N. B.:* Optimum settings for automatic controller, Transact. ASME 64, 1942.

[24] *Renner, U.:* Ein neues Verfahren zur Berechnung des Frequenzganges aus der gemessenen Übergangsfunktion. msr 10 (1967) H. 3, S. 101–105.

[25] *Schwarz, H.:* Einführung in die moderne Systemtheorie, Friedr. Vieweg-Verlag, Braunschweig 1969.

[26] *Zurmühl, R.:* Matrizen, Springer-Verlag, Berlin, 2. Aufl. 1958.

[27] *Isermann, R.:* Prozeßidentifikation, Springer-Verlag, Berlin 1974.

[28] *Föllinger, O.:* Regelungstechnik, Elitera-Verlag, Berlin 1978.

[29] *Hippe, P.* und *Wurmthaler, Ch.:* Beobachter und Zustandsregler, Aussprachetag „Filterverfahren und Beobachtersysteme in der Meß- und Regelungstechnik“ 1975.

Anhang 1

Nachweis, daß für eine beliebige Zustandsdarstellung eines linearen, vollständig steuer- und beobachtbaren Systems mit einem Ein- und einem Ausgang, gekennzeichnet durch die kombinierte Matrix $\left(\begin{array}{c|c} A & B \\ \hline C & D \end{array}\right)$ eine gleichwertige Beschreibung durch Spiegelung der kombinierten Matrix an der Hauptdiagonalen erhalten wird:

Die Zustandsgleichungen werden zunächst Laplace-transformiert zu

$$\dot{\boldsymbol{u}} \cdot s = A \cdot \boldsymbol{u} + B \cdot y \rightarrow \boldsymbol{u}(I \cdot s - A) = B \cdot y \rightarrow \boldsymbol{u} = (I \cdot s - A)^{-1} \cdot B \cdot y$$

Aus $x = C \cdot \boldsymbol{u} + D \cdot y$ wird damit:

$$x = [C \cdot (I \cdot s - A)^{-1} \cdot B + D] \cdot y$$

Da für das einläufige System C ein Zeilenvektor und B ein Spaltenvektor ist, besteht der Matrixausdruck in der eckigen Klammer aus nur einem Element (1,1-Matrix), das sicher gleich seiner Transponierten ist:

$$C \cdot (I \cdot s - A)^{-1} \cdot B = [C \cdot (I \cdot s - A)^{-1} \cdot B]'$$

Wie man z.B. in [26] nachlesen kann, ist die Transponierte eines Matrizenproduktes gleich dem Produkt der transponierten Faktormatrizen, multipliziert in umgekehrter Reihenfolge, d.h.:

$$[C \cdot (I \cdot s - A)^{-1} \cdot B]' = B' \cdot [(I \cdot s - A)^{-1}]' \cdot C'$$

Ferner gilt für beliebige Matrizen:

$$[M^{-1}]' = [M']^{-1} \quad \text{und} \quad [M_1 + M_2]' = M_1' + M_2'$$

Da durch Transponieren die Einheitsmatrix I unverändert bleibt, gilt daher schließlich:

$$C \cdot (I \cdot s - A)^{-1} \cdot B = B' \cdot (I \cdot s - A')^{-1} \cdot C'$$

In Worten: Zu einer Zustandsdarstellung mit der (n,n)-Systemmatrix A, der $(n,1)$-Eingangsmatrix B, der $(1,n)$-Ausgangsmatrix C und dem skalaren Faktor D gibt es eine gleichwertige Darstellung, deren Systemmatrix A', deren Eingangsmatrix C' und deren Ausgangsmatrix B' beträgt. Die Größe D bleibt dabei unverändert.

Anhang 2

Die folgenden Ergebnisse der Übungsaufgaben sollen dem interessierten Leser die Möglichkeit geben, sich von der Richtigkeit seiner durchgerechneten Aufgaben zu überzeugen. Aus Platzgründen werden nur die Ergebnisse wiedergegeben, die sich als Zahlenwert oder Formel darstellen lassen.

2.2-7 b) $\Delta h = 27{,}5\,\text{mm}$, c) 2,5 : 1

2.2-10 $\Theta\ddot{\varphi} = (p_1 - p_2) \cdot F_M \cdot l_M - p_5 \cdot F_B \cdot l_B \cdot \ddot{u}_B - b \cdot \dot{\varphi} - c \cdot \varphi$

2.2-12 $p_1 = 5{,}8\,\text{N/cm}^2$ (= 0,58 bar)

2.3-2 $\frac{b}{c} \cdot \dot{x}_a + x_a = \frac{b}{c} \cdot x_e$; a1) $\frac{L}{R} \cdot \dot{U}_a + U_a = \frac{L}{R} \cdot \dot{U}_e$;

a2) $C \cdot R \cdot \dot{U}_a + U_a = C \cdot R \cdot \dot{U}_e$ b) $r \cdot K \cdot \dot{p}_a + p_a = r \cdot K \cdot \dot{p}_e$

2.3-3 $\ddot{y} \cdot 0{,}0847 + \dot{y} \cdot 1{,}165 = -\dot{x}_M \cdot 0{,}16 - x_M$ (Zeiten in Sekunden)

2.3-4 $\ddot{y} \cdot 0{,}0212 + \dot{y} \cdot 0{,}141 = -0{,}25\,(\dot{x}_M \cdot 0{,}15 + x_M)$,,

2.3-5 $C\,(R_1 + R_2) \cdot \dot{U}_a + U_a = C \cdot R \cdot \dot{U}_e + U_e$

2.3-7 $T_{2m}^2 \cdot \ddot{v} + T_{1m} \cdot \dot{v} + v = r_m \cdot x$ mit

$$T_{2m}^2 = \frac{m_{\text{eff}}}{c + \partial P_F/\partial x_1}; \quad T_{1m} = \frac{b}{c + \partial P_F/\partial x_1}; \quad r_m = -\ddot{u} \cdot \frac{\partial P_F/\partial \omega}{c + \partial P_F/\partial x_1}$$

3.3-1 $v(t) = -0{,}0303 + 0{,}492 \cdot t - 0{,}123\,\mathrm{e}^{-0{,}5t} \cdot \sin\left(\frac{2\pi}{1{,}57}\,[t - 0{,}062]\right)$

3.3-2 $v(t) = 16{,}5 - 15t + 4{,}5t^2 - 12\mathrm{e}^{-t} - \mathrm{e}^{-t}\,(4{,}5 \cos t - 1{,}5 \sin t)$

3.3-3 $x = 10 - 10{,}56 \cdot \mathrm{e}^{-0{,}128t} \cdot \cos(3{,}12\,[t + 0{,}465])$

3.3-5 a) $v = 6{,}3\,(1 - \mathrm{e}^{-t/6{,}3})$; $x = 3{,}15 - 2{,}65\,\mathrm{e}^{-t/3{,}15}$

b) $x = 19{,}8 - 36{,}5 \cdot \mathrm{e}^{-t/6{,}3} + 16{,}7 \cdot \mathrm{e}^{-t/3{,}15}$

3.3-6 $y = 5{,}08t + 10{,}92\,(1 - \mathrm{e}^{-t})$

3.3-7 $y = 16\,(1 + \mathrm{e}^{-t/0{,}8})$

3.4-1 $x_N = 4 \cdot \mathrm{e}^{-0{,}63t}$; $x_C = 6{,}35\,(1 - \mathrm{e}^{-0{,}63t})$;

$x_A = 6{,}35t - 10{,}08\,(1 - \mathrm{e}^{-0{,}63t})$

$x_B = -10{,}08t + 3{,}18t^2 + 16\,(1 - \mathrm{e}^{-0{,}63t})$

3.4-2 $x_N = 5\,(1 - \mathrm{e}^{-0{,}2t})$; $x_C = 5t - 25\,(1 - \mathrm{e}^{-0{,}2t})$

$x_A = -25t + 2{,}5t^2 + 125\,(1 - \mathrm{e}^{-0{,}2t})$;

$x_B = 125t - 12{,}5t^2 + \frac{5}{6}t^3 - 625\,(1 - \mathrm{e}^{-0{,}2t})$

3.5-3 $F_{\text{ges}}(s) = \frac{250\,(s + 1)}{251\,s + 250}$

3.5-5 $F_{\text{ges}}(s) = F_1 \cdot F_2 + F_2 \cdot F_3 \cdot F_4 + F_4 \cdot F_5$

3.5-8 a) $F_G = \frac{6}{s^2 + 14s + 12}$; b) $F_v = \frac{6}{s^2 + 14s + 24}$;

c) $F_v = \frac{6}{s^2 + 14s + 36}$

3.6-1.1 a) w_0, b) ∞, c) ∞

3.6-1.2 a) 0, b) 0, c) $1{,}25 \cdot b_0$

3.6-1.3 a) 0, b) $10 \cdot v_0$, c) ∞
3.6-2 a) $x_{W\infty} = 1/3$ b) $K \geqslant 76$
3.6-3 $x_{B1} = b_0$; $x_{A3} = 1{,}6 \cdot v_0$; $x_{B4} = 1{,}6 \cdot b_0$; $x_{B6} = 8 \cdot b_0$;
alle übrigen $= 0$ oder ∞
3.6-4 $H = K/s^2$; $K \geqslant 4{,}9$
3.6-5 a) $x_{W\infty} = 0{,}0589 \cdot w_0$; b) $G_K = (4s + 1)$
3.6-6 1) $x_{W\infty} = 5{,}25 \cdot z_0$; 2) und 3): $x_{W\infty} = \infty$
3.6-7 $K = 124$
4.4-1 a) $s_W = -5$; $s_{A1} = -2{,}76$; $s_{A2} = -7{,}24$; $K_{\text{Krit}} = 2055$;
b) $s_{A1} = -2{,}77$
4.4-2 a) $s_W = -2$; $\Theta_{p2} = 39{,}8°$, $K_{\text{Krit}} = 70{,}5$;
b) $s_W = -3$; $s_A = -1{,}845$; $K_{\text{Krit}} = 192$
4.4-4 a) $s_{A1} = -1{,}62$; $s_{A2} = -4$; $s_{A3} = -4{,}63$
4.4-5 a) $s_{A1} = -6{,}11$; $s_W = -4{,}5$; $\Theta_{p1} = -90°$; $\Theta_{p3} = +90°$
b) $s_W = -4{,}96$; $\Theta_{p1} = -51°$
4.4-6 a) $s_{A1} = -5{,}67$; $s_{A2} = -9{,}11$; $\Theta_{p1} = 0°$; $\Theta_{N1} = 206{,}6°$
b) $s_A = -14{,}7$
4.4-7 $s_W = -3$; $\Theta_{p3} = 27{,}7°$; $s_{A1} = -5{,}48$; $s_{A2} = -7{,}85$
4.4-10 $s_N = -1$; $s_{p1} = -3$; $s_{p2} = -6$; $s_{p3,4} = -3 \pm i$;
$s_W = -4{,}67$; $\Theta_{p3} = 135°$; $V_{\text{Krit}} = 26{,}7$
4.4-11 $K_{\text{Krit}} = 68{,}7$

4.5-1 $F_T(s) = \dfrac{1}{T_2} \cdot \dfrac{(s+8)}{s\,(s+2)}$; $s_{A1,2} = -8 \pm \sqrt{48}$

4.5-2 $K_c \cdot G_c(s) = 2\,c \cdot \dfrac{(s+6)}{(s+4)\,(s^2+6s+13)}$;
$s_W = -2$; $\Theta_{p2} = 60{,}3°$

4.5-3 $F_c(s) = 50 \cdot c \cdot \dfrac{(s+2)}{(s+5{,}43)\,(s^2-0{,}68s+9{,}2)}$;
$s_W = -1{,}375$; $\Theta_{p2} = 114{,}5°$

4.5-4 $F_m(s) = 1250 \cdot m \cdot \dfrac{s^2}{(s+1{,}963)\,(s^2+13{,}3s+2031{,}4)}$;
$s_{A1} = -3{,}905$; $s_{A2} = -43{,}4$; $\Theta_{p3} = -191°$

4.5-5 $K_c \cdot G_c(s) = 4 \cdot c \cdot \dfrac{s}{(s+23{,}07)\,(s^2+2{,}85s+5{,}46)}$;
$s_W = -12{,}96$; $s_{A1} = -2{,}35$; $s_{A2} = -12{,}66$

4.6-1 $s_{pi1} = -4$; $s_{pi2} = -13$; $s_A = -9{,}71$
4.6-2 für $K_v = 3 : s_1 = -1$, $s_2 = -12$
($K_v = 5 : s_1 = -1{,}48$, $s_2 = -13{,}52$)
$s_A = -0{,}445\,(-0{,}605)$; $K_{\text{Krit}} = 10{,}7\,(13{,}9)$
4.6-3 $s_{pi} = -5{,}67$; $s_{A1,2} = -6 \pm \sqrt{2}$
4.6-4 $s_{Ai} = -8{,}134$; $s_{Wi} = -5{,}5$; Nullstellen: -3; -6; -10;
Pole: $-0{,}35$; -5; $-7{,}25$; -8; $-9{,}4$
4.6-5 Pole des äußeren Kreises: 0; -10; $-2{,}36 \pm i \cdot 0{,}568$;
Nullstellen: -3; -5
$s_{A1} = -1{,}943$; $s_{A2} = -1{,}347$; $s_W = -3{,}36$; $\Theta_{p3} = -27{,}1$

5.4-1 stabil
5.4-2 instabil
5.4-3 stabil bis $V_{R\,\mathrm{Krit}} = 0{,}21$
5.4-4 stabil
5.4-5 stabil bis $V_0 < V_{\mathrm{Krit}}$
5.4-6 instabil für alle K_1
5.6-2 $\varphi\,(6{,}3) = -34{,}5°$; $\varphi\,(12{,}5) = -43{,}9°$;
$\varphi\,(25) = -48{,}4°$; $\varphi\,(50) = -60°$
5.6-3 $\varphi\,(|F| = 1) = -45°$; $111°$; $-86°$
5.6-4 $\varphi_1\,(V = 0{,}8)$ a) $= 22{,}5°$; b) $= -43{,}5°$;
$\varphi_1\,(V = 1{,}6) = -60°$; $\varphi_1\,(V = 3{,}15) = -74{,}5°$
5.6-8 a) $\varphi\,(0{,}8) = -195°$; b) $\omega^*_{\mathrm{II}} = 1{,}25$; c) $|F^*(0{,}8)| = 6{,}1$

5.7-1 $\varphi_R = 55°$
5.7-2 $D = 0{,}2 \;: A_R = 2 : 1$; $\varphi_R = 85°$
$D = 0{,}1 \;: A_R = 1 : 1$; $\varphi_R = 0$
$D = 0{,}707 : A_R = 7{,}1 : 1$; $\varphi_R = 74°$
5.7-3 instabil für $V_R = 1$; $V_{R\,\mathrm{Krit}} = 0{,}592$
5.7-4 a) $A_R = 1{,}74 : 1$; $\varphi_R = 43{,}5°$; b) $T_t = 0{,}307\,\mathrm{s}$
5.7-5 a) instabil; b) $V_{01} = 0{,}5$; $V_{02} = 800$
5.8-4 $K_{11\,\mathrm{Krit}} = 2{,}93$; $K_{12\,\mathrm{Krit}} = 4$
5.8-5 $\varphi\,(0{,}8) = -144°$

5.9-1
$$F_1 = \frac{40}{(1 + i\omega/2{,}5)\,(1 + i\omega/25)};$$
$$F_2 = \frac{31{,}5 \cdot \mathrm{e}^{-0{,}01\,\cdot\,\omega}}{1 + 0{,}05\,i\omega + (0{,}125 \cdot i\omega)^2};$$
$$F_3 = \frac{10\,(1 + i\omega/1{,}6)\,(1 + i\omega/4)}{i\omega\,(1 + 0{,}06\,i\omega + [i\omega/10]^2)};$$
$$F_4 = \frac{6{,}3\,(1 + i\omega/0{,}5)}{(1 + i\omega/1{,}25)\,(1 + i\omega/4)\,(1 + i\omega/12{,}5)};$$
$$F_5 = \frac{160\,(1 - 0{,}5\,i\omega + [0{,}63\,i\omega]^2)}{i\omega\,(1 + 0{,}25\,i\omega)\,(1 + 0{,}063\,i\omega)};$$
$$F_6 = \frac{4\,(1 + i\omega)}{i\omega\,(-1 + 0{,}16\,i\omega)}$$

5.10-1 $M\,(0{,}25) = 0{,}128$; $M\,(2{,}5) = 0{,}63$; $M\,(6{,}3) = 0{,}809$
5.10-2 $\omega_x \approx 20$, (Genauwert 19,57)
6.3-6 a) und b) $s_{N1} = c_1/b$; c) keine Nullstelle!
6.5

—1a)	—1b)	—2a)	—2b)	—3a)	—3b)	—3c)	—4	
ja	ja	ja	ja	nein	ja	ja		vollständig steuerbar
nein	ja	nein	ja	ja	nein	ja	ja	vollständig beobachtbar
							$a = 2$	

7.2-1 a) $V_0 = \infty$; b) P: $V_0 = 0{,}75/1{,}75$; PI: $V_0 = 0{,}875/1{,}5$;
$T_n = 3/2{,}5\,s$; PID: $V_0 = 1{,}5/2{,}38$; $T_n = 2{,}5/3{,}38\,s$
$T_v = 1{,}25/1{,}18\,s$

c) P: $V_0 = 2{,}88/6{,}72$; $V_0 = 3{,}36/5{,}76$; $T_n = 2{,}14/1{,}78\,s$
PID: $V_0 = 5{,}76/912$; $T_n = 1{,}78/2{,}4\,s$; $T_v = 0{,}89/0{,}837\,s$

7.2-2 a) $V_{R\,\text{Krit}} = 8$; $T_k = 5{,}02\,s$;
P: $V_R = 3{,}6$; $A_R = 2{,}22 : 1$; $\varphi_R = 19°$
PI: $V_R = 3{,}6$; $T_n = 4{,}27\,s$; $A_R = 1{,}14 : 1$; $\varphi_R = 2°$
PID: $V_R = 4{,}8$; $T_n = 2{,}51\,s$; $T_v = 0{,}6\,s$; $\varphi_R = 24°$
b) $V_{R\,\text{Krit}} = 0{,}191$; $T_k = 5{,}46$
P: $V_R = 0{,}086$; $A_R = 2{,}22 : 1$
PI: $V_R = 0{,}086$; $T_n = 4{,}64\,s$; $A_R = 1{,}82 : 1$; $\varphi_R = 103°$
PID: $V_R = 0{,}115$; $T_n = 2{,}73\,s$; $T_v = 0{,}655\,s$;
$A_R = 3{,}72 : 1$; $\varphi_R = 87°$
c) $V_{R\,\text{Krit}} = 5{,}18$; $T_k = 0{,}123\,s$
P: $V_R = 2{,}33$; $A_R = 2{,}22 : 1$; $\varphi_R = 53{,}5°$
PI: $V_R = 2{,}33$; $T_n = 0{,}104\,s$; $A_R = 1{,}84 : 1$; $\varphi_R = 30°$
PID: $V_R = 3{,}11$; $T_n = 0{,}0615\,s$; $T_v = 0{,}0148\,s$;
$A_R = 1{,}74 : 1$; $\varphi_R = 35°$

7.2-3 a) $V = \infty$; $T_n = 6{,}3\,s$; $T_v = 1{,}6\,s$
b) P: $V_R = 1{,}05$; PI: $V = 1{,}28$; $T_n = 6{,}37\,s$;
PID: $V_R = 2{,}13$; $T_n = 7{,}13\,s$; $T_v = 1{,}61\,s$
c) P: $V_R = 1$; PI: $V_R = 1$; $T_n = 8{,}4\,s$;
PID: $V_R = \infty$; $T_n = 12{,}6\,s$; $T_v = 3{,}17\,s$

7.2-4 a) Typ b: $V = 5{,}8$; $T_n = 20\,s$; Typ c: $V = 6{,}29$; $T_n = 20\,s$
b) Typ b: $V = 1{,}73$; $T_n = 8\,s$; Typ c: $V = 2{,}125$; $T_n = 8{,}1\,s$

7.3-1 PI für $\omega < 31{,}5/s$

7.3-2 F_R enthält positive Nullstelle!

7.3-3 PID-Regler mit Verzögerung $T = 0{,}01\,s$

7.3-4 PID-Regler ohne Verzögerung

7.3-5 PD-Regler mit Verzögerung

7.4-1 $A_R = 1{,}8 : 1$; $\varphi_R = 43°$; Amplitudenabsenkung $\omega_1 = 0{,}2$;
$\omega_2 = 0{,}5$; $A_{RK} = 4{,}4 : 1$; $\varphi_{RK} = 62°$

7.4-2 $A_R = 2{,}3 : 1$; $\varphi_R = 18°$; Amplitudenabsenkung $V \cdot 2$;
$\varphi_{RK} = 55°$; $A_{RK} = 2{,}63 : 1$

7.4-3 $\varphi_R = 28°$; $T = 0{,}38\,s$; $V = 131{,}8$

7.5-1 a) $G_R = \dfrac{80\,(1 + i\omega/0{,}16)\,(1 + i\omega/1{,}6)}{1 + i\omega/0{,}008}$; b) $V > 8 \cdot 10^4$; $F_N = 1/G_R$

7.5-2 $G_W = \dfrac{(1 + i\omega/2)\,(1 + i\omega/5)}{(1 + i\omega/8)\,(1 + i\omega/12{,}5)\,(1 + i\omega/16)}$

7.5-3 $F_R = \dfrac{(1 + i\omega/0{,}16)}{i\omega\,(1 + i\omega/0{,}64)\,(1 + i\omega/39{,}5)}$;

$$F_Z = \frac{0{,}63\, i\omega\,(1 + i\omega/0{,}64)}{(1 + i\omega/0{,}01)\,(1 + i\omega/0{,}16)\,(1 + 2{,}5\,D \cdot i\omega + [1{,}25\, i\omega]^2)}$$

7.6-1 a) $R' = (3 \;\; 4)$; b) $K' = (51 \;\; 12)$; c) $p_0 = 13$;
$l_1 = 112$; $l_0 = 471$; d) $F_R = 36{,}23 \cdot \dfrac{(1 + i\omega/4{,}2)}{(1 + i\omega/13)} \mathrel{\hat{=}} PDT$

7.6-2 a) $R' = (112 \quad 52 \quad 10)$; b) $K' = (330 \quad 130 \quad 16)$; c) $p_1 = 30$; $p_0 = 53{,}3$; $l_2 = 24{,}87$; $l_1 = 158{,}94$; $l_0 = 393{,}57$

7.6-3 $p_2 = 36$; $p_1 = 473$; $p_0 = 924$;
$l_3 = 40$; $l_2 = 254{,}3$; $l_1 = 633{,}4$; $l_0 = 402$

7.6-4 $A^* = \begin{pmatrix} 1 & 1 - e^{-1} \\ 0 & e^{-1} \end{pmatrix}$; $B^* = \begin{pmatrix} e^{-1} \\ 1 - e^{-1} \end{pmatrix}$; $t = \begin{pmatrix} \dfrac{e}{e-1} \\ \dfrac{-e}{(e-1)^2} \end{pmatrix}$;

$$R_A = \begin{pmatrix} \dfrac{e}{e-1} \\ 1 + \dfrac{e-2}{(e-1)^2} \end{pmatrix} = \begin{pmatrix} 1{,}582 \\ 1{,}283 \end{pmatrix}$$

Sachwortverzeichnis

Abtastregelung 244, 310
Abzweigpunkte 106, 117, 119
Adjungierte Matrix 254
Amplidyne 36
Amplitude 146
Amplitudenabsenkende Netzwerke 287
Amplitudengang 170
Amplitudenkorrekturen 175, 180
Amplitudenrand 190, 286
Analogrechner 314
Analogvariable 330
Anfangswerte 77, 317
Anstiegsfunktion 71, 82, 266
Arbeitspunkt 59
Asymptoten im Bodediagramm 173, 278, 282, 296
– für Wurzelorte 109
Aufgeschnittener Regelkreis 102
Ausgangsgröße 3, 68
Ausgangsmatrix 243
Ausgleich 64
Ausgleichende Netzwerte 279

Begrenzung 317
Beharrungszustand 94, 267
Beobachtbarkeit 260
Beobachtbarkeitsmatrix 261
Beobachtungsnormalform 248, 306
Beschleunigungsfunktion 71, 82, 266
Betragsfunktion 317
Betragslineares Optimum 268
Betragsoptimale Reglereinstellungen 274
Betragsoptimum 272
Black-Diagramm 226
Bleibende Abweichung 94 266
Blockschaltbild 3, 89
Bode-Diagramm 169, 206, 286

Dämpfung 78, 139, 178, 270, 333
Dead-beat-Verhalten 310
Dezibel 176
Differentialgleichung 59, 66, 73
Differentiation, Schaltung zur angenäherten 326
Direkte Programmierung 322
Drehfeldgeber 32
Drehtransformator 32
Drehzahlregelung 40
Druckregelung 9
Düse-Prallplattesystem 16, 18, 45, 55
Durchgangsmatrix 243

Eckfrequenz 173
Eingangsgröße 1, 71, 82
Eingangsmatrix 243
Einstellregeln 243, 251
Elektrische Systemelemente 279, 323
Experimentell ermittelte Frequenzgänge 208, 238

Faustformeln 273
Fehlerfrequenzgang 271
Folgeregelung 31, 58
Fourierintegrale 231
Frequenzgang 146, 206, 271
– aus der Übergangsfunktion 238
– von Reglern 66
Führungsfrequenzgang 215, 295
Führungsgröße 1
Funktionsgeber 317

Gegenschaltung 88, 281
Glieder 1. Ordnung 64, 173, 326
– 2. Ordnung 79, 179, 327
Grundwerte der Phasenkurve 174

Hilfsenergie 5, 7, 16
Hilfsregelgröße 23
Hydraulische Systemelemente 40, 48, 279
Hysterese 328

Impulsfunktion 71, 82
Instabilität 8, 154, 196
Integralregler (I-Regler) 67
Integrierer 317, 331
Integrierende Glieder 170, 244
Istwert 2, 17
ITAE-Optimum 269, 335

Kaskadenregelung 30
Kombinierte Zustandsmatrix 248, 340
Komplexe Ebene, Frequenzgang 147, 155
– –, Wurzelort 102
Komplexer Frequenzgang 147
Konforme Abbildung 154, 161
Konzentrationsregelung 1
Kreisfrequenz 74
Kreisverstärkung 100, 288, 333
Kritischer Punkt 159, 190
Kritische Verstärkung 274, 277

Laplace-Transformation 75
Linearisierung 50, 59
Linearität 68
Logarithmische Frequenzgangdarstellung 169
– Ortskurve 219, 226
Lose 327
Luenberger Beobachter 304

Maschineneinheit 317
Maschinenvariable 317
Maschinenzeiteinheit 318
Mechanische Systemelemente 279, 324
Mehrfachregelung 30, 142, 222
Meßglieder 6, 10, 21, 32, 40
Mischstelle 5
Monotone Instabilität 161
Multiplizierer 317

Nadelfunktion 71 81, 266
Näherungskonstruktion im Bode-Diagramm 228, 278, 295
Netzwerke 279, 280
–, amplitudenabsenkende 287
–, phasenanhebende 289
Nichols-Diagramm 215
Nichtlineare Regelkreiselemente 2, 12, 59, 317, 328
– Rechenelemente 317, 328
Nichtreguläre Frequenzgangteile 194
Nullstellen 100
Nyquistkriterium 158
–, vereinfachtes 159, 191

Optimum 268
–, betragslineares 268
–, Betrags- 272, 274
–, ITAE- 269, 335
–, quadratisches 269
Ortskurve 147
–, inverse 184
–, logarithmische 219, 226

Parallelschaltung 87, 278
Partialbruchzerlegung 78, 80, 237
Phase 146
Phasenrand 190, 286
Phasenwinkel 146
Pneumatische Regelung 16, 18
– Systemelemente 16, 45, 51, 53, 55
Pole 100
P-Regler 65, 265
PD-Regler 67, 265
PI-Regler 67, 265, 282
PID-Regler 67, 265, 283
Polvorgabe 302
Proportionalbereich 67

Reduzierter Beobachter 308
Regeldifferenz 1, 96, 268
Regeleinrichtung 1
Regelfaktor 10, 267
Regelgröße 1
Regelkreis 1, 4
–, geschlossener 4, 88, 215
–, offener 102, 157, 272
–, vermaschter 142, 222
Regelstrecke 4, 64
Regelungsnormalform 248, 302
Regler 2, 66
Reglereinstellung 265, 274
Reibung 13
Reihenschaltung 72, 87, 151, 278
Resonanzfrequenz 272
Rückführung 41, 282
Rückwirkung 3, 44
Rückwirkungsfreiheit 3, 68

Sättigung (Begrenzung) 166, 317
Schaltbild, Schaltplan 318
Schnittfrequenz 272
Signalflußbild 250 ff.
Sollwert 1, 10
Sollwertglättung 298
Solodownikow-Verfahren 232
Sprungfunktion 71, 81, 266
Stabilisierende Netzwerke 102, 279, 291
Stabilitätsbedingung 158, 191, 197, 201
Steckplan 318
Stellglied 3, 10, 18, 21
Stellgröße 1, 3
Steuerbarkeit 260
Steuerbarkeitsmatrix 261
Steuerung 1, 8
Störgröße 1, 4
Störgrößenaufschaltung 8, 27, 29
Störstrecke 5, 15, 21
Strukturbild 17, 43
Synthese des Reglers 295
– – Führungsblockes 298
Systemmatrix 243

Temperaturregelung 21
Testlinienkriterium 159
Tote Zone 317, 328

Totzeit 6, 64, 150, 203 212, 265
Trägheit 6
Transformationsmatrix 303
Transmitter 45, 55

Übergangsfunktion 6, 64, 66, 72, 120, 231, 238, 265, 268, 274
Überschwingweite 78, 333
Übertragungsfunktion 77, 81, 87, 149, 236

Ventilkennlinie 12
Vermaschte Regelkreise 142, 222
Verstärker 32, 259, 281
Verstärkung des Regelkreises 100, 333
Verwandlungsregeln für Blockschaltbilder 89
Verzögerung 65, 66, 266
Verzweigungspunkte 89, 107, 119
Verzweigungsstelle 5
Vorhaltglieder 67, 102, 326

Wasserturbinenregelung 332
Wurzelort 100, 197, 201, 270
–, Katalog 125
–, Konstruktionsregeln 105, 119

Zeiger 147
Zeitkonstante 6, 61, 64
Zuordnungen 76
Zustandsgrößen 243
Zustandsraum 243
Zustandsregler 301, 306